新思

新一代人的思想

# 百年宇宙学

## 我们对宇宙的百年探索

[美]詹姆斯·皮伯斯（P. J. E. Peebles） 著

张同杰 刘思琦 马煜 译

中信出版集团｜北京

图书在版编目（CIP）数据

百年宇宙学：我们对宇宙的百年探索 /（美）詹姆斯·皮伯斯著；张同杰，刘思琦，马煜译. -- 北京：中信出版社, 2025.6

书名原文：Cosmology's Century: An Inside History of Our Modern Understanding of the Universe

ISBN 978-7-5217-6522-9

I. ①百… II. ①詹… ②张… ③刘… ④马… III. ①宇宙学 IV. ① P15

中国国家版本馆 CIP 数据核字 (2024) 第 080862 号

Cosmology's Century: An Inside History of Our Modern Understanding of the Universe by P. J. E. Peebles
Copyright © 2020 by Princeton University Press
All rights reserved. No part of this book may be reproduced or transmitted in any form or by any means, electronic or mechanical, including photocopying, recording or by any information storage and retrieval system, without permission in writing from the Publisher.
Simplified Chinese translation copyright © 2025 by CITIC Press Corporation
ALL RIGHTS RESERVED
本书仅限中国大陆地区发行销售

百年宇宙学：我们对宇宙的百年探索

著者：　[美]詹姆斯·皮伯斯
译者：　张同杰　刘思琦　马煜
出版发行：中信出版集团股份有限公司
　　　　　（北京市朝阳区东三环北路 27 号嘉铭中心　邮编　100020）
承印者：　北京通州皇家印刷厂

开本：880mm×1230mm 1/32　　印张：16.25
字数：435 千字　　　　　　　　插页：4
版次：2025 年 6 月第 1 版　　　印次：2025 年 6 月第 1 次印刷
京权图字：01-2020-2132　　　　书号：ISBN 978-7-5217-6522-9
　　　　　　　　　　　　　　　定价：88.00 元

版权所有·侵权必究
如有印刷、装订问题，本公司负责调换。
服务热线：400-600-8099
投稿邮箱：author@citicpub.com

谨以此书献给我六十年来最好的朋友艾莉森

# 致中国读者

I am glad that this Chinese translation of *Cosmology's Century* makes the state of understanding of the large-scale nature of the universe more broadly and readily accessible. There still are many open questions in this subject, and I expect beautiful answers will be discovered by people of many backgrounds, including those who are more comfortable speaking Chinese than English. I am grateful to Tong-Jie Zhang, Siqi Liu, and Yu Ma for their important work in translating my book.

P. J. E. Peebles

很高兴《百年宇宙学：我们对宇宙的百年探索》能够出版中文版，它将使更多的人更易于了解科学界当下对宇宙大尺度性质的认识。在宇宙学研究中，仍有许多开放性的问题等待解答，我期待听到来自不同背景的人士给出的美妙答案，包括说中文比说英文更自如的同人们。最后，感谢张同杰、刘思琦和马煜三位译者为本书的翻译所做的努力。

詹姆斯·皮伯斯

# 推荐与赞誉

皮伯斯为几乎所有现代宇宙学研究奠定了基础，将一个高度推测性的领域转变成了一门精确的科学。

邵逸夫奖授奖词

过去一百年间，人类对宇宙整体结构的认识取得了巨大的进步，没有人比詹姆斯·皮伯斯更有资格来讲述这些深刻而非凡的变化。

罗杰·彭罗斯（Roger Penrose）

数学家、数学物理学家

2020年诺贝尔物理学奖获得者

皮伯斯是二十世纪认识宇宙漫长而曲折之路的最佳向导，他的贡献在这段历程中居于核心地位。

罗伯特·科什纳（Robert Kirshner）

天文学家

2007年格鲁伯宇宙学奖获得者

2015年基础物理学科学突破奖获得者

一个世纪以来的伟大想法和强大仪器引导我们发现了现在的宇宙模型。在这一模型下，宇宙起源于暴胀，其结构由暗物质粒子之间的引力构成，暗能量引起它的加速膨胀。《百年宇宙学：我们对宇宙的百年探索》是吉姆·皮伯斯（Jim Peebles）对那个非凡时期的第一手记录，皮伯斯以他多样的贡献和广泛的影响领导了这场伟大的冒险。对所有想认真学习宇宙学的学生来说，这本书绝对是一本必读图书。

迈克尔·S. 特纳（Michael S. Turner）
理论宇宙学家、美国科学院院士
芝加哥大学物理学荣休教授

相较于其他能够撰写此类书籍的人，吉姆·皮伯斯在梳理宇宙大尺度结构和宇宙学发展历程的认知历史方面，无疑做了更突出的贡献。所以，要书写这段辉煌壮丽的历史，非吉姆·皮伯斯莫属！

弗吉尼亚·特林布尔（Virginia Trimble）
国际天文学联合会星系与宇宙部门前主席

这是极具启发意义的宇宙学观点。

约瑟夫·西尔克（Joseph Silk）
天体物理学家、英国皇家学会会士
剑桥大学荣休教授

皮伯斯在这本书中对宇宙学进行了广泛而深入的描述，介绍了该领域的历史以及研究人员在探索过程中遇到的转折，还有他们走过的死胡同和错误路线。我很喜欢这本书。

戴维·W. 霍格（David W. Hogg）
天体物理学家
纽约大学宇宙学与粒子物理学研究中心教授

# 目 录

译者序与致谢 … I

前言与致谢 … V

第1章　简　介 … 1

第2章　均匀宇宙 … 15

第3章　宇宙学模型 … 45

第4章　化石：微波背景辐射和轻元素 … 141

第5章　宇宙结构如何增长 … 227

第6章　亚光度质量 … 293

第7章　非重子暗物质 … 343

第8章　宇宙学模型的井喷时代 … 371

第9章　1998—2003年的革命 … 399

第10章　研究方法 … 423

参考文献 … 439

# 译者序与致谢

2020 年 5 月 19 日，我收到中国科学院国家天文台武向平院士的邮件。他希望我能够翻译 2019 年诺贝尔物理学奖获得者，普林斯顿大学物理系爱因斯坦科学教授菲利普·詹姆斯·埃德温·皮伯斯（他在非正式场合下自称吉姆·皮伯斯）即将出版的著作 Cosmology's Century: An Inside History of Our Modern Understanding of the Universe。能够翻译天文学领域诺贝尔奖获得者的著作，我深感荣幸，因此当天立刻接受了这个任务。但我也深感责任重大，唯恐不能胜任。众所周知，皮伯斯教授在获诺贝尔奖之前已经享誉国际天文界。在当今在世的研究者中，他是宇宙学界公认的领军人物。他在上世纪 70 年代至 90 年代出版的三本宇宙学巨著《宇宙的大尺度结构》( The Large-Scale Structure of the Universe. Princeton University Press, Princeton, 1980 )，《物理宇宙学》( Physical Cosmology. Princeton University Press, Princeton, 1971 ) 和《物理宇宙学原理》( Principles of Physical Cosmology. Princeton University Press, Princeton, 1993 ) 构建了 20 世纪宇宙学尤其是宇宙结构形成的理论框架，引领了几个时代的宇宙学研究潮流，已成为宇宙学界的必读教科书，几乎全世界的宇宙学专业科学家都从中获益。我和武向平院士一致同意将这本书的主书名 "Cosmology's Century" 翻译成 "百年宇宙学"。1917 年，爱因斯坦"胆大包天"地将广义相对论应用于整个宇宙，发表了著名的论文《广义相对论的宇宙学考察》(Cosmological Considerations in the General Theory of Relativity)。这篇论文成了现代宇宙学的奠基之作，标志着现代宇宙学的诞生，距今已经超过一百年。美国著名的天文学家、现代宇宙学之父埃德温·哈勃(1889—1953)在1925年测定了 M 31（仙女座星云）的距离，使我们"走出"银河系，认识到"天外有天"。1929年，他进一步发现了哈勃定律，证明宇宙在膨胀。这使现代宇宙学在全面的意义上（既有理论又有基于观测的检验）诞生了，这一成就距今也近百年。

皮伯斯教授于 2006 年第一次访问中国。11 月 21 日至 23 日连续三天，他受邀在清华大学理学院报告厅（郑裕彤讲堂）和高等研究中心地下报告厅做了题为《膨胀的宇宙》(The Expanding Universe)、《宇宙学检验》(The Cosmological Tests)和《宇宙学的开放问题》(Open Issues in Cosmology)的三场学术报告。我那时恰巧在世界实验室资助下，在美国亚利桑那大学物理系做博士后（国内宇宙学界有多名权威和同行受惠于此项目），因此很遗憾错过了现场聆听皮伯斯教授学术演讲的机会。六年后的 2012 年 3 月 28 日，皮伯斯教授在 arXiv 上刊登了一篇综述文章 "The Natural Science of Cosmology"（arXiv:1203.6334），这篇文章后来正式发表在《第七届国际引力和宇宙学大会论文集》[*Proceedings of the 7th International Conference on Gravitation and Cosmology* (ICGC2011), IOP Publishing, *Journal of Physics: Conference Series* 484 (2014) 012001] 中。我读过这篇文章后感觉很有意思，文章虽然不长，也不是那么精致，但也是大人物写文章的风格。当天我给皮伯斯教授发了邮件，顺便向他介绍了我带领学生从 2006 年起在国际上首次开展的哈勃参量 [H(z)] 宇宙学的系列研究工作。他很快在 3 月 29 日给我回了邮件，对于我们的哈勃参量研究设想做了肯定："你的建议是使用红移之间的时间间隔，这很有趣。"（Your proposal to use instead intervals of time between redshifts is interesting.）这里 "intervals of time between redshifts"的意思实际上就是从一对星系的红移差和年龄差可以得到哈勃参量数据（the Observational Hubble parameter Data, OHD）。直到今天，我带领学生仍活跃在该领域，处于国际领先水平，发表 SCI 论文近百篇，单篇论文最高引用近 800 次，并获得了 2020 年度北京市自然科学二等奖。

尽管翻译团队的成员背景丰富，包括北京师范大学原天文系本科毕业生、加拿大多伦多大学天文系硕士、中国国家天文台博士和北京大学科维理天文和天体物理研究所博士后刘思琦同学，北京师范大学外语学院翻译专业硕士马煜同学，以及在宇宙学领域工作了二十多年的我，翻译皮伯斯教授的这本书仍然是一个艰苦的历程。团队成员为保证翻译的专业性和准确性做了诸多努力，如仍有不足，望诸位读者海涵。本书原著的写作语言深奥艰涩，所用句式也十分复杂。这本书虽然英文写作水平不算上佳，但详细地记录了皮伯斯教授对宇宙学发展历程的总结、反思与展望，仍十分值得一读。

本书的学术价值极大，但并非一般的高级天文学科普读物。书中公式和图示很多。严格而言，这本书最适合天文学专业的研究生阅读。当然，这本书也适合对宇宙学感兴趣的物理系和天文系高年级本科生初步阅读。具备高中数理水平的读者也可以为将来的研究志向粗略阅读本书，以培养对宇宙学的兴趣，开阔宇宙学知识的眼界。

2020 年 1 月，新型冠状病毒开始肆虐中华大地。在之后的三年中，中华儿女众志成城，奋力抗疫，保证了中国的和谐稳定发展，也向世界展示了一个强大的、负责任的中国。2022 年 12 月初，病毒毒性大幅减弱后，全国放开疫情防控，本书最后的翻译与校对也在此时完成，近三年的翻译和校对过程恰好与我国的三年抗疫过程重叠。之后，又经过两年半的深度校对，本书终于得以出版。

特别感谢皮伯斯教授欣然为本书中文版写了致中国读者的寄语以及武向平院士的推荐和大力支持！感谢北京师范大学文学院和珠海校区文

理学院郑国民教授在本书最后的校对中给予的极大帮助！谨以本书献给已逝的母亲韩玉珍（1939.07.10—2020.08.26），她在本书的翻译期间永远离开了我们！

张同杰<br>2025 年 5 月 25 日

# 前言与致谢

如今，我们可以自信地讲述远古时期的宇宙状况，这实在是不同寻常。这一理论自一个世纪之前诞生以来，便久经考验，相较于自然科学的其他分支，它诞生的方式相当简单，并且相对而言，很少有人从中找到过推进研究的线索。后来爱因斯坦为我们指明了正确的研究方向，自那以后我便加入了对这一领域的研究，迄今已有 50 余年。这本书给了我一个机会，让我能够记录下宇宙学研究领域中正在发生的事以及我对其中原因的思考。人们通常认为，在自然科学领域，我们对历史不够重视。本书的写作初衷就是希望能够毫无保留地展现宇宙学发展的全貌，包括其中那些绝妙的见解、幸运的猜想、未选择的道路、犯过的大大小小的错误以及研究过程中逐渐积累的大量证据，这些证据后来也以一种合情合理的方式汇聚在了一起。本书以相对简明的方式较好地解释了自然科学研究究竟是如何开展的。

我希望在本书中能够实现宇宙学客观历史同我本人主观理解的结合，我将以第一人称视角讲述我对本学科的理解。我们并不是为了寻求一个最终的理论（如果真的有这回事的话），寻求这样一种定论其实不过是人们在自己建立的那套既不完整又不精确的自然科学体系当中寻找着自己的位置，这种定位必然不会客观。我们在使用自己希望其合理的客观证据时，需要进行主观判断，同时谨记在心有些证据就是比其他证据更客观也更有用。

我在本书中研究了1998年到2003年间宇宙学研究的证据，并将其整理为对宇宙大规模结构本质和演进过程的可靠理论汇编。本书论述的时间线截止于世纪之交[①]时革命性的那5年。但我于2019年才写完此书，所以书中偶尔会加入对这场革命之后一些事的评论。不断重复"在撰写本文时"这句话太过麻烦，还请读者依据上下文自行理解这部分内容。

我从爱因斯坦革命性地引入广义相对论开始讲述这段历史，该理论使对无边宇宙的本质进行定量分析成为可能。当然，在爱因斯坦提出该理论之前发生的事情也很重要，它们为之后的思想提供了借鉴。但是我的评论仅限于对牛顿物理学体系下无限宇宙方面概念性问题的讨论。本书简化了爱因斯坦出现之后的历史，略去了我认为不太重要（即使它们为更成功的想法提供了参考）和省略掉也不太可能令人遗憾的路径。对这一冒昧行为，我深表歉意。如果我遗漏了具有社会价值的研究路线，恳请各位读者告知，本人将感激不尽。

这门学科的后革命时代历史非常重要，思考宇宙在遥远的过去和将来是什么样子当然很有意思，但我并不打算在本书中探讨这些问题。

那些正在为宇宙学研究做出贡献的人应该知道自己学科的历史。我对这本书的定位是：在这里你可以了解很多年前发生的一些事，这些事件或多或少地解决了本学科内的一些问题。当然，这些事件都非常复杂。宇宙学家们已经从技术层面了解了这段历史，这并不是多么困难。我希望对正在考虑主修物理科学的本科生而言，本书的论述是易懂的。我知道有些读者并非科研工作者，但又对恒星、星系和正在膨胀的宇宙的相关知识非常着迷，他们愿意略过技术性细节，更多关注对现象的描述，我希望本书所写的内容对于这部分读者来说也是易于理解的。细节对那些喜欢琢磨的人而言非常有用，因此我在脚注中添加了我认为与内

---

[①] 为表述简洁起见，除非特别说明，本书中的"世纪之交"均指20世纪与21世纪之交。——编者注

容相关但对本书整体而言并非必要的评论。脚注还提供了一些定义，这些定义源自天文学家充满好奇心的传统。正文中会有些公式，这些公式对描述这段历史非常重要。公式出现较多的部分，我会使用保证宏观图像仍然可见的叙述方式。阅读时略过公式是完全可行的，读者如果真的需要，可以稍后再回看这些公式。书中也包含了介绍性和总结性的小节，在这些部分没有任何公式。

我将这本书称为历史，但它是按照我所知道和喜欢的物理学传统来写的，这样做是为了避免出现那些肤浅的"创生故事"。与专业历史学家的讨论告诉我，历史学和社会学领域的专家们所用的传统评估可以对我的研究方法形成补充。例如，我很少写关于人物性格的东西，也不写对研究的支持不断进化的本质。我也不过多地提及交流方式——不管是早期在"老男孩俱乐部"内交换信件，还是如今通过博客——的相关事情。在会议中的交流仍然很重要，但是随着宇宙学范围的扩大，这门学科的会议变得越来越细化，这在我这一代的许多人看来都是令人不安的现象。但我必须将这些留给科学领域中真正的历史学家、哲学家和科学社会学家，我希望他们能理解我越过他们的传统，用一个热心的物理学家的惯例来撰写本书。

在第 1.1 节和第 10 章中，我讲述了一些思考，这些思考有关从宇宙学的变化中了解到的自然科学事业的本质和哲学。我们在这段历史中看到，科学家之所以如此行事，是因为他们虽然在日常生活中行为与一般人无异，但对宇宙学研究却有更强烈的兴趣。随着科学的每一项进步，我们都会看到一份新的证据，证明存在一个客观的物理现实，我们正在对它的本质进行更深入的探索。这种观点谈不上有什么新意，但是我认为从现代宇宙学的历史中得出的例子是特别清楚且有益的，因为这门学科相对简单。

我已经介绍过这个故事的一部分。我在 2014 年就曾发文详细介绍 1948 年乔治·伽莫夫研究小组中发生的事情。2017 年我又发文回顾了鲍勃·迪克引力研究小组的工作，这篇文章对实验引力物理学的发展至关重要，并引导人们认识到早期炽热宇宙的热辐射海遗迹。皮伯斯、佩奇和帕特里奇2009年所著的《寻找大爆炸》(Finding the Big Bang)一书中包含了20世纪60年代那些鉴定和解释古老热辐射的研究者对研究的回忆。

那些我认为对本书很重要的参考文献以作者的名字和发表年份标明，并在书末的参考文献部分列出。参考文献列表长度惊人，但它必须如此：尽管这是一门相对较小的学科，但其发展仍然包含了大量的工作。我选取了一些具有开创性贡献的例子，在此向对这一主观问题持不同意见的同行致歉。

本书中的某些引用来自出版著作，并注明了来源。如果引述的是法文或德文，我会加上我的翻译，这部分内容有时我会缩减或用谷歌辅助翻译。这本书提供了一个极好的机会，向那些对这一主题的研究有着久远记忆的人寻求回忆。为写作本书而引用的这些人的话语，我都标上了作者的名字和"个人交流"标签。我还从年轻人的建议以及互联网的奇迹中受益。特别感谢美国国家航空航天局（National Aeronautics and Space Administration，NASA）的天体物理学数据系统（Astrophysics Data System）书目服务档案库，这种用于追踪过去研究论文的工具非常好用。

说明数据的图示很重要，这些图示的演变也是历史的一部分。感谢我的同行向我提供了他们创造和拥有的图示，我也在图注中标明了他们的名字。我为本书制作的图示，以及我过去制作但从未发表过的图示的图注均未注明引用来源。从文献中摘录的图示，我会在图注中标明来源，可以参考出版物来追踪该图示的版权持有者。版权所有者的授权使用条件差别很大，有的只需要说明一下图表可以被引用，但书中也有引自一个令人尊敬的学术团体的出版物的两幅图需要付费。我认为授权许可之所以如此混乱，是因为出版方自然想加强对内容的控制，但文献中的图示很容易成为教学中合理使用的内容，之后难免会用于出版物中。对于任何我在授权许可方面可能未正确陈述或忽略之处，我深表歉意。

如被告知，我将在以后的重印中进行修改。

书中的部分插图是这段历史中人物的样本。我希望这些插图能提醒人们那些公式和测量背后的人。本书篇幅有限且图片收集耗时费力，致使许多杰出同人的照片未能被收录，对此我深表歉意。照片配文是我评论图片背后故事的机会，犹如将课堂上的讲述凝固于纸页之上。

我选择的单位系统都遵循惯例，就是说在不同的研究领域往往会有所不同。在宇宙学的某些领域，通常会通过单位的选择使光速为1。如果使用符号$c$，这些公式在我看来会很奇怪，当然这也得依情况而定，但是我仍遵循惯例，因为这本书是写历史的，所以这似乎很恰当。在其他地方，普朗克常数$h$或者牛顿常数$G$为1。以前的厘米、克等单位系统正在被米、千克等单位系统取代。我认为这是明智的举动，但是因为这类变化往往很慢，我决定遵循历史，保留以前的单位系统。

本书讲述的内容似乎过于集中在新泽西州普林斯顿这个小镇上。这是不可避免的，部分原因是我自1958年以研究生身份来到普林斯顿大学以来一直是该大学的一员。但更加不可避免的是，书中的很多故事都发生在这里。其他学术机构提供的学术休假让我在这个故事中扮演的角色得到了帮助。这些学校包括加州理工学院、加利福尼亚大学伯克利分校、位于加拿大不列颠哥伦比亚省的多米宁天体物理天文台（the Dominion Astrophysical Observatory）、剑桥大学以及普林斯顿高等研究院，普林斯顿高等研究院提供的还是两次机会。我在这些地方学到了很多东西。

同行们的建议和回忆给了我很大帮助，这些人包括：内塔·巴哈尔（Neta Bahcall）、约翰·巴罗（John Barrow）、迪克·邦德（Dick Bond）、史蒂夫·鲍恩（Steve Boughn）、米凯莱·卡佩拉里（Michele Cappellari）、克劳德·卡里南（Claude Carignan）、雷·卡尔伯格（Ray Carlberg）、里克·卡尔森（Rick Carlson）、罗宾·齐亚杜洛（Robin Ciardullo）、唐·克莱顿（Don Clayton）、肖恩·科尔（Shaun Cole）、

拉马纳特·考西克（Ramanath Cowsik）、马克·戴维斯（Marc Davis）、理查德·戴维德（Richard Dawid）、雅各·德斯沃特（Jaco de Swart）、乔·邓克利（Jo Dunkley）、约翰·埃利斯（John Ellis）、温·埃文斯（Wyn Evans）、桑德拉·费伯（Sandra Faber）、肯特·福特（Kent Ford）、肯·弗里曼（Ken Freeman）、卡洛斯·弗伦克（Carlos Frenk）、福田正孝、吉姆·冈恩（Jim Gunn）、戴维·霍格、皮特·哈特（Piet Hut）、戴维·凯泽（David Kaiser）、史蒂夫·肯特（Steve Kent）、鲍勃·科什纳、阿尔·科格特（Al Kogut）、罗基·科尔布（Rocky Kolb）、安德烈·克拉夫佐夫（Andrey Kravtsov）、里奇·克朗（Rich Kron）、马尔科姆·朗盖尔（Malcolm Longair）、加里·马蒙（Gary Mamon）、约翰·马瑟（John Mather）、阿德里安·梅洛特（Adrian Melott）、莉莲·莫恩斯（Liliane Moens）、理查德·慕肖斯基（Richard Mushotzky）、基思·奥利弗（Keith Olive）、杰里·奥斯特里克（Jerry Ostriker）、莱曼·佩奇（Lyman Page）、布鲁斯·帕特里奇（Bruce Partridge）、威尔·珀西瓦尔（Will Percival）、索尔·珀尔马特（Saul Perlmutter）、马克·菲利普斯（Mark Phillips）、乔尔·普里马克（Joel Primack）、马丁·里斯（Martin Rees）、亚当·里斯（Adam Riess）、布莱恩·施密特（Brian Schmidt）、杰里·塞伍德（Jerry Sellwood）、乔·西尔克（Joe Silk）、戴维·斯佩格尔（David Spergel）、埃德·斯皮格尔（Ed Spiegel）、保罗·斯坦哈特（Paul Steinhardt）、马泰斯·斯坦梅茨（Matthais Steinmetz）、迈克尔·施特劳斯（Michael Strauss）、亚历克斯·萨莱（Alex Szalay）、阿拉尔·图姆尔（Alar Toomre）、里仁·范德韦加尔特（Rien van de Weygaert）、雨果·范沃尔登（Hugo van Woerden）、史蒂夫·温伯格（Steve Weinberg）、雷纳·韦斯（Rainer Weiss）、西德·威斯特摩兰（Cyd Westmoreland）、西蒙·怀特（Simon White）、内德·赖特（Ned Wright）、杰茜卡·姚（Jessica Yao）和马蒂亚斯·萨尔达里亚加（Matias Zaldarriaga）。我肯定还遗漏了一些人，在此向他们表示诚挚的歉意。

# 第 1 章 简 介

宇宙学的发展历程与其他学科相比相对比较简单，但仍然很复杂，想要将它整理清楚，需要一个比科学领域的通常做法更好的计划。宇宙学和物理学其他研究领域的论文通常从概述过去开始，很少提及被抛弃的思想和未走过的路。此外，研究者还倾向于遵循其他新近发表的论文的引言中的因果模式。这构建起了不断演化的"创生故事"，有效地交代了当前研究的背景。我们在课堂上讲述这些创生故事，以便快速切入我们真正感兴趣的东西：科学的本质。但是这些故事充其量只是与实际发生的事情模糊地相关。除非是忽视或者抛弃了好的想法，否则对于正在进行的研究来说，这些创生故事的不完整性并不会引发什么问题。但是这样的创生故事，在"科学是如何进步的"这件事上，给人们留下了极不完整和不准确的印象。

只有及时回顾过去才能做得更好，当然，我们也必须小心对待某些想法，它们有的看似有趣但实际上被曲解了，有的则被发现毫无趣味。按时间顺序对宇宙学的发展做更进一步的解释非常不便，因为现有的宇宙学理论由不同部分融合而成，而这些组成部分的研究方法、研究动机和发展速度均不相同。因此，我在本书中分别讲述了宇宙学的 6 条研究脉络，内容或详或略。第 2 章至第 7 章便是对它们的回顾。这样安排可以保证每一章内部的连贯性，但需要读者及时查阅前后各章，来将不同研究领域中发生的事情联系到一起。在本章的第 2 节中，我将以提纲和导览的形式对本书的谋篇布局进行更详细的说明。首先，让我们审视一下自然科学研究的传统，特别是宇宙学研究的运行条件。

## 1.1 宇宙学的科学和哲学

如同自然科学的所有分支一样，宇宙学的初始假定是：自然是通过各种逻辑和规则来运行的。我们可以通过仔细检查观测到的数据，并根据以往的成功经验来发现这些逻辑和规则。由此得出的结果十分振奋人心，如果有人持不同意见，我建议想一想制造和操作手机的过程中大量使用的基础物理学知识。尽管物理学从多方面展示出了它的强大力量，但它也同其余自然学科一样仍不完备。或许将来的发现会把科学的物理学根基补充完整，进而揭示自然界运行的根本规律。又或者，这些发现将不断逼近这一根本规律。

当然，科学的标准和公认的方法必须与可以完成的任务相适应。在物理宇宙学和河外天文学中，我们可以对天体进行观测但无法触及它们。在宇宙学中，实验无法复现，人们只能诉诸"时间的化石"（fossils of times），从中推断出一些东西。我们发现，一些化石年代较新，比如地球上的岩石或是宇宙中的某些星体，它们都有自己的创生故事。因为我们探测到的辐射一直以光速接近我们，所以过去的光锥让我们可以观测过去：物体的距离越远，能够观测到的宇宙演化就越早。融合于人类历史的光锥捕获了一直在发生的事件中极短暂的一个片段，但它揭示了广阔宇宙中很长一段时间内事物的面貌，该现象提供了很多可以供人们观测与解读的信息。

正如自然科学中常见的那样，在宇宙学中，引领我们走到当前位置的研究之路，以对开放性问题的讨论为标志。但是人们对宇宙学问题极富热情，因此它所获得的支持和遭受的批评都比当时已发现的证据可以提供的支持和批评多得多。部分原因是可以解决宇宙学问题的观测似乎不可能实现，或者说几乎不可能。但我认为一个重要的因素是人们对宇宙本质的问题往往有着浓厚的兴趣。宇宙真的在演化吗？还是说处于一种稳定的状态？如果不断演化，最终结局会是怎样呢？是大挤压还是大冻结？一切从何而来？如今我们已探索出一套经过大量检验的理论，相关论证虽日渐沉寂，但尚未结束。

在 20 世纪，宇宙学研究通常以研究小组的形式进行，可能是一个人单独工作，也可能是与同事或一两个学生一起工作。但在 21 世纪，不断发展的宇宙学研究变得越来越丰富，这就需要更大的研究组开发用于数据采集的专用设备，数据处理和分析小组也得相应地扩充人手。"大科学"对宇宙学来说已经变得很重要：我们必须收集大量数据，分析这些数据并采用大尺度的数值模拟来帮助弥合理论与观测之间的鸿沟。但"大科学"最好将目标放在动机明确、定义清晰的问题上。本书主要考虑的问题是，研究方向看似彼此独立的小组是如何发现他们的研究成果汇聚到一起，可形成一个经得住推敲、值得用"大科学"来严格检验的宇宙学理论的。在我看来，实现这一革命性的汇聚并得出一个似乎可信的理论，是在 1998 年至 2003 年的这五年。

在这革命性的五年后，宇宙学研究仍十分活跃并富有成果。不同之处在于，用库恩（1962）[①] 的术语来说，学界已就一个范式达成了共识（当然，这是大多数人的想法，并非所有人都同意）。遵循常规宇宙学的一个例子是对星系的形成和演化进行研究，它在标准和公认的宇宙演化理论基础上建立了星系形成理论。进行这种常规研究可能会发现异常的现象，这些现象则可能揭示出一个更好的基础理论。这是宇宙学中特

---

① 此处年份为所引文献发表的年份，本书最后已列出对应的文献，读者可以据此查阅。——编者注

别值得关注的一点，因为该理论既经过了充分的、有说服力的检验，但又特别不完备。

我们目前的正统宇宙学中涵盖了一个绝妙的案例，能够证明存在与普通物质仅有极弱相互作用甚至完全没有相互作用的暗物质。宇宙学对暗物质的性质有着严格限定，但是除了从引力吸引的影响进行推断之外，尚没有明确的探测证据可以证明这种物质的存在。一些人认为，除非有更多证据证明暗物质的存在，否则它只能是一种假说：这些证据也许会来自实验室中的探测结果，也许会来自提示暗物质除了能够将星系紧紧结合在一起之外，还能对星系产生其他作用的发现。其他人则认为这个问题已经很明确，暗物质确实存在。爱因斯坦的宇宙学常数 $\Lambda$ 也是如此，它还获得了一个新名称：暗能量。但这只是一种"敷衍手段"（fudge factor）的拙劣伪装，我们之所以接受宇宙学常数，是因为它能很好地统一理论和解释观测现象。在当前标准的宇宙学和自然科学的其他分支中，还有其他的"敷衍手段"，这些假说使得理论可以解释现象。科学研究一直在不断改进对理论的检验，无论是不是刻意为之，这些检验都可能催生更加严密的理论，而后者又有可能启发产生出新的检验。而且这些检验有时可能会用范式中的统一理论来替换那些"敷衍手段"，从而使这项事业中的各个部分更加紧密地联系在一起。这样的事情时有发生。

作为这本历史视角作品主题的物理宇宙学是一门实证科学，也就是说，它是基于探测器（例如显微镜、望远镜和人）观测或测量到的结果的，也是用这些结果来检验的。但我们必须注意理论与直觉的作用，以及理查德·戴维德（2013, 2017）所说的"非实证性理论评估"。这段历史中的一个显著的例子是，在宇宙学研究过去一个世纪的多数时间里，宇宙学界的大部分人都心照不宣地接受了爱因斯坦的广义相对论。很少有人指出，这只是由 20 世纪 60 年代几次不甚严谨的广义相对论检验得出的过度推论。20 世纪 90 年代，随着宇宙学研究汇集出一个得到了很好的检验的理论,研究者在小到实验室尺度,大到太阳系的尺度对广义相对论的预测进行了苛刻的检验,探测长度范围达 $10^{13}$ cm。但是在宇宙学哈勃长度尺度(约 $10^{28}$ cm)上的应用,是我们从精确测试中外推的结果,其跨越的长度尺度约有 15 个数量级。以我的经验来看,这一点没有被经常提及、一旦提及,往往会造成某些科学家的不安,至少暂时如此。在 21 世纪的前几十年,广义相对论中与标准宇宙学有关的部分已经通过了大量苛刻的检验。简言之,爱因斯坦基于实验室实验建立的理论,只在水星轨道上进行了严格的检验(由插图 III 中的人物主导,对太阳质量引起的光的引力偏折的预言的检验广受推崇,但仔细想想,证据似乎并不充分)。该理论可以成功地外推到在可观测宇宙这一广阔尺度上的应用,这是一个了不起的结果。

广义相对论是电磁学在平坦时空中的优雅延伸。有人说,这是一个等待被发现的理论(事后说这些总是很容易的)。对其外推法的信念体现了非实证性理论评估的强大影响力和实际的成功。当然,非实证性评估太有影响力可能会误导他人:请考虑一下,在 20 世纪 30 年代至 90 年代,很少有人会反对某些权威专家的观点,即爱因斯坦的宇宙学常数 Λ 肯定会被抛弃。现有证据表明,以新名称"暗能量"命名的 Λ 是我们久经检验的宇宙学的重要组成部分。

非实证性评估的做法有时被称为"后经验主义",但在戴维德的著作中,我没有找到这个术语。戴维德曾指出:

> 根据我的理解,非实证性评估极其依赖不断从研究领域的其他方面收集来的实证数据,以及对被审视的理论的实证确认。在"后经验"阶段,不再有实质性的新数据,非实证性评估将越来越值得怀疑,并且终将被废止。(个人交流,2018)

这与我理解的物理学常规操作一致。也就是说,我一直关注我们在实践的非实证性评估，但不过分关注于此。

我也考虑了另外三种评估：个人评估、学界评估（尽管有些人可能会不同意）和实用角度评估。前两个无须多言，下面我以宇宙学为例来讲实用角度评估。常规做法是根据广义相对论来分析数据和观测值。当然，这一定程度上是由于该理论所具有的美感，还有部分原因是对爱因斯坦伟大直觉的尊重。但同样重要的是，使用通用理论可以基于相同的基本原理对相同或不同的数据进行独立的分析，并将得出的结论进行比较。我不认为学界对这一点进行了多少思考，但我相信宇宙学中（我想在自然科学的其他分支中也是如此）隐含着的实用主义方法有助于减轻多种理论造成的混乱。

实用主义科学方法如果走得太远，可能会因沿着越来越清晰的错误道路前行而浪费时间和资源。即便事实证明，流行的、务实的选择已将我们引向了有用的方向，除常规构想之外，准备可靠的替代方案也很重要，因为由此可以对已证明了的构想和观测结果进行仔细评估。它可能揭示出或大或小的修正，指出一条更有收获的道路。例如，20世纪中叶，曾有人提议对物理学教科书进行调整，使其包括物质持续不断自发产生的内容，这实在令人鼓舞。但这些勇敢地为稳恒态宇宙学辩护的人并不总是能受到温和的对待，而在我看来，在关于广义相对论与稳恒态世界观孰优孰劣的辩论中，他们付出的努力和得到的回报是一样的，辩论的激烈程度超过了支持或反对任何一方的证据所能证明的程度。如今，在宇宙学中，人们不再认真考虑宇宙中持续产生新东西这一点，但这一想法产生了有益的影响。新的想法会激发对原有理论的辩护和攻击，进而激发新研究，对旧理念进行务实的辩护有助于防止研究退化为混乱。

一种本质上的实用主义评估的一个重要例子是，爱因斯坦提出的一个看法受到了普遍承认。这个看法认为，宇宙尽管在局部是不规则的，然而在整体上仍然是均匀的。在20世纪60年代之前，与此相关的证据很少。相反，星系在天空中的分布图表明，星系正在彼此远离，进入渐近真空或接近真空的空间，就像分形星系分布那样。但无论是出于偶然还是必然，这一相关思考在很大程度上被搁置了，辩论的焦点集中在演化这一概念上，或者近乎均匀的宇宙的稳定状态上。关于均匀性的第一个严肃证据在爱因斯坦提出他的观点之后半个世纪才被发现，源自20世纪60年代基于其他目的的研究，这将在第2章中进行讨论。无论是靠好运还是敏锐的直觉，学界并没有分心于优雅但错误的分形宇宙的观念。

很难理解为什么有些问题就是比其他问题更容易受到更多关注，我想这样的事情大概是偶然。在拒绝表面看上去有趣的想法这一问题上，我们确实有相当明确的标准。例如，1948年引入的稳恒态宇宙学是美的，但其预测显然违反了后来的实证检验。我不知道是否有什么可以推动宇宙学向另一个方向发展的明确方法，具体地说，就是把一种可行的模型上升到标准理论的高度。我们可以使用"学界意见"一词来描述此类决策。

1990年，广义相对论通常被视为研究宇宙大尺度结构的合适基础，但是如前所述，这在本质上是一种实用主义评估，因为该理论很好地充当了研究的工作基础。2003年，在世纪之交的这场革命（下文简称为"宇宙学革命"）之后，宇宙学测试为学界的观点提供了强有力的证据。学界当时认为，在被应用于后来被称为$\Lambda$CDM宇宙学模型的模型中的假定时，广义相对论能够很好地描述宇宙。这些假定的内容，包括爱因斯坦提出的宇宙学常数$\Lambda$和假定的冷暗物质，我们将在第8.2节中进行回顾。虽然有些人对此并不同意，但可以肯定的是，大多数证据（在第9章中进行了回顾）已经给出了充足的限制条件，足以根据$\Lambda$CDM理论对过去"真正发生过的事情"进行大胆的讨论。实在（reality）这一概念很复杂，因此更安全的说法是，无论发生了什么（我们假定真的发生过什么），它留下的痕迹都非常符合$\Lambda$CDM的预测，而且这些痕迹十分丰富，并且经过反复核实，包括我在内的学界学者都认为：该理论几乎可以肯定是有用的，尽管对于实际发生的事情来说，它仍然只是一种不完备的近似。

## 1.2 概述

我将宇宙学的这段历史按 20 世纪的时间线整理成了一系列或多或少独立运作的研究领域。我将各研究领域的发展大致按时间顺序排列，但是由于不同研究领域充其量只能算松散联结的，因此随着不同研究领域开始相互作用，必须及时前后参照。该大纲旨在说明我是如何排布展示研究内容的，以及除了走向错误的弯路外，这些研究是如何彼此契合（至少是粗略地契合）的。

在第 2 章中，我首先从纯粹的思想出发，对阿尔伯特·爱因斯坦（1917）提出的哲学上可感知的宇宙是均匀的且具有各向同性这一观点进行了思考。爱因斯坦认为，我们周围的宇宙没有首选的中心或方向，也没有可观测到的边缘。当然，这与集中在人、行星和恒星上的微小不规则的质量分布不同。爱因斯坦所述的均匀性对于以下思想至关重要：我们或许能够找出与整个宇宙相关的理论，而不只是解释其中某些部分的理论。这是一种启发性的直觉，或者只是一个幸运的猜测，爱因斯坦当然没有已观测到的证据可以证明这一点。爱因斯坦的思想是如何被接受和检验的历史证明了科学理论与实践之间存在相互作用，有时相互促进，有时会关系紧张，有时正如这个例子中展现的那样，得益于意料之外的帮助。因为我在其他地方没有看到过完整的讨论，所以我会更细致地讨论支持爱因斯坦宇宙学原理的证据。

爱因斯坦的广义相对论预测，近乎均匀的宇宙必会膨胀或收缩。天文学家的观测表明宇宙正在膨胀，因为恒星星系的星光比本身的颜色更红，就像多普勒频移一样，因为星系正在远离我们。第 3 章回顾了距离我们更遥远的星系其多普勒频移或者说多普勒红移更大这一发现的重要性。如果宇宙近乎均匀地膨胀，那么这一结果是可以预料到的。在第 3.1 节和 3.2 节对大爆炸宇宙学的讨论中，我使用了广义相对论来描述近乎均匀膨胀的宇宙的演化。

让我们在这里停下来，注意一下"大爆炸"这个名字其实并不合适，因为爆炸表示的是时空中的一个事件。与我们熟悉的爆炸不同，宇宙学上的"爆炸"与某个特殊的位置或时间无关。该理论并不是对平均而言匀质宇宙演化的描述，而是试图通过观察和研究化石的形成过程，来追踪从其形成之初至今的宇宙演进。其中包括了轻元素形成的时代，那时宇宙的温度比现在高约 9 个数量级。这种宏伟的时光倒溯外推并不能推至一场大爆炸，也不能推至一个万物的奇点：我们必须假定在奇点之前发生了不一样的事情。西蒙·米顿（2005）得出的结论是，弗雷德·霍伊尔在 1949 年 3 月的 BBC（英国广播公司）电台演讲中首次使用了"大爆炸"一词。其实霍伊尔更偏爱稳恒态宇宙图景，所以他的"大爆炸"是一种蔑称，但人们还是普遍接受了"大爆炸"这个名字。目前，我还没有遇到一个更好的术语，所以从实用主义评估的角度出发，本书将使用"大爆炸"这一术语。

重要的是，存在其他可检验的图景以替代"大爆炸"图景，这些供替代的选择激发了人们检验大爆炸宇宙模型的兴趣。第 3.3 节讨论了这方面的前沿思想，即稳恒态模型。我将称其为"1948 年稳恒态模型"，以区别于稍后引入的变体。与 20 世纪 60 年代中期大爆炸模型的稳恒态替代方案的突出地位相反，爱因斯坦的均匀性的主要替代方案——物质的分形分布，直到我们最终有了合理清晰的证据后才被广泛讨论（见第 2.6 节）。

赫尔曼·邦迪的两版《宇宙学》(*Cosmology*，1952，1960) 为当时的思考提供了宝贵的图像。大爆炸模型和 1948 年稳恒态模型，或者当时仍在考虑的其他模型，哪一个是最合理、最明智的？其基于的又是不是实证？赫尔格·克拉格（1996）提出了历史学家对这一直到 20 世纪 60 年代仍是宇宙学主流的研究的看法。在第 3.4—3.7 节中，我以自己对两种宇宙学评估方法异同之处的思考补充了这些资料。我认为在 20 世纪 50 年代和 20 世纪 60 年代初，非实证性问题可以解释为什么稳恒态模型不那么受欢迎，尽管它对观测者来说具有更大的预测能力。相对而言，大爆炸模型较弱的预测能力可能有助于解释第 3.5 节中讨论的大量非实证性评估。

在 1990 年左右，致力于大爆炸宇宙学模型的实证研究的最大努力是测量平均质量密度。第 3.6.3 节和第 3.6.4 节回顾了这些探测的多种形式，第 3.6.5 节是我们所知内容的概述。这种巨大努力的部分动机是看质量密度是否足够大，以至于其引力将导致膨胀停止和宇宙的坍缩。这些结果对于建立实证性的宇宙学具有重要意义。但我认为在很大程度上动机很简单，即只是因为这是一个令人着迷的问题：解决它很困难，但或许并非完全不可能。

第 4 章的主题是从与现在截然不同的宇宙时代遗留下来的富含信息的化石——那时宇宙稠密而炽热，足以产生轻元素——以及几乎均匀填充空间的热辐射海。由于过去（现在同样如此）很难想象轻元素和具有其热谱的辐射是如何起源于今天这样的宇宙的，因此这些化石是对我们的宇宙在演化而不是处于某种稳定状态的证据的宝贵补充。皮伯斯、佩奇、帕特里奇所著的《寻找大爆炸》一书回顾了这些化石是如何在 20 世纪 60 年代中期被发现的，书中还有当事人的回忆，讲述了这些发现如何促成了一些研究，这些研究为我们提供了很好的第一手证据，证明宇宙确实演化自一种很热的早期状态，而且膨胀率与广义相对论的预测相符。论文《热大爆炸的发现：1948 年发生了什么？》（Peebles，2014）呈现了一个混乱的故事，讲述了伽莫夫及其同事是如何预见到这些化石的（这些见解在十年后才得到认可）。第 4.2 节介绍了要点的简短版本。热辐射之海已被称为宇宙微波背景（Cosmic Microwave Background，CMB）。我们将在第 9 章中回顾其后续发展：它是如何在建立 $\Lambda$CDM 宇宙学的革命中居于中心地位的。这一关于膨胀宇宙的理论假定广义相对论适用于接近均匀的宇宙（第 2 章），存在爱因斯坦的宇宙学常数 $\Lambda$（第 3.5 节）和暗物质（第 7 章），以及初始条件的某些选择（第 5.2.6 节）。

自然而然地，我们会思考恒星、星系和星系团这些对于爱因斯坦均匀性的明显偏离是如何在一个膨胀的宇宙中形成的。在已建立的宇宙学中，宇宙结构是由相对论扩张宇宙的引力不稳定性形成的。关于这种不稳定的物理意义的早期混淆是历史的重要组成部分。我们将会在第 5 章中对这些考虑因素进行回顾，并评估宇宙结构可能的早期形成图景。这些考虑对于收敛到标准宇宙学的重要性，将会在本书剩余部分反复出现。

第 6 章的主题是天文学家在测量星系质量和星系聚集现象时发现的明显异常。探索这些现象的其他描述可参考以下学者的研究：库图等（2014），德斯沃特、贝尔托内和范东恩（2017）。弗里茨·兹维基是第一个认识到这种现象的人：他发现，在丰富的后发星系团中，星系之间的相对运动似乎太快了，无法被星系中恒星可见的质量引力吸引在一起。一种表达方式是，如果始终以引力的平方反比定律（在广义相对论的非相对论牛顿极限中）为前提，那么似乎缺少通过引力将这些星系集中在一起所需的质量。后来发现，根据第 6.3 节讨论的旋涡星系盘中恒星和气体圆周运动的测量结果，旋涡星系的外部似乎也缺少质量。从第 6.4 节描述的研究——具有突出盘状结构的星系如何获得其优雅的旋涡形——中得出的结论大致相同。到 20 世纪 70 年代中期，情况已经逐渐明朗起来，如果存在被几乎随机取向的轨道牢牢束缚的低光度物质，那么借助这些物质的引力吸引，可见的物质将会以近乎圆周运动的方式处在星系盘引力的束缚中。这将帮助我们更容易地理解上述问题。

这些观测结果指出了建立宇宙学的一个关键思想："暗物质"的存在。暗物质是所谓的"缺失质量"、"隐藏质量"或"亚光度质量"的新名称。这个想法几乎完全来自天文学的追求，而不是宇宙学，为此目的，这个不发光的成分不必太奇特：低质量恒星也可以，尽管相对于明亮的可以观测到的恒星的数量，它们必须以惊人的丰度存在。但是在20世纪70年代，宇宙学的另一个重要思想则源自粒子物理学家对非重子物质的可能形式越来越大的兴趣。气体和等离子、人、行星和正常恒星都是所谓的"重子物质"。重子物质的大部分质量都集中在原子核中。伴随的电子被称为"轻子"，但其质量也被计入重子物质的质量中。中微子是我们现在知道的轻子，其静止质量很小但非零。因此，它们充当非重子暗物质，对星系的质量有贡献。但是在标准宇宙学中，这一贡献远小于天文学证据表明的总和。我们需要一种新型的非重子物质。

在撰写本书时，认为天文学家的亚光度物质是粒子物理学家的非重子物质和宇宙学家的暗物质的观点，一直仍然是一种推测。新的非重子暗物质的唯一实证性证据是其引力效应。它通过了苛刻的检验，已经成为一个富有成果的想法。在第7章中，我们回顾了粒子物理学家对非重子物质的思考：如果该非重子物质是在宇宙膨胀的早期热阶段产生的，那么其残余质量密度不得超过相对论大爆炸宇宙模型所允许的质量密度（这里我们再次假定是在相对论条件下）。但是值得注意的是，在粒子物理学界对天文学家关于亚光度物质存在的证据产生兴趣之前，宇宙学家就开始使用非重子暗物质的概念了。

20世纪80年代讨论最广泛的非重子暗物质有冷和热两种。后者将是已知的中微子类型之一，其静止质量为几十电子伏特（第5.2.7节和第7.1节）。早期宇宙中最初很热的中微子（意味着快速流动）将使质量分布变得平滑，并且这种平滑将倾向于导致第一代结构成为必须破碎并形成星系的大质量系统。1980年，实验室探测到了一种貌似匹配但实际并不匹配热暗物质图像的中微子质量，这无疑增加了人们对通过碎片形成星系的兴趣。该模型曾经被考虑过，但最后不得不放弃：观测结果表明，结构是从较小的质量分布到较大的质量分布分层增长的。

1977年，粒子物理学家引入了非重子物质的原型，这是已建立的宇宙学的重要组成部分。有五个小组在两个月的时间内发表了这一想法。研究人员在这些论文中并没有对天文学家的亚光度质量现象表现出太大的兴趣，尽管文章当中的考虑当然与亚光度物质有关。这是一个奇怪的巧合，还是某种"悬而未决"的想法？我们将在第 7.2.1 节和第 10.4 节中对此进行进一步讨论。

第 8.1 节和 8.2 节回顾了为什么在 20 世纪 80 年代初，宇宙学家将天文学家的亚光度质量和粒子物理学家的非重子物质纳入了所谓的标准冷暗物质（standard Cold Dark Matter）宇宙学模型或 sCDM 宇宙学模型中。字母"s"可能让人产生误解，认为该模型被设计成了一个简单的模型（的确是简单的模型），但是实际上它表示"标准"，不过不是因为它已经被确立为一种标准，而是因为它是最早出现的。这旨在将此版本与第 8.4 节中要考虑的许多变体宇宙学模型区分开。宇宙学界的很大一部分人很快采用了 sCDM 模型的变体，作为基础来探索星系在其空间分布和运动模式中可能是如何形成的（第 8.3 节），并分析星系的形成对热辐射海的角向分布的影响。可以说，这种广泛采用有些过分热情了，因为很容易设计出其他模型来契合我们当时的所知，当然，这些模型肯定不如 sCDM 模型简洁。非实证性的感觉告诉我们，空间截面一定是平坦的，这使情况变得复杂。在广义相对论中，这可能是因为质量密度大到足以产生平坦的空间截面，或者是因为爱因斯坦的宇宙学常数 $\Lambda$ 使得它如此。在第 3.5 节中，我们讨论了学界偏爱平坦空间截面（最好不求助于 $\Lambda$）的非实证原因。这些原因很有影响力和持续性，在 20 世纪 90 年代考虑的 sCDM 理念的变体和替代方案造成的混淆中发挥了重要作用。

在 1998 年至 2003 年间，宇宙学中混淆减少的程度足以被称为一场革命。它是由第 9 章中讨论的两项重大实验进展推动的。第一个是测量物体光谱红移与其在天空中的光度之间的关系（给定其光度）：宇宙学的红移与星等的关系。自 20 世纪 30 年代以来，对它的探测一直是宇宙学的目标，最终在世纪之交由两个独立小组完成（第 9.1 节）。第二个是 CMB 辐射角向分布详细的测图。有关这一工作的研究始于 20 世纪 60 年代中期，恰巧也在世纪之交对宇宙学模型提出了严格的限制。两组测量的结果和已知的结果一起，为相对论热大爆炸 ΛCDM 理论中存在爱因斯坦的宇宙学常数 Λ 和非重子 CDM 提供了一个严密的例证。这是一个巨大的进步。

我们应当问这样一个问题：引入两个非常重要的假定成分 CDM 和 Λ，以及其他影响宇宙学模型选择的假定因素，是否只是在调整理论来更好地契合测量值。争论的焦点并没有变得非常突出，因为符合这两个关键测量实验的 ΛCDM 宇宙学，在严密的实证测试网络中将许多其他证据汇聚在了一起。这是第 9.3 节的主题。

到 2003 年，学界终于确定了一个受人充分支持的关于宇宙大尺度本质的理论。对于这一理论，怀疑论者仍然存在并且是适当的，因为这个理论是已建立的物理学范围的巨大扩展。确实，2003 年的理论也进行了修改，以适应后来的观测结果，但是这些变化只是对参数的精细调整，而不是对该理论基本框架的挑战。逐次逼近是科学的本质，如果真的发现比 ΛCDM 更好的理论也不足为奇。但是我们有充分的理由期待，存在一个更好的理论，能够描述一个行为与 ΛCDM 非常相似的宇宙，因为 ΛCDM 通过了大量以多种不同方式探测宇宙的实证检验。

人们从宇宙学对现有科学所做的贡献中学到的东西，从自然科学的其他分支中也可以学到。这没什么好奇怪的，毕竟宇宙学也是通过自然科学的方法来运作的。不过我仍然认为，在这一学科相对清晰的发展历程中，我们还能学到很多东西。我会在第 10 章中给出我的个人意见。

# 第 2 章

# 均匀宇宙

爱因斯坦对广义相对论如何适用于宇宙的大尺度性质的探索，是现代宇宙学的起源。爱因斯坦（1917）认为，除了微小的不规则性（例如观测到的物质集中——恒星和行星），一个哲学上合理的宇宙在任何地方、任何方向上都应是相同的。这与传统自然科学的研究大相径庭，传统自然科学是从事物结构层级中选择一个层次进行查验。这个层次可能是分子、分子中的原子、原子核，也可能是原子核中的核子、核子中的夸克或胶子。人们也可以在更大的尺度上考察结构，比如，凝聚态、化学以及生物物理学中原子和分子相互作用的巨大复杂性，围绕恒星运转的行星、星系中的恒星以及星系群、星系团和超星团中的星系的性质。爱因斯坦认为，这种结构的层次性将以现代科学的新局面结束，即大尺度上的均匀性。（尽管起初没有明确说明，但大尺度上的各向同性也包含在内。也就是说，该想法假定宇宙在旋转和平移条件下都是恒定不变的。）

爱因斯坦的均匀性假定使思考和检验关于整个宇宙的理论成为可能，不必局限于层次结构中的特定级别。如果宇宙在大尺度平均范围内是均匀的，那么从我们所处的位置进行观测得出的理论和从其他任何位置观测宇宙得出的理论必然是一致的。但这种近似的有用性仍有待证明。

## 2.1 爱因斯坦的宇宙学原理

爱因斯坦（1917）有关大尺度均匀性的原始论点很难评估。他反对这样的观点，即宇宙中的物质可能都集中于一处，就像一座小岛，在它之外什么都没有。如果事实如上所述，那么在逃逸速度有限的情况下，恒星将会蒸发，进而逃离这个岛屿宇宙。而这将与爱因斯坦关于宇宙处于静止状态的隐性假定相悖。如果逃逸速度任意大，那么统计弛豫将产生偶发性的、以任意大的速度运动的恒星。可以认为这与附近恒星的速度远小于光速的观测结果相悖。如果宇宙没有演化，并且恒星有时间达到统计平衡，那么这两点一定程度上都能说得通。爱因斯坦似乎并没有进一步思考，如果能量守恒，那么恒星必将停止发光。如果存在恒星持续不断地发光，那么爱因斯坦那均匀的宇宙将充满星光。以上就是奥尔伯斯悖论，当然这种情况并不为人们所接受。

与爱因斯坦1917年的想法更接近的论点可以在他的《相对论的意义》中找到，该书是爱因斯坦1921年在普林斯顿大学所做讲座的讲义（Einstein, 1923）。他指出，他的广义相对论允许这样的解，其中存在一个单一的质量聚集，在这个质量聚集之外，时空是空的并且渐近平坦，或者用爱因斯坦的话说，是准欧几里得式的。物质在此质量聚集下的运动将具有通常的加速特性，例如受引力束缚的旋转星系的扁平化。但是在非相对论的质量聚集下，这种旋转将相对于空的时空。因此，爱因斯坦（1923, 109）写道："如果宇宙是准欧几里得式的，那么马赫认为惯性以及引力依赖于物体之间的某种相互作用的观点就是完全错误的。"

爱因斯坦（1917）表达的一种类似的观点是："在一个自洽的相对论理论中，不存在相对于'空间'的惯性，只有相对于彼此的质量的惯性。"他继续指出，在广义相对论中，平坦的时空中的单个质量粒子将具有惯性，这与他之前所述的相对论观点相反。

爱因斯坦（1923，110）认为，在惯性的相对性这个问题上，马赫"很可能走上了正确的道路"，并列举了三个例子：

1. 当附近可称量的物体堆积起来时，物体的惯性一定会增加。
2. 当其相邻的物体加速时，物体必须承受加速力，实际上，该力的方向必须与加速度的方向相同。
3. 旋转的空心体必将在其内部产生一个"科里奥利场"，该"科里奥利场"会在旋转的意义上使得运动体偏转，并且还会产生一个径向离心场。

在对爱因斯坦的天才构想保持尊敬的同时，我们必须注意到，第一个例子，如果是作为局部量度的话，可能会遵循马赫原理，但在广义相对论的框架下并不正确。该理论预测，如果一名观测者被限制在一个可以忽略潮汐场的足够小的空间内，那么无论环境如何，他都能看到相同、普适的局部物理学，包括惯性的通常性质。第二个示例的操作含义似乎与第三个示例相同。这就是伦塞-西凌效应：旋转的大质量物体附近的惯性参考系相对于远处的物体旋转，就好像惯性参考系被大质量物体的旋转所拖动一样。这个效果已通过观测被验证。

广义相对论的预测符合这样的思想，即加速度像运动一样，只有相对于宇宙其余部分的活动时，才是有意义的。这似乎正是恩斯特·马赫的思想方向（正如他在《力学及其发展的历史批判概论》英译本中所表达的那样，Mach，1960，283—285）。我们必须考虑的一种可能是，爱因斯坦在读到他所谓的"马赫原理"时想到了一个现已明确确立的想法：可观测的宇宙非常接近于均匀。关于爱因斯坦的正确观点是否出于完全正确的动因的争论仍在继续。

为了使加速度在广义相对论中是相对的，爱因斯坦必须消除准欧几里得宇宙的可能性。为此，他提出了一种边界条件，即宇宙是均匀的：

它没有首选的中心,也没有边缘。太空被描绘成几乎均匀地充满了物质和辐射。

威廉·德西特(1917a,3)的论文给出了爱因斯坦思想的一些提示:

> 在无穷远处,$g_{\mu\nu}$ 的最理想和最简单的值显然为零。爱因斯坦没有成功地找到这样的一组边界值,因此提出了宇宙不是无限的,而是球形的这一假定,这样就不需要边界条件了,这个困难就消失了……几个月前,埃伦费斯特教授在与笔者的对话中曾经提出了使四维世界成为球形,以避免必须分配边界条件的想法。但在那时,这个论点还没有进一步发展。

(我无法理解德西特脚注中的评论。)球形空间是闭合的,就像球体的表面一样,没有我们必须指定边界条件的边界,并且可以假定它接近均匀。我们看到,大胆且最终成功的均匀性思想源于哲学和直觉的某种混合,并辅之以与同行的互动,也许还辅之以相当程度的空想。显然,这并不是基于任何实证的证据。

爱德华·阿瑟·米尔恩认识到均匀性在用公式描述宇宙学方面的力量,他将这一假定命名为"爱因斯坦的宇宙学原理"。米尔恩(1933)指出,独立于广义相对论,该原理与标准的局部物理学解释说明了宇宙学的核心特征——星系的退行速度 $v$ 与星系距离 $r$ 之间的关系:

$$v = cz = H_0 r \qquad (2.1)$$

其中 $H_0$ 是比例常数。要证明这一点,将星系的速度写成矢量关系 $\vec{v}=H_0\vec{r}$,然后星系 $a$ 上的观测者就将看到星系 $b$ 以一定速度移动。这表明,所有观测者都可以看到其他星系有着相同的退行模式,这是均匀性所要求的。

$$\vec{v}_b - \vec{v}_a = H_0(\vec{r}_b - \vec{r}_a) \tag{2.2}$$

膨胀率 $H_0$ 被称为哈勃常数。下标旨在表明 $H_0$ 是宇宙当前膨胀率的量度。在不断演化的宇宙学中，膨胀率是时间的函数。等式（2.1）被称为红移-距离关系，其中，在退行速度远低于光速时红移才被如此定义。

红移-距离关系通常称为哈勃定律，但国际天文学联合会成员投票决定将其重命名为哈勃-勒梅特定律，以表彰勒梅特的预测（第3.1节进行了讨论）。也可以用其他人的名字来命名。维斯托·梅尔文·斯里弗的红移测量值和亨丽埃塔·莱维特的造父变星的周期-光度关系对哈勃（1929）的红移距离图至关重要；而米尔顿·赫马森在20世纪30年代的红移测量值对清晰有力地证明这种效应至关重要。

要以另一种方式了解米尔恩的想法，请考虑图2.1中三角形顶点处的三个星系。如果星系以均匀且各向同性的方式彼此远离，那么三角形

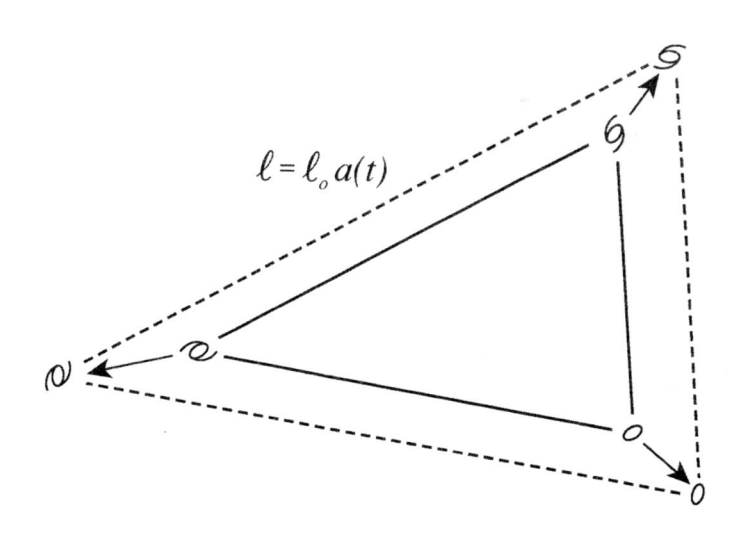

图2.1 均匀且各向同性的膨胀（Peebles，1980）

的角度不变，每边的长度 $l_i$ 增加相同的因数 $l_i \propto a(t)$。任何三角形都必须如此。也就是说，$a(t)$ 是一个普适的膨胀因子。在 $l \propto a(t)$ 这个条件下，间隔 $l$ 处任意两个星系之间的物理距离 $l(t)$ 的变化率是：

$$\frac{dl}{dt} = v = \frac{\dot{a}}{a}\ell(t) \qquad (2.3)$$

点表示时间导数。我们看到公式（2.1）中的哈勃常数为：

$$H_0 = \frac{1}{a}\frac{da}{dt} \qquad (2.4)$$

这是在膨胀时间 $t = t_0$ 的当前时期进行的评估。

星系速度与哈勃定律确定的该位置的平均值的偏离，被称为星系本动速度。本动速度通常可以归因于星系中不断增长的质量聚集的引力以及星系的密度，但爆炸产生的非引力作用可能也很重要。

在非相对论的退行速度下，宇宙学红移被定义为 $z = v/c$，其中 $c$ 是光速。这是一阶多普勒频移。哈勃距离与退行速度之间的关系外推至光速时得到的距离是哈勃长度：$r_H = cH_0^{-1} \sim 10^{28}$ cm。我们将从第 3.2 节开始，对于在这么远距离的星系，对公式（2.3）进行相对论修正的考虑。

## 2.2 非均匀性的早期证据

20 世纪 30 年代，宇宙学原理通过了一项重要的实证检验：公式（2.1）中红移–距离关系的均匀性的预测与第 2.3 节中讨论的严格测试相符。但是星系分布图并未表明均匀性。查利尔（1922）绘制了已知星云在天空中的分布图。在查利尔的分布图中，这些物体包括银河系中的星团，以及星光被尘埃云反射的区域，但大多数都是银河系外的星云，即其他包含着大量恒星的星系。查利尔指出，该图使人想到了分层星系团：星系以团块形式出现，而团块则存在于包含着很多团块的大团块中，依此类推，可能扩大到无限大的尺度。这在后来被称为"分形宇宙"。

10年后，哈佛学院天文台的哈洛·沙普利和阿德莱德·艾姆斯展示了1 249个已知的星系的星表，其光度超过 $m = 13$（这是对在天空中明亮程度的度量）。图2.2展示了这些星系在银河系两个半球中角向位置的分布（Shapley and Ames, 1932）。左侧分图显示了我们银河系北半球的星系，右侧分图显示了银河系南半球的星系。在银河系平面附近几乎没有星系，这是由于靠近我们银河系平面的星际尘埃吸收了光。银道面上方和下方的天空更加明晰。图2.2左侧的北半球展示了室女星系团（该星团因临近室女座而得名）及其周围的许多星系。德沃古勒（1953，1958a）将其命名为室女星系团，将其周围的星系聚集命名为本超星系团。周围星系的这种明显不均匀的分布已得到充分证实。

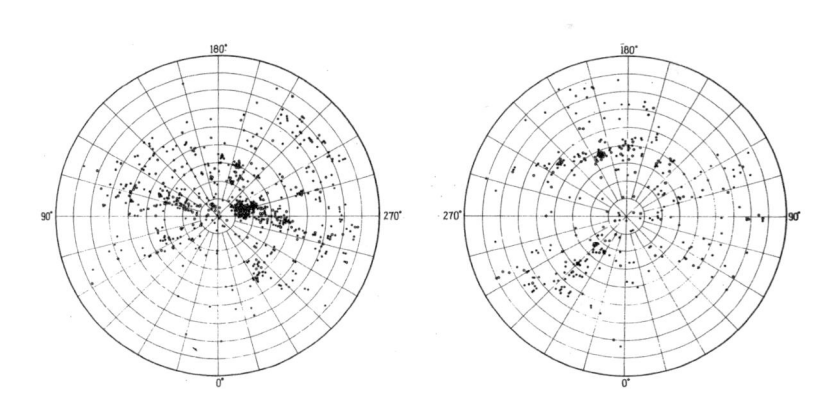

图2.2 沙普利-艾姆斯星系图（亮度高于表观星等13级，沃尔巴赫馆藏区，哈佛学院图书馆）

威廉·德西特（1917a，b）对爱因斯坦关于宇宙结构的思想做了讨论。由于德西特是一位知识渊博的天文学家，他本可以告诉爱因斯坦，这些星云主要都是河外星系以及这些河外星云根本不接近均匀分布的证据。但是我没有看到过任何资料表明，爱因斯坦考虑过这一观测，以及如果考虑过，这些是否影响了他的思考。

1917年的可能性是，尘埃的消光是一片一片的，很零散，甚至远离我们银河道面，或者观测到的星系分布根本不符合宇宙学原理的均匀性。到20世纪50年代，除了排除尘埃选项外，其他方面并没有太大变化。这种情况在颇有影响力且内容丰富的著作《经典场论》（Landau and Lifshitz，1951，1948年俄语版的英文译本）中得到了认可。这本书对狭义相对论和广义相对论进行了令人钦佩的阐述，但这本书或他们这套理论物理学系列中的其他书对数据却很少提及。罕见的例外是朗道和利夫希茨（1951，332）对爱因斯坦的均匀性假定的评论：

> 尽管目前可获得的天文数据为该密度的均匀性的假定提供了基础，但该假定可能仅具有近似性质。此外，在获得更多新的数据后，这种情况是否会发生改变，哪怕是定性的改变，以及如此获得的引力公式解的基本性质在多大程度上与现实相符，仍是一个悬而未决的问题。

从图2.2中我们可以看出，这是一个明智的说法，尽管从实证的角度来看，人们可能已经预见到一个警告：对广义相对论的检验不多。引力物理学的情况与他们著作的第一部分中的实证情况有很大的不同，后者基于的是经过充分检验和广泛应用的电磁学。

奥尔特（1958）在第十一届索尔维会议的一份报告《宇宙演化与结构》（*La structure et l'évolution de l'univers*）中以"宇宙最显著的方面之一就是其不均匀性"开头。作为证据，他展示了图2.2中沙普利和艾姆斯（1932）的图。他原本还可以加上阿贝尔（1958）星表中距离较远的富星系团，以显示它们像超星系团中的星系团一样，以分散的形式散布在天空中。但与沙普利和艾姆斯图中更近的星系的分布相比，阿贝尔图（1958，图7）中的星团的分布确实显得不那么成块。

## 2.3 均匀性的早期证据之各向同性

在比沙普利和艾姆斯采样的体积更大的空间内，仍然存在星系均匀分布的可能。哈勃（1926，1934）进行了一项测试，即以暗星系计数的变化作为天空中位置的函数。在远离银河系平面附近被星际尘埃所遮掩的区域，哈勃（1934）发现，每平方度往往大约有100个星系（降低至标准观测条件）及至极限红移，他估计 $z = 0.1$。这是深场，是光速的10%，大约是沙普利-艾姆斯图中采样距离的10倍。哈勃在低银河纬度上的计数（图2.3中下部线状的数据）比在高银河纬度时小，并且显示出整个天区的系统变化。两者都是沿着银河系平面上的视线方向被不同数量的尘埃遮盖的效果。上部的线状数据是在平面上方40°~50°的计数，在北银河半球中以实心圆，在南银河半球中以空心圆绘制。这两个半球的计数相似，并且没有显示出随着天空中的位置系统性变化的趋势。哈勃（1934，62）得出以下结论：

> 然而，从总体上看，集群化趋势趋于平均。大型反射镜的计数与均匀群族的采样理论非常接近。统计上，星云的均匀分布似乎是整个可观测区域的一般特征。

博克（1934，8）的考虑导致他得出了相反的结论：

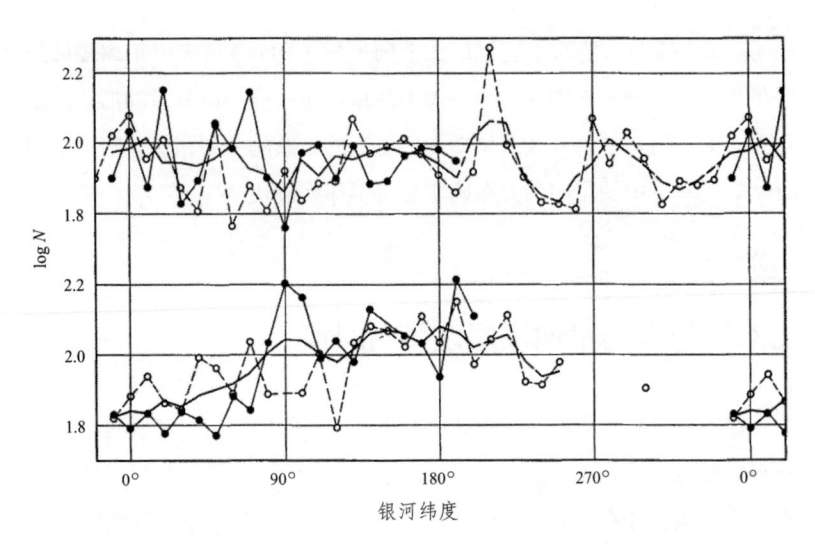

图 2.3 哈勃（1934）星系计数表，上方曲线为高银纬星系，下方曲线为低银纬星系。经美国天文学会授权使用

不同的证据线都表明，可利用的材料指出了外部星系分布中普遍存在的不均匀性，而且这种聚集的趋势可能是现代望远镜可观测的宇宙范围内的主要特征之一。

博克当时在哈佛学院天文台任教，他强调了从该天文台发布的哈佛沙普利-艾姆斯星系图中星系的成块分布。他提到了哈勃（1934）的研究，但没有提及哈勃的图 4（本书的图 2.3）。哈勃把这张图看作展现均匀性的提示。博克似乎没有被说服。

哈勃的解释对我来说似乎更合理，我认为这是第一个提示，表明在足够大的体积中，平均来说，星系分布接近各向同性。当然，现在很容易看到这一点。而且更容易看到的是，如果我们认为我们在星系中的位置不是很特别，那么我们就可以从图表中看出，星系分布在大范围内趋于均匀，尽管这还只是非常初步的结论。

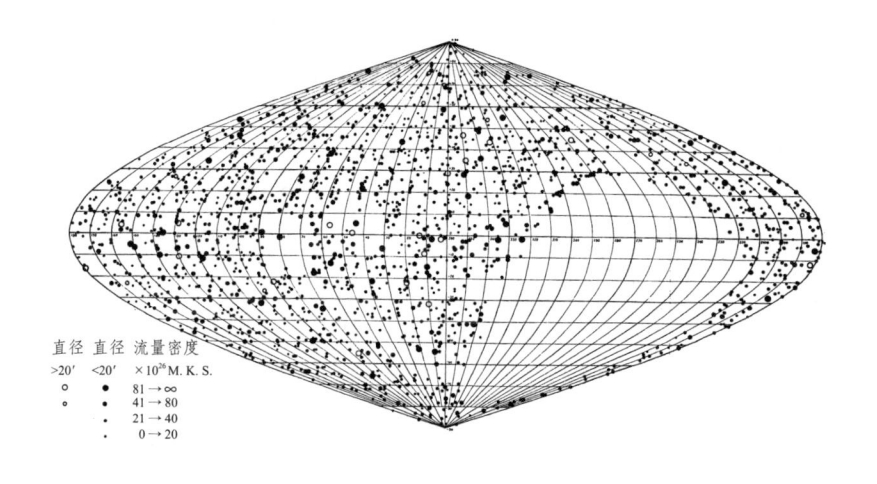

直径　直径　流量密度
>20′　<20′　×10²⁶ M. K. S.
　○　　●　　81 → ∞
　○　　●　　41 → 80
　　　　●　　21 → 40
　　　　●　　0 → 20

图 2.4 《剑桥第二射电源星表》(Shakeshaft, Ryle, Baldwin, et al., 1955)

另一条证据线于 20 世纪 50 年代开始出现。我们此时开始在射电波段探测宇宙，并在不久之后开始通过 X 射线和微波探测器探测宇宙。图 2.4 显示了谢克沙夫特等 (1955)[①] 在《剑桥第二射电源星表》(2C) 中列出的巡天天区部分射电源的位置分布。当时这些源很可疑，现在已知它们位于星系当中。该星表列出了波长为 3.7 米 (82 MHz) 的 1 936 个源。有一些靠近银河系平面，很可能在我们的银河系中。其他是对旁瓣中源的虚假探测，并且一些真实的源丢失了。天空中最亮的河外射电源天鹅座 A 位于这张图的银道面上，并且位于左侧约四分之一处。该物体周围的空白区域形成的原因是该源在射电波段的光度如此之高，以至于遮盖了图中靠近它的源的光。(右下角的大片空白区域未被观测到，因为它始终位于望远镜的视线以下。)

---

① 谢克沙夫特等 (1955) 文献中第 148—149 页之间的图片。

对其中一些源的光学证认和红移测量表明，许多源的红移足够大，以至于观测结果可能表明，作为射电流量密度的函数的源计数与在狭义相对论的平坦时空中的预期间存在可检测的偏离。这是将在第3.4节中讨论的宇宙学测试。虚假探测和遗漏使它在这里的应用受到了干扰。这个系统误差对源的角向分布影响较小，但是我们看到图2.4中的源恒定面积图确实如在均匀宇宙中预期的那样：在任何方向都没有提示表明观测已经到达了这些源分布的边界。

我们存在于X射线和微波辐射的海洋中。后者后来被称为"宇宙微波背景"，这将是第4章的主题。一次6分钟的火箭飞行给出了前者的第一个证据，即X射线的海洋（Giacconi et al., 1962）。飞行过程中几乎没有时间测量X射线角向分布，但是古尔德（1967）的回顾表明，这种辐射在整个天空中的变化不会超过10%。施瓦茨（1970）使用OSO-III X射线卫星（在7.6～38 KeV，角分辨率约为10°）对天空进行了长达一年的扫描，结果表明X射线各向异性为4%。

彭齐亚斯和威尔逊（1965）提出了对第二种成分，即微波辐射海的认识。到20世纪60年代末，威尔逊和彭齐亚斯（1967）以及帕特里奇和威尔金森（1967）发现，这种辐射在优于0.2%的程度上是各向同性的。

在光学、射电、微波和X射线波长处观测到的各向同性对有关我们宇宙大尺度本质的观点提供了重要约束。图2.3和图2.4要求，如果星系的空间分布不接近均匀，那么关于我们的位置，它至少应接近于球对称分布。这似乎是对物质的一种奇怪的安排，而且对于像我们这样的观测者而言，有着无数同样像合适家园的其他星系，这也很奇怪。很难想象，我们会处在靠近对称中心如此特殊的位置。更容易的解释是，我们的宇宙接近于均匀，这意味着其他星系的观测者也将看到源的各向同性分布。

值得考虑的另一幅图像是X射线和微波辐射的背景是各向同性的，

因为宇宙包含了一个与星系的分布无关的均匀的辐射海。如果时空是静态的，那么确实可能如此。但如果我们接受来自星系红移的证据，即星系正在互相远离，那么大多数星系就必须穿过一片均匀的辐射海。多普勒效应会使在辐射海中移动的观测者发现，辐射在星系移动的方向上比平均水平亮，而在相反的方向上则变暗。我们观测到的辐射接近于各向同性，因此我们又必须处于一个极其特殊的星系中——少数几个在辐射海中缓慢移动的星系之一。大多数星系将以更快的速度在辐射海中移动，最遥远的以相对论速度移动。为什么我们处于这种特殊情况中呢？

我们可能会考虑的另一种情况是，辐射是在弯曲的时空中均匀分布的，该弯曲的时空描述了均匀且各向同性的空间截面，这与宇宙学原理相一致，但即便是在任意大的尺度上，星系也以团块状分布，正如在分形结构中那样。20世纪60年代，研究者或许可以用以下理由来为这种图景辩护：假定X射线背景不是来自星系，并且我们可以忽略由星系占据的区域中的质量引起的对时空的引力干扰。沃尔夫和伯比奇（1970）以及皮伯斯（1971a）讨论了这类问题。结论是很难想象一个接近哈勃长度尺度的关于物质团块化的模型会与所有各向同性的观测相符。除此之外，还有更多。

## 2.4 均匀性的早期证据之计数和红移

邦迪在《宇宙学》（1952，14，15）中注意到了星系呈团块状分布，但并没有对此表示太多关注。他在书的第48页指出，哈勃和赫马森（1931）的红移-距离测量值和哈勃（1936）的星系计数值（邦迪在书的前面做了讨论）"强烈地指向了爱因斯坦宇宙学原理这一假定的正确性"，即大尺度上均匀性的正确性。同样的，尽管奥尔特（1958）着重强调星系位置图中的不均匀性，但他还是愿意根据哈勃的深空计数来估计均匀宇宙的平均质量密度。现在让我们考虑这一作为宇宙学原理的证据。

米尔恩证明了宇宙学原理预言了哈勃定律，即公式（2.1）中星系距离与退行速度 $v$（或红移 $z$）之间的线性关系。哈勃（1929）提供的有关线性关系的证据中并没有非常严格的论据，但哈勃和赫马森（1931）对此进行了改进。他们发现，该关系对于观测到的 $z \sim 0.06$ 的最亮星系来说是一个很好的近似值，哈勃（1936）报告了更深的检验，达到红移为 $z \sim 0.1$。（哈勃1929年使用了他对单个星系的距离的测量值以及斯里弗1917年的红移测量值。哈勃和赫马森后来的测量则假定平方反比定律成立，得出了星系距离的比值。这使得对红移-距离线性关系的检查成为可能，留下比例常数 $H_0$ 有待确定。）

这些红移-距离测量得出的退行速度接近光速的10%，这是对宇宙的惊人的深空探测，并且没有遇到对均匀膨胀的严重挑战。哈勃和赫马森没有提到这一点，但是他们测量红移-距离关系的另一个有价值的结果是对这一宇宙学原理的检验。但是我们应该记住，尽管哈勃定律以均匀性为特征，但均匀性并不是哈勃定律所必需的。如果猛烈的爆炸使星系飞散到最初的空旷空间，那么随着时间的流逝，运动得更快的星系将离得更远。这种速度排序将在一个块状的宇宙产生哈勃定律，当然，需要假定这些团块之间的引力相互作用可以被忽略。[1] 我们将在第3.6.3节至3.6.5节讨论哈勃定律偏离现象后来的用途：研究偏离均值对均匀质量分布产生的引力效应。

邦迪提到的另一个探测是星系的数量与它们在天空中的亮度的关系。如果星系的空间分布在整个采样体积上平均是均匀的，并且如果我们可以忽略在很远的距离上很重要的相对论修正，那么比接收到的能量

---

[1] 明确地说，一群初始距离为 $r_i$ 的粒子沿着径向以匀速 $v_i$ 相互远离，在经历了时间 $t$ 后的距离变为 $d_i = r_i + v_i t$。在任意长的时间 $t$ 上，速度任意地表示为 $v_i = d_i/t$。

流量密度 $f$ 亮的星系的数量将按以下关系随着 $f$ 的变化而变化：

$$N(>f) \propto f^{-3/2} \quad (2.5)$$

为得到这个关系，请考虑平方反比定律：光度为 $L$ 的星系在距离 $r$ 处产生星光能量流量密度 $f = L/(4\pi r^2)$（忽略消光和相对论修正）。具有光度 $L$ 而且在天空中比 $f$ 更亮的星系，在距离 $r < \sqrt{L/(4\pi f)}$ 处被观测到。在一个均匀分布中，天空中光度比 $f$ 亮的星系的数量与距离 $r$ 内的体积成比例，用 $r^3 \propto f^{-3/2}$ 表示。该幂律比例适用于每个光度等级的星系，因此它适用于所有光度等级的星系的总和，从而得出表达式（2.5）。

天文学家用视星等来度量能量流量密度 $f$：①

$$m = -2.5 \log_{10} f + \text{一个常数} \quad (2.6)$$

那么统计上均匀分布的星系的数量-星等关系就是：

$$\log_{10} N(<m) = 0.6m + \text{另一个常数} \quad (2.7)$$

表达式（2.5）和等式（2.7）中简单但有价值的关系首先被应用于恒星的计数。它通过对这种关系的偏离，揭示了我们银河系的星系范围是有限的。

---

① 天文学家对内禀光度 $L$ 的度量是用绝对星等，用下面的公式定义：

$$M = -2.5 \log_{10} L + \text{另一个常数}, \quad m - M = 5 \log_{10} d / (10 \text{ pc})$$

$d$ 是距离，$m-M$ 是距离模数，归一化到 $m = M$ 在 10 秒差距的距离上，这里 1 秒差距大约是 3 光年。对视星等和绝对星等的测量确定了在哪个波长范围测量辐射、对大气遮挡效应的校正、对银河系和源中尘埃消光效应的校正，如果源的距离很远的话还需要对波长进行红移校正。这些计算应当留给更有能力的人来处理。

哈勃（1926，366）将这种关系与星系计数进行了比较，并得出结论：

在大于 8 mag 的范围内，观测到的和计算出的 log$N$ 的一致性符合均匀光度和均匀分布的双重假定，或更普遍地说，它表明密度函数与距离无关。

这种从星系计数中获得均匀性证据的早期认识令人印象深刻，但这种情况是基于异构的样本。哈勃（1936，186）对计数的更系统的汇编达到了令人印象深刻的远的距离，退行速度约为光速的40%［根据皮伯斯（1971a，37）的估计］。这些计数随着能量流量密度 $f$ 的减小而增加，但速度略慢于 $f^{-3/2}$ 定律中的表述。这可能意味着远距离的宇宙比附近的宇宙密度稍低，或者哈勃在其视星等尺度上存在不大的系统误差，或者也许他已经探测到相对论修正。但是我们可以得出结论，这些计数并不能说明哈勃对遥远星系的观测已经到达了星系范围的边缘。

计数的 $f^{-3/2}$ 定律以及红移-星等关系假定星系之间的空间是完全透明的。兹维基（1929）提出了穿过星系间很远距离的光是否会遭受某种形式的摩擦，从而导致光子损失能量的问题，这一概念被称为"疲倦的光"。根据爱因斯坦光子能量 $\varepsilon = h\nu$ 的表达式，疲倦的光这一图景将意味着随着行进距离的增加，光子的能量 $\varepsilon$ 会减少，其波长会增加。这可能会导致星系的红移吗？摩擦是否还会使自由空间变得略微不透明？哈勃和托尔曼（1935）不仅提出了第一个问题的测试方法，还隐含地提出了第二个问题的测试方法。他们的依据是表面光度随红移的变化，[①]其模型为：

---

[①] 辐射表面光度是净能量流量在频率、单位面积、时间、立体角上的积分。在静态情况下，沿着一条光束的表面光度是一个常量。这是刘维尔定理应用到把光当作光子气体的模型的结果。在表达式（2.8）中，平直时空或者弯曲时空的多普勒频移产生的指数为 $r = 4$。

$$i \propto (1+z)^{-r} \tag{2.8}$$

在标准理论中，红移是宇宙膨胀的结果。根据第4.1节中讨论的考虑，这将得出指数 $r = 4$ : $(1+z)$ 的一个幂来自每个光子在红移时的能量损失，一个幂来自光子接收速率的降低，另两个幂来自多普勒的立体角的改变。而且，如果膨胀的宇宙中的自由空间不是完全透明的，这将使 $r > 4$。在静态疲倦的光宇宙中，如果假定空间是透明的，那么就只有第一个效应起作用，即 $r = 1$。

这种优雅的表面光度测试不受空间曲率的影响，但是由于星系固有表面光度随着星族的演化发生的演化难以模拟，因此其应用变得复杂。但是我们从另一个方向进行了苛刻的测试：第4章讨论的微波辐射之海。图4.7中所示的近热谱表明，表面光度演化与多普勒效应在 $r = 4$ 时非常吻合。自由空间的散射而不是吸收，不会干扰辐射海的热谱，但是会趋于平滑化辐射各向异性。在第9章中回顾的对此效应进行的测试表明，从高红移回溯到黑暗时代的辐射中，有百分之几十的辐射可能被星系间等离子体中的自由电子进行了汤姆孙散射〔正如斯伯格等（Spergel et al., 2003）最初指出的那样〕。在标准的大爆炸模型中，这意味着除星系演化的影响外，随着流量密度 $f$ 的降低，星系计数的增长速度不如表达式（2.5）预期的快，而红移随视星等的增加也较公式（2.1）预期的增长慢。但是，这一汤姆孙散射的影响在红移小于 1 时很小。

我们还要注意的是，相对论修正对第9.1节中讨论的现代更深入、更精确的观测很重要，但对20世纪30年代可以做的工作而言并不重要。令人印象深刻的是，在20世纪30年代，有一些观测到的星系距离足够远，以至于它们的红移表明它们以接近光速的速度远离我们，而这些观测并没有达到星系范围的边缘。

## 2.5 静态随机过程的宇宙

借鉴耶日·内曼（1962）的观点，爱因斯坦的宇宙学原理更正式的陈述是，宇宙是假定为静止的（统计上均质和各向同性的）随机过程的实现。静止状态意味着期望值与位置和方向无关，只有相对位置很重要。只有在这个过程的实现——也就是我们可观测的宇宙——提供了一组接近合理的样本，从这一样本中我们可以得到关于星系分布统计测量的估计，并在理想化、无限可实现的过程中有效地近似这些测量时，这个概念在实证上才是有用的。该测试是对天空中不同距离范围内的不同部分的采样的统计估计值的可重复性检查。

加利福尼亚大学伯克利分校的耶日·内曼和伊丽莎白·斯科特发起了一项开创性的、有关星系空间分布统计分析的项目。他们将天空中一个个小区域里的星系计数拟合到一个由 $v$ 个成员组成的星团模型中，其中随机数 $v$ 可能取值为 1，并且这些星团可能位于包含随机数的星团的超星系团中。他们通过计数的二阶矩来约束模型的参数。该项目得以发起，至少部分原因是唐纳德·沙恩在附近的里克天文台主持的观测项目。沙恩领导着天空中数以百万计的最亮星系的编目工作（Neyman, Scott and Shane, 1954；Shane and Wirtanen, 1954, 1967）。内曼等的项目阐明了对河外天体进行静态分析的哲学，并预示了晕占据分布项目，该项目已成为 21 世纪分析星系分布的有用工具（如 Berlind and Weinberg, 2002）。但是他们的项目并不适合探测大尺度的均匀性。这是通过测量星系 $N$ 点位置相关函数来实现的。

里姆波尔（1953，1954）、鲁宾（1954）以及东辻和木原龙（1969）引入了对星系分布的两点统计测量的使用。他们所有人都使用或提及了正在进行的里克计数。里姆波尔（1954, 656）关于他如何估算一个个小区域中星系计数的两点角相关性的描述值得在这里介绍：

沿着这样的平行度上的每一度，每平方度内的星云数分别记录在两个[纸]条上。为了获得该平行线的 $\overline{NN}_\phi$，将一个条带相对于另一条带移位 $\phi$ 度，然后将位移后相邻的两个条带上的值相乘，得到这些乘积的平均值。

经过归一化和减去散粒噪声后，量 $\overline{NN}_\phi$ 是间隔 $\phi$ 度角的两点相关函数的估计，它已成为河外天文学中被广泛使用的统计数据。但是对里克巡天和其他星表中数据的更充分利用，还需要等待20世纪70年代计算技术的进步，并最终取代里姆波尔的劳动密集型方法。我在和普林斯顿大学同事合作时使用的统计分析程序利用了这一点。结果总结在相关文献（Peebles，1980）中。

$N$ 点相关函数通过点状粒子（可能是星系，也可能是质量元素）的分布来表示宇宙的结构。在体积元素 $dV$ 中，发现一个粒子的概率为：

$$dP = ndV \qquad (2.9)$$

这定义了平均粒子数密度 $n$。在假定的平稳过程中，$n$ 与位置无关。在与一个粒子相距 $r$ 的体积元素 $dV$ 中，发现一个粒子的概率为：

$$dP = n(1+\xi(r))\, dV \qquad (2.10)$$

这定义了简化的两点相关函数 $\xi(r)$（"简化"表示删除括号中的第一项以及因子 $n$）。在统计上均匀和各向同性的假定下，该两点统计量只能是两点间隔 $r$ 的函数。如果我们观测到的实现为我们提供了一个适当样本的良好近似，那么根据观测所得的 $\xi(r)$ 的估值就是函数在理想化的随机过程中的良好近似。如我曾详细讨论的，当 $N>2$ 时，对高阶归化 $N$ 点函数的定义与此类似（Peebles，1980）。

根据公式（2.10），一个粒子距离 $r$ 以内的粒子数的平均值（期望值或者统计平均值）如下：

$$\langle N(<r) \rangle = nV + n\int_0^r 4\pi r^2 \, dr \, \xi(r) \qquad (2.11)$$

其中 $V$ 是距离 $r$ 以内的体积（距离与哈勃长度相比尺度很小，因此我们可以考虑空间是平直的）。

在平稳的随机泊松过程中，每个粒子的位置均独立于其他粒子所在的位置进行分配。在这种情况下，$\xi = 0$，并且邻居的平均数是数密度 $n$ 与半径 $r$ 内的体积 $V$ 的常规乘积。为避免混淆，请注意，在平稳的泊松过程中，随机放置的体积 $V$ 平均包含 $nV$ 个粒子，但如果将体积放置在随机选择的粒子，会使所包含的粒子数偏移，平均包含 $nV+1$ 个粒子。

公式（2.11）中的第二项是超过泊松分布的平均邻居数。如果粒子倾向于相互远离，这一项就可能为负。如果两点函数为正并且是幂律形式（类似我们对星系的观测结果），那么我们有：

$$\xi(r) = (r_0/r)^{\gamma}, \quad \langle N(<r) \rangle = nV + \frac{4\pi n}{3-\gamma} r_0^{\gamma} r^{3-\gamma} \qquad (2.12)$$

第二个公式的另一种表示方法是，和一个粒子距离小于 $r$ 的平均邻居数与在位置不相关的情况下期望的平均数 $N = nV$ 之间的相对差：

$$\frac{\delta N}{N} = \frac{\langle N(<r) \rangle - nV}{nV} = \frac{3}{3-\gamma} \left(\frac{r_0}{r}\right)^{\gamma} \qquad (2.13)$$

参数 $r_0$ 是该幂律模型中成团长度的度量。在 $r \ll r_0$ 处，位置明显聚集：如果位置不相关，那么一个典型粒子具有比预期更多的邻居。在 $r \gg r_0$ 处，相对于不相关的泊松分布的平均偏离是对计数的很小的相对扰动。

测量 $\xi(r)$ 和高阶函数需要找到方法，来解决星系距离测量相对较大的不确定性。该方法是间接的：在某些选定值范围内具有距离估计值 $d$ 的星系的角位置图中，从角度两点相关函数 $\omega_d(\theta)$ 的估计值推断 $\xi(r)$。星系距离估计中的误差被假定是不相关的，但可以设计校正方法加以校正。距离误差的概率分布应该被充分合理地理解，并且我们有一个强有力的假定，即分布在统计上是各向同性的。

根据公式（2.10）中定义的空间两点函数，在标称距离范围 $d$ 内的星系样本中的角两点函数 $\omega_d(\theta)$，由在到星系角距离 $\theta$，立体角 $d\Omega$ 范围中找到一个星系的概率定义：

$$dP = \mathcal{N}(1 + \omega_d(\theta))d\Omega \qquad (2.14)$$

其中 $\mathcal{N}$ 是单位立体角（如果以弧度为单位测量角度，则为每球面度）的平均星系数。

如果我们有一个适当样本，并且如果空间函数 $\xi(r)$ 在更大间隔处比 $r^{-1}$ 下降得更快，那么在小角度间距 $\theta \ll 1$ 弧度下，函数将随样本深度 $d$ 缩放为（Peebles，1973a，公式 [69]）：

$$\omega_d(\theta) = d^{-1}W(\theta d) \qquad (2.15)$$

固定 $x = \theta d$ 下的函数 $W(x)$ 与深度 $d$ 无关。[ 相对论修正被应用在格罗思和皮伯斯（1977，§V）的研究中。] 要理解 $d$ 如何进入公式（2.15），请考虑在固定的 $\theta d$ 下评估的角函数探测的是固定线性尺度上的结构。随着 $d$ 的增加，角相关函数会平均过在沿视线的线性尺度 $\theta d$ 上增加的实现的数量，这平均化了角分布中的聚集。

图 2.5 引自格罗思和皮伯斯（1977），展示了对统计上有着均匀的星系分布的适当样本的定量测试：一种空间静态的随机过程。分图（a）中的角两点函数是根据到三个极限视星等的星系角位置的星表做的

估计。三角形的相关函数是从最邻近的样本，兹维基等（1961—1968）的《星系和星系团星表》中得到的。圆形的相关函数基于更深的里克星表。沙恩和维尔塔宁（1954，1967）发表了里克计数在1平方度单元格中的总和。塞尔德纳等（1977）将原始计数减少到标准条件下 $10\times10$ 角分的单元中，获得了图中绘制为圆形的相关函数。从鲁德尼茨基等（1973）更具有深度的贾格隆场中的星系星表得到了以正方形绘制的两点函数。

图 2.5 分图（a）中的角相关函数会随着样本深度的增加而减小，即在更深的样本更好地平均掉平稳随机过程中的起伏的情况下，朝着预期的方向减小。分图（b）中的定量检查是在公式（2.15）中应用比例关系的结果，其中样本的极限深度 $d$ 的比率被视为每球面度的平均星系计数比率的立方根。缩放函数相当近似，这表明得出的空间函数非常可信。

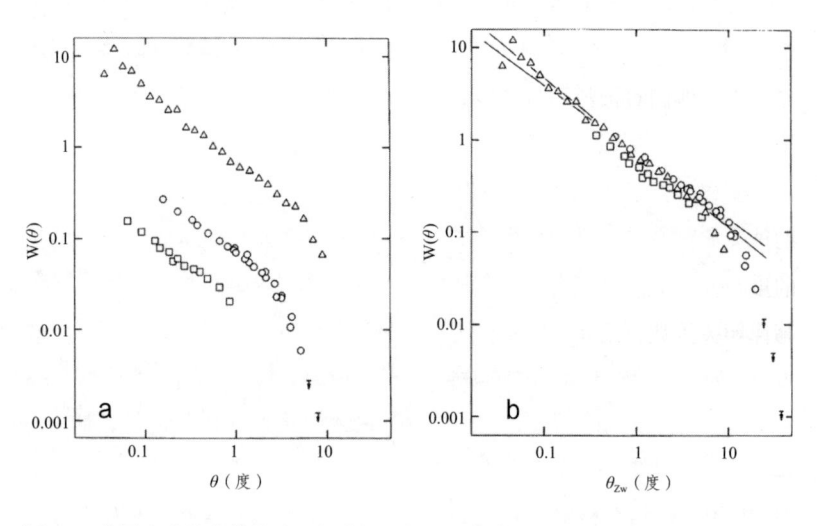

图 2.5　分图（a）是兹维基（三角形）、沙恩-维尔塔宁（圆形）和贾格隆（正方形）样本中星系两点角相关函数的标度检验。分图（b）是将公式（2.15）中的比例关系应用于角函数的结果（Groth and Peebles，1977）。经美国天文学会授权使用

也就是说，此尺度检验得出的证据是，相关函数的估计值并未因系统误差（例如，在观测的部分天空上的变暗现象）而严重失真。就我们的目的而言，关键在于缩放函数的一致性是支持我们对适当样本的平稳过程进行观测的假定的证据。

在图 2.5 中较小的范围上，角两点函数能很好地用一个幂律函数近似。这转化为公式（2.12）中的幂律空间函数 $\xi(r)$。格罗思与皮伯斯（1977）发现在 $r_0 = 4.7h^{-1}$ Mpc 下，$\gamma = 1.77$。哈佛–史密森天体物理中心（Harvard-Smithsonian Center for Astrophysics，CfA）的红移巡天（将在第 3.6.4 节中讨论）对红移的测量结果有更好的控制，尺度范围增加到（Davis and Peebles，1983a）：

$$\gamma = 1.77, \quad r_0 = 5.4 \pm 0.3 h^{-1} \text{ Mpc} \quad \text{当} \quad 10 \text{ kpc} \lesssim hr \lesssim 3 \text{ Mpc} \quad (2.16)$$

哈勃常数写为 $H_0 = 100h$ km s$^{-1}$ Mpc$^{-1}$，如公式（3.15）所示。[①]

东辻和木原龙（1969）似乎首先得到了这个幂律形式的公式（2.16）。他们对指数的估计为 $\gamma = 1.8$，非常接近后来更好的数据得出的结果。

距离一个星系 $r$ 以内的区域中的星系平均数超出随机放置的该半径的球体中发现的平均数的部分是公式（2.11）中 $\xi(r)$ 的积分。一个相关的度量是半径为 $r$ 的随机放置球体中星系计数 $N$ 的均方起伏。对于该幂律相关函数，后者的统计量为：[②]

---

[①] 本书中的长度单位是 Mpc 和 kpc，1 Mpc = $10^3$ kpc = $10^6$ parsecs，或者大约 300 万光年，正如第 29 页的脚注中所提到的那样。

[②] 这忽略了在皮伯斯（1980）一书中公式（60.3）里的散粒噪声项，并使用了公式（59.3）中 $J_2$ 的解析形式。

$$\left(\frac{\delta N}{N}\right)^2 = \frac{\langle (N-\langle N\rangle)^2\rangle}{\langle N\rangle} = J_2\left(\frac{r_0}{r}\right)^\gamma, \quad J_2 = 1.82 \quad 对 \quad \gamma = 1.77 \quad (2.17)$$

球半径 $r_{cl}$ 可以衡量从小规模非线性星系团到大尺度均匀性的微小偏差的转变，其中星系计数相对于平均值的单位均方根相对数值为 1：

$$\frac{\delta N}{N} = 1 \quad 当 \quad 成团长度\ r_{cl} = 7.6h^{-1}\ \text{Mpc} \quad (2.18)$$

与哈勃长度相比，该特征成团长度的最小值为 $H_0 r_{cl}/c \sim 0.003$，表明可观测到的宇宙展现给我们成团结构的许多不同的碎片，这些碎片允许对星系分布进行很多探测，而这些探测可能会产生对这一随机过程的合理而且可靠的统计测量。在尺度范围远大于 $r_{cl}$ 的星系分布图中模式可以被看到，但在更大尺度的平均星系计数中，它们是很小的相对起伏。

图 2.5 的分图（b）中缩放的两点角相关函数在大分离距离时低于该幂律。由于角函数是空间函数在不同采样距离的卷积，因此空间函数 $\xi(r)$ 在 $r \sim 10$ Mpc 时略高于该幂律，然后降至其之下。索内拉和皮伯斯（1978，图 6）证明了这一点。在埃夫斯塔硫、萨瑟兰和马多克斯（1990）以及扎哈维等（2011，图 B22）的著作中，他们更精确地展现了幂律被打破了。

这些统计量度适用于常见的大型星系，例如银河系，这些星系贡献了宇宙大部分的平均光度密度。它们的特征光度记为 $L^*$。数量更多的 $L \ll L^*$ 的星系与 $L \sim L^*$ 星系有着近乎相同的星系团参数。$L \sim 10L^*$ 的数量更为稀少的巨星则更强烈地聚集。例如，马斯杰迪等（2006）发现，来自斯隆数字巡天（Sloan Digital Sky Survey）的亮红星系（Luminous Red Galaxy）样本的成团长度约为 $L \lesssim L^*$ 星系的两倍。这与最大质量的星系优先出现在最大质量的星系团中的趋势是一致的，因为星系团的位置比普通的 $L \sim L^*$ 星系更强烈地聚集（Peebles and Hauser, 1974，等式 [47]；Bahcall and

Soneira, 1983）。凯泽（1984）提出了一个极好的观点，即在正相关的高斯随机过程中，预期星系的大质量聚集会比普通的 $L\sim L^*$ 星系具有更强的相关性，观测得到的结果与此一致。我们将在第 3.5.3 节中进行讨论。

## 2.6 分形宇宙

邦迪（1952，14，15）提到了另一种统计均匀性：星系团层次结构，这在后来被称为分形星系分布。例如，假定将粒子（也许是星系）放置在星系团中，将星系团放置在第二级星系团中，将第二级星系团放置在第三级星系团中，依此类推，也许会继续发展到无限大的尺度上。在尺度不变的星系团层次结构或称分形星系分布中，距离粒子（或质量元素）$r$ 以内的平均星系数目（或质量的平均量）是公式（2.12）在 $n \to 0$ 和 $r_0 \to \infty$ 时的极限。这相当于：

$$\langle M(<r) \rangle \propto r^{3-\gamma} = r^D, \quad D \equiv 3-\gamma \qquad (2.19)$$

在天文学家的单位中，这就是：

$$\log \langle M(<m) \rangle = 0.2Dm + 常数 \qquad (2.20)$$

我们说该分布具有分形维数 $D$，在三个维数上均有 $0<D<3$。如果分布在空间上是均匀的，那么照常，$D = 3$。如果 $D<3$，那么分布在另一种意义上可以是均匀的，即每个质量元素在统计上都位于星系团内及星系团中的星系团的相同层次中。但如果 $D<3$，那么在任意大尺度上平均得到的平均质量密度都将任意接近零。

集中在半径 $r$ 内的质量 $M$ 的牛顿引力势能在 $U\sim GM/r$ 的量级上。

第 2 章 均匀宇宙

在维数为 $D$ 的分形质量分布中，距离尺度 $r$ 上的势能随 $U \propto r^{D-1}$ 变化。因此，$D = 1$ 的三维纯尺度不变的分形，其引力势能仅随长度尺度的对数在任意小和任意大的尺度上发散。如果动能像势能一样缩放，那么速度将在很大的尺度范围内安全地低于光速。这可能是一个布置优雅的宇宙，但不是我们的宇宙。

在尺度上小于约 10 Mpc 的星系分布近似于维度 $D = 1.23$ [公式（2.16）] 的分形。三点和四点相关函数也与具有该维数的简单分形层次星系团模式相一致（Groth and Peebles，1977；Fry and Peebles，1978）。在引力束缚且稳定的星系团模式中，粒子的相对速度弥散与它们分离距离下平均引力势差别的平方根成正比。由于小尺度星系分布的 $D$ 略大于 1，因此人们可能期望星系的相对速度弥散随长度尺度的增加而缓慢增加。这已经被观测到。但是从幂律形式向下在尺度上有约 20 Mpc 的偏离，这是对尺度不变性的公认的偏离。

彼得罗内罗、加布里埃利和西洛斯·拉比尼（2002）提出了一个有趣的观点，即图 2.5 中星表的深度比例是根据平均角度密度 $d \propto \mathcal{N}^{1/3}$ 来缩放的，并且是在大尺度均匀的假定下。如果我们试图检查星系密度是否具有非零均值，那么此论述是循环的。对星系分布的采样是在比公式（2.18）中的成团长度更大的长度尺度上进行的这一事实打破了这个循环。我们现在有一个独立的检验：由背景星系周围的物质集中引起的弱透镜畸变产生的星系-质量互相关函数 $\xi_{gp}(r)$。谢尔登等（2004）发现 $\xi_{gp}(r)$ 在分离范围 $0.04 \leqslant r \leqslant 12$ Mpc 内是一个幂律的良好近似，这里 $\gamma = 1.79 \pm 0.06$ 且 $r_0 = (5.4 \pm 0.7)h^{-1}$ Mpc。在误差范围内，这些值与基于星系-星系函数的尺度检验的公式（2.16）中的参数一致。

贝诺·曼德布罗特（1975，1989）在其《分形对象》(*Les objets fractals*)一书中回顾了关于聚类层次的早期讨论，并将其命名为"分形"。他提供了许多引人入胜的分形图案示例，包括数学构造和实用的例子，例如对布列塔尼海岸线长度的测量，由于其长度依赖于测量时的空间分辨率，因此它表现为分形。曼德布罗特的天才之举迫使人们关注分形的许多有趣且实际的应用。也许他不可避免地应该考虑到星系分布也是分形的。

其他人也在沿着类似的思路思考。我在第 2.2 节中提到了查利尔（1922）的论证指出，星系似乎是按层次的星系团模式排列的。事实上，这一点在查利尔可以观测到的距离处已经得到了证实。卡彭特（1938）认为，星系分布符合 $\langle M(<r) \rangle \propto r^D$，按照曼德布罗特的符号，维度 $D$ = 1.5。德沃古勒（1970）与奥尔特（1958）和阿贝尔（1958）一起指出，探测到的可以被巡天可靠测量的最大距离的星系空间分布图并没有提示可以收敛到均匀性。奥尔特倾向于认为，根据哈勃的深空星系计数，宇宙在更大尺度上趋于均匀。但是德沃古勒提出，卡彭特的尺度关系以他设置的分形维数 $D$ = 1.3 下的"普遍的密度–半径关系"，延展到了更大和更小的尺度上。

哈勃（1936）的深空星系计数，如他的书《星云世界》中图 16 所示，符合分形维数 $D$ = 2.6。为了使之与大尺度均匀性 $D$ = 3 一致，并且忽略相对论修正，需要假定在哈勃距离尺度上存在系统误差。为了使之与德沃古勒的 $D$ = 1.3 一致，需要在另一个方向上产生更大的系统误差。热拉尔·德沃古勒确实考虑了这一点：他告诉我，他检查了哈勃照相底片的深空星系计数，但由于底片已经褪色而无法检查其星等校准。将哈勃的计数与德沃古勒的分形维数进行调和所需的系统误差当然值得考虑，但也要考虑到来自图 2.5 成团性尺度检验中的证据。德沃古勒的 $D$ = 1.3，与小尺度下测得的幂律形式相关函数非常接近，后者中 $D$ = 1.23。但第 2.5 节结尾部分回顾的测量结果表明，在距离为 ~20 Mpc 处，存在从幂律向下的偏移，这是对尺度不变性的偏离。

一个需要考虑的定性点是对于不同的距离 $d$ 值，给定距离 $d$ 内星系的角位置图的外观。在维数 $D$ < 3 的尺度不变分形中，图中的粒子数量随距离 $d$ 的增加而增加，但整个天空中粒子数量的相对起伏 $\delta N/N$ 在统计

上与 $d$ 无关。这是基于分形分布的尺度不变性得出的：如果相对起伏 $\delta N/N$ 随着距离 $d$ 的增加而变小，它将定义一个特征距离 $d_{nl}$，在该特征距离上，$\delta N/N$ 在选定的角度范围内会从 1 减小到在整个天空的线性的微小相对起伏。但是尺度不变的分形没有特征长度 $d_{nl}$。对于该测试的早期示例，请比较图 2.2 沙普利-艾姆斯图中邻近星系的角位置（显示相对于南银极的北侧附近有大量星系）与图 2.3 中两个半球较高银纬区域天空中的哈勃（1934）的星系深空计数，以及图 2.4 中遥远射电星系的角位置。我们可以看到向各向同性的收敛，这与尺度不变的分形结构相反。此外，如果星系分布是分形的，那么图 2.5 分图（a）的相关函数就不会随着 3 个样本深度的增加而减小。

在伯尔尼相对论诞生 50 周年纪念会议上（1955 年是狭义相对论诞生 50 周年、广义相对论诞生 40 周年），奥斯卡·克莱因（1956）讨论了又一幅世界图景：也许在一次局部的物质集中的爆炸之后，星系正在向空旷的平坦空间漂移。克莱因认为，星系中的总质量 $M_0$ 以及物质在爆炸前集中的半径 $R_0$ 可能满足 $GM_0 \sim R_0 c^2$。这是大约在史瓦西半径处，相对论性的集中度。这可能与哈勃和赫马森观测到的接近并小于 1 的星系红移所提示的近乎相对论性的膨胀相一致。克莱因有一些很好的论据。速度分选会使更迅速移动的星系变得更远，达到哈勃关系 $v = H_0 r$。关于爆炸，我们很熟悉，为什么不考虑能分散星系的特别巨大的爆炸呢？关于平坦时空，我们也很熟悉，为什么要为时空曲率这个概念而烦恼？爆炸导致的团块状和不规则星系分布是众所周知的，为什么要考虑当时在星系图中看不到的均匀性？克莱因的常识模型当时是可行的，并且可能已经引起人们比预期更广泛的兴趣。克莱因（1966）在题为《宇宙学之外》的论文中继续对这幅图景进行讨论。汉尼斯·阿耳文（1965）在克莱因的图景中增添了一个物质-反物质宇宙，其膨胀是由大量物质和反物质的湮灭产生的辐射压驱动的。但是到这个时候，观测已经严重挑战了可观测宇宙具有边界的观念。

## 2.7 结束语

在 20 世纪 50 年代，宇宙学原理的大尺度均匀性有一些观测证据，如图 2.3 所示的哈勃对遥远星系位置的近似各向同性的证明，以及哈勃与赫马森的红移-距离关系的线性关系。近乎绝对的均匀性和各向同性将为爱因斯坦的场方程的解析解和米尔恩对哈勃定律的优雅推导提供极大的便利。但是另一幅图景——分形宇宙，得到了 1970 年左右最优秀的观测天文学家之一热拉尔·德沃古勒的支持，也得到了贝诺·曼德布罗特关于数学和物理学中分形的优雅例证的支持。星系分布的分形图恰当地引起了人们的注意，并激发了辩论和研究的灵感。但如果这个概念在 20 世纪 50 年代能得到强有力的推广，那么或许会获得更多的结果，因为到 20 世纪 70 年代，本章所回顾的全部证据已经清楚地表明，分形的前景并不乐观。相反，20 世纪 70 年代的证据偏爱宇宙学原理，其最好的表述是假定我们的宇宙是一个平稳随机过程的实现。该假定在第 9 章中进行的苛刻的宇宙学检验中是成立的，并且持续地通过了一致性检验。

基于优雅性和观测的论点可能提供指导，也可能产生误导，我们在宇宙学原理的历史中看到了两者的例子。我们还看到，至少有时，这种混淆可以被解决。20 世纪 70 年代的宇宙学可以在大尺度均匀的合理假定下操作，并且其证据继续变得更充分。

抽象的平稳随机过程没有边缘。这可能对我们的宇宙而言是正确的，但在与我们所看到的不同的宇宙中，边缘或许存在。它必须足够远，以至于不会显著干扰到从可以观测到的最大距离到达我们这里的热辐射。因为该辐射已被严格映射并且和理论进行了检验，理论包括宇宙学原理，作为检验的一部分。也许更深的宇宙学会预测它是什么：是距离非常遥远的边缘，还是根本没有边缘。如果得出该预测在原则上是确定但无法检验的这样的结论，这意味着什么？让我们把这个问题留给后来者去讨论。

# 第 3 章

# 宇宙学模型

从 20 世纪 40 年代后期到 20 世纪 60 年代中期,两幅空间均匀的世界图景吸引了宇宙学界的大部分关注:一幅是演化状态的宇宙,另一幅是统计上稳定状态的宇宙。演化模型根据广义相对论描述了一个始于非常致密的早期状态的膨胀过程,这个过程通常称为"大爆炸"。(第 1.2 节解释过为什么大爆炸这种说法虽然不太恰当但却一直沿用,我们在此仍采用这种说法。)

在大爆炸模型中,对其演化的直接外推可以追溯到一个奇点:标准广义相对论的彻底失败。通常来说,学界希望发现更好的理论来消除奇点。第 3.5.2 节所讲的宇宙暴胀图景是这个方向上最常见的讨论。但本章将探讨的是暴胀之后的宇宙演化或远古时期宇宙中发生的一切:学界是怎样发展出大爆炸模型的?如何对其进行非实证性评估并做实证检验?后文各章回顾了在世纪之交最终建立起热大爆炸模型的各个方向的研究,但这仍未解决大爆炸之前发生了什么这一问题。

在另一种世界图景中,不断产生的物质使近乎均匀膨胀的宇宙保持稳定状态(此处指整个时间范围内的平均值,但仍待商榷)。此图景没有得到爱因斯坦的认可,在其他研究中心也不那么常见,但仍得到了英国研究人员的支持。稳恒态宇宙学比大爆炸模型更具预测性,这本应引起研究界对这一模型更广泛的兴趣,但现实情况是并没有。

## 3.1 相对论性膨胀宇宙的发现

符号定义：在宇宙均匀膨胀的条件下，相对论标准形式中的线元以如下标准形式表达：

$$ds^2 = dt^2 - a(t)^2 \left[ \frac{dr^2}{1-r^2 R^{-2}} + r^2 \left( d\theta^2 + \sin^2\theta d\phi^2 \right) \right] \quad (3.1)$$

空间坐标 $r$、$\theta$、$\phi$ 共同移动（也就是说，固定为宇宙物质内容的平均流动运动），因子 $R^{-2}$ 是一个常数（虽有此指数符号，但正负均有可能）。由于罗伯逊（1929）和沃克（1935）发现该表达式源自线元所描述的时空中的空间均匀性和各向同性，该表达式又称罗伯逊-沃克形式。它既适用于稳恒态宇宙学，也适用于相对论图景。

这一共同运动的观察者在固定的 $r$、$\theta$、$\phi$ 坐标中保持公式（3.1）中恰当的物理时间 $t$。公式（3.1）中的膨胀因子 $a(t)$ 在图 2.1 和公式（2.3）对红移-距离线性关系的讨论中出现过。处于同一世界时间 $t$ 上的两个事件，距观察者的坐标距离为 $r$，观察者看到事件被小角度 $\delta\theta$ 隔开，其物理距离为 $\delta l = a(t) r \delta\theta$。如果常数 $R^{-2}$ 小到可以忽略不计，那么在给定的世界时间 $t$ 内，从原点到坐标半径 $r$ 的物理距离为 $l = a(t)r$，并且物理距离的变化率为：

$$v = \frac{dl}{dt} = Hl, \quad H = \frac{1}{a}\frac{da}{dt} \quad (3.2)$$

这是公式（2.1）中的哈勃定律，其中 $H$ 在当前时期进行了评估，且忽略了空间曲率和沿过去的光锥进行观测——而不是在固定的 $t$ 处进行观测——的相对论修正。

在含有爱因斯坦的宇宙学常数 $\Lambda$ 的广义相对论中，膨胀参数 $a(t)$ 满足弗里德曼-勒梅特方程：

$$\left(\frac{1}{a}\frac{da}{dt}\right)^2 = \frac{8}{3}\pi G\rho(t) - \frac{1}{a^2R^{-2}} + \Lambda, \quad \frac{1}{a}\frac{d^2a}{dt^2} = -\frac{4}{3}\pi G(\rho+3p) + \Lambda \qquad (3.3)$$

其中局部能量守恒的表达为：

$$\frac{d\rho}{dt} = -\frac{3}{a}\frac{da}{dt}(\rho+p) \qquad (3.4)$$

平均质量密度（包括辐射能量中的质量等效量）为 $\rho(t)$，压强为 $p$（选择单位使光速为 1）。为了理解该能量公式，请思考体积为 $V$ 的容器中的能量 $\varepsilon = \rho V$，当压强为 $p$ 时，能量以 $d\varepsilon/dt = -pdV/dt$ 的速率变化。能量公式通过设定 $\varepsilon = 4\pi\rho a^3/3$ 并计算出时间导数来得到。

公式（3.3）第一个表达式中的因子 $R^{-2}$ 可以视为一个积分常数，在这种情况下，再加上能量公式（3.4），第一个表达式中的时间导数 $da/dt$ 的平方就可以用第二个表达式来表达。但是在广义相对论中，$R^{-2}$ 同样定义了固定时间 $t$ 的时空的几何。如果公式（3.1）中的 $R^{-2}$ 为正，那么时空几何是闭合的，就像球面；如果 $R^{-2}$ 为负，时空几何则呈现出鞍形表面；如果 $R^{-2}$ 为零，那么即便时空实际是弯曲的，它在宇宙学上也仍是平坦的。

在现代宇宙学迈出的第一步中，爱因斯坦（1917）发现了均匀且各向同性宇宙的广义相对论场方程的静态解，这一发现与他对马赫原理的思考相符。也许那时静态宇宙的条件看起来非常合理。为了获得这种解，爱因斯坦必须通过添加后来被称作宇宙学常数 $\Lambda$ 的常数来修改他原来的相对论场方程。接下来，如果压强可以忽略不计，那么公式（3.3）中的条件 $da/dt = 0 = d^2a/dt^2$ 需要公式（3.1）中的质量密度 $\rho$ 和表示空间曲率的参数 $R^{-2}$ 满足：

$$\Lambda = \frac{4}{3}\pi G\rho = \frac{1}{3a^2R^{-2}} \qquad (3.5)$$

此处 $aR$ 是空间曲率的物理半径。

爱丁顿（Eddington）（1923，166）注意到公式（3.5）表示一种奇怪的情况：质量密度这一动态变量必须和 $\Lambda$ 这一自然常数保持一致。他写道："这个问题一度困扰着我，通过什么机制能够使得 $\lambda$ [ 现在的 $\Lambda$ ] 的值被调整到与 $M$ [ 一种平均质量密度的度量 ] 相符？"也有人可能会想，如果物质重新分布，使得局部违反此条件，会发生什么情况。这些早期问题暗示了爱因斯坦的静态模型并不稳定。我们将在第 5 章中进行讨论。

从爱因斯坦天才的想法中可以看出，按照常规思维，静态宇宙在物理上说不通：回想一下第 2.1 节中讨论的奥尔伯斯问题。苏联宇宙学家亚历山大·弗里德曼把爱因斯坦的解推广到均匀膨胀或均匀收缩的宇宙模型中，找到了出路（Friedman，1922，1924）。爱因斯坦最初认为，弗里德曼没有得到广义相对论中场方程的正确解，之后又认为该解虽正确但不符合物理规律。格纳（2001）和朗盖尔（2006）对爱因斯坦的这些评价有很好的回顾。在无限膨胀的宇宙中，积累无限星光的奥尔伯斯问题得到了解决，因为我们可以假定依据局部能量守恒，恒星的寿命是有限的。宇宙膨胀给我们带来了额外的帮助，它稀释了星光的能量密度。但是我没有看到有证据表明，弗里德曼意识到他已经解决了奥尔伯斯问题。

不幸的是，弗里德曼在认识到理论与观测之间可能存在的联系——即观测到了星系光谱红移与其距离成比例的趋势，这正是一个均匀膨胀的宇宙中预期的结果——之前就去世了。

匈牙利数学物理学家科内尔·兰佐斯（1923）为德西特（1917b）有一个正的宇宙学常数，并且均匀和各向同性的空时空的解引入了一个坐标标记。若采用公式（3.1）的标记，兰佐斯的表达式（他的公式 [32]）为：

$$ds^2 = dt^2 - \cosh^2\left(\sqrt{\Lambda} t \left[\frac{dr^2}{1-\Lambda r^2} + r^2\left(d\theta^2 + \sin^2\theta d\phi^2\right)\right]\right) \quad (3.6)$$

这是弗里德曼在质量密度趋近于零的情况下正宇宙学常数的闭合空间截面的解。然而，兰佐斯没有明确指出，这与天文学证据之间可能存在联系。比利时宇宙学家乔治·亨利·约瑟夫·爱德华·勒梅特（1925，192）也报告了这种消失的质量密度的解，他指出该解"为旋涡星云的平均退行运动提供了一个可能的解释"。

美国物理学家霍华德·珀西·罗伯逊（1928）则报告了德西特时空的另一种坐标标记，即宇宙学上的平坦时空，$R^{-2}=0$，膨胀参数为 $a \propto e^{\sqrt{\Lambda}t}$。罗伯逊还指出这一标记可能与天文学中的红移现象有关。

我们从公式（3.2）和公式（3.3）可以看出，在德西特解中，当压强和质量密度消失时，径向移动测试粒子与原点的物理距离满足：

$$\frac{d^2 l}{dt^2} = \Lambda l \qquad (3.7)$$

在解 $l \propto \cosh\sqrt{\Lambda}t$ 中，粒子向原点下落然后离开，这一现象在 20 世纪 20 年代被称为德西特散射。在此解中，以及在 $l \propto e^{\sqrt{\Lambda}t}$ 的解中，粒子的后期行为相同：粒子的退行速度与粒子和原点之间的距离成比例，与初始条件无关。从爆炸离开的粒子的速度分类也是如此：质量和 $\Lambda$ 可以忽略不计时，移动得更快的粒子，距离更远。

弗里德曼（1922，1924）发现了爱因斯坦场方程的演化物质填充解。考虑到爱因斯坦 20 世纪 20 年代初的怀疑态度，看到他（1931，236）的如下积极态度十分有趣：

> Es ist von verschiedenen Forschern versucht worden, den neuen Tatsachen durch einen sphärischen Raum gerecht zu werden, dessen Radius $P$ zeitlich veränderlich ist. Als Erster und unbeeinflußt durch Beobachtungstatsachen hat A. FRIEDMAN[1] diesen Weg eingeschlagen, auf dessen rechnerische Resultate ich die folgenden Bemerkungen

stütze. Dieser geht demgemäß von einem Linienelement von der Form ...Bemerkenswert ist vor allem, daß die allgemeine Relativitätstheorie HUBBELS neuen Tatsachen ungezwungener (nämlich ohne $\lambda$-Glied) gerecht werden zu können scheint als dem nun empirisch in die Ferne gerückten Postulat von der quasi-statischen Natur des Raumes.

在谷歌的帮助下，我简单译为：

不同的研究人员试图通过考虑一个半径为时间函数的球形空间，来对新事实做出公正的解释。亚历山大·弗里德曼是第一个踏上这条道路的人，而且没有受到观测事实的影响。值得注意的是，相对于空间的准静态本质的假定，广义相对论的理论似乎更容易解决哈勃的新事实（并且没有 $\lambda$ 这一分量）。

我们看到爱因斯坦同意他的广义相对论可以证明新事实，并且不包括 $\Lambda$ 项（他写为 $\lambda$）。为什么提到弗里德曼没有受到观测事实的影响？可以认为，弗里德曼解中隐含的红移-距离关系预测了后来由哈勃（爱因斯坦提到过他）等观测到的结果。

勒梅特（1927）将他1925年的坐标标记归纳为了一个充满物质的均匀时空的解。[①] 虽然弗里德曼首先发现了这个解，但有证据表明，勒梅特在1927年提出的发现是独立完成的。与此一致的是，勒梅特（1929）在文章的一个脚注中对爱因斯坦向他介绍了弗里德曼的重要著作致谢。勒梅特（1931a, 1950）在论文中也提到了弗里德曼先前的发现。

---

① 我对约翰·皮考克表示感谢，他认为弗里德曼的解更加普适：勒梅特只考虑了闭合空间的情况，而弗里德曼（1922, 1924）展示了关于闭合、开放以及宇宙学上平坦的不同情况的解。

就本书的写作目的而言，勒梅特1927年发表的论文的重要成就在于，展示出了在膨胀的充满物质的模型当中，空间的均匀性使星系的红移在宇宙膨胀时仍然和距离成比例。本质区别在于，较早一些的讨论忽略了质量，因此红移-距离线性关系不需要爱因斯坦的均匀性：速度排序会做到这一点。在一个包含物质的宇宙中，红移-距离线性关系来自均匀性，它不需要广义相对论［正如公式（2.2）所示］。当然，如今这一些都更容易被理解了。

勒梅特（1927，1931a）引用了兰佐斯（1922）、外尔（1923）和隆德马克（1924）关于星系红移和距离在空的德西特时空中可能存在线性关系的早期讨论。德国数学物理学家赫尔曼·外尔了解星系光谱倾向于向红端移动的观察结果后，提出其中的原因在于物质已经分开，基于因果律我们必须把这一结果描述为物质在渐进过去中沿起源相同的测地线移动，且这些轨道呈现出 $l \propto e^{\sqrt{\Lambda} t}$ 的形式。我们可以将其视为在德西特散射的辅助下，克莱因（1956）爆炸图的一个早期例子。

勒梅特（1927，1931a）并未宣称存在红移-距离线性关系的实证证据。勒梅特对观测情况的看法可以从其论文（1927，56）的一个脚注中看出：

> Certains auteurs ont cherché à mettre en évidence la relation entre $v$ et $r$ et n'ont obtenu qu'une très faible corrélation entre ces deux grandeurs. L'erreur dans la détermination des distances individuelles est du même ordre de grandeur que l'intervalle que couvrent les observations et la vitesse propre des nébuleuses (en toute direction) est grande (300 Km./sec. d'après Strömberg), il semble donc que ces résultats négatifs ne sont ni pour ni contre l'interprétation relativistique de l'effet Doppler. Tout ce que l'imprécision des observations permet de faire est de supposer $v$ proportionnel à $r$ et d'essayer d'éviter une erreur

systématique dans la détermination du rapport *v/r*. Cf. LUNDMARK. The determination of the curvature of space time in de Sitter's world M. N., vol. 84, p. 747, 1924.

简言之：

试图寻找 $v$ 和 $r$ 之间的关系的尝试表明，两者充其量只有弱相关性。由于距离误差与红移范围相当（斯特隆伯格认为该数值为 300 km s$^{-1}$），因此所有观测结果都假定 $v$ 与 $r$ 成比例，并在确定 *v/r* 时尽量避免系统误差。

勒梅特参考的是隆德马克 1924 年的论文，其中关于红移-距离关系的讨论可能没能令人信服。隆德马克通过奥皮克（1922）对距离最近的大型星系——仙女座星云 M 31——旋转速度的巧妙诠释，对 M 31 的距离做了合理估计。[1] 但是这个星系位于本星系群，且红移为负。隆德马克通过变星的视星等与银河系新星的比较，只得到了几个对邻近星系距离的粗略估计值。虽然他补充了一些球状星系团红移和距离的信息，但这些球状星系团距离更近，肯定为银河系中的一部分。勒梅特（1927）并未提及（也许是没有注意到）隆德马克（1925）报告中令人鼓舞的结果。这篇论文从哈勃（1925）对造父变星的观测，使用莱维特提出的造父变

---

[1] 简言之，让 $r=\theta D$ 作为 M 31 在观测的角大小 $\theta$ 和目标距离 $D$ 上的半径，让 $v$ 作为 M 31 旋转的速度，让 $v_\odot$ 作为地球以质量 $M_\odot$、距离 $r_\odot$ 围绕太阳旋转的速度。那么 M 31 的质量 $M$ 在牛顿力学下就满足 $M/M_\odot \approx (\theta D/r_\odot)(v/v_\odot)^2$。观测到的 M 31 的流量密度是 $f \approx L/D^2$，这里 $L$ 是光度。这两个公式组合在一起，在观测量 $\theta$、$f$ 和质光比 $M/L$ 下，得到距离 $D$。如果 M 31 是另外一个充满恒星的星系，其预期的质光比就和银河系其他恒星相似。奥皮克发现 $D = 450$ kpc，显著地和现代测量值 $D = 780$ kpc 相似。

星周期与光度之间的关系，得出了 M 31 及其伴星系相当好的距离估计。隆德马克（1925，867）断言：

> 在表观尺寸和径向速度之间显示出相当明确的相关性，即较小的且可能距离较远的旋涡星系具有更高的空间速度。

这与宇宙学的红移-距离关系是一致的，但是隆德马克（1925）没有解释支持的证据。

考虑到这种情况，勒梅特（1927）在他的脚注中得出结论，说这些数据不足以检验红移-距离关系，便不足为奇了。这与勒梅特（1950，2）后来的回忆相吻合："Naturellement, avant la découverte et l'étude des amas de nébuleuses, il ne pouvait être question d'établir la loi de HUBBLE; mais seulement d'en calculer le coefficient."。也就是说："自然地，在发现和研究很多星云之前，还不涉及确立哈勃定律的问题，而只是关乎计算系数的问题。"

勒梅特（1927）在脚注中提到的系数计算假定红移-距离关系是线性的，并且假定距离估计值偏高的倾向与偏低的倾向相同，因此在计算均值时，误差趋于互相抵消。那么，对比例常数 $H_0$ 的一个良好估计是退行速度的平均值除以距离估计的平均值。勒梅特（1927）列出了 42 个具有测得的红移和视星等的星系，这些数据几乎全部来自斯里弗。对于距离，他使用了哈勃（1926）得出的星系视星等 $m$ 与距离 $r$（以秒差距为单位）之间的关系：$\log r = 0.2m + 4.04$。[①] 哈勃的研究基于六个星系加上一个可能的第七个星系——来自莱维特（1912）造父变星周期与光度之间的关系——的距离。这是一个不错的初步近似。尽管星系光度的

---

[①] 我对史蒂芬·肯特指出这一点表示感谢。卢米涅（2013）讨论了勒梅特对哈勃（1926）所提出的星系星等-距离关系的使用。

频率分布很宽，但是星系光度的上限范围较窄，而且较为暗弱的星系的空间采样较小，这意味着按视星等选择的星系在距离上弥散较小。正如将要讨论的那样，勒梅特的 $H_0$ 值与两年后哈勃（1929）的估计相差不大。

勒梅特曾访问过剑桥大学，根据普鲁米安天文学与实验哲学教授亚瑟·斯坦利·爱丁顿所述，勒梅特"在 1923—1924 学年，一直参加我的课程，我对他的学习和研究都非常满意"。[①] 勒梅特后来去了马萨诸塞州剑桥市的麻省理工学院，于 1925 年在短暂存续的麻省理工学院《数学与物理学杂志》上发表了一篇论文。还有一篇发表在了有影响力的物理学家和天文学家基本都会阅读的杂志上，从而引起了人们对勒梅特新奇发现的关注。回到比利时后，他在《布鲁塞尔科学年鉴》（*Annales de la Société Scientifique de Bruxelles*）上发表了他 1927 年的那篇论文。不过，这本期刊影响力较小。勒梅特又给爱丁顿寄去了几封信，设法将其注意力吸引到自己 1927 年的论文上。相关证据可以在爱丁顿寄给德西特的明信片中找到（见插图 III，摘自乔治·勒梅特的档案）：

> 勒梅特的地址是鲁汶那慕尔街 40 号。我和研究生麦克维蒂一直很关心这个问题，并取得了很大的进展。我们发现勒梅特做得比我们更透彻，对我们来说，这确实是个打击（就我而言，是个小打击吧，因为勒梅特也曾是我的学生）。
>
> 顺便说一句，是您和我在皇家天文学会做的报告使勒梅特写信给我的。

乔治·麦克维蒂（1967，295）回忆说：

---

[①] 我对莉莲·莫恩斯提供给我这些以及其他的来自比利时鲁汶大学乔治·勒梅特档案的信息表示感谢。

奇怪的是，起初[勒梅特的]工作并未引起过多关注。大约三年后，我成为爱丁顿教授的研究生时，他建议我研究红移问题。我清楚地记得那一天，爱丁顿教授面带惭愧地给我看了勒梅特的来信，他意识到勒梅特已经找到问题的解决办法。教授自己承认，尽管1927年看过勒梅特的论文，但若不是收到这封来信，他已经完全忘了这件事。爱丁顿于1930年6月7日给《自然》杂志寄去了一封信，在信中纠正了这一疏忽，请人们关注勒梅特三年前出色的工作。

爱丁顿教授还慷慨地安排将勒梅特1927年的论文译成了英文，并发表在颇具影响力的期刊《皇家天文学会月报》上。

勒梅特（1931a）没有把1927年的论文中的脚注译入英语版本——该脚注有助于理解他是如何得出哈勃常数值的——这也使得阴谋论者有机可乘。勒梅特的值与罗伯逊一年后发表的值，以及哈勃在两年后宣布红移-距离线性关系证据时的结果很接近。这三个早期估值为：

$$H_0 \approx 630 \text{ km s}^{-1} \text{ Mpc}^{-1} \quad 勒梅特（1927）$$
$$H_0 \approx 460 \text{ km s}^{-1} \text{ Mpc}^{-1} \quad 罗伯逊（1928） \quad (3.8)$$
$$H_0 \approx 500 \text{ km s}^{-1} \text{ Mpc}^{-1} \quad 哈勃（1929）$$

等式（3.8）第一行中$H_0$的计算值出现在勒梅特（1927）的公式（24）中，而且勒梅特在脚注中对其进行了讨论。马里奥·利维奥（2011）令人钦佩的调查工作清楚地表明，从1931年的英语译文中删除1927年的脚注是勒梅特的决定。第二行是罗伯逊（1928）的估值，其基础是斯里弗的红移测量值和哈勃6个星系的造父变星距离。但罗伯逊没有对该关系可能为线性的证据做评估。

哈勃（1929）则把重心放在观测而非理论上。他从造父变星的观测中得出了6个或7个星系的距离，又假定最亮的恒星有共同的内禀光度，从而得出了 13 个星系的距离，以及室女星系团中尚未被透彻理解的几个星系的距离。但是勒梅特、罗伯逊和哈勃都是基于基本相同的信息进行计算的，所以等式（3.8）中 $H_0$ 的估值才会十分相似。我认为勒梅特（1927）对线性关系证据的看法过于悲观，罗伯逊则下相信理论，而哈勃（1929）又过于乐观了。哈勃（1929）的红移-距离图（图 1）似乎在提示线性关系，但没什么说服力。不过，哈勃的方向是正确的，正如他和赫马森在 20 世纪 30 年代所展示的那样。

勒梅特为什么删除了脚注？他说，那时关于线性关系的主张不具有说服力。范登伯格（2011）回顾的证据表明，勒梅特和哈勃早就注意到了星系红移和距离之间存在关系的迹象，而且我们还发现哈勃提到了隆德马克（1925）对证据不太令人鼓舞的讨论。但 1929 年情况发生了变化，哈勃明确发表了线性关系存在的证据。因此，一个直接的推测是，哈勃的发现使勒梅特删除了脚注，因为这个脚注此时已经过时。但无论如何，我们可以肯定这个脚注并不是因为所谓阴谋——掩盖一个勒梅特之前甚至并未主张的实证性发现——而删掉的。

需要注意的是，哈勃是在亨利埃塔·莱维特发现造父变星光度与周期关系的基础上测量出星系距离的。她（1912, 2）发表了如下关键结果：

> 变星的光度与其周期之间存在简单的关系：亮度每增加 1 个星等，周期的对数就增加约 0.48。

哈勃 1929 年发表的论文很大程度上依赖于斯里弗（1917）的红移测量结果。斯里弗是珀西瓦尔·洛厄尔请到他的天文台的出色的天文学家之一。建造这个天文台是为了探究高等文明在火星上修建运河的可能性。20 世纪 30 年代，米尔顿·赫马森与哈勃一起，在拓展红移的星系测距上发挥了重要作用（如 Hubble and Humason, 1931），极大地促进了红移-距离线性关系的研究。以上所述并非为了贬低哈勃的贡献——

在我看来，对于那些将会推进河外天文学的观测，他当时具有正确的直觉——而是为了强调哈勃定律的发现还获得了其他研究者的帮助。

## 3.2 相对论性大爆炸宇宙学

勒梅特（1927）的解将宇宙的膨胀追溯到了爱因斯坦（1917）的静态宇宙模型。任何对静态情况的轻微均匀扰动都会使宇宙膨胀（在勒梅特的解中）或坍缩，这揭示出爱因斯坦模型的不稳定性。勒梅特（1931b，706）提出，膨胀会追溯到一种致密状态。正如他所写的那样，也许"世界始于一个单一的量子"。勒梅特（1931c，706）称此为"l'atome primitif"（原始原子）。现在人们称之为大爆炸。

麦克雷和米尔恩（1934）指出，如果忽略压强 $p$ 和宇宙学常数 $\Lambda$，那么弗里德曼-勒梅特方程（3.3）就会遵循牛顿物理学。为了说明这一点，请思考在质量密度为 $\rho$ 的均匀宇宙中，半径 $a(t)$ 远小于空间曲率半径的球体所包含的质量 $M=4\pi\rho a^3/3$。在牛顿力学中，该球体半径下的引力加速度由其包含的质量决定，公式为 $d^2a/dt^2 = -GM/a^2$，与 $a(t)$ 外部的球形分布质量无关。当 $p$ 和 $\Lambda$ 趋于 0 时，这就是公式（3.3）的第一个表达式。公式（3.3）中的第二个表达式是第一个表达式的积分，其中积分常数为 $R^{-2}$。这表示动能和势能在牛顿体系下守恒。这些结果之所以成立，是因为广义相对论在 $\Lambda=0$、速度较小且用在与时空曲率相比较小的区域中时就是牛顿力学。具体来说，麦克雷和米尔恩的假定基于的是牛顿力学的平坦时空，但如果所选的球体半径足够小，结果将与相对论模型极其近似。当然，对于本章的目的而言，具有相同限制条件的另一种理论也适用。

从弗里德曼-勒梅特方程（3.3）的第二个表达式中我们可以看出，趋于减慢膨胀的引力源是 $\rho+3p$，这就是说，在广义相对论中，压强起着主动引力质量密度的作用。这也是弗里德曼-勒梅特方程一致性的要求。对于常数 $R^{-2}$ 的双重作用 [ 公式（3.3）中动能与势能之和守恒及公式（3.1）中空间截面曲率的量度 ]，牛顿类比为：物质共同移动半径为 $r$ 的球面的牛顿能为 $U = -r^2/(2R^2)$，这就是公式（3.1）中偏离平坦时空的部分。

勒梅特（1934，12）提出，$\Lambda$ 可以定义真空能量密度。如果 $\Lambda$ 不为零，他写道：

> 一切都表明**真空中**的能量不是零。为使绝对运动——相对于真空运动的运动——无法被检测到，我们必须将压强 $p = -\rho c^2$ 与真空的能量 $\rho c^2$ 联系起来。这本质上是宇宙学常数 $\lambda$ 的含义，它对应着一个负的真空能量密度 $\rho_0$，依据是：

$$\rho_0 = \frac{\lambda c^2}{4\pi G} \cong 10^{-27} \text{gr./cm.}^3 \qquad (3.9)$$

勒梅特对真空能量密度的估值太大，因为他用了哈勃对哈勃常数的偏高的估计值。但是，问题的关键在于，就引力而言，$\Lambda$ 确定了能量的零点，而且 $\Lambda$ 充当了具有均匀能量密度和压强的质量（依照惯例，我们仍旧取 $c = 1$）：

$$\rho_\Lambda = \frac{3\Lambda}{8\pi G}, \quad p_\Lambda = -\rho_\Lambda \qquad (3.10)$$

有效压强和质量密度的总和消失，这样才能在膨胀宇宙中保持能量公式（3.4）中的 $\rho_\Lambda$ 恒定。正如我们所见，两个相对论性的弗里德曼-勒梅特方程的一致性要求压强以 $\rho_\Lambda + 3p_\Lambda = -2\rho_\Lambda$ 的形式对主动引力质量密度做出贡献。勒梅特的远见令人赞叹，即真空能量密度不会因速度转变而改变。一种表述是，静止时能量密度为 $\rho$ 且压强为 $p$ 的流体，其相对论应力-能量张量 $T^{\mu\nu}$ 与分量 $\rho$、$p$、$p$、$p$ 成对角线。当 $p_\Lambda = -\rho_\Lambda$ 时，应力-能量 $T_\Lambda^{\mu\nu}$ 与闵可夫斯基度规张量成比例，因此不会被洛伦兹变换改变。这就是说，Λ 没有定义一个优选的运动框架。（但是如在第 3.5.1 节中讨论的那样，Λ 的值可能正在演变，当减小到其"自然值"即零时，就会引入优选运动，其中 Λ 没有空间梯度。）

有效质量密度 $\rho_\Lambda$ 被称为"暗能量"。该术语首次出现在胡特勒和特纳（1999）的论文中。但是有效负压与流体负压无关，这是不稳定的情况，除非 $p$ 恰好是 $\rho$ 的负数。

在膨胀（或收缩）的均匀且具有各向同性的时空中，宇宙学红移是这样定义的：令 $\lambda$ 为自由传播的光子的物理波长，更一般地，为自由移动的粒子的德布罗意波长。这个波长由一个共同移动的观测者测量，该观测者随物质平均流移动。波长与膨胀参数成比例地膨胀：$\lambda \propto a(t)$。[①] 这意味着在发射时间 $t_{em}$ 处，由在共动源处的观测者测量的光谱特征的波长 $\lambda_{em}$，与在当前时间 $t_0$ 处探测到辐射的共动观测者所测量的特征的波长 $\lambda_0$ 按以下关系相关：

$$1 + z \equiv \frac{\lambda_0}{\lambda_{em}} = \frac{a(t_0)}{a(t_{em})} \qquad (3.11)$$

这就定义了宇宙学红移 $z$。

如果时间 $t_{em}$ 接近探测时间 $t_0$，那么公式（3.11）在 $z \ll 1$ 处的一阶展开为：

$$v = cz \simeq \frac{1}{a}\frac{da}{dt} \times c(t_0 - t_{em}) = H_0 d \qquad (3.12)$$

---

[①] 要理解这一点，我们想象空间是有周期的，周期长度为 $L$。傅里叶波必须是连续的，所以允许的波长是 $\lambda = L/n$，其中 $n$ 为整数。如果宇宙在均匀膨胀，那么 $\lambda \propto a(t)$。如果模频率与模波长 $\dot{a}/a$ 的变化相比足够大，那么绝热要求模中的场位于模中。这些在任意大的尺度 $L$ 上都适用。

其中 $d = c(t_0-t_{em})$ 是光源与观测者之间的物理距离,而 $H_0$ 是哈勃常数(我已经放回了光速)。该关系也可以通过得出公式(2.1)的论证得到。

基于下述思路,红移给出了源和观测者物理分离的变化率。想象两个观测者,每个观测者都与宇宙的局部膨胀共同运动,并以坐标距离 $x$ 隔开。固定世界时间 $t_0$ 的超曲面上的物理距离 $r=a(t_0)x$。如果 $r$ 远小于哈勃长度 $cH_0^{-1}$,并且两个观测者通过一根弦连接,那么该弦必须以 $H_0r$ 的速率被拉伸。在另一极限中,取分离距离大于哈勃长度。在这种情况下,在时间 $t_0$ 处的瞬时物理间隔为一列密集观测者的测量值的总和,每个观测者都发现,到下一个观测者的物理距离沿着源和观测者的连线变远了,所有数据都是在时间 $t_0$ 处测量得到的。总和为 $r=a(t_0)x$。该距离的变化率为 $H_0r$。它可以超过光速,但没人能观测到。

为了减少混淆,我们在这里停下来解释一下。在标准理论中,星系之间的物理距离平均来说是在增加的,星系在物理上在相互远离。有时人们会说空间正在膨胀,但是我不知道如何赋予这个表达以含义,而且这可能会引起误解。特别是除了质量的增加和恒星死亡等过程造成的质量损失的影响外,星系本身的大小并没有改变。爱因斯坦宇宙学常数 $\Lambda$ 的正值,会使星系比仅由其质量所表明的更致密一些。除此之外,在广义相对论中,宇宙膨胀对一个星系及其内容(也包括我们)没有影响。

描述宇宙膨胀变化率演化的弗里德曼-勒梅特方程(3.3)通常写为:

$$\frac{1}{a(t)}\frac{da(t)}{dt} = H_0\left[\Omega_r(1+z)^4 + \Omega_m(1+z)^3 + \Omega_k(1+z)^2 + \Omega_\Lambda\right]^{1/2},$$

$$\Omega_r + \Omega_m + \Omega_k + \Omega_\Lambda = 1$$

(3.13)

在这种方便的近似中,[①] 人们认为物质压强比能量密度小($p_m \ll \rho_m c^2$)。

---

① 这里假定了宇宙的内容可以近似地表述为包含两种成分:无压强物质和可能包括很多相对论性粒子的辐射。关于更复杂情况——比如在宇宙早期膨胀和冷却时,热电子-正电子对海的湮灭情况——的分析,必须回到公式(3.3)。

宇宙当前的膨胀率是哈勃常数［公式（2.1）和（3.12）］：

$$H_0 = \frac{1}{a}\frac{da}{dt} \quad 当 \quad t = t_0 \quad (3.14)$$

公式（3.13）左侧是在时刻 $t$ 评估的哈勃参数，$1+z=a(t_0)/a(t)$ 是从 $t$ 到 $t_0$ 的膨胀因子。哈勃常数传统上常被写成：

$$H_0 = 100h \text{ km s}^{-1} \text{ Mpc}^{-1} \quad (3.15)$$

无量纲的哈勃参数 $h$ 的使用提供了一种方法来指示对河外距离标度的敏感性，直至近来，它的不确定度仍然是本身数值的两倍。到宇宙学革命结束时，测量值已收敛到 $h = 0.72 \pm 0.05$（Freedman et al.，2001；Spergel et al.，2003）。

无量纲宇宙学参数 $\Omega_i$ 是公式（3.3）中当 $z=0$ 时，对当前膨胀率平方的相对贡献。在公式（3.13）中，假定了质量被很好地描述为相对论性物质和无压强物质的海洋。假定前者具有辐射的状态公式 $p_r = \rho_r c^2/3$，因此从公式（3.4）可以得出，该成分的质量密度变化为 $\rho_r \propto a(t)^{-4} \propto (1+z)^4$。低压物质的质量密度随 $\rho \propto (1+z)^3$ 变化。公式（3.13）中的第三项是公式（3.3）中的空间曲率项对膨胀率的贡献，它以 $(1+z)^2$ 的形式变化。最后一项代表爱因斯坦的宇宙学常数。

公式（3.13）中的无量纲参数 $\Omega_i$ 决定了宇宙的起源和结局，发生的时标由公式（3.15）中的哈勃参数 $h$ 确定，当然，前提是该理论是对现实的充分近似。本书的主题之一是对这些参数的值的评估（实证性的和非实证性的）的演进，以及该相对论理论事实上是所发生的情况的有用近似的证据。

相对论中大爆炸宇宙学的一种变体，从电子对质子的静电引力与引力的巨大比值中得到了启发：

$$\frac{e^2}{Gm_p m_e} \sim 10^{40} \qquad (3.16)$$

两种力都遵循平方反比定律，因此该无量纲数与电子和质子的分离无关。爱丁顿（1936）指出，该值在基础理论中大得出奇。狄拉克（1938，201）提出了一个原则：

> 自然界中存在的任何两个非常大的无量纲数字都通过简单的数学关系产生联系，其中系数的数量级为1。

当前的特征宇宙膨胀时间 $t_c = H_0^{-1}$ 与原子时间单位 $e^2/m_e c^3$ 的比值也很大，数量级与公式（3.16）一致，这里 $m_e$ 为电子质量。狄拉克由此推测，引力比电磁力弱得多，因为引力的强度一直在下降，与宇宙的年龄大致成反比，从而保持了这两个比率的相似值。如果恰当选择单位，使电子电荷、光速和质量都是恒定的（并且假定 $m_e/m_p$ 是常数，而且不是一个很小的数字），那么牛顿的引力"常数" $G$ 就会随时间成反比：

$$\frac{1}{G}\frac{dG}{dt} \sim -10^{-10}\,\text{year}^{-1} \qquad (3.17)$$

帕斯考·约尔旦（1948）写下了关于这种效应的场论，布朗斯和迪克（1961）则对此进行了扩展，而迪克在探索这种效应的证据中起了主导作用。皮伯斯（2017）描述了迪克如何领导将光学角反射镜阵列放置在月球上，以精确测量反射激光脉冲的计时。这可以用来探讨 $G$ 是否会减小。该项目表明，引力强度的变化率不会比公式（3.17）小超过两个数量级（Williams, Turyshev, and Boggs, 2012）。迪克的引力物理学实验探测项目对宇宙学的发展至关重要，关于这一点，皮伯斯（2017）在论文中也进行了回顾。尽管撰写本书时尚没有实质性的证据，但我们仍然倾向于猜测物理学的无量纲参数正在演变。

在宇宙学家中，最近关于物理学参数演变的思考主要集中在世纪之交建立的宇宙学中爱因斯坦宇宙学常数奇特的值上。其值定义了一个特征质量密度，可以将其与由普朗克常数、牛顿常数和光速定义的特征普朗克密度进行比较：

$$\rho_\Lambda = \frac{\Lambda}{G} \sim 10^{-30} \text{ g cm}^{-3}, \quad \rho_{\text{Planck}} = \frac{c^5}{G^2 \hbar} \sim 10^{94} \text{ g cm}^{-3} \quad (3.18)$$

$\rho_{\text{Planck}}$ 的表达式遵循量纲分析，它也是波长小到普朗克长度的量子场的零点能量之和的数量级估计。狄拉克原理激发了拉特拉和皮伯斯（1988）的思考，即 Λ 之所以如此之小，是因为 Λ 长期以来一直在向其可能的自然数值（0）演变。在第 3.5.1 节中，我们将进一步探讨 Λ 可能正在演变的问题。

## 3.3 稳恒态宇宙学

邦迪和戈尔德（1948）提出将爱因斯坦的宇宙学原理推广到他们完美的宇宙学原理中：宇宙在时间和空间上是一个静态随机的过程。在一个膨胀的宇宙中，物质需要被源源不断地制造出来，引力聚集这些物质以形成新星系，进而取代随着时间推移而分离的星系，从而保持稳恒态。霍伊尔（1948）对广义相对论进行了调整，以描述这种物质不断产生的过程。邦迪、戈尔德和霍伊尔领导了一场充满激情的运动，支持他们的稳恒态宇宙学。

1948 年的版本隐含的一个假定是，时间上的统计起伏在特征膨胀时间 $H_0^{-1}$ 上互相抵消了。后来的版本允许发生物质和辐射的交替产生，在这两个阶段之间，宇宙演化可能会更贴近相对论模型一些。

在最初的 1948 年稳恒态宇宙学中，膨胀率 $\dot{a}/a$ 是常数，因此我们从公式（2.3）可以看出，膨胀参数必须随着如下表达式演化：

$$a(t) \propto e^{Ht} \qquad (3.19)$$

这里的 $H$ 是常数。均匀性意味着线元可以以罗伯逊-沃克形式写成公式（3.1）。恒定世界时间部分的曲率物理半径为 $|a(t)R|$。由于 $a(t)$ 是时间函数，所以只有 $R \to \infty$ 或 $R^{-2} = 0$ 时，此物理半径才与时间无关。因此，时空几何形状与质量密度可忽略的宇宙学平坦相对论模型相同：$\Omega_m = 0$，$\Omega_k = 0$，$\Omega_\Lambda = 1$。

除了物质的不断产生外，稳恒态模型还假定了标准的局部物理原理。因此，宇宙学红移由公式（3.11）中的膨胀因子 $a(t)$ 定义。星系年龄 $\tau$ 的频率分布符合 1948 年稳恒态模型的预测：

$$\frac{dP}{d\tau} = 3He^{3H\tau}, \quad \langle \tau \rangle = \frac{1}{3tH} \qquad (3.20)$$

作为观测红移函数的星系计数随如下表达式（Bondi and Gold，1948，公式 [1]—[6]）变化：

$$\frac{dN}{dz} \propto \frac{z^2}{(1+z)^3} \qquad (3.21)$$

在红移 $z$ 处光度为 $L$ 的光源所观测到的辐射热强度（在所有波长范围内积分）的能量流量密度 $f$ 为：

$$f = \frac{H^2 L}{4\pi c^2 z^2 (1+z)^2} \qquad (3.22)$$

## 3.4 稳恒态宇宙学的实证评估

1948年稳恒态模型的最大优点是背景宇宙学只有一个参数，即哈勃常数 $H$，并且该模型假定宇宙内容的性质不会随时间变化。遥远物体被观测到的状态是它们过去的状态（因为光的传播需要时间），但是在此模型中，它们在统计学上与附近物体状态相同。这为诸如我们附近星系的年龄分布、作为能量流量密度函数的射电源数量，以及星系红移与距离之间的关系等测试提供了固定的目标。在20世纪50年代和20世纪60年代初，与相对论模型相比，该模型对宇宙学的实证进展发挥了更大的促进作用。

在引入稳恒态模型的那年，斯特宾斯和惠特福德（1948）公布了证据，表明早型星系[①]的颜色在更大的红移处更红。这挑战了星系族不会演化的稳恒态假定。惠特福德（1954，601）承认了邦迪、戈尔德和夏默（1954，601）对效应证据的仔细质疑，还回顾了自1948年以来观测的重大进展，并在结尾写道："上述讨论并非旨在表明作者认为色余效应确定无疑。"

在其《宇宙学》第二版的附录中，邦迪（1960）指出，斯特宾斯-惠特福德效应被"证伪"。他可能是指柯德（1959）对该情况的评论以及得出的结论：有了更安全的附近椭圆星系的光谱模板，斯特宾斯-惠特福德的"色彩效应实际上就消除了"。

---

[①] 早型星系包含了相对少质量的气体和等离子体以及比较少的年轻恒星。如果这些星系是扁平的，就被叫作透镜星系；如果不那么扁平，则被叫作椭圆星系；如果特别大且亮，则被称为cD星系；如果由颜色和高光度选择而来，则被称为亮红星系。晚型星系，包括我们银河系这样的旋涡星系，包含更大质量比例的等离子体和气体，以支持更大的恒星形成率。在20世纪20年代，人们怀疑是早型星系演化形成了晚型星系，因此有了这样的名字。但是后来证明这个猜想过于简单化了。哈勃（1926，326）指出，早型和晚型这些术语对于星系而言，"表述了一种从简单形式到复杂形式的演化进程"。

某些天文射电源位于其他星系中，并且大多数射电源均匀分布在天空中的观测结果表明，这些源大多数是河系外的。某些已知距离的源足够亮，以至于足以在宇宙学上有趣的距离内被探测到。这意味着作为观测到的射电能流量密度 $S$ 的函数的源计数 $N(<S)$ 提供了一个有趣的测试。在一个统计上均匀的射电源空间分布中，低红移下的计数随 $N(<S) \propto S^{-3/2}$［表达式（2.5）中的 $f$ 被射电天文学家的 $S$ 代替］变化。当观测达到接近 1 的红移时，稳恒态模型对 $N(<S)$ 的预测依赖于源光度的频率分布与波长的关系，而这尚未被清楚了解。但是在 1948 年稳恒态宇宙学中，给定内禀光度的光源数量，在 $z \gg 1$ 时，仅以 $N \propto \log z$ 随红移的增加而增加，因此更微弱流量密度 $S$ 的源预计将随着 $N(>S) \sim \log S^{-1}$ ［表达式（3.21）和公式（3.22）］增加。赖尔（1955）是射电天文学发展的领导者，他得出结论说，随着流量密度的降低，源数目的增加比这更快。这表明射电源在过去更明亮，这与 1948 年稳恒态模型相矛盾。

关于这一证据解释的辩论非常激烈，部分原因在于稳恒态怀疑论者马丁·赖尔及其拥护者弗雷德·霍伊尔都在剑桥大学任职。测量本身颇具争议，因为射电望远镜阵列有限的角分辨率和旁瓣效应导致了源流量密度估算中的系统误差。赖尔的研究生彼得·舒尔发现了一种统计量度，可以辅助修正因微弱信号源而丢失或人为增强的数据。结果再次表明，随着 $S$ 的减少，$N(<S)$ 的增长比没有演化的相对论模型中的预期要快，或比稳恒态模型中的预测要高（Ryle and Scheuer，1955）。马尔科姆·隆加尔在他的《宇宙学世纪》一书中回顾了这一事件，以及射电源的计数如何最终成为对 1948 年稳恒态宇宙学的令人信服的挑战（Longair，2006，第 12.3 节）。

桑德奇（1961a）思考了如何利用位于加利福尼亚南部的帕洛马山 200 英寸[①]海尔望远镜检验宇宙学模型。他得出的结论是，有用的探测

---

[①] 1 英寸 ≈ 2.54 厘米。——编者注

可能是星系红移-星等关系 z-m [公式（3.11）中定义了星系红移 z，公式（2.6）中定义了星系视星等 m ]。对于给定内禀光度或绝对星等（如第 29 页的脚注所定义的那样）的星系，稳恒态模型可以对红移-星等 z-m 关系进行确定的预测。当然，需要观测许多星系以考虑光度的差异。但是在稳恒态宇宙学中，人们可以认为，在不同红移下的观测值，统计上是对同一星系族的采样。在不断演化的宇宙中，情况要复杂得多，因为星系族也会演化，星系的光度也将随之演化。

在桑德奇（1961a）对宇宙学测试进行研究时，测得的红移远低于 1，因此可以集中关注对偏离静态闵可夫斯基时空的线性红移-距离关系进行一阶校正。通常的度量是减速参数（有时称为"加速参数"）：

$$q_0 = \frac{a(t_0)\ddot{a}(t_0)}{\dot{a}(t_0)^2} = -1,\text{在 1948 年稳恒态模型中}$$
$$= \frac{\Omega_m}{2} - \Omega_\Lambda,\text{在弗里德曼-勒梅特模型中}$$
（3.23）

在当前时间 $t_0$ 对时间导数进行评估，弗里德曼-勒梅特模型的表达式假定压强可以忽略。稳恒态宇宙学中的 $q_0$ 值由表达式（3.19）确定，这与以 $\Lambda$ 为主导的相对论性的弗里德曼-勒梅特模型相同。两者的时空几何均符合具有宇宙学常数的静态空宇宙的德西特解。

赫马森、梅奥尔和桑德奇（1956，151）对减速参数测量值的评估得出结论：

因此，上述分析表明，对测得的星等以及 $\dot{M}$ 和 $\dot{K}$ 值（星系光度和颜色的演化速率）中误差的任何合理估计，都要求 $\ddot{R}_0$ [其中 $\ddot{R}_0 = \ddot{a}$，见公式（3.23）] 为负，且膨胀正在减速。但是，想认定该结果的正确性，需要惠特福德在当前工作中获得准确的 $K$ 值（由于光谱红移效应需要对视星等进行校正所需的颜色项），还要得到足够的理论来解释斯特宾斯-惠特福德效应。

鲍姆（1957）的观测表明，$q_0 = 0.5 \pm 1$，桑德奇（1961a）认为这是此时最好的测量结果。从这些论文看来，这些观测似乎正在趋于能够区分稳恒态宇宙学和 $\Lambda=0$ 的相对论模型。红移-星等的测量确实达到了这一关键点，但这发生在 40 年后（第 9.1 节）。1948 年稳恒态模型此前受到过严峻的挑战，我们将在第 4 章中讨论热辐射海的存在。而在更早之前，稳恒态模型还受到过一次不太出名但十分严格的检验，即星系的年龄分布，内容如下。

引入稳恒态模型时，人们普遍接受的哈勃常数值被高估了 6 倍。这将特征膨胀时间定为 $T \equiv H^{-1} \simeq 2 \times 10^9$ y，这是对它的严重低估。邦迪（1952）从放射性衰变年龄和恒星演化年龄的证据中得出结论，观测到的最古老的天体的年龄明显比 $H^{-1}$ 的值大得多。在相对论模型中，这需要用到勒梅特（1931d）提出的观点，即宇宙学常数为正数会导致过去的膨胀率变小，从而使膨胀时间大于 $H^{-1}$。邦迪和戈尔德（1948，264）指出了另一种出路：在 1948 年稳恒态宇宙学中，星系的年龄分布如公式（3.20）所示，其中一些的年龄大于 $T=H^{-1}$。他们写道：

> 没有理由认为某个特定的星云（例如银河系）具有某个特定年龄。因此，在我们的理论中，将银河系的年龄确定为局部观测提示的任一结果（例如 $5 \times 10^9 \sim 8 \times 10^9$ 年）并不困难，尽管 $T$ 要比这个值小得多。

这组结论虽然正确但并不完整。伽莫夫（1954a）指出，随着星族年龄的增长以及质量更大、颜色更蓝的恒星的死亡，星族的颜色可能会发生变化。这意味着公式（3.20）中年龄的广泛分布，可以预测出附近星系颜色的广泛分布。伽莫夫（1954a，200）写道：

> 巴德博士告诉我，这些观测表明，我们附近的椭圆星系的颜色指数非常恒定，保持在 0.05 等以内。这与稳恒态宇宙学所预测的混合年龄星族的可能性相悖。

从公式（3.20）我们可以得出，在任何时候，星系的年龄 $t$ 的分布都是 $P(<t)=1-e^{-3Ht}$，所以：

$$10\% \text{ 的年龄小于 } 0.035H^{-1}$$
$$10\% \text{ 的年龄大于 } 0.77H^{-1}$$
（3.24）

这一数据范围上下可差 20 倍。可以合理地预期，如此宽的年龄范围将在附近星系的恒星光谱之间产生明显的差异，这与过去和现在所观测到的结果相反。

关于河外距离尺度和 $T=H^{-1}$ 的校正，见第 3.6.1 节。校正不仅减轻了对相对论模型的约束，对稳恒态图景也很重要，因为旧的标度使星系的预计平均年龄 $T/3$ 比普通形态的银河系的年龄小得多。邦迪（1960，165）在第二版《宇宙学》附录的评论中对此进行了说明：

> 现在很难理解，超过 15 年来所有宇宙学工作在多大程度上受到了这个 $T$ 的小值（$1.8\times 10^9$ 年）的影响（实质上是压制），而人们如此自信地宣称它是通过观测确定的。

邦迪是对的，但他可能还会有另一种抱怨：理论家没有像他和其他人对斯特宾斯-惠特福德效应所做的那样，挑战观测者对 $T$ 的估计。

对河外星系距离尺度的调整消除了 1948 年稳恒态宇宙学中星系平

均年龄的问题，但伽莫夫（1954a）的观点仍然成立：该模型对局部星系年龄弥散的预测似乎不合理。尽管伽莫夫提出了严峻的挑战，但邦迪（1952，1960）在两版《宇宙学》中都没有对此情况进行全面而细致的评估。NASA的天体物理学数据系统显示，在1980年以前伽莫夫（1954a）的论文没有任何引用。但到此时，1948年稳恒态宇宙学受到了来自其他方面的严峻挑战：作为红移的函数的类星体[①]的计数、高低红移观测到星系的性质有所不同、越来越多的证据表明氦和氘是宇宙演化的遗迹，最直接也最令人信服的是微波辐射海热谱（第3.4节，图4.7）。对这种辐射特征的早期探索是最早广受认可的对稳恒态模型的挑战。伽莫夫的挑战来得更早，但学界对证据的评估有可能反复无常。

值得考虑的是，如果20世纪50年代的红移-星等测量成功了，这就表明减速参数与稳恒态预测 $q_0=-1$ 一致，且处于合理的测量误差范围内。在20世纪50年代，对稳恒态宇宙学来说这将是一个严肃的论据。但是 $q_0$ 的值是在很晚之后确定的，这就简化了历史。

稳恒态宇宙学的理念可以调整为一种假定，即物质和辐射近似均匀的分布是分段形成的，其密度和温度足够高，足以强迫其达到统计平衡状态，并在形成后的宇宙膨胀及冷却过程中形成氦和氘。相对论模型可能可以很好地描述这些分段的创造性事件之间的演化。而热大爆炸宇宙学的创生故事与早期宇宙的宇宙暴胀图景不甚相同（见第3.5.2节）。霍伊尔和纳里卡（1966）提出了准稳恒态宇宙学的早期构想。霍伊尔、伯比奇和纳里卡（1993，2000）还提出了这一相对论模型替代理论的另一种选择。从20世纪70年代开始，这些后来的论点对实证宇宙学的发展的影响微乎其微。但是1948年稳恒态宇宙学在早期阶段极大地刺激了观测，开始将人们引向现已建立的演化宇宙学。

---

[①] 类星体因是类似恒星的天体而得名，现在被视作活动星系核（Active Galactic Nuclei，AGN）。

## 3.5 大爆炸模型的非实证性评估

桑德奇（1961a）有关使用帕洛马山上的大型望远镜开展宇宙学研究的可能性的论文，有一个保守但恰到好处的标题：《200 英寸望远镜区分选定世界模型的能力》。他可能希望证伪稳恒态模型，然而，对相对论大爆炸模型的实际挑战要困难得多，因为这种宇宙学的预测性远差得多。前者只有一个自由参数 $H$，而后者有三个：平均质量密度、$\Lambda$ 以及当前的宇宙膨胀率 $H_0$。不断演化的世界模型允许星系演化，从而给予了相当大的自由度来调整星系族的历史以符合观测结果。因此，非实证评估在相对论大爆炸宇宙学的早期研究中具有影响力似乎并不令人惊讶。需要回顾的实证历史中，包括了 20 世纪 80 年代初开始的宇宙暴胀图景的显著影响（见第 3.5.2 节）。

### 3.5.1 早期思考

在令人满意的宇宙学模型中，宇宙学常数——或许还有空间曲率——可能不太有趣或重要这种想法，可以追溯到爱因斯坦和德西特（1932）[他们的照片见插图 III 的分图（c）]。他们指出，质量确实存在，并且应该在宇宙模型中考虑，但构建一个可以与当时可用观测结果进行比较的相对论模型并不需要非零值的 $\Lambda$ 和空间曲率。因此，他们认为从公式（3.13）最简单的可接受版本开始是明智的，其中：

$$\Omega_m = 1, \ \Omega_r = \Omega_k = \Omega_\Lambda = 0, \ a \propto t^{2/3}, \ H_0^2 = \frac{8}{3}\pi G \rho_0 \qquad (3.25)$$

这被称为爱因斯坦-德西特宇宙学模型。

爱因斯坦和德西特（1932，214）指出：

> 然而，曲率基本上是可以确定的，并且随着从观测中得出的数

据精度的提高,我们未来能够确定其符号并确定其值。

他们没有提到 $\Lambda$ 也可以测量,也许是因为爱因斯坦后悔引入了这一项。例如,派斯(1982,288)在1923年给外尔的一封信中引用了爱因斯坦的话:

> 根据德西特的说法,两个相距足够远的物质点会继续加速并分离。如果不存在准静态世界,那么也就没有宇宙学常数项了。

关于爱因斯坦-德西特模型的思考范例见罗伯逊(1995):这种模型具有"一些短暂的兴趣"。而邦迪(1960,见第二版附录)则认为这一模型因其"卓越的简洁性"而闻名。同时,其他一些备受尊敬的权威人士则认为,$\Lambda$ 在物理学中没有位置。爱因斯坦(1945,111)在第二版《相对论的意义》中指出:"$\Lambda$ 构成了该理论的复杂性,大大降低了其逻辑上的简洁性。"

泡利(1958,220)在《相对论》英文版的补充说明中写道,爱因斯坦"完全拒绝了宇宙学常数项,认为它是多余的,不再合理了。我完全认同爱因斯坦的这一新观点"。

朗道和利夫希茨(1951,338)指出:"在我们的方程中,没有考虑过所谓的宇宙学常数,因为从现在开始,人们终于清楚地发现,没有任何依据支持在引力方程中进行这样的修改。"

让我们也注意一下爱因斯坦在1947年致勒梅特的一封信中对 $\Lambda$ 的如下评论(摘自乔治·勒梅特的档案,见第54页的脚注):"自从我引入这个项以来,我一直良心不安……我无法自控地强烈感受到它,我无法相信这样一个丑陋的东西竟然在自然界中存在。"

约翰·阿奇博尔德·惠勒对宇宙学参数的直觉基于"加速度仅相对于其他物质才有意义",马赫和爱因斯坦曾对这一点做过讨论(见第

2.1 节）。惠勒在他与米斯纳、索恩（1973,§21.12）共同撰写的论文中的表述是，这要求空间截面是封闭的。这意味着参数 $R^{-2}$ 在公式（3.1）和（3.3）中为正［因此，在公式（3.13）中 $\Omega_k<0$］。一个非常接近爱因斯坦-德西特模型但 $R^{-2}>0$ 的宇宙与这一思路相符。

在学界获得参数 $\Omega_K$ 和 $\Omega_\Lambda$（分别表示空间曲率和爱因斯坦的宇宙学常数）有说服力的测量值之前，源自数值上的巧合的论点提示，这两个参数可能为零或非常接近零。首先，请考虑弗里德曼-勒梅特方程（3.3），该方程描述了宇宙膨胀率的加速度，用公式（3.13）中的无量纲宇宙学参数来表示：

$$\frac{1}{a}\frac{d^2a}{dt^2} = H_0^2\left[-\Omega_r(1+z)^4 - \frac{1}{2}\Omega_m(1+z)^3 + \Omega_\Lambda\right] \quad (3.26)$$

物质的引力倾向于减慢膨胀率，而正的宇宙学常数 $\Lambda$ 则倾向于使膨胀加速。有证据表明 $\Omega_r$ 值很小。如果确实如此，那么加速度 $d^2a/dt^2$ 趋近于零时的红移就可以很好地近似为：

$$z_e = (2\Omega_\Lambda/\Omega_m)^{1/3} - 1 = 0.67 \quad \text{当} \quad \Omega_m = 0.3,\ \Omega_\Lambda = 0.7 \quad (3.27)$$

数值使用参数的最新测量结果，不过立方根事实上使它们的值几乎无关紧要。如果 $\Lambda$ 为正，并且对当前的膨胀率有很大贡献，那么我们就正处于一个特别的时期，即宇宙膨胀的减速转变为加速的时期之后不久。根据哈勃常数 $H_0 \approx 70$ km s$^{-1}$ Mpc$^{-1}$，大约在 60 亿年之前，即太阳系开始形成时，加速就消失了。为什么会有这样的巧合？在 $\Lambda=0$ 且没有空间曲率的爱因斯坦-德西特模型中，无论在宇宙膨胀过程中何时测量，质量密度参数均为 $\Omega_m=1$。在《宇宙学》第二版中，邦迪（1960）指出，这是一种看起来更合理的情况。

用另一种方式来表述这种关乎巧合的观点，考虑将公式（3.13）改写为：

$$\left(\frac{\dot{a}}{a}\right)^2 = A(t)\left[1 + \frac{\Omega_m}{\Omega_r}\frac{a}{a_0} + \frac{\Omega_k}{\Omega_r}\left(\frac{a}{a_0}\right)^2 + \frac{\Omega_\Lambda}{\Omega_r}\left(\frac{a}{a_0}\right)^4\right] \quad (3.28)$$

其中 $A(t)=\Omega_r H_0^2 (a_0/a(t))^4$。参数 $\Omega_r\sim10^{-4}$ 是热大爆炸宇宙学中，热辐射和伴随的中微子（在这里假定是无质量的）对当前膨胀率的相对贡献。具体来说，假定物质密度参数为 $\Omega_m = 0.1$，这与我们周围观察到的情况相当接近，让我们考虑在热大爆炸宇宙学中轻元素开始形成时的情况，此时红移 $z=a_0/a\sim10^{10}$（见第 4 章）。如果没有宇宙学常数，那么在 $\Omega_m=0.1$ 时，曲率项为 $\Omega_k=0.9$，公式（3.28）中的曲率项对核合成时膨胀率的贡献为：

$$F_k = \frac{\Omega_k}{\Omega_r}\left(\frac{a}{a_0}\right)^2 \sim 10^{-16} \quad (3.29)$$

另一方面，如果没有空间曲率，且 $\Omega_m=0.1$，那么宇宙学常数对当前膨胀率的贡献为 $\Omega_\Lambda=0.9$，在 $z=10^{10}$ 时，它对膨胀率的相对贡献为：

$$F_\Lambda = \frac{\Omega_\Lambda}{\Omega_r}\left(\frac{a}{a_0}\right)^4 \sim 10^{-36} \quad (3.30)$$

无论是哪种情况，我们都处在一个非常特殊的时期，即曲率或 $\Lambda$ 项（在 $z\sim10^{10}$ 处是如此之小）在现在已成为膨胀率的主要贡献者。如果现在空间曲率和 $\Lambda$ 都可以小到忽略不计，就可以避免这一奇怪的巧合。这样，宇宙将从 $z\gtrsim10^4$ 处的以辐射为主导演化为以物质为主导，此后，质量密度将维持在非常接近爱因斯坦–德西特值即 $\Omega_m=1$ 的状态，这也是无论我们何时进行测量都会得到的密度参数。

这个巧合论点可能许多人都曾想到过，但并没有人发表，因为不知道该如何解释。我记得 20 世纪 60 年代初，迪克引力研究小组的会议中曾讨论过这一问题。迪克（1970，62）、麦克雷（1971，151）和皮伯斯（1979，506—507）后来都曾发表过相关论著。对此观点的反驳观点，即人择原理，我们将会在本书之后的章节进行讨论。

勒梅特（1934）认为，爱因斯坦的宇宙学常数 $\Lambda$ 定义了等式（3.10）中的真空能量密度，对此我们在第 3.2 节中进行了讨论。鲁赫和辛克纳格尔（2002）以及皮伯斯和拉特拉（2003）回顾了量子物理学中与之相关的棘手问题。在 20 世纪 30 年代，有明确的实证证据表明，量子零点能量真实存在，而且在量子理论预测与分子结合能的一致性问题上必须考虑到这一点。电磁场由相同的量子力学描述，它的零点能量肯定是真实的。在标准和公认的物理学中，能量等效于引力质量。但是，对于一个相对论宇宙学模型来说，X 射线频率以下的电磁场模式的零点能量的总和，等于一个大得出奇的质量密度。如果局部洛伦兹协变性有效，那么这将转化为一个大得出奇的 $\Lambda$ 值。

沃尔夫冈·泡利在其 1933 年出版的《物理学手册》的一篇有关量子力学的文章中提出了一个有趣的问题。他指出（Rugh and Zinkernagel, 2002, 5, 英译本），"从一开始就排除每个自由度的零点能量更为一致，因为显然从实证来看，这种能量不会与引力场相互作用"。泡利（1933）在这里指的是电磁场的零点能量。但是，物质的零点能量确实会与引力场相互作用，这正是已经得到充分验证的能量和引力质量的等效性。由于物质和辐射的零点能量都遵循相同的量子物理学法则，所以这不是一个让人安心的解决办法。

一个可能的解释是，一些尚未发现的对称性迫使真空能量密度达到了其唯一"合理"的值，即 $\Lambda=0$。我们在戴维斯等（1992，492）所作的《冷暗物质的终结？》一文中看到了这一传统想法。他们提出了一个关于调和宇宙暴胀论证问题矛盾的讨论（见第 3.5.2 节），即空间截面应该是平坦的，但动力学证据又表明，若不存在一个非零的宇宙学常数，就没有足够的质量保持空间平坦。但作者指出：

第 3 章 宇宙学模型

从粒子物理学家的角度来看，实现这些奇迹所需的 Λ 值非常小，其"自然"值是它的 $10^{120}$ 倍。这种微调似乎没有足够的吸引力，以至于大多数宇宙学家都认为这种解的可能性很低，并偏向认为存在某些未知的对称性原理要求宇宙学常数恰好为零。

这里参考的是温伯格（1989）的论文中对 Λ 问题的讨论。博钦格（1993，308）认为：

可以用完全惰性且对引力无反应的物质代替某些冷暗物质的极端方法：真空能量密度，也称为宇宙学常数……尽管从基本物理学的角度来看，所需的真空能量密度是不合理的，但该模型目前在天体物理上似乎站得住脚，并可能导致可接受的大尺度结构。

另一种观点是，观测到的 Λ 如此之小，是因为 Λ 长期以来一直在演化为其原本的值：零。我发现这种想法最早由多尔戈夫（1983）提出，他考虑了布朗斯和迪克（1961）理论的一种变体，其中 Λ 和引力相互作用的强度都在向零演变。路透和韦特里希（1987）探索了建立场方程的难题，使方程中的有效 Λ 的值演变为零。皮伯斯和拉特拉（1988）展示了假定量子真空能量密度被迫消失，如何选择标量场的势能，使其能量密度沿 Λ 减小的方向滚动向零。考德威尔、戴夫和斯坦哈特（1998）把这个不断演化的有效 Λ 定名为"quintessence"（精华）。对这一思想开展宇宙学检验的早期思考在拉特拉和皮伯斯的论文（1988）中提出。

随着 Λ 存在的证据越来越多（见第 8.4 节），尽管存在量子真空能量密度的深层理论难题，但面对这一现实的压力促使人们将注意力转向了另一条被称为人择原理的思路。这个想法可以追溯到迪克（1961）的观点，他认为宇宙已经膨胀了很长时间，大约有 100 亿年，这并不奇怪。这相当于花费长达几代恒星的时间形成和扩散构成人体的较重元素，然后地球形成并冷却，接着演化出对测量宇宙年龄感兴趣的生命。此外，我们必须处于质量适中的星系，该星系能够在引力作用下捕获处在生命周期末期的恒星残骸进行再循环，从而产生我们所需的重元素。这是在假定自然界以一致的方式运行的前提下得出的一致性条件。

类似但可能不太稳妥的理由可以用来论证，至少到距今很近的时间为止，一致性要求我们所在的宇宙是一个由物质主导的宇宙，因此 $\Omega_m$ 不能远低于 1。如果结构是因均匀性的微小原始偏离产生的（第 5 章），那么质量聚集（如星系）的引力集合就需要以物质为主导的膨胀。里斯（1984）在论证空间曲率参数 $|\Omega_k|$ 可能远低于 1 时表达了这个想法，他的观点如下。他说，$|\Omega_k|$ 不会对弗里德曼-勒梅特方程（3.13）产生多大贡献的条件可以转化为罗伯逊-沃克线元中的曲率半径比普朗克长度 $(Gh/c^3)^{1/2} \sim 10^{-33}$ cm 大 30 个数量级，它从哈勃长度为普朗克长度开始，一直膨胀到现在。如果这些长度的比率 $R$ 远大于此界限，则意味着空间曲率接近爱因斯坦-德西特值。但如果 $R$ 非常小，那就意味着宇宙可能在银河系形成之前就坍缩了或进入了自由膨胀。里斯（1984，339）提出："对此要求的一种反应可能是人为选择的结果：如果 $R$ 值不那么大，宇宙将不能为星系和恒星提供宜居环境。"

布兰登·卡特拓展了迪克（1961）的一致性论证和休·埃弗里特（1957）的多世界量子物理测量结果图，这引发了卡特（1974，295，296）的思考：

> "宇宙集合"……以初始条件和基本常数的所有可能组合为特征……［并且］在有可能定义某种针对宇宙集合的基本的先验概率测度这一条件下，可以基于以下事实做出更普遍的预测：所考虑的特征发生在可识别子集的"大多数"成员中，[这允许]任何可描述为观测者的生物的存在。

温伯格（1987）将这一思路应用于宇宙学常数值。如果 Λ 值大且为负数，在我们存在之前，Λ 将阻止宇宙膨胀并使它坍缩。如果 Λ 值大且为正数，那么它会使膨胀率过大，进而使引力无法形成我们生存所需要的星系。温伯格与卡特共同考虑了一个宇宙的集合，其中每个宇宙都有自己的物理学，观测者（如我们）仅出现在我们的物理学支配的微小子集中或者其附近，并且真空能量密度 Λ 的值足够接近零以允许星系形成，从而提供一个合适的环境。从量子物理学的角度来看，Λ 的自然值很大：温伯格（1989）认为比宇宙学允许的值"多118位"。（本书第3.2节的量纲分析是得出此数值的一种方法。）温伯格提出，具有较大 Λ 值的宇宙可能更接近本质，因此在宇宙集合中更多。在这种情况下，我们可能会预期自己处于一个与人类存在相容的 Λ 绝对量级最大的宇宙中。这将至少与观测到的 Λ 值大致相当。该论点同样适用于里斯的时空曲率半径：自然值可能为 $R \sim 1$；较大的值在宇宙集合中可能不那么常见，并且我们可能会预期自己处在一个与人类存在相容的 $R$ 值最小的宇宙中。同样，这至少与我们那时所知的界限大致相符。

有些人认为多重宇宙和人择原理是合理且自然的，其他人则对此持反对态度，认为这些应用有种"正好如此"的故事味道。我们希望它们可以被更深层次的物理学取代，后者将以更直接、基于理论的方式解释诸如 Λ 和 $R$ 界限之类的问题。

随着接下来我们将讨论的宇宙暴胀图景的引入，描述人择原理的"多重宇宙"一词被广泛使用。斯坦哈特（1983，262）认为，这样的想法表明："当新的泡泡形成时，它再生了永远无法与我们自己的宇宙接触的新宇宙。新宇宙将永远再生。"维伦金（1983）和林德（1986）提出了类似的想法。林德发表的《永恒存在的自我复制混沌暴胀宇宙》值得注意。

让我们思考一下这些想法的某些方面。

### 3.5.2 宇宙暴胀

对于没有宇宙学常数且没有空间曲率的爱因斯坦-德西特模型，以及人择原理中所考虑的多元宇宙，最具影响力的论据受到了 20 世纪 80 年代初的一系列论文[①]中提出的宇宙暴胀概念的启发。这个想法作为一个苛刻问题的优雅解答被迅速接受：在其演化能用经典弗里德曼-勒梅特解描述之前，正在膨胀的宇宙在做什么？暴胀的答案是：在最早的宇宙中，弗里德曼-勒梅特方程（3.3）中的主导项是一个 $\Lambda$ 的类似项，但它更大，并且正朝着较小的值滚动。该假定成分可能是一个标量"暴胀"场的势能加上动能，并且场的势能可能被安排为在所谓的"暴胀时代"引起近指数级的膨胀。关于暴胀时代之前发生的事情的想法，对于这一历史并不重要。

当类似 $\Lambda$ 的成分中的能量衰减并产生当前宇宙的大部分熵时，暴胀将结束，其中大部分熵最终会变成当前的微波辐射海。暴胀期间的剧烈膨胀被认为必然会拉伸密度梯度，从而解释我们观测到的近乎均匀的宇宙。这种拉伸将迫使我们观测到的空间曲率半径达到非常大的值，从而充分满足里斯要求的较大 $R$ 值的条件。即认为暴胀需要公式（3.13）中的空间曲率项 $\Omega_K$ 小到可以忽略不计。在 20 世纪 80 年代，第 3.5.1 节中所述的反对 $\Lambda$ 的非实证论据也具有说服力，并且学界的普遍观点是 $\Lambda$ 应该小到可以忽略不计。这就留下了爱因斯坦-德西特模型。但是，正如将要讨论的内容展示的那样，我们已经学会了接受 $\Lambda$ 的存在。

暴胀初期存在的任何重子都将被彻底分散，因此，重子必须从衰减开始至暴胀结束时暴胀场的熵中产生。出于其他一些原因，人们对重子合成的兴趣正在增长［萨哈罗夫（1967）曾有论述，并确定了可能发

---

① 开创性的论文包括：Starobinsky (1980); Guth (1981); Mukhanov and Chibisov (1981); Sato (1981); Albrecht and Steinhardt (1982); Guth and Pi (1982); Hawking (1982); Linde (1982); and Bardeen, Steinhardt, and Turner (1983).

生的条件；吉村（1978）、季莫普洛斯和萨斯坎德（1978）探讨过其实现问题］，正如它被暴胀所需要一样。在推动暴胀的能量衰减到产生重子的熵之后，宇宙将按照通常的弗里德曼-勒梅特热大爆炸宇宙学模型演化。

随着暴胀概念的引入，人们认识到，在标准量子物理学中，暴胀时代巨大而快速的膨胀所产生的均匀性，将被量子场起伏压缩为接近于高斯和尺度不变的经典时空曲率起伏所打破。前者是因为起伏是接近自由场的起伏，后者是因为曲率起伏幅值由膨胀率 $\dot a/a$ 决定，而膨胀率只有在膨胀接近指数级时才缓慢变化。（关于尺度不变的时空曲率起伏的含义，我们将在第 5.2.6 节中进行讨论。）

学界有关于暴胀概念变体的讨论。戈特（1982）考虑了德西特解中的一个相变，该相变将产生空间截面曲率为负的时空：开放模型。卡米翁科夫斯基等（1994）、拉特拉和皮伯斯（1995）均得出了"开放式暴胀"模型的性质。这些进展得益于皮伯斯（1986）总结的证据，这些证据表明平均质量密度显著小于爱因斯坦-德西特值。如果是这样，那么广义相对论要么需要开放空间截面 $\Omega_k>0$，要么需要爱因斯坦的宇宙学常数 $\Lambda$ 值为正。20 世纪 80 年代初期暴胀的引入，使整个学界偏向于平坦的空间截面。

关于如何使暴胀概念更完备，目前尚有争议，但与这个故事无关。重要的历史点是学界的评估，即暴胀需要平坦的空间。到世纪之交，大量证据表明 $\Omega_k$ 确实接近零，而且这是 $\Lambda$ 的要求。

在 1982 年 6 月主题为"极早期的宇宙"的研讨会的摘要中，弗兰克·威尔泽克（1983，475）的评论展现了暴胀思想影响的迅速增长：

> 据我估计，在该研讨会上的 36 场讲座中，有 17 场主要是关于暴胀宇宙的，其他许多讲座也深受这一观点的影响。这证明这个观点极具吸引力……暴胀观点最惊人的定性预测是，宇宙本质上应该

是平坦的,这对质量密度($\Omega=1$)具有众所周知的影响。

在1984年5月主题为"内部空间/外层空间"的会议记录中,巴丁(1986,275)表示:

> 以冷暗物质为主导的暴胀宇宙理论,由于其预测能力,具有很强的吸引力。除非对当前的真空能量密度(宇宙学常数)进行非常精细的调整,否则宇宙密度参数$\Omega$应该非常接近1。

在1985年6月主题为"宇宙中的暗物质"的会议的摘要总结中,冈恩(1987,541)问道:

> 如果是我们的偏见要求$\Omega$为1,该怎么办?在这一点上,应该指出的是,并非所有的暴胀情况都要求同时具有平坦性和均匀性,并且至少有一个原初的暴胀模型,也就是戈特的模型,会自然地产生曲率为负的均匀模型。

在同一会议论文集中,戴维斯(1987,108)对质量密度测量进行了回顾。他指出,对证据的直接解读显示$\Omega_m<1$,但这需要假定星系能示踪质量分布,而后者受到了质疑。戴维斯以"没有现存数据与星系是有偏的质量示踪以及我们生活在一个$\Omega=1$的宇宙中的观念相矛盾"的结论做了总结。凯泽(1986,262)在1984年5月的会议上提到了他包含偏见的想法:"发光星系与质量之间强烈分离的可能性……对于那些不喜欢$\Omega\neq 1$的人来说是一个非常诱人的特征。"

最后两个陈述背后的思想是,质量密度可能足够大,以致$\Omega_m=1$,但由于大部分质量都不在星系中,所以不容易观测到这么大的质量密度。我们将在第3.5.3节中对该思想的实现进行回顾。

阿兰·古思（1991，1）在 1990 年 12 月的"宇宙暴胀观测检验"会议的论文集导言中提到，自 20 世纪 80 年代初期暴胀被引入两年后开始，研究期刊每年平均有 150 篇有关暴胀的论文发表：

> 这表明关于暴胀的第一个（也是最天真的）基本论点……每年与暴胀相关的文章数量，这些数据来自斯坦福线性加速器中心的 SPIRES 数据库。它主要是一个粒子物理学数据库，因此有关该主题的一些更偏向于天体物理学的论文可能没有被收入。不管怎样，都能看出暴胀模型引起了很多人的兴趣。

古思继续回顾了宇宙暴胀的前景，这一前景引起了粒子物理学家、宇宙学家和天文学家的关注。1991 年的这篇综述是他对 1982 年 12 月得克萨斯相对论天体物理学研讨会（Guth，1984）的介绍性演讲中自己评估的更新。这个基本概念很快就在宇宙学中确立了重要的位置，并保持至今。

当然，并非所有人都同意这种思路。冈恩提到了戈特的开放模型。在 1985 年 6 月的会议上，参与者进行了关于"$\Omega$ 最终将成为什么？"这一问题的投票。不幸的是，投票未能说明 $\Omega$ 的含义。那时，暴胀中空间截面平坦的条件意味着，物质的质量密度等于爱因斯坦-德西特值，也就是 $\Omega=\Omega_m=1$。但是，如果爱因斯坦的宇宙学常数 $\Lambda$ 不为零，而且被设置为 $\Omega_\Lambda=1-\Omega_m$［公式（3.13）］，它将允许较低的质量密度 $\Omega_m<1$，具有平坦的空间。有一些文章对这种将平均质量密度远低于 1 的证据与平坦空间截面调和起来的方法做了讨论［例如，皮伯斯（1984b），里斯（1984），特纳、斯泰格曼和克劳斯（1984），考夫曼和斯塔罗宾斯基（1985）］。但巴丁（1986）的评论表明，20 世纪 80 年代更为典型的感觉是需要"极其精细的调整"。

投票结果如表 3.1 所示。一半多的投票者只是表达了我们"不知道"的感性观点。大约四分之一的人预期 $\Omega$ 显著小于 1。也许他们中有的人

表 3.1  Ω 最终将成为什么？

| Ω | 投票数 |
| --- | --- |
| 1.001<Ω | 2 |
| 0.999<Ω≤1.001 | 28 |
| 0.05 <Ω≤0.999 | 29 |
| Ω≤0.05 | 2 |
| 不知道 | 71 |
| 不关心 | 0 |

想到，正如观测结果所示，物质的质量密度很低，但 Λ 使空间截面保持平坦。但是从我所看到的证据和我自己的回忆中，很难找到这种想法的迹象。我得出的结论是，尽管暴胀论点颇为优雅，大多数预期 Ω 远小于 1 的人只是希望接受空间截面是弯曲的。在那些认为 Ω 将被证明非常接近于 1 的人中，有些人可能会想到利用宇宙学常数使空间截面平坦，但是根据我的回忆，大多数（如果不是所有的话）投票赞成 Ω=1 的人实际考虑的都是 $\Omega_m$=1。以上来自会议的引述表明，这就是有影响力的学者们所考虑的内容。

如果 $\Omega_m$=1，则需要采取严格的测量：表明星系是有偏差的质量示踪，或者可能要放弃相对论宇宙学。从 20 世纪 80 年代中期到 20 世纪 90 年代后期，最普遍的操作是接受广义相对论和平坦的空间截面，并以 $\Omega_m$=1 且星系不是质量的合理示踪为假定进行操作。第一批明确主张在冷暗物质模型（第 8.2 节中讨论的 CDM 模型）中添加 Λ 的论文发表于 1984 年，与上文回顾的关于暴胀含义的评论出现在大约同一时期。但这种想法直到 20 世纪 90 年代中期才被广泛接受。

### 3.5.3 偏差

在第 3.6.4 节中我们会回顾测量平均质量密度的悠久历史，其中通常会指出 $\Omega_m$ 的值明显小于 1。上面的例子是戴维斯（1987）在"宇宙中的暗物质"会议的综述中发表的。但是，在第 3.5.1 节和第 3.5.2 节中回顾的非实证性因素使 $\Omega_m = 1$ 的爱因斯坦-德西特模型显得特别合理。那么，我们很自然会考虑的一种可能性是，密度估计值偏低是因为大部分质量不在星系聚集的范围内。回想一下，将恒星绑定到星系或将星系绑定到星系团的引力，除了潮汐场通常较小的影响外，不受目标物体集中之外的质量的影响。因此，如果星系比质量更紧密地聚集，那么基于星系示踪质量假定的质量密度推测就可能会低估质量密度。星系将是有偏差的质量示踪。

里斯（1985, 81p）对可能会产生这种偏差的过程进行了清晰的评估。他的结论是：

> 这里讨论的影响不仅仅是事后临时的尝试，以支持具有哲学吸引力的 $\Omega=1$ 模型来对抗看似矛盾的证据。如果这些问题都不重要——如果没有影响星系形成的大尺度环境影响，如果光确实在所有 1 Mpc 尺度上都示踪了质量——那实在是令人诧异。

我们看到了诸多想法的影响。一个想法是非实证性的：暴胀要求物质密度参数 $\Omega_m=1$。另一个想法兼具实证性和非实证性：天体物理过程肯定会使星系的空间分布相对于质量产生偏差。第三个想法是实证性的：很难找到如此大质量密度的证据，这正常吗？

有偏差的图景受到了凯泽（1984）解释的启发，他解释了为什么星系团位置比星系位置更紧密地关联。它以这样的想法开始，即星系诞生自极早期宇宙中均匀性质量分布的微小偏差的引力增长。星系将由偶发的、更为原始的早期向上质量起伏引起；星系团则更为稀有，在更大的质量尺度上从更为罕见的向上质量起伏中生长出来。如果这些均匀性的初始偏差是随机的高斯过程，并且在感兴趣的长度尺度上具有正自相关函数，那么与星系相比，星系团的相关长度会更长。换句话说，在给定的间隔下，预期星系团位置与星系位置相比，具有更大的约化两点相关函数，这也符合观测。这提示了一个有趣的想法：与质量分布相比，星系预期具有更大的相关函数。

凯泽的观点引起了人们的迅速关注。在 1984 年 5 月的"内部空间/外层空间"会议上，巴丁（1986）和凯泽（1986）提出了一个关键思想：凯泽的效应提示，$\Omega_m$ 的估值偏低，因为它们高估了星系周围质量的集中程度。就像戴维斯（1987）的评论所述，这个想法是保存爱因斯坦-德西特模型的一种受欢迎的方式。直到世纪之交的革命之前，这种思想一直保持着影响力，当时人们终于清楚地知道，星系能够很好地示踪质量，足以向我们证明 $\Omega_m$ 确实远低于 1。第 3.6.5 节中记述了革命之前得出这一结论的情况。

戴维斯等（1985）在宇宙结构形成的 N 体数值模拟中引入了对偏差的考虑。第 8.3 节收录了卡洛斯·弗伦克对这一发展的回忆。关于星系形成的一些早期数值模拟支持有偏差的想法。库奇曼和卡尔伯格（1992）发现，强烈非线性引力成团性的复杂性可能会导致爱因斯坦-德西特宇宙出现低质量密度现象。卡茨、赫恩奎斯特和温伯格（1992）考虑了流体动力学的应力和引力。他们发现，在一个 $\Omega_m=1$ 的宇宙模型（第 8.2 节中讨论的标准 CDM 模型）的切片中对结构形成的模拟表明，在他们最大的模型星系聚集内，将恒星的质光比用于模拟中的平均光度，得出的质量密度等于 $\Omega_m\sim 0.3$，这可能是偏差的一个例证。但是岑和奥斯特里克（1992）对 $\Omega_m=1$ 模型进行了更广泛地建模，类似于卡茨等的模型。他们更大尺寸的模拟切片，可能对其更大的本动速度进行了解释。岑和奥斯特里克（1992，L113）得出结论，$\Omega_m=1$ 模型"在大于 95% 的置信区间上，与在 $1h^{-1}$ Mpc 尺度上速度弥散的观测值 $\Delta v_{\rm rms,1D}$=340 ± 40 km s$^{-1}$ 相比，预测的小尺度速度弥散 $\Delta v_{\rm rms,1D}$=715 ± 135 km s$^{-1}$ 太大，因此该模型可以被排除"。这与戴维斯和皮伯斯（1983a，89）从半分析方法中得出的结论是一致的，并且它反对偏差。

凯泽（1984，1986）的论点很有影响力，必须加以探讨，但它不够直接，因而可能引起争议。让我们考虑高红移的情况，大大小小的星系的种子最初只是在均匀性上略有偏离，因此可以预期种子在每个地方的属性分布都差不多。随着质量起伏的增长，恰好在环境密度较高的区域中的年轻星系，可能通过吸收更丰富的周围物质而增长得更快。一个若是位于高密度区域中就可以成长为大星系的种子，若是位于低密度区域中，就可能表现出"青春缺失"的迹象：也许不是长成一个正常的大型星系，而是成长为一个不规则的星系或矮星系。在有偏差的情况下，这似乎是一个相当合理的预测。但是，来自第一个充分的红移巡天（来自第 3.6.4 节讨论的哈佛-史密森天体物理中心的巡天项目）的证据已经对这一预测做出了如下挑战。

$L \sim 10 L^*$ 的稀有高亮的星系，被观测到比正常的 $L \sim L^*$ 大星系更强地聚集，这与 $L \sim 10 L^*$ 星系在富星系团中的倾向相一致。但是正常的大 $L \sim L^*$ 星系的分布与光度远低于 $L^*$ 且数量丰富的星系的分布几乎相同。早期的证据如图 3.1 所示。这幅图比较了戴维斯等（1982）绘制的光度

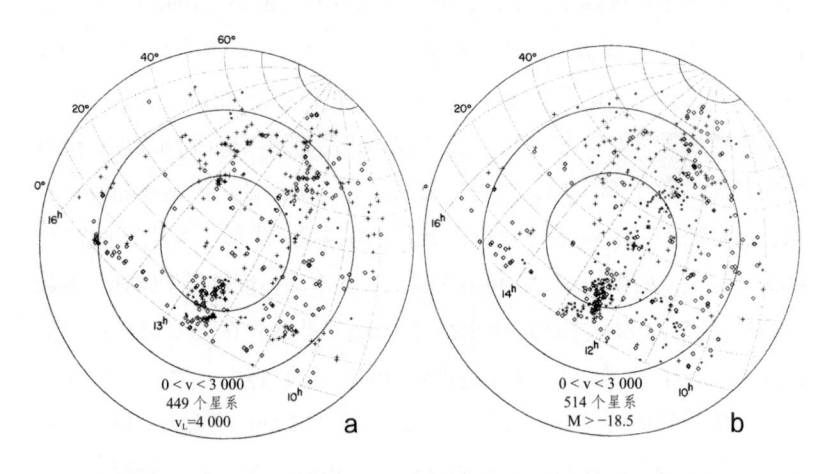

图 3.1 戴维斯等（1982）绘制的红移 $cz < 3\,000$ km s$^{-1}$ 的星系的极限星等图，分图（a）展示了光度较高的星系，分图（b）则展示了光度较低的星系。经美国天文学会授权使用

较高的星系的空间分布图［分图（a）］和光度较低的星系的空间分布图［分图（b）］。这些样本在巡天量范围内接近于完备。在我眼里，较大和较小星系的分布非常相似，这不是简单的偏差可以预言的。后来，努尔贝里等（2001）定量地证明了这一现象。他们在他们的图 3 中展示了公式（2.16）中定义的成团长度是星系光度的函数。可以看到，稀有的最亮星系的成团长度较大，而在 $L \lesssim L^*$ 时成团长度几乎恒定。泽哈维等（2011）的图 7 进一步展示了这种现象。

贡献了大部分星光的 $L \sim L^*$ 星系与数量更多、更暗淡的星系的相似分布，并非自然地遵从凯泽的偏差效应。皮伯斯（1986）提出了关于这些思路的论点。但在当时，与爱因斯坦-德西特的优雅宇宙学相比，这些观点的影响力并不大。

## 3.6 大爆炸模型的实证评估

艾伦·桑德奇（1968，93）在 1967 年的哈雷观测宇宙学讲座中表达了他对当时的宇宙学测试计划的看法：

> 值得注意的是，当只有两个数字是已知的时候，该理论就可以给出弗里德曼模型的所有性质，这些数可以从望远镜的观测数据中找到。它们是（1）哈勃膨胀率 $H_0$ 的当前值，由红移-距离关系 $c\Delta\lambda/\lambda_0 = H_0 D$ 定义，并使用距离 $D$ 处的附近星系进行校准，以及（2）减速参数 $q_0$，与膨胀率随时间的变化有关。

我们必须承认另一个参数，即爱因斯坦的宇宙学常数 $\Lambda$，但这不是桑德奇的论述点。他此处以及他 1961 年的论文（1961a）论述的是测量宇宙学参数。但是这些测量只能提供一种有限的宇宙学测试：验证其参数是否可以进行调整以符合测量结果。更严格的测试需要比自由参数更多的实证约束。也许这就是桑德奇（1961b，916）在他关于宇宙时间的评论中所想到的："要搞清楚这些特定模型与观测数据的契合程度，追踪它们的所有预测似乎很重要。"

彼得罗相、萨尔皮特和塞凯赖什（1967）以及什克洛夫斯基（1967）讨论了 $z = 1.95$ 时类星体红移分布的尖锐峰值的证据，这是20世纪60年代这一情况一个有启发性的例子。他们认为这个红移峰值可能是勒梅特（1931d，1934）的徘徊宇宙的标志，在这个宇宙过往的一段时间里，物质的引力吸引将由正 $\Lambda$ 的排斥力所平衡，因此与爱因斯坦的静态宇宙瞬态近似，膨胀参数仅缓慢增加。在徘徊时期之前，引力的吸引会使大爆炸的膨胀变慢。而在这之后，膨胀速度则会因为 $\Lambda$ 增加。勒梅特曾经对增加膨胀时间和设定结构形成的时期很感兴趣，原因将在第3.6.1节和第5章中讨论。彼得罗相等（1967）和什克洛夫斯基（1967）对勒梅特的徘徊模型感兴趣，因为它可以解释红移分布在膨胀率徘徊在零附近处的红移峰值。由于勒梅特引入了相对论宇宙学的核心要素，因此，对徘徊宇宙的想法给予关注是很自然的。奥雷费尔泰等（2018）回顾了关于这个观点的后续论文。

在20世纪60年代，对相对论膨胀率公式（3.13）中表示质量密度和宇宙学常数的无量纲参数的约束条件，允许通过调整，使其在类星体红移分布中显著峰值的红移位置符合勒梅特的徘徊模型。徘徊需要对参数值进行特殊排列，这显得过于刻意，所以我们倾向于持怀疑态度。实际上，基于实证研究，徘徊的安排在后来被排除了。但是安排特殊并不一定意味着观点不正确：在已建立的 $\Lambda$CDM 宇宙学中，我们不得不接受这样的特殊安排，即平均质量密度和宇宙学常数的值恰巧使我们所处时代的宇宙的膨胀率的主导项正在由质量密度转向宇宙学常数。简而言之，红移峰值的指示并没有挑战20世纪60年代的相对论宇宙学模型。

在将红移峰值算作勒梅特徘徊图景的证据之前，我们必须考虑两个问题。第一，观测结果是否可靠到足以引起人们的兴趣？第二，这是不是在通过调整自由参数来契合实证约束？不管理论是不是对现实的有效近似，这都是可能的。第一个问题可以通过更好的观测来解决。碰巧的是，这些观测结果用更宽的类星体红移分布代替了尖峰，这可能要归因于星系中类星体现象的宇宙演化。如果我们可以检验与独立要求接近相同参数值的其他观测值的一致性，则将解决第二个问题。这里讨论了寻找这种交叉检验的两个早期示例。第一，我们在第 3.6.1 节中比较了宇宙学模型的膨胀时间，以及来自天文学和地质学的时标。第二，我们在第 3.6.4 节中回顾了勒梅特的徘徊模型和爱因斯坦-德西特模型所需的质量密度，与依据大量、多种证据推断出的密度进行的比较。

### 3.6.1 时标

爱丁顿（1930）对勒梅特（1931a）的原始解中的宇宙时标提出了很多想法，该解假定宇宙的膨胀渐近追溯至爱因斯坦的静态模型。爱丁顿（1930，677）写道：

> 我们无法计算出从演化发展开始时爱因斯坦平衡受到扰动，直到严重偏离平衡所经历的时间。但是从宇宙达到初始半径的 1.5 倍到今天，所需的时间几乎不可能超过 100 亿年。如果太阳作为一颗恒星确实已经存在了 50 亿年，那么它等待了这么长时间，然后恰好在宇宙陷入离散状态时才形成其行星系统，这一点的确很奇怪。

这是第 3.5 节讨论的巧合论证的一个版本。

爱丁顿正在考虑勒梅特的原始解。勒梅特（1931b，c）后来用他所谓的"原始原子"——后来被称为大爆炸——的膨胀取而代之。勒梅特（1933a）对时标情况的评估把地球的放射性衰变年龄和宇宙的特征膨胀时间确定为：

$$t_{地球} = 1.6 \times 10^9 \text{年：放射性衰变,}$$
$$H_0^{-1} = 1.8 \times 10^9 \text{年：膨胀时标} \tag{3.31}$$

勒梅特得出结论，爱因斯坦和德西特（1932）的模型年龄 $t=2/(3H_0)$，将与放射性衰变年龄发生冲突，并且以上两个时间近似将表明宇宙的质量不足以显著减缓其膨胀。勒梅特（1933a，85）的回复是：

> D'un point de vue purement esthétique, one peut peut-être le regretter. Ces solutions où l'universe se dilatait et se contractait successivement en se réduisant périodiquement á une masse atomique des dimensions du système solaire, avaient un charme poétique incontestable et faisaient penser au phénix de la légende.

或者根据我的翻译：

> 从纯粹的美学观点来看，人们可能会感到遗憾。宇宙周期性地膨胀和收缩成一个具有太阳系尺度的原子系统的解具有无可争议的诗意魅力，会让人联想到传说中的凤凰。

我们看到了一个人们长期感兴趣的关于世界将如何终结的例子：宇宙的质量是否足够大，以至于膨胀最终将停止，并且宇宙会坍缩回大挤压？

勒梅特没有就从现在来看一个有趣的观点发表评论：公式（3.31）中的两个值（以非常不同的方式获得）很近似，这要么是奇怪的巧合，要么是暗示大爆炸图景至少是对实际发生的情况的大致近似。但这与20世纪30年代少数活跃的宇宙学家对相对论提出的少数公开的疑问相吻合。现在我们知道公式（3.31）的第一行应乘以3，第二项应该乘以7，这意味着不能仅凭这两个量排除"凤凰宇宙"（先坍缩再膨胀）。但更宽泛的观点是成立的：表示这两种不同的现象的这两个量的相似性很显著。

Λ=0 的相对论宇宙的膨胀时间不大于 $H_0^{-1}$。$H_0^{-1}$ 与公式（3.31）中地球年龄估计值之间的差异似乎小得令人感到不安：太阳系在大爆炸之后不久就形成了吗？在宇宙学模型中加入一个正的 Λ，甚至彼得罗相、萨尔皮特和塞凯赖什（1967）考虑过的徘徊时期，能够提供的一个吸引人的特征是，这将为恒星的形成和演化留出更多的时间。因此，勒梅特在 1947 年 7 月 30 日给爱因斯坦的信（摘自第 54 页的脚注中提到的乔治·勒梅特档案）中写道：

> 宇宙学常数对于获得演化的时标是必不可少的，这一时标必然会摆脱已知的地质年龄持续时间带来的危险极限。

爱因斯坦在 1947 年 9 月 26 日的回信中提到：

> 我也能理解，$T_0$ 的短暂确实提供了一个理由，促使人们进行大胆的推测和假定，以避免与事实的矛盾。的确，λ 项 [ 现在为 Λ ] 的引入提供了一种可能性，甚至可能是一个正确的解决方案。

巴特·博克（1946）回顾了宇宙时标的各种证据，包括恒星系统动力学弛豫所需的时间——这是一个不再被继续研究的课题——以及放射性衰变和恒星演化的年龄。博克（1946，75）得出结论：

> 在我们对宇宙时标现状的总结中，我们发现大部分证据都倾向于支持较短的时标（$3 \times 10^9$ 年~$5 \times 10^9$ 年）……目前，从星系宇宙数据中得出的证据尚无定论，在有关宇宙膨胀的问题得到解决之前，可能将一直无法确定。恒星演化的领域处于不断变化的状态，但是

我们几乎到处都发现了年轻的繁荣迹象，特别是在超巨星之中。

博克（1946，69）并未对哈勃的短距离尺度表现出太多不安，也没有对相对论性的弗里德曼-勒梅特宇宙学模型抱有过多的信念，他指出：

> 哈勃在对现有困境的分析中明确指出，如果假定观测到的红移的起源是某种未知的物理学原理，而不是实际的膨胀，那么就不会存在什么特殊的问题。如果以这种解释为准，那么观测到的红移就不一定会直接影响到宇宙时标。

河外星系距离尺度上的偏差使博克质疑宇宙膨胀导致星系光谱变红的想法，并使勒梅特接受了大爆炸图景，但认为需要一个正的 $\Lambda$，这一偏差通过两个主要步骤得到了纠正。第一步出现在1952年国际天文学联合会罗马会议的报告中。记录中沃尔特·巴德（1952，397）报告道：

> 在他研究 M 31 的两个星族的过程中，越来越清楚的是，不是经典造父变星的零点，就是星团变星的零点，必定存在偏差。最近获得的数据——桑德奇的 M3 颜色-光度图——支持以下观点：偏差与经典造父变星的零点有关，与星团变星无关。此外，这个偏差必须足够大，以至于我们先前对河外距离的估计太小了（但对我们自己银河系中的距离的估计没有影响），真实值至少是估计值的 2 倍……最重要的是，哈勃的宇宙的特征时标现在必须从大约 $1.8 \times 10^9$ 年增加到大约 $3.6 \times 10^9$ 年。

第二步是艾伦·桑德奇（1958，513）的结论：

> 最亮的恒星被讨论作为本星系群以外星系的距离指示器。在更

遥远的可分辨结构的星系中，被哈勃认为是最亮的恒星的结点可能事实上是 H II 区。从 M100 的数据来看，恒星看起来是 1.8 mag，比结点暗很多。这一校正，加上哈勃对本星系群模数的 2.3 mag 的校正，意味着对 1936 年的距离尺度的总校正量约为 4.1 mag。这将得出 $H \approx 75$ km/sec 或 $H^{-1} \approx 13 \times 10^9$ y，可能的不确定度因子约为 2。

用公式（3.15）中的无量纲参数 $h$ 来写哈勃常数的值已成为一种传统。哈勃（1929）的第一个估计是 $h \approx 5$。后来，哈勃（1936）给出 $h=5.3$，赫马森、梅奥尔和桑德奇（1956）给出 $h=1.8$，桑德奇（1958）给出 $h=0.75$。后来的估计包括：桑德奇和塔曼（1984），$h=0.50 \pm 0.07$；德沃古勒和科温（1985），$h=0.99 \pm 0.07$；皮尔斯和塔利（1988），$h=0.85 \pm 0.10$；雅各比、恰尔杜洛和福特（1990），$h=0.87 \pm 0.13$；根据弗里德曼等（2001）的 HST 重点项目，$h=0.72 \pm 0.08$；里斯等（2018），$h=0.7348 \pm 0.0166$。这些数字是基于红移和相对邻近星系的距离的测量值得到的。它们将与第 9 章中讨论的普朗克合作项目（2018）对 ΛCDM 宇宙学模型的观测约束的分析得出的值 $h=0.674 \pm 0.005$ 进行比较。与里斯等的差别具有统计学意义。在撰写本书时，尚不清楚这种差异是由于理论上还是观测上的细微偏差所致，但是差异很小这一点表明，校正将只是对两者或其中之一的很小调整，而不是范式的转变。同时，我们应该钦佩河外距离尺度和哈勃常数的天文学测量这一艰巨技术的进步。

### 3.6.2 20 世纪 70 年代的宇宙学检验

马丁·史瓦西（1970，14）在他 1969 年的达尔文演讲中说："我相信，我们目前的知识可以恰当地概括为球状星系团中恒星的年龄为 100 亿年，而且我认为无论在哪个方向，这个值的误差都不会超过 40 亿年。"

球状星系团是银河系中最古老的星系团之一。它们的年龄可以与迪克（1969）估计的铀同位素约 $7 \times 10^9$ 年的放射性衰变年龄以及克莱顿（1964）的考虑进行比较，克莱顿对更广泛种类的同位素的考虑表明，核合成开始于 $13 \times 10^9$ 年前。这些必要的粗略估计与史瓦西的恒星演化年龄 $10 \pm 4 \times 10^9$ 年以及桑德奇（1958）的膨胀时标 $H_0^{-1} \sim 13 \times 10^9$ 年相当一致（允许一个不确定因子2）。就是说，有一种情况可能是，当宇宙还很年轻，但通过膨胀，其密度已经不再高得恒星无法存在时，恒星可能就已经形成并产生重元素了。类似地，学界目前知道，宇宙学特征质量密度 $H_0^2/G$ 至少与第3.6.4节中讨论的根据星系的数量和质量估算的宇宙平均质量密度大致相符。

20世纪60年代出现了一种新的平均质量密度探测方法，同时人们认识到，轻元素的同位素丰度可能是由热大爆炸膨胀早期的热核反应所决定的。这将在第4章中讨论。就目前的讨论而言，我们只需注意重子质量密度的当前值 $\rho_{\text{baryon}}$，它确定了当核反应开始合成轻元素时宇宙早期的质量密度。$\rho_{\text{baryon}}$ 的值越大，早期核反应中的密度就越大，反应也越接近完成。皮伯斯（1966a，b）指出了 D/H——即氘相对于氢的丰度——这一特别有趣的值。瓦格纳、福勒和霍伊尔（1967）首次将理论与轻元素丰度的观测结果进行了仔细的比较，特别是对氦做了细致的比较。利用这些比较结果，他们对解释轻元素丰度所需的当前平均重子质量密度进行了预测，并将其与奥尔特（1958）对星系中宇宙平均质量密度的估计进行了比较：

$$\rho_{\text{baryon}} \simeq 2 \times 10^{-31} \text{ g cm}^{-3} \quad （瓦格纳、福勒和霍伊尔）$$
$$\rho_{\text{m}} = 3 \text{ to } 7 \times 10^{-31} h^2 \text{ g cm}^{-3} \quad （奥尔特） \tag{3.32}$$

瓦格纳、福勒和霍伊尔（1967）并未声称这两种密度的粗略一致性特别重要。这不奇怪，因为他们对氦丰度的估计相当不确定。也许同样重要的是，他们还考虑了热大爆炸宇宙学的一种替代理论。霍伊尔和泰勒

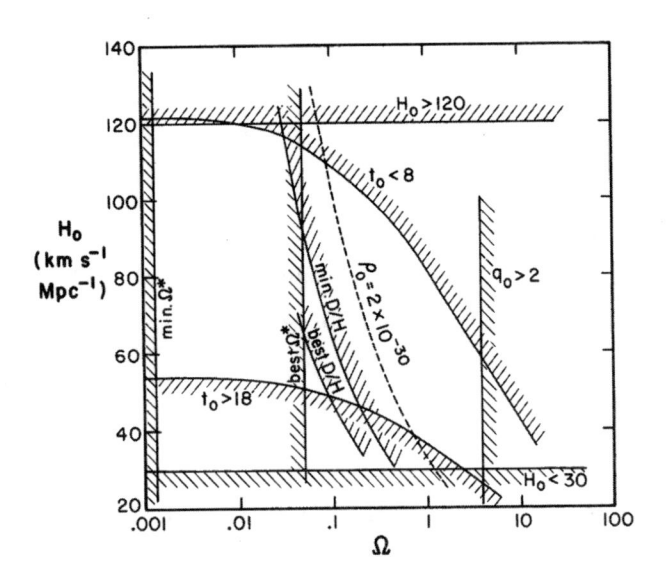

图 3.2 戈特等（1974）对宇宙学参数的交叉检验。经美国天文学会授权使用

（1964）提出的这一观点认为，氘和氚可能是在前星系局部爆炸中产生的。但是事后看来，人们看到了从两种截然不同的现象，以不同的方式得出的宇宙平均质量密度粗略但非常有趣的一致性。后来的证据表明，只有约六分之一的物质是重子的，其余的是非重子暗物质，它们不会参与核合成。但是在 20 世纪 60 年代后期实证宇宙学的状态下，这是一个相当小的细节。重要的是，这些考虑因素以及公式（3.31）中的时标为我们提供了一种近似但有意义的宇宙学检验。

戈特等（1974）将这些检验汇总到了图 3.2 中。[①] 横轴是公式（3.13）中定义的物质密度参数 $\Omega_m$，纵轴是哈勃常数。阴影部分是在假定爱因

---

[①] 更早的例子（但对观测的限制较少）见于富田和林（1963）以及廷斯利（1967）的研究。富田和林展示了质量密度-宇宙学常数平面上的无量纲乘积 $H_0 t_0$ 的等值线图，廷斯利展示了 $H_0 t_0$ 的值，以及在 $\Lambda=0$ 时作为质量密度的函数的红移-光度关系。

斯坦的宇宙学常数可以忽略,但可以信任相对论宇宙学模型的情况下,不符合观测结果的区域。

两条水平线是根据对河外距离尺度的估计得到的哈勃常数 $H_0$ 的保守边界。最左边的垂线是从星系计数和星系质量动力学估计得出的物质密度参数 $\Omega_m$ 的下界。标记为"最佳 $\Omega^*$"(best $\Omega^*$)的垂直界限基于的质量密度是根据星系在星系群和星系团中移动的动力学获得的星系质量得到的。这考虑了我们将在第 6 章中讨论的非重子暗物质,这类物质主要集中在星系的外围。此图中的边界假定 $\Lambda=0$,因此 $H_0$ 和 $\Omega_m$ 的值决定了从高红移开始膨胀的时间 $t_0$(始终假定相对论宇宙学成立)。他们用恒星演化年龄和放射性衰变年龄对 $t_0$ 的界限的估计,以标记为 $t_0$(以 $10^9$ y 为单位)的曲线绘出。戈特等在右边标记为 $q_0>2$ 的垂线,是公式(3.23)中减速参数的保守上限。

戈特等根据上文提到的关于热大爆炸的考虑,用一项新完成的氘相对于氢的丰度 D/H 的重要的测量值估算了重子质量密度。哥白尼卫星上的光谱仪在热星光谱中,探测到了在紫外区的由星际氢和氘产生的莱曼吸收谱系。氘更大的质量使其吸收线在氢吸收线的基础上发生了偏移。罗杰森和约克(1973)从这些数据得出结论,星际介质中氘相对于氢的丰度为 D/H=$1.4 \pm 0.2 \times 10^{-5}$。戈特等认为 D/H 的原始值可能是该值的两倍,因为氘可能在恒星中被摧毁,而如果卫星采样的区域由于某些原因丰度异常低,那么 D/H 的原始值就可能是这个值的一半。根据瓦格纳(1973)改进的核合成计算,这提示 $\rho_{baryon}= 4 \times 10^{-31}$ g cm$^{-3}$~$8 \times 10^{-31}$ g cm$^{-3}$。根据最小值和中心值转化而来的 $\Omega_{baryon}h^2$ 的预测值在图 3.2 中以标记为 D/H 的曲线绘出。[1]

---

[1] 普林斯顿大学的小莱曼·斯皮策是哥白尼光谱仪的研究负责人。罗杰森和约克(1973)在论文中感谢了斯皮策,因为斯皮策指出了他们的氘丰度测量与宇宙学的相关性。这项工作主要是在普林斯顿大学完成的,但我并没有给予太多的关注,而是迷上了河外星系天体样本的位置分布和本动的统计分析。

戈特等（1974）承认了两个重要的警示。首先，如果允许 Λ 不为零，那么参数的约束窗口就会更宽。其次，可能存在一些行为不同于重子的物质。戈特等提到了考西克和麦克利兰（1973）的研究，他们与萨莱和马克斯（1974）一起，考虑了中微子可能具有非零静止质量的想法。第 7.1 节将对此进行回顾。这意味着当中微子和辐射最后处于热平衡时，早期宇宙遗留下来的中微子可以对物质密度做出可观的贡献。霍金（1971）、查普林（1975）和卡尔（1975）则在讨论另一种不会参与大爆炸核合成的物质：可能在非常早期的宇宙中形成的小黑洞。这些想法可以将从 D/H 得到的重子密度降低到总体的下限。

在红移-星等关系的一个新应用中，冈恩和奥科（1975）提出了减速参数 $q_0 \lesssim 0.33$ 的新界限。这会使 $q_0$ 的边界更接近 D/H 允许的范围。但是作者告诫说，$q_0$ 的测量值尚不确定，尤其是因为很难校正星系光度演化的测量值。在评论了如何改进测量方法之后，冈恩和奥科（1975，267）得出结论："当然，即便所有工作都完成了，如果没有良好的演化校正，结果仍将毫无意义。希望在未来几年里，有关星系合成和演化的工作能取得进展。"

桑德奇（1961b）和廷斯利（1967，1972）非常清楚这一挑战。在世纪之交，这一挑战仍然是学界思考的问题之一。

尽管有所有这些警示，图 3.2 还是展现了一个重要的进步：以比参数更独立的方式对参数约束进行了系统的交叉检验。所有约束都依赖于两个主要的假定：广义相对论和宇宙学原理。20 世纪 70 年代，出现了越来越多支持后者（大尺度均匀性）的证据（见第 2 章）。前者仍然是我们当时进行的实证检验的巨大推论，但正在接受检验：如果相对论宇宙学是对现实的有效近似，那么基于不同现象的参数约束就将是一致的。后续几节将讨论通过各种各样的平均质量密度探测开展的极其丰富的检验。

### 3.6.3 质量密度测量之简介

观测到的可以归因于引力加速度的物质的运动，为通过引力驱动运动的质量提供了度量，这可以用宇宙平均质量密度来解释。这转化为公式（3.13）中宇宙学质量密度参数 $\Omega_m$ 的值。

自现代宇宙学诞生起，平均质量密度（或者后来的 $\Omega_m$）的值一直是学界关注的焦点，关注的原因随着科学和社会的发展而不断变化。回想一下（第3.1节）爱丁顿（1923）提请注意爱因斯坦（1917）静态世界模型中的一种奇怪情况：质量密度——一个动力学变量——可以表达为等于自然常数的组合［见公式（3.5）］。这是静态宇宙的问题之一。哈勃（1926）将爱因斯坦的关系应用于他对星系平均质量密度的估计，以找到爱因斯坦静态模型宇宙中宇宙的质量和大小，但未对此模型存在的问题发表评论。十年后，在他关于河外天文学的开创性著作《星云世界》中，哈勃（1936）对平均质量密度进行了更详细的估计，但在这本书中，他对这些结果可能意味着什么，对于一个膨胀世界的模型意味着什么，完全不感兴趣。我个人的感觉是，哈勃的目的是确定他正在探索的自然新领域的可观测特性，而不是在"梦幻般的推测领域"（正如他在书第202页上所写）中解释结果。哈勃、奥尔特（1958）和范登伯格（1961）一起提出了平均质量密度的估计值，但没有提及这些测量结果如何检验或约束宇宙学模型。

质量密度的值对检验相对论宇宙学至关重要。我们在爱因斯坦和德西特（1932）的论文中看到了一个早期的例子。他们提出，德西特对质量密度较早的估计值（很大程度上沿袭了哈勃的估计）可能与哈勃应用于公式（3.25）的膨胀率的值一致，但没有假定空间曲率（也没有非零的宇宙学常数，尽管这没有明说）。尽管没有提及，但这种粗略的一致性意味着相对论模型通过了一项检验：宇宙平均质量密度和膨胀率的估计值与该模型不矛盾。这一检验谈不上严格，但是很有意义。我们在图3.2中还能看到一个后来的例子。戈特等（1974）的论文没有提到这一点，但是他们的图片表明相对论宇宙学模型也通过了一个尽管粗糙但真实的检验。

戈特等（1974）确实表达了对他们的约束集合可能意味着什么的兴趣。他们的论文标题以及对他们发现结果的半科普性描述是"一个无界宇宙？"和"宇宙会永远膨胀吗？"（Gott et al., 1976）。他们的回答是，是的，宇宙的膨胀似乎将持续到无限的未来。第 4.6 节中回顾的证据表明，重子的质量密度远低于爱因斯坦-德西特值，这一点在后来考虑轻元素丰度和热大爆炸模型预测的契合度时经常被提及。戈特等并没有停下来思考，他们的质量密度估计值（如果正确）是否真的意味着宇宙将永远膨胀：这个理论真有那么可信，可以对那么久远的事情进行预测吗？他们没有提到第 3.5 节中所回顾的关于在哲学上具有吸引力的质量密度的想法。这个问题在 20 世纪 80 年代得到了更广泛的讨论。

我们预期 $\Omega_m$ 的值是多少，它的值如何决定世界的终结方式，以及该值对宇宙学模型的检验可能意味着什么，这些问题都推动了 20 世纪 80 年代到 20 世纪 90 年代宏伟的质量密度测量计划。但是，随着该计划逐渐成为 20 世纪 90 年代实证宇宙学研究中最活跃和最有成果的部分，目标逐渐转变为专注于精确的测量。

20 世纪 90 年代中期至后期，来自质量估计的证据表明 $\Omega_m$ 的值小于爱因斯坦-德西特值，这在那些寻求符合第 8 章回顾的不断增长的约束条件的宇宙学的人中产生了更广泛的影响。随后是世纪之交的革命，我们将在第 9 章中讨论的其他两个项目这时也都指向低 $\Omega_m$。但我认为，此处和以下两节中讨论的质量密度测量，已经为得出该结论提供了很好的理由。

表 3.2 中列出的结果示例以及第 3.6.4 节的回顾展示了该项目的丰富历史和相当多样的测量方法。在 1990 年前后的几年中，条目（按出版日期排列）密度的增加表明相关活动在增加，但是从 1990 年起，对这一已经发展成一个活跃而又高产的科学领域的采样密度变低了，这导

表 3.2 宇宙平均质量密度的测量

| 研究出处 | $\Omega_m$ | 注释 |
|---|---|---|
| 1 哈勃（1936） | 0.002 | 星系计数和质量 |
| 2 哈勃（1936） | 0.2 | 星系团中单个星系的质量 |
| 3 奥尔特（1958） | 0.03 | $j = 2.9 \times 10^8 h$, $M/L = 29h$ |
| 4 范登伯格（1961） | 0.024 | $j = 2.7 \times 10^8 h$, $M/L = 25h$ |
| 5 福尔（1975） | 0.01～0.05 | 欧文-莱泽公式 |
| 6 戈特和特纳（1976） | 0.08 | $j = 0.9 \times 10^8 h$, $M/L = 240h$ |
| 7 塞尔德纳和皮伯斯（1977） | $0.69 \pm 0.11$ | 星系团 $\xi_{cp}$ 和 $\xi_{cg}$ |
| 8 皮伯斯（1979） | $0.4 \pm 0.2$ | 相对速度弥散 |
| 9 亚希勒、桑德奇和塔曼（1980） | $0.04 \pm 0.02$ | 室女星系团中心流 |
| 10 戴维斯等（1980） | $0.4 \pm 0.1$ | 室女星系团中心流 |
| 11 托里和戴维斯（1981） | $0.5^{+0.3}_{-0.15}$ | 室女星系团中心流 |
| 12 阿伦森等（1982） | $0.10 \pm 0.03$ | 室女星系团中心流 |
| 13 戴维斯和皮伯斯（1983a） | $0.2e^{\pm 0.4}$ | 相对速度弥散 |
| 14 宾（1983） | $0.14 \times 2^{\pm 1}$ | 相对速度弥散 |
| 15 洛和斯皮拉尔（1986b） | $0.9^{+0.7}_{-0.5}$ | 红移-星等关系 [c] |
| 16 皮伯斯（1986） | 0.2～0.35 | 星系团 $\xi_{cp}$ 和 $\xi_{cg}$ |
| 17 亚希勒、沃克和罗恩-罗宾森（1986） | $0.85 \pm 0.16$ | 本星系群的运动 |
| 18 施特劳斯和戴维斯（1988） | 0.4～0.9 | 本星系群的运动 |
| 19 布卢门撒尔、德克尔和普里马克（1988） | ~0.3 | 大尺度成团 [a] |
| 20 雷格斯和盖勒（1989） | ≤0.5 | 星系团中心流 |
| 21 林登-贝尔、拉哈夫和伯斯坦（1989） | ~0.2 | 本星系群的运动 |
| 22 埃夫斯塔硫、萨瑟兰和马多克斯（1990） | ~0.3 | 大尺度成团 [a] |
| 23 巴考尔和岑（1992） | ~0.25 | 冷暗物质中的富星系团 [a,c] |
| 24 施特劳斯等（1992） | 0.27～0.76 | 本星系群的运动 |
| 25 沃格利等（1992） | ~0.3 | 大尺度成团 [a] |
| 26 布里尔、亨利和勃林格（1992） | $0.14 \pm 0.07$ | 星系团重子比例 [b,c] |
| 27 怀特等（1993） | ≃0.2 | 星系团重子比例 [b,c] |
| 28 德克尔等（1993） | 0.5～3 | 速度和引力场 |
| 29 费舍等（1994） | 0.1～0.6 | 平均流汇聚 |
| 30 哈德森等（1995） | $0.61 \pm 0.18$ | 速度和引力场 |
| 31 沙亚、皮伯斯和塔利（1995） | $0.17 \pm 0.10$ | 室女星系团中心流 |
| 32 戴维斯、努瑟和威利克（1996） | 0.2～0.4 | 速度和引力场 |
| 33 巴考尔、范和岑（1997） | $0.34 \pm 0.13$ | 富星系团的演化 [a,c] |
| 34 卡尔伯格等（1997） | $0.19 \pm 0.06$ | 星系团质量 |
| 35 埃克等（1998） | $0.36 \pm 0.25$ | 富星系团的演化 [a,c] |
| 36 威利克和施特劳斯（1998） | $0.31 \pm 0.05$ | 速度和引力场 |
| 37 施莫尔特（1999） | $0.43^{+0.29}_{-0.17}$ | 本星系群的运动 |
| 38 塔罗斯等（1999） | $0.28^{+0.18}_{-0.14}$ | 平均流汇聚 |
| 39 汉密尔顿、泰格马克和帕德马纳班（2000） | $0.23^{+0.13}_{-0.11}$ | 平均流汇聚 |
| 40 珀西瓦尔等（2001） | $0.29 \pm 0.04$ | 重子声学振荡 [a,c] |
| 41 霍金斯等（2003） | $0.31 \pm 0.09$ | 平均流汇聚 |
| 42 费尔德曼等（2003） | $0.30^{+0.17}_{-0.07}$ | 相对本动速度 [c] |

[a] 假定包含冷暗物质（CDM）模型的元素
[b] 假定大爆炸核合成（BBNS）理论正确
[c] 对星系偏差不敏感

致它被低估了。表格在 2003 年（我认为这场革命结束时）收尾。

对这些质量密度探测的解释，由于质量分布建模程度好坏的问题而变得复杂。如果质量的很大一部分位于星系聚集之间，那么它将被遗漏，从而使 $\Omega_m$ 大大被低估。在第 3.5.3 节中，我们看到想象星系形成过程可能使它们成为糟糕的质量示踪。从 20 世纪 80 年代开始，在星系是有用的质量示踪的假定下发现的低质量密度估计值——大约是优雅的爱因斯坦-德西特宇宙的值的三分之一——加强了这种观点。从原则上讲，爱因斯坦-德西特模型的论点是合理且明智的。平均质量密度的估计值可能因此偏低的观点在 20 世纪 80 年代至 20 世纪 90 年代得到了认真对待。学会正视小于爱因斯坦-德西特值的质量密度是一项困难的调整。

结合图 3.1，我们回顾了一个关于星系可能是有用的质量示踪的早期实证论证：如果星系形成在低密度区域被抑制，那么我们可能会预期存在于此类区域的星系会表现出"青春缺失"的迹象。但证据显示的结果恰恰相反。

在表 3.2 列举的研究进行期间，又发展出了一种更为广泛的论点。它揭示了，在必要时假定星系是有用的质量示踪的情况下，在不同的长度尺度（~0.3 Mpc 至 ~30 Mpc）以及与平均密度差距各异的质量密度下，综合各方面的考虑，各种质量密度探测都与 $\Omega_m$~0.3 一致。如果星系是存在严重偏差的质量示踪，那么星系的形成似乎不太可能合起来造成星系分布相对于质量的偏离，同时偏离在动力学测量所采样的可观范围内又与长度尺度无关的情况。① 此外，表 3.2 中带有图注 c 的测量，对星系是有用的质量示踪这一假定的敏感性较低。当然，它对其他可能失败

---

① 对均匀性的偏离在更大的观测长度尺度上很小，并且在星系形成的更早期的宇宙中预期会更小（正如第 5 章所讨论的），因此有理由预期星系分布和质量之间的差异最初很小。如果是这样的话，质量和星系在引力作用下成团性的增长将会通过将星系和质量吸引一起而减少这种差异。这个效应在第 117 页的脚注中有讨论。

的考虑仍然敏感，所有测量都是如此。对 $\Omega_m$ 进行可靠测量的实证性依据是各种探测的结果的一致性。

当然，要评估这种一致性，就需要充分考虑到困难的测量中的系统误差。所有这些考虑的权重都是基于个人判断。到20世纪80年代中期，我已经确信质量密度可能小于爱因斯坦-德西特值（出于皮伯斯1986年所述的原因）。我记得年轻同行抱怨说，我这样做只是为了惹人生气。我是认真的，但我必须承认，我喜欢在各种会议上发表这种不受欢迎的论点。十年后，第3.6.5节中回顾的以及稍后将在图3.5中呈现的证据的重要性已经足够充分，以至于低质量密度的情况成了寻找可行的宇宙学模型时更为普遍的考虑因素，如第8章所回顾的那样。

本书下一部分中对质量密度估算大型项目的回顾必然会很长，因为在1990年左右寻找 $\Omega_m$ 的值的过程占据了现代基于实证的宇宙学如何发展的故事的很大一部分。该项目引发了各种各样的宇宙探测的应用。这很重要，因为所有密度测量都足够具有挑战性，需要通过其他方式进行交叉检验。该项目中开发的方法具有持久的物理意义，这段历史是一个颇具说明性的例子，表明一个有趣且富有挑战性的问题可以激发巨大努力。此外，该项目的结果还对推动我们在20世纪末建立宇宙学模型所需的思想产生了影响。

在1990年前后的几年中，该项目通常采用公式（3.43）中的 $\beta=\Omega_m^{0.6}/b$ 来表示动力学质量密度估计的结果，其中线性偏置参数 $b$ 在公式（3.42）中被定义。这是一个有用的提醒，警示了测量中存在的不确定性。但是我也在表3.2中列出了一些密度测量值，这些密度测量值依赖于星系和质量的相对分布（以星系是良好的质量示踪 $b\simeq 1$ 为前提）。这种简化扭曲了历史：在1990年前后的几年中，动力学质量估计报告中的标准是 $\beta$ 的值，而不是 $\Omega_m$。但是，在下一节已经很长的回顾中，将 $b$ 设置为1具有减少复杂性的实际优势。更重要的是，在 $b\simeq 1$ 的前提下，它使人们更容易看到星系实际上是有用的质量示踪的证据的模式的发展。为了避免读者忘记，在第 3.6.4 节中，我偶尔会提到这种做法。

为准备第 3.6.4 节的讨论，请注意，$\Omega_m$ 的动力学估计与确定哈勃常数 $H_0$ 的河外距离尺度无关。这是因为质量、加速度和速度之间的相同关系描述了宇宙的膨胀和宇宙中质量系统的引力动力学（除了早期宇宙中的辐射效应和低红移时的宇宙学常数）。当然，这以假定我们的引力物理学是正确的为前提，这是一个还需要检验的问题。

在表 3.2 中，用图注 a 标出的质量估计历史的条目依赖于在 20 世纪 80 年代初开始流行的 CDM 宇宙学模型的元素（见第 8 章）。带图注 b 的条目将动力学与早期宇宙中轻元素形成的理论结合了起来，主要来自第 3.6.2 节中提到的氘丰度 D/H。带有图注 a 和 b 的条目都依赖于 $H_0$ 的值。为了使对估算的比较合理直接，我使用 $h = 0.7$。在 $0.5 \lesssim h \lesssim 1$ 的范围内进行调整，通常不会对整体情况产生严重影响。如上所述，根据 1990 年前后几年的已知情况，带有图注 c 的条目被认为对星系示踪质量的假定不太敏感。这些分配将在下一部分的讨论中进行解释。

### 3.6.4 质量密度测量之从哈勃到革命

表 3.2 第 1 行和第 2 行列出的哈勃（1936）的两个质量密度来自他的书《星云世界》。这些是他根据星系计数对典型星系数密度的估计值，与对星系典型质量的两个估计值的乘积。质量来自这样的条件，即将质量为 $M$，半径为 $r$ 的物体聚集在一起的引力加速度 $g \sim GM/r^2$，平衡了物体中的物质在距离 $r$ 内以速度 $\sim v$ 运动的加速度 $g \sim v^2/r$。那么我们有了 $GM \sim v^2 r$。这是一个粗略的近似值，但是有证据表明，哈勃以一种明智的方式应用了它。他的第一个估计值使用了星系发光部分的质量。这是大多数恒星所在的地方，也是恒星对总质量做出重大贡献的地方。哈勃的第一个质量密度 $\Omega_{stars} \simeq 0.002$，因此可以与最近对恒星的平均质量密度的测量值 $\Omega_{stars} \sim 0.003$ 相比较。（该测量值，由科尔等在 2001 年得出，取决于距离范围。如上所述，我将 $h$ 设置为 0.7。回想一

下，哈勃对第 1 行和第 2 行中 $\Omega_m$ 的动力学估计与 $h$ 无关。）哈勃的第二个估计值使用的是将星系团聚在一起所需的每个星系的质量。由于这合理地考虑了将在第 6 章中讨论的亚光度物质，因此可以将哈勃的估计值 $\Omega_m \approx 0.2$ 与经过充分检验的 $\Lambda$CDM 宇宙学中的值 $\Omega_m = 0.315 \pm 0.007$ 进行比较（Planck Collaboration，2018）。

通过好运和良好管理的某种结合，哈勃的两项估计都是相当合理的，尽管很难判断两者中哪一个更为重要。尽管他在距离尺度上存在错误，但在 20 世纪 30 年代，哈勃无疑展示出了极好的河外天文学研究意识。他对质量密度较大的那个估计值考虑了星系之间的质量，前提是相对于质量的星系分布的任何偏差都不会超出星系团的范围。我得出的结论是，从 20 世纪 90 年代或以后的角度来看，在 $\Omega_m \sim 0.3$ 的证据权重上，他较大的那个估计值将被赋予真正但适中的重要性。

第 3 行奥尔特（1958）的动力学质量密度是他对由作为光度的函数的星系计数得出的星光的平均光度密度 $j$ 的估计，以及两种不同的星系（椭圆星系和旋涡星系，或早期星系和晚期星系）中质量与恒星光度的平均比率 $M/L$ 的乘积。① 对于单个旋涡星系，奥尔特选择了与哈勃相近的 $M/L$，对于通常在星系团中发现的椭圆星系和其他早期星系，他选择了更大的值 $M/L \sim 50$，因为他知道星系团中每个星系的质量都很大（假定它们受引力束缚而不飞散，这是第 6 章中讨论的考虑因素）。他的结果大致是哈勃两个估计值的几何平均值。范登伯格（1961）对星系光度所做的更详细的评估，在表 3.2 的第 4 行中得出了相近的结果。

为了找出平均光度密度，戈特和特纳（1976）引入了谢克特（1976）

---

① 质光比 $M/L$ 的单位是太阳质量/太阳光度（其中 $M_\odot = 1.989 \times 10^{33}$ g, $L_\odot = 3.83 \times 10^{33}$ erg s$^{-1}$）。由于星族的光谱可能与太阳的光谱不同，因此通常会说明星族和太阳进行光度比较的波段。光度 $L_B$ 是在 0.42 $\mu$=4 200 Å 为中心的标准波段内测量。典型值是 $M/L_B \sim 2 \pm 1$，具体值取决于昏暗但数量众多的低质量恒星的丰度。$M/L$ 的值与哈勃常数的值成比例 $M/L \propto H_0$。

星系光度函数的表达式：

$$\frac{dn}{dL} = \phi^* \left(\frac{L}{L^*}\right)^\alpha e^{-L/L^*} \qquad (3.33)$$

常数 $L^*$ 是附近大型星系（包括银河系）的典型光度。谢克特的表达式与更大规模的红移巡天结果仍然有很好的一致性，包括努尔贝里等（2002）对"超过 110 500 个星系"的两度场星系红移巡天（2dFGRS）的分析，他们发现：

$$\alpha = -1.21 \pm 0.17, \ j(b_J) = (1.82 \pm 0.17) \times 10^8 h \ L_\odot \ \text{Mpc}^{-3} \qquad (3.34)$$

该平均光度密度定义在以波长 4 500 Å=450 nm 为中心的 $b_J$ 通带处。由于这与表中较早条目中使用的测光星等相差不远，因此我们可以将 $j(b_J)$ 与第 3 行和第 4 行中的奥尔特和范登伯格的密度进行比较。这些值更大，但相当接近。戈特和特纳（1976）采用了 $\alpha = -1$，这与公式（3.34）中后来的测量结果很接近。他们对参数 $\phi^*$ 和 $L^*$ 进行了调整以符合星系计数，从而得到了第 6 行中使用的光度密度，该光度密度远低于既定值。

奥尔特和范登伯格的质光比很低，因为他们没有充分考虑到星系外围的亚光度物质的质量。戈特和特纳（1976）从其星系群星表中星系的相对运动得出了第 6 行的 $M/L$ 的估计值，这更好地考虑了亚光度物质。他们的 $M/L$ 的值与盖勒和皮伯斯（1973）从红移空间畸变效应（将在本节后文开始讨论）得出的估计值相当吻合，并且接近于最近的测量结果。戈特和特纳低估了 $\Omega_m$，主要是因为他们对光度密度的估计值偏低，但是他们的结果应该加到证据的权重中，因为他们的质光比是星系之间亚光度物质的合理度量，正如在星系群和星系团中那样。

福尔（1975）的方法基于欧文（1961）在膨胀宇宙中无碰撞粒子的

动能和势能之间的关系：[1]

$$\frac{d}{dt}(T+W) + \frac{1}{a}\frac{da}{dt}(2T+W) = 0, \quad T = \frac{\langle v^2 \rangle}{2}, \quad W = -\frac{G\rho_m}{2}\int d^3r \frac{\xi(r)}{r} \quad (3.35)$$

平均质量密度为 $\rho_m$。通过假定等质量粒子气体，后两个表达式得以简化。相对于哈勃流的粒子均方本动速度为 $\langle v^2 \rangle$。粒子两点位置相关函数［在公式（2.10）中定义］为 $\xi(r)$。第 5 行中福尔的约束——范围为 $0.01 \lesssim \Omega_m \lesssim 0.05$——使用了估计值 $T \sim -W$ 和 $\langle v^2 \rangle^{1/2} \sim 300 \text{ km s}^{-1}$。它假定星系相关函数是在主导积分的较大成团尺度上质量相关函数的有效近似，这意味着积分的估计将考虑星系外围的亚光度物质，前提是星系在比它们的分隔距离更大的尺度上是有用的质量示踪。但是当时并没有很好地测量大间隔 $r$ 处的星系相关函数 $\xi(r)$，在这些尺度上它可能是有用的质量示踪。

戴维斯、盖勒和修兹劳（1978）对 $\xi(r)$ 做了更好的测量，他们在重新考虑福尔的方法以及本节后文讨论的红移空间统计数据时使用了它们。他们的结论是：

> 根据相关函数和本动速度弥散建立的宇宙维里定理，被用于估计与星系有关的物质对临界密度的贡献 $\Omega_G$。统计维里定理表明 $0.2 \lesssim \Omega_G \lesssim 0.7$。

尽管支持爱因斯坦-德西特临界密度 $\Omega_m = 1$ 的观点当时并不那么流行，但我们可以看到，这些作者还是谨慎地将 $\Omega_G$ 与可能存在且与星系无关的质

---

[1] 威廉·欧文（1961）在他的博士论文中发现了公式（3.35），这项研究源自戴维·莱泽的建议。公式之后的推导在莱泽（1963）以及德米特里耶夫和泽尔多维奇（1963）的相关研究中可见。

量区分开了。但是公式（3.35）中的积分依赖于大尺度上的质量相关函数，而第 117 页的脚注中的考虑表明，在这些尺度上，星系可能被认为是较好的质量示踪。它们的界限包含了最终令人信服地确定的值 $\Omega_m \sim 0.3$。

林登-贝尔等（1988）重新探讨了福尔的方法。为了获得星系的本动速度，他们使用了椭圆星系中的恒星速度弥散 $\sigma$ 和其物理线性尺寸 $D_n$ 之间的 $D_n$-$\sigma$ 关系 [此方法由托里和戴维斯（1981）、乔尔格夫斯基和戴维斯（1987）以及德雷斯勒等（1987）引入]。$\sigma$ 的观测值为星系物理尺寸 $D_n$ 提供了量度，而这与观测到的角大小又为距离 $r$ 提供了量度。观测到的星系红移和哈勃流速度 $H_0 r$ 之间的差异是星系本动速度的径向分量的量度。林登-贝尔等（1988）发现，只有在势能 $W$ 的负值远小于假定星系在与公式（3.35）中的积分相关的大尺度上可以示踪质量所获得的值时，他们对星系本动速度采样到约 60 Mpc 的系统研究才能与爱因斯坦-德西特模型中的质量密度相符。这可能是因为质量的分布实际上比星系更均匀，或者是因为 $\Omega_m$ 远低于 1。林登-贝尔等（1988，19）的结论是"根据这些观测得出的 $\Omega_0$ 的值仍然不确定"。到那时为止，爱因斯坦-德西特密度已经变得很流行，但是作者没有提及。请注意，如果星系可以示踪质量，那么他们的结果表明 $\Omega_m$ 远小于 1，这与较小尺度的测量结果一致。

塞尔德纳和皮伯斯（1977）测量了阿贝尔（1958）星系团位置与里克星系位置的互相关性。根据星系-星系函数的公式（2.10），星系团-星系空间互相关函数 $\xi_{cg}(r)$ 由在距星系团中心距离 $r$ 处的体积元素 $\delta V$ 中找到一个星系的概率定义：

$$\delta P = n(1+\xi_{cg}(r))\,\delta V \qquad (3.36)$$

如前所述，$n$ 是平均星系数密度。如果星系在星系团的大小和密度的尺度上能有效地示踪质量，那么 $\xi_{cg}$ 就是星系团-质量互相关函数的一个有用的度量。那么，在公平的星系团样本中，距星系团距离 $r$ 的平均质量密度为 $\rho(r)=\rho_m(1+\xi_{cg}(r))$，其中 $\rho_m$ 是宇宙平均质量密度。可以将其与质量密度的平均分布进行比较，其半径取自星系团中星系的速度弥散。在速度弥散是各向同性且与半径无关的简单近似中，我们可以得到：

$$\rho(r) = \rho_m(1+\xi_{cg}(r)) = \frac{v^2}{2\pi G r^2} \qquad (3.37)$$

其中 $v$ 是星系团中平均视线星系速度弥散。表 3.2 第 7 行的结果与 $\Omega_m=1$ 相差不大。当时，我认为这是爱因斯坦-德西特模型的适度令人鼓舞的证据。但是十年后皮伯斯（1986）的研究使用了更好的数据，并更细致地应用了这一方法，得出了第 16 行中显著较低的密度值。

第 9 行至 12 行以及第 20 行和 31 行均来自室女星系团中心流。这是附近星系朝着最近的大星系聚集以及假定存在于约为 17 Mpc 处的室女星系团及其周围的质量的平均本动，或者类似现象在其他星系团中的对应情况。[我将质量、本动引力加速度和本动流动之间的关系的考虑推迟到得出公式（3.43）的讨论中。]这些条目假定星系在 10 Mpc 到 20 Mpc 的距离上能有效地示踪质量。

西尔克（1974）讨论了由于星系团中超过均匀分布的质量的引力导致的纯哈勃流的偏离，以及当星系红移和距离数据改善时一种对宇宙学参数的有趣约束的前景。皮伯斯（1976a）将桑德奇和塔曼（1975）汇编的星系和星系群的距离和红移的数据，与一个有关室女星系团周围的质量分布和隐含的本动速度场的模型做了拟合。这得到了一个对室女星系团中心流的可靠的探测结果，但对 $\Omega_m$ 的约束并不严格。桑德奇（1975）还发现了室女星系团中心流的证据，以及质量密度参数小于 1 的提示性证据，但是他的"场旋涡星系的不确定数据"很难用来判断该测量结果的权重。亚希勒、桑德奇和塔曼（1980）后来获得了更好的数据，即《修订版沙普利-艾姆斯明亮星系星表》（Sandage and Tammann, 1981）

中完整的红移样本。表 3.2 的第 9 行展示了他们基于室女星系团中心流对平均质量密度的约束。

表 3.2 第 10 行戴维斯等（1980）的结果是 CfA 红移样本的早期版本（如图 3.1 所示）。托里和戴维斯（1981）使用早期星系中光度和恒星速度弥散之间的相关性来获得距离的值，并将其与观测到的红移进行比较，从而估计本动速度（在本节前面讨论的 $D_n$-$\sigma$ 方法的一种变体中）。他们的 160 个本动速度改善了室女星系团中心流的测量，并得到了表 3.2 第 11 行记录的密度参数。

阿伦森等（1982）从塔利和费舍（1977）的绝对星等与 21 cm H I 线宽之间的关系得出的距离中发现了 306 个晚型星系的本动速度。他们进行了红外视星等测量，这是相较于短波长观测的一项重要优势，因为它减少了尘埃消光的影响。他们基于室女星系团中心流的结果列于表 3.2 的第 12 行。

塔利和沙亚（1984）在室女星系团中心流模型中增加了来自宇宙允许的膨胀时间的约束。沙亚、皮伯斯和塔利（1995）继续使用这种方法，现在使用了 1 138 个星系的红移和距离数据，以及被视为质量示踪的星系聚集。该分析使用了数值作用方法（Peebles，1989）。第 31 行的结果标记为"室女星系团中心流"，但不假定室女星系团周围呈球对称性，并且对本动速度场的局部变化进行了采样，范围延伸至室女星系团距离两倍的地方。

雷格斯和盖勒（1989）展示了其他富星系团星系向质量聚集的平均流动。从内部观测到了朝向相对较近的室女星系团的室女星系团中心流，雷格斯和盖勒展示了从流外部观测到的其他星系团周围的类似室女星系团中心流的现象。他们给出的质量密度参数的界限见表 3.2 的第 20 行。这是对证据权重的重要补充，表明在此方向上的进展是可能的，肯定会受到欢迎。

到 20 世纪 80 年代初期，室女星系团中心流得到了很好的测量，结果表明，如果星系以数十兆秒差距的尺度示踪质量，那么$\Omega_m$将远低于1。从表3.2中标为"相对速度弥散"和"平均流汇聚"的估计值得出了类似的结果，这些估计值是从星系角位置和红移的星表中得出的，并且可以通过红移空间中的静态度量来处理不太精确确定的距离，如下所示。

星系的角位置和红移定义了三维空间。两点相关函数$\xi_v(r_p, \pi)$是该空间中星系分布的度量，其中参数$r_p$是垂直于视线的星系的投影距离，而$\pi$是红移空间中的径向距离：测得的红移之差。该两点函数的定义如公式（2.10）。在红移巡天的星系样本中，以选定的极限距离估计值或极限视星等为单位，将在距离$r$处采样的星系的平均数密度作为选择函数$\phi(r)$。样本中的星系在红移空间中的两个体积元素中的每一个中，即垂直于视线的间距$r_p$和沿着视线的$\pi = cz_1 - cz_2$，被发现的概率为：[①]

$$dP = \phi(r_1)\phi(r_2)(1+\xi_v(r_p, \pi))\,dV_1 dV_2 \qquad (3.38)$$

这假定两个星系的距离大致相同，即$r_1 \sim r_2$。垂直间距$r_p$有时按照传统用法senkrecht记为$\sigma$。距离$\pi$和$r_p$可以用速度单位km s$^{-1}$表示，直接从测得的红移$cz$或兆秒差距中除以哈勃常数的值即可，该方法可以把$\Omega_m$抵消。

在较小的$r_p$处，星系彼此靠近的相对运动在红移上膨胀了间距$\pi$，导致$\xi_v(r_p, \pi)$沿视线拉长。在较大的$r_p$处，相对于实际空间，红移空间中位置的主要变形是由于星系聚集相对于均匀哈勃流的平均运动引起的星系团的引力增长。这会沿视线展平$\xi_v(r_p, \pi)$。当然，所有这些都假定

---

[①] 凯泽（1987）通过实际空间中位置的傅里叶振幅$\delta(\vec{k})$与红移空间中的$\delta_s(\vec{k})$之间的关系，引入了对红移空间中两点相关性的描述：

$$\delta_s(\vec{k}) = \delta(\vec{k})(1+f(\Omega_m)\cos^2\theta)$$

其中$\theta$是视线方向与波数$\vec{k}$之间的角度，函数$f(\Omega_m)$定义在下文的公式(3.41)中。

我们看到的是一个统计各向同性的随机过程。

在 $\xi_v$ 统计的初步版本中,盖勒和皮伯斯(1973)利用德沃古勒和德沃古勒[①](1964)的《明亮星系参考星表》中可获得的中等红移样本,展示了在小间距处沿视线的预期伸长率。对产生该伸长率所需的星系质量的量表明,星系的质光比为 $M/L{\sim}300h\ M_\odot/L_\odot$(在测光星等中)。这远大于在星系发光部分观测到的质量,但与戈特和特纳(1976)从他们的星系群星表中发现的质量(表 3.2 第 6 行)相当。皮伯斯(1976b)将 $\xi_v$ 统计量的另一个版本应用于盖勒和皮伯斯所使用的相同数据。结果再次表明,如果对样本的完备性有更清晰的控制,该方法将具有更大的潜力。戴维斯、盖勒和修兹劳(1978)报道了他们正在进行的星系红移测量项目中,星系相对速度弥散的另一种统计测量方法的应用。他们的研究结合了德沃古勒和德沃古勒(1964)的数据,以及他们对兹维基等(1961—1968)的星表中的星系红移的测量结果,红移样本已增长到 955 个相对邻近的星系的红移。他们得出结论,这些数据似乎再次表明需要较大的质光比,但质量密度可能在 $0.2{\lesssim}\Omega_m{\lesssim}0.7$ 的范围内。

皮伯斯(1979)最后写出了红移空间中两点相关函数 $\xi_v(r_p, \pi)$ 的完整定义,并将其应用于科什纳、奥姆勒和谢克特(1978)在八个场的红移测量,每个场是约 4 平方度的正方形。总共只有 166 个红移,但他们的场更深且在天空上间隔得很好,这提供了合理接近适当采样的机会。表 3.2 第 8 行呈现的这一结果具有历史意义,可以证明更好的样本的价值。

CfA 红移巡天(Davis et al., 1982)就是我们想要的更好的样本。马克·戴维斯领导了这个项目。他很清楚其科学价值,正如我们在戴维斯和皮伯斯(1977)的研究中讨论的那样。不过在个人交谈中,戴维斯回忆说,哈佛大学和天体物理中心的教职人员当时对该项目似乎并不感到非常兴奋。

---

① 这里是指 A. 德沃古勒和 G. 德沃古勒。——编者注

他们的发现所使用的 CfA 红移巡天列出了兹维基等（1961—1968）的星表的星系视星等和角位置。CfA 星表在北银河带中有 1 840 个发光强度超过绝对星等 $M_B=-18.5+5\log h$ 的星系红移。巡天在距离 $40h^{-1}$ Mpc 上接近完成。这是一个重要的进步，是对有用的极限光度和距离进行巡天的星系本动的适当样本的第一个良好近似。

由 $\xi_v(r_p, \pi)$ 沿视线的伸长率得出的密度参数为（表 3.2 第 13 行）：[①]

$$\Omega_m = 0.2e^{\pm 0.4} \quad 当 \quad 投影间距 \ 0.2 \lesssim r_p \lesssim 2\text{Mpc} \tag{3.39}$$

密度参数的该值符合指定的分离范围，而该范围是相当大的。宾等（1983）通过将这个统计数据应用到他们更远的红移样本获得了类似的结果：$\Omega_m = 0.14 \times 2^{\pm 1}$（表 3.2 第 14 行）。两者都低于 2018 年的最佳估计值 $\Omega_m = 0.31 \pm 0.01$ 一个标准差。到现在为止，两者都远远小于爱因斯坦-德西特模型中的质量密度。

关于 $\Omega_m = 1$，前文有关巧合的论点［公式（3.28）至公式（3.30）］在 1990 年前后的许多年里似乎是合理的，原则上至今仍然如此。这促成了一个常见的看法，即基于 CfA 的结果以及越来越多的其他动力学测量结果，质量的聚集程度必须低于星系，这与更大的爱因斯坦-德西特密度相一致（如第 3.5.3 节所述）。在公式（3.39）中的 CfA 的测量值

---

① 一个技术点：计算使用星系空间三点函数，测量一对星系附近星系的平均集中度，也许还有质量的平均相对集中度。这决定了该星系对的相对引力加速度（Peebles，1976b）。巴特利特和布兰查德（1996）指出，用靠近一对星系的星系的位置来表示这对星系周围暗质量的相对数量可能会受到质疑，特别是在小间距时，因为此时附近可能存在，也可能不存在第三个星表星系。但是，在较大的间距处，由于这些成对的星系有更多的邻居，所以产生的任何误差可能会更小。因此，我们支持这种方法的最佳证据是模型与在 $r_p \approx 30$ kpc 到 3 Mpc 范围内的分离处测得的相对速度弥散的一致性。这种相当大的抽样范围表明该模型与实际情况可能相差不大，而测量值 $\Omega_m = 0.2e^{\pm 0.4}$ 接近世纪之交时确定的值。

出现之前，该论点使我预期质量密度很可能就是爱因斯坦-德西特值。我对 CfA 的结果感到惊讶，也感到不安，但出于第 3.5 节最后所述的原因，我不相信这种偏差论点。尤其是，为什么这样显著的偏差对 $r_p$~0.2 至 $r_p$~2 Mpc 的长度尺度如此不敏感？这个问题使我接受了一个可行的假说，即质量密度可能小于优雅的爱因斯坦-德西特预测值。

在较大的星系间距下，物质的成团性以依赖于平均质量密度的速率增长，产生向较密集区域的平均收敛。这在径向 $\pi$ 方向上缩小了红移空间相关函数 $\xi_v(r_p, \pi)$ 的宽度。对 $\xi_v(r_p, \pi)$ 的影响计算如下。

质量分布与其平均值 $\rho_m$ 的偏离 $\delta\rho(\vec{r}, t)$ 所产生的引力加速度为：

$$\vec{g}(\vec{r}, t) = G\int d^3r' \frac{\vec{r}'-\vec{r}}{|\vec{r}'-\vec{r}|^3}\delta\rho(\vec{r}', t), \quad \delta\rho(\vec{r}, t) = \rho(\vec{r}, t) - \rho_m(t) \quad (3.40)$$

在牛顿近似中，这是相对于哈勃流的本动加速度。在线性扰动理论中，这种本动加速度会产生本动速度（Peebles，1976a；1980，§14）：

$$\vec{v}(\vec{r}, t) = \frac{H_0 f(\Omega_m)}{4\pi G\rho_m}\vec{g}(\vec{r}, t), \quad f = \frac{a}{D}\frac{dD}{da} \simeq \Omega_m^{0.6} \quad (3.41)$$

$D(t)$ 是线性扰动理论中偏离均匀分布的增长模式。在我们所关心的红移处，这种关系对 $\Lambda$ 的值不是很敏感。为了估计 $\vec{g}$，可以将观测到的星系分布表示为星光光度密度与平均值 $\bar{j}(t)$ 的偏离 $\delta j(\vec{r}, t)$，类似公式（3.40）对于质量密度的表示。从 $\delta j(\vec{x}, t)$ 到均匀质量分布的偏离 $\delta\rho(\vec{r}, t)$ 的转换，传统上考虑了星系是存在显著偏差的质量示踪的可能性。简单的线性偏差模型是：

$$\delta_m(\vec{r}) \equiv \frac{\delta\rho(\vec{r}, t)}{\rho_m(t)}, \quad \delta_g \equiv \frac{\delta j(\vec{r})}{\bar{j}(t)} \simeq b\delta_m(\vec{r}) \quad (3.42)$$

常数 $b$ 是偏差参数。公式（3.40）至公式（3.42）给出了（Peebles，

1980，§14）:

$$\vec{v}(\vec{r}) = \frac{\beta H_0}{4\pi} \int d^3 r' \frac{\vec{r}'-\vec{r}}{|\vec{r}'-\vec{r}|^3} \delta\rho(\vec{r}', t), \quad \beta \approx \Omega_m^{0.6}/b \qquad (3.43)$$

从红移空间中的位置开始，该积分的长度按 $H_0^{-1}$ 缩放。这使得 $\vec{v}(\vec{r})$ 的表达式独立于 $H_0$。因此，两个观测量 $\delta_g(\vec{r})$ 和 $v(\vec{r})$ 约束 $\beta$。施特劳斯等（1992）早期使用表达式 $\beta$ 来表示质量估计值如何随线性偏差模型中星系分布和质量分布之间的差异而缩放。这成为表达结果的标准方法。我在此次对测量的回顾中设置 $\beta=1$，原因如第 3.6.3 节所述：它简化了测量中系统模式的呈现。

　　图 3.3 展示了相对于哈勃膨胀的星系平均流的测量的进展，这种流动伴随着物质成团导致的引力增长。该效应被视为在较大的投影距离 $r_p$ 处在视线方向 $\pi$ 上的红移空间中星系两点函数的展平。[投影分隔的标签在分图（c）中恢复为较旧的符号 $\sigma$]。分图（a）展示了速度单位 km s$^{-1}$，

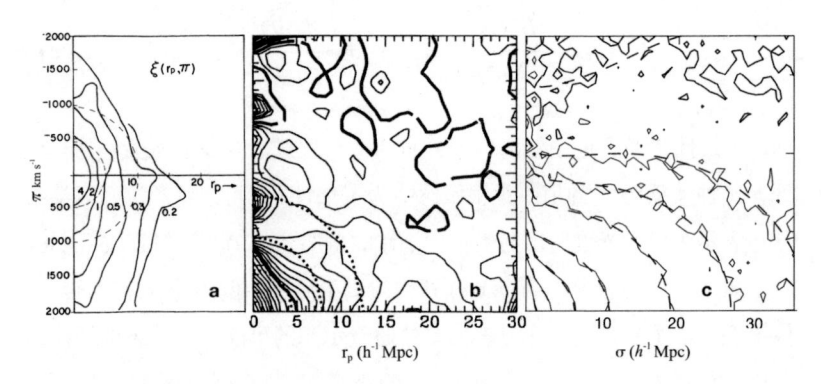

图3.3　红移空间中星系两点相关函数 $\xi_v(r_p, \pi)$ 中平均会聚流的检测进展。横轴表示与视线正交的间距 $r_p$。纵轴表示红移差异 $\pi$。分图（a）(Davis and Peebles, 1983a) 和（b）(Fisher et al., 1994) 中的虚线圆圈代表当没有本动时，红移空间中两点相关函数的等值线形状。分图（c）源自霍金斯等（2003）的研究，其中的虚线等值线表示对流运动的模型拟合。分图（a）经美国天文学会授权使用。分图（b）和（c）经牛津大学出版社代表英国皇家天文学会授权使用

其他两个分图展示了转换为距离单位的结果。分图（a）展示了正向和负向的径向间距 $\pi$，分图（b）和（c）折叠了正向和负向的 $\pi$。

分图（a）来自戴维斯和皮伯斯（1983a）对 CfA 红移星表的分析，$\xi_v(r_p, \pi)$ 的等值线仅在测量相当可靠的情况下绘制，到 $r_p \sim 1\ 500$ km s$^{-1}$ $\sim 15h^{-1}$ Mpc 在 $\pi$ 接近零时。这里清楚展示了由紧密集中的星系的相对运动引起的沿 $\pi$ 的伸长，但是在较大的 $r_p$ 处，$\xi_v$ 沿径向 $\pi$ 方向收缩的迹象很少。这里以及宾等（1983）的红移样本太小，无法探测到流收敛。

分图（b）来自费舍等（1994），展示了他们在更大的红移样本中对 $\xi_v$ 的测量，该样本来自天空红外天文卫星（Infrared Astronomical Satellite，IRAS）地图的红移星表。这是对可在红外中探测到的天体的全天测量。该卫星于 1983 年发射，是美国国家航空航天局、荷兰航空航天计划局和英国科学与工程研究委员会合作的成果，也是宇宙学如何从其他目的——本例中是天文学——的"大科学"获益的一个例子。

搬到加州大学伯克利分校的马克·戴维斯及其同事领导了从 IRAS 探测到的红外光源中识别星系的工作。他们通过选择角大小小于几角分（IRAS 宽带测光中 $60\mu$ 波长的角分辨率）的光源，来避开银河系中的尘埃流发出的红外光。这在很大程度上选择了恒星和星系。他们根据宽带测光中 $12\mu$ 和 $60\mu$ 波长处的流量密度之比从中选择天体，这可以有效地区分恒星和星系。后续的光学光谱很容易地确认了星系的识别并得到了其红移，因为在红外波段明亮的星系倾向于具有突出的发射线。星际尘埃在 IRAS 的红外波长处的消光远没有光学消光严重，这使研究者得以收集到一个有价值的晚型星系样本，该样本均匀地覆盖了天空的 87.6%。在 $60\mu$ 波长处具有 IRAS 流量密度极限 1.936 Jy 的样本在 $35h^{-1}$ Mpc 的特征深度处产生了 2 636 个星系红移（Strauss，1989）。这是 1.9-Jy IRAS 星表。其扩展版本降低了流量密度极限，得到了在中位距离 $45h^{-1}$ Mpc 处约 5 300 个星系红移的 1.2-Jy IRAS 星表（Fisher et al.，1995）。

费舍等（1994）使用 1.2-Jy IRAS 红移星表计算了红移空间两点相

关函数，如图 3.3 的分图（b）所示。这与分图（a）的数据，也就是与我们之前的数据相比有了很大的进步。在该图的左下角，可以看到小间距情况下在视线方向上的伸长。会聚流在较大尺度上的影响，可以通过投影到大约相距 $10h^{-1}$ Mpc 的 $\pi$ 方向等值线的压缩来很好地探测到。作者警示说，它们在 $\Omega_m$ 上的边界是不确定的，尤其是因为轮廓有噪声，但是他们的初步结果值得记录在表 3.2 的第 29 行。汉密尔顿（1993）使用较早的 2-Jy IRAS 样本，得到了一个更广泛的边界 $\Omega_m \lesssim 1$。

桑德斯等（2000）编制了 PSCz 0.6 Jy IRAS 点源红移星表（共 15 411 个红移），[1] 并参考了几个不同研究组的巡天数据，导致桑德斯等（2000，55）恰当地称 PSCz 为"用于绘制局域星系密度场的无与伦比的均匀性、天空覆盖度和深度"。汉密尔顿、泰格马克和帕德马纳班（2000）使用这一 PSCz 星表报告了清楚地探测到的红移空间中 $\xi_v$ 轮廓的变平。他们获得了表 3.2 第 39 行所示的质量密度的紧密界限。塔罗斯等（1999）根据凯泽的傅里叶振幅［公式（3.38）］的思想，分析了红移空间相关函数中 $\beta$ 的值，但使用了 PSCz 0.75 Jy 子集的球谐展开的振幅，结果见表 3.2 第 38 行。［巴林杰、海文斯和泰勒（1995）沿着相同思路进行的较早分析，给出了大得多的质量密度，但我忽略了这一结果，因为它是塔罗斯等（1999）结果的初步版本。］

图 3.3 分图（c）中的红移空间相关函数来自霍金斯等（2003）。［我冒昧地只展示了该图的一个象限，以与分图（b）匹配］。它推导自光学选择的 2dFGRS 星表中的约 220 000 个红移。英澳望远镜的这项巡天是一个很好的例子，说明了天文学如何利用技术的进步。该仪器的光纤设置为可在 2 度视场中，一次测量多达 400 个红移。较早的杜伦 / UKST 星系红移巡天具有一次可进行 50~100 次红移测量的光纤（Ratcliffe et al., 1998）。可以将这些数字与 20 世纪 70 年代初通过远不如现今敏感

---

[1] PSCz 是星系红移的红外天文卫星点源汇编。

的照相底片逐一测量的共 527 个红移进行比较。盖勒和皮伯斯（1973）将这些数据用于探测由于小尺度上星系相对移动引起的红移空间畸变。

图 3.3 的分图（c）展示了在小投影间距下，$\xi_v(r_p, \pi)$ 沿视线的拉伸。在较大的尺度上，测量结果清楚地描绘了均匀质量分布偏离的引力增长导致的物质会聚流的效应。霍金斯等（2003）通过模型拟合 $\xi_v(r_p, \pi)$ 得到的质量密度（始终假定星系足够示踪质量）展现在表 3.2 的第 41 行中。皮考克等（2001）从早期版本的 2dFGRS 样本中发现了类似的结果。

让我们停下来考虑一下。在图 3.3 的图（c）中，线性扰动理论在 ~30 Mpc 的尺度上被应用于红移空间相关函数，得出的结果是 $\Omega_m = 0.31 \pm 0.09$。而在尺度降到 ~0.2 Mpc 时（该尺度下星系强烈聚集），来自星系相对速度弥散的估计值（表 3.2 第 13 行）为 $\Omega_m = 0.2e^{\pm 0.4}$。这里假定星系在两个尺度上都是有用的质量示踪。在两个完全不同的条件下，不确定性内的一致性支持这种假定：物质的强成团性和弱成团性。[①] 我认为这是 $\Omega_m$ 远低于 1 的重要实证证据。

---

[①] 对于线性扰动理论中偏差演化的一个简单模型，请考虑质量和星系分布均匀性的相对偏离，这里质量密度和数密度为 $\rho(\vec{x}, t)$ 和 $n(\vec{x}, t)$：

$$\delta \rho(\vec{x}, t) = \frac{\rho(\vec{x}, t)}{\bar{\rho}} - 1, \quad \delta_n(\vec{x}, t) = \frac{n(\vec{x}, t)}{\bar{n}} - 1$$

想象星系位置在时刻 $t_i$ 是固定的。假设在 $t > t_i$ 时，质量和星系具有相同的本动速度场 $\vec{v}(\vec{x}, t)$。这似乎是合理的，因为引力对质量和星系的牵引力相等。那么在线性扰动理论中，两个密度对比增长为：

$$\frac{\partial \delta_\rho}{\partial t} = -\frac{\nabla \vec{v}}{a(t)} = \frac{\partial \delta_n}{\partial t}$$

这表示 $\delta_n(\vec{x}, t) = \delta_\rho(\vec{x}, t) + \delta_n(\vec{x}, t_i) - \delta_\rho(\vec{x}, t_i)$。在这个线性近似中，我们看到随着质量密度扰动 $\delta_\rho(\vec{x}, t_i)$ 的增长，它们可能会使星系分布趋于质量分布：$\delta_n(\vec{x}, t) \to \delta_\rho(\vec{x}, t)$。这个论点在泰格马克和皮伯斯（1998）的研究中有详细阐述，提供了一些理由来推测星系是 ~30 Mpc 尺度上有用的质量示踪。与 $\Omega_m$ 在尺度 ~0.3 Mpc 上的测量值的一致性表明，星系在小尺度上也是有效的质量示踪。

表 3.2 第 15 行展示了一种经典宇宙学测试的应用结果，即作为红移函数的星系计数。如果可以恰当地考虑星系的演化，那么作为 $z$ 的函数，红移小于 $z$ 的星系的计数 $N(<z)$ 就是广义相对论弯曲时空中空间体积的量度。托尔曼（1934a，§§181，182）对该理论进行了讨论。为了减少计数的统计起伏，该应用需要测量大量星系的红移。洛和斯皮拉尔（1986a）通过发展鲍姆（1957）的方法朝这个方向迈出了重要的一步：将通过在光学波段的宽带滤光片测得的视星等或流量密度与根据星系的红移光谱预期的结果进行拟合。洛和斯皮拉尔（1986a，156）解释说："为了在红移 $z$ 处将一个物体识别为恒星或星系，我们将其光通量与已发表光谱中计算出的滤光带中的典型天体光通量进行匹配。"

库（1981）将这种方法应用于从通过不同波长通带曝光的照相底片得到的宽带光谱。洛和斯皮拉尔开发了使用数字电荷耦合器件（Charge Coupled Device，CCD）探测器的方法，这些探测器可以对大量星系进行更精确的测光红移测量。该方法已被广泛应用。

廷斯利（1967，1972）强调了修正星系光度演化的严峻挑战。洛和斯皮拉尔（1986b）解决了这个问题。在所有星系的光度以相同的比例速率演化的前提下，他们将这些计数拟合为光度分布的一种固定的函数形式，归一化作为红移的函数与密度参数一起调整，从而将计数拟合为一个红移和视星等的函数。表 3.2 第 15 行展示了在假定 $\Lambda=0$ 的情况下，洛和斯皮拉尔（1986b）对 $\Omega_m$ 的测量结果。这一结果与爱因斯坦-德西特模型（当时很多人认为最可能的情况）相一致，但是其下方的误差范围几乎达到了既定值 $\Omega_m \simeq 0.3$。洛-斯皮拉尔方法很重要，并且现在已用于研究星系如何演化。

在洛-斯皮拉尔计数-红移测试的一种变体中，福田等（1990）得出结论，把星系数量累积到非常暗的视星等将会支持一个低质量密度的平坦宇宙模型，$\Omega_m \sim 0.1$，$\Omega_\Lambda \sim 0.9$。这个结果是朝着正确的方向发展的，而且证据很有趣，但是没有列入表 3.2，因为结果依赖于一个经过仔细考虑但难以检验的星系演化模型。同样，这种方法最好被视作一种对宇宙演化的探测。

福田等（1992）分析了由低红移并且恰好接近视线方向的星系通过引力透镜引起的多幅高红移类星体图像被观测到的比率。该比率取决于宇宙学参数，但也取决于星系周围的亚光度物质的分布，速率作为探测星系质量结构的方法现在很重要。

在大尺度上均匀质量分布的偏离，预期会产生一个相对于哈勃流的引力加速度场，这将导致本星系群[1]流过微波辐射海，第4章对CMB做了讨论。（与哈勃长度相比，CMB本身在较小的尺度上不会受到本动引力加速度的干扰。）由于流运动而产生的多普勒效应将导致CMB温度——以偶极模式$\delta T/T \propto \cos\theta$——在流方向上大于平均值，而在相反方向上小于平均值。斯穆特、戈伦斯坦和穆勒（1977）发现了这种偶极各向异性。它是由本星系群相对于由辐射定义的静止坐标系约600 km s$^{-1}$的运动的多普勒效应产生的。产生此运动所需的质量密度的测量特别有趣，因为本星系群的引力加速度由公式（3.40）中的积分确定，该积分由在大尺度上对均匀性的小幅度偏离主导，这些偏离可能是相当不错的质量示踪。但是，对大距离星系分布的敏感性使积分的数值估算变得困难。

亚希勒、沃克和罗宾-罗宾森（1986）使用他们的IRAS星系汇编的角分布（已剔除银河系中的源）来估计本星系群本动引力加速度的积分［公式（3.40）和（3.43）］。结合CMB偶极各向异性，他们得出了因子$\beta$，表3.2的第17行是他们的密度参数的估计值。施特劳斯和戴维斯（1988）使用了他们的1.9-Jy IRAS星系角位置，并且能够根据所测得的红移添加约束，以便根据这种现象估算$\beta$。与亚希勒等一起，他们

---

[1] 本星系群是两个大型旋涡星系，即银河系和仙女座星云M 31，以及几十个较小星系的引力束缚集合。通常估计它的大小约为2 Mpc。

发现，所计算出的引力加速度方向相当接近于本星系群相对于热辐射海的运动方向，这表明 IRAS 样本可以为大尺度质量分布提供有效的近似值。表 3.2 的第 18 行记录了解释本星系群运动所需的施特劳斯和戴维斯质量密度。施特劳斯等（1992）使用了更大的 1.2-Jy IRAS 星表［包含 5 288 个星系红移，接近图 3.3 分图（b）中的数据］，结果见表 3.2 的第 24 行。林登-贝尔、拉哈夫和伯斯坦（1989）使用了他们的光学选定星系的红移星表，结果见第 21 行。施莫尔特等（1999）第 37 行的结果来自 PSC$z$ 星表，该星表对红移空间中的两点相关函数进行了精确的测量（Hamilton, Tegmark, and Padmanabhan, 2000）。但是施莫尔特等得出的结果与 $\Omega_m$=1 仅相差两个误差范围，高于 $\Omega_m$ = 0.3 仅一个误差范围。这是对平均质量密度和偏离均值的大尺度分布的重要探究。这些结果进一步表明，质量密度小于爱因斯坦-德西特值，但是在世纪之交，这一质量密度测量结果的影响力仍然有限。

从本星系群的本动测量 $\Omega_m$ 的挑战在于，需要在天空范围内保持稳定的距离校准，因为一个以角位置的函数的形式表现为本动速度中的系统误差的变化出现了，这和引力场的比较相混淆。宇宙学革命之后，施普林戈布等（2007，599）在他们对大部分天空的系统巡天中，解决了这一难题。他们报告说，他们汇集的 "4 861 个场星系和团星系的本动速度星表足够大，不仅可以研究大尺度流动的全局统计数据，还可以研究局部速度场的细节。"

戴维斯和努瑟（2016，310）将这些数据与改进的红移巡天一起使用，证明了 "引力场被用来预测速度场……具有显著的一致性。这是线性扰动理论的一个很好的证明，并且与宇宙学变量的标准值完全一致"。此时，戴维斯和努瑟提到的宇宙学变量的标准值得到了很好的支持。这一源于对距离标准的控制的进步，使人想到了戴维斯及其同事（Davis et al., 1982）第一个得到良好控制的星系红移样本 CfA 星表的重要性，这使戴维斯和皮伯斯（1983a）得以测量红移空间变形和表 3.2 第 13 行的结果。

格罗思、尤兹基维奇和奥斯特里克(1989)报告了另一种方法,该方法基于对星系本动速度相关函数的测量。[①] 他们使用来自阿伦森等(1982)和林登-贝尔等(1988)的星系红移和距离的光学样本。格罗思等得出的结论是,与均值附近的弥散相比,平均流流速较大。奥斯特里克和索托(1990)认为流温度不高,宇宙马赫数较大。适用于更小尺度观测的一个更早的术语是,星系的流动是"安静的",即接近符合哈勃定律(例如 Sandage and Tammann, 1975)。即使在~10 Mpc 的距离上——在这个尺度上星系的分布肯定是团块的——流动也很安静,如图 2.2 所示。在第 5.2.4 节中将进一步讨论这种惊人的现象,该现象被视为对当前质量分布如何增长的观点的一个限制。

格罗思、尤兹基维奇和奥斯特里克(1989, 564)的报告指出:

> 通过对观测到的大尺度流的分析,我们的结论是,以下表述中至少一项必然是严重错误的:(1)速度数据是正确的;(2)标准(Davis et al., 1985)偏差的 $\Omega=1$ 和 $b=2.5$ 的 CDM 模型是正确的;(3)CBR 框架定义了本地静止标准。

以上参考的是具有开创性的戴维斯等(1985)的数值模拟,我们将会在本书第 8.3 节中进行讨论。越来越多的证据——对星系"安静"流动的

---

[①] 在星系位置和本动速度的统计均匀及各向同性的样本中,距离分量 $r^{\alpha}$ 分隔的星系对的速度分量差异 $v^{\alpha}$ 的乘积的平均值定义了张量:

$$\langle v^{\alpha} v^{\beta} \rangle = \Sigma(r)\delta^{\alpha\beta} + [\Pi(r) - \Sigma(r)]\frac{r^{\alpha}r^{\beta}}{r^2} \qquad (3.44)$$

沿星系连线的速度分量的乘积的平均值为 $\Pi(r)$,垂直于连线方向的速度分量的乘积的平均值为 $\Sigma(r)$。这种形式在物理学的其他子学科中很常见,戴维斯和皮伯斯(1977)将其引入了河外天文学。

考虑是其中重要的一部分（尽管在表 3.2 中不容易总结）——表明（2）是错误的：质量密度参数被证明远低于 1 且有着适度的偏差，$b\sim1.2$。

与本节中讨论的许多密度探测一样，人们可能会问，该测量是否因星系和质量分布之间的差异而有偏差。奥斯特里克和索托（1990，381）认为：

> 只要观测到的星系均匀地采样速度场，结果就可以正确反映动力学信息。它们不受发光物体（星系）如何示踪潜在的暗质量分布的影响。因此，星系形成中可能存在的偏差效应不应该影响结果。

表 3.2 第 19 行的条目，以及表中更下方呈现的类似结果，都假定宇宙结构是在引力作用下，从原始高斯绝热近乎尺度不变的对绝对均匀性的偏离中生长出来的。这个过程将在第 5.1 节中讨论，并纳入皮伯斯（1982b）引入的 CDM 宇宙学变体中（我们将在第 8.2 节中进行回顾）。这是在初始假定——可以根据质量分布的引力加速度驱动的本动运动来估计质量密度——的基础上需要增加的诸多假定。但是，当在 20 世纪 80 年代后期应用此探测时，这些额外的假定已经被发现是有前景的。在下面的评论中，让我们约定这里的 sCDM 指的是 1982 年的版本，该版本假定了爱因斯坦-德西特参数，而更通用的 CDM 包括质量密度小于爱因斯坦-德西特值的变体。

在所有这些假定下，当分离距离小于 $r_c\sim50(\Omega_m h^2)^{-1}$ Mpc 时，质量密度与平均值的偏差呈正相关，并且在更大距离上呈负相关，因此将分离距离固定为质量自相关函数为零时的距离（Peebles，1980，§92）。在物质和原始辐射海中的质量密度相等的纪元 $z_{eq}=3400$，质量分布的引力演化会加剧这种现象，我们将会在第 4.1 节中讨论。宇宙学常数和空间曲率对 $z_{eq}$ 处的膨胀率的贡献很小，因此 Λ 和空间曲率的值对从正相关到负相关过渡时的空间距离几乎没有影响。[①] 由于这种情况是由于引力的牵引而发展起来的，引力会使星系随质量一起移动，所以合理的预期是，星系的位置与质量在大约相同的尺度 $r_c$ 上相关（如第 117 页的脚注所述）。由于测得的星系距离以 $h^{-1}$ 的尺度变化，因此在所有这些假定下，过渡处距离为 $r_c$ 的红移测量值都会对乘积 $\Omega_m h$ 提供约束。

布卢门撒尔、德克尔和普里马克（1988）率先应用了该测试。他们对大尺度成团性测量的评估表明，与爱因斯坦-德西特模型的预期相比，星系相关函数 $\xi(r)$ 在更大尺度上是正值，而且与表 3.2 第 19 行记录的密度参数相符，一如既往地使用哈勃参数 $h = 0.7$。他们论文的标题是《冷暗物质和重子的开放宇宙学中的超大尺度结构》。布卢门撒尔、德克尔和普里马克（1988，540）指出，"这与宇宙暴胀的教条相冲突，[但是] 另一种解决方法将会调用非零的宇宙学常数"。

埃夫斯塔硫、萨瑟兰和马多克斯（1990）测量了足够大的——足以独立和直接测量星系的位置正相关尺度——距离 $r$ 的星系位置相关函数 $\xi(r)$。他们发现在较小尺度上符合幂律形式，如图 2.5 所示，并且发现有明显的证据表明，在更大的分离距离处，幂律趋势向下偏离，逐渐转变为负相关。他们的结论是，质量密度参数为 $\Omega_m \sim 0.3$（表 3.2 第 22 行），这表明存在爱因斯坦的 $\Lambda$。他们没有提及同样合理的解释，即无须 $\Lambda$ 的弯曲空间截面。

值得注意的是，技术在表 3.2 第 22 行的重要结果中的作用。格罗斯和皮伯斯（1977，图 5）在里克星系星表（Shane and Wirtanen，1967）中看到了向负相关过渡的证据。索内拉和皮伯斯（1978，图 4）在这些数据中更清楚地看到了这一点，尽管他们没有看到在比 sCDM 预期的更大尺度上打破幂律的重要意义。里克星表中的星系是由光学显微镜对照相底片的可视扫描识别出来的（主要由唐纳德·沙恩和卡尔·维

---

[①] 这是第 412 页的脚注中阐述的几何简并性的一个方面。

第 3 章 宇宙学模型

尔塔宁)。沙恩和维尔塔宁(1967,3)报告说:"统计的图像总数为1 257 091。由于照相底片的重叠,许多星系被计算了不止一次。实际代表的独立星系数量为 801 000。"

埃夫斯塔硫、萨瑟兰和马多克斯(1990)使用剑桥大学的照相底片自动测量机(Automatic Plate Measuring machine,APM)来探测照相底片上的星系。这些数据可以得到对 $\xi(r)$ 更好的测量。APM 行动是一项巨大的努力,但与沙恩和维尔塔宁的壮举相比仍相去甚远。随着从照相底片到更高效的数字探测器的转变,情况又发生了变化。

在对星系位置相关性的尺度进行的一项独立的检查中,桑德斯等(1991,32)从 IRAS 星系的红移星表(前文讨论的 PSCz 星表的前身)中发现:"在大尺度上,存在比标准的星系形成的冷暗物理理论所预测的更多的结构。"他们没有讨论通过引入宇宙学常数或空间曲率来挽救 CDM 模型。

沃格利等(1992)在本节前面讨论的 CfA 红移星表中增加了更远的红移。这个新样本的距离比 APM 巡天的距离要近,但是它具有实测红移的巨大优势,在将观测到的角函数转换为所需的空间相关函数时抑制噪声。他们清楚地证明,位置相关函数在小间距处具有熟悉的幂律形式,但在大间距处低于幂律。他们得出的结论是,这些证据支持"一个开放的 CDM 模型($\Omega h$=0.2)"。这记录在表 3.2 的第 25 行中。当然,爱因斯坦的宇宙学常数 $\Lambda$ 与空间曲率一样有效。帕克、戈特和丹尼·达科斯塔(1992)向 CfA 样本测量值中添加了南天区的红移。他们也发现 $\Omega_m h \approx 0.2$。皮考克和道兹(1994)从测量形式上重建的质量起伏功率谱的原始形式与在引力不稳定性图景中预测的非线性增长给出了相似的结果,$\Omega_m h$=0.25。

我们看到,来自大尺度星系位置正相关的质量密度约束得到了充分和彻底的检验。这一解释依赖于(并通过一致性进行检验)在第 5.2.6 节和第 8.2 节中讨论的 CDM 类模型中初始条件的假定。表 3.2 的质量密度约束条件汇编中的图注 a 指向这一假定。

  星系团的性质对宇宙质量密度提供了重要的约束。大多数分析假定这些质量聚集通过引力增长，从绝热的近乎尺度不变的对均匀性的偏离开始。加上星系示踪质量的附加假定，$\Omega_m=1$ 的标准 sCDM 模型高估了星系团数密度。埃弗拉德（1989），皮伯斯、戴利和尤兹基维奇（1989），利耶（1992），巴特利特和西尔克（1993）通过基于普莱斯-谢克特逼近法（见第 5.2 节）的半实证论证得出了这一结论。该方法被用于计算预期会增长为富星系团的异常大的原始质量起伏的发生频率。如果 $\Omega_m$ 远低于 1 或者由于星系成团高估了成长为大星系团的质量成团的归一化而导致测量偏低，那么该问题就得到了解决。

  巴考尔和岑（1992）通过 N 体数值模拟对此进行了检验，该模拟表明，如果 $\Omega_m=1$，就没有可供选择的偏差参数 $b$［在公式（3.42）中］可以解释星系团数密度以及星系团位置的相关性。正如我们已经讨论的，如果 $\Omega_m = 1$，则后者是质量起伏的关联范围短得不可接受的一方面。巴考尔和岑证明，通过将 CDM 模型中的质量密度降低到 $\Omega_m \approx 0.2$ 至 0.25（表 3.2 第 23 行），可以解决这两个问题。此项由图注 c 标记，表明该论点对星系是有用的质量示踪的假定并不敏感。值得注意的是，与其他 $\Omega_m$ 估计值的一致性增加了证据，证明星系对质量示踪足够好，可以用于有效的质量密度估计。

  关于质量密度的另一种探测来自团质量作为时间或红移的函数的演变。巴考尔、范和岑（1997）以及埃克等（1998 年）报道的数值模拟表明，爱因斯坦-德西特模型预测的团质量的增长速度快于观测到的速度。他们发现，可以通过采用表 3.2 第 33 行和第 35 行中较低的质量密度值来纠正此问题。对于给定的质量密度值，如果 $\Lambda=0$，那么星系团的增长速度就较慢，但添加 $\Lambda$ 的效果不大。该表中的条目假定的是宇宙学上平坦的情况，$\Omega_m+\Omega_\Lambda=1$。这些条目也用图注 c 标记，因为它们对质量相对于星系的分布并不十分敏感。

卡尔伯格等（1997）通过将在星系团中测得的星系质光比 $M/L$ 应用于平均光度密度，得到了表 3.2 第 34 行的质量密度。该方法类似于戈特和特纳（1976）的方法，他们根据引力结合样本星系群所需的质量，估计了第 6 行的 $M/L$ 值。卡尔伯格等考虑了更大的系统：星系团。这为保持稳定性提供了更清晰的案例，并为进行更深入的分析提供了更多的数据源。卡尔伯格等（1997，L10）得出的结论是：

> 从整个样本计算得到的维里质量，根据其测量偏差进行实证调整，将会正确估算出所包含的质量……我们现在已经测试了逻辑链中支持我们校正后的总体调整值 $\Omega_0 = 0.19 \pm 0.06$ 的每一步。没有令人信服的证据表明，星系团 $M/L$ 作为该样本红移范围内的场值估算器，存在任何尚未解决的系统误差。

该结果不依赖于初始条件，这是有价值的。但它确实依赖于他们的证据，即可以将近红外波段测得的质光比与星系团中的星系和场中的星系的质光比进行比较。为此，卡尔伯格等观测到 $r$ 波带中 $M/L$ 与颜色的相关性很小，这与早型星系比旋涡星系质量更大的早期观点相反。

表 3.2 的第 26 行和第 27 行基于这样的假定：星系团足够大，可以通过引力收集接近适当的重子与总质量之比的样本进行生长，从而克服重子物质中可能会阻止聚集的压强。质量当然包括第 7 章中讨论的非重子暗物质。在此假定下，平均质量密度为：

$$\rho_m = \rho_{baryon} M_{tot}/M_{baryon} \quad (3.45)$$

重子的质量密度 $\rho_{baryon}$ 可能受到以下条件的限制：热大爆炸宇宙学膨胀初期的元素核合成与所观测到的轻元素丰度相符，特别是氘与氢之比（如第 3.6.2 节和第 4.6 节所述）。星系团中重子的质量 $M_{baryon}$ 是从星系团 X 射线谱和光度得出的等离子体质量与星系团成员中恒星所含的少量重子的质量之和。总星系团质量 $M_{tot}$ 由限制星系运动和等离子体压强所需的引力势导出。这些量在公式（3.45）中被用于计算平均质量密度。怀特（1991）和他与弗伦克（1991）的研究中都考虑了这一论点。布里尔、亨利和勃林格（1992）独立地应用了它。他们发现，如果仅考虑星系团内的等离子体中的重子，$\Omega_m=(0.12 \pm 0.06)h^{-1/2}$。[①] 怀特等（1993）加入了恒星的质量，并且通过对膨胀宇宙中星系团增长过程中的等离子体和非重子暗物质的引力动力学进行数值模拟，对以下假定进行了检验：星系团包括一个 $\rho_{baryon}/\rho_m$ 比例接近适当的样本。怀特等（1993，429）的结论是"要么宇宙的密度小于闭合所需的密度，要么标准的元素丰度解释中存在错误"。

怀特等（1993）将其 $\Omega_m$ 的低值称为"对宇宙学正统的挑战"，实际上，当时许多人认为 $\Omega_m=1$ 的爱因斯坦–德西特模型是合理且明智的情况。但是，从较低质量密度的星系团重子质量百分比得出的证据，与表 3.2 中记载的许多其他探测质量密度的方法所揭示的结果一致。我们可能还会注意到怀特和弗伦克（1991，58）的一个较早评论，即避免了一个开放的宇宙，"通过引入宇宙学常数，可以相当不优雅地保留暴胀模型预测的平坦几何"。

对星系团重子质量百分比的这种分析依赖于早期宇宙中核合成的理论，而该理论又通过与其他 $\rho_{baryon}$ 测量值的一致程度被检验。它假定星系团是通过捕获重子与亚光度物质比率适当的样本而增长的，怀特等（1993）通过数值模拟做了检验。如表 3.2 的图注 c 所示，并不要求星系是良好的质量示踪。这里值得注意的是，该结果与许多其他测量结果一

---

[①] 这是一个对学生而言有趣的练习，来检查对星系团质量的动力学估计随从红移得到的星系团距离成比例 $M_{tot} \propto h^{-1}$，以及从观测的 X 射线的流量密度得到的等离子体的质量符合比例 $M_{baryon} \propto h^{-5/2}$。由于恒星中的重子质量只是一个小的修正量，因此可以推导出密度参数 $\Omega_m \propto h^{-1/2}$。

致。我在整本书中都在提这种一致性交叉检验的重要性。第 9 章提供了一个汇集的图景。

博钦格和德克尔（1989）提出了一种优雅的方法，可以从多普勒频移偏离哈勃关系观测到的径向速度分量推导出大尺度流速度 $\vec{v}(\vec{r})$ 的横向分量。在第 5 章讨论的引力不稳定性图景中，在更小的尺度上通过非线性团块进行了适当平滑的本动速度场 $\vec{v}(\vec{r})$（相对于均匀哈勃膨胀的速度），在轨道相交之前是不旋转的。这是基于这样的假定：流速度 $\vec{v}(\vec{r})$ 通过引力而增加，从而保留了无旋流 $\nabla \times \vec{v} = 0$。这意味着速度可以表示为势的梯度 $\vec{v} = \nabla \Phi$，这种方法因此得名：POTENT。在局部笛卡儿坐标中，将观测到的径向方向沿 $z$ 轴放置，则无旋流的横向分量为：

$$v_x = \int^z \frac{\partial v_z}{\partial x} dz, \quad v_y = \int^z \frac{\partial v_z}{\partial y} dz \qquad (3.46)$$

在线性近似下，本动速度场 $\vec{v}(\vec{r})$ 这一估计值的散度是质量密度偏离平均值的度量：

$$\nabla \cdot \vec{v} = -\beta H_0 \delta_g(\vec{r}) \qquad (3.47)$$

其中 $\delta_g$ 是对星光光度密度或星系计数的均匀性的偏离比例，如公式（3.42）所示，并且 $\beta = \Omega_m^{0.6}/b$ ［公式（3.43）］。

博钦格等（1990）发现，应用 POTENT 方法可以绘制出合理的大尺度高星系密度和低星系密度区域的分布图，范围可达约 $60h^{-1}$ Mpc，如推导出的 $\delta_g(\vec{r})$ 函数所示。德克尔等（1993）使用基于塔利−费舍和 $D_n$-$\sigma$ 关系（用于晚型星系和早型星系）的星系红移和距离得出了径向本动速度，POTENT 将其转换成了三维速度场。通过估计偏离均匀性的非线性程度，或者通过使用 1.9-Jy IRAS 红移样本来模拟质量分布，速度场被转换成了平均质量密度。结果表明，在 95% 的置信度下，$\Omega_m$ 在

0.5 到 3 的范围内（表 3.2 第 28 行）。可能值的范围相对较大，实际上，公式（3.46）需要对径向流速度估计值进行数值微分，因而放大了噪声。哈德森等（1995）使用了更深的 1.2-Jy IRAS 红移样本以及一个光学红移和距离的合并集合来模拟质量分布。他们在表 3.2 第 30 行得出的结果在两倍误差范围内与 $\Omega_m=1$ 一致。

这两个 POTENT 结果与爱因斯坦-德西特质量密度相当一致（显然是最受欢迎的非实证性结果，见第 3.5.1 节），这必然会引起人们的注意。但是它受到了表 3.2 中大多数其他测量结果的挑战，这些测量结果表明密度明显小于爱因斯坦-德西特值。尤其值得注意的是戴维斯、努瑟和威利克（1996）使用与 POTENT 分析相似的数据，根据测得的星系径向本动速度与星系分布的本动引力加速度的拟合进行的分析。而沙亚、塔利和皮尔斯（1992）则使用了一个较浅但已确立的本动速度样本。这些结果都表明，质量密度没有爱因斯坦-德西特质量密度大。

POTENT 以及戴维斯、努瑟和威利克（1996）对质量密度的探测在表中被标记为"速度和引力场"，因为他们使用红移星表来绘制星系的空间分布，并用后者来计算作为位置的函数的引力加速度，直至归一化因子 $\beta$。$\beta$ 的值是通过将引力加速度拟合到本动速度得出的，本动速度由距离和红移已知的星系的宇宙学红移 $H_0 r$ 与退行速度 $cz$ 的差推导得出。大量距离未知的红移使空间分布的分辨率更高。戴维斯、努瑟和威利克（1996）使用了 Mark III 星表中的径向本动速度样本，该星表包含 2 900 个具有塔利-费舍距离的晚型星系，他们还使用了 1.2-Jy IRAS 红移样本。他们的"最可能的值的范围"（Davis，Nusser，Willick，1996，22）记录在表 3.2 的第 32 行。他们探讨了为何尽管使用了相似的数据，结果仍与 POTENT 不一致，最后的结论只是建议对基于平滑速度和引力场的 $\Omega_m$ 的测量值持谨慎态度。但是威利克和施特劳斯（1998）对速度和引力场进行了详细的统计分析，他们使用了 1.2-Jy IRAS 红移和本动速度的 Mark III 扩大星表，得出了第 36 行的测量结果。他们的结论（Willick and Strauss，1998，64）是"数据与一个宇宙学密度参数 $\Omega\approx0.3$，IRAS 星系无偏差，$b_I$=1 的模型一致"。偏差参数 $b_I$ 中的下标是指红外 IRAS 样本，与光学观测相比，该红外 IRAS 样本受星系和银河中尘埃消光的影响要小得多。威利克和施特劳斯的结论与质量密度参数接近 $\Omega_m\approx0.3$ 的证据趋于一致。

假定绝热的初始条件和尺度不变性，但不假定星系可以示踪质量，COBE 卫星对大尺度 CMB 各向异性的测量［Smoot et al.，1992；本内特等（1996）获得的 4 年的数据］提供了质量起伏功率谱的归一化。这被用于通过星系团质量及其空间分布，以及星系密度和速度场的比较来测量质量密度（如 Bahcall and Cen，1992；Bartlett and Silk，1993；Eke et al.，1996；Viana and Liddle，1996；and Willick et al.，1997）。在假定尺度不变的初始条件下，结果与通过对星系空间分布进行归一化得到的结果相似。

要注意的是，COBE 微波背景各向异性是在约 10° 的角尺度上测量的，这转换成在约 500 Mpc 的尺度上原始质量起伏的幅度。而将尺度外推到约 10 Mpc（与星系团相关）和约 1 Mpc（与星系的相对运动相关）是一个很长的外推过程。COBE 归一化和星系归一化质量密度估计值在 $\Omega_m\sim0.3$ 处的一致性可以视作支持接近尺度不变性的证据。但是，如果倾向于 $\Omega_m$=1，就可能引发对另一种可能性的探讨，即对尺度不变性的偏离。这就是第 8.4.1 节中讨论的倾斜冷暗物质宇宙学模型。

星系距离测量技术的进步（用于旋涡星系的塔利–费舍指示器，用于椭圆星系的 $D_n$-$\sigma$ 指示器）使费尔德曼等（2003）测量作为星系对分离的函数的星系平均相对径向速度成为可能。他们从四个精心编制的星表中发现了一致的结果，表 3.2 的第 42 行记录了他们的 $\Omega_m$ 的估计值。

表 3.2 中要讨论的最后一项是珀西瓦尔等（2001）的报告。他们清晰地探测到了早期宇宙中等离子体–辐射流体的声学或压强振荡的效应。珀西瓦尔等（2001）使用类似于图 3.3 图（c）的 2dFGRS 数据（包含

160 000 个红移样本），得出了表中第 40 行的质量密度。科尔等（2005）检验了其探测的真实性，他们从一个包含 221 414 个红移的 2dFGRS 样本的星系分布中清晰地探测到了声学振荡效应，这与珀西瓦尔等的结果相当一致。

该现象被称为"BAO"，也就是重子声学振荡（Baryon Acoustic Oscillation）。振荡在星系分布中产生一种模式，该模式在大尺度空间分布的功率谱中表现为独特的波纹。第 5.1.3 节的图 5.2 展示了该模式的起源。该效应还表现为来自早期宇宙的剩余热辐射海遗迹的角分布中的一种模式（我们将在第 4 章中讨论）。所有这些都依赖于这样一个假定，即在第 5.2.6 节中讨论的绝热初始条件下，宇宙结构由于引力而增长，这适用于 CDM 宇宙模型及第 8 章中介绍的其变体。所有这些要素的假定都经过了测试并通过对模式的探测得到支持。这些模式指向标准的低质量密度。

BAO 效应在星系分布的功率谱中产生一系列波，这些波在其傅里叶变换（星系位置两点相关函数）中转换为峰值。[①]艾森斯坦等（2005）在星系位置相关函数中发现了 BAO 峰一个清晰而令人信服的证明。他们使用了来自斯隆数字巡天的数据，这是革命后宇宙学进展的重要组成部分。

### 3.6.5 质量密度测量之评价

现在让我们来评估第 3.6.4 节中回顾的众多研究方向取得的成果。

---

① 巴辛斯基和博钦格（2002）的研究表明，可以从格林函数的角度考虑这些峰值。在线性扰动理论中，对均匀性的原始偏离可以表示为均匀性的单点状偏离的积分。在第 5.1.3 节中讨论的来自这些点状偏离之一的等离子体-辐射流体的扰动，作为球面波远离该点传播，在公式（4.13）中的红移 $z_{dec}$ 处以等离子体和辐射的动态退耦结束。行进的距离设定了一个特征长度：格林函数中球面波的直径。这在位置相关函数中设置了一个峰值。

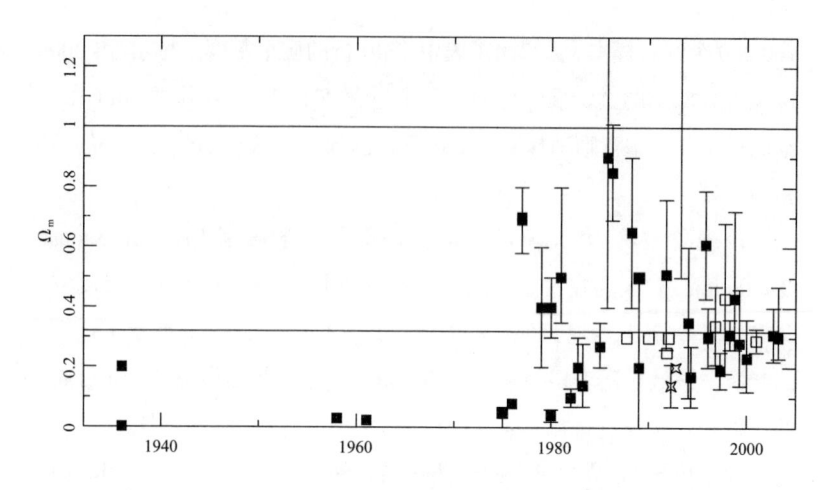

图 3.4 在星系有效地示踪质量的假定下，质量密度参数 $\Omega_m$ 的测量历史

图 3.4 展示了表 3.2 中列出的 $\Omega_m$ 的测量值与文献发表年份的关系。在膨胀宇宙的相对论模型的假定下，基于动力学的测量被绘制为实心正方形。绘制为空心十字的两个测量值增加了这样的假定，即重子质量密度受到第 4 章中讨论的轻元素形成的热大爆炸理论的有效约束。绘制为空心正方形的结果假定，引入了在第 8.2 节中介绍的 CDM 宇宙学图景的某些要素。这些空心符号在表 3.2 中用图注标记。图中上方的水平线标记了爱因斯坦-德西特质量密度 $\Omega_m=1$。这是 20 世纪 80 年代初至 20 世纪 90 年代后期最受学界欢迎的值。较低的水平线是世纪之交建立的宇宙学中的质量密度。

值得注意的是，基于星系团中每个星系的平均质量，哈勃（1936）做出了更大的估计，该估计值相当接近后来确定的值。他测量了星系周围暗物质的质量，条件是该质量必须足够大，以使引力包含星系团中的星系运动，因为大部分暗物质都围绕着星系。哈勃的较低估值也有其合理性，因为可以衡量恒星的质量。

福尔（1975）开创性的统计方法对暗物质也很敏感，因为这种质量驱动着他测量的大尺度速度场。但是他的估计取决于质量在更大尺度上的成团程度，这种成团程度可能可以被星系的成团结构示踪，但这一数据当时尚未得到很好的测量。戈特和特纳（1976）考虑了将星系聚集在一起所需的质量，从而合理地解释了星系周围暗物质的质量，但是他们对 $\Omega_m$ 的估计值很低，因为他们低估了平均光度密度。在应用这种方法时，卡尔伯格等（1997）有更好的数据，他们得出 $\Omega_m$=0.19±0.06，接近几年后确定的标准值。

图 3.4 表明，$\Omega_m$ 的测量值之间的弥散在世纪之交时正在收敛，接近 $\Omega_m$~0.3。这是推动学界达成宇宙学共识的诸多证据的一部分。有人可能会怀疑，弥散减少的另一个原因是否是 $\Omega_m$ 的值不再预期是 1，而是逐渐被"公认"在 0.3 附近。这种怀疑可能有些道理，历史上有许多例子表明，人们会无意识地不愿意偏离已被接受的误差范围。但也有一个明确的客观因素推动了这一趋势：星系红移和距离的样本的规模和质量在不断提升。

20 世纪 80 年代中期至 20 世纪 90 年代中期的一些测量值包含了爱因斯坦-德西特的质量密度，而其他测量值的误差范围也逐渐接近这一值。在 1993 年主题为"宇宙速度场"的会议上，与会者提出了有关这些和相关估计值的论文与讨论，会议总结发言人桑德拉·费伯（1993，491）得出以下结论："这次会议的一个主要亮点——甚至为什么它可能在未来被视为一个分水岭——是太多的人用这么多不同的方法第一次得出结论，Ω 可能实际上接近 1。"费伯是一位博学的天文学家，这是一个严肃的评论。对于那些认为 $\Omega_m$=1 很可能是最终结果的人来说，这是令人兴奋的，原因在第 3.5 节中已经做了回顾。但是证据主要来自 POTENT 方法，该方法虽然优雅但难以应用。而且我们发现，POTENT 测量值与其他各种类型的测量值并没有严重不一致，而其他类型的测量值往往都远远低于 $\Omega_m$=1。因此，在 20 世纪 90 年代中期，巴考尔、卢宾和多曼（1995，L84）对更广泛的估计值进行评估后得出结论认为，

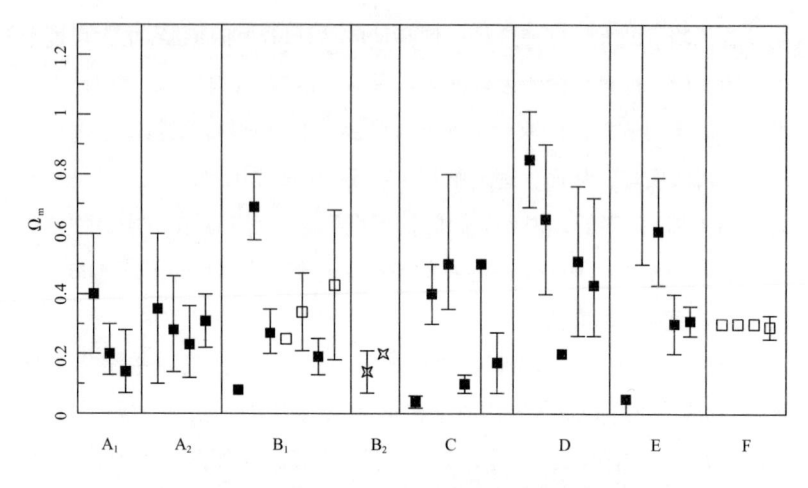

图 3.5　按表 3.3 中列出的类别排序的 $\Omega_m$ 的测量值

证据"表明了一个低质量密度的宇宙：$\Omega \approx 0.15 \sim 0.2$，而且大多数暗物质都存在于大型星系晕中"。

图 3.5 展示了表 3.2 中的结果，并按表 3.3 中列出的测量类别进行了排序。该表的第二列提供了对所采样长度尺度范围的粗略估计。表 3.3 中每一行的末尾都记录了表 3.2 中每个类别的条目的行号。

A 类中的 $\Omega_m$ 测量值是基于将红移巡天数据处理为红移空间中的星系两点相关函数［公式（3.38）］。那些标记为 $A_1$ 的样本以较小的间隔（在几十万秒差距到几百万秒差距的范围内）采样星系的相对速度，并将它们加权到富星系团之外的星系。这些质量密度被假定为在相对较小的尺度上具有统计稳定的成团性。足够密集，因而可以用于 $A_1$ 的主要早期样本是到 $\sim 40h^{-1}$ Mpc 距离（表 3.2 第 13 行）的 CfA 巡天，以及 5 个较小的、分隔良好的场中的红移（深度大约是前者的 3 倍，第 14 行）。第 8 行中的估计值单独并不能说明问题，但它与其他两个估计值的一致性，以及第 13 行中 $\Omega_m$ 测量值在一个数量级的星系分隔距离范围内的一致性，都表明这是一个可靠的测量结果。

A₂样本中更大分隔距离的测量采样了星系向最近的显著质量聚集的平均流动，这是质量分布偏离均匀性后引力增长的结果。图3.3展示了在红移空间中的星系两点相关函数中检测和测量此现象的过程。在20世纪80年代初期，CfA样本太小，无法显示出这种效应；在20世纪90年代初期，这种效应被探测到；到世纪之交，该效应已经被清楚地绘制出来了。在从~0.3 Mpc到~30 Mpc的相当大的采样范围内，A类两个部分的结果始终指向$\Omega_m$~0.3附近的质量密度。

就像我一直在论证的那样，$\Omega_m$的表观值对采样的长度尺度的这种不敏感，与星系是有效的质量示踪的结论是一致的。

表3.3中的B类是基于星系团测量的。它们在与A₁相当的长度尺度上被观测到，但位于比A₁密度大得多的区域中。B₁中的测量值采样的是星系团的质量值和沿着星系团位置的空间相关函数的演化。除表3.2的第34行外，所有结果都假定基于类似CDM的初始条件。从这些初始条件到星系团形成的预测演化的计算似乎是可靠的，并且其内部一致性以及与其他质量密度探测的一致性，证明这些初始条件是对现实的有效近似。从星系团重子质量比例估算的B₂（表3.3）中的质量密度，

表3.3 质量密度探测的种类

| 种类 | $\Omega_m$ | 注释 |
| --- | --- | --- |
| A₁ | 0.2~2Mpc | 场星系相对速度弥散：8, 13, 14[a] |
| A₂ | 3~30 Mpc | 平均流汇聚：29, 38, 39, 41 |
| B₁ | 1Mpc | 星系团质量、分布、演化：6, 7, 16, 23, 33, 34, 35 |
| B₂ | 1Mpc | 星系团重子质量比例：26, 27 |
| C | 10~30 Mpc | 室女星系团中心流和其他星系团中心流：9, 10, 11, 12, 20, 31 |
| D | 30~50 Mpc | 本星系群的运动：17, 18, 21, 24, 37 |
| E | 10~40 Mpc | 星系速度和引力场：5, 28, 30, 32, 36 |
| F | 50~100 Mpc | 大尺度相关性；BAO：19, 22, 25, 40 |

每一行末尾的数字对应于表3.2中的行号

以热大爆炸中轻元素产生的理论为假定。除表 3.2 的第 7 行（由第 16 行取代）外，B 类的测量值分布在 $\Omega_m \sim 0.25$ 附近。

$B_2$ 中的探测以及来自 $B_1$ 中的星系团演化和空间相关性的探测，对星系示踪质量的假定并不敏感。它们与来自 A 的证据相似，而后者确实依赖于此假定，这种一致性为验证结果提供了重要的支持。

C 类的估计值来自室女星系团中心流以及雷格斯和盖勒在其他星系团周围探测到的相同效应，其弥散范围更广。这主要是由于难以测量室女星系团周围的本地超星系团中星系的聚集程度。我预计，基于最新和更好的样本对红移空间星系团-星系互相关函数的测量，以及来自引力透镜的星系团-质量函数，将大大改善这一测量结果。现在已经有一个得到广泛支持的 $\Omega_m$ 值，但是像往常一样，新的验证仍将具有价值。

在标准宇宙学中，本星系群相对于微波辐射海的运动是由偏离均匀质量分布而引起的引力加速度引起的。加速度主要由小幅度的质量密度起伏决定，而这很难测量。特别是，由于很难在整个天空中使距离标准保持恒定，因此本动速度的估值会受到系统误差的影响。这可能是类别 D 中 $\Omega_m$ 的估计值弥散很大的原因。前文回顾了此方法的后续发展。

表 3.3 中 E 类的分析使用红移样本绘制星系空间分布图，用于计算到归一化因子——平均质量密度——的本动引力加速度，通过调整该因子以匹配根据星系距离和红移测量值得出的星系本动速度随位置的变化。再次强调，测量是困难的，因此 $\Omega_m$ 的估计值的弥散很大。

F 类包括对星系位置从正相关到负相关的过渡尺度的 3 项测量。距离很大，但是这种现象很明显，并且到 1990 年就被清楚地检测到了。其解释是基于一个假定，即对均匀性的早期偏离是近乎尺度不变的绝热过程。这通过了前文所讨论的 COBE 归一化探测的检验。它假定星系位置和质量分布与相同的间隔呈正相关。我在第 117 页的脚注中指出，这种假设似乎是合理的。

我认为宇宙学革命已经在 2003 年结束，但是我当然并不是说宇宙学探测的进展就此止步。特别是，我把第一次探测到 BAO 现象归入 F 类当中，BAO 现象是早期宇宙耦合的等离子体和辐射的声学震荡的残余效应。此探测是一个重要的但仍然适度的开始。插图 II 的底图展示了自那以来 BAO 测量取得的巨大进展。

所有这些讨论均基于牛顿力学，但其在相当广泛的情况下的应用的结果一致性再次表明牛顿力学是一个有效的近似方法。

这些数据的缓慢累积，伴随着不可避免的不确定性和系统误差，以及一种合理的直觉——质量密度很可能是爱因斯坦-德西特值容易掩盖一个关键点：图 3.5 中所示模式的发展。很少有估计值与爱因斯坦-德西特的预测 $\Omega_m=1$ 一致；相反，大多数估计值表明平均密度约为爱因斯坦-德西特值的三分之一。类别 $A_1$ 和 $A_2$ 以及 C-E 类的动力学估计假定星系是有效的质量示踪。在 20 世纪 80 年代中期到 20 世纪 90 年代中期，人们很容易想象星系可能是有偏差的。但不那么容易理解的是，在从大约 200 kpc（星系成团性是严重非线性的）到大约 50 Mpc（其中围绕均值的偏差很小）的尺度上，为什么偏差如此相似。同样难以解释的是，如果质量密度为爱因斯坦-德西特值，为什么依赖于不同假定的探测值会如此一致地低。

直截了当的结论是，到世纪之交，从图 3.5 和表 3.3 中总结的多种质量估计值获得的证据有力地表明，宇宙平均质量密度约为爱因斯坦-德西特值的三分之一。这种评估背后的哲学可以通过改编爱因斯坦的一句话来表达：自然是微妙的，但通常并无恶意。值得注意的是，如果发现这些通过 8 种不同方法获得、采样范围广泛的估计值如此系统性地偏低，那将相当不同寻常。但是自然有时可以微妙到近乎恶意的程度，因此重要的是，在本书的其余部分中，我们还要考虑其他测试对 $\Omega_m$ 的更多约束。

## 3.7 结束语

1948 年稳恒态宇宙学的优雅或许在事后看来更容易体会。它的极少假定（在一个全局范围内能够均匀、持续且稳定地产生物质的时空中，遵循标准的局域物理学规律）得出了可以为观测提供固定目标的预测。在当时这个研究领域的实证基础极其匮乏的情况下，这是研究的重要动力。赖尔的射电源计数研究项目就是一个典型的例子，它无意间对爱因斯坦的宇宙学原理的早期实证证据做出了重要的贡献（第 2.3 节）。自然科学研究变幻无常的一个典型例子是稳恒态学界忽视了伽莫夫（1954a）的挑战：如何解释稳恒态所预测的附近星系中最年轻的 10% 和最古老的 10% 年龄差异 20 倍。正如伽莫夫所指出的，这似乎与观测到的附近星系光谱的近乎均匀性完全不符。事实是，出于其他原因，人们对 1948 年稳恒态模型的兴趣在 20 世纪 60 年代中期减弱了，最值得注意的是第 4 章将要讨论的紧迫挑战：如何解释近乎均匀、近热的微波辐射海的存在。

在 20 世纪 60 年代，大多数活跃于实证主义宇宙学家这一小圈子中的人，选择以广义相对论中爱因斯坦场方程的弗里德曼-勒梅特解作为研究框架。有人认为，有可能确定世界将如何终结：宇宙的质量是否足够大，以至于（理论上）将停止膨胀，宇宙是否可能会陷入大挤压或大冷却？事后看来，我们可能会感到奇怪的是，对于广义相对论在河外尺度上应用的极为有限的实证基础，并没有太多人质疑。这种评估隐含着一种实用主义的态度：在 20 世纪 60 年代，尚无明显证据表明这一领域能够取得更大的进展。

图 3.2 展示了实证状况在 20 世纪 70 年代有望改善的前景。戈特等（1974）可以通过对完全不同的现象的测量，得到 5 个独立的约束条件，以拟合他们模型中的两个自由参数：宇宙平均质量密度和宇宙膨胀率。如果在这一点上约束条件和参数被证明不一致，那么我们可以合理地推

测，该问题会被广泛关注。一致性的证明并没有得到多少庆祝，我想这是因为学界基于非实证性的原因普遍预期到了这一结果。然而，这个结果虽然谈不上大，但也可以算作相对论热大爆炸理论的一个早期正面验证。

对相对论热大爆炸宇宙学模型的首次全面检验是通过宏大的宇宙平均质量密度测量项目实现的。表 3.2 中列出的质量密度探测并不完整，但它是一个足够大的样本，展示了学界致力于汇编星系类型、环境、角位置、红移和距离的工作。它也展现了为将这些数据简化为质量密度测量值而开发的各种分析、数值和统计方法的多样性和创造性。尽管该项目的名义目标是对宇宙学理论进行检验，但我怀疑，对于许多人来说，主要吸引力在于寻找有意义的质量密度测量值在科学上是有趣的，而且可能是可行的。这一事业的关键在于，可以对许多星系进行表征，并且随着技术的进步，其角位置、红移和距离的测量精度以及数量将不断提高。例如，考虑一下，阿拉姆等（2017，2617）报告说，他们的"最终样本包括 9 329 $deg^2$ 上的 120 万个大质量星系，覆盖红移范围 $0.2<z<0.75$"。对于那些愿意接受如此严峻挑战的人来说，这是一个有吸引力的情况，我们看到这样的人确实存在。

20 世纪 70 年代的学术界是否本可以转而开展一项基于恒星演化理论，放射性衰变年龄，元素形成的历史，探索恒星、超新星、AGN、星系团和星系的性质的研究项目，以确立距离尺度并比较时间和距离的天文学和宇宙学尺度？这是一个丰富的研究主题，有很多恒星和不少的附近星系都可以仔细地研究。如果我们在 20 世纪 70 年代和 20 世纪 80 年代对这些现象开展更系统的分析，我们会学到很多东西。但对质量密度的更多关注似乎是不可避免的，因为 20 世纪 70 年代文献中的数据已经允许对星系动力学进行相当有趣的统计分析，并且可以使用配备了高效探测器的中等尺寸的望远镜获得更多数据。20 世纪 70 年代已经有了一些时标的数据，但我认为这些数据还不够丰富，也不太容易改进，因此不太可能吸引更深入的研究。

与对平均质量密度值的探索同步发展的是对微波辐射海性质的探讨（见第 4 章）。这两个研究领域是相互影响的，因为理论解释是相关的，正如对 COBE 各向异性的考虑那样。但在世纪之交，当这些研究和其他研究的约束逐渐趋于融合时，这种互动变得真正重要起来。

宇宙学革命后，沿着表 3.2 中最后条目的内容进行的研究以及其他待研究的研究方向，仍然活跃并富有成果。所不同的是，学界已经就一个共识性的标准宇宙学达成一致。在革命之前，寻找可行的想法和可能与数据更相符的各种参数是很有趣的。一个例子是，公式（3.42）和（3.43）的线性偏差模型中星系分布与质量分布之间的系统差异如何影响 $\Omega_m$ 的测量值。如果星系没有被证明是有效的质量示踪，那么这种情况是否真的像这种偏差模型中描述的那样简单似乎就令人怀疑，但是该模型在另一方面很重要，提醒人们注意一个未解决的问题。当然，星系是有偏差的质量示踪，但事实证明，这种偏差影响太小，无法在图 3.5 中看到。偏差仍然是一个考虑因素，现在对检验有关星系形成的理论而言最为重要。

如果没有在世纪之交通过红移-星等测量和 CMB 各向异性测量得出的证据，学界是否仍能达成一致，得出质量密度远低于爱因斯坦-德西特值的结论？达成共识会很困难，因为较早的证据广泛地分散在文献中，并且混杂着系统误差。但我认为这一结论的基础已经存在。

# 第 4 章

# 化石：微波背景辐射和轻元素

如果我们的宇宙是从一次巨大的爆炸开始膨胀的，那么人们可能会期望找到宇宙在过去非常不同的条件下留下的化石。勒梅特（1931e）认识到了这种可能性，并提出宇宙射线可能就是这样的化石。现在看来这似乎不太可能，但是我们还有其他想法。

宇宙空间充满了几乎均匀的辐射海，即宇宙微波背景辐射，通常称之为 CMB。探测波长从毫米到几十厘米不等。强度谱——能量随波长变化的函数——已非常接近于已经弛豫到热平衡的辐射的强度光谱。现在，宇宙在 CMB 波长处是透明的，这意味着它无法强迫辐射弛豫到这种独特的热状态。因此，热谱很好地说明了这种辐射是我们的宇宙与现在大不相同时的遗迹，其密度和温度足以使弛豫达到几近精确的热平衡。

我们的宇宙一直在演化这一想法非同寻常，只有在得到大量经过严格检验的证据支持的情况下，这一科学观点才具有说服力。辐射以及与之相伴的化石——氦——的探测对于构建这一观点非常重要。

关于 CMB 如何被确认为早期宇宙的化石的故事，包括认识到氦的丰度似乎比恒星预期产生的要大得多，并且它可能是学界已经有充分认识的发生在宇宙膨胀早期高温和致密阶段的热核反应的遗迹。在热大爆炸中，氦的形成将伴随着氢的稳定重同位素氘的产生。早期热核反应中残留的氘的量取决于普通重子物质的密度：重子密度越大，将氘转化为氦核的核反应就越彻底，预计的残留的氘的丰度就越低。要解释氦和氘的丰度，需要重子的质量密度小于图3.5中汇总的测量值所指示的质量密度。这需要一个假定：大多数质量都不是重子，或者说至少表现得不像重子。标准模型包括第7章中讨论的假说性的非重子暗物质。如果不是满足氘丰度所需的重子质量密度也符合第9章讨论的在CMB的角分布中探测到的模式的约束，这将是调整参数以符合测量值的一个尴尬案例。这是建立标准宇宙学的漫长道路的一部分。

我们将在第4.1节中对膨胀宇宙中的微波辐射海的行为进行回顾。第4.2节将探讨乔治·伽莫夫及其同事拉尔夫·阿尔法和罗伯特·赫尔曼是如何提出热大爆炸宇宙学的主要观点——包括微波辐射海和高的氦丰度——但未能引起学界的兴趣的。第4.3节回顾了如何发现氦的丰度比恒星预期产生的大得多，但这很容易被理解为热大爆炸宇宙学中热核反应的结果。在认识到第二种化石，即微波辐射海之前，这几乎没有引起人们的注意。就像在第4.4节中提到的那样，这一发现被广泛宣传，而其作为早期宇宙化石的解释还受到了合理的质疑：它是否可能产生于当前的宇宙天体中？我们在第4.5节中讨论了辐射强度谱非常接近于热辐射谱，因此几乎可以肯定不是来自本地辐射源的关键论证。本章最后介绍了对氘的原始丰度的具有说服力的测量步骤及其所提示的重子质量密度（第4.6节），然后在第4.7节对有关这一过程的实证教训进行了评估。[①]

---

[①] 皮伯斯（2014）更详细地回顾了伽莫夫小组的研究进展。《寻找大爆炸》（Peebles, Page, and Partridge, 2009）一书提供了后来的进展的更多细节，以及当事人的回忆。《罗伯特·迪克和实验引力物理学的诞生：1957—1967》（Peebles, 2017）详细讨论了迪克在这个故事中的作用。

## 4.1 膨胀宇宙中的热辐射

宇宙微波辐射海——也就是 CMB——的特性是其接近热辐射的能量谱。解释这一现象的最初想法可以追溯到托尔曼（1934a）的论证，即在一个均匀且各向同性的宇宙中，自由热辐射会随着宇宙的膨胀而冷却，但是辐射的热谱会保持不变，无须假定传统的对尘埃的热化过程。因此，让我们考虑一个不断膨胀的宇宙中的均匀辐射海的行为。

1964 年，在普林斯顿大学的一次谈话中，罗伯特·迪克让彼得·罗尔、戴维·威尔金森和我（他的引力研究团队当时的一名初级成员）想象一个盒子，盒子的内外壁都是完美的反射壁。盒子随着宇宙的整体膨胀而膨胀。盒子内外都是均匀且自由传播的热辐射海。盒子随着宇宙膨胀。盒壁会反射入射的光子，但盒内的光子会被反射回内部，因此盒子的存在对辐射的影响可以忽略不计。迪克说，每个人都知道盒子的膨胀会降低它内部的辐射。无论盒子被放在何处，甚至即便没有盒子，这种冷却都会发生。也就是说，辐射在宇宙各处都在冷却，这符合均匀宇宙的特点。

要了解膨胀如何影响辐射能谱，请考虑盒子中电磁场的振荡模式下的光子占据数 $\mathcal{N}$。[1] 在温度为 $T$ 的热平衡下，波长为 $\lambda$ 的模式下的占据数（平均光子数）由普朗克的表达式给出：

$$\mathcal{N} = \frac{1}{e^{hc/(k_B T \lambda)} - 1} \quad (4.1)$$

玻尔兹曼常数记为 $k_B$（以避免与波数 $k$ 混淆）。宇宙的膨胀是由参数

---

[1] 从技术上讲，电磁场的振荡模式在盒子内部是离散的，在盒子外部是连续的或非常接近连续的。但是我们可以将盒子做得足够大，以至于在感兴趣的波长下，离散的影响可以忽略不计。

$a(t)$ 来衡量的［如公式（2.3）和公式（3.1）—（3.13）中的情况］。盒子随着宇宙而膨胀，所以它的宽度和模式波长与 $a(t)$ 成比例。如果膨胀率 $\dot{a}/a$ 远小于模态频率（在感兴趣的频率下，它确实远小于模态频率，除非我们追溯到非常早的宇宙），那么占据数 $\mathcal{N}$ 是守恒的。由于 $\mathcal{N}$ 是常数，并且模式波长按 $\lambda \propto a(t)$ 的方式增加，因此公式（4.1）中的模式温度必须按照以下方式变化：

$$T \propto \lambda^{-1} \propto a(t)^{-1} \qquad (4.2)$$

由于此模式温度对于所有模式波长都以相同的方式变化，因此我们可以看到随着宇宙的膨胀和辐射的冷却，自由传播的辐射仍保持热辐射的形式。

盒子的体积按 $V \propto a(t)^3$ 的方式增加。如果宇宙中的粒子的数密度为 $n(t)$，并且既没有新粒子产生，也没有粒子湮灭，那么粒子数密度必须演变为 $n(t) \propto V^{-1} \propto a(t)^{-3}$。使用公式（4.2），我们看到温度和数密度的关系与热力学中一个熟悉的表达式（辐射压为辐射能量密度的三分之一）相关：

$$T \propto n^{1/3} \qquad (4.3)$$

普朗克热黑体辐射强度谱［温度 $T$（从绝对零度测量，以开尔文为单位）下单位体积和单位频率增量 $\nu$ 的辐射能量］是：

$$\frac{du}{d\nu} = \frac{8\pi h \nu^3}{c^3} \frac{1}{e^{h\nu/k_B T}-1} \qquad (4.4)$$

其中普朗克常数为 $h=2\pi\hbar$。在长波端下有效的瑞利-金斯表达式为：

$$\frac{du}{d\nu} = \frac{8\pi k_B T \nu^2}{c^3} \quad \text{当} \quad h\nu = \frac{hc}{\lambda} \ll k_B T \qquad (4.5)$$

在测得的 CMB 温度 $T_f$ 下，温度为 $T$ 时的普朗克表达式将一半的能量分布在大于以下波长的范围内：

$$\lambda_h = 0.29 \frac{hc}{k_B T} = 1.5 \text{ mm} \quad \text{当} \quad T_f = 2.725 \text{ K} \tag{4.6}$$

此波长在微波范围内，即 1 mm<$\lambda$<100 cm。在波长 $\lambda$~3mm 或更长时，大气层在波长带中足够透明，使得基于地面探测微波辐射海成为可能。在较短波长下进行测量需要将探测器提升到大部分或全部大气之上。20 世纪 90 年代获得的结果展示在图 4.7 中。

我们有充分的理由期望热强度谱与普朗克的预测［公式（4.4）中的黑体辐射函数］一致，但是最后的实验检验是在 20 世纪 20 年代完成的（正如克洛维尼和加尔加尼 1984 年的文献中所回顾的那样）。为了完备性，应该用此后开发的更好的技术重复这些检验。实际上，大多数 CMB 强度谱测量将 CMB 能量流量密度与非常接近黑体且处于已知温度的校准源进行比较。因此，可以说就紧密测量的精确性而言，微波辐射海观测到的是热谱。

宇宙的膨胀导致自由的非相对论性物质和辐射的温度按以下方式演化：[①]

$$T_m \propto a(t)^{-2}, \quad T \propto a(t)^{-1} \tag{4.7}$$

---

① 得出表达式（4.2）的考虑，可以通过考虑一个自由移动的粒子（无论相对论性与否）的德布罗意波长来概括。在膨胀的盒子中，德布罗意波长与膨胀参数 $a(t)$ 成比例地拉伸，并且由于正则动量与德布罗意波长成反比，因此随着宇宙的膨胀，动量按 $p \propto a(t)^{-1}$ 减小。在非相对论性物质中，公式（4.1）中的占据数被一个常数乘以 $\exp(-p^2/(2mk_B T_m))$ 替代，其中 $m$ 是粒子质量。因此，我们看到，对于自由移动的非相对论性物质，动力学温度按 $T_m \propto a(t)^{-2}$ 变化。这仅考虑了平移的动能。如果没有与辐射的耦合或能够改变内部状态的粒子之间的相互作用，那么内部能量（例如分子的旋转和振动）将不会演化。

第 4 章 化石：微波背景辐射和轻元素

由于物质的冷却速度往往快于辐射,因此这是填充我们宇宙的 CMB 不能达到完全热平衡的原因之一。但是,CMB 可能与完全热平衡接近,因为目前观测到的 CMB 形式的辐射的热容比物质的热容大得多。将后者作为理想的单原子气体建模,其热容为 $C_m=3/2nk_B$,其中 $n$ 是粒子数密度。辐射中的能量密度为 $\rho_r c^2 = u_r = a_S T^4$,其中 $a_S$ 为斯特藩常数 [下标是为了避免与膨胀参数 $a(t)$ 混淆],因此辐射的热容为 $C_r = 4a_S T^3$。那么热容的比率是:

$$\frac{C_m}{C_r} = \frac{3nk_B}{8a_S T^3} \sim 10^{-10} \tag{4.8}$$

该数值假定重子数密度与测量值 $n \sim 10^{-6}$ cm$^{-3}$ 相当。该比率几乎与时间无关,并且足够大,以致物质与辐射的相互作用不必对辐射产生太大影响。但是,通过恒星中氢原子的核燃烧可获得的结合能与 CMB 中的能量相当,并且可能会严重干扰它。

恒星通过核反应将氢转化为重元素,释放出质量百分比约 0.7% 的辐射和中微子。其中一部分损失于剧烈的恒星风的动能和恒星核反应中产生的中微子的动能,但是对于数量级的估计,我们可以忽略这些损失。想象一下,当前数密度 $n \sim 10^{-6}$ cm$^{-3}$ 的氢的一部分 $f$ 在红移 $z_s$ 的早期恒星的核反应中转化为重元素。假定这些恒星产生足够的尘埃以吸收其星光,并在当前时代以红移到微波频率的波长再辐射能量。这会干扰在微波波长下观测到的能量密度 $u_r$,干扰的比率为:

$$\frac{\delta u}{u_r} \sim \frac{0.007 f \rho_m c^2}{a_S T^4} \sim \frac{10f}{1+z_s} \tag{4.9}$$

如果所有这些都在一个适度的红移值 $z_s$ 发生,并且将相当比例 $f$ 的氢转化为重元素,那么 CMB 强度谱可能会受到严重干扰。但是我们知道这并没有发生,因为第 4.5.4 节中讨论的测量结果表明 CMB 频谱非常接近热频谱。

从恒星和相对论性质的坍缩释放了大量的能量,正如星系中心的致密质量(称为活动星系核或 AGN,中心可能是大质量黑洞)的形成过程中那样。幸运的是,对于测试宇宙学的目标来说,这种辐射出现在较短的波长范围内。它被称为 CIB(Cosmic Infrared Background),即宇宙红外背景,豪瑟和杜威克(2001)对该科学领域进行了回顾。

还要注意,宇宙不是完全均匀且各向同性的,因此我们观测到的辐射必然是温度略有不同的混合体。这是我们宇宙本质的重要特征,即这种温度混合效应还不够大,无法在强度谱中探测到(如第 4.5.4 节所述)。从这一点看,宇宙非常接近完全均匀和各向同性。(整个天空的温度的微小差异被探测到了,对这种偏离均匀性的测量是第 9.2 节的主题。)

CMB 确定了宇宙演化中两个有趣的时期:(1)物质和 CMB 的质量密度相等的红移 $z_{eq}$,以及(2)原始等离子体结合成中性原子的红移 $z_{dec}$,留下自由电子和分子氢的遗迹。红移 $z_{eq}$ 确定了引力开始增长,从而开始产生可能成为星系的质量聚集的时间。利夫希茨(1946)对膨胀宇宙的引力不稳定性的分析中隐含了这种效应,但没有得到解决。伽莫夫(1948a)认识到了这种效应,他知道利夫希茨的论文中包含一些提示。也许这是伽莫夫直觉的一个例子。如皮伯斯(1965)所指出的,另一个红移 $z_{dec}$ 确定了重子物质从辐射的拖拽中释放出来的时间,引力可以开始聚集重子,形成结构。

热辐射与物质的平均质量密度之比为:

$$\frac{\rho_r}{\rho_m} = \frac{a_S T^4}{\rho_m c^2} = \frac{2.5 \times 10^{-5}}{\Omega_m h^2}(1+z) \quad (4.10)$$

第三个表达式使用了公式(4.6)中的 CMB 温度和公式(3.13)和(3.15)中的无量纲物质密度以及哈勃参数 $\Omega_m$ 和 $h$。在 20 世纪 60 年代,这两者的乘积被认为在 $0.01 \lesssim \Omega_m h^2 \lesssim 1$ 的范围内。如今,基于第 9 章回顾的研究,这个值被精确地确定为 $\Omega_m h^2 = 0.143 \pm 0.002$。如果在早期宇宙中由辐射热产生的中微子的静止质量远低于 1 eV，那么它们在 $z_{eq}$ 附近的存在会使辐射的质量密度加上相对论性中微子的质量密度达到 $\rho_{rel}c^2 = 1.68 a_S T^4$，并且相对论性的和非相对论性的物质的密度在如下红移时是相等的：

$$z_{eq} = 3\,400 \quad (4.11)$$

当 $z > z_{dec}$ 时，大爆炸宇宙中的重子通过辐射反应进行热电离：

$$p + e \leftrightarrow H + \gamma \quad (4.12)$$

该反应会产生氢，另外还有类似的反应会产生氦和少量其他元素。自由电子对辐射的散射以及离子对电子的散射，导致重子性等离子体和辐射充当具有高压（来自辐射）和高黏度（来自辐射通过等离子体时的扩散）的流体。当温度下降到只有少量的电离光子来使重子电离时，原始等离子体结合成几乎纯的中性原子，并且重子物质与辐射所产生的拖拽退耦。

由光离解速率和原子辐射形成速率之间的平衡所确定的热平衡电离，由萨哈关系式表示。[1] 在此处关注的原子数密度的情况下，该平衡

---

[1] 对于公式（4.12）中的反应，热平衡下电离的萨哈关系为：
$$\frac{n_e n_p}{n_h} = \frac{(2\pi m_e k_B T)^{3/2}}{h^3} e^{-B/k_B T}$$
其中，$n_e$ 和 $n_p$ 分别是自由电子和质子的数密度，$n_h$ 是氢原子的数密度，$B$ 是原子氢键结合能。在退耦 $T \sim 3\,000$ K 的标准条件下，乘以指数的系数为：
$$(2\pi m_e k_B T/h^2)^{3/2} \sim 10^{20}\,\text{cm}^{-3},\quad n_{baryon} \sim 10^3\,\text{cm}^{-3}$$
第二个量是重子数密度外推回 $z \sim 1\,000$ 的值。第一个密度的值非常大，这解释了当等离子体结合，重子和辐射退耦时，$k_B T$ 为什么远低于结合能 $B$，并且解释了为什么当温度在约 3 000 K 范围内移动时，平衡从电离急剧地变为中性。

在温度移动经过 $T_{dec} \simeq 3\,000$ K（对氦的温度略高）时，急剧从接近完全电离的等离子体转变为接近完全中性的氢原子。

当萨哈关系允许时，中性成分的增长的计算由于重结合光子的作用而变得复杂。电子被俘获到氢原子的基态会释放出携带结合能的光子，该结合能可以电离氢原子。俘获到激发能级会释放出一个共振光子，该共振光子可以将另一个原子置于激发能级，使其更容易被电离。但是有些电离和复合线光子红移出了共振，有些则由于辐射沉降到氢的亚稳恒态 2s 而丢失，通过发射两个对电离没有影响的光子而衰变。这份工作是由皮伯斯（1968）与泽尔多维奇、库尔特和苏尼亚耶夫（1968）独立完成的。理论表明电离比例为：

$$x_e = 0.5 \text{ 当 红移 } z_{dec} \simeq 1200, \, x_e = 0.01 \text{ 当 红移 } z \simeq 900 \quad (4.13)$$

自由电子及其离子的剩余丰度在分子氢的形成中发挥作用。这很重要，因为在恒星产生更重的元素以更有效地耗散能量之前［如由亚伯、布莱恩和诺曼（2002）以及其他人所分析的那样］，分子氢的碰撞激发以及随后的辐射衰变将是重子在第一代恒星形成过程中耗散能量的主要手段。氢分子的辐射形成很慢，因为双原子系统没有偶极矩。萨斯洛和兹波伊（1967）指出，自由电子在反应 $e^- + H \rightarrow H^- + \gamma$ 以及之后的反应 $H + H^- \rightarrow H_2 + e^-$ 中充当催化剂，其中 $H^-$ 为负氢离子：两个电子绑定到单个质子上。

在 CMB 能谱中寻找的两个有趣的特征是由散射辐射的自由电子产生的。如果光子能量远低于电子静止质量，那么散射会在光子和电子之间交换能量，而不会改变光子的数量。在具有保守光子数密度的热（统计）平衡下，辐射强度谱为：

$$u_\nu = \frac{8\pi}{c^3} \frac{h\nu^3}{e^{(h\nu+\mu)/kT} - 1} \quad (4.14)$$

常数 $\mu$ 是化学势（但为方便起见，此处用与通常相反的符号书写）。如果此表达式中的 $\mu$ 为负，那么表示接近玻色-爱因斯坦凝聚，辐射能被推至长波长，然后被等离子体波耗散，从而消除多余的光子。如果 $\mu$ 为正，则将降低频率 $\nu < \mu/h$ 时的能量密度。到目前为止，CMB 频谱测量结果与 $\mu = 0$ 一致。

在一种已被观测到的相关情况中，通过较热等离子体的热辐射光谱会受到电子散射的干扰，电子散射往往会使光子移向更高的频率。在等离子体比辐射热得多的极限下，对公式（4.1）中的光子占据数 $\mathcal{N}$ 的扰动为：

$$\frac{\delta \mathcal{N}}{\mathcal{N}} = -2y \quad \text{当} \quad x \ll 1, \\ = yx^2 \quad \text{当} \quad x \gg 1 \tag{4.15}$$

其中：

$$x = \frac{h\nu}{k_B T}, \quad y = \sigma_T n_e c t \frac{K_B T_e}{m_e c^2} \tag{4.16}$$

辐射温度为 $T$，等离子体温度和自由电子数密度分别为 $T_e$ 和 $n_e$，$\sigma_T$ 为汤姆孙散射截面，辐射通过等离子体的时间为 $t$。（为简单起见，该表达式忽略了沿等离子体路径变化的等离子体温度和密度的复杂性。）韦曼（1965，1966）引入了该物理学在宇宙学中的应用。泽尔多维奇和苏尼亚耶夫（1969）引入了该概念及其在星系团间等离子体中的应用，它被称为热苏尼亚耶夫-泽尔多维奇效应。有一个推论是皮伯斯（1971a，202—209）论述过的。在 CMB 谱中可以观测到这种效应，该辐射谱是在辐射穿过星系团中的热等离子体的方向上测量的。这已成为发现星系团以及探索其性质的强大工具。在 21 世纪初之前，苏尼亚耶夫-泽尔多维奇效应在宇宙学中的主要作用是用于考虑明显偏离热 CMB 光谱的问题，如第 4.5.3 节所述。

## 4.2 伽莫夫的方案

乔治·伽莫夫是具有创造性物理直觉的天才。这一点在他关于化学元素如何在宇宙膨胀初期形成的思考中得到了体现，本节将对此进行回顾。也许伟大的直觉总是伴随着对细节的漠不关心。我们必须考虑他性格的这一方面如何导致学界对这些想法的延迟认可。

较早的时候，钱德拉塞卡和亨利克等（1942）以及其他一些学者认为，化学元素的丰度是在宇宙膨胀的早期通过弛豫到丰度的热平衡比来确定的。这些分析使用了萨哈关系，这一举例可参见第 148 页的脚注。该关系假定物质在热辐射海中弛豫至平衡，如公式（4.12）所示。有趣的丰度比值需要在 $10^9$ K 量级的温度下的辐射。也就是说，钱德拉塞卡和亨利克等所设想的物理状况要求类似于热大爆炸的图景以及热辐射等所有条件。钱德拉塞卡和亨利克（1942）以及类似的研究被认为是继托尔曼（1934a）之后对涉及热辐射海的物理过程的首次讨论，这些热辐射也已经冷却变成了 CMB。但是我没有发现任何证据表明当时有人注意到，他们的考虑中隐性假定的热辐射仍然存在，甚至可以观测到。

伽莫夫（1946）指出，在广义相对论中，宇宙膨胀的早期阶段必须非常迅速，因为年轻的宇宙会非常致密。[①] 这意味着对热平衡时元素丰度比的分析是有问题的。伽莫夫（1946，573）指出："快速核反应所必

---

① 在早期宇宙中，质量密度 $\rho$ 是弗里德曼-勒梅特膨胀方程（3.3）中的主导源项，膨胀率是：

$$\frac{1}{a}\frac{da}{dt} = \left(\frac{8}{3}\pi G\rho\right)^{1/2}$$

巨大的质量密度——包括辐射的同性质量的质量密度——意味着快速的膨胀。

需的条件存在的时间很短,因此谈论必然建立于这一时期的平衡状态可能是非常危险的。"伽莫夫指出,电中性的中子可以在宇宙迅速膨胀所允许的短时间内进入核反应。他的建议(Gamow,1946,573)是,自由中子"逐渐凝结成越来越大的中性复合物,通过随后的 $\beta$-发射过程变成各种原子种类"。这是热大爆炸中轻元素产生理论的第一步。

在与查尔斯·路易斯·克里奇菲尔德合著的关于核物理学的最后一版《原子核与核能源理论》(Gamow and Critchfield,1949)中,伽莫夫提出了他对中子凝结概念的修改版本。他提出,这些元素是在早期宇宙中通过连续的中子辐射俘获形成的,$\beta$ 衰变有助于将这些元素保持在稳定低值中。这本书的一个脚注(Gamow and Critchfield,1949,213)指出:"R. A. 阿尔法正在对该非平衡过程进行更详细的计算。"阿尔法(Alpher and Herman,2001,70)回忆说,他和伽莫夫决定了一个"博士论文主题:发展伽莫夫在1946年形成的关于原始核合成的相当粗略的想法"。

阿尔法的博士论文被接受之前,他的论文成果就已经通过阿尔法、贝特和伽莫夫(1948)的论文发表。这篇文章是错误的,关于具体的原因,见第4.2.3节。但是,让我们首先考虑一下乔治·伽莫夫(Gamow,1948a)在后来的一篇论文中展现出的非凡的直觉,这篇论文没有明确承认存在问题,但纠正了阿尔法、贝特和伽莫夫版本当中的问题。它列出了已建立的CMB热大爆炸理论的关键部分、氦的起源以及关于星系形成的一些具有持久意义的见解。

### 4.2.1 伽莫夫1948年的论文

伽莫夫(1948a)的论证始于这样一个假定,即在宇宙膨胀早期阶段的热辐射海中,中子就是均匀分布的。(尽管没有明确说明,但他隐含地认为元素开始形成时的重子数密度足够小,以至于第148页的脚注中的强不等关系适用。)伽莫夫(1948a,505)认为:

由于这一形成过程必须从原始中子和一些中子衰变成的质子形成氘核开始，因此我们得出结论，当时的温度必须约为 $T_0 \simeq 10^{9\circ}$ K（对应于氘核的离解能）。

我希望伽莫夫对于他的"离解能"的含义能表达得更明确一些。可以合理预期的是，他记得氘核的结合能比他在这篇论文中提到的温度相关的离解能 $k_B T_0$ 大一个数量级。有证据表明，他是指统计力学的萨哈关系中的特征温度，用于描述中子 n、质子 p 以及质子和中子的束缚态氘核 d 的反应中的辐射复合及其时间反演的辐射离解之间的平衡：

$$n + p \leftrightarrow d + \gamma \qquad (4.17)$$

在萨哈离解温度下，该公式的平衡从抑制氘核转向氘核的累积。该离解温度接近 $T_0 \simeq 10^9$ K，或能量 $k_B T_0 \simeq 0.1$ MeV。伽莫夫关于核物理的著作的所有三个版本中都讨论了氘核结合能的值 2.3 MeV，包括最后一版与克里奇菲尔德合著的书。该版还回顾了利用萨哈公式（尽管没有这样命名）来计算类似于公式（4.17）的辐射核反应的核丰度比。证据似乎很清楚：通过离解能，伽莫夫牢记了萨哈关系所设定的热离解条件。

萨哈关系表明，在温度 $T$ 大于伽莫夫的临界温度 $T_0 \simeq 10^9$ K 时，光离解强烈地抑制了氘核的丰度。当 $T$ 降至 $T_0$ 以下时，公式（4.17）中的平衡突然改变，光离解变得可忽略不计，氘核开始累积，这是因为能量足以离解氘核的光子的数量太少。随着氘核数密度的增加，可以通过粒子交换反应（例如 d+d → $^3$He+n 和 t+p）形成更大质量的原子核，其中 t 是氚的核。这样的积聚最多可以持续到 $^4$He。这些反应比公式（4.17）中依赖于较弱的电磁相互作用的辐射跃迁更快。正如伽莫夫所说，因此可以预期这个图景中元素的增长始于温度 $T_0$。

伽莫夫写下了一个数量级条件，即显著但不过量的核子最终出现在氘核和较重的元素中。它考虑了反应发生的时间间隔 $\Delta t$，中子-质子相对速度与辐射俘获截面的乘积 $\sigma v$，元素开始形成时的核子数密度 $n(t_0)$。伽莫夫的条件假定中子和质子的数量相当，表达式如下：

$$\sigma v\, n(t_0)\, \Delta t \simeq 1 \quad \text{当} \quad \text{温度}\ T_0 \simeq 10^9 \text{K} \qquad (4.18)$$

如果这个乘积小得多，那么元素的形成就将微不足道。如果大得多，大多数质子就将被俘获到较重的元素中。伽莫夫知道后者是不会发生的，因为他知道有证据表明氢是宇宙中最丰富的元素，或者至少是接近最丰富的元素。

现在让我们考虑伽莫夫在公式（4.18）中对各个量的估计。在 $T \sim T_0$ 时，宇宙膨胀时间 $t_0$ 是暴露时间的良好量度：$\Delta t \sim t_0$。在早期宇宙中，质量密度是弗里德曼-勒梅特方程（3.3）中膨胀时间的唯一重要项，并且在 $T \sim T_0$ 时，热辐射的质量密度 $a_S T^4/c^2$ 会很大，大于物质质量密度的有趣值。所以膨胀时间为：

$$t = \left(\frac{3c^2}{32\pi G a_S T^4}\right) \sim 200\ \text{s} \simeq \Delta t \quad \text{当} \quad T = T_0 \simeq 10^9 \text{K} \qquad (4.19)$$

伽莫夫使用了贝特（1947）估计的辐射俘获率 $\sigma v$：

$$\sigma v \sim 10^{-20}\ \text{cm}^3\ \text{s}^{-1} \qquad (4.20)$$

辐射俘获率对速度 $v$ 不太敏感。在伽莫夫的公式（4.18）中，该量给出了暴露时间与核子数密度的乘积：

$$n(t_0)\, \Delta t \sim 10^{20}\ \text{s}\ \text{cm}^{-3} \qquad (4.21)$$

利用公式（4.19）中的 $\Delta t$，我们可以看到氘开始积累时的重子数密度将是：

$$n(t_0) \simeq 10^{18}\,\mathrm{cm}^{-3} \quad 当 \quad T_0 = 10^9\,\mathrm{K} \qquad (4.22)$$

有了温度 $T_0$ 时的数密度 $n(t_0)$，我们可以使用表达式（4.3）来求解后续密度下的温度。伽莫夫（1948a）在考虑第 5 章中讨论的星系的形成时使用了这一方法。阿尔法和赫尔曼（1948a）将其与当前重子数密度的估计值结合使用，从而得出了当前 CMB 温度的第一个估计值。我们将在第 4.2.2 节中回顾这一发展有些复杂的故事。

图 4.1 的分图（a）展示了伽莫夫（1948b）对比氢重的元素形成

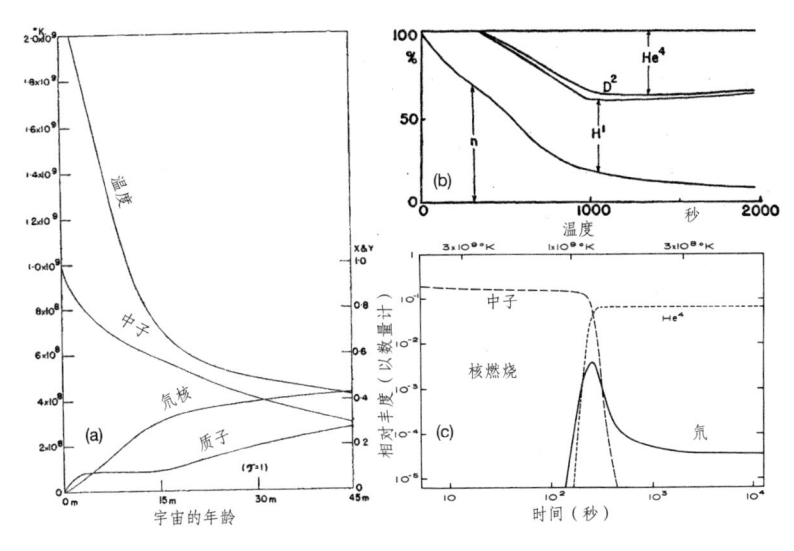

图 4.1 伽莫夫的图景。分图（a）来自伽莫夫（1948b）。分图（b）展示了伽莫夫（1949）报告的费米和图尔克维奇的计算。分图（c）来自皮伯斯（1966a）。横轴上的时间单位在分图（a）中为分钟，在分图（b）和（c）中为秒。分图（a）经斯普林格自然公司授权使用。分图（b）和（c）经美国物理学会出版社授权使用

第 4 章 化石：微波背景辐射和轻元素

过程的第一步的计算：质子以辐射方式俘获中子以形成氘核［公式（4.17）］。左侧的纵轴展示了温度随时间的变化，从一个远更致密的状态膨胀约3分钟后经过 $10^9$ K 的温度。分图（a）右侧的纵轴展示了中子的比例 $X$ 和质子的比例 $Y$，其余的核子则结合在氘核中。这与我从现在开始使用的常规约定不同，常规约定中 $X$、$Y$ 和 $Z$ 分别是氢、氦和较重元素的宇宙质量百分比。［为避免混淆，还请注意，分图（c）的左侧标签展示的是按粒子数密度而不是质量百分比表示的丰度。］

氘，作为氢的稳定重同位素，并不丰富。因此，我们必须假定伽莫夫不加讨论就认为，如 $d+d\leftrightarrow{}^3He+n$ 和 ${}^3He+d\leftrightarrow{}^4He+p$ 这样的反应会足够快地将氘核转化为氦的同位素，甚至可能超出此范围，转化为更重的元素。在分图（a）的右侧，在45分钟时，伽莫夫认为大约30%的核子是质子，30%是中子，剩下40%是氘核。此后，允许更多的氘核形成，并假定氘核主要最终形成氦核，我们可以认为，在伽莫夫模型中，氢的质量百分比最终为 $X\approx 0.5$，氦的质量百分比 $Y$ 约为 0.45，其余的则是较重的元素。

伽莫夫（1948b，681）指出，他在模型中选择了物质密度，因此他的反应速率公式"对于 $\tau\to\infty$，应当得到 $Y\approx 0.5$（因为已知氢占全部物质的大约50%）"。在此，$\tau$ 是膨胀时间的度量。这一表述预计是以他的符号表示的。也就是说，如果使用标准符号，他的氢质量百分比为 $X\approx 0.5$。

伽莫夫在1948年的两篇论文中没有解释为什么他认为氢丰度约为50%。值得注意的是，伽莫夫和克里奇菲尔德（1949）讨论了马丁·史瓦西（1946）的太阳模型，其中氢、氦和更重的元素的丰度分别是：

$$X = 0.47, \ Y = 0.41, \ Z = 0.12 \quad (4.23)$$

如果伽莫夫心中想着的是这一结果，那么他的 $Y$ 表示的是氢的质量百分比还是氦的质量百分比就不再重要：它们将是可比的，并且远高于重元素的质量百分比。

史瓦西（1946）的太阳模型有一个被辐射转移包层包裹的对流核。史瓦西、霍华德和汉姆（1957）的模型的内部是辐射转移的（现已得到确认），被一个对流包层包裹。这表明，根据更重元素的质量百分比 $Z$，氦的丰度必须约为 $Y = 0.20$。这比史瓦西早先的结果和伽莫夫所想的要小，但仍然是一个相当大的质量百分比。这与 20 世纪 60 年代的丰度估计相符，这使一些人想知道所有这些氦的来源，还有一些人想起了伽莫夫的想法，我们将在第 4.3 节中讨论。

阿尔法（1948a）在其博士学位论文中指出，缺乏原子量为 5 的合理长寿命同位素，是伽莫夫通过不断俘获中子形成元素的想法的障碍。这导致学界开始寻找可以填补质量为 5 的同位素的缺口的其他核反应。阿尔法（Alpher and Herman，1988，30）回忆说：

> 由于在 1948 年底参加了一场阿尔法主持的学术研讨会，费米与安东尼·图尔克维奇收集整理了原子质量 7 以下的原子核之间的 28 个热核反应的截面的发表值（或者做出新的估计）。费米和图尔克维奇使用这些截面，并结合早期的宇宙学模型近似，求解了这 28 个反应的反应速率方程，条件是反应在膨胀后约 300 秒开始，此时温度已降至约 0.07 MeV，光离解反应将不再重要；中子和质子最初的比例为 7∶3，因为中子在 1 秒时才开始出现。

阿尔法和赫尔曼（1950）解释说，起始时间——膨胀开始 300 秒后——是由氘的光离解变得不重要并且氘核可以积聚的临界温度决定的，如公式（4.19）所示。这是伽莫夫小组第一篇提到萨哈关系的论文，这里与较旧的相对元素丰度的统计平衡理论有关。但我没有在阿尔法和赫尔曼（1950）关于非平衡大爆炸理论的讨论中找到它的应用。

费米和图尔克维奇没有发表他们的计算结果。伽莫夫（1949）报告了他们的结果，如图4.1的分图（b）所示，而阿尔法和赫尔曼（1950）则对计算进行了详细的回顾。分图（b）中的质量百分比以累积方式绘制。计算从图的左侧开始，仅包含中子。如标记为 $H^1$ 的空间所示，中子质量百分比随中子的衰变和质子的积累而降低。氘核的质量百分比仍然很小，因为它们在形成后很早就会发生辐射离解，然后熔合形成氦。计算在分图的右侧以氦的质量百分比 $Y\sim 0.3$ 结束，其余的几乎所有都是氢，只有少量比氦重的元素。后者是阿尔法（1948a）所警告的，可能是原子质量5的缺口的结果。该计算结果也是早期明确表明热大爆炸图景自然会导致高原始氦丰度的一个例子。伽莫夫的分图（a）是不是一个更早的隐性示例则不清楚。

在费米和图尔克维奇的计算结果中，氘相对于氢的剩余丰度为 $D/H\sim 0.01$。这与皮伯斯（1966a，b）以及瓦格纳、福勒和霍伊尔（1967）15年后的计算结果相距不远。

分图（a）和（b）的计算假定核子最初是中子，这些中子衰变产生质子。林忠四郎（1950）的研究表明，元素形成之前的中子-质子丰度比是由核子与热中微子和电子-正电子对海的相互作用所决定的，在温度 $T \gtrsim 10^{10}$ K 时，该电子-正电子对与热中微子辐射接近热平衡。决定中子-质子比的主要反应是：

$$n+e^+ \leftrightarrow p+\bar{\nu},\ n+\nu \leftrightarrow p+e^-,\ n \leftrightarrow p+e^-+\bar{\nu} \qquad (4.24)$$

图4.1的分图（c）展示了伽莫夫的图景，结合了林忠四郎的过程。这里，纵轴是数量的相对丰度。我是在1965年绘制出这张图的，就在我意识到存在一个微波海（被证明是伽莫夫的热辐射）不久之后。该图中使用的当前辐射温度为3.5 K，来自彭齐亚斯和威尔逊（1965）。当前的质量密度为 $7 \times 10^{-31}$ g cm$^{-3}$，隐含地被认为是重子，来自范登伯格（1961）。

分图（c）中的温度 $T=3\times10^9$ K，中子丰度接近中子与质子的热平衡比（按数量计），$n/p\simeq\exp$-$Q/kT$~0.13。衰变能 $Q$ 是中子质量与质子和电子质量和之差，转换为能量。随着宇宙的膨胀和温度下降到 $3\times10^9$ K 以下，中子丰度下降，保持在热平衡值附近。当温度接近 $T_0$~$10^9$ K 时，氘核的光离解速度变慢，因为具有足够能量来进行光离解的光子越来越少，因而氘核得以累积。氘核的丰度在分图（c）中绘制为实线，对数标度使我们看到氘核的丰度随着光离解速率减慢迅速增加，随后由于电荷交换反应将氘核转化为氦的两种同位素，氘核的丰度下降。这样就留下了一些氚，这是氢的不稳定同位素，它会衰变成 $^3$He。计算没有追踪氦以后的元素的丰度。

给定当前辐射温度的值，当前的重子密度就确定了 $T_0=10^9$ K 时的密度。在 $T_0$ 处的重子密度越大，氘核向氦的转化就越完全，氘的残留量就越少。这意味着在恒星中元素的形成和破坏之前，氘相对于氢的丰度是重子平均质量密度的一种量度，始终假定热大爆炸理论成立。我们在第 3.6 节中讨论了这种考虑的早期应用，并在图 3.2 中标为 D/H 的曲线上显示为对质量密度的约束。它已经成为重子密度的重要衡量指标，可以与第 4.6 节和第 9.2 节中讨论的 CMB 辐射各向异性模式所显示的结果进行比较。

在有趣的重子密度值下，预计存在于 $10^9$ K 的大多数中子最终会形成氦。由于在此温度下中子的丰度将接近热值并且对重子密度不敏感，因此我们看到从热的早期宇宙中产生的氦的质量百分比 $Y$ 对重子质量密度不是很敏感。但是，$Y$ 的计算依赖于相对论热大爆炸理论的假定，因此，观测到的和计算出的氦丰度一致性的早期迹象表明，热大爆炸宇宙学通过了一项严格的宇宙学检验。当时并没有太多人庆祝，但也许这个结果使学界产生了一种隐隐的感觉，即热大爆炸宇宙学实际上可能在实证上很有趣。

稳恒态宇宙学（没有大爆炸）推动了对元素如何在恒星中形成的研

究，并激发了伯比奇等（1957）和卡梅隆（1957）关于该主题的基础性论文。在伽莫夫的著作中，人们看到了他对恒星在元素起源中可能扮演的角色的看法的演变。伽莫夫（1953a，19）在1953年6月29日至7月24日于密歇根大学举行的天体物理学研讨会上的演讲记录表明：

> 伽莫夫考虑了这样一种情况：星族II恒星具有原始元素丰度，而星族I恒星具有混合的元素，其中包括原始丰度和恒星中形成的元素丰度。但是，由于观测表明，在宇宙年龄范围内没有足够的恒星对星际物质做出很大的贡献，这一理论被排除了。星际物质是由原始的原恒星组成的。

伽莫夫（1954c，62）后来在《科学美国人》杂志上发表了一篇有关现代宇宙学的文章，讨论了阿尔法在原子量5处的缺口，该缺口抑制了氦之后的元素的形成，并写道：

> 如果找不到弥合缺口的方法，我们可能不得不得出结论，大部分较重的元素不是在宇宙膨胀的早期阶段形成的，而是在一段时间之后，可能是在极其炽热的恒星内部形成的。

后来的一期《科学美国人》杂志收录了十篇权威学者写的有关宇宙学和银河系外天文学的文章，伽莫夫（1956b，154）在一篇文章中承认：

> 因为缺乏稳定的原子量为5的原子核，所以较重元素不太可能在最初半小时内以现在观察到的丰度产生，所以我同意，重元素的大部分可能是后来在炽热的恒星内部产生的。

这是证据指出的方向：比氦重的元素的起源以及在早期宇宙中形成的少

量锂和星际物质中的宇宙射线散裂反应，这些都增加了锂、铍和硼的丰度。

### 4.2.2 预测当前 CMB 的温度

伽莫夫（1948a）显然清楚轻元素形成时存在的热辐射会随着宇宙的膨胀和冷却而保留在宇宙中。他认识到——也许是凭直觉，也许是根据利夫希茨（1946）的分析（将在第 5.1.2 节中进行讨论）——当宇宙的膨胀率变为由低压物质的质量密度主导时，星系中质量聚集的引力形成可能就已经开始。在此之前，由辐射质量密度驱动的宇宙膨胀率将足够快，足以抑制偏离近乎均匀质量分布的引力增长。利夫希茨并未考虑伽莫夫所考虑的特定情况，但是如果伽莫夫选择考虑它们，那么这些提示是存在的。

伽莫夫（1948a）估计，当温度和物质密度从轻元素形成时的条件降至以下值时，物质和热辐射的质量密度将会经过平衡点，结构形成将会开始：

$$T_{eq} \simeq 10^3 \, \text{K}, \quad \rho_{eq} \simeq 10^{-24} \, \text{g cm}^{-3} \qquad (4.25)$$

知道当前的条件，我们可以看到这是在红移 $z_{eq} \sim 300$ 处，具体值取决于你的计算方式，大约是后来确定的值的十分之一[公式（4.11）]。考虑到伽莫夫计算的粗略性，这已经足够接近了。阿尔法和赫尔曼（1988）回忆说，在 20 世纪 40 年代后期，伽莫夫怀疑余下的热辐射是否具有很大的实验意义，因为在他看来，原始辐射会被后来恒星产生的所有辐射所掩盖。关于这一点的思想演变将在第 4.4 节进行讨论。事实上，星光中累积的能量——包括被尘埃吸收并在较长波长下辐射的能量——与 CMB 中的能量相当，但存在于较短的波长下。

阿尔法和赫尔曼（1948a）迈出了大胆的一步：从合理形成元素所

需的 $T_0 \simeq 10^9$ K 下的重子密度估算当前的辐射温度。他们需要当前的质量密度。他们并没有说明他们使用的值，但是在其他论文中，伽莫夫及其同事始终提到当前的密度为：

$$\rho_p = 10^{-30} \text{ g cm}^{-3} \qquad (4.26)$$

阿尔法（1948a）在他的论文中将其归因于哈勃（1936，1937）。这是哈勃两个估计值中较小的一个。当然，他们把这种质量当作重子的质量。

阿尔法和赫尔曼（1948a）列出了对伽莫夫（1948a）关于热大爆炸中元素形成如何开始的计算的修正。修正并不意外，伽莫夫往往不注重细节。他们的论文引用了伽莫夫（1948b），该论文在被发表阿尔法和赫尔曼（1948a）的论文的期刊收到几天后就发表了。他们的评论同样适用于伽莫夫（1948a）。他们的结论（Alpher and Herman，1948a，775）是"发现目前宇宙中的温度约为5°K"。于是我们有现有的值：

$$T_f = 5 \text{ K（理论预言）}, \quad T_f = 2.725 \text{ K（测量结果）} \qquad (4.27)$$

这一一致性被庆祝为对伽莫夫图景极有先见之明的应用，同时也是对核反应速率和辐射温度比现在高出九个数量级时的宇宙膨胀的标准物理学的检验。

但存在一些复杂的情况。在对伽莫夫的计算进行了一系列修正之后，阿尔法和赫尔曼（1948a，774）写道，"在检验伽莫夫给出的结果并修正这些错误时，我们发现了"在伽莫夫临界温度 $T_0$ 时的质量密度估计值。他们的结果转换为公式（4.22）中伽莫夫的符号，结果是：

$$n(t_0) = 8.2 \times 10^{16} \text{ cm}^{-3} \quad \text{当} \quad T_0 = 10^9 \text{ K} \qquad (4.28)$$

这比伽莫夫的估算值［公式（4.22）］小一个数量级。它将 CMB 温度定位在该小组标准的当前质量密度下：

$$T_f = 19 \text{ K} \quad 当 \quad \rho_f = 10^{-30} \text{ g cm}^{-3} \quad (4.29)$$

这远高于阿尔法和赫尔曼在论文中的表述。解释如下：

  阿尔法和赫尔曼（1949）在第二年发表的论文中介绍了他们在质量密度以辐射为主的膨胀的宇宙中对元素形成的计算。他们再次假定，中子俘获以外的其他反应以大约由反应速率系数 $(\sigma v)_i$ 与原子量 $i$ 的平滑函数拟合给出的速率，推动产生比氦重的元素。他们对当前 CMB 辐射温度的预测需要元素开始形成时的重子密度。阿尔法和赫尔曼（1949，1092）写道：

> 我们认为，仅基于前几个轻元素来确定物质密度［在 $T_0 = 10^9$ K 时］可能是错误的。我们确定所有元素[6, 7]的相对丰度所需积分的经验表明，这些计算的丰度严重取决于物质密度的选择。

此摘录中的参考文献 6 和 7 是阿尔法（1948b）以及阿尔法和赫尔曼（1948b）的论文。大约在阿尔法和赫尔曼（1949）发表论文的同时，伽莫夫（1949）报告说，费米和图尔克维奇得出结论认为，核反应没有办法以显著的速率填补原子量 5 的缺口。在事后观测的帮助下，我们看到这意味着比氦重的元素只能在后来形成，这些元素大部分是在恒星中形成的，而且与阿尔法和赫尔曼（1949）的断言相反，人们只能使用前几个轻元素的丰度来确定在 $T_0$ 处的物质密度。

  阿尔法和赫尔曼（1949）报告了他们认为合理的元素形成条件：在质量密度为 $10^{-6}$ g cm$^{-3}$ 时温度为 $0.6 \times 10^9$ K。将此外推至 $10^{-30}$ g cm$^{-3}$ 的当前密度下，可以得到当前温度为 6 K。［这是他们的公式（12b）和

（12d），温度位于公式（12d）的下方。] 阿尔法和赫尔曼（1949，1093）报告说，与他们的物质密度"相对应的当前温度约为 5 K"。这是他们数字的一个合理的四舍五入值。应当指出的是，他们在阿尔法和赫尔曼（1948a，775）中首次宣布的当前温度是："发现目前宇宙中的温度约为 5°K。"措辞相似，温度相同。

我得出的结论是，阿尔法和赫尔曼（1948a）首次报告的 CMB 温度是基于正确的总体情况——辐射占主导的早期宇宙——但他们没有拟合到比氦更重的元素的合理丰度条件，而是拟合到了比氦更重的元素的总体丰度分布。阿尔法和赫尔曼（1948a）列出对伽莫夫（1948a）比氢重的元素产生的计算的修正，然后在不告诉读者的情况下，给出了他们从另一种计算得出的结果，即对比氢重的元素的形成的结果，这是值得质疑的。

皮伯斯、佩奇和帕特里奇（2009，27—30）指出了这种不一致性，皮伯斯（2014）对此进行了解释。这两篇文章都评论了阿尔法和伽莫夫的第一篇论文中的另一种奇怪的情况。我们接下来将要讨论这个问题。

### 4.2.3 阿尔法、贝特和伽莫夫的论文

阿尔法、贝特和伽莫夫（1948）因引入有关宇宙膨胀早期物理学的重要思想而受到赞誉，但该论文是错误的。阿尔法（1948a）在其博士论文中指出了计算中的不一致之处，伽莫夫（1949）则解释了该错误并提出了如何修正该错误。但是据我所知，在皮伯斯、佩奇和帕特里奇（2009）之前，这一错误似乎一直没有在文献中被指出。

关于阿尔法、贝特和伽莫夫论文的初步思想出现在伽莫夫和克里奇菲尔德合著（1949）的有关核物理的书中。在书的第 315 页，有表达式：

$$\frac{dN_i}{dt} = N_0 v (\sigma_{i-1} N_{i-1} - \sigma_i N_i), \quad (i = 1, 2, 3, \ldots) \quad (4.30)$$

该表达式展现的是伽莫夫的通过连续俘获中子形成元素的图景。$N_i$ 是原

子量为 $i$ 的原子核的丰度。$N_i$ 的值通过原子量为 $i-1$ 的原子核俘获中子而增加，而通过将原子量从 $i$ 提升为 $i+1$ 的俘获而减小。阿尔法（1948a）的博士论文项目是找到这组方程的数值解。尽管伽莫夫和克里奇菲尔德（1949）合著的这本书是在阿尔法的论文发表之后出版的，但从书第123页的评论我们可知，当阿尔法开始研究此问题时，方程（4.30）就已经被写下来了。

阿尔法的项目需要反应速率系数 $(\sigma v)_i$，即相对速度与辐射性中子俘获截面的乘积，如表达式（4.18）和（4.30）所示。赫尔格·克拉格（1996）报告说，阿尔法听了1946年6月20—22日美国物理学会会议上唐纳德·J. 休斯的报告。休斯报告了中子俘获截面的测量结果。这导致阿尔法找到了一份使用"1-Mev 堆中子"的这些测量结果的解密文件。测量值由休斯、施帕茨和戈尔德施泰因（1949）发表。

阿尔法（1948a，b）在其论文和发表的版本中指出，缺乏质量 $i=5$ 和 $i=8$ 的合理的长寿命原子核，这阻止了通过连续俘获中子形成比氦重的元素的过程。阿尔法做出了一个明智的工作假定，即其他核反应可能会使元素形成跨过这些质量缺口。然后，他可以在他的形成方程（4.30）的数值解中使用休斯等测量的 $(\sigma v)_i$ 随原子量 $i$ 的平滑趋势，并调整质量密度和暴露时间，以适应观测到的元素丰度随原子量的变化趋势。用当时的数字计算机找到这些数值解是一项了不起的成就。

阿尔法的解表明，具有较大中子俘获截面的原子核最终会具有较低的丰度，因为俘获中子会增加其原子量。休斯、施帕茨和戈尔德施泰因（1949，1784）在他们有关阿尔法使用的截面测量结果的出版物中提到了这种负相关性：

> 最近，阿尔法、贝特和伽莫夫的论文[2]展示了快速截面与元素丰度之间的有趣关系，并根据元素起源的中子俘获理论解释了这种关系。

参考文献2是阿尔法、贝特和伽莫夫（1948）以及阿尔法（1948b）的论文。中子俘获理论被称为通过快中子的辐射俘获形成更大质量元素的r过程，现在认为它发生在爆发星或并合中子星中，而不是发生在早期宇宙中。

阿尔法（1948a）在其论文中遇到的第二个问题是相关核反应理想速率与宇宙膨胀率之间存在巨大的不一致性。阿尔法假定早期宇宙的质量密度由低压物质主导，这意味着他需要为元素的形成设定一个开始时间 $t_0$，因为在该模型中，形成方程的积分在 $t \to 0$ 时发散。基于他的 $(\sigma v)_i$ 随原子量的平滑趋势（忽略了质量缺口），阿尔法[1948a，公式（78）；1948b]发现，如果在起始时间 $t_0$，且持续时间为 $\Delta t$，重子数密度满足以下关系时，计算的元素形成结果将会与观测结果相符：

$$\int_{t_0}^{t_0+\Delta t} n(t)dt \approx n(t_0)\Delta t \sim 0.8\times 10^{18} \text{ s cm}^{-3} \qquad (4.31)$$

伽莫夫从公式（4.19）和（4.22）得出的估计值为 $n(t_0)\Delta t \sim 10^{20} \text{ s cm}^{-3}$，大两个数量级。考虑到伽莫夫对氘的产生进行的是粗略估算，而且阿尔法对较重元素的丰度曲线进行了数值拟合，这种差异似乎并不令人意外。因此，我们可以认为，在给定测量的中子俘获率和过去的质量缺口的插值的情况下，公式（4.31）是合理程度的元素形成所需的数密度和暴露时间的乘积的一个有充分依据的数量级条件。

阿尔法、贝特和伽莫夫（1948，803）采取了明智的步骤，即在元素开始形成时，将暴露时间 $\Delta t$ 取为与宇宙膨胀时间 $t_0$ 相当。他们指出：

> 为了使计算出的曲线与观测到的丰度[3]吻合，有必要假定形成期间 $\rho_n\ dt$ 的积分等于 $5\times 10^4$ g sec./cm³。
>
> 另一方面，根据膨胀宇宙的相对论理论[4]，密度对时间的依赖性由 $\rho \approx 10^6/t^2$ 给出。由于此表达式的积分在 $t=0$ 处发散，因此有必

要假定形成过程从某个特定时间 $t_0$ 开始，满足以下关系：

$$\int_{t_0}^{\infty} (10^6/t^2)\, dt \approx 5\times10^4 \qquad (2)$$

由此可以得出 $t_0$ 约为 20 秒。

以上摘录中的参考文献 3 和 4 涉及测量的元素丰度和托尔曼（1934a）的论文。

问题在于，"形成期间 $\rho_n\, dt$ 的积分……$5\times10^4$ g sec./cm$^3$"除以核子的质量 $m_n$ 为 $3\times10^{28}$ s cm$^{-3}$。这比阿尔法在公式（4.31）中给出的、基于测得的核反应速率系数 $(\sigma v)_i$ 并与测得的丰度非常相符的值高十个数量级。

这种巨大的差异有待进一步核查。阿尔法（可能还有他之前的伽莫夫）认为，膨胀时间是质量由质量密度为 $\rho_{mat}(t)$ 的非相对论性重子主导的宇宙的膨胀时间。在这种情况下，我们有：

$$\rho_{mat} = (6\pi Gt^2)^{-1} = 0.79\times10^6 t^{-2}\ \text{g cm}^{-3},$$
$$\int_{t_0}^{\infty} \rho_{mat}(t)\, dt = 0.79\times10^6 t_0^{-1}\ \text{s g cm}^{-3} \qquad (4.32)$$

膨胀时间 $t$ 以秒为单位。第一行足够接近其"对时间的密度依赖性"。第二行中该表达式的积分，除以摘要中的公式（2），为 $t_0=16$ s。这与他们的 $t_0=20$ s 足够接近，可以算作重复检验。而且我们看到，让公式（4.32）中的积分的 $t_0=16$ s 并除以核子质量，得到核子数密度的时间积分为：

$$\int_{t_0}^{\infty} \frac{\rho_{mat}}{m_n}\, dt \approx 3\times10^{28}\ \text{s cm}^{-3} \qquad (4.33)$$

如前所述,这比测量得到的截面所要求的值大十个数量级。

这种巨大的不一致源自质量密度由非相对论性的重子主导的假定。伽莫夫(1948a)的论文表明,假设存在一个热辐射海,就可以消除这种不一致,这将使核合成开始于 $T\simeq 10^9$ K 时(第 4.2.1 节)。在伽莫夫的新模型中,次主导的重子质量密度是一个参数,需要进行调整,以合理解释在已知的核反应速率下产生的比氢重的元素的量。

阿尔法、贝特和伽莫夫在写这篇论文时是怎么想的?汉斯·贝特可能根本没有考虑这个问题,因为添加他的名字只是为了使这些作者名字的首字母凑齐一个近似 $\alpha$、$\beta$ 和 $\gamma$ 的排列。在对这篇论文的引用中,伽莫夫(1949)在作者列表中添加了"德尔塔"。克拉格(1996,113)介绍了这个关于伽莫夫幽默感例子的更多细节。

目前尚不清楚的是,阿尔法和伽莫夫在提交第一篇论文发表时是否意识到了其中的不一致性,但是由于阿尔法、伽莫夫和赫尔曼频繁发表论文,后来发生的事情中有很多线索。有关详细信息,见皮伯斯(2014)。除了伽莫夫令人印象深刻的物理学直觉之外,我们还看到了他对细节毫无兴趣的一个例子。在伽莫夫(1948a,506)解决阿尔法、贝特和伽莫夫论文的问题的论文中,他唯一的评论是,"由于之前的论文[2]的计算中出现了数值错误",$\rho_{mat}(t)$ 的时间积分给错了。

参考文献 2 是阿尔法、贝特和伽莫夫(1948)的论文。对于物理状态从冷到热大爆炸的变化而言,"计算中出现了数值错误"这一表述似乎很奇怪。在第二年的一篇评论文章中,伽莫夫(1949)确实解释了这个问题,并展示了热辐射的存在如何解决了这个问题。

阿尔法(1948a,b)在其博士论文和已发表的版本中指出,他所使用的测量截面的动能 ~1 MeV 的移动中子可能伴随着热辐射。他在论文(Alpher, 1948a, 55)中写道:

> 似乎可以合理地假定,此过程中的温度远高于元素的共振区。

另一方面，比 1 Mev 高一个数量级的温度，对应的中子能平均而言大于核中每个粒子的结合能。因此，10 Mev 的温度必须远高于形成期间的温度。高于 $10^3$ eV 但低于 10 Mev 的温度——或许在 $10^5$ eV（约 $10^9$ K）这个数量级——似乎是正确的温度。

阿尔法的下界是因为以下条件的约束：中子必须足够快地移动，以避免大的中子俘获共振，这种共振会扰乱元素丰度随中子俘获截面的增加而减小的趋势。阿尔法的 $T_0 \simeq 10^9$ K 是此引用中提到的两个边界的几何平均值，他选择这一温度也许只是出于方便的取整。又或许阿尔法选择该温度是为了与伽莫夫（1948a）的热离解温度一致。在发表的版本中，阿尔法（1948b，1587）写道：

> 如果存在辐射，那么辐射密度将比物质密度高出多个数量级。因此，在宇宙膨胀的早期阶段，辐射似乎是决定宇宙行为的主导因素，而引入的宇宙学模型可能是错误的……仅涉及黑体辐射的宇宙学模型的初步计算[24]（由于辐射和物质密度之间的巨大差异，在早期阶段，物质对模型行为的影响可忽略不计）表明，在膨胀开始后 200 秒至 300 秒，温度将降至约 $10^9$ K，这时中子俘获就可能开始了。

参考文献 24 是托尔曼（1931）的论文。此时，阿尔法是否理解了伽莫夫（1948a）使用萨哈关系来确定元素形成开始的方法？"中子俘获可能在 $10^9$ K 开始"的评论确实与伽莫夫（1948a）的光离解和辐射俘获之间的平衡很相似。但是，阿尔法（1948a，41）在其论文中写道，在早期宇宙中，"每个粒子的平均热能仍然超过了原子核中每个粒子的结合能，因此无法形成原子核"。这只是对情况的一种近似，但伽莫夫的离解能比氘核的结合能低一个数量级。除了这些线索外，在阿尔法和赫尔曼（1950）讨论这一物理学问题之前，我没有发现任何证据能证明阿尔法理解伽莫夫在统计力学中的萨哈平衡的观点。

在20世纪50年代后期至20世纪60年代中期发表的论文中，我没有发现对伽莫夫利用热辐射来确定元素形成开始的认识。特别要注意阿尔法、福林和赫尔曼（1953）的论文，该论文考虑了林忠四郎的过程，对中子-质子比的演化进行了仔细而周密的计算［见公式（4.24）］。他们没有分析氘及以后的元素的形成，但是他们对早期工作的评论（Alpher, Follin, and Herman, 1953, 1347）解释说：

> 到宇宙温度下降到原子核能保持热稳定的温度时，已经产生了可观数量的质子。然后，质子对中子的俘获过程成为后续较重元素形成的第一步。更具体地说，元素形成反应的开始温度为0.1Mev……这一选择一方面是由氘核的结合能大小决定的，另一方面则是由于丰度数据中缺乏任何共振中子俘获的证据。

关于热稳定性的评论是正确的，但是此引用之后的讨论——与阿尔法前述的考虑类似——是不正确的。这很奇怪，因为阿尔法和赫尔曼［1950, §III(b)2］已经回顾了萨哈关系。

十年后，霍伊尔和泰勒（1964）讨论了越来越多的证据，证明氦的丰度远高于恒星中产生的氦所能解释的水平。应霍伊尔的要求，约翰·福克纳[①]按照阿尔法、福林和赫尔曼（1953）计算的路线，计算了中子-质子比的演化。霍伊尔和泰勒（1964, 1109）报告说，计算的初始条件是考虑到"得出该结论所使用的氘的浓度恰好是 n+p↔D+γ 处于统计平衡时的浓度"。这正是伽莫夫（1948a）的观点。后来在皮伯斯（1966a, b）以及瓦格纳、福勒和霍伊尔（1967）的研究中进行的计算充

---

① 福克纳（2009）在皮伯斯、佩奇和帕特里奇（2009）的书《寻找大爆炸》中回忆了这一点，下文简称"PPP"。

分考虑了伽莫夫（1948a）与林忠四郎（1950）引入的概念，以及产生轻元素同位素的核反应链。

伽莫夫对细节不感兴趣，这或许可以解释他后来使用了一个奇怪的拟设，以确定相对论热大爆炸宇宙学中热辐射温度和物质质量密度演化速率的参数数值（Gamow，1953a，b，1956a）。伽莫夫的新拟设没有提及伽莫夫（1948a）的研究中得出公式（4.22）辐射温度与物质密度关系的物理学考虑，也没有提及阿尔法和赫尔曼（1948a）对当前 CMB 温度的预测。相反，初始假定（隐含的，未明确说明）是，当物质和辐射的质量密度相等时，空间曲率项对膨胀率公式（3.28）的贡献相等。也就是说，他假定存在一个时间点，三个因素（物质、辐射和空间曲率）对膨胀率具有相同的贡献。使用他通常选择的哈勃常数 $H_0 \sim 1.8 \times 10^{-17}$ s$^{-1} \sim 500$ km s$^{-1}$ Mpc$^{-1}$，以及当前质量密度 $10^{-30}$ g cm$^{-3}$，他的拟设提示当前的辐射温度相当接近阿尔法和赫尔曼的值［公式（4.27）］：伽莫夫（1956a）提到当前辐射温度为 7 K，伽莫夫（1953b）提到 6 K。（我从这些数字得出的结果是 4 K，已经很接近了）。该拟设意味着质量密度参数为 $\Omega_m \sim 0.002$。这与我从伽莫夫和特勒（1939）开始的一贯印象是一致的，即当前质量密度远低于爱因斯坦-德西特值。除此之外，我想不出任何提示伽莫夫拟设的物理论据或直觉。

## 4.3 产生于热大爆炸的氦和氘

关于氦如何被看作热大爆炸遗迹的故事，最好分两部分讲述。首先是缓慢积累的证据表明，氦的丰度比恒星中产生的氦能够解释的丰度大得多。接着，1964 年和 1965 年的事态发展催生了一个许多人难以抗拒的论点。

### 4.3.1 氦化石的识别

费米和图尔克维奇的计算展示了一个观点但没有给出评论，即原始氦（一种来自热早期宇宙的遗迹）可能占相当大的宇宙质量百分比。这表明形成的氦以外的元素极为有限，从而证实了阿尔法关于缺乏原子量为 5 的稳定同位素的警告。此外，图 4.1 的分图（b）展示了一项预测，即大约有三分之一的重子会最终变成热宇宙大爆炸中的氦。

伽莫夫（1948b）并没有解释为什么他感到比氢重的元素的丰度大约为 50%，但是我们在前文看到伽莫夫和克里奇菲尔德（1949）在有关核物理的书中对史瓦西（1946）的论点，即大约这个量的太阳质量百分比进行了讨论。伽莫夫和克里奇菲尔德参考了唐纳德·门泽尔对太阳大气中重元素丰度的估计。由于伽莫夫了解门泽尔在这个问题上的研究，他可能已经知道门泽尔、劳伦斯·阿勒及其同事在战前发表的有关星际气态星云的光谱测量和元素丰度估计的一系列论文。[①] 阿勒和门泽尔（1945）在一篇总结性论文中报告说，在行星状星云中，氦与氢的平均数量比为 $N_{He}/N_{H}$~0.1。如果较重元素的丰度较小，那么氦质量百分比 $Y$ 约为 0.3。它比伽莫夫（1948b）设想的 50% 要低，但已经足够接近。后来的证据表明，在对恒星产生的氦进行适度修正之后，原始氦的质量百分比为 $Y{\approx}0.24$，同样相当接近伽莫夫的印象。

关于热大爆炸宇宙学中元素产生的讨论原本可以增加天文学家对测量新老系统中氦和氘丰度的兴趣，其结果可能进而增加他们对热大爆炸宇宙学的兴趣。但是，与热爆炸残留的微波辐射的概念一样，没有证据表明那些有能力检验早期宇宙残留元素的想法的人在 20 世纪 60 年代之前就对该想法给予了重视。

---

① 由于氦的高激发势，它的谱线只能在非常热的恒星中被观测到，而且解释它们是很困难的。星际物质，或行星状星云中正在演化的恒星释放的物质，有可能会被热恒星的辐射照射和电离。等离子体的复合线为电离氢和单电离氦的相对丰度提供了合理的直接测量值。

弗雷德·霍伊尔（1949，196）提出了一个早期的观点，认为恒星产生的氦的量相当有限：

> 尽管在恒星中持续发生着从氢到氦和更重的元素的转化——这种转化相当于在 $10^9$ 年中转化了星云中约 0.1% 的氢——但氢仍占所有物质的约 99%。

当然，这假定我们的银河系由几乎纯净的氢形成，这与霍伊尔以及邦迪和戈尔德的观点一致，即在他们的新的稳恒态宇宙学中，不断产生中子或质子与电子是顺理成章的事情。

杰弗里·伯比奇（1958）回顾了氦的质量百分比至少为 $Y\sim0.1$ 的天文学证据，并沿着类似于霍伊尔（1949）的思路提出，很难解释为什么恒星中会产生这么多的氦。他指出，在当前的星系光度下，将氢转换成氦质量百分比 $Y\sim0.1$ 所需的以星光形式释放的结合能，明显大于哈勃时间内以星光形式释放的结合能。他指出，年轻的星系可能更明亮，因此能够产生更多的氦，但他反对这一观点（他提出，或许是因为随着原星系的坍缩，磁场的流量密度会增加，从而减慢物质收缩形成早期恒星的过程）。伯比奇指出，在稳恒态宇宙学中，银河系的年龄可能比哈勃时间 $H_0^{-1}\sim10^{10}$ y 大得多，这为银河系的恒星在大约当前的光度下产生氦提供了足够的时间。他没有提到伽莫夫（1954a）的反对意见：银河系的年龄看起来不比附近的其他 $L\sim L^*$ 星系年龄大得多，而这些星系的年龄预计平均为哈勃时间的三分之一。

在这段历史中，特别值得一提的是，伯比奇没有提到在热大爆炸中产生氦的想法。他参加了 1953 年在密歇根大学举行的天体物理学研讨会，伽莫夫在会上谈到了这个想法（伽莫夫、伯比奇以及其他参会者的合影见插图 IV）。伽莫夫演讲（Gamow，1953a）的录音版本包括他对宇宙学参数值的好奇的拟设，但也概述了他关于氦如何在早期宇宙中形成的图景，以及他的一个惯常的隐晦表述，即恒星中氢向较重元素的转化比例远小于他在1948年提到的50%左右。但如果这是伽莫夫的想法，那么我们就看出这一点了。[①]伯比奇可能没有参加伽莫夫的演讲，或者他可能没有认真对待它们，甚至不记得它们了。

施密特（1959）以及特鲁兰、汉森和卡梅隆（1965）提出了一些模型，解释了在银河系足够古老并且在过去足够明亮的情况下，银河系中的恒星将如何产生当前这样高的氦丰度。施密特的模型假定恒星形成速率大约与气体表面密度的平方成正比，他认为随着恒星形成消耗气体，气体的表面密度将逐渐减小。这种机制意味着银河系有一个高光度的早期阶段。他证明，通过对模型参数进行调整，可以从最初的纯氢产生当前的星际氦质量百分比 $Y\sim0.3$。特鲁兰、汉森和卡梅隆更详细地考虑了恒星演化的模型，包括认为大质量恒星只能喷出有限数量的氦，但他们仍然找到了一种可行的图景，使一个大约 $10^{10}$ 年的星系中的恒星能够产生质量百分比 $Y\sim0.3$ 的氦。这两篇论文都没有提到原始氦的概念，但是特鲁兰、汉森和卡梅隆（1965）的论文发表得很及时，并且引用了霍伊尔和泰勒（1964）的论文，该研究表明银河系在形成之初就已经有较高的氦丰度。[②]

在他的著作《宇宙学》第二版中，邦迪（1960，58）警告说：

氦的丰度可能比普通的恒星核合成能够解释的丰度更高，因此

---

① 伽莫夫（1953a）还讨论了通过放射性衰变、地质学和哈勃膨胀时间得出的宇宙年龄。他对金斯稳定条件以及物质质量和辐射质量密度相等时期对星系形成的影响进行了敏锐的讨论。这些主题已成为已建立的 $\Lambda CDM$ 宇宙学的一部分。
② 特鲁兰、汉森和卡梅隆的论文的收稿日期为3月31日。霍伊尔和泰勒的论文则于9月12日发表。但传统上，论文会先以预印本的形式提前传播。之后，正式的论文会通过邮寄（过去）或者网络（现在）发布，有时甚至会在正式出版前很久就开始传播。

可能必须从宇宙学的角度来解释,但目前的证据太少了,不值得现在就认真考虑。

邦迪没有解释为什么针对第一版中的相应评论——化学元素是在恒星中还是在炽热的早期宇宙(如果存在的话)中产生的——做了这样的修订。他可能已经意识到,如果年轻的银河系光度很高,氦就可能是在恒星中产生的。但是他的评论合理地反映了1960年的学界对氦的想法,或者说缺乏想法。

如果银河系早期更明亮阶段的恒星产生了大部分的氦,而且这是星系的典型特征,那么这将给1948年稳恒态模型带来一个问题:为什么我们没有观测到处于氦形成早期阶段的高光度的星系?当然,氦和氢不断形成的假说是一种解决办法,但也许不会激发人们的信心。对于伽莫夫的热大爆炸模型来说,年轻星系的恒星中氦的大量产生也将是一个问题:不是应该在早期宇宙中产生大量的氦吗?但是可以通过调整参数——例如引入简并的中微子海洋——来挽救大爆炸理论而不需要原始氦。

奥斯特布鲁克和罗杰森(1961)对一个重要问题进行了实证性的评估:如果银河系中的氦是恒星产生的,那么预期较古老的恒星的氦质量百分比会比较小。奥斯特布鲁克和罗杰森讨论了太阳重元素丰度的测量结果,这些结果加强了太阳模型对太阳中重元素的质量百分比 $Z$ 的约束,这反过来又将对太阳氦丰度的约束严格化为 $Y\approx 0.28$(如第172页的脚注讨论的那样)。他们指出,行星状星云具有相似的氦丰度。他们估计太阳和行星状星云的年龄约为 $5\times 10^9$ y。他们指出,猎户座星云中的氦丰度大致与此相同(Mathis,1957),这可能是目前星际物质中氦丰度的一个合理测量值。奥斯特布鲁克和罗杰森(1961,133)得出结论:

当然,可以想象的是,如果产生氦的恒星没有将其大量返还给太空，并且如果最初的氦丰度很高，那么星际物质的氦丰度在过去的 $5 \times 10^9$ 年就没有明显的变化。自如此早期以来就存在的氦丰度 $Y=0.32$ 可能至少部分来自宇宙形成之初氦的原始丰度，因为在爆发形成图景上可以毫无困难地理解元素向氦的转化。[21]

参考文献 21 是伽莫夫（1949）的研究。唐纳德·奥斯特布鲁克（2009，PPP）回忆了参加密歇根大学天体物理学研讨会时伽莫夫（1953a）的演讲。伽莫夫讨论的一系列有趣的想法给他留下了深刻的印象，他还记得伽莫夫关于氦的评论。

奥斯特布鲁克和罗杰森（1961）提出了有力的证据，表明在古老的恒星和目前的星际介质中氦的丰度大致相同。这表明星系是由已经富含氦的物质形成的。我们看到他们指出，星系形成时存在的氦可以用第 4.2 节讨论的伽莫夫的热大爆炸图景解释。据我所知，奥斯特布鲁克和罗杰森是最早提出可能从早期炽热宇宙中发现某种化石的人。但是他们的观点一直没有受到关注，直到学界认识到另一种化石，即微波辐射海的存在。

弗雷德·霍伊尔也开始认识到早期宇宙中氦的形成这个问题。据我所知，霍伊尔是独立于奥斯特布鲁克和罗杰森认识到这一问题的，而且他在奥斯特布鲁克和罗杰森的论文发表之前就在考虑氦的问题。这一点可以从霍伊尔（1958, 283）在 1957 年梵蒂冈恒星会议上的演讲后的讨论中看出。关于超新星是否可能分散了恒星产生的元素的评论交流的记录包括以下摘录：

霍伊尔：然而，关于氦的困难仍然存在。

马丁·史瓦西：重元素的丰度随着星系年龄的增加而增加的证据支持［恒星中元素形成的观点］。但是，这并不一定意味着氦的产生主要发生在恒星中。伽莫夫的机制可能只适用于质量数4以内。

霍伊尔：这就是为什么了解极端星族II中氦的浓度如此重要的原因。

此处提到的古老的星族II恒星的重元素丰度较低。正如奥斯特布鲁克和罗杰森（1961）后来提出的那样，如果银河系中存在的氦和重元素一样是由恒星产生的，那么预计这些古老恒星不仅重元素的丰度较低，氦的丰度也应该较低。与此想法一致的是，霍伊尔（1959）在有关恒星结构和演化的计算中将星族II恒星的氦质量百分比取为 $Y = 0.009$，而相对年轻的星族I恒星的氦质量百分比取为 $Y = 0.25$。霍伊尔（1959）并未讨论银河系中的恒星是如何产生其目前的氦丰度的，但该论文是关于恒星结构的。我们不禁要问，在1957年的梵蒂冈会议上，霍伊尔和史瓦西是否在想，如果不是来自伽莫夫的热大爆炸，那么太阳中大量的氦来自何处。

### 4.3.2 冷宇宙中的氦

在认识到微波辐射海之前，人们很自然地会认为早期宇宙可能是冷的，具有零熵，这可以说是一种优雅的初始状态。在该宇宙的高红移下，当电子数密度大于约 $10^{30}$ cm$^{-3}$ 时，电子简并能可能已经足够大，可以通过 e+p → ν+n 将质子转化为中子。随着宇宙的膨胀，电子简并能的降低将允许这些中子衰变成质子，然后这些质子会被其他中子辐射俘获，从而产生大量重于氢的元素。在苏联，雅科夫·泽尔多维奇对宇宙学和伽莫夫的思想产生了兴趣，但泽尔多维奇认为，古老恒星中的氦丰度太低，与伽莫夫的热大爆炸模型不一致。泽尔多维奇（1962a，1963a，b）提供了一个解决此问题的办法：假定寒冷的早期宇宙包含相等数量的质子、电子和中微子，并且最初都是均匀分布的。由于电子允许两个自旋态，而中微子只有一个，因此每个族中的中微子简并能要比早期稠密宇宙中相同数密度的电子大得多。因此，几乎所有的核子都是质子。[1] 在第一代恒星之前，几乎不会有氦形成，这与泽尔多维奇认为古老恒星中几乎没有氦的印象是一致的。他认为宇宙可能以特别简单的状态开始，具有零熵并且完全均匀，这是第 5.2.5 节中讨论的自发均匀性破缺的观念的早期示例。

1964 年，鲍勃·迪克让我思考一下普林斯顿寻找热早期宇宙可能留下的热辐射海的理论含义。他没有明说，但这当然包括负面结果的可能性。如果当前温度的上限非常低，可能意味着核合成开始时的物质密度足够大，足以将很大一部分氢转化为氦。我不知道泽尔多维奇的想法，但自然也想到了寒冷的早期宇宙中轻子的简并能。第 4.3.3 节图 4.2 的分图（a）中有关轻子数的评论旨在表明该图假定了一个轻子数足够小，简并可以忽略的热大爆炸模型。我还分析了具有高简并能的寒冷早期宇宙的演化。我估计在高红移下，可以忽略电子质量以及中子和质子的质量差，在中子−质子数密度处的能量最小，这将导致比氢重的元素的质量百分比为：

$$Y = 2 - \frac{4}{3}\frac{L}{N} \tag{4.34}$$

这里 $L$ 是轻子数，轻子被想象为一个家族，由电子和中微子组成。$N$ 是质子数加中子数。以下考虑仅在迪克和皮伯斯（1965，449）的评论中发表：

> 如果假定上述定义的轻子数丰度大于核子丰度的 1.3 倍，则可能存在冷宇宙，因为在这种情况下中微子简并将使中子丰度非常

---

[1] 在数密度 $n$ 下，中微子和相对论性电子的简并能为 $\varepsilon \propto (n/g)^{1/3}$，电子的自旋态 $g=2$，中微子族为 $g=1$。电子的 $g$ 值较大，意味着在大 $n$ 和相等的数密度下，中微子的简并能较大。因此，反应 $p+e^- \leftrightarrow n+\nu$ 通过将大多数中子转化为质子来使能量最小化。

低。如上所述，我们发现这种可能性在哲学上没有吸引力，因为与核子丰度相比，额外的中微子丰度似乎并非宇宙形成的必要条件。

我无法解释此评论中蕴含的类似人择性的特征。我们的论文于 1965 年 3 月提交。当时已经足够晚，我们可以在校样中添加一条关于探测到微波辐射海的注释。但这篇论文是在我们知道这一结果之前写的。

在迪克邀请我思考热大爆炸问题之前不久，我应他之邀发表了一篇关于木星和土星结构的研究报告（Peebles, 1964）。他和他的引力研究小组正在寻找引力物理学的探测。我得出的结论是，对这些行星性质的约束条件最符合这样一个模型：在这个模型中，大部分重元素已沉降到一个致密的核中，此外，氦的丰度大约等于太阳的氦丰度，约占质量的 20%。奥斯特布鲁克和罗杰森（1961）的研究是我参考的关于氦丰度的文献。根据我的回忆，当我在撰写迪克和皮伯斯（1965）有关冷宇宙的评论时，我已经完全忘记了气态巨行星中的氦。现在我已经不记得为什么我会提到 $L/N=1.3$，把这个值代入公式（4.34）中会得到 $Y$~0.3。也许这与奥斯特布鲁克和罗杰森有着某些有意识或潜意识的联系。

如我们所见，在微波背景被认识到之前，泽尔多维奇认为原始的轻元素丰度可能大大低于伽莫夫的热大爆炸图景的预期。因此泽尔多维奇（1962a, 1102）写道："在原恒星阶段，他们 [伽莫夫、阿尔法和赫尔曼] 获得了大量的氦（10%~20%）和氘（约 0.5%）······这些推论与观测结果不符。"

目前尚不清楚泽尔多维奇所说的对氘的观测结果指的是什么。解释地球上的氘丰度比较复杂，因为化学同位素分离法倾向于浓缩较重的同位素——氘。泽尔多维奇提到了氦质量百分比低至 $Y$~0.025 的恒星的证据。这将挑战标准的热大爆炸模型，并和他最初的冷简并宇宙相一致。他引用了米纳尔（1957）对元素丰度的巡天。但是，这项研究中记录的低氦丰度是基于恒星光学波段的光谱，与弥散等离子体的复合谱线相比，它更加难以解释。安妮·安德希尔（1958，128）在评论基于恒星光谱的氦丰度估计值的不确定性时写道："这种情况令人沮丧。"

尤里·斯米尔诺夫在 PPP 中回忆说，泽尔多维奇邀请他检查伽莫夫的图景中轻元素的产生过程。沿着与现代理论相近的思路，斯米尔诺夫（1965，867）对导致最终氢和氦同位素丰度的核反应链进行了计算，得出的结论是：

> 因此，原恒星物质的"热"状态理论无法为形成第一代恒星的介质提供正确的组分：对于 $\rho_1 \leq 10^{-6}$ g cm$^{-3}$，得到了百分之几的氘，这与观测结果[9]相矛盾，而对于 $\rho_1 \geq 10^{-6}$ g cm$^{-3}$，发现 He$^4$ 的含量过高。

此处的 $\rho_1$ 是放射线的质量密度为 1 g cm$^{-3}$ 时的核子质量密度。参考文献 9 是泽尔多维奇（1963b）的论文。斯米尔诺夫的论文上标注的投稿时间是 1964 年 2 月。宣告探测到热大爆炸辐射的证据的那篇论文发表于 1965 年 7 月。

### 4.3.3 1964 年和 1965 年的进展

1964 年冬天，霍伊尔得出结论，古老恒星中的氦丰度很大。马尔科姆·朗盖尔和约翰·福克纳在 PPP（第 238—243 页和第 243—257 页）中回忆了这一点。他们都参加了霍伊尔在剑桥大学举办的关于恒星演化及相关问题的讲座。霍伊尔当时的想法可能受到了欧德尔（1963）不久前发表的一篇论文的影响，该论文报道了在九个行星状星云中氦丰度 $N_{He}/N_H \approx 0.1$ 到 0.2（$Y \sim 0.3$ 到 0.4）的测量结果。这增加了高氦丰度的证据，可以追溯到阿勒和门泽尔（1945）的发现。

朗盖尔和福克纳的回忆表明，霍伊尔受另一篇论文的影响甚至更深。欧德尔、佩恩伯特和金曼（1964）的这篇论文发表于同年 7 月，但预印本在前一个冬天就已经在剑桥流传。论文报告了球状星系团 M 15 的一个行星状星云的氦质量百分比 Y=0.42±0.08。这特别有趣，因为欧德尔、佩恩伯特和金曼从恒星光谱得出的结论是，这个古老星系团中的恒星的重元素丰度仅为太阳的百分之几。这表明这些恒星是由几乎原始的物质形成的，这些物质并未受到前几代恒星产生的重元素的严重污染。但是，这个星系团中的一颗恒星产生了一个氦丰度很高的行星状星云。福克纳在 PPP 中指出，霍伊尔和泰勒（1964）在关于氦丰度的论文中讨论了 M 15 的观测值，包括低重元素丰度的重要性，但将其归因于欧德尔（1963），而不是欧德尔、佩恩伯特和金曼（1964）。显然，霍伊尔和泰勒指的是后者。

欧德尔、佩恩伯特和金曼（1964）回顾了当时已经积累起的相当多的其他氦丰度测量结果，包括奥斯特布鲁克和罗杰森（1961，128）的研究数据。他们得出的结论是：

> 这些事实，再加上场行星状星云和 M 15 的行星状星云的高度演化的恒星周围的星云的氦丰度很高的观测结果，强烈表明银河系中最初的氦丰度，或者至少是自我们现在观测到的恒星形成以来的丰度，是非零的，或许大约为 N(He)/N(H)=0.14。

与这对应的结果是 Y~0.36。欧德尔、佩恩伯特和金曼（1964）并未评论这些氦可能来自何处。但是朗盖尔和福克纳回忆说，霍伊尔的演讲讨论了伽莫夫及其同事在炽热的早期宇宙中氦产生方面的研究工作。

霍伊尔招募了福克纳来计算核子中的中子的占比 n/(n+p) 的早期演化。他的研究结果发表在霍伊尔和泰勒（1964）的论文中，标题为《宇宙氦丰度的奥秘》。福克纳的数值计算考虑了林忠四郎（1950）提出的通过热中微子和电子-正电子对 [公式（4.24）] 在中子和质子之间进行转化的过程，但没有跟踪氘核的形成以及它们转化为氦同位素的过程。

霍伊尔和泰勒认为，当萨哈平衡转换为允许氘核积累时，福克纳计算中存在的所有中子都将掺入氦中。这是一个合理的一阶近似值，但是它没有考虑在被质子俘获之前因衰变损失的中子。

霍伊尔和泰勒清楚地阐述了以下重要观点：在年轻和古老的天体中，氦的丰度都很大并且接近相同，但更重的元素的丰度则有大有小，这些元素可能是早先世代的恒星产生的。这也和热大爆炸中氦的产生过程相符。在针对乔治·伽莫夫及其同事这一思想的早期工作方面，他们引用了阿尔法、贝特和伽莫夫（1948）以及阿尔法、福林和赫尔曼（1953）的论文。由于第4.2.3节中讨论的原因，前者是错误的，但这很少被注意到。后者详细计算了林忠四郎效应对于 $n/(n + p)$ 演化的影响。和福克纳一样，他们没有探讨氘和重元素的产生。

1948年稳恒态模型受到了古老天体中高氦丰度证据的挑战，我找不到任何可以支持持续形成氦元素以及质子或中子这一猜想的线索。霍伊尔和泰勒（1964）指出，氦可能是在早期的大质量天体爆炸中产生的，这些天体从相当大的最大密度和最高温度膨胀而来。就像在热大爆炸中一样，这可以在不显著增加比氦重的元素的丰度的情况下发生。这将符合观测结果，但会给稳恒态模型带来一个严重的问题：如果这些假想的"小爆炸"在银河系年轻时产生了氦，那么在1948年的稳恒态图景中，应该可以在附近尚未演化很久的星系中看到相当明显的"小爆炸"，然而并没有观察到这一点。但我们可以通过以下方式调整稳恒态模型来解决这一问题：用时间间隔足够长的爆发式氦形成来代替氦持续形成的假定，使得我们周围能够看到的星系都是在过去一段时间内形成的，具有相似的现今年龄。

霍伊尔和泰勒（1964，1109）认为，古老天体中氦丰度的测量值可能会挑战相对论的大爆炸模型："如果宇宙始于一个奇点，那么He/H之比不能小于0.14。"与之对应的氦的质量百分比为$Y$=0.36。但他们的假定是，当元素在 $T_0 \sim 10^9$ K 处开始形成时存在的所有中子最终都转化

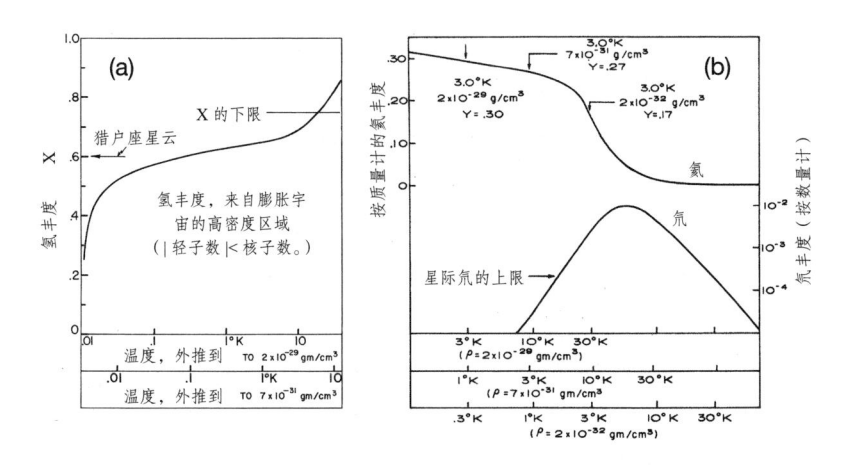

图 4.2　在给定当前重子质量密度的情况下，氦和氘丰度作为当前温度函数的计算。我在 CMB 发现之前制作了分图（a），之后不久制作了分图（b）（Peebles, 1966a）。分图（b）经美国物理学会出版社授权使用

成了氦。注意当自由中子衰变时，氘核形成过程中流逝的时间会改变这一情况，如图 4.2 所示。

在 3 K 宇宙微波背景辐射被发现之前，我就绘制了分图（a）。1964 年 12 月 2 日，我在康涅狄格州卫斯理大学的一个座谈会上展示了它。这张图当时尚未发表（直到很久以后才作为 PPP 的一部分发表）。该计算考虑了中子与质子之间的转换，我后来得知林忠四郎（1950）更好地解决了这一近似问题。分图（a）中的纵轴是氢的质量百分比，$X=1-Y$，横轴是当前质量密度的两个给定值（当然，包括所有重子）的当前辐射温度。在曲线的浅中部，大多数在辐射温度达到临界值 $T_0 \sim 10^9$ K［公式（4.22）］之前没有衰变的中子被质子俘获，并且大部分形成的氘核最终转化为氦。这与霍伊尔和泰勒的图景大致相符，除了曲线的斜率非零外：给定当前的重子密度，较高的当前温度意味着温度通过 $T_0$ 时重子密度较低，较低的重子密度将意味着较慢的核反应速率，较慢的核反应

第 4 章　化石：微波背景辐射和轻元素　　183

速率将意味着更多中子衰变，从而留下较低的氦残留质量百分比（以及较大的氢质量百分比 $X$）。也就是说，在相对论热大爆炸模型中，可以有一定的自由调整重子密度，以适应相当大范围的原始氦丰度值。

在微波辐射海被发现之后，我（1966a）发表了分图（b），当时有两个辐射温度测量结果：彭齐亚斯和威尔逊（1965）报告了在 7.4 cm 波长处 $T_f$=3.5±1 K，而罗尔和威尔金森（1966）发现在 3.2 cm 处 $T_f$=3.0±0.5 K。上方的曲线展示了计算出的氦丰度 $Y$=1-$X$。该曲线选取标记了三个当前重子密度值。我们再次看到如何调整重子密度以获取相当范围的原始氦丰度值。但是，分图（b）下方的曲线所示的氘的残留丰度施加了一个约束。此计算表明，如果当前重子密度在 $T_f$=3 K 时为 $\rho_{baryon}$~$10^{-33}$ g cm$^{-3}$，那么氘的丰度将最大。在这些条件下，$T_0$ 时的密度将大到足以产生大量的氘核，但又不足以大到能通过将氘核转化为氦有效耗尽氘核丰度。在更低的当前密度下，将产生更少的氘核；在更大的密度下，会产生更多的氘核，但这些氘核会被更有效地转化为氦。标注表明，如果根据范登伯格（1961）的质量密度估计 $\rho_{baryon} = 7 \times 10^{-31}$ g cm$^{-3}$，并且 $T_f$=3 K，那么预测原始氦丰度为 $Y$=0.27，氘丰度约为 $10^{-5}$（按数量计）。

考虑到此类论文进入苏联的延迟，泽尔多维奇 1965 年 9 月写给迪克的信（摘自普林斯顿大学档案馆的罗伯特·亨利·迪克的论文）是对探测消息的迅速回应。泽尔多维奇写道：

> 我对冷宇宙的假说并不那么确定。它基于的假定是初始氦含量远小于 35%（以重量计）。现在，我更好地了解了氦测定的难度……我衷心祝贺您和您的团队取得了成功。

泽尔多维奇很快就接受了 CMB 可能是热大爆炸遗迹的观点，但他仍然对原始氦的丰度持谨慎态度。因此，泽尔多维奇（1967，602）在一篇对"宇宙'热'模型"的评论中写道:"根据私人通信,最近发现了氦含量低的古老恒星,但这些通信的可靠性尚不确定。"

在苏联以外,我们可以与更多轻元素丰度领域的专家接触,但并不总是利用这些机会。迪克邀请我思考热大爆炸的理论含义,自然使我想到了氘和氦的原始丰度。当前的氦丰度在我对木星和土星结构的研究中占有重要地位,我参考了奥斯特布鲁克和罗杰森(1961)的文献,他们主张原恒星的氦丰度很高。我确信,当我写这两个气态巨行星的内容时,关于前文提到的"爆发形成"图景的评论对我没有任何意义,当我开始考虑热大爆炸中轻元素的形成时,太阳系中氦的丰度已经从我的脑海中消失了。我不记得对学界有关氘丰度的所知给予过太多关注,除了很难确定地球上的氘丰度这一事实。我确实问过当地专家贝格·斯特罗姆格伦和马丁·史瓦西关于原恒星氦和氘丰度的已知信息。他们友好而有启发性,但没有具体说明。我现在怀疑他们是太客气了,只能以含蓄的方式提醒我,必须自己评估文献。

我在 1965 年 1 月撰写的一篇有关热大爆炸中轻元素的形成的论文草稿(未发表)表明,我了解到伽莫夫、阿尔法和赫尔曼的研究在我较早的计算中已经涵盖了很多领域。我在文稿中引用的他们的工作是阿尔法和赫尔曼(1953)的综述论文。我当时还不知道林忠四郎(1950)的论文。我的第一项计算考虑了与热轻子的反应,这些轻子倾向于使中子-质子比趋于平衡值 $n/p=e^{-Q/kT}$,其中 $Q$=1.28 MeV 是能量差,但我的方法很笨拙。我不知道泽尔多维奇(1962a)有关冷初始条件的考虑,我的文稿中有相当一部分是我自己对具有简并轻子的冷宇宙的看法。

在 1 月份的草稿和一份传阅的预印本中,我宣布,如果简并性不重要,那么"当前的宇宙黑体辐射温度就应该超过 $10^\circ$K"。这是从以下条件近似得出的:CMB 温度应足够大,以至于元素的形成在 $T_0$ 开始时,物质密度应足够低以避免产生过量的氦。这依赖于原始氦质量百分比 $Y$ 的一个可靠上限。在图 4.2 的分图(a)所示的计算中,标记为"X 的下限"的线要求，如果当前的重子密度为 $2 \times 10^{-29}$ g cm$^{-3}$，当前温度就应略大于 10 K；而在 $7 \times 10^{-31}$ g cm$^{-3}$ 时，当前温度应略低于 10 K。我对当前温度的希望下限可能与无意识地希望同行的搜索能探测到 CMB 有关。

我后来的计算结果如图 4.2 的分图（b）所示（Peebles，1966a），更直接地考虑了林忠四郎的效应。该分析接近于阿尔法、福林和赫尔曼（1953）对中子比例 n/(n + p) 的计算，但还包括将中子和质子转换为氢和氦的稳定同位素最终丰度的核反应的计算。该图表明，在 3 K 的 CMB 温度和重子物质密度 $2 \times 10^{-32}$ g cm$^{-3}$ 时，氦丰度为 $Y \sim 0.17$。这不仅严重违反了前文提到的霍伊尔–泰勒论点，而且出于另一个原因，它也是不可接受的：残留的氘核丰度过大。也就是说，一旦当前温度被固定在大约 3 K（当然，还需要证据表明辐射接近热辐射，因此我们可以合理地确定它来自热大爆炸），氦丰度 $Y \lesssim 0.2$ 会挑战热大爆炸宇宙学，因为预测的氘丰度会很大。

霍伊尔和泰勒（1964）有关氦的论文可能激发了人们对有关氦和氘的原始丰度的理论和观测结果的关注和研究。但是，人们因意识到存在另一个有前景的现象而转移了注意力：我们正身处于一个微波辐射海当中。

## 4.4 微波辐射源

20 世纪 50 年代，伽莫夫仍在思考热大爆炸留下的微波辐射海，尽管这样的思考可能只是偶尔发生。弗吉尼亚·特林布尔（PPP[①]，62）回忆

---

[①] 我提醒读者，"PPP"是指对《寻找大爆炸》（Peebles，Page，and Partridge，2009）的参考。

说，1949 年，约瑟夫·韦伯向伽莫夫介绍了他在微波技术方面的实践经验。韦伯回忆说，伽莫夫没有提供任何关于韦伯的专业知识如何服务于伽莫夫的研究兴趣的建议。但是，在他的文章《半小时的创造》中，伽莫夫（1950，18）对他的宇宙学中物质和辐射质量密度的演变进行了文字解释，他指出："在当前时期，宇宙中物质的密度约为 $10^{-30}$ g/cm$^3$……温度仅约为 3°K。"

正如伽莫夫的一贯风格，这篇论文的用词很清楚，但并未说明他是如何得出该辐射温度的，而且也一如既往地没有引用任何参考文献。在前文中，我们提到过伽莫夫关于当前辐射温度的思考的其他示例，以及他奇怪的拟设，该拟设也支持大约相同的辐射温度值。在科普书《宇宙的创造》中，伽莫夫（1952a）提到当前的辐射温度为 ~50 K，这或许使那些关注的人感到困惑。但这只是一个说明性的例子，是在一个质量密度至今仍由辐射主导的弗里德曼-勒梅特模型宇宙中，大约当前膨胀时间——即 $10^{17}$ s——时的温度。

第 4.2.1 节中讨论的伽莫夫的图景可能激发了探测这种 CMB 的尝试（当时的技术已经具备这种能力），但是阿尔法和赫尔曼（1988）回忆说：

> 1948 年和 1949 年，他［伽莫夫］在与我们的个人交流和通信往来中争论说，即便残留的宇宙背景辐射的概念是真实的，它也没有用，因为地球上的星光具有大致相同的能量密度。

正如伽莫夫论述的那样，来自恒星的宇宙红外背景的能量密度与 CMB 中预期的能量密度相当。但事实上，这两个成分在波长上有着相当明显的区别，如图 4.3 所示。

该图展示了对宇宙辐射能量密度随频率变化的两项估计。两项估计彼此独立，均完成于 1964 年，当时尚未认识到微波辐射海的存在。两者都展示了在微波波长下的普朗克热黑体谱的例子。分图（a）来自苏

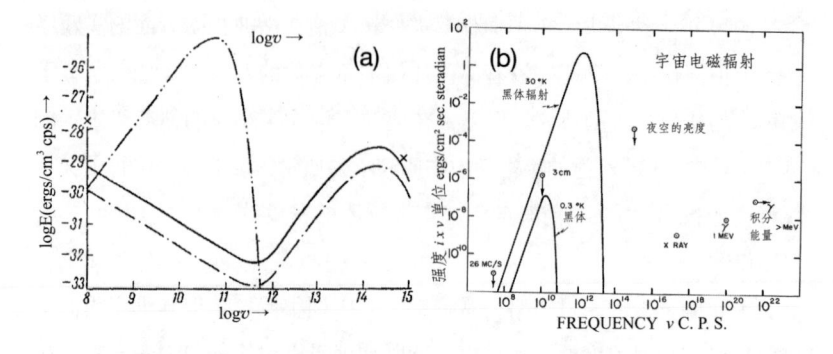

图 4.3　1964 年对电磁辐射背景的两项独立估计。分图（a）引自多罗什克维奇和诺维科夫（1964），展示了温度为 1 K 时的普朗克热谱（双点虚线）。另外两条曲线分别是来自恒星和射电源的累积背景辐射的估计值。1964 年，我绘制了未发表的分图（b）。它展示了两个热谱和在其他频带测量的宇宙能量密度的估计值。分图（a）经美国物理学会出版社授权使用

联的泽尔多维奇研究小组，分图（b）来自美国的迪克引力研究小组。分图（a）的纵轴是每赫兹的辐射能量密度 $u_\nu$，分图（b）的纵轴是 $\nu u_\nu$，这是我喜欢的，因为能量密度是 $\nu u_\nu$ 对 $\log\nu$——也就是横轴——的积分。纵轴的这种差异解释了两张图中射电星系贡献的外观差异。

这里要讨论的是关于辐射背景的已知或推测的东西：星光，被尘埃吸收并以更长波长重新辐射的光，以及在射电频率下明亮的星系的贡献。这将与从贝尔实验室的通信研究结果和天文学家对星际氰分子 CN 的自旋温度的观测结果推断出的信息，以及来自热大爆炸的热辐射残留的预期普朗克谱示例进行比较。我试图分别通过以下各节中的主题来阐明这一说法，尽量按照事件发生的顺序呈现，尽管有时不可避免地需要在时间上来回切换。

### 4.4.1 星际氰

CMB 存在的第一个提示来自对星际氰基（双原子分子 CN）光学吸

收谱线的观测。这些谱线对应于从分子基态和第一旋转能级的吸收。沃尔特·悉尼·亚当斯(1941)在蛇夫座恒星ζ的光谱中报告了这一现象。安德鲁·麦凯勒(1941)将亚当斯从吸收线强度比得出的受激态和基态分子的数目比转换为有效辐射温度2.3 K。[①]也就是说,如果分子处于此温度的热辐射海中,平衡态下两种分子的数目比就将是观测值。

  CN 分子有可能通过碰撞而不是通过微波辐射被激发。格哈德·赫茨伯格(1950, 496)在对这种测量的评论中提出,在激发能级中可能存在 CN,因为预期的衰变到基态的速率特别慢:

> 由于偶极矩以及频率较小……这就是观测到 CN 第二低能级($K=1$)的谱线的原因。从 $K=0$ 和 $K=1$ 的谱线的强度比,可以得出一个旋转温度 $2.3°K$。当然,这仅具有非常有限的含义。

在这段的引文前面,赫茨伯格写到了"通过碰撞或辐射"的激发,因此我们可以想象他对通过辐射激发以及通过粒子碰撞激发的可能性都持开放态度。如果是前者,辐射当然不必是热辐射,只需在跃迁波长 2.64 mm 处具有适当强度的辐射。但无论如何,星际 CN 的有效自旋温

---

[①] 在温度为 $T$ 的热辐射平衡下,第一旋转激发能级与基态能级的 CN 分子数目之比为:

$$n_1/n_0 = 3e^{-\varepsilon/k_B T}$$

其中 $\varepsilon$ 是能级的能量之差,并且因子 3 考虑了在激发能级下角动量量子数为 1 的三个状态以及基态能级下的一个状态。能量差定义了微波辐射的频率 $\nu = \varepsilon/h$,该微波辐射的吸收和发射将确定两类分子的数目比。在热辐射不平衡的情况下,如果给定两类分子的数目比,该公式就定义了一个有效温度,并带有自旋、旋转或激发等修饰因子。

度为波长 2.64 mm 的微波辐射背景的可能强度提供了一个有用的上限。[1]

弗雷德·霍伊尔意识到了这一限制。在讨论辐射压对物质聚集在不断膨胀的宇宙中的增长的可能影响时,霍伊尔(1949,197)写道:"亚当斯[5]的工作要求当前的背景温度不大于约 1°K,正如麦凯勒[6]解释的那样。"这里引用的是亚当斯(1941)和麦凯勒(1941)的文献,温度的下限可能是取了一个方便的整数。

霍伊尔(1950)在他为伽莫夫和克里奇菲尔德(1949)的核物理学书写的一篇书评中提到了 CN 的激发温度。该书的附录 VI 概述了伽莫夫(1948a, b)对热大爆炸的考虑。霍伊尔(1950, 195)在他的书评中指出,伽莫夫的模型"将导致目前整个空间的辐射温度远大于麦凯勒对银河系某些区域的判断"。如果伽莫夫阅读了霍伊尔的书评,我们可能会好奇,他如何看待这段对他来说可能完全晦涩难懂的陈述。

霍伊尔(1981,522)讲述了 1956 年与伽莫夫的一次会面[2]:

> 我记得乔治带着我坐着那辆白色的凯迪拉克四处兜风,阐释了他对宇宙一定具有微波背景的观点,并且我还记得我告诉乔治,宇宙不可能具有他所声称的那么高温度的微波背景,因为安德鲁·麦凯勒对 CH 基和 CN 基的观测已为任何此类背景设定了 3 K 的上限。不知是因为凯迪拉克过于舒适了,还是因为乔治想要一个超过 3 K 的温度,而我想要的温度是 0 K,我们错过了阿诺·彭齐亚斯和鲍

---

[1] 帕尔默等(1969)发现,一些星际甲醛($CH_2O$)的激发温度低于环境辐射温度。CN 是一种简单得多的分子,但最好还是说,不能完全保证 CN 自旋温度不低于辐射温度。

[2] 通用动力公司提供了白色凯迪拉克轿车。物理学家对第二次世界大战的贡献给工业界和军方留下了深刻的印象,在战争之后的几年中,工业界和军方会不时邀请有成就的物理学家出席活动,也许是希望他们的出现能提供一种暗示:好奇心驱动的研究接下来可能带来什么。

勃·威尔逊9年后做出的发现。关于我的过失，在1961年第20届瓦伦纳相对论暑期学校与鲍勃·迪克的一次讨论中，我以完全相同的方式再次错过了这一发现。

在霍伊尔1987年2月27日在海得拉巴做的演讲"宇宙学五十年"的出版版本中，霍伊尔（1988，5）回忆起与迪克的那次相遇：

> 一定是在1964年，我和普林斯顿大学的鲍勃·迪克一起坐在意大利的卡莫湖旁边。迪克告诉我，他在普林斯顿大学的研究小组正在准备一个实验，以寻找可能的微波背景，他们预期温度约为20 K。我说这太高了，因为背景（如果有的话）不可能具有高于3 K的温度，这是麦凯勒在1940年发现的CH和CN分子谱线的激发温度。不久后，彭齐亚斯和威尔逊在贝尔实验室发现了微波背景，其温度几乎完全符合麦凯勒的值。我和鲍勃犯的最大错误是没有意识到，这样伟大的想法就隐藏在我们手握咖啡杯在卡莫湖旁的闲谈当中。不管多么小心防范，这样的机会总会出现，然后悄然溜走。

霍伊尔和迪克确实参加了1961年在卡莫湖畔的瓦伦纳举行的会议。但当时的对话应该是在1964年鲍勃·迪克让我们开始研究CMB之前，也在我开始满怀希望地谈论约10 K的温度之前（这个温度与霍伊尔的20 K相当接近）。也许霍伊尔想到了1964年在其他地方的对话，记忆可能会很复杂。我不知道鲍勃·迪克是否理解霍伊尔的观点，霍伊尔的观点也未必与他记得自己所说的内容完全相同。如果鲍勃理解星际CN的吸收线的光学观测结果为微波背景提供了一个有趣的提示，并且如果他还记得这一点的话，他不太可能不告诉我们。但是霍伊尔更大的观点当然是对的。在这个故事中，错失的联系很常见，我想在每一项人类的努力中都是如此。

天文学家有一种（在我看来）非凡的能力，能够记住像麦凯勒将星际 CN 最低两个能级的粒子数目比转换为 2.3 K 的自旋温度这样看似晦涩的事实（无论是否真实或有效）。霍伊尔就记得它。当 1965 年彭齐亚斯和威尔逊宣布贝尔通信接收器噪声过大的消息传到莫斯科时，约瑟夫·什克洛夫斯基（1966）记起了它并迅速指出，星际 CN 自旋温度的测量值可能是热早期宇宙留下的微波辐射海的温度。在普林斯顿大学，当罗尔和威尔金森刚开始建造他们的射电辐射计以搜索微波背景时，迪克问内维尔·伍尔夫他对背景辐射了解多少。伍尔夫（PPP，74—75）回忆称：

我说："好吧，您在 1946 年进行了测量。"他咕哝了一声。我说："然后还有星际分子。"

他什么也没说。我心想："哦，我一定说了些愚蠢的话。"然后我就没再说话。

早些时候，在普林斯顿大学，乔治·菲尔德也知道 CN 的激发。他在 PPP（第 76 页）中回忆说，在普林斯顿大学任教期间，他曾估算过 CN 从其第一个激发能级的衰变速率。他得出的结论是，衰变比粒子碰撞可能引起的激发速率快得多。也就是说，似乎 CN 是被 2.64 mm 波长处的辐射所激发的，这是两个能级间跃迁的波长。但是他没有发表这个结论。菲尔德一直在普林斯顿大学任教，直到 1965 年为止，我从与他的交谈中受益匪浅，但我不记得我们讨论过寻找微波背景。在得知彭齐亚斯和威尔逊宣布发现微波辐射海的证据时，菲尔德已经搬到了加利福尼亚大学伯克利分校，他认识到星际 CN 的激发温度提供了佐证。碰巧的是，隔壁办公室的约翰·希契科克正在分析乔治·赫比格拍摄的蛇夫座 ζ 星光谱中的星际 CN 线的观测结果，亚当斯（Adams, 1941）曾观测到这颗星的 CN 吸收线。菲尔德、赫比格和希契科克（1966，161）在 1965 年 12 月的美国天文学会会议上宣布了他们的分析结果和解释："观测到的激发的唯一合理机制是在 $\lambda 2.6$ mm 处对纯旋转量子的吸收。"如果该辐射具有热谱，那么星际 CN 可能会被贝尔实验室的通信实验中探测到的微波辐射激发，我们接下来将对这一点进行讨论。

### 4.4.2 贝尔实验室的探测

贝尔实验室在微波频率下进行的通信可能性的早期研究包括德格拉斯等对大气辐射的测量（1959a，b）。他们对探测到的微波噪声源的预算包括一项评估（DeGrasse et al., 1959a, p. 2013），其中"根据数据估计，来自环境的辐射进入天线的旁瓣和后瓣的影响为 $2 \pm 1^\circ K$。"

贝尔系统的另一项实验探测到地球站发出并被 Echo I 卫星反射回来的波长为 12.55 cm 的辐射。Echo I 卫星是一个带有金属化表面的气球，可以反射微波辐射。爱德华·欧姆（1961）在该实验中对噪声预算的评估使他得出结论，测得的天空温度似乎与大气辐射、来自系统的辐射，以及通过天线旁瓣进入的地面辐射之和所预期的噪声一致。但是欧姆的总和是有效温度 $18.90 \pm 3.00$ K，并且根据噪声源校准器，欧姆（1961，1080）得出结论："因此，最有可能的最低总系统温度为 $21 \pm 1^\circ K$ ［并且］'+'的温度可能性［在噪声预算中］必须占主导地位。"

这句话的意思似乎是，要解释测得的噪声，欧姆必须假设他系统地低估了噪声源。但是，欧姆对进入喇叭式反射面天线的地面噪声的估计仍然是 $2 \pm 1$ K，这似乎是一个显著的高估。这些实验中的喇叭式反射面天线被设计得能比这更好地抑制杂散辐射。①

---

① 人们仍然可以看到这些背对背安装在微波通信塔上的喇叭式反射面天线。一个天线接收辐射，经过放大后由另一个天线传输到下一个站点。如果来自发射天线的辐射通过旁瓣泄漏回接收天线，就会导致电磁版本的声反馈啸叫，就像因麦克风和扬声器布置不当产生的啸叫一样。这些天线的设计就是为了避免这种情况。

我们可以得出结论,贝尔实验室的一些人知道一种异常现象:探测到的电磁噪声超出了可以解释的范围。戴维·霍格在PPP(第70—73页)中回顾的三个系统都是如此。我们可以说,在新泽西州克劳福德山贝尔射电研究实验室的新成员阿诺·彭齐亚斯和罗伯特·威尔逊开始有系统地寻找过量微波噪声的本地来源之前,这种异常现象一直是一个"肮脏的小秘密"。

彭齐亚斯和威尔逊(1965,420)在他们宣告微波辐射过量噪声的论文中指出:

> 对地面辐射的后瓣响应被认为小于 $0.1°K$,这有两个原因:(1)针对天线对其附近地面上的小型发射机的响应的测量表明,平均后瓣电平比各向同性响应低至少 30 db。在进行这些测量时,喇叭式反射面天线被指向天顶,并使用发射机在十个位置中的每个位置进行水平和垂直投射偏振,从而完成方位角的完整旋转。(2)在这些实验室中,使用扁平天线范围内的脉冲测量装置对较小的喇叭式反射面天线进行的测量,始终显示出低于各向同性响应 30 db 的后瓣电平。我们更大的天线预计将具有更低的后瓣电平。

因此,可以肯定的是,早期研究的报告确实高估了从地面进入天线的辐射,从而掩盖了上述异常现象。

彭齐亚斯和威尔逊在PPP(第144—176页)中回忆说,他们最初打算使用贝尔20英尺[①]喇叭式反射面天线精确测量银河和河外射电源的能量流量密度。这促使他们开始寻找天线温度过高的根源。他们细致而彻底地搜索,以寻找可能来自仪器内部或从当地环境以某种方式进入仪器的辐射源。其中包括将在后文讨论的迪克切换技术的一种变体:在

---

① 1 英尺约为 0.3 米。——编者注

天线和一个已知液氦温度下的参考负载之间切换并比较接收器的噪声。但是由于他们的系统非常稳定且系统温度如此之低，因此他们可以手动完成此操作，这与后文讨论的罗尔和威尔金森辐射计实验所需的快速切换操作完全不同。

彭齐亚斯和威尔逊（1965，420）在他们宣告探测到这一微波辐射海的论文中提到了较早的通信实验：

> 德格拉斯等（1959）和欧姆（1961）给出的系统总温度分别为 5 650 Mc/s 和 2 390 Mc/s。由此我们就可以推断出在这些频率下背景温度的上限。在这两种情况下，这些限制与我们测得的值大致相同。

这参考的是德格拉斯等（1959b）的文献。这一表述相当公正，但可以进一步展开。因此，在 PPP（第 147 页）中，彭齐亚斯回忆说："我们需要解决一些贝尔实验室同事所遇到的似乎外来的系统噪声源的不确定性。"

实际上，德格拉斯等（1959a，b）和欧姆（1961）已经有一些迹象表明天线噪声温度高了几开尔文，但他们没有公开这一点。彭齐亚斯和威尔逊做了正确的事：他们没有放弃在仪器或周围环境中寻找噪声源，他们抱怨无法解释这一现象，直到有人听到。关于早期宇宙遗留的辐射海的想法从鲍勃·迪克传到我，再传到肯·特纳，再传到伯尼·伯克，再传到阿诺·彭齐亚斯，最后回到鲍勃·迪克。故事的这一部分将在第 4.4.4 节中继续。

### 4.4.3 泽尔多维奇团队

雅科夫·泽尔多维奇是苏联核武器研究中心阿尔扎马斯 16 号的首席理论家。在那里，泽尔多维奇对宇宙学产生了兴趣。拉希德·苏尼亚耶夫在PPP（第113页）中回忆说："应他的要求，阿尔扎马斯16号的图书馆员到处搜寻伽莫夫的所有旧论文。"

多罗什克维奇和诺维科夫加入了泽尔多维奇在莫斯科的研究小组，在那里他们分析了在不断膨胀的大爆炸宇宙中来自星系的预期辐射累积。图4.3的分图（a）展示了他们对红移星光贡献的两类估计，这产生了图右侧实线和点划线曲线的峰值。该分图还展示了河外射电源（如图2.4中绘出的那些）的贡献，它们贡献了图左侧谱线的倾斜部分。论文的原图还展示了这两种贡献的其他估计。为了清晰起见，它们被删除了。

多罗什克维奇和诺维科夫回忆了PPP（第99—108页）中的这项工作。他们知道伽莫夫、阿尔法和赫尔曼对热大爆炸宇宙学模型的分析，这促使他们在分图（a）中展示了黑体谱。他们知道欧姆（1961）对贝尔系统在12.55 cm波长下通过微波辐射进行通信的噪声预算的评估。因此，他们选择了辐射温度1 K，他们认为这是欧姆误差预算中的不确定性所允许的。多罗什克维奇和诺维科夫（1964, 113）论文的最后一段是：

> 在$10^9$—$5 \cdot 10^{10}$ cps频率范围内的测量结果对伽莫夫理论的实验检验极为重要。[12] 泽尔多维奇在一篇论文中详细分析了该理论的天文学推论。[13] 根据伽莫夫的理论，目前应该可以观测到温度为1—$10°$K的平衡态普朗克辐射。图1B中绘制了T=$1°$K的曲线。有测量结果表明，在$\nu = 2.4 \cdot 10^9$ cps的频率下，温度为$2.3 \pm 0.2°$K，[14] 这与理论计算的大气噪声（$2.4°$K）吻合。在该区域（最好在人造地球卫星上）进行其他测量将有助于最终解决伽莫夫理论的正确性问题。

他们的参考文献12来自伽莫夫（1949），参考文献13来自泽尔多维奇（1963a），参考文献14来自欧姆（1961）。

当时，泽尔多维奇认为某些恒星中低氦丰度的迹象表明发生了冷大爆炸（见第 4.3.2 节）。当然可以想象的是，他会欢迎更多的证据，多罗什克维奇和诺维科夫的论文提供了一些非常有趣的可能性。正如他们所期望的那样，卫星的测量结果对确立辐射的热谱非常重要，对后来检测其角分布模式中结构形成早期阶段的特征也很重要。不能期望多罗什克维奇和诺维科夫意识到贝尔实验——包括他们的参考文献（Ohm, 1961）中讨论的实验——存在一个几开尔文的异常过量噪声，即 CMB。多罗什克维奇在 PPP 第 108 页中得出的结论是："不幸的是，由于苏联和西方天文学家之间的联系非常有限，我们的出版物……多年来一直不为人知。"

由于苏联（尽管不是在政治界，因为他叛逃到了西方）对伽莫夫的科学感兴趣，我们可以想象，如果没有其他地方的发展，泽尔多维奇及其同事的研究将启发探测热微波辐射海的实验，也许是使用卫星。但其他地方的进展正逐步接近这一发现。

### 4.4.4 迪克团队

对贝尔系统通信实验中异常噪声的解释源自普林斯顿大学引力研究小组的工作。罗伯特·亨利·迪克于 1956 年或 1957 年召集了该小组的第一批成员，目的是改进引力物理学的实验基础。我对这项研究进行了详尽的回顾（Peebles, 2017），包括实验室实验和对引力在地质学、天文学甚至宇宙学中作用的研究。最后一点引发了迪克喜欢问我们的一个问题：宇宙在膨胀之前可能在做什么？1964 年，他召集了引力小组的三位年轻成员彼得·罗尔、戴维·威尔金森和我，解释了他的想法：也许我们的宇宙先经历了一个膨胀期，之后发生了坍缩，然后又"反弹"了。迪克指出，恒星在上一个膨胀期所辐射的光在坍缩期中会发生蓝移，也许会达到足够高的频率，导致重元素光离解，这些重元素的结合能会在反弹之前被释放出来，产生星光。由四个质子形成一个氦原子核释放的能量会以大约一百万个星光光子的形式辐射出去。这些星光光子中的一些，如果在上一次坍缩期间发生了足够的蓝移，将能够使氦核光离解，使其恢复到游离核子的状态。这将留下氢来形成下一代恒星，并且每个核子会相应留下上百万个光子，这些光子会在反弹期的致密条件下被热化。由此产生的熵主要存在于温度约为 $k_BT$~1 MeV 的热辐射中。简而言之，反弹将是一个非常不可逆的过程。辐射将随着宇宙的膨胀而冷却，并有可能给我们留下一个可探测到的微波辐射海：CMB。

在一个振荡的宇宙中，每次反弹时熵都会增加，除非反弹所需的新物理学抑制了熵密度。在泽尔多维奇 1965 年写给迪克的信中，他警告了我们关于循环宇宙中"熵的无限增长"的问题。托尔曼（1934a）可能是第一个提出这一观点的人。这两个早期的 CMB 研究小组的成员——泽尔多维奇和诺维科夫（1966）以及迪克和皮伯斯（1979）——对此进行了讨论。

一个遵循迪克思路的循环宇宙的吸引力不仅浪漫，而且持久。勒梅特（1933a）的感受在第 3.6.1 节曾介绍过。《粒子物理学和暴胀宇宙学》（Linde，1990），《无尽的宇宙：超越大爆炸》（Steinhardt and Turok，2007），《寻找大爆炸》（Peebles, Page, and Partridge, 2009, 40–42），以及赫尔格·克拉格（2013）的一篇综述对其他示例和类比进行了回顾。这种关于宇宙坍缩的想法，加上迪克对反弹中熵产生的精彩阐述，促使普林斯顿引力小组研究了热微波辐射海的理论和观测。但是该小组很快就从反弹宇宙的想法转向了对这种辐射性质的测量，并分析这些测量可能会教给我们的东西。

迪克邀请罗尔和威尔金森建造了一个微波辐射计，该辐射计或许可以探测到遗留的热辐射海，他建议我研究一下该实验的理论意义。彼得·罗尔后来转行从事教育事业，将计算机引入课堂和教学实验室。在我们余下的职业生涯中，我和戴维·威尔金森都遵循了迪克的建议。我们对此主题的研究始于 1964 年，也就是多罗什克维奇和诺维科夫论文发表的那一年。据我所知，泽尔多维奇小组和迪克小组将研究转向宇宙学领域是独立的，不过也许都是出于某种学界的感觉：是时候进行这个方向的研究了。

迪克为罗尔和威尔金森发明了他想到的辐射计，这是麻省理工学院辐射实验室进行的战争研究的一部分。辐射计同步地探测在天线与已知温度下的一个稳定的参考辐射源（或称辐射负载）之间切换时接收器响应的差异。接收器对天线和负载的响应之差的平均值可以消除掉接收器中产生的噪声，快速切换则可以消除接收器增益和噪声中较慢的漂移。第 4.4.2 节讨论的测量中使用的贝尔接收器，以及多罗什克维奇和诺维科夫（1964）提到的结果，采用了行波微波激射放大器，其插入的噪声很小并且非常稳定，因此无须进行迪克切换。但是，作为对接收器中多余噪声的深入研究的一部分，彭齐亚斯和威尔逊（1965）以第 4.4.3 节中所述的方式使用了迪克的切换技术。

迪克将微波辐射计带到距佛罗里达州奥兰多 40 英里[①]的里斯贝格，以测量波长为 1~1.5 cm 的大气微波吸收。这是在这些较短波长下发展雷达技术的想法的一部分。水蒸气的吸收是一个特别令人关注的问题，佛罗里达州因其高湿度而被选中。辐射计测量大气辐射，其时间反演与大气吸收相关。迪克通过测量入射在喇叭式反射面天线上的单位立体角 $f(\theta)$ 的能量流量密度，并将其作为天线与天顶角距离 $\theta$ 的函数来确定大气辐射。迪克将 $f(\theta)$ 拟合为一个与 $(\cos\theta)^{-1}$ 成比例的项，该项代表在平坦地球的近似下通过大气的路径长度。而且他添加了一个常数，代表各向同性入射辐射。贝尔实验室的欧姆（1961）采用了相同的方法。迪克等（1946，340）报道了迪克的研究结果，给出了各向同性项的上限："在辐射计的波长范围内，来自宇宙物质的辐射极少（<20°K）。"

1964 年，当迪克给我们分配实验和理论任务时，他已经忘记了他在各向同性背景下的上限。我们不得不提醒他。

---

① 1 英里 ≈1.61 千米。——编者注

### 4.4.5 发现 CMB

弗雷德·霍伊尔知道伽莫夫、阿尔法和赫尔曼对热辐射和轻元素丰度（尤其是氘和氦）的探索。他讨论了伽莫夫和克里奇菲尔德（1949）对这些想法的介绍，并回忆起曾与伽莫夫讨论过微波辐射海的想法。霍伊尔和泰勒（1964）回顾了氦丰度大且似乎均一的证据，以及伽莫夫等的理论对其可能的解释。霍伊尔知道，在这个理论中，热辐射会伴随着氦。霍伊尔和泰勒指出了其在决定中子与质子之比，进而导致轻同位素形成中的作用。但这在发表的论文中没有被提到。泰勒（1990，372）回忆说：

> 当史蒂芬·温伯格（1977）写他的书《最初三分钟》时，他问为什么霍伊尔和我在 1964 年没有提及它［指 CMB］。实际上在我们的论文初稿当中，我们提到了它，论文手稿我至今仍保留着。并且我在 1964 年在剑桥和曼彻斯特举行的两次演讲中也评论说它应该存在，但是温度如此之低，以至于它尚未被发现并不令人惊讶。出于我现在不了解的原因，我们在最终发表的论文中没有提到它。我们以及彭齐亚斯和威尔逊都不知道，迪克认为它可能被探测到，并开始进行实验寻找它，这使他和他的同事（Dicke et al.，1965）能够立即为彭齐亚斯和威尔逊的观测结果提供解释。

当霍伊尔和泰勒撰写他们的论文时，我正在重新发明轮子：阿尔法、伽莫夫和赫尔曼已经有了轻元素产生的理论，该理论表明 CMB 辐射温度值足够大，可以被罗尔和威尔金森搭建的辐射计所探测到。我零散的记录表明，我意识到了与伽莫夫等 1964 年 12 月或 1965 年 1 月上旬的早期工作的联系，后者由一份未发表的文稿上的日期确定。同时，贝尔实验室已经有了可重复但尚未识别出的证据，这些证据可以证明威尔金森试图探测的辐射确实存在。彭齐亚斯和威尔逊已经明确提出了探测到意外辐射的发现，但他们没有能力解释这一探测结果。

1964 年，我在图 4.3 的分图（b）中总结了学界当时对宇宙辐射背景的认识。该总结源自给我安排的一项任务：思考寻找微波背景能给我们带来什么启示。该图右侧指向右边的箭头是从以下条件出发的：非常高能量的宇宙射线质子不会因与辐射的相互作用而过度减慢。当时已经探测到近乎各向同性的 X 射线和伽马射线背景（因而可能是宇宙背景），并且有针对来自可见光频率的星光的宇宙背景和来自更长波长的射电源的宇宙背景的有用上限。我找不到图中所示 3 cm 波长的各向同性辐射的上限的来源。在一篇也是在发现 CMB 之前撰写的论文中（但在校样中添加了关于这一发现的注释），迪克和皮伯斯（1965）引用了霍格和塞姆普莱克（1961）的文献。这是另一篇报道贝尔系统微波通信实验的论文。我们认为它将背景温度限制在了 10 K。但这是在 5 cm 波长下进行的测量，而不是图 4.3 中分图（b）所示的 3 cm。也许我弄错了波长。显然，1964 年，在普林斯顿大学的我们本可以与位于新泽西州霍姆德尔的贝尔实验室的欧姆、霍格以及其他人员讨论这一情况的。

1964 年，当罗尔和威尔金森在搭建辐射计，我在考虑可能的结果时，我受邀在康涅狄格州的卫斯理大学和马里兰州的约翰斯·霍普金斯大学应用物理实验室做学术报告。卫斯理大学当时正在考虑给我一份工作。那时我不知道阿尔法和赫尔曼在 20 世纪 40 年代后期曾在应用物理实验室工作过。我从来没有问过这是否就是我被邀请在那里做报告的原因。我问戴维·威尔金森，他是否介意我在报告中谈到他和彼得·罗尔正在制造的能够探测 CMB（如果足够温暖的话）的仪器，以及我对理论意义的思考。他的回答——至今仍深刻地印在我的脑海中——是完全没有问题："现在没有人能赶得上我们。"我们没有考虑辐射已经被探测到但未得到解释的可能性。

1964 年 12 月 2 日，在卫斯理大学做的报告中，我展示了图 4.2 的分图（a），该图展示了原始氦丰度如何依赖于 CMB 温度和物质密度。

报告还展示了图 4.3 的分图（b），该图展示了关于宇宙辐射强度谱，我们当时已有的认识以及推测。据我所知，这个报告没有引起人们明显的关注。

1965 年 2 月 19 日，在应用物理实验室，我展示了图 4.2 分图（b）的一个较早版本，以及宇宙辐射强度谱的一个不同版本。我在迪克引力研究小组研究生时期的朋友肯尼斯·特纳听了我的报告。肯将这件事告诉了伯纳德·伯克。当时他们俩都在华盛顿卡耐基研究所的地磁学部工作。阿诺·彭齐亚斯已经告诉伯尼有关他和鲍勃·威尔逊试图追踪他们正在使用的贝尔接收系统中多余噪声源的尝试。肯的新闻促使伯尼建议阿诺与鲍勃·迪克联系。阿诺的电话最终使迪克、罗尔和威尔金森访问了贝尔实验室的彭齐亚斯和威尔逊。普林斯顿大学的人们很快发现，彭齐亚斯和威尔逊发现了一个令人信服的案例，其中探测到的辐射无法追溯到接收器内部或周围的辐射源。这促成彭齐亚斯和威尔逊（1965）发表了关于探测到辐射的论文，以及迪克等（1965）发表了与之相应的解释论文：贝尔通信系统可能探测到了宇宙膨胀炽热早期阶段的热辐射残留。

迪克等的论文引用了阿尔法、贝特和伽莫夫（1948）以及阿尔法、福林和赫尔曼（1953）的论文。后者是适当的：他们对核子丰度比 $n/(n + p)$ 的演化给出了仔细而接近现代的数值积分。负责引用第一篇参考文献的人是我。我当时没有意识到这篇论文是错误的。我应该引用伽莫夫（1948a，b）的论文。

## 4.5 测量 CMB 的强度谱

1990 年，研究结果证实，CMB 的光谱非常接近热辐射光谱。现在，宇宙在 CMB 波长处接近透明，所以无法使辐射热化。因此，热谱提供了一个极好的案例，即我们的宇宙从更热、更致密的状态演化而来，在这种状态下，条件迫使弛豫达到热平衡。其含义非常深刻：宇宙的物理状态已经改变。证据很简单：热谱。但是下文回顾的测量却极为艰难。

### 4.5.1 20 世纪 70 年代的情况

图 4.4 展示了 CMB 强度谱测量的早期进展的两个图示。分图（a）以 W m$^{-2}$ Hz$^{-1}$ steradian$^{-1}$ 为单位，引自豪厄尔和谢克沙夫特（1967）。道库尔和沃利斯（1968）在他们的论文中也展示了该图并添加了测量结果。分图（b）来自《物理宇宙学》（Peebles，1971a；该测量的参考文献在

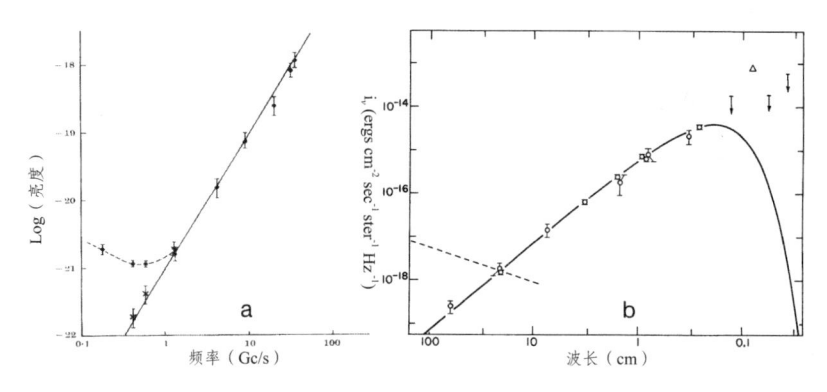

图 4.4 豪厄尔和谢克沙夫特（1967）[分图（a）]以及皮伯斯（1971a）[分图（b）]分别给出了 20 世纪 60 年代末的 CMB 强度谱测量结果。分图（a）经施普林格自然公司授权使用

该书的第 134 页中列出）。分图（a）中的实线是在温度 $T$=3 K 时 [公式（4.5）] 的长波瑞利-金斯幂律谱。分图（b）中的实线是 $T$=2.69 K 时的普朗克黑体谱。

两张分图中的虚线是已知的河外射电源对背景辐射贡献的估计值 [添加到分图（a）的热谱中，单独绘制在分图（b）中]。多罗什克维奇和诺维科夫（1964）对此辐射背景的贡献的早期估计在图 4.3 的分图（a）中被绘制为两条曲线的低频部分。射电源在大型望远镜或干涉仪中是展

源可分辨的。这意味着可以通过源上和源外的接收器响应的差异，将源与近乎各向同性的 CMB 分开。豪厄尔和谢克沙夫特（1967）使用平均射电源频谱取得了一项显著的成就：探测到了 50 cm 和 75 cm 的长波下 CMB 的存在。他们使用了两个天线，其尺寸按比例缩放到相同的天线模式。将两个表面光度测量值（在第 30 页的脚注中定义）分解成一个具有所测得的射电源谱的分量，以及一个具有瑞利-金斯极限下假定热谱的分量，结果表明，在有效温度 $T_f$=3.7±1.2 K 下，存在各向同性的辐射。这是将 CMB 光谱测量向长波长的一个有价值的扩展。我将结果绘制为分图（b）中的一个点，因为它假定 CMB 具有热谱。

分图（a）中的测量结果表明，到 1967 年，即 CMB 被发现两年后，已经有一个很好的情况，即该辐射在瑞利-金斯极限内的波长 $\lambda \lesssim 1$ cm 处具有热谱。分图（b）中的大多数后续测量结果都增加了瑞利-金斯幂律的论据，还有少数提供了从完整普朗克谱预期的幂律偏离的证据。博因顿、斯托克斯和威尔金森（1968）在 3.3 mm 波长处的测量是在一个可以容忍大气辐射的高海拔台站进行的，结果发现该谱显著低于从更长波长的测量数据外推瑞利-金斯幂律得到的结果，并且与热谱一致。

分图（b）中 2.64 mm 处的数据点是测得的星际 CN 自旋温度。它以自旋温度下热辐射的光谱能量密度绘制。同样，它与对热普朗克谱所预期的瑞利-金斯幂律的偏离相一致。在更短的波长下，图 4.4 分图（b）中标为向下箭头的三个点是因为未探测到星际 CN 较高激发态以及 CH 和 $CH^+$ 的激发态的吸收而得出的上限（Bortolot, Clauser, and Thaddeus, 1969）。

分图（b）中在更短波长处的数据点（绘制为空心三角形）表示皮伯斯（1971a, 133—138）总结的几项测量结果。值得注意的是，通过气球（Muehlner and Weiss, 1970）和火箭（Pipher et al., 1971）进行的测量表明，CMB 谱接近符合一种幂律，该幂律恰好与瑞利-金斯幂律形式相符，但并未偏离普朗克谱预期的幂律。三角形位于星际分子的上限之上，但是我们必须考虑辐射背景被限制在一个恰好错过分子共振的频带之内的可能性。这种情况很麻烦，一直持续到 1990 年，直到这些异常被视为系统误差。但是与此同时，还需要考虑 CMB 的其他解释。

### 4.5.2 替代解释

重要的是，在 20 世纪 70 年代，一些人也在探索学界最喜欢的相对论热大爆炸宇宙学的替代方案。毕竟，学界有可能错了。关于替代方案，有一些有趣的想法。但是正如我们将要讨论的那样，所有这些都受到了 20 世纪 70 年代已知科学的挑战，并且没有一个被证明具有持久的吸引力。我认为，20 世纪 70 年代学界对热大爆炸的接受，部分是因为 CMB 和氦丰度的测量提供了有前景的证据，部分是因为缺乏更具前景的替代方案。

已知河外源对射电波长的宇宙辐射能量密度有显著贡献，如图 4.4 中的虚线所示。是否可能还有另一类源，其光谱恰好近似于瑞利–金斯幂律？他们能在稳恒态宇宙学中解释 CMB 吗？对该思想的早期考虑包括夏默（1966）、帕里斯基（1968）以及沃尔夫和伯比奇（1969）。一项测试是在更高的角分辨率下观测 CMB，这可能将其分辨为离散的信号源。彭齐亚斯、施拉姆尔和威尔逊（1969）使用 36 英尺天线对这种效应的早期研究表明，在波束立体角 $\Omega = 1.4 \times 10^{-3}$ 平方度时，CMB 表面亮度的均方根起伏为 $\delta f < 0.024 \text{ K}$。如果源是随机分布的，那么就需要源的数密度与星系的数密度相当。[①] 这个熟悉的数密度可能看起来有些

---

① 假定在哈勃距离（$d = cH_0^{-1} \sim 4\,000 \text{ Mpc}$）附近，相同的源以均匀且各向同性的随机泊松过程分布在整个天空中。如果此类中有更近的源，我们可以假定它们将被探测到并作为实际源移除。那么，在立体角 $\Omega$ 处观测到的辐射背景流量密度的均方根相对起伏为 $\delta f/f \sim N^{-1/2}$，其中 $N \sim \Omega \bar{n} d^3$，源数密度为 $\bar{n}$。彭齐亚斯等的数字表明，平均源数密度为 $\bar{n} \sim 1 \text{ Mpc}^{-3}$。这比类似于银河系的大型星系的局部丰度大一个数量级左右。

潜力，但是观测到的射电源比普通星系少得多，并且如果还有一类更丰富的源，其光谱接近瑞利-金斯谱，人们会想知道为什么检测到的例子如此之少。

1948 年稳恒态宇宙学在 20 世纪 70 年代受到了严重挑战。一个例子是第 4.3 节中讨论的氦的问题，其他内容在第 3.4 节中进行了概述。但是，如果能够解决这些问题，就可以考虑通过假定不断产生辐射和物质来解释 CMB。如果可以忽略星际物质的微波吸收和发射，那么产生的背景光谱将是产生时红移光谱的积分。20 世纪 70 年代，学界已经知道 CMB 谱接近幂律。这将由辐射和物质产生时的同一幂律谱产生。在接近普朗克谱峰值的波长处测量到的对 CMB 幂律的偏离，可以通过对辐射和物质产生时的光谱进行适度调整来拟合。在 20 世纪 70 年代，这将是一个可行的（尽管是临时的）想法。但是，持续产生的辐射谱经过红移卷积后恰好接近测量值，这一想法在 1990 年时显得极为尴尬，当时测量到的光谱在整个峰值附近都非常接近热谱。

在发现微波背景之后不久，莱泽（1968）就考虑了星际间尘埃的辐射吸收和发射可能导致星系或其他来源的辐射弛豫到热谱的想法。这个想法可以应用于稳恒态以及不断演化的宇宙学。霍伊尔和维克拉马辛（1988，255）对这一思路进行了较为详细的探讨。他们考虑了可能在超新星中产生并被驱入星系间空间的针状粒子。在他们的模型中：

> 因此，对于宇宙学上显著长度（$\sim 10^{28}$ cm）的单位列，其不透明度大约为 10，足以产生远红外区的辐射热化。然而，在可见光范围内，这种情况仍然是相当透明的，因此产生大量红外辐射的天体物理学情况可以解释其背景。我们再次指出，构想出这样一种局面并不困难。大爆炸宇宙学的支持者无疑会觉得他们还有其他证据支持他们的理论，但至少有一个以前的论据是可疑的，其他的论据可能也是如此。

对于他们描绘的尘埃的性质和空间分布，我们没有必要反对。作者指出，大自然在这类问题上完全有可能给我们带来惊喜。巨大的在微波波段的不透明度实际上可能将来自星系的辐射，或者可能是1948年稳恒态模型中与物质一起持续产生的辐射，转换为与1988年测得的CMB光谱足够近似的值。

这幅图景的问题在于，射电和微波的大光学深度（在哈勃长度下，$\tau \sim 10$）会阻止对红移 $z \gtrsim 1$ 的射电星系的探测。斯宾拉德等（1985）对《剑桥第三射电源星表修订版》中的射电源进行了光学识别研究，发现了20个红移为 $1.2 \le z \le 2.0$ 的射电源。霍伊尔和维克拉马辛（1988）的图景有可能允许尘埃云偶尔裂开，这将使得来自偶尔出现的高红移射电源的射电辐射通过。但是，斑驳的尘埃会产生混合的热谱，其中一些是穿过裂谷的星光。较热的成分将在CMB频谱中产生一个超发的亚毫米辐射。当时有一些证据表明存在这种效应，如图4.4（以及第4.5.3节的图4.5）所示，但据我所知，1988年未对此进行讨论。两年后，超发现象被证明是系统误差，并且光谱接近热谱，这与多云宇宙中的裂谷概念完全不一致。

对于一个通过物质湮灭产生CMB，然后以比射电源探测获得的红移更大的红移进行热化的模型，空间对微波的透明性将不会成为问题。里斯（1978）提出了一个仔细论证的案例，证明这一过程发生在红移 $z \sim 100$ 处。他指出，如果辐射是在这一早期红移处由大质量或超大质量恒星的核燃烧产生的，那么恒星残留物就可以作为亚光度物质（将在第6章中讨论）。这幅图景能够解释银河系中古老恒星的高氦丰度吗？里斯（1978，37）认为：

> 因此，关于氦和氘的论证是我们了解更早时期的熵和动力学的唯一真正线索。非零的轻子数或非弗里德曼动力学的选项使这个问题复杂化了（前星系天体本身中核合成的不确定性也是如此）。

但是请回想一下，欧德尔、佩恩伯特和金曼（1964）证明了球状星系团 M 15 中氦的丰度高，而较重元素的丰度低。这影响了霍伊尔的思考（见第 4.3.3 节）。如果古老恒星中的氦是与被热化为 CMB 的辐射一起产生的，那么就必须假定无论是什么在湮灭物质产生辐射，都会将氢转化为氦，而产生的重元素却很少，但产生的重元素足够用于生成尘埃来热化辐射。里斯的图景虽然有问题，但是值得在世纪之交之前进行探索。

我提出这些考虑是为了表明，在 1990 年前后，存在热大爆炸宇宙学的替代理论，正如里斯（1978）以及霍伊尔和维克拉马辛（1988）所展示的那样。但是，关于这些替代方案的问题的讨论很少，关于如何解决这些问题的讨论则更少。学界隐含的务实态度是，我们不妨在相对论热大爆炸模型的框架下构建我们的理论和观测结果，因为它看起来很有潜力，而且我们也没有具有类似潜力的替代模型。当然，这种哲学并不是成功的保证，我们可以将其视为霍伊尔、纳里卡、里斯和维克拉马辛提出的更大的观点。

另一种选择是沿着第 3.4 节中考虑的思路建立准稳恒态模型。物质和辐射也许是在爆发中产生的，在这些爆发之间，物质和辐射以与相对论膨胀宇宙相似的方式膨胀和冷却。弗雷德·霍伊尔（1988）在他的回忆录中指出，可以将这种准稳恒态的图景与宇宙暴胀情况进行比较。的确，如果准稳恒态模型中的这种创造性爆发被限制在温度远高于 $10^{10}$ K 的间隔内，并且如果这种创造足够均匀，那么就可以解释 CMB 的热谱、轻元素的丰度，以及所有其他热大爆炸模型，包括早期宇宙中的声学振荡特征（将在第 9 章中讨论）。在现象学上，这将等同于标准的 $\Lambda$CDM 理论。从这个意义上讲，我们可以得出结论，霍伊尔和纳里卡（1966）已经预见到了永恒暴胀哲学的某些要素。

### 4.5.3 亚毫米波异常

由于 CMB 以与统计平衡相差甚远的方式与宇宙的其余部分相互作

用，因此 CMB 的能量强度谱不能完全是热的。但是，由于辐射具有大的热容［公式（4.8）］，因此需要从物质湮灭或引力坍缩中释放大量能量，才能导致热 CMB 谱发生可测量的偏移。如超新星爆发以及活动星系核或类星体中发生的一切这样的剧烈事件，可能对 CMB 强度谱产生了有趣的影响。很难检测对 CMB 谱可能产生的影响，因为波长小于 3.3 mm 的大气辐射要求在气球、火箭和人造卫星等更高的高度测量 CMB，这是一项艰巨的任务。这导致了图 4.4 中绘制为空心三角形的麻烦的数据点。在接下来的 20 年里，这种令人困惑的在毫米波段上偏离热谱的迹象一直存在。

图 4.5 引自松本等（1988），展示了 20 世纪 80 年代末背景强度谱的测量状态。在 100 $\mu$m 波长附近探测到的辐射来自我们银河系中的星际尘埃。它的强度在整个天空中变化，在银河系平面上最大。图右侧的曲线是这种辐射源的模型。松本等（1988）在 1.2 mm 处绘制的数据

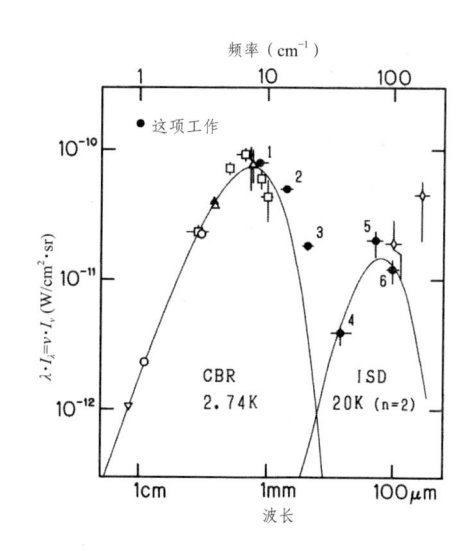

图 4.5 1988 年热谱峰值附近 CMB 强度测量的状态（Matsumoto et al., 1988）。经美国天文学会授权使用

点（标为"1"的实心圆）与左侧曲线绘制的热谱位置接近，后者的温度是根据较长波长处的测量数据拟合得出的。但松本等在标有"2"和"3"的较短波长处的测量值似乎是真正的异常，不能归因于源自尘埃的辐射。

必须认真对待从图 4.4 中的三角形开始的明显偏离热谱的迹象。热等离子体中的电子对 CMB 光子的散射，可能通过第 4.1 节［公式（4.15）］中讨论的苏尼亚耶夫-泽尔多维奇效应将光子转移到了更短的波长（即更高的能量 $h\nu$）。由年轻恒星大量产生并加热的尘埃的辐射可能会沿着第 4.5.2 节中回顾的思路干扰热谱。卡尔（1988）总结了这些想法。达纳斯等（1990）提出了一个更全面的分析。

这些异常现象很有趣，因为它们也许可以指向某些新发现。对于某些人而言，这些异常现象令人沮丧，因为能量大到足以对强度谱产生可察觉的干扰的事件肯定会干扰 CMB 的角分布。而这可能会掩盖更早期的宇宙中发生的事件的特征。（这使我将注意力从 CMB 转移到了对河外天体的空间分布和运动的统计分析上，毕竟，我更擅长这方面的工作。）但事实最终证明，这种异常是气球和火箭上极其困难的测量中的系统误差。要消除这种误差，需要将探测器置于免受大气干扰的高度。例如，在松本等（1988）之后识别出这种系统误差的实验，使伯恩斯坦等（1990）怀疑松本等研究者的实验也存在类似的问题。伯恩斯坦等（1990，111）得出结论："不再有令人信服的证据表明在 2.8 K 黑体峰附近存在过量的流量。"

扫描迈克耳孙傅里叶变换干涉仪的使用帮助解决了这些问题。它由多所学校的研究小组共同开创，这些学校包括英国玛丽皇后学院（Beckman et al.，1972）、美国加利福尼亚大学伯克利分校（Mather，1974）和加拿大不列颠哥伦比亚大学（Gush，1974）。基于这项工作的两个项目最终令人信服地证明，CMB 强度谱非常接近热谱。

### 4.5.4 确定 CMB 热谱

插图 VIII 是独立证实微波辐射海具有热谱的两个团队的照片。

确定热谱的其中一个项目起源于 1974 年 NASA 收到的一个关于宇宙背景辐射卫星的提案。该提案的作者包括：NASA 戈达德太空研究所的约翰·马瑟和帕特里克·萨迪厄斯，麻省理工学院的雷纳·韦斯和德克·穆勒，普林斯顿大学的戴维·威尔金森，NASA 戈达德太空飞行中心的迈克尔·豪瑟和罗伯特·西尔弗伯格。该提案提出了三个实验。差分微波辐射计（Differential Microwave Radiometer, DMR）将搜索热谱峰波长长端处相对本征各向同性 CMB 的偏离。远红外绝对傅里叶变换分光光度计（Far Infrared Absolute Fourier Transform Spectrophotometer, FIRAS）将测量 CMB 强度谱，该谱覆盖图 4.4 中强度峰值附近的波长，并且会特别关注与图 4.5 中所示的热谱的明显偏离。弥散红外背景实验（Diffuse Infrared Background Experiment, DIRBE）将在 1 $\mu m$ 至 300 $\mu m$ 的波段内测量更短波长的辐射能量密度，目的是探测和表征宇宙红外背景（Cosmic Infrared Background, CIB），即来自星光和活动星系核的累积辐射能量密度。在 PPP（第 418—420 页）中，迈克尔·豪瑟回忆了其他研究小组之间的商议，这些小组对 CMB 和 CIB 的探索毫不意外也有类似的想法。将这三个实验结合起来是大胆的举措，但三个实验都成功了。

该卫星被命名为 COBE，是宇宙背景探测器（Cosmic Background Explorer）的缩写。在本部分中，直接相关的是 FIRAS，约翰·马瑟担任项目负责人。他的回忆记录在《第一缕光》（Mather and Boslough, 1996）中。

基本上在同一时间成功测量峰上 CMB 强度谱的另一个项目是由不列颠哥伦比亚大学的赫伯特·古思领导的。他在傅里叶变换干涉仪的其他创造性应用方面经验丰富。他将这项技术应用于气球和火箭上，测量随一天时间变化的大气余辉谱，展现了阳光激发发射线的效应。在马瑟和同事向 NASA 提交提案的那一年，古思（1974）报告了尝试对热峰上

CMB 强度谱进行傅里叶变换光谱仪测量的工作。由于对地球辐射的屏蔽不足，该测试失败了。古思（1974，561）的结论是"必须使用更大的火箭，因为引入更复杂的入口光学器件［以屏蔽地面辐射］将使仪器的物理尺寸大约增加一倍。为此，设计研究正在进行中"。

古思（1981，746）报道了利用 1978 年从马尼托巴省丘吉尔市发射的火箭携带的屏蔽效果良好的光学器件进行的测量。这项实验展示出了用火箭进行测量的风险：

> 首次打开观测门时，获得了预期的信号，但此后不久，突然出现了 1 赫兹频率的扰动，与有效载荷的旋转同步。随后，这一扰动慢慢地衰减了。火箭制造商提供的最新信息表明，扰动是由火箭发动机产生的，由于残留的燃尽后推力，发动机逐渐超过了有效载荷。

仪器视野范围中的火箭发动机影响了对这一测量的解释。马克·哈尔彭和爱德华·维斯诺在 PPP（第 416—418 页）中的回忆提供了有关成功进行 COBRA 火箭飞行的更多细节的信息。

载有 FIRAS 和另外两个实验的 COBE 卫星于 1989 年 11 月从加利福尼亚州的范登堡空军基地发射升空。搭载 COBRA 实验的火箭于 1990 年 1 月 20 日从新墨西哥州的白沙导弹靶场发射。马瑟等（1990）在 5 月发表的第一份结果包括图 4.6 的分图（a）中展示的谱。古思、哈尔彭和维斯诺（1990）在 7 月发表的测量结果包括分图（b）中展示的谱。这两个项目在 1974 年——大约 15 年前——就已经在积极开发中。在短短几个月的时间内，两者都成功展示了普朗克峰上方 CMB 谱的热谱本质。

图 4.6 中的 FIRAS 卫星测量结果是在 9 分钟内完成的。COBRA 火箭飞行则提供了总共 5 分钟的测量时间。两者都证明了我们处于一个非常接近热辐射的微波辐射海中。

戈达德太空飞行中心的艾伦·科格特绘制的图 4.7 总结了 CMB 强

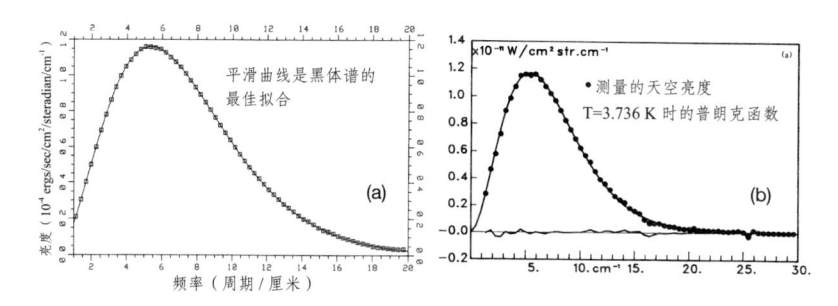

图 4.6 分图（a）和分图（b）分别为 1990 年 FIRAS（Mather et al., 1990）和 COBRA（Gush, Halpern, and Wishnow, 1990）测量的 CMB 强度谱。分图（a）经美国天文学会授权使用，分图（b）经美国物理学会出版社授权使用

度谱的测量结果。（插图 I 展示了以彩色形式印刷的该图，更好地展示了数据的来源。）细虚线曲线是热谱图。峰上的实线展示了 FIRAS 和 COBRA 的测量值。前者更为精确，因为该卫星可以进行多年的测量，从而降低噪声并探索可能的系统误差。图 4.7 中所示的离散频率下的测量结果扩展了数据的频率范围，达到了三个数量级。频谱异常的早期迹象是系统误差。在撰写本书时，没有任何明显的证据表明在可观的广泛频率范围内测得的热频谱有偏离。

除了 CN 吸收线观测值和更长波长处的射电测量值以外，图 4.7 中的数据是在良好控制温度的情况下对校准热源偏离的测量值。这意味着这些测量结果表明 CMB 谱非常接近热平衡时的辐射谱（请注意第 4.1 节中提到的普朗克谱）。

图 4.7 在科学史上应该占据特殊的地位，因为它所展示的简单图形背后蕴含着深远的意义（展示了很不简单的测量结果）。它清楚地表明，我们的宇宙不是永久性的，而是从一种密度足够大、温度足够高，可以使辐射弛豫到热平衡的状态演化而来的。这是自然科学实证范围的深刻延展。同样重要的是，这里展示的证据表明，像恒星爆炸和引力坍缩之类的剧烈事件并没有那么频繁，没有显著干扰频谱。虽然存在一些高能

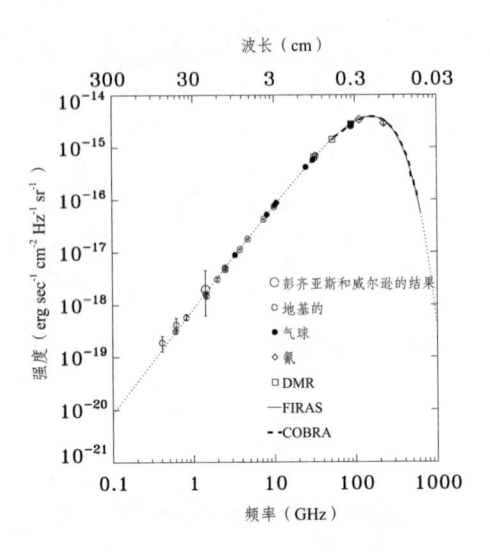

图 4.7 CMB 强度谱的测量值（Alan Kogut，Goddard Space Flight Center）

量的事件，但总的来说，我们的宇宙一直是一个宁静的地方。该图还表明，我们的宇宙不能与绝对的均匀性和各向同性相差太远，否则就会呈现给我们一个足够宽的辐射温度混合体，从而被探测到。

当然，从这一幅图得出的证据范围是有限的。它很好地证明了，随着宇宙的膨胀和冷却，它保留了图 4.7 中所示的热谱形式。这种保留不需要广义相对论。它遵循标准的局域物理学和一个近似均匀且各向同性的时空的度量几何的假定，以及我们的宇宙不是一个剧烈事件频发的地方这一条件。还有其他证据有待审视，这些证据涉及广义相对论。

# 4.6 核合成和重子质量密度

通过比较轻元素稳定同位素的观测丰度和预测丰度，研究者对相对论热大爆炸模型的参数进行了约束，并对理论进行了检验。宇宙膨胀初期的元素形成理论——有时被称为大爆炸核合成理论（BBNS）——在第 3.6.2 节的讨论中有所涉及，该理论的由来在第 4.2 节中进行了概述。在此理论中，当前的重子质量密度 $\rho_{baryon}$ 是一个参数，需要调整以拟合丰度测量结果，但是它被限制在不小于在恒星中观测到的重子质量密度，并且不超过对总质量密度的动力学约束的范围内（包括将在第 7 章中讨论的非重子暗物质）。对 BBNS 的第一个检验是，是否可以在这些限制内调整 $\rho_{baryon}$，以解释那些似乎不太可能在热大爆炸中大量产生的轻元素的观测结果。在 $T \gtrsim 10^9$ K 的辐射下来自中子和质子的核反应链最初由费米和图尔克维奇组装完成并计算反应速率，之后由伽莫夫（1949）以及阿尔法和赫尔曼（1950）报告。更好的核反应数据和功能更强大的计算机使皮伯斯（1966a，b）可以更详细地重新计算到原子量为 4 的结果，而瓦格纳、福勒和霍伊尔（1967）则将计算扩展到了更大原子量的微量丰度。

瓦格纳、福勒和霍伊尔（1967）首次系统地评估了轻元素丰度的观测约束。他们得出的结论是，在早期宇宙中将产生有趣的同位素 $^2$H、$^4$He、$^3$He 和 $^7$Li，但与观测到的 $^3$He（氦的轻同位素）和锂同位素 $^7$Li 的丰度的比较，由于它们在恒星中的产生和破坏而变得复杂。这使得原始氘和氦的丰度可以用于 BBNS 理论的有趣检验。恒星会产生氦并破坏氘，但据目前所知，恒星中氦的产生量不多，而氘的产生量可忽略不计。这可以通过比较重元素丰度较高和较低的星系中氦和氘的丰度来进行检验，假定重元素丰度较低就意味着更低的恒星形成，并且恒星影响轻元素丰度的可能性更小。

图 4.8 展示了瓦格纳（1973）基于 BBNS 计算的轻元素丰度随当前重子质量密度（参数 $\rho_{baryon}$）的变化。自 1966 年和 1967 年计算结果发表以来的几年中，瓦格纳收集了有关核反应截面的更好的信息。

图 4.8 顶部的曲线展示了氦的丰度。它对 $\rho_{baryon}$ 不是很敏感，因为正如我们已经指出的，当元素形成这一过程可以在 $T \sim 10^9$ K 处开始时，

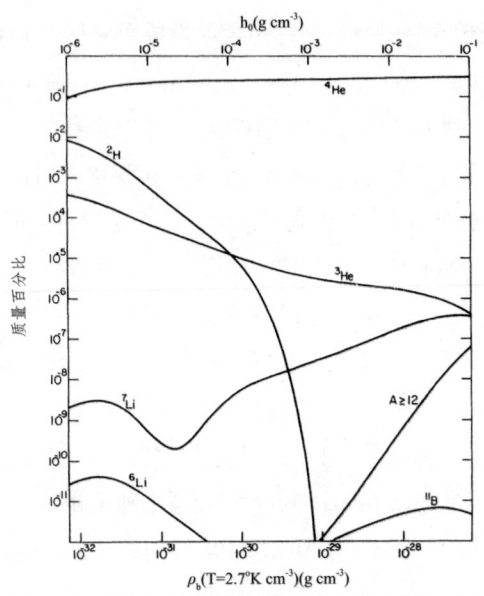

图 4.8 瓦格纳(1973)对作为当前重子质量密度函数的原始同位素丰度的计算。经美国天文学会授权使用

中子与质子的比率接近不依赖于 $\rho_{baryon}$ 的热值。在图中大部分的密度范围内，大多数这些中子最终都会转化成氦。氦的丰度在图的左侧明显较低，那里的质量密度是如此之低，以至于核反应速率足够慢，使得大多数中子都会衰变。与此相关的是，我们在图中看到，在较低的当前密度下，较慢的反应速率会留下较大的残留氘丰度。

瓦格纳(1973, 356)的估计是：

> 目前的证据似乎强烈支持存在一个至少是 $^2$H 和 $^4$He 的原始来源。因此，我们认为它们的前星系质量百分比在 $3\times 10^{-5} \leq X(^2\text{H}) \leq 5\times 10^{-4}$ 和 $0.22 \leq X(^4\text{He}) \leq 0.32$ 的范围内。

第 4.2.1 节回顾了伽莫夫(1948b)的一句话，即"已知氢占全部物质的大约50%"。他没有明确说明，但是大多数剩余的重子预期都应该在氦中，因为阿尔法（1948a）的质量缺口严重地减慢了元素在这之后的积累。因此，我们在图 4.1 的分图（b）中看到，费米和图尔克维奇的计算表明原始氦的质量百分比 $Y$~0.3，氘的质量百分比要小得多，比氦重的元素的含量更少。

表 4.1 列出了三种估算原始氦丰度的方法的应用历史。表中的第一行是试图解释伽莫夫（1948a, b）关于观测到的氦丰度以及他对图 4.1 分图（a）所示的元素丰度演变的 BBNS 计算的思考。该图的分图（b）展示了更完整的费米和图尔克维奇的计算结果，$Y_p$~0.3。

表 4.1 原始氦质量百分比的估计

| 研究者 | 论文发表时间（年） | $Y_p$ | 方法 |
| --- | --- | --- | --- |
| 伽莫夫 | 1948b | 0.4~0.5 | BBNS，天文学 |
| 费米和图尔克维奇 | ~1949 | ~0.3 | BBNS |
| 奥斯特布鲁克和罗杰森 | 1961 | ~0.32 | 天文学 |
| 瓦格纳 | 1973 | 0.22~0.32 | BBNS |
| 博斯加德和施泰格曼 | 1985 | 0.239 ± 0.015 | 天文学 |
| 萨卡尔 | 1996 | 0.25 ± 0.01 | BBNS |
| 帕格尔 | 2000 | 0.23 ± 0.01 | 天文学 |
| 艾威尔、奥利弗和斯基尔曼 | 2015 | 0.246 ± 0.010 | 天文学 |
| 艾威尔、奥利弗和斯基尔曼 | 2015 | 0.2485 ± 0.0002 | BBNS |
| 小松等 | 2011 | 0.33 ± 0.08 | CMB 各向异性 |
| 普朗克合作项目 | 2018 | 0.241 ± 0.025 | CMB 各向异性 |

该表列出了奥斯特布鲁克和罗杰森（1961）、博斯加德和斯泰格曼（1985）、帕格尔（2000）以及艾威尔、奥利弗和斯基尔曼（2015）所考虑的天文学证据。在对恒星中产生的氦进行适度校正后（从观测到的氦与重元素的丰度的相关性得出），结果在原始氦质量百分比 $Y_p$~0.25 附近。这些后来的测量值接近费米和图尔克维奇的计算结果，与伽莫夫所考虑的想法相距不远。我认为这是他令人印象深刻的直觉的一个例子。

表 4.1 中标记为"BBNS"的最后两个条目采用了表 4.2 中的重子密度（Sarkar，1996；Aver，Olive，and Skillman，2015）。在 BBNS 理论中，氦的丰度与重子质量密度相关。图 4.8 展示了大爆炸中产生的预测氦丰度对重子质量密度的适度敏感性。两个表中都展示了 BBNS 的结果，以与两种截然不同的观测情况进行比较，在表 4.1 中是通过天文学技术对氦丰度的测量。我们看到它们之间有相当程度的一致性。

表 4.1 中底部的两个条目来自另一种通过不同方式观察到的现象：调整 ΛCDM 宇宙学模型中的参数，以拟合早期宇宙中耦合重子和辐射的声学振荡引起的 CMB 余迹角分布模式（见第 5.1.3 节）。氦的丰度以及重子质量密度决定了耦合等离子体和辐射流体中的声速，从而决定了各向异性模式。该表展示了小松等（2011）首次探测到的氦的约束结果，这些结果是通过对威尔金森微波各向异性探测器（Wilkinson Microwave Anisotropy Probe，WMAP）7 年的测量结果以及其他 CMB 各向异性数据进行分析得出的。[1] 最后一行中更严格的测量结果来自普朗克合作项目（2018）对普朗克卫星全任务测量结果的分析。

我们已经提到过通过独立的现象确定参数约束一致性的重要性，这一点值得重复。在这里，基于红移 $z\sim10^9$ 时 BBNS 的 ΛCDM 理论，在 $z\gtrsim10^3$ 时产生的 CMB 各向异性的 ΛCDM 理论以及在 $z\sim0$ 时的天文学观测值，我们对原始氦质量百分比相当一致的约束。

图 4.8 展示了氘 $^2H$ 的预测丰度对重子质量密度 $\rho_{baryon}$ 的显著敏感性。这种敏感性，以及恒星预期产生的氘的量少得可以忽略不计，使得氘的丰度成为重子质量密度的一个有趣的探测指标。表 4.2 展示了其应用历史。其中一些研究考虑了其他同位素，但原始的氘丰度是重要的约束因

---

[1] MAP 卫星被重新命名为威尔金森微波各向异性探测器，以纪念戴维·威尔金森在生前对这一科学领域的卓越贡献。WMAP 的合作单位包括布朗大学、芝加哥大学、NASA/戈达德太空飞行中心、普林斯顿大学、加利福尼亚大学洛杉矶分校、不列颠哥伦比亚大学，这是 NASA/戈达德太空飞行中心与普林斯顿大学之间的合作项目。

素。氚丰度测量值在第二栏中列为氚原子与氢原子的数密度之比 D/H。BBNS 理论在给定 D/H 的情况下预测了重子质量密度的当前值。该质量密度用宇宙学参数的组合 $\Omega_{baryon}h^2$ 表示 [ 如公式（3.13）和（3.15）所示 ]。

地球的氚丰度在 20 世纪 60 年代就已为人所知，但对其解释却很复杂，因为它可能受到化学分馏的影响，这种分馏会根据温度优先捕获质量更大的氚。瓦格纳、福勒和霍伊尔（1967）提出，不妨忽略这种复杂性，将地球和陨石中的丰度大致视作原始丰度。其结果记录于表 4.2 的第一行。

表 4.2  平均重子质量密度

| 研究出处 | $10^5$D/H | $\Omega_{baryon}h^2$ |
| --- | --- | --- |
| 瓦格纳、福勒和霍伊尔（1967） | 10 | 0.01 |
| 瓦格纳（1973） | 2~35 | 0.004 ~ 0.02 |
| 里夫斯等（1973） | 5 ± 2 | 0.015 ± 0.005 |
| 戈特等（1974） | 0.7~3 | 0.03 ± 0.01 |
| 杨等（1979） | ≥2 | ≤0.025 |
| 博斯加德和斯泰格曼（1985） | 1.6~4 | 0.03 ± 0.01 |
| 伯尔斯和泰特勒（1998） | 3.40 ± 0.25 | 0.019 ± 0.001 |
| 柯克曼等（2003） | $2.78^{+0.44}_{-0.38}$ | 0.021 ± 0.002 |
| 库克（2016） | 2.55 ± 0.03 | 0.0216 ± 0.0002 |
| 斯佩格尔等（2003），WMAP 第一年 | — | 0.0224 ± 0.0009 |
| 普朗克合作项目（2018），全任务 | — | 0.0224 ± 0.0001 |

瓦格纳（1973）对氚丰度的合理值进行了估算，得出了第二行的重子密度范围。他将其与夏皮罗（1971）对星系发光部分平均质量密度的估计值进行了比较：

$$\begin{aligned} \rho_{baryon} &= (0.8 \sim 5) \times 10^{-31}\,\text{g cm}^{-3} \quad \text{瓦格纳（1973）} \\ \rho_m &= 2 \times 10^{-31} h^2\,\text{g cm}^{-3} \quad \text{夏皮罗（1971）} \end{aligned} \quad (4.35)$$

夏皮罗改进了光度密度的测量，但是从光度到质量的转换仍然存在不确定性，尚需对星系外的重子进行修正，后来的非重子暗物质问题使情况变得更加复杂。但是，在历史的这一点上，这些都是相对微小的细节。我们应该再次停下来，赞叹一下在宇宙膨胀初期应用这一核反应理论与星系计数结果以及通过引力束缚其恒星所需的星系质量之间的大致一致性。值得不断重复的是，尽管在这种情况下这些验证是相当近似的，它们仍是证明该理论正确的证据。

表4.2中的第三项来自里夫斯等（1973, 918, 927），使用了一种"基于分子平衡效应和太阳风 $^3He/^4He$ 比"的氘丰度，这是一种精密的技术。他们使用瓦格纳（1973）的BBNS计算结果，并得出结论："建议的通用密度为 $\rho \approx 3 \pm 1 \times 10^{-31}$ g cm$^{-3}$（$L_e=0$），该值完全在观测限制范围内，但小于封闭宇宙所需的临界密度。"

条件 $L_e=0$ 意味着轻子数密度被假定为足够小，以至于在第4.3.2节中讨论的中微子简并性的影响可忽略不计。我们再次看到对质量密度是否大到足以闭合宇宙的兴趣。在当时讨论的哈勃参数的最小值 $h\sim0.5$，重子密度不会比临界值 $\Omega_m=1$ 的十分之一大太多。

表4.2中来自戈特等（1974）的条目我们将在第3.6节中进行讨论。杨等（1979）引用了证据，表明沿不同视线的星际物质中氘相对于氢的丰度变化很大。这可能是测量误差，但是杨等认为这可能是恒星中氘的可变破坏的标志。因此，他们只给D/H分配了一个下限，并由此得出了重子密度的相应上限。

博斯加德和斯泰格曼（1985）回顾了许多可能偏离皮伯斯（1966a, b）以及瓦格纳、福勒和霍伊尔（1967）所考虑的简单标准BBNS理论的想法。其中一些可能与比 $\Lambda$CDM 更好的宇宙学有关，但迄今为止尚无证据。在回顾这些想法之前，让我们先考虑一下后来的测量进展。

1993年，夏威夷冒纳凯阿火山上的凯克10米望远镜开始进行天文观测，这使研究者可以测量红移 $z\sim3$，并且恰好位于更高红移的背景类星体的视线方向的星系的氢和氘的吸收线（Songaila et al., 1994;

Burles and Tytler，1998）。由于氘的质量更大，氘的莱曼系列共振谱线移至比氢谱线短的波长。罗杰森和约克（1973）在相对较近的恒星光谱中探测星际氘吸收线是一项重要的进步（见第 3.6.2 节），但恒星循环对银河系中星际氘的丰度有着不确定的影响。泰特勒、范和伯尔斯（1996）报告在一个红移 $z=3.57$ 的天体中清楚地探测到了氢和氘的莱曼系列吸收线。该天体的高红移以及较重元素的低丰度表明，这是一个年轻的系统，在该系统中，恒星才刚刚开始形成元素，还没有时间减少氘的丰度。作者（Tytler, Fan, and Burles, 1996, 207）得出的结论是："我们计算出的重子密度为闭合宇宙所需的临界密度的 5%。"

表 4.2 中展示了伯尔斯和泰特勒（1998）类似的测量结果。柯克曼等（2003）的测量结果展示了第 9 章介绍的宇宙学革命结束时的情况。表中库克等（2016）在革命后报告的测量结果是气体云在红移 $z=2.85$ 时产生的氢和氘的莱曼系列吸收谱线，其中重元素的丰度特别低，这表明氘的丰度特别接近于原初水平。

表 4.2 中最后两个条目是通过拟合 $\Lambda$CDM 宇宙学模型的参数与 CMB 各向异性的模式得出的。正如表 4.1 的最后两个条目所提到的，这取决于耦合的等离子体和辐射的声（压强）振荡的速度，而这又取决于表 4.1 所示的氦丰度和表 4.2 的最后两行中记录的重子质量密度。第一个来自第一年的 WMAP CMB 各向异性测量（Spergel et al., 2003），第二个来自普朗克卫星的全任务各向异性测量（Planck Collaboration, 2018）。

在测量误差的标记范围内（误差已经变得非常小），我们从氘和氦的天文学观测以及以完全不同的方式分析的 CMB 测量结果中看到了一致的结果。对 BBNS 的另一项检验来自星系团的重子质量百分比。表 3.2 的第 26 行和 27 行中记录了以下结果：宇宙平均质量密度的估计值（基于星系团包含接近公平的重子与非重子物质比率的样本的假定），以及从 BBNS 拟合氘丰度得出的重子质量密度。它们与总物质密度的动力学估算并不矛盾。当时，许多人认为动力学估算可能偏低，因为质量密度似乎可能是爱因斯坦-德西特值。现在回过头来看，我们发现星系团重子质量百分比与基于氘观测的BBNS预测结果的一致性，为热大爆炸模型提供了额外的证据。

我们应该注意到在这个相对简单的BBNS故事中可能出现的复杂情况。在20世纪70年代后期，已知有两个轻子家族，第三个家族（τ家族）的证据正在出现。当时需要考虑的是更多种类的中微子对BBNS的影响。某个中微子家族的热海有没有可能是简并的或者接近简并的？这在20世纪60年代是一个重要的问题，当时学界仍在争论来自热大爆炸的热辐射的想法（第4.3.3节），并且这一问题至今还在讨论中（例如Simha and Steigman，2008）。当宇宙仅膨胀几分钟时，物理学的参数会有所不同吗？迪克对这个想法的着迷前文已有所讨论。迪克（1968）证明，如果引力的强度以他预期的速度变化，那么早期宇宙的膨胀速度将太快而无法产生大量的氦和氘。杨等（1979）重新考虑了这个问题。早期宇宙中的重子会不会以块状形式产生，从而产生空间上不均匀的重子与光子数比率？或者，早期宇宙中的一阶相变是否可能以不均匀的方式沉积了不可逆的相变的熵？在这样的条件下，早期宇宙中产生的轻元素丰度是否与观测到的丰度相符，并允许平均重子密度大到足以使宇宙闭合？如果不是这样，原始的重子不均匀性是否至少可以提供与均匀核合成不同的可观测特征？早期的相关思考包括吉斯勒、哈里森和里斯（1974），阿普尔盖特和霍根（1985），以及阿尔科克、福勒和马修斯（1987）的文献内容。通过探索块状重子分布的参数空间，吉达姆齐克等（1994）提出了一个简单的假说：标准的初始均匀重子海可能伴有紧实的重子包层，其中可能会产生不同大小的轻元素同位素丰度，也许还会伴随着有趣数量的重元素。来自致密区域的同位素可能是可观测的并且有趣的，或者在与观测结果明显冲突的地方，可以假定它们被隔离在了星系致密的中心质量中。

这些都是严肃的考量。到目前为止，还没有一种被证明能有效改善理论与测量结果的契合程度，但随着测试越来越严格，这种情况肯定有可能发生。目前，我们基于三种完全不同的现象得出的 $\rho_{baryon}$ 的测量值具有合理程度的一致性。这三种现象是轻元素丰度，CMB 的各向异性模式，以及星系团的重子质量百分比。尽管我们设想的可能发生的事情很复杂，但大自然似乎采取了一种简单的方法来产生轻元素。

## 4.7 热大爆炸宇宙学为什么会重生？

20 世纪 40 年代后期，伽莫夫提出了三个引发持久兴趣的想法。第一个想法是通过中子俘获来形成元素。伽莫夫和克里奇菲尔德（1949）提出了这一理论，伽莫夫的研究生拉尔夫·阿尔法开展了计算，天文学家将其添加到了恒星元素形成的标准模型中：相对于核 β 衰变率的慢速中子俘获过程（s-过程）和快速中子俘获过程（r-过程）。第二个想法是伽莫夫对星系形成物理学的描述，在第 5 章中进行了回顾。第三个想法是伽莫夫（1948a）直观但物理上合理的理论，即在宇宙膨胀的早期阶段，热辐射在决定轻元素的形成何时开始方面发挥了作用。如第 4.2.1 节所述。

这些开创性的思想并未产生很大的影响。这一点通过伽莫夫（1948a，b）两篇奠定这些基本思想的论文的引用情况可以看出来。表 4.3 列出了 1966 年或更早发表，收录在 NASA 的天体物理学数据系统中的这两篇论文的所有引用论文，但排除了伽莫夫小组的引用论文。我还统计到 1967 年发表了 9 篇伽莫夫（1948a，b）论文的引用论文。其中 5 篇来自普林斯顿大学，但另 4 篇表明其他人也注意到了这些工作。

表 4.3　伽莫夫 1948 年论文的引用情况，截至 1966 年

| 年份 | 作者 | 论文标题 |
| --- | --- | --- |
| 1949 | 迈耶和特勒 | On the Origin of the Elements |
| 1950 | 特尔·哈尔 | Cosmogonical Problems and Stellar Energy |
| 1961 | 克莱顿等 | Neutron Capture Chains in Heavy Element Synthesis |
| 1965 | 皮伯斯 | The Black-Body Radiation Content of the Universe and the Formation of Galaxies |
| 1965 | 斯米尔诺夫 | Hydrogen and $He^4$ Formation in the Prestellar Gamow Universe |
| 1966 | 戴维森和纳里卡 | Cosmological Models and Their Observational Validation |
| 1966a, b | 皮伯斯 | Primordial Helium Abundance and the Primordial Fireball |

截至 1966 年，并且排除自我引用，阿尔法、贝特和伽莫夫（1948）的论文被引用了 18 次。尽管这篇论文是错误的，我们也可以将其引用次数添加到表 4.3 中，以衡量伽莫夫的论文的影响力。另外，数据系统提醒我们，其收录的引用不一定完整。实际上，迪克等（1965）提到了阿尔法、贝特和伽莫夫的论文，而数据系统却遗漏了它。尽管如此，引用总数仍然不多。

除了阿尔法（1948a，b）和伽莫夫（1949）的论文外，我直到很久以后才在文献中发现有人注意到了引用较多的阿尔法、贝特和伽莫夫的论文（见第 4.2.3 节）的计算存在问题。未能认识到这一点的还包括迪克等（1965）关于贝尔实验室的天线温度过高是因为早期热宇宙的热辐射残留的论文。我直到很久以后才认真审视了阿尔法、贝特和伽莫夫（1948）的论文，给予了它应得的关注。表 4.3 中斯米尔诺夫 1965 年的论文来自泽尔多维奇的莫斯科小组。泽尔多维奇当时已经对大爆炸宇宙学产生了兴趣，完全独立于普林斯顿大学的小组，而且也考虑了伽莫夫的开拓性贡献。但是我没有发现有迹象表明莫斯科小组检视过阿尔法、贝特和伽莫夫（1948）的论文。表 4.3 中我在 1965 年发表的论文是关于星系形成的。在这一点上，我们更容易看出伽莫夫走对了路。

伽莫夫、阿尔法和赫尔曼20世纪40年代后期进行的研究被一些人记住了，但很少被引用，并且直到这些想法被重新提出来后才接受了严格的检验。我认为这是20世纪60年代后期之前宇宙学研究水平不高的结果，而这又是该学科数据匮乏的本质的结果。其他研究领域为实证研究提供了更丰富的基础，能检验并刺激理论驱动的物理学进展。20世纪50年代的宇宙学当然是一门真正的物理科学。它有理论，有观测也有旨在改进这两者的研究方向。但是研究的步伐极其缓慢，使人们有足够的时间忽视之前的成果。

# 第 5 章

# 宇宙结构如何增长

宇宙结构——星系、其空间成团以及它们的内部构成——的形成是如何在较小的尺度上打破观测到的宇宙大尺度均匀性的？这些思想一部分来自第 5.1 节将回顾的引力物理学，一部分来自观测，当然也有一部分来自根据直觉和经验似乎正确和合理的非实证性评估。引力将星系聚集在一起，因此通过重新排布原始质量分布，引力在星系聚合中也发挥了重要作用，这似乎是合理的。非引力应力，例如由辐射和磁场产生的应力，一定也很重要，因为它们被观测到在重新排布星系中的物质。但是这些想法也给我们留下了相当大的自由度，可以调整初始条件，并在需要推进故事时引入引力之外的动力学因素。这一章回顾了导致 20 世纪 80 年代初这一局面的各种想法的丰富性和混乱性。那时，第 6 章中讨论的天文学家们的亚光度物质和第 7 章中讨论的粒子物理学家们的非重子物质帮助我们厘清了这里回顾的许多想法，并揭示了一条通往一个得到充分支持的相对论宇宙学模型的道路。

关于大爆炸宇宙学中星系如何形成的理论必须提供一个物理上一致的图景，来解释宇宙结构是如何从膨胀早期非常不同的条件下演化而来的。1948 年稳恒态宇宙学中没有考虑这一点，所以对结构形成的考虑必须有所不同。戈尔德和霍伊尔（1959）考虑了这样一种想法，即连续不断产生的物质可能足够热，而热不稳定。也就是说，一个新产生的物质的密度比平均密度稍大的区域的辐射和冷却速度可能比平均速度更快，从而产生压强梯度，将更多的物质推入更高密度的区域。戈尔德和霍伊尔提出，不断产生的中子将通过其衰变能量，以足够热的等离子体填充空间，从而产生有趣的热不稳定性。但是古尔德和伯比奇（1963）指出，这种热等离子体产生的韧致辐射将超过测量到的 X 射线背景。热不稳定性在天体物理学中很重要（Field, 1965），但在星系大小的质量聚集的形成中似乎不重要。夏默（1955）提出，在稳恒态宇宙学中，星系相对于哈勃流的运动会产生尾迹，这是由星系质量的引力引起的。新创造的物质落入尾迹后可能坍缩形成年轻的星系。哈维特（1961）认为该效应太弱而无法产生新的星系，但他指出，可以假定持续产生的物质足够不均匀，形成了局部的斑块，进而产生足够致密的物质团，足以让引力将其聚集在一起，形成星系。

我们看到，1948 年稳恒态宇宙学的描述非常简单，使其成为一些宇宙学检验的理想目标，但它不适合对宇宙结构如何形成进行有用的约束分析。相对论性的弗里德曼-勒梅特宇宙学与 1948 年稳恒态宇宙学一样，也需要对理论进行补充以解释星系的存在。在前者中，可能是不均匀的连续创造；在后者中，则可能是原初的时空曲率起伏。这意味着这两种宇宙学都是不完备的。当然，这也不能证明它们是错误的。本章的主题是我们如何学会接受需要规定标准宇宙学的初始条件这一点。

在相对论宇宙学中，引力减缓了宇宙的膨胀。在局部质量密度略高于平均值的区域中，物质的膨胀率会在引力的作用下以略高于平均值的速度减慢。这最终可能会阻止过密区域的膨胀，使物质沉积为引力束缚的天体，我们可以想象这些天体最终会成为星系。简而言之，相对论性膨胀的宇宙对偏离均匀质量分布的增长是引力不稳定的——前提是平均质量密度不太小，辐射压和爱因斯坦的宇宙学常数不太大。

这种引力不稳定性具有不同于流体流的特征，这导致了早期的困惑。在某些人看来，这种引力不稳定性似乎太弱而无法发挥作用。在另一些人看来，旋涡星系的图像提示了原始湍流的化石涡流，而不是简单的引力作用。对大质量恒星、超新星和引力坍缩释放出的能量导致的星系风的观测引发了这样的想法：早期的一代种子（也许是恒星）可能引发了一级级的爆炸，从而推动了更大尺度的结构形成。凝聚态物理学和粒子物理学则为我们提供了另一个想法：宇宙弦或其他场缺陷的自发形成可能破坏了最初完全均匀的宇宙的对称性，并触发了结构的形成。这些概念的优缺点的物理和观测基础是本章的主题。

## 5.1 引力不稳定性的图景

在引力不稳定性的图景中，星系中质量聚集的增长是不断膨胀的、最初非常接近均匀的宇宙中的物质的引力导致的。这是一个没有边缘的宇宙。在爱因斯坦之前，这个想法存在一些概念上的问题。埃德蒙·哈雷（1720，22）写道：

> 如果这个世界的系统是有限的，虽然从未如此扩展，但它仍然不会占据无限空间的任何部分，空间无限必然而且显然是存在的。因此，整个世界将被无限的虚空所包围，表面的恒星将被吸引向中心附近的恒星。但是如果整个宇宙是无限的，那么它的所有部分就大致处于平衡状态，因此每一个固定的恒星被相反的力所吸引，将保持它的位置；或者移动，直到某个时刻，从这样的平衡找到它的安身之地；因此，也许有些人会认为，固定恒星球的无限性不是一个非常不可靠的假定。

艾萨克·牛顿对这种平衡是否稳定似乎有不同的看法。牛顿在 1692 年 1 月 17 日给神学家理查德·本特利的信中写道（根据牛津牛顿计划的规范化文本)："更难的是，要假定无限空间中的所有粒子都如此精确地相互平衡，在完美的平衡中保持静止。"

詹姆斯·金斯（1902）在分析各种情况下的引力物质分布的稳定性时考虑了这个问题（当然，在是牛顿力学的框架下）。金斯和哈雷一起指出，如果分布是有界的，仅填充部分空间，而压强不能阻止空间分布，那么引力将导致最初静态的分布向其质心塌陷。但是，如果几乎均匀的物质分布充满整个无限空间，就无法定义质心，也无法定义由该无限分布产生的引力加速度的方向。金斯进一步发展了牛顿的观点：论证了对完全均匀性的微小局部偏离是不稳定的。

让我们用更现代的符号来审视金斯的论证。设平均质量密度为常数 $\rho_m$，并将质量密度表示为位置 $\vec{x}$ 和时间 $t$ 的函数，即 $\rho(\vec{x},t)$。均值的相对偏离（密度比）定义为：

$$\delta(\vec{x},t) = \frac{\rho(\vec{x},t)}{\rho_m} - 1 \qquad (5.1)$$

不难检验金斯的结论，即在这种几乎静态的无边界的均匀质量分布中，如果密度比 $\delta$ 足够小，可以用线性扰动理论进行处理，并且假定可以忽略物质压强，那么密度比会按照以下关系增加：

$$\delta \propto e^{\pm t/\tau}, \quad \tau = (4\pi G \rho_m)^{-1/2} \qquad (5.2)$$

指数中带有正号的解表明情况是不稳定的：对精确静态均匀性的微小偏离会在特征指数增长时间 $\tau$ 的几倍时长内变得很大。

金斯的计算有时被称为一种"骗局"，因为很难将充满无限空间的近乎均匀分布的引力质量图景融入牛顿物理学中。但这是一个很好的直觉的例子。爱因斯坦（1917）的静态宇宙在公式（5.2）给出的时标上是指数不稳定的。

爱因斯坦展示了近乎均匀的无界的物质分布的图景如何很好地融入相对论宇宙学。金斯的牛顿力学计算也很容易被用于描述相对论性膨胀的低压物质宇宙中均匀性的扰动偏离。这是因为当相对速度远小于光速并且感兴趣区域的时空偏离平坦的牛顿几何较小时，牛顿力学是广义相对论的极限情况。特别是，我们的宇宙被假定为接近均匀，因此我们可以考虑与哈勃长度 $H_0^{-1}$ 相比较小的一部分的行为。然后，如果压强很小，$p \ll \rho c^2$，牛顿力学就是一个很好的近似。这就是为什么麦克雷和米尔恩（1934）可以使用牛顿力学导出描述宇宙整体膨胀的弗里德曼-勒梅特方程（见第 3.2 节），而邦纳（1957）可以在不借助广义相对论的完整机制的情况下，找出描述膨胀宇宙中偏离完全均匀性的演化的理论。当然，该方法受其假定的限制。我们需要进一步研究广义相对论，才能理解早期宇宙被辐射质量（即 CMB）主导时的预测行为。

爱因斯坦宇宙静态模型的不稳定性首先从勒梅特（1927）的膨胀宇宙解中显现出来，该解可以渐近地追溯到爱因斯坦（1917）很早之前的静态解。也就是说，勒梅特的解代表了对爱因斯坦解的均匀扰动的演化。另一个方向（即密度更大的方向）的轻微均匀扰动会导致爱因斯坦的宇宙坍缩。

爱丁顿（1930，670）从略微不同的角度审视了这个问题：

> 显然，爱因斯坦的世界是不稳定的。初始的微小扰动可以在没有超自然干扰的情况下发生。如果我们从一个均匀弥散的星云开始，这个星云（由于普通的引力不稳定性）逐渐凝结成星系，那么实际质量可能不会改变，但是在应用严格均匀分布的公式时，使用的等效质量必须稍加调整。这种演化过程似乎很有可能始于宇宙的膨胀。

目前尚不清楚爱丁顿所说的"普通的引力不稳定性"是什么意思。也许他想到了金斯的分析，或者只是直觉上认为引力倾向于将物质吸引到一起。

勒梅特［1933c，公式（3）］发现，在线性扰动理论中，假定压强、空间曲率和宇宙学常数都可以忽略，公式（5.1）中定义的膨胀宇宙中的质量密度比按照以下关系增加：

$$\delta(x, t) \propto t^{2/3} \quad (5.3)$$

这个结果是基于他对弗里德曼-勒梅特方程在零压强和球对称情况下的解析解（Lemaître, 1933b）。利夫希茨（1946）在广义相对论的线性扰动分析中发现了没有假定球对称情况下的结果。邦纳（1957）在牛顿极限中发现了这个结果。

在静态情况下，质量密度提供了公式（5.2）中描述偏离均匀性指数增长的特征时标 $(4\pi G\rho_m)^{-1/2}$。在黏度可忽略不计的流体动力学中，偏离层流的指数增长也有一个特征性的时标。但是表达式（5.3）中的质量密度比 $\delta$ 的变化不可能是指数级的，因为在这种情况下没有时标。如果我们知道在这种情况下 $\delta$ 是时间的函数，那么我们就知道该函数必须遵循幂律（或幂律之和）。

关于块状宇宙形成的引力不稳定性图景，有三个方面引起了早期的疑虑。第一个是利夫希茨证明，在广义相对论中，表达式（5.3）表示的质量密度扰动伴随着对时空曲率的几乎恒定的扰动。值得停下来考虑一下这是如何发生的。在一个物质密度相对平均值 $\rho_m$ 的偏离为 $\delta$［公式（5.1）］，物理尺寸为 $r$ 的区域中，超过均匀性的质量为 $\delta M \sim \rho_m \delta r^3$。该过剩质量每单位质量的牛顿引力势为：

$$\phi \sim G\delta M/r \sim G\rho_m r^2 \delta \sim 常数 \quad (5.4)$$

在这一膨胀模型中，该区域的半径随着 $r \propto a(t)$ 的增加而增加，平均质量密度随着 $\rho_m \propto a(t)^{-3}$ 的减小而减小。在爱因斯坦-德西特模型中，膨胀

参数随 $a(t) \propto t^{2/3}$ 的变化而变化，从表达式（5.3）可以看出，密度比随着 $\delta \propto a(t)$ 的增加而增加。这些关系的组合表明，随着 $\delta$ 的增大，引力势 $\phi$ 保持恒定。在广义相对论中，这种恒定的引力势转化为对时空曲率的恒定扰动。第 5.1.1 节将讨论阐释这种情况的勒梅特对爱因斯坦方程的解析解。

除了中子星和黑洞以外，我们宇宙中观测到的引力势 $\phi$ 很小。例如，内部速度弥散为 $v \sim 300 \text{ km s}^{-1}$ 的大星系，具有无量纲的引力势 $\phi \sim (v/c)^2 \sim 10^{-6}$。这也已经达到了牛顿极限，我们可以将因该星系中的质量聚集引起的 $\phi$ 值视为时空的凹痕。但是，即使在任意早的时刻 $t$（只要该时刻标准模型还适用）对将形成星系的质量分布的扰动 $\delta$ 任意小，时空还是会留下几乎永久的对绝对均匀性的原始偏离的特征：凹痕。在世纪之交经过了充分检验的这一理论中，星系实际上是作为时空的凹痕而嵌入膨胀宇宙的初始状态中的。皮伯斯（1967a）对这种情况进行了早期讨论。

在结构形成名义上的扰动引力不稳定图景中，即使是很小的凹痕也似乎是不合理的。该图景从数值模拟获得了可信度，数值模拟显示出均匀性的微小偏离如何会发展成团块状的物质，这似乎提示了一种观测星系性质及其团块状空间分布的方法。在 20 世纪 80 年代初期，宇宙暴胀最终为凹痕的来源提供了一个优雅的解释：在早期宇宙近乎指数膨胀的阶段，量子零点模式将被压缩为经典曲率起伏。

引力不稳定性图景第二个令人困扰的方面是，与低黏度流体的层流不稳定性相比，其特性有相当大的差异。从层流发展出的湍流可以说导致流体"忘记"了其初始条件：最初在相空间中非常接近的流体元素会以指数级的速度分离。表达式（5.3）中密度比的幂律演化不具有此特征：请回想一下凹痕。这意味着已建立的 $\Lambda$CDM 宇宙学必须包括指定初始条件细节的参数。调整初始条件以适应所观测到的情况的自由可能只是调整理论以适应任何想要的结果。因此，重要的是要有足够的独立约束来排除这种解释，这一点将在第 9 章中讨论。原始条件记忆的积极结果是,既定的初始条件为我们提供了从更早期宇宙(即在 $\Lambda$CDM 理论成为有用的近似之前)遗留下来的化石。

利夫希茨(1946)指出了结构形成的引力不稳定性图景的第三个看起来令人不安的方面。他估计,在以非相对论物质为主的爱因斯坦-德西特模型宇宙中,从宇宙平均质量密度是原子核内的密度的时期到现在(平均密度为 $\sim 10^{-30}$ g cm$^{-3}$),质量密度比 $\delta \propto t^{2/3}$ 的增长因子约为 $10^{15}$。但是在银河系这样的大星系中,有 $N \sim 10^{68}$ 个质子和中子。如果核子最初随机地均匀分布,那么初始密度比将为 $\delta_i \sim N^{-1/2} \sim 10^{-34}$。这个数字乘以约 $10^{15}$ 的增长因子仍然只是一个相对于均匀性的微小偏离,而不是星系中观察到的明显的质量聚集。

利夫希茨(1946,116)得出的结论是,对膨胀宇宙中质量分布的扰动"如此缓慢地增加,以至于它们不能充当分离的星云或恒星的形成中心"。邦纳(1957)通过相同的论证得出了相同的结论。霍金(1966,550)重申了邦纳的结论,并补充说:"要解释演化宇宙中的星系,我们必须假定存在有限的、非统计的初始不均匀性。"

泽尔多维奇(1962b,1965)提出了相同的观点,并且在第二篇论文中补充说,以 $\delta_i \sim N^{-1/2}$ 的起伏为开始是不合理的。这将需要一个任意选择的开始时间。那么,为什么非要采用这种初始条件呢?尽管如此,泽尔多维奇还是强调了理解利夫希茨的分析所要求的原始时空曲率起伏的起源的困难。

乔治·勒梅特提出了解决此问题的一种方法。勒梅特(1931d,1934)在论文中提出,质量密度、空间曲率和宇宙学常数可能恰好使宇宙从高密度膨胀,然后经过一个时期,在这个时期中,宇宙"悬停"在接近爱因斯坦静态解的条件下(如第3.6节所述)。然后,宇宙将返回由宇宙学常数驱动的接近指数级的膨胀。"悬停解"近似于1927年的原始解,但在原始解中,膨胀可追溯到爱因斯坦的静态宇宙,而悬停解则可追溯到勒梅特的原始原子或大爆炸的膨胀。它需要精确的参数平

插图 I

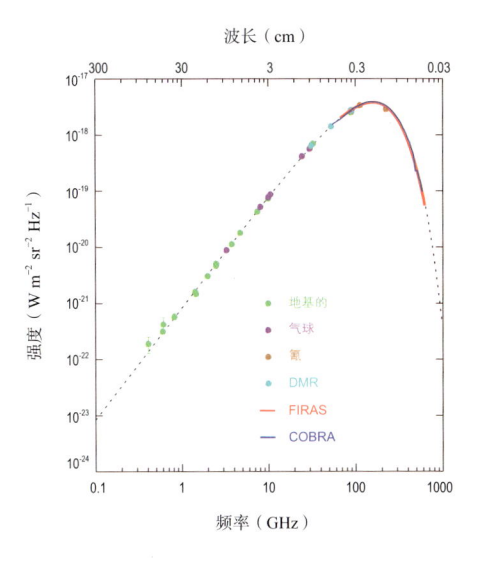

第 213 页中讨论的 CMB 强度谱的测量结果（Alan Kogut，Goddard Space Flight Center）

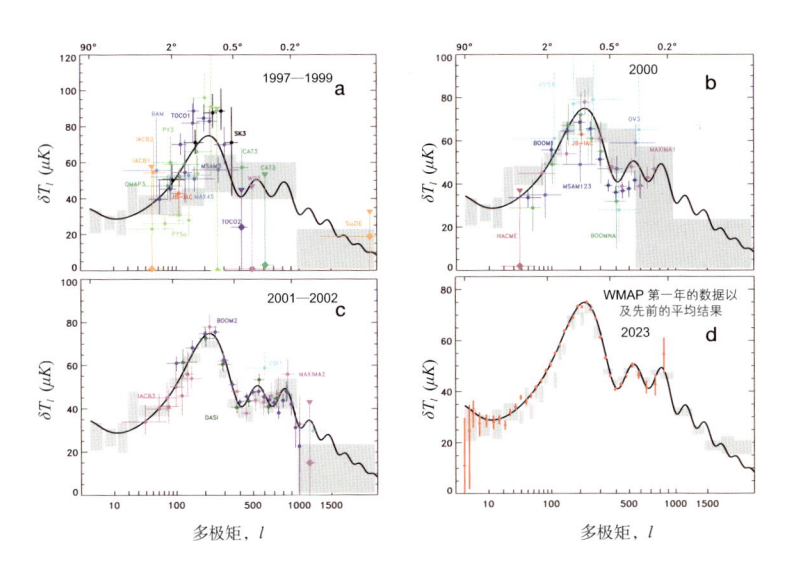

第 411 页讨论的 CMB 温度各向异性功率谱的测量进展（Peebles，Page，and Partridge，2009）。通过 PLSclear 经剑桥大学出版社授权使用

插图 II

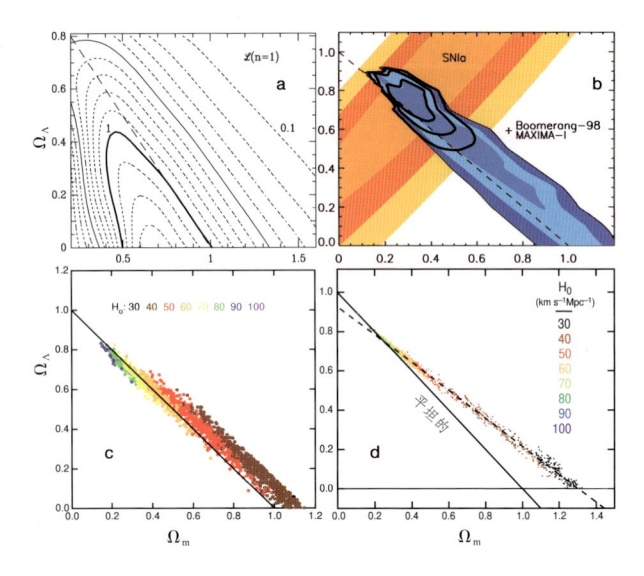

第 412 页描述的通过 CMB 各向异性测量约束 ΛCDM 模型参数的进展。分图（a）展示了 1997 年的情况（Bunn and White，1997）；分图（b）展示了 2001 年的情况（Jaffe et al.，2001）；分图（c）展示了 2002 年 WMAP 观测数据之前的情况（Wright，2019）；分图（d）展示了 2007 年的情况（Spergel，Bean，Doré et al.，2007）

分图（a）和分图（d）经美国天文学会授权使用，分图（b）经美国物理学会出版社授权使用，分图（c）由内德·赖特提供

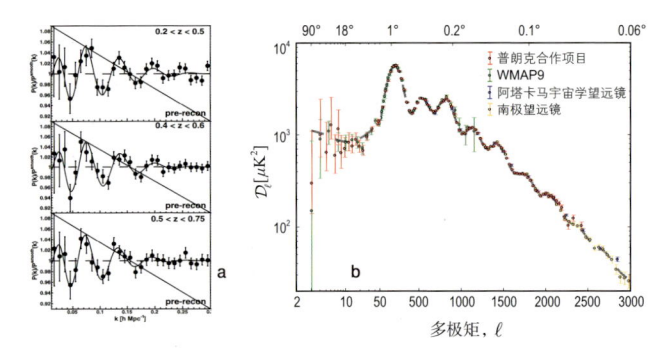

第 415 页讨论的早期宇宙中耦合等离子体与辐射的原始声学特征。分图（a）是星系空间分布的功率谱，来自博伊特勒等（2017）。分图（b）是宇宙微波背景辐射角分布的功率谱，来自普朗克合作项目（2014b）

分图（a）经牛津大学出版社代表英国皇家天文学会授权使用，分图（b）来自欧洲南方天文台

插图 III

关于相对论性膨胀宇宙的思想交流

拥有丰富太阳观测经验的天文学家弗兰克·沃森·戴森与爱丁顿［分图（a）右侧］共同领导了 1919 年的日食观测，测量太阳在天空中经过恒星附近时恒星图像的位移。尽管观测结果支持相对论的预测并广受赞誉，但事后看来，这些测量结果仍可靠性不足，相较于相对论对水星轨道的修正的成功检验，其贡献有限

致德西特的明信片上标注了勒梅特在比利时的地址。正是爱丁顿使勒梅特声名鹊起（见第 3.1 节）。分图（c）中爱因斯坦与德西特的合影摄于 1932 年，同年他们发表论文指出，在宇宙学模型中（该模型在 1990 年前后成为学界主流观点），可以暂时忽略空间曲率（以及宇宙学常数）

分图（a）来自美国物理学会埃米利奥·塞格雷视觉档案的 W. F. 梅格斯收藏集；分图（b）来自莱顿大学图书馆，档案编号 AFA FC WdS 14；分图（c）来自美联社

插图 IV

1953 年在密歇根大学召开的天体物理学研讨会的与会者合影。前排中间位置是乔治·伽莫夫和沃尔特·巴德（身高较高者为伽莫夫）。巴德在 M 31 星系中发现了原子氢 H-α 谱线的发射区域。薇拉·鲁宾站在伽莫夫和巴德之间后面两排。鲁宾的照片另见插图 VI，她利用巴德的发现列表测量了这些区域的红移。第 6.3.1 节回顾了这一重要发现，补充了 M 31 拥有一个亚光度大质量晕的论证

杰弗里·伯比奇拿着太阳镜，站在倒数第二排最左侧，玛格丽特·伯比奇在他旁边。他们是 1970 年前后星系研究的权威。杰弗里后来认识到，恒星中氦的含量比学界预期的更高。伽莫夫在这次会议上提到了他关于早期宇宙中氦形成的理论。但两人并没有将两者联系起来

唐纳德·奥斯特布鲁克和艾琳·奥斯特布鲁克站在后排最左侧。伽莫夫的思想给唐纳德留下了深刻的印象。他和杰克·罗伯逊是最早在论文中提出氦丰度很高并且可能是早期宇宙残留的人之一（见第 4.3.1 节）

艾伦·桑德奇站在伯比奇夫妇前一排之间的位置，他率先提出了第 9.1 节中讨论的红移-星等检验。从我们的视角看，贝弗利·奥科站在桑德奇右前方，他与詹姆斯·冈恩一起应用了这项检验

从我们的视角看，纳尔逊·里姆波尔站在杰弗里·伯比奇的右后方，紧挨着他。他和薇拉·鲁宾提出了星系分布两点测量法的早期应用（见第 2.5 节）

劳伦斯·阿勒站在后排，巴德的右侧。他对亚光度物质早期证据的回忆见第 338 页

鲁宾右边第四位的南希·博格斯也出现在插图 VIII 中

照片由埃德·斯皮格尔提供

插图 V

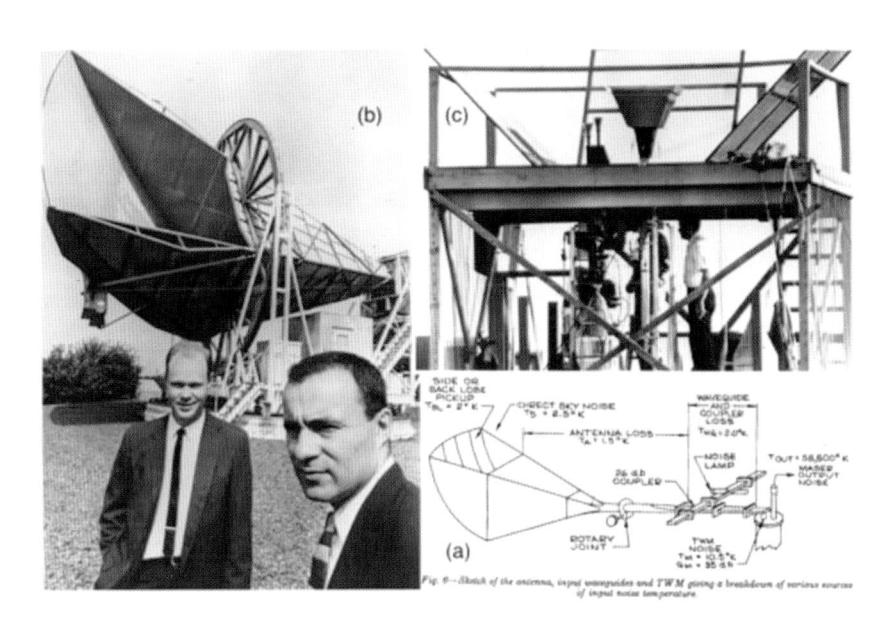

发现热辐射海

分图（a）展示了贝尔电话实验室微波通信实验中的噪声预算，通过将来自地面的辐射设定为 2 K 来实现平衡（DeGrasse et al., 1959b）。但工程师们知道，这个值很可能过高了，存在噪声过大的问题。分图（b）中是罗伯特·威尔逊（左）和阿诺·彭齐亚斯。他们进行了细致的排查，但未能在贝尔系统中找到这一过量背景噪声的本地来源。分图（c）展示了普林斯顿大学开展的实验，威尔金森手持一把螺丝刀，罗尔站在迪克辐射计后面。第 4.4 节回顾了普林斯顿的研究小组寻找早期宇宙热辐射的新闻如何导致人们认识到贝尔系统中的过量噪声就是普林斯顿小组正在寻找的辐射

分图（a）来自美国工程联盟公司，分图（b）来自美国物理学会埃米利奥·塞格雷视觉档案的今日物理学收藏集，分图（c）来自普林斯顿大学引力研究小组

插图 VI

肯特·福特的图像增强器使薇拉·鲁宾得以开展对星系内部运动的天文观测。鲁宾正在查看从左手拿着的信封里取出的照相底片。这是当时天文学家的标准姿势，如今已不多见。他们对星系 M 31 的旋转曲线的测量见图 6.2 的分图（d）

照片摄于 1984 年，地点为华盛顿卡耐基研究所的地磁学部，由卡耐基科学研究所行政档案馆提供

薇拉·鲁宾和肯特·福特

从左至右：瓦格纳、福勒、霍伊尔和唐纳德·D. 克莱顿，1967 年

从左至右：威尔金森、皮伯斯和迪克，20 世纪 70 年代晚期

迪克让我思考罗尔和威尔金森寻找热大爆炸留下的辐射的意义，这使我重新提出了伽莫夫的氦形成图景。同时，霍伊尔认识到氦的丰度大于恒星的预期丰度，这使他和泰勒指出，氦可能来自伽莫夫的热大爆炸。由于认识到微波辐射海可能来自大爆炸，瓦格纳、福勒和霍伊尔，以及我分别对热大爆炸中的元素形成进行了更详细的计算（第 4.3.3 节和 4.6 节）与此同时，威尔金森正领导着寻找辐射各向异性的研究，这是通往第 9.2 节所回顾的严苛检验的漫长道路的起点。一个热气球将我们面前的仪器带到高空，以避开大气层的辐射干扰。仪器通过切换指向天空不同部分的成对的喇叭式天线来探测各向异性

左图由克莱姆森大学天体物理学研究组的唐纳德·克莱顿提供，右图由普林斯顿大学引力研究小组提供

插图 VII

苏联的宇宙学研究

分图（a）：从左至右：乔治·马克斯、雅科夫·泽尔多维奇和伊戈尔·诺维科夫，1970 年左右，匈牙利。分图（b）：扬·埃纳斯托（左）和安德烈·多罗什克维奇，1977 年参加一个在塔林举行的会议。分图（c）：尼古拉·沙库拉（左）和拉希德·苏尼亚耶夫，20 世纪 70 年代，匈牙利

泽尔多维奇与谢苗·所罗门诺维奇·格施泰因指出，中微子静止质量的约束条件是其平均质量密度不能超过相对论宇宙学所允许的范围。马克斯与亚历克斯·萨莱将这一想法转化为第一个非重子暗物质模型（第 7.1 节）。多罗什克维奇和诺维科夫指出，贝尔微波通信实验验证了伽莫夫的热大爆炸理论（第 4.4.3 节）。埃纳斯托、卡西克和萨尔指出，有多种证据表明平均质量密度远远高于星系发光部分的质量密度：这意味着存在暗物质（第 6.5 节）。沙库拉和苏尼亚耶夫探索了物质从黑洞周围的吸积盘吸积入黑洞的物理学原理。苏尼亚耶夫和泽尔多维奇共同提出了 CMB 散射通过星系团中的热电子对 CMB 强度谱的影响（第 4.1 节）。第 10.4 节介绍了苏联在宇宙学研究领域取得这些丰硕成果的条件

分图（a）由伊戈尔·诺维科夫提供，分图（b）由扬·埃纳斯托提供，分图（c）由拉希德·苏尼亚耶夫提供

插图 VIII

COBRA 火箭实验　　　　　　　　COBE 卫星实验

20 世纪 80 年代的一个紧迫问题是微波辐射海是否接近热平衡。如果宇宙严重偏离均匀性和各向同性，我们将面临由局部膨胀历史的多样性决定的混合辐射温度，这是一种非热平衡状态。相对论性坍缩和早期恒星释放的大量能量也会严重扰乱辐射。COBE 小组和 COBRA 小组在 1990 年独立得出的测量结果表明，辐射强度谱非常接近热谱（第 4.5.4 节）。总的来说，我们的宇宙是以一种简单的方式演化的

COBRA 小组成员（左图），从左至右：埃德·维斯诺、马克·哈尔彭和赫伯特·古思。
COBE 科学工作组成员（右图），从左至右：埃德·程、戴维·威尔金森、里克·谢弗、汤姆·默多克、史蒂夫·迈耶、查尔斯·本内特、南希·博格斯、迈克·扬森、鲍勃·西尔弗伯格、萨姆·古尔基斯、约翰·马瑟、哈维·莫斯利、菲尔·卢宾、内德·赖特、迈克·豪瑟、乔治·斯穆特、雷·韦斯和汤姆·凯尔索尔

左图：不列颠哥伦比亚大学档案馆，档案编号 UBC 44.1/531，马丁·迪摄影。右图：照片由约翰·马瑟提供

衡，因为正如我们所看到的，爱因斯坦的静态解是指数不稳定的。但是接近静态的时期可以使高密度膨胀的时间大于哈勃时间 $H_0^{-1}$，这在20世纪30年代似乎是可取的，因为 $H_0^{-1}$ 被严重低估了。在悬停或准静态时期，均匀性的微小偏离接近指数不稳定［公式（5.2）］，这也可以说是有吸引力的。关于这一时期，勒梅特（1934, 13）写道："我们希望讨论的假说是，坍缩区域必须被识别为河外星云，而平衡区域必须被识别为星云团。"

但勒梅特的悬停宇宙并没有引起人们的持久兴趣。可能重要的是，利夫希茨和哈拉特尼科夫（1963）提出的利夫希茨分析（1946）的扩展版本没有重申星系不可能由引力形成的结论。

一种对此情况的务实评估认为，在广义相对论中，存在于宇宙膨胀足够早期的均匀质量分布的微小偏离（$\delta_i \ll 1$），可能会增长为质量密度比宇宙平均值高得多的质量聚集（只要它们的逃逸速度远低于光速），这意味着表达式（5.4）中的 $|\phi| \ll 1$，因此时空仅适度凹陷。就像将要讨论的那样，这种条件还意味着通过引力形成的质量聚集的大小比哈勃长度小得多，这显然也适用于星系。支持这种通过引力形成星系的观点的早期论据包括雷乔杜里（1952）的研究，他引用了托尔曼（1934b）关于无压强的球对称质量分布的解；诺维科夫（1964a）的研究，他引用了利夫希茨（1946）的分析；皮伯斯（1967a）的研究，他引用了勒梅特（1931d, 1933b）的解。

视觉图示可以产生重要的影响。皮伯斯（1972）使用数值 $N$ 体方法研究了星系团中恒星的行为［如冯·赫尔纳（1960）那样］和星系盘中恒星的行为（如第6.4节所述），为膨胀宇宙的相对论模型中的均匀性偏离的增长提供了数值图示。戴维斯等（1985）使用了一种更有效的计算，得到了一个更清晰的例子。他们这样做是出于不同的目的，即探索星系形成的条件及其空间分布，因为到他们撰写他们的论文时，学界已经普遍心照不宣地忽略了先前认为令人困扰的问题，并接受了引力不稳定性图景是一个有前景的想法。

后来，更好的数值计算以更优美的细节展示了重子和暗物质不断演变的分布，这些分布从对均匀性的小幅偏离开始，逐渐发展为看起来像真实星系的质量聚集。这些数值模拟需要通过巧妙设计的方法来调整参数，以近似恒星的形成方式以及其形成对周围物质的影响。也就是说，引力不稳定性图景被证明是对银河系如何形成进行详细研究的有用的工作假说。这增加了相对论性 $\Lambda$CDM 宇宙学的证据，但其分量难以评估。是否存在一种替代性引力理论，可以充分解释宇宙的平均演化，并且在设计方案和调整其参数方面做了许多巧妙的工作后，还可以产生逼真的星系模拟？但是在广义相对论没有受到严肃挑战的情况下，很难想象会有人有足够的动力去充分探讨这个问题。

研究相对论热大爆炸模型中星系的形成方式时，必须考虑到第 4 章中讨论的 3 K CMB 辐射对宇宙学的补充。这使得均匀性偏离的增长图景比表达式（5.3）中简单的幂律的行为有趣得多。让我们注意如下五点。

1. CMB 确定了红移 $z_{eq}$，在该处，辐射的质量密度低于非相对论物质的密度。伽莫夫（1948a）认识到，在 $z_{eq}$ 处，质量分布（我们现在称之为非重子暗物质的分布）在远小于哈勃长度的尺度上对均匀性的偏离的增长变得不稳定。他没有解释这一点。我们知道，在 20 世纪 40 年代后期，伽莫夫已经了解到利夫希茨对广义相对论中偏离均匀性的演变的分析。也许伽莫夫将利夫希茨的分析扩展到了对 $z_{eq}$ 的作用的这种考虑。也许这是他的直觉的另一个例子，在这里，他的感觉是当宇宙的膨胀率受辐射驱动时，物质中较低质量密度的自引力可能就不重要了。平衡时的红移为 $z_{eq}$= 3 400［公式（4.11）］。考虑到所有不确定因素，伽莫夫（1948a）的估计 $z_{eq} \approx 300$ 并不算偏差太大。他所论证的是既定图景中的一个基本要素。

2. CMB 通过物质和辐射的热耦合为重子提供温度历史。这就设定了特征金斯质量,即通过引力克服压强梯度力,形成的结构的最小质量。我们会在第5.1.4节中讨论金斯质量。这当然很有趣,但是目前还没有普遍接受的关于这个量的实验证据。

3. 早期宇宙中等离子体与辐射之间的动力学耦合会导致重子和辐射以流体的形式运行,其声速接近光速,因为等离子体与辐射的质量密度相当。流体黏度由辐射通过等离子体的扩散来决定。从这种流体的均匀分布的偏离,能够通过引力在大于哈勃长度(实际上是这种高压流体的金斯长度)的尺度上增长。一种非正式的解释是,当等离子体-辐射流体的不同部分被分开的距离超过哈勃长度 $ct \sim cH_0^{-1}$ 时,它们就不可能"知道"或响应压强差了。相反,它们将表现为参数稍有不同的均匀宇宙。随着时间的推移和 $cH_0^{-1}$ 变得大于偏离均匀性的物理尺度,该流体将对压强差做出响应,以声波或压强波的形式振荡。随着宇宙的膨胀,振荡的幅度在更长的波长处将接近于恒定,但是在较短的波长处将减小,因为在这些波长处,等离子体-辐射流体的有效黏度很显著。第5.1.3节对此进行了回顾。

4. 当辐射海冷却到足以使等离子体结合成主要为中性原子的气体时,重子与CMB的耦合将在红移 $z_{dec} \simeq 1\,200$ 下相当突然地终止[公式(4.13)]。这从辐射阻力中释放了重子物质。此时的中性气体可以流过辐射并在引力作用下聚集在不断增长的宇宙结构中。在世纪之交建立的模型中,还存在仅通过引力与辐射相互作用的非重子暗物质。在引力的作用下,它偏离均匀性的程度将从利夫希茨-伽莫夫红移 $z_{eq}$ 处开始增加,并且在退耦后,重子将移动到加入暗物质分布的位置。

5. 重子和辐射退耦时存在的流体压强(声波)在物质和辐射的分布中留下了模式。在星系的空间分布和CMB的角分布中可以观测到这些模式。前一种现象被称为"重子声学振荡"(Baryon Acoustic Oscillation,BAO)。当然,相同的物理过程决定了CMB的各向异性。第5.1.3节对此进行了回顾。BAO特征是宇宙学检验的重要组成部分。

第5章 宇宙结构如何增长

此处概述的关于宇宙结构的引力增长的观点已成为学界的共识。现在让我们考虑一些帮助建立这一共识的细节，以及那些并不总是使物理学看起来如此显而易见和充满希望的考虑因素。

### 5.1.1 勒梅特的解

勒梅特（1931d，1933a，b）发现了爱因斯坦广义相对论场方程的一个解析解，该解析解适用于一个不均匀但球对称的零压强物质模型宇宙。它有时被称为"勒梅特-托尔曼-邦迪解"，有时也以其中一个人名或两个人名的组合命名。托尔曼（1934b）引用了勒梅特（1933a）先前的讨论，邦迪（1947）引用了托尔曼（1934b）和勒梅特（1931d）的研究。[丁格尔（1933a，b）给出了爱因斯坦针对一般对角线元素的方程，其中包括一个球对称的模型，并研究了解的性质，但据我所知，丁格尔并未找到零压强球面解。]

在该解中，质量密度和质量壳层的运动可以是距对称中心的距离以及时间的函数，但是质量壳层被假定是不交叉的。就我们的目的而言，该解的关键是，它为我们提供了一个定量的例子，说明在广义相对论中，星系中显著但非相对论性的质量聚集可能是通过引力从均匀分布的初始微小偏差增长而来的，尽管伴随着第5.1节中讨论的时空初始凹痕。

该解中的坐标用符号（改编自 Peebles，1967a）标记，可与公式（3.1）中的罗伯逊-沃克线元进行比较。

$$ds^2 = dt^2 - \frac{[\partial(ax)/\partial x]^2 \, dx^2}{1 - x^2 R(x)^{-2}} - a^2 x^2 \left( d\theta^2 + \sin^2\theta \, d\phi^2 \right) \quad (5.5)$$

无压强物质的每个壳层都有一个固定的坐标标记 $x$。与时间无关的函数 $R(x)^{-2}$ 可以为负或零，但在本讨论中假定为正值，因为它描述了质量聚集的增长。膨胀因子是时间和坐标半径的函数：$a = a(x, t)$。在任意点 $x$

处的世界时间 $t$ 是观测者随 $x$ 处的物质移动所记录的物理时间。

从线元（5.5）可知，固定位置 $x$ 处与原点的角 $\delta\theta$ 相对应的圆弧的物理长度 $\delta l_\perp$，以及 $x$ 和 $x+\delta x$ 处的质量壳层之间的径向物理长度 $\delta l_\parallel$ 分别为：

$$\delta l_\perp = xa(x,t)\delta\theta, \quad \delta l_\parallel = \frac{(\partial ax/\partial x)\delta x}{\sqrt{1-x^2R(x)^{-2}}} \quad (5.6)$$

乘积 $l_\perp = xa(x,t)$ 被称为时间 $t$ 时从原点到坐标位置 $x$ 的角大小距离。

在固定位置 $x$ 处以及观测者记录的物理时间 $t$，观测者测得的膨胀参数 $a(x,t)$ 和质量密度 $\rho(x,t)$ 满足公式：

$$\frac{\ddot{a}}{a} = -\frac{4\pi}{3}\frac{GD}{a^3}, \quad \left(\frac{\dot{a}}{a}\right)^2 + \frac{1}{a^2R(x)^2} = \frac{8}{3}\pi G\frac{D}{a^3}, \quad \frac{\rho}{a}\frac{\partial(ax)}{\partial x} = \frac{D}{a^3} \quad (5.7)$$

这里的 $D$ 是一个常数，与 $x$ 和 $t$ 无关。上标点表示 $a(x,t)$ 相对时间 $t$ 的一阶和二阶偏导数，这个时间是观测者在质量壳层固定位置 $x$ 处记录的物理时间。可以将该公式与弗里德曼-勒梅特方程（3.3）进行比较，后者适用于质量密度为 $\rho(t) = Da(t)^{-3}$ 的无压强均匀物质。

（5.7）中第三个公式的形式可以通过将第一个公式写为以下形式来理解：

$$\ddot{l}_\perp = -\frac{GM_{\text{eff}}}{l_\perp^2}, \quad \text{其中 } l_\perp = a(x,t)x, \quad M_{\text{eff}}(x) \equiv \frac{4\pi}{3}Dx^3 \quad (5.8)$$

质量 $M_{\text{eff}}$ 只是 $x$ 的函数。根据（5.7）中的第三个公式，它的微分为：

$$\delta M_{\text{eff}} = 4\pi\rho(x,t) l_\perp^2 \frac{\partial(ax)}{\partial x}\delta x = 4\pi\rho(x,t) l_\perp^2 \delta l_\parallel (1-x^2R(x)^{-2})^{1/2} \quad (5.9)$$

最后一个表达式是物理质量密度与相邻质量壳层之间的物理体积以及一

个校正因子的乘积。如果 $x^2R(x)^{-2}$ 较小，那么该校正会使 $M_\text{eff}$ 减少以下比例：

$$\frac{\delta M_\text{eff}}{M_\text{eff}} = -\frac{1}{2}x^2R(x)^{-2} \equiv \phi(x) \quad (5.10)$$

可以看出，空间截面的曲率半径起到了引力束缚能量 $\phi(x)$ 导致的质量亏损的作用。[这里的 $\phi$ 不是公式（5.5）中的极角！] 另一种看待方法是将（5.7）中的第二个公式写为：

$$\frac{\dot{l}_\perp^2}{2} - \frac{GM_\text{eff}}{l_\perp} = \phi(x) \quad (5.11)$$

此处的 $\phi(x)$ 是质量壳层的有效能量，包括动能和势能。

（5.7）中方程的解是参数形式：

$$\begin{aligned} a(x,t) &= A(x)(1-\cos\eta), \\ t &= A(x)R(x)(\eta - \sin\eta), \\ A(x) &= \frac{4}{3}\pi GR(x)^2 D \end{aligned} \quad (5.12)$$

可以在第二行中添加一个积分常数，以表示可变的开始时间。我们看到，每个以固定坐标值 $x$ 标记的质量壳层都以与均匀弗里德曼-勒梅特模型宇宙相同的方式演化。这让我们想起了伯克霍夫定理：球对称系统的空外部具有史瓦西解的独特几何形状，其特征仅由唯一的参数（质量）决定。在这里，质量壳层的运动由 $R(x)$ 和参数 $D$ 以及指定起始时间 $t_\text{i}$ 的自由度确定。但是壳层的运动与壳层内部和外部发生的情况无关。这假定了壳体没有交叉，以及压强可以忽略不计且球对称的初始假定。

在此模型中，当公式（5.12）中 $x=0$ 处的 $\eta=\pi$ 时，中心区域刚刚停止膨胀并开始坍缩。此时，中心的膨胀时间 $t_c$，中心质量密度 $\rho_c$ 以及中心处恒定时间的空间截面的物理曲率半径 $a(0, t_c)R(0)$ 求解为：

$$t_c = \left(\frac{3\pi}{32G\rho_c}\right)^{1/2}, \quad \frac{\rho_c}{\rho_m(t_c)} = \frac{9\pi^2}{16}, \quad a(0, t_c)R(0) = \frac{2t_c}{\pi} \quad (5.13)$$

这里的 $\rho_m$ 是零压强爱因斯坦-德西特模型中的质量密度：

$$\rho_m(t) = (6\pi Gt^2)^{-1} \quad (5.14)$$

在最大膨胀时刻 $t_c$ 处，中心质量密度大致与 $t_c$ 时刻均匀的爱因斯坦-德西特密度相当。质量聚集中心的空间物理曲率半径与膨胀时间 $t_c$ 相当。这并不意外：考虑到单位，密度和曲率半径又怎么可能还有其他近似方式呢？

通过将公式（5.12）中的膨胀参数和时间的表达式展开至 $\eta$ 的最低两个幂，可以得到质量密度仅轻微偏离爱因斯坦-德西特模型时的演变。中心区域 $x \to 0$ 的结果是：

$$\delta(0, t) = \frac{3}{20}\left(\frac{6\pi t}{t_c}\right)^{2/3} + 2\frac{t_i(0)}{t} \quad (5.15)$$

密度比为 $\delta(\vec{x}, t) = \rho(\vec{x}, t)/\rho_m - 1$［公式（5.1）］，这是中心值。衰减项通过向（5.12）的第二个公式中添加积分常数 $t_i(x)$ 得到。可以将其解释为对起始时间的扰动，随着时间的流逝，这种扰动变得不再重要。在公式（5.15）右侧的增长项中，$t_c$ 是中心区域停止膨胀并开始坍缩的时间，如公式（5.13）所示。在 $t=t_c$ 时，计算得出的该项为 $\delta(0, t_c)=3(6\pi)^{2/3}/20=1.06$。可以将该线性扰动近似值与公式（5.13）的解析解进行比较：$\delta_c=\rho_c/\rho_m(t_c)-1=4.6$。它大于线性扰动解（5.15）的外推值，但大得不多。

现在让我们回到以下观测结果：除了星系中心和恒星残留物中质量极度聚集的情况外，星系中恒星和等离子体的速度弥散很少超过 $v \sim 300 \text{ km s}^{-1}$，即光速的 $10^{-3}$ 倍。相对较小的速度意味着星系和星系团是非相对论性的，因此能很好地用牛顿力学来描述。在引力不稳定性图景中，这些极不线性但非相对论性的系统是由前文所讨论的时空中的微小原始凹痕产生的。要了解球面解中的情况如何，请注意，如果 $\phi(x) \equiv -x^2 R(x)^{-2}/2$ 很小，那么线元（5.5）就只会轻微偏离均匀时空。这是公式（5.11）中的有效能量。它在牛顿力学中很小，在星系中也很小（除了偶尔出现在星系中心和恒星残留物中的紧密的质量聚集外）：$\phi \sim (v/c)^2 \sim 10^{-6}$。

从公式（5.13）中我们看到，在物理尺寸为 $r=ax$ 的质量聚集的中心区域达到最大膨胀的时刻 $t_c$，引力势为：

$$\phi = -\frac{1}{2}x^2 R(x)^{-2} = \frac{\pi^2}{8}\left(\frac{a(0, t_c)x}{t_c}\right)^2 \quad (5.16)$$

如果形成时的大小小于哈勃长度 $ct_c$，那么这将是一个非相对论性的物体：$|\phi| \ll 1$。

让我们最后来考虑图 5.1 中勒梅特解的示例。[①] 半径 $l_\perp > 1$ 处的几何

---

① 用于此计算的公式（5.12）的便捷组合为：

$$b_x^3 = \frac{2}{9}\frac{(1-\cos\eta)^3}{(\eta-\sin\eta)^2}, \quad \frac{\rho_x}{\rho_m} = \frac{1}{b_x^2 \partial(b_x x)/\partial x}, \quad b_x = \frac{a_x}{\bar{a}}, \quad \bar{a}^3 = \frac{D}{\rho_m}$$

这里的 $\rho_m$ 是爱因斯坦-德西特解中的质量密度。在最后一个表达式中，除了避免壳层交叉之外，最后一个表达式中作为 $x$ 的函数的参数 $\eta$ 可以自由选择。此示例使用了 $\eta = \frac{\pi}{2}(1+\cos(\pi x))$，这一选择产生了一个平滑的密度峰值，并在坐标半径 $x > 1$ 处平滑地过渡到爱因斯坦-德西特解。公式（5.17）中空间曲率的值为：

$$S(x) = \frac{xt}{R(x)l_\perp} = \frac{\eta-\sin\eta}{1-\cos\eta}$$

形状和质量密度是爱因斯坦-德西特解。实线是物理质量密度与爱因斯坦-德西特值的比率 $\rho(x)/\rho_m$，它是物理角大小半径 $l_\perp$ 的函数。选择固定时间 $t$，使中心区域刚刚停止膨胀，并且中心质量密度由公式（5.13）给出。在此示例中，质量密度在 $0.5 \lesssim r < 1$ 时小于爱因斯坦-德西特值，

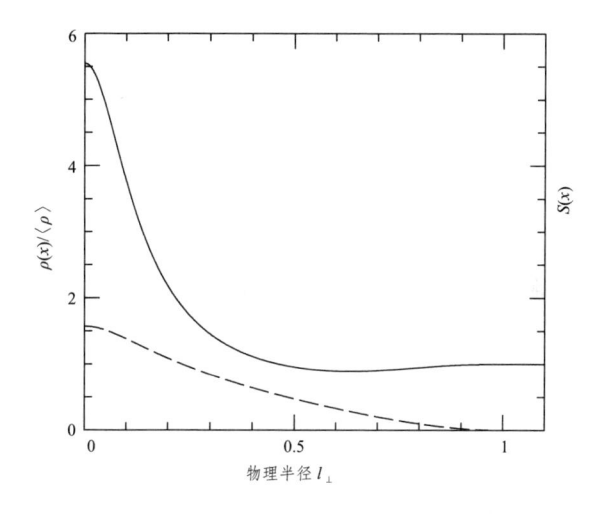

图 5.1 中心达到最大膨胀的一个勒梅特解的示例。实线是密度在固定时刻 $t$ 随物理角大小半径 $l_\perp$ 的变化。虚线是由公式（5.17）定义的空间曲率的值 $S$

这补偿了多余的中心质量。当然，也可以选择其他初始条件，使得所有地方都满足 $\rho(x) \geq \rho_m$，在较大半径处渐近地逼近爱因斯坦-德西特值。

在此解中，角大小半径的长度单位由与平坦空间截面的偏离大小决定。对此的一个度量是公式（5.5）中线元的坐标半径与曲率半径的比 $xR(x)^{-1}$。在该比率较小的情况下，公式（5.5）中的分母 $1-x^2/R(x)^2$ 接近于 1，因此空间截面接近于平坦。图 5.1 中的虚线是：

$$S(x) = \frac{x}{R(x)} \frac{t}{r} \qquad (5.17)$$

第 5 章 宇宙结构如何增长

我们看到，当中心部分刚刚停止膨胀时，受扰区域的 $S(x)$ 在个位数的量级上。这意味着在时刻 $t$ 形成的物理半径为 $r$ 的原星系，将伴随着量级为 $x^2/R(x)^{-2} \sim (r/t)^2$ 的对时空的扰动。由于星系会在 $r \ll t$ 时形成，因此年轻星系的大小与空间截面的曲率半径之比为 $x^2/R(x)^{-2} \ll 1$，这是时空的凹痕，正如我们从得出公式（5.16）的因素中看到的那样。

该球对称解确实允许 $x^2 R(x)^{-2}$ 接近 1，这意味着质量聚集正在接近一个时空奇点，这是一个在不寻常坐标标记下的相对论性黑洞。没有观测到质量与星系相当的黑洞，因此这种情况不具有实证意义。在许多星系中心观测到的大质量致密天体被认为是黑洞，这些黑洞在星系的引力组装期间和之后由耗散收缩形成。如果这些中心质量聚集在星系形成之前就已经存在，那么我们必须得出结论，原初时空在大多数情况下只是轻微凹陷，但在星系将要形成的地方，到处都存在与弗里德曼-勒梅特解更严重的偏离。

勒梅特的解为我们提供了一个有用的度量，以衡量广义相对论中星系引力组装所需的原始条件，但受球对称性假定和忽略压强的限制。叶夫根尼·米哈伊洛维奇·利夫希茨引入了对均匀性和各向同性偏离的完整扰动分析，我们接下来将进行讨论。

### 5.1.2 利夫希茨的扰动分析

伽莫夫对星系中质量聚集如何增长的兴趣至少可以追溯到伽莫夫和特勒（1939）。阿尔法（Alpher and Herman，2001，70）回忆说，他在伽莫夫指导下的第一个博士论文项目是通过在广义相对论框架下分析膨胀宇宙中均匀性偏离的引力增长，来跟进伽莫夫和特勒的讨论。当伽莫夫向他展示利夫希茨（1946）关于该主题的论文时，阿尔法转向了对早期宇宙中元素形成的分析。阿尔法和赫尔曼（2001）报告说，阿尔法生动地回忆起伽莫夫来到他的办公室，挥舞着那份期刊的副本说："拉尔夫，你被抢先了。"

利夫希茨（1946）在线性扰动理论中引入了针对爱因斯坦方程的弗里德曼-勒梅特解的均匀性偏离的演化的全面分析。利夫希茨在他考虑的案例中证明，如果可以忽略物质压强，那么公式（5.1）中定义的质量密度比 $\delta(\vec{x}, t)$ 的演化（作为对爱因斯坦-德西特模型的扰动偏离）的形式为：

$$\delta(\vec{x}, t) = C_1(\vec{x})\, t^{2/3} + C_2(\vec{x})\, t^{-1} \qquad (5.18)$$

勒梅特（1933c）似乎是第一个在球对称的假定下发现该公式中的增长项的人。在利夫希茨的分析中，系数 $C_1$ 和 $C_2$ 是自由选择的位置函数。

观测者在固定坐标位置 $\vec{x}$ 处会看到，局部质量密度 $\rho(\vec{x}, t)$ 是物理时钟记录的时间 $t$ 的函数，与爱因斯坦-德西特模型的偏离量由公式（5.18）给出。第二项被称为是坐标依赖的：时钟起始时间的改变会导致它改变。当物质压强不容忽视时，这种考虑变得更加复杂。标准做法是使用巴丁（1980）的规范不变形式。但是，就追溯这一主题的历史发展而言，使用公式（5.18）及其推广是安全的。

我们已经学习了如何简化利夫希茨对于宇宙学中感兴趣的案例的计算。牛顿物理学是分析非相对论性质量聚集（例如星系，如前文所述）增长的一个很好的近似。在这种近似以及线性扰动理论中，质量和动量守恒公式为：

$$\frac{\partial \delta}{\partial t} = -\frac{1}{a(t)} \nabla \cdot \vec{v},\quad \frac{\partial}{\partial t}\vec{v} + \frac{\dot{a}}{a}\vec{v} = -\frac{1}{a}\nabla\phi,\quad \vec{v} = a\frac{d\vec{x}}{dt} \qquad (5.19)$$

坐标是物理世界时间 $t$ 以及与不受扰动且空间均匀的宇宙学模型中的物质共动的坐标位置 $\vec{x}$。坐标位移元素 $d\vec{x}$ 转换为了物理位移元素 $d\vec{r} = a(t)d\vec{x}$。因此，相对于哈勃流以坐标速度 $d\vec{x}/dt$ 移动的物质在公式（5.19）中具有适当的本动速度 $\vec{v} = a(t) d\vec{x}/dt$。引力势 $\phi$ 的来源是质量分布对均匀性的偏离，$\phi$ 的泊松方程为：

$$\frac{1}{a^2}\nabla^2\phi = 4\pi G\rho_m\delta(\vec{x}, t) \qquad (5.20)$$

适当的引力加速度（也就是相对于未受干扰的背景流的加速度）为 $\vec{g}=-\nabla\phi/a$。如果 $\nabla\phi=0$，那么（5.19）的第二个表达式表明本动速度场会随 $\vec{v}(\vec{r}, t) \propto 1/a$ 减小。这是因为流动的物质正在追赶随哈勃流远离的共动的观测者。有关此设置的更详细说明，请参见第3.2节，皮伯斯（1980，§6）对此进行了更详细的介绍。

我们可以将（5.19）第一个表达式的时间导数与第二个表达式的散度结合起来，并使用公式（5.20）来获得以下表达式[①]：

$$\frac{\partial^2\delta}{\partial t^2} + 2\frac{\dot{a}}{a}\frac{\partial\delta}{\partial t} = 4\pi G\rho_m\delta \qquad (5.21)$$

在 $a(t) \propto t^{2/3}$ 且质量密度 $\rho_m = (6\pi Gt^2)^{-1}$ 的爱因斯坦-德西特模型中，公式（5.21）的增长解为 $\delta \propto t^{2/3}$，正如勒梅特方程（5.3）和利夫希茨方程（5.18）描述的那样。

利夫希茨发现了公式（5.16）中所示的曲率起伏条件。皮伯斯（1980，§86）的另一种推导再次表明，星系中非线性但非相对论性的质量聚集仅适度扰动了时空，并且在大于哈勃长度的尺度上，密度与均值 $\rho_m(t)$ 的偏离必须很小，以避免时空曲率大幅度地起伏，进而避免形成相对论性的质量聚集。

在第4章讨论的热大爆炸模型中，早期宇宙的质量密度主要由辐射

---

[①] 值得注意的是，在这个假定线性理论且压强可忽略不计的公式中，坐标位置 $\vec{x}$ 处 $\delta(\vec{x}, t)=\delta\rho/\rho$ 的演化仅取决于 $\vec{x}$ 处的质量密度比。$\vec{x}$ 处对质量的扰动是 $\vec{x}$ 外的速度场 $\vec{v}$ 的来源，但是在线性理论中，引力使扰动流的该组分为零散度，因此对质量密度没有影响。

决定。利夫希茨在假定辐射或相对论性物质可以被视为理想流体（压强为 $p = \rho/3$）的情况下，分析了这种情况。他证明了当均匀性扰动的特征长度尺度远大于哈勃长度 $\sim t$ 时，质量密度相对于宇宙学平坦模型（$\Lambda=0$）的小幅偏离的演化允许三种模式：

$$\delta_r(\vec{x}, t) = D_1(\vec{x}) t + D_2(\vec{x}) t^{1/2} + D_3(\vec{x}) t^{-1} \tag{5.22}$$

在该解中，压强梯度力的影响并未显现。可以说，密度不同的区域之间的距离太远，以至于无法"感知"到压强梯度的存在。

在相反的极限情况下，长度尺度与 $t$ 相比较小，利夫希茨证明，扰动以声波或压强波的形式振荡，声速为光速的 $1/\sqrt{3}$ 倍。以下各节展示了这种效应以及 CMB 的相关效应如何使均匀性偏离的宇宙演化比仅考虑引力时更有趣。

利夫希茨证明，当宇宙的膨胀率由弗里德曼–勒梅特方程（3.3）中的负空间曲率项主导时，物质团的引力增长会受到抑制。伽莫夫和特勒（1939）给出了一个直观的解释：实际上，宇宙在以大于逃逸速度的速度膨胀，这意味着均匀性的扰动也会具有逃逸速度，因此被扰动的区域预计不会停止膨胀。

当膨胀率由爱因斯坦的宇宙学常数 $\Lambda$ 或 CMB 中的质量密度主导时，也有类似的考虑。让我们把它作为一个给学生的练习，来验证在无压强物质与均匀辐射海仅通过引力相互作用的宇宙中，物质密度比的两个解在 $a(t) \ll a_{eq}$ 时为：

$$\delta_1 \propto e^{1.5a(t)/a_{eq}}, \quad \delta_2 \propto \log\tau/t \tag{5.23}$$

其中的 $\tau$ 为常数。增长解在 $a(t) \to 0$ 时趋于一个常数，这意味着密度扰动中的物质可以随整体膨胀而膨胀，而密度比没有明显的引力演化，直

到膨胀参数达到 $a_{eq}$，即红移 $z_{eq}$ 时为止。伽莫夫（1948a，506）认识到了这种效应：

> 辐射密度降至物质密度以下的时期具有重要的天体演化意义，因为只有在那时，金斯的"引力不稳定性"原理才能开始起作用。实际上，我们可以预期，一旦物质占据了主导地位，以前均匀的气态物质便开始呈现出分裂成单独的云团的趋势。

金斯（1902）没有证明这一点。利夫希茨证明，当质量密度由耦合的辐射和充当流体（流体的声速接近光速）的物质主导时，在小于哈勃长度的尺度上，均匀质量分布偏离的引力增长受到了抑制。但是，利夫希茨并没有考虑伽莫夫的隐含假定，即物质可能在辐射中逸出。伽莫夫并未对他的效应进行解析证明，那不是他的风格。盖约特和泽尔多维奇（1970）以及梅萨罗斯（1974）重新发现了它，并对其进行了推导。但是我们可以得出结论，伽莫夫已经预见到，在标准的 $\Lambda$CDM 宇宙学中，当物质的质量密度接近并超过辐射的密度时，在小于哈勃长度的尺度上，非重子暗物质均匀分布的偏离开始增大。这会在红移 $z_{eq}\approx 3\,400$ 时发生。

### 5.1.3 重子和 CMB 的非引力性相互作用

在早期的宇宙中，重子与辐射（现今观测为 CMB）的热力学和动力学相互作用主要由自由电子对辐射的汤姆孙散射所导致的动量转移主导。

考虑一个自由电子，它以非相对论性速度 $v$ 在温度 $T \ll m_e c^2/k$ 下（其中 $m_e$ 是电子质量），穿过均匀且各向同性的热辐射海运动。这是有趣的非相对论性情况，在红移 $z \lesssim 10^{10}$ 时有效。在电子静止参考系中，从电子相对于辐射海移动的方向接近的辐射比从相反方向接近的辐射更热。这就是多普勒频移的效应。在电子静止参考系中，这种各向异性辐射的散射会产生一个作用于电子的阻力 $F$[①]：

$$\vec{F} = -\frac{4}{3}\frac{\sigma_T a_S T^4 \vec{v}}{c} \tag{5.24}$$

其中 $\sigma_T$ 是自由电子对辐射的非相对论性汤姆孙散射截面。

辐射阻力使电子以速率 $Fv$ 失去动能。在温度 $T_m$ 达到热平衡时，自由移动的电子的平均动能为 $m_e\langle v^2\rangle/2 = 3k_B T_m/2$。为简单起见，我们为每个自由电子允许一个自由离子的存在。由于库仑散射使离子和电子保持接近热平衡，因此每个自由电子的平均动能为 $3k_B T_m$。以此和电子在辐射上做功的速率 $Fv$，我们得到等离子体温度的变化率：

$$\frac{dT_m}{dt} = \frac{8\sigma_T a_S T^4}{3m_e c}\frac{x}{1+x}(T-T_m) \tag{5.25}$$

这允许部分电离：分数 $x$ 的电子是自由的，分数 $1-x$ 的电子被束缚在中性原子中，与辐射没有明显的相互作用。括号中的第二项是辐射阻力的作用，它会减慢电子的运动。第一项表示辐射的热起伏力对电子的影

---

[①] 在电子静止参考系中，多普勒频移导致入射到电子上的辐射能流量密度随与运动方向的夹角 $\theta$ 的变化，按 $1+4(v/c)\cos\theta$ 的比例变化。可以说因子 4 是每个光子频率的多普勒频移之和，它使该表达式具有各向异性 $v/c$，而光子到达速率的多普勒频移贡献了 $v/c$，立体角的相差则贡献了 $2v/c$。因此，在极坐标中，散射辐射将动量转移给电子的速率为：

$$F = \sigma_T a_S T^4 \int \frac{\sin\theta d\theta d\phi}{4\pi}\cos(\theta)\left(1+4\frac{v}{c}\cos(\theta)\right) = \frac{4}{3}\frac{\sigma_T a_S T^4 v}{c}$$

响。这两项将物质温度推向辐射温度。①

现在，让我们将物质的特征热弛豫时间 $\tau_{th}$ 与宇宙膨胀时间 $t$ 进行比较：

$$\tau_{th}^{-1} = \frac{8\sigma_T a_S T_f^4 (1+z)^4}{3m_e c} \frac{x}{1+x}, \quad t^{-1} \simeq \frac{3}{2} H_0 \Omega_m^{1/2} (1+z)^{3/2} \qquad (5.26)$$

第二个表达式是在红移足够大时（大到可以忽略空间曲率和 Λ，但仍远低于 $z_{eq}$）的良好近似。两者之比是：

$$\frac{t}{\tau_{th}} \approx \frac{0.0056}{\Omega_m^{1/2} h} \frac{x}{1+x} (1+z)^{5/2} \approx 0.015 (1+z)^{5/2} \frac{x}{1+x} \qquad (5.27)$$

最后一个表达式使用了通过很久之后的测试确定的参数 $\Omega_m h^2 = 0.14$。

在红移 $z_{dec} \approx 1\,200$ 时，当氢的光电离和再结合之间的平衡 p+e↔H+γ，切换为允许原始等离子体与中性原子结合 [公式（4.13）] 时，热弛豫时间要比膨胀时间短得多：

$$\tau_{th} \sim 10^{-6} t \quad \text{当退耦时} \qquad (5.28)$$

这意味着在退耦之前，可以预期等离子体和辐射非常接近热平衡。在红移 $z=100$ 时，辐射温度为 ~300 K，残留的电离将足够使 $\tau_{th} \sim t$（Peebles，1993，第 6 节）。此后，重子预计将开始以近似于低压物质的绝热速率

---

① 更详细地说，辐射阻力引起的平均电子动能的耗散率，必须通过趋于增加平均动能的热起伏来平衡。由于耗散和起伏可将平均动能保持在均分值，因此我们知道辐射温度 $T$ 必须放在公式（5.25）右侧的括号中，以便 $dT_m/dt$ 项在热平衡 $T_m = T$ 时为零。

$T_\mathrm{m} \propto a(t)^{-2}$ [表达式（4.7）] 冷却，直到恒星形成并加热物质。

从 $z\sim 1\,000$ 到大约 $z=30$ 的间隔被称为"宇宙黑暗时代"，因为这一时期唯一发生的就是仍然很微小的均匀性偏离的增长，因为物质冷却的速度比辐射略快。在标准宇宙学中，这一黑暗时代是时空原始凹痕微小效应的结果。当结构形成足够充分，足以产生电离辐射（电离辐射也许是来自早期的大质量恒星）时，黑暗时代将会结束，将黑暗时代物质几乎完全中性的状态转变为目前星系间物质几乎完全电离的状态。[1]

决定引起重子物质再电离的质量聚集增长的因素之一是辐射在电子上的阻力，该阻力倾向于使原始等离子体随辐射流的移动而运动。等离子体相对于辐射流的弛豫特征动力学时间 $\tau_\mathrm{dyn}$ 可以用平均离子质量代替公式（5.26）中的电子质量来得到，我们可以将平均离子质量视为质子的质量。这给出了膨胀时间与动力学弛豫时间的比值：

$$\frac{t}{\tau_\mathrm{dyn}} = \frac{8\sigma_\mathrm{T} a_\mathrm{S} T_f^4 (1+z)^{5/2}}{9 H_0 \Omega_\mathrm{m}^{1/2} m_\mathrm{p} c} \approx 4\times 10^{-6}(1+z)^{5/2} \quad (5.29)$$

该表达式是通过以下假定将情况简化得出的：重子完全电离，并且形成的团块没有致密到会产生使物质免受辐射的自屏蔽效应的程度。退耦时，$z_\mathrm{dec} \approx 1\,200$，耗散时间 $\tau_\mathrm{dyn}$ 约为膨胀时间 $t$ 的 0.01 倍。因此，在接近退耦时，$\tau_\mathrm{dyn}$ 足够短，以致等离子体和辐射在与膨胀时间相当的波

---

[1] 对于红移 $z \gtrsim 2$ 的天体，原子氢的 Ly-$\alpha$ 共振吸收线会移到光谱的可见部分。冈恩和彼得森（1965）指出，从 $z \gtrsim 2$ 的类星体发出的辐射在通过共振区时没有明显的吸收，这表明在星际空间中，中性氢原子和分子的数密度远低于宇宙平均密度。斯隆数字巡天（Becker et al., 2001）发现的类星体在红移 $z\sim 6$ 处的冈恩-彼得森共振散射效应表明，在该红移处至少存在适度的中性氢比例。星系间物质的电离比例在 $z\sim 20$ 处必须很小，以解释第 9.2 节中讨论的自由电子散射对 CMB 各向异性的轻微影响。

长下表现为流体。但该流体的黏度应该相当显著，因为 $\tau_{dyn}$ 不会比 $t$ 小很多。

在标准的 ΛCDM 宇宙学中，通过引力逐渐形成星系和星系聚集的均匀性偏离最初是绝热的（如第 5.2.6 节所述，每个重子数的熵是均匀的）。在退耦之前，当重子和辐射表现为流体时，绝热扰动表现为压强或声波。在 $z\sim z_{dec}$ 处，原始等离子体结合形成中性原子（第 4.1 节），导致 $\tau_{dyn}$ 变得大于 $t$。这使重子分布在引力作用下自由增长，加入到自 $z_{eq}\sim 3\,400$ 以来一直在增长的非重子暗物质的不均匀分布中。

通过忽略非重子物质的质量（将在后续章节中讨论）并假定可以忽略平均空间曲率，我们可以更详细地展现这种退耦过程。然后，在线性扰动理论中，我们可以扩展平面波中的质量密度比：

$$\delta(\vec{x}, t) = \int d^3k \, \delta_{\vec{k}}(t) e^{i\vec{k}\cdot\vec{x}} \tag{5.30}$$

如果物理波长 $\lambda = 2\pi a(t)/k$［其中 $a(t)$ 是公式（3.1）中的膨胀参数］与哈勃长度相比较小，那么直至退耦，质量密度比的傅里叶振幅 $\delta_k(t)$ 都可以合理地近似为：

$$\delta_k(t) \propto \frac{\exp\int^t (i\omega - \gamma)dt}{(1+R)^{1/4}}, \quad R = \frac{3}{4}\frac{\rho_m}{\rho_r} \tag{5.31}$$

该波以频率 $\omega$ 振荡，并以速率 $\gamma$ 衰减，其中：

$$\omega = \frac{kc}{a}\frac{1}{[3(1+R)]^{1/2}}, \quad \gamma = \frac{k^2 c}{6\sigma_T n_e a(t)^2}\frac{R^2 + 4(R+1)/5}{(R+1)^2} \tag{5.32}$$

重子与辐射的平均质量密度之比 $R$ 中的因子 3/4 略微简化了表达式。自由电子的平均数密度是 $n_e$。频率 $\omega$ 接近状态方程为 $p=\rho/[3(1+R)]$ 的流体的频率。汤姆孙散射截面 $\sigma_T$ 也出现在描述等离子体辐射阻力的公式

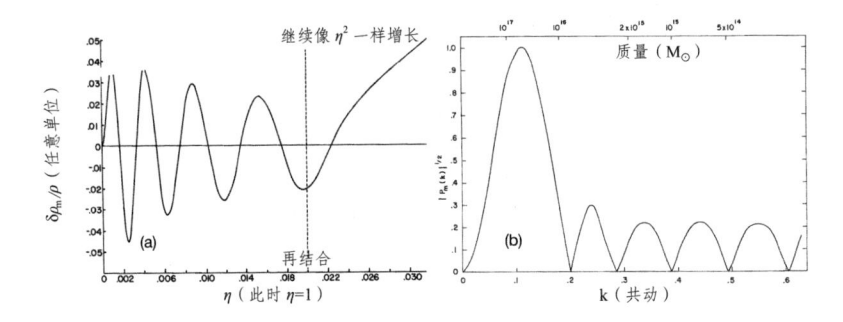

图 5.2 分图（a）：选定波长（以使振幅在退耦时增加）的平面波振幅的演变。分图（b）：公式（5.33）定义的功率谱结果（Peebles and Yu, 1970）。分图（b）经美国天文学会授权使用

（5.24）中。公式（5.32）描述了辐射通过等离子体的扩散效应在确定压强波耗散速率 $\gamma$ 方面的影响。表达式（5.31）和（5.32）是在辐射的玻尔兹曼方程的短平均路径极限下得到的。符号来自皮伯斯［1971a，公式（92.33–35）］。[1]

图 5.2 的分图（a）是在与物质（所有重子）运动相互作用的辐射的玻尔兹曼方程的数值解中，重子分布中平面波的傅里叶振幅 $\delta_k(t)$ 演化的一个示例。垂直虚线表示等离子体结合时重子与辐射退耦的时期。这是未发表的早期计算结果。（我不记得我做过这张图，但是它出现在我们的文件中，标注的时间是 1968 年 10 月，除了我还能是谁呢？）选择

---

[1] 当 CMB 在 1965 年被发现时，学界很快就对偏离完全均匀的辐射海的动力学行为产生了兴趣。最初的讨论将等离子体和辐射视为黏性流体（Peebles, 1965, 1967b; Silk, 1967, 1968; Bardeen, 1968; Michie, 1969; Sunyaev and Zel'dovich, 1970; Weinberg, 1971）。流体模型后来被玻尔兹曼方程的解析和数值近似所取代（Peebles, 1967b; Peebles and Yu, 1970; Field, 1971; Chibisov, 1972）。皮伯斯和于（1970）引入了目前标准的数值求解玻尔兹曼方程的方法的初始元素，用于描述与重子物质相互作用的辐射。

第 5 章 宇宙结构如何增长 253

波长为 $\lambda = 2\pi a(t)/k$，以便在退耦时振幅 $\delta_k(t)$ 逐渐远离零，这在退耦后会产生较大的振幅。在其他波长处，退耦时的振幅以相反的符号逐渐远离零。在这些具有相反符号的峰之间，存在一个在退耦后振幅趋近于零的波长。结果是，作为 $k$ 的函数的 $\delta_k(t)$ 在零附近振荡。这展示在皮伯斯和于（1970）的分图（b）中。这些是线性扰动理论中的数值解，其中辐射由玻尔兹曼方程描述，通过自由电子散射与重子相互作用。

远在退耦之后的质量分布的功率谱 $P(k)$ 是公式（2.10）中定义的质量两点相关函数 $\xi(r)$ 的傅里叶变换：

$$P(k) = \int d^3 r \xi(r) e^{i\vec{k}\cdot\vec{r}}, \quad \langle \delta_{\vec{k}} \delta_{\vec{k}'} \rangle = \frac{\delta^3(\vec{k}+\vec{k}')}{(2\pi)^3} P(k) \quad (5.33)$$

在第二个表达式中，$P(k)$ 是公式（5.30）中傅里叶振幅 $\delta_{\vec{k}}$ 的平方。这种形式是基于这样的假定，即质量分布是空间固定且各向同性的随机过程，这是第 2.5 节中讨论的宇宙学原理的应用。

威尔逊和西尔克（1981）给出的结果与图 5.2 相似。此后的计算越来越详细地分析了物质和辐射的分布从高红移到退耦以及黑暗时代的演变，因为理论和测量结果的比较变得越来越有趣。早期的计算假定所有物质都是重子的。这会在现有的物质分布的功率谱 $P(k)$ 中产生零点，这将很容易探测到。后续各章中讨论的非重子暗物质的加入消除了零点并平滑了 $P(k)$（第 9.2 节），但这在插图 II 底图展示的功率谱中留下了清晰的波纹。该效应首先由珀西瓦尔等（2001）发现，其结果在第 3.6.4 节和第 9 章中进行了讨论。

功率谱 $P(k)$ 中一条等距凸起线的傅里叶变换是两点相关函数 $\xi(r)$ 中的单个凸起。因此，图 5.2 的分图（b）中大致相等间隔的凸点在物质位置相关函数中产生了一个凸点，效果如图 5.3 所示。第 131 页的脚注概述了另一种思考方式。艾森斯坦等（2005）首先在斯隆数字巡天星系红移星表中探测到了相关函数中的凸起。

退耦后辐射的残留分布是由以下因素决定的：退耦时达到最大振幅的波长处的物质和辐射的压缩，通过零振幅的波中重子运动引起的多普勒频移，以及自由电子对辐射的散射的平滑效应，这些自由电子既包括在退耦过程中存在的（Sunyaev and Zel'dovich，1970），也包括在将星系间介质再电离后存在的（Spergel et al.，2003）。

表达式（5.31）中的质量密度比 $\delta$ 的衰减部分 $\exp(-\int \gamma dt)$ 设定了等离子体辐射波的特征波长 $\lambda_s$，该等离子体辐射波经历了退耦过程，仅通过自由电子的扩散产生了适度的耗散。在西尔克（1967，1968）的开创性讨论之后，衰减对 CMB 各向异性的这一效应被称为"西尔克阻尼"。这一效应在 CMB 各向异性谱中也可以观测到。

在图 5.2 和图 5.3 中假定并在第 5.2.6 节中讨论的绝热且几乎尺度不变的初始条件下，物质功率谱在 $k \to 0$ 处（即在长波长下）趋于零。由于功率谱是两点位置相关函数的傅里叶变换[公式（5.33）]，因此极限 $k \to 0$ 给出 $\int d^3 r \xi(r) = 0$。相关函数在较小尺度上为正，因此它必须在

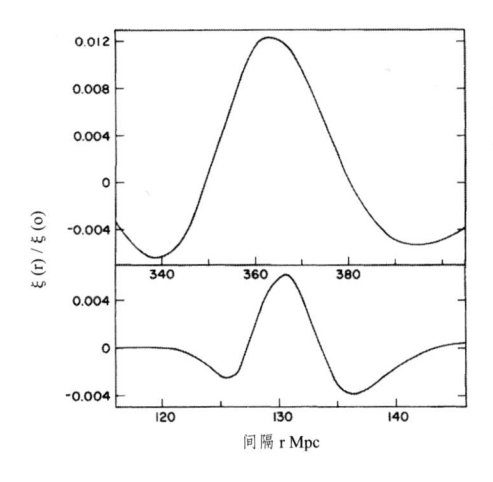

图 5.3 物质相关函数中 BAO 特征的早期示例（Peebles，1981a）。经美国天文学会授权使用

较大的半径通过零变为负值。零值大约在：

$$\lambda_x \simeq 50(\Omega_m h^2)^{-1} \text{ Mpc} \quad (5.34)$$

这一点在早期的论证中被用来支持以下观点：由密度参数 $\Omega_m$ [公式（3.13）] 表示的平均质量密度小于优雅的爱因斯坦-德西特值 $\Omega_m=1$。这些论证在第 3.6.4 节和 3.6.5 节中进行了回顾，结果列入了表 3.2 中。

### 5.1.4 金斯质量

金斯（1902）对压强在均匀质量分布偏离的演化中的影响的牛顿物理学分析，很容易被推广到非相对论性物质的相对论性膨胀宇宙中。如果可以将物质近似为压强为 $p$ 的流体，压强 $p$ 是密度 $\rho$ 的单值函数，那么声速为 $c_s = (dp/d\rho)^{1/2}$。具有密度比 $\delta(\vec{x}, t)$ 的物质分布中单位体积的压强梯度力为 $-\nabla p = -c_s^2 \rho_m \nabla \delta$。这使线性扰动公式（5.21）变为：

$$\frac{\partial^2 \delta}{\partial t^2} + 2 \frac{\dot{a}}{a} \frac{\partial \delta}{\partial t} = 4\pi G \rho_m \delta + \frac{c_s^2}{a^2} \nabla^2 \delta \quad (5.35)$$

对于物理波长 $\lambda = 2\pi a/k$ 的平面波 $\delta \propto \cos \vec{k} \cdot \vec{x}$，右侧在物理金斯波长处消失：

$$\lambda_J = \left(\frac{\pi c_s^2}{G \rho_m}\right)^{1/2} \simeq \left(\frac{\pi k_B T}{G \rho_m m}\right)^{1/2} \quad (5.36)$$

最后一个表达式使用了理想气体定律 $p = \rho_m k_B T/m$ 的简单等温导数，其中 $m$ 为平均气体粒子质量。当波长小于金斯长度时，波会振荡；当波长更长时，引力起主导作用，并且波幅可以增大。这种行为在皮伯斯（1969b）的图 1 中得到了说明。

CMB 辐射通过等离子体与辐射的热耦合 [公式（5.27）]，设定了早期宇宙中重子的热历史。由于 CMB 的热容远大于物质的热容［公式（4.8）］，因此预期物质和辐射的冷却速度非常接近辐射本身的冷却速度 $T \propto a(t)^{-1}$ ［表达式（4.2）］，并且由于预期的适度自由电子剩余丰度，这种冷却会持续到退耦之后。温度决定了公式（5.36）中的金斯长度，进而决定了金斯质量，其数量级为：

$$M_{\text{Jeans}} \sim \rho_m \lambda_J^3 \sim (k_B T/Gm)^{3/2} \rho_m^{-1/2} \qquad (5.37)$$

由于物质密度随 $\rho_m \propto a(t)^{-3}$ 减小，因此我们看到，只要重子随 $T \propto a(t)^{-1}$ 冷却，金斯质量就不会随着宇宙的膨胀和冷却而改变。这很有趣，因为它为早期宇宙中形成的质量分布赋予了一个特征性的物理质量。皮伯斯和迪克（1968）以及皮伯斯（1969b）的估计为：

$$M_{\text{Jeans}} \simeq 10^6 M_\odot \qquad (5.38)$$

这在某种程度上取决于原始密度起伏谱的形式。[1]

这一图景由于非重子暗物质而变得复杂。这种物质在标准宇宙学中最初是无压强的，并且仅通过引力与物质和辐射相互作用。在比重子金斯质量小的尺度上，对其分布的原始扰动将继续增长，并在比重子金斯质量小的尺度上对质量密度起伏有所贡献。但是重子质量密度是质量总量的显著组成部分，因此我们预期可能会发现，赋予重子的（以及由此赋予总质量分布的）特征质量存在一个可观测的特征。

---

[1] 可以预期，第一批从总体膨胀中脱离出来的重子物质的集中体将具有金斯质量。为了理解这一点，假定退耦时的质量起伏功率谱可以近似为 $P(k) \propto k^n$，其中 $n > -3$。那么后文的公式（5.50）表明，通过半径为 $X$ 的高斯窗平滑化的均方质量起伏随 $\delta_X^2 \propto X^{-(3+n)}$ 变化。在这种情况下，质量起伏在最小尺度上最大，对于重子来说，就是金斯长度。

伽莫夫和特勒（1939）将一个膨胀宇宙的金斯长度定义为当该宇宙的膨胀速度 $H_0r$ 与气体中粒子的热速度弥散相当时的半径。除数值因子外，公式（5.36）中的金斯长度也是如此。他们提出，金斯质量可以解释一个星系的典型质量。但是他们的考虑走不了太远，因为伽莫夫和特勒没办法解释一个有趣的金斯质量值所需的温度。

伽莫夫（1948a）有一种估算物质温度的方法，该方法基于他的以下想法（在第4.2节中讨论过）：宇宙充满了一个热辐射海，其温度可以允许有趣比例的氢转化为更重的元素。伽莫夫认识到，如果物质温度在宇宙膨胀和冷却时和辐射温度保持一致，那么金斯质量将与时间无关。他没有讨论为什么两者的温度会相同，而不是物质像自由气体的动能那样冷却，即 $T_m \propto a(t)^{-2}$，但是他在发表的论著中忽略这个细节并不罕见。他是否考虑过这个问题仍然是一个谜。

伽莫夫对临界温度 $T_0=10^9$ K［公式（4.22）］下重子密度的估计，是为了让比氢重的元素能够合理地形成，这一估计确定了重子温度与密度之间的关系。他对由此产生的引力束缚系统的引力形成的特征质量的估计为 $M_{Jeans} \sim 10^7 M_\odot$。这远低于大星系（如银河系）发光部分的典型重子质量 $\sim 10^{11} M_\odot$，但这是一个有趣的开始。

在1965年被发现的CMB被视作热大爆炸热残留的一个有希望的候选者（第4.4.4节），这重新引起了人们对金斯质量的关注（Peebles，1965；Doroshkevich, Zel'dovich, and Novikov, 1967；Peebles and Dicke, 1968；Rees and Sciama, 1969）。与球形星系团的典型质量的相似性，使皮伯斯和迪克（1968）推测，这些星系团是在 $z_{eq}$ 之后形成的第一代星系团，其质量大约为金斯质量。这个想法继续被讨论，但是没有引起太多的学界热情。大自然是否留下了这种在物理上明确定义的特征质量的可观测痕迹还有待观测。

## 5.2 各类图景

上一节中讨论的引力物理学提供了丰富的信息，始终假定我们掌握了正确的基本物理学。但是在给定物理学的情况下，关于初始条件以及引力与非引力应力之间的相互影响，仍有很大的探讨空间，后者包括物质和辐射的压强，冲击和爆炸，磁场以及湍流和耗散。此外，除了标准宇宙学的最基本假定之外，我们还可以加入非重子暗物质可能具有的有趣性质。非引力应力被观测到正在重新排列星系内和星系周围的物质，因此可以预期它们在星系形成中发挥了作用。本节要考虑的是在 20 世纪 90 年代中期之前关于这种可能性的领先观念的动机和挑战。那时，观测结果开始对各类设想产生更为严格、信息量更大的约束。我从一个深层次的问题开始：我们周围的宇宙是起源于原始的混沌还是秩序？

### 5.2.1 混沌与秩序

考虑一个在平坦时空和牛顿力学中的有界、最初接近均匀的无压强物质（尘埃）分布。物质最初处于静止状态，并允许其自由坍缩。由于在密度较大的区域中坍缩速度更快（因为引力作用更强并加速了坍缩），因此质量分布在坍缩时会成团。由于此处讨论的物理学具有时间反演不变性，因此运动方程在时间反演方向上还有一个解。在这种时间反演的情况中，我们会看到，最初的团块状质量分布随着其膨胀而越来越接近均匀。但是这种时间反演的膨胀情况是很不现实的，因为它需要初始块状质量分布和初始速度场之间有不可能的紧密联系。初始条件中的微小偏差将导致越来越远离均匀性，产生团块状的分布，这与坍缩情况下接近均匀的初始条件完全不同。

这种情况可以通过无压强物质膨胀宇宙中密度比 $\delta(\vec{x}, t) = \rho(\vec{x}, t)/\rho_m - 1$ ［公式（5.15）］演变的线性扰动表达式来说明。引力物理学允许具有纯衰减模式 $\delta \propto t^{-1}$ 的膨胀宇宙。但是，在初始条件下出现的微小偏差将增

加 $\delta \propto t^{2/3}$ 项，该项将逐渐增长，从而逐渐主导膨胀宇宙中的衰减项。①

普莱斯（1976，311）指出，在标准宇宙学模型中，"我们身处的宇宙源自一个具有非常特殊初始条件的奇点，该奇点是从在某种意义上测度为零的集合中选择的，并不代表一般情况"。这是很好的说法，但是我们如何才能找到一个观测上可行的、一般情况的有用近似呢？一种方法是使用一个均匀但各向异性的宇宙的爱因斯坦场方程的解析解。这些解允许在与标准宇宙学模型截然不同的时空中存在具有剪切和涡旋的流动。利夫希茨和哈拉特尼科夫（1963）对这种方法进行了研究，认为这是迈向对完全混沌的（不均匀的以及各向异性的）早期宇宙进行建模的可能一步。米斯纳（1969）将这种情况称为混合主宇宙，这个名字源于这些解中随时间变化的膨胀和收缩方向上的剪切搅动。这个想法之所以具有影响力，部分是因为这些解被认为可以模拟一个完全混沌的早期宇宙，我还认为部分原因是它们允许对混沌相对论引力物理学进行解析检验。

尽管混合主宇宙为我们提供了复杂演化的一个有价值的例子，但它并没有解决中心问题：为什么观测到的宇宙接近均匀？有人提出，混合主宇宙可能描述了初始不均匀宇宙中局部区域的搅动速率和搅动方向，这些搅动的速率和方向在不同的位置各有不同，并且这种随机混合可能推动宇宙趋于空间各向同性和均匀性。米斯纳（1967）认为混合是通过中微子或引力波的有效能量转移实现的，但也要考虑的是通过剪切产生的熵。巴罗和马茨纳（1977）指出，混合主宇宙中的原始剪切和涡旋会涉及相当大的耗散，从而产生熵，甚至可能比观测到的还要多。但是中心点在于，如果宇宙不同区域中的局部剪切和涡旋的耗散不同，那么我们将不得不预期这种耗散会沉积出明显不均匀的熵密度。这与20世纪

---

① 在膨胀宇宙中，存在均匀性偏离严格衰减的例子。在缺少本动引力加速度的情况下，一个自由移动的测试粒子的本动速度随 $v \propto a(t)^{-1}$ 衰减［公式（5.19）］。利夫希茨（1946）证明，没有散度的涡流以同样的方式衰减。但是在这些例子里面，质量分布仍然是均匀的。

70 年代已知的 CMB 微小的各向异性恰恰相反。

可能会有异议的是，第 5.1 节中从线性扰动理论和球对称的勒梅特解得出的结论，不一定适用于严重不均匀的极早期宇宙。宇宙是否可能始于混沌，随后衰减到接近均匀和各向同性，然后星系才开始形成？反对这一观点的论据是，红移 $z_{dec}$ 处物质和辐射的均匀程度（由观测到的接近热谱的 CMB 谱及其很小的各向异性得出）表明，线性扰动理论可以很好地描述 $z_{dec}$ 处的条件。扰动理论主张从更接近均匀和各向同性的过去演化出不均匀性的过程。

这些思路提示了一个简单但关乎根本的重要物理原理：

$$\text{我们的宇宙一直在从有序向混沌演化。} \tag{5.39}$$
（our universe has been evolving from order to chaos.）

这不是一个定理，也不是广义相对论的预测，而是对合理性的一个主观评估（来自 Peebles，1967a，1972）。作为一个深远的原则，它理所当然值得被讨论。

琼斯和皮伯斯（1972）指出了以下观点的早期例子：基于普遍的哲学视角，将世界想象为诞生自混沌更为自然。巴罗（2017）提出了广义相对论中类似思维的一个例子。第 5.2.2 节中将要审视的一个例子是，认为星系是原始湍流的残留。还需要考虑里斯（1972，1670）的想法："探索在尺度上达到（例如）原星系团的起伏进入粒子视界时其量级已经接近 1 的可能性，是很有趣的。"

基于图 5.1 反对这种想法的论点是，当质量密度起伏穿过粒子视界的尺度或哈勃长度时，密度比 $\delta \sim 1$ 的质量密度起伏将与量级为 1 的时空曲率起伏相关，这预计会产生相对论性的质量聚集。也许星系中心的质量聚集是通过这种方式形成的，但是我认为我们可以肯定的是，星系和星系团不是。

还要注意的是，我们现在有了从有序到混沌的演变的观测证据，这来自在 CMB 和星系分布中探测到的声学模式。它们在红移 $z\sim1\,000$［由公式（5.32）近似］处符合退耦的小幅度声学密度起伏的理论，并演化成了我们目前明显的团块状宇宙。

从有序演化到混沌的一个结果是，我们需要新的物理学来解释早期宇宙非常接近均匀和各向同性的状态。似乎完全合理的预期是，新物理学的正确选择是没有把初始的均匀性偏离几乎完全置于衰减模式中。但是，这仍然是一个判断，有待建立一个合适、深入的关于非常早期的宇宙的理论，也许是宇宙暴胀理论的某种变体。

分析宇宙结构增长方式的进步不需要我们指定所需的新物理学。我们可以假定绝对有序性的早期偏离的性质，然后将由此产生的结果与观测到的结果进行比较。这是 20 世纪 70 年代的方法，当时宇宙学的研究水平还很有限。但是在 20 世纪 80 年代早期，关于极早期宇宙行为的暴胀概念（第 3.5.2 节）的引入很快产生了重要的影响，并且为"从有序到混沌"这一原则提供了权威的非实证性依据。第 8 章将介绍这一原则的实证基础在 20 世纪 90 年代后期是如何建立起来的。

### 5.2.2 原始湍流

关于早期宇宙中湍流的思想部分是由于旋涡星系的图像与不可压缩湍流中涡流图像的相似性而提出的。卡尔·弗里德里希·冯·魏茨萨克（1951a, 160）认为，或许"将星系（或星系团）视为存在于数十亿年前的宇宙湍流的最大漩流，是一个自洽的理论"。

塞巴斯蒂安·冯·赫尔纳（1953, 58）当时与哥廷根的冯·魏茨萨克一起，依据他的旋涡星系如何由原始湍流形成的研究，得出了这样的结论：Da wir auf drei völlig verschiedenen Wegen qualitativ übereinstimmende Aussagen über den Verlauf der Flächendichte in Spiralnebeln erhalten haben, wollen wir dies Ergebnis als Argument betrachten für die Anwendbarkeit der vorausgesetzten Turbulenztheorie．在谷歌的帮助下，我将其翻译为，"由于我们以三种完全不同的方式获得的关于旋涡星云表面密度随半径变化的结果是一致的，因此我们将这一结果视为假定的湍流理论的适用性的一个论据"。

乔治·伽莫夫（1952b，251）认为：

> 除非存在其他一些有利于密度的大尺度起伏的物理因素，否则星系永远不会在最初的均匀物质中形成。因此，目前看来，了解气态原星系形成的唯一方法，是假定原始膨胀物质中存在广泛的湍流运动[3]……尽管宇宙的雷诺数总是足够大以至于可以预期湍流运动的存在，然而，很难看出这种运动是如何在均匀膨胀的均匀物质中产生的。因此，最好在假定的基础上引入原始湍流以及物质的原始密度和膨胀率。

和往常一样，伽莫夫没有解释。参考文献3来自冯·魏茨萨克（1951b）。伽莫夫和海尼克（1945）回顾了冯·魏茨萨克的较早思想，即太阳系中的行星可能是通过一个盘中的旋涡运动驱动的涡旋产生的，这个盘由旋转支撑，最初由弥散物质组成。伽莫夫（1954b）关于原始湍流的文章中还提到了"与C.冯·魏茨萨克的私人对话"。因此，我们可以认为，伽莫夫很清楚这个方向上可能影响他的想法。但他始终如一地表示，现在的平均质量密度远低于爱因斯坦-德西特值，[①] 他的这一印象可能是另一个严肃的动机。伽莫夫（1954b，481）写道：

---

① 例如，伽莫夫（1946）将哈勃常数取为 $1.8 \times 10^{-17} \, \text{s}^{-1}$，这接近于哈勃（1929）的值，他的当前质量密度的标准值为 $\rho \approx 10^{-30} \, \text{g cm}^{-3}$。这转化为质量密度参数 $\Omega_m = 0.002$ ［公式（3.13）］。

> 显然，在这样的条件下……无论大小多少，任何基本的凝聚都会再次散开。摆脱这种困难的唯一方法是假定原始气体中存在非常大的原始密度起伏。此外，为了允许密度的较大变化，该湍流必须是超声速的。

如第 5.1.2 节所述，这些物理上的考虑是正确的。伽莫夫和特勒（1939）曾通过提出星系在高红移下形成的假说来解决质量密度明显偏低的问题，因为在高红移下，质量密度更接近于爱因斯坦-德西特值，引力也会更有效。而伽莫夫（1954b）则主张原始湍流的观点。伽莫夫（1952b，251）的早期论文补充说："事实上，H. 沙普利和 C. D. 沙恩对宇宙被观测部分中星系空间分布的最新研究，强烈提示了在宇宙原始物质中存在这种湍流运动。"

伽莫夫的研究生薇拉·鲁宾设计并运用了一种统计方法来测量星系的分布。她的结论（1954，548）是，"如果星系是从湍流的气态介质中凝结的，那么结果在物理上是合理的"。第 2.5 节回顾了对唐纳德·沙恩项目结果的后续分析，以及鲁宾开创的统计方法。但是鲁宾（1954）的结论是谨慎的，因为很难说她的结果特别支持原始湍流的假说。

扬·奥尔特参加了巴黎会议，冯·魏茨萨克（1951a）就原始湍流发表了演讲，会议记录了冯·魏茨萨克演讲后奥尔特的评论。这可能导致奥尔特（1958，1）后来认为：

> 总角动量一定已经存在于那些收缩进而产生星系的原始物质团块中。角动量与朝向星系中心的质量聚集的强度一起，包含了规则的大尺度旋转与收缩到该星系的宇宙部分中不规则流之间的比例的信息。

奥尔特（1970，381）后来写道："因此，正如冯·魏茨萨克最早提出的那样，宇宙必须在星系尺度上具有高度的湍流。"

当时，对于相邻物质团块在开始脱离宇宙的整体膨胀时，其潮汐力矩会转移足够解释旋涡星系旋转的角动量这一点，奥尔特持怀疑态度。我们在第 5.2.3 节中将对使角动量的引力转移这一想法变得更有希望的发展进行回顾。

关于原始湍流概念的其他讨论包括奥泽尔诺伊和切尔宁（1967），富田等（1970），以及达拉波尔塔和卢钦（1972）。奥泽尔诺伊和切尔宁提供了两个理由来重新审视原始湍流。首先，他们认为考虑更流行观点的替代方案是明智的。这是一个很好的想法：当时对宇宙结构形成的观测和理论约束还不足以提供太多信息，这种情况当然需要对思想进行广泛的探索。他们的第二个原因是，在严格的平衡状态下，统计力学的密度起伏实在太小，以至于从任何合理的时间开始，它们都无法通过引力增长为我们周围看到的结构。这是利夫希茨（1946）的观点，而且是正确的。但是第 5.1 节回顾了流行思想转向了对这一情况的务实评估：相对论宇宙学仍然允许非相对论性的质量聚集（如星系）从原始均匀性的微小偏离中演化出来。当然，在 20 世纪 60 年代，这在很大程度上是充满希望的想法。

因此，我们可以得出结论，在 20 世纪 50 年代到 20 世纪 60 年代，人们发现了有说服力的理由来考虑原始湍流图景。但是从广义相对论来看，原始湍流的概念存在一个严重的问题。为了看到这一点［以皮伯斯（1980，§85）公式（85.5）的符号表示］，假定宇宙的质量由压强为 $p=v\rho$ 的理想流体主导（选择单位使得光速为 $c=1$，因此 $v$ 是一个无量纲常数）。想象一下，这种流体以零散度在旋转流中流动，因此，在线性扰动理论中，没有偏离均匀的质量分布。在对利夫希茨的分析进行的推广中，人们发现固有流速度随以下表达式变化：

$$v \propto a(t)^{3v-1} \qquad (5.40)$$

其中 $a(t)$ 是膨胀参数［如公式（2.3）所示］。在非相对论极限 $v=0$ 时，我们有 $v \propto 1/a(t)$（正如第 145 页的脚注的考虑所示）。在早期以辐射为主的宇宙中，$v=1/3$，流速度 $v$ 是恒定的。

现在假设在旋转流中以速度 $v(t)$ 运动的流体元素通常必须先经过坐标距离 $y$，然后才能遇到沿其他方向运动的旋转流，两者相遇将导致非线性扰动。该相遇是否发生在宇宙膨胀时间 $t$ 内，取决于以下比率（Peebles，1971b）：

$$R(t) = \frac{v(t)t}{a(t)y} \propto a(t)^{(9v-1)/2} \begin{cases} \propto a(t)^{-1/2} & \text{当} \quad p = 0, \\ \propto a(t) & \text{当} \quad p = \rho/3 \end{cases} \quad (5.41)$$

在早期以辐射为主的宇宙中，$v=1/3$，$R(t)$ 随着宇宙的膨胀而增长。如果在压强 $p$ 仍接近 $\rho/3$ 时 $R(t)$ 达到 1，则流需要改变方向。这意味着小型的原始旋转流可能发展成非线性湍流，并级联转化为涡流，进而发展成类似星系的东西。但是，在红移 $z_{eq}=3\,400$［公式（4.11）］之前，必须先形成这种湍流。这样，物质密度似乎对于产生真实星系而言太大了。在红移小于 $z_{eq}$ 时，比率 $R(t)$ 随着宇宙的膨胀而减小。因此，如果湍流没有在红移 $z_{eq}$ 前产生，它将永远不会发生。皮伯斯（1971b，1972）、琼斯和皮伯斯（1972），以及陈和琼斯（1975）提出了关于这些观点的论据。

在 20 世纪五六十年代，原始湍流的想法是出于实证原因提出的，因此值得探索。但也很清楚（尽管并非总是被注意到）的是，这个想法与通常对星系性质和膨胀宇宙的物理学的看法不一致。

### 5.2.3 星系旋转的引力起源

旋涡星系旋转的标准模型用原星系的轨道运动与内部运动之间的角动量的引力交换取代了原始湍流涡流。引力引起星系旋转的想法至少可以追溯到古斯塔夫·斯特隆伯格（1934），后来又独立地追溯到弗雷德·霍伊尔（1951）。斯特隆伯格（1934，460）的论文摘要的第一段是：

通常，星系和旋涡星云旋转的起源可以追溯到星云刚刚从一种原始气体共同系统形成的时期。在此阶段，星云的直径与它们之间的距离处于同一数量级，整个系统具有引力不稳定性，并且延展星云的相互吸引和相对运动产生了较大的角动量，但仅产生很小的角运动。在任何星云的收缩过程中，线速度和角速度都会增加，从而使总角动量保持不变。

霍伊尔（1951，195）在1949年巴黎"宇宙气体动力学"研讨会论文集的报告中指出：

一个凝聚体只要不是严格的球对称形式，通常在凝聚过程的早期就将获得角动量。因为在它的质心处的主惯性矩不完全相等，并且任何外部引力场通常都会产生一个作用于凝聚体的耦合作用。

这一耦合，或称力矩，将在原星系的相对运动与其旋转角动量之间转移角动量。在最简单的近似中，原星系的四极矩与邻近质量分布的潮汐场相耦合。

这两篇论文中的考虑现已通过充分的检验并被广泛接受。但是从霍伊尔（1951，198）的演讲之后沃纳·海森伯的评论中可以看出，人们并不总是认为它们如此直观："我觉得人们真的应该比现在更加严肃地对待湍流这个概念。"

NASA的天体物理学数据系统档案库显示，1995年之前没有斯特隆伯格（1934）的引用记录，1970年之前也没有霍伊尔（1951）的引用记录。河外天文学和宇宙学直到不久前一直是小型科学。关于星系旋转的其他方面也有一些讨论，一个著名的例子是莱昂·梅斯特（1963）的想法，即将旋涡星系中特定角动量和质量的分布与匀速旋转的原星系中可能存在的角动量和质量的分布进行比较。我们将在第6.4节中回顾的另一个例子是对旋转支撑的星系的引力不稳定性的分析，以探寻旋臂形成的线索。但是直到 20 世纪 60 年代后期，关于星系旋转的引力起源的严肃辩论才开始。

皮伯斯（1971c）引入了一种方便的无量纲量度，用于衡量原星系在引力作用下组装后的典型角动量：

$$\lambda = \left(\frac{L^2 E}{G^2 M^5}\right)^{1/2} \sim 0.1 \qquad (5.42)$$

引力束缚系统的角动量为 $L$，其引力束缚能为 $E$（动能和引力势能之和的负数），其质量为 $M$，$G$ 为牛顿引力常数。在无标度的爱因斯坦-德西特宇宙学模型中，这个无量纲数的量级为 1，正如我们可能从量纲分析中期望的那样。

以下是得出"星系旋转是因为引力将公式（5.42）描述的内部角动量转移给星系"这一结论的主要步骤：

1. 斯特隆伯格（1934）和霍伊尔（1951）独立地提出了由潮汐力矩转移角动量的图景。

2. 皮伯斯（1969a）重新构想了这个想法，并给出了该效应大小的解析估值 $\lambda \approx 0.08$。[这是论文中公式（35）和公式（37）的乘积，测量值在步骤 4 中引入。]多罗什克维奇（1970）和怀特（1984）讨论了进行这种分析的其他分析方法。

3. 奥尔特（1970，381）从他对角动量的引力转移的估计得出的结论是，该效应太小而无法解释星系的旋转，因此"它们从一开始就必须被赋予角动量"。米基（1966,172）得出了类似的结论："潮汐引起的力矩对原星系云中的大多数碎片而言并不重要。"

4. 奥尔特的批评促使皮伯斯（1971c）从对角动量转移的复杂过程的分析转向简单的数值模拟。模拟结果表明 $\lambda = 0.10^{+0.1}_{-0.03}$。模拟

只有 $N\sim 90$ 到 150 个粒子，按后来的标准来说小得可笑，但毕竟时代不同。对于我来说，结果似乎是合理的，因为可以预期无量纲数 $\lambda$ 的量级为 1：在无压强物质的无量纲引力演化中，还能有其他什么值呢？

5. 扬·奥尔特在 1972 年左右找到我，解释说他撤回了对角动量引力转移的反对。这是一个具有启发性的行为。

6. 埃夫斯塔硫和琼斯（1979）在以 $N=1\,000$ 个粒子的运动为模型的膨胀宇宙的数值模拟中发现 $\lambda=0.07\pm 0.03$。此时似乎已经非常清楚，引力组装的原星系的角动量的典型值不太可能与 $\lambda\approx 0.1$ 有很大的不同。

7. 冈恩等（1978）以及怀特和里斯（1978）提出，星系的发光部分是由弥散的重子气体或等离子体耗散地沉降到大质量的亚光度物质晕中形成的，这些晕可能由早期恒星的残余或者非重子暗物质组成。这种收缩将解释以下观测结果：大部分亚光度物质位于旋涡星系发光部分的外沿，并且收缩将增加旋转角速度。

8. 福尔（1979）、福尔和埃夫斯塔硫（1980）以及埃夫斯塔硫和琼斯（1980）指出，如果重子以约 10 倍的速度在先前存在的大质量亚光度晕中耗散沉降，自然会使物质的旋转从 $\lambda\approx 0.1$ 加快到 $\lambda\approx 1.0$ 的旋涡星系旋转支撑状态。

耗散沉降加速了星系旋转的想法至少可以追溯到斯特隆伯格（1934）。重子的耗散沉降发生在大质量的亚光度晕中的想法，是由于人们日益认识到，在星系外沿存在亚光度物质。我们在第 6 章中将对这种现象进行回顾。大质量晕这个想法对于解释旋涡星系如何受到旋转支撑也是必不可少的，正如我们现在讨论的那样。

在一个由典型速度为 $v$ 的几乎随机的运动支撑的受引力束缚的物质云中，平均切向旋转速度为 $v_\perp\sim\lambda v$，其中 $\lambda$ 由公式（5.42）定义。首先

第 5 章 宇宙结构如何增长

假定云的整体质量通过耗散收缩达到旋转支撑状态，同时保持角动量守恒。那么，随着系统半径 $r$ 的减小，引力结合能 $E$ 随 $E \propto r^{-1}$ 增加。这连同角动量的守恒一起，导致角动量参数随着 $\lambda \propto r^{-1/2}$ 增大。为了使来自角动量引力转移的 $\lambda \sim 0.1$ 增加到旋转支撑状态的 $\lambda \sim 1$，云的半径 $r$ 必须收缩约 100 倍。埃夫斯塔硫和琼斯（1980）指出，这种半径两个数量级的坍缩，将使银河系外围的半径从约 1 Mpc 收缩到现在的 10 kpc。但这将使坍缩时间与当前宇宙膨胀的年龄相当，这无疑是荒谬的。

解决这一问题的思路来自冈恩等（1978）以及怀特和里斯（1978）正在考虑的证据：旋涡星系中心部分以外的质量由亚光度物质主导，亚光度物质的速度弥散随半径变化很小。如第 6.3 节所述，这近似于质量密度为 $\rho \propto r^{-2}$ 的等温气体球。沉降在大质量亚光度晕中的弥散的重子必须收缩约 10 倍，才能旋转到旋转支撑状态，因为旋转支撑所需的旋转速度对半径不敏感，而切向速度随 $v_\perp \propto r^{-1}$ 增大。正如观测到的那样，这种更适度的收缩似乎更为合理，同时仍然足够大，以至于大部分恒星质量最终会集中在亚光度晕的中心附近。

收缩约 10 倍以通过旋转来支撑旋涡星系，这与埃根、林登-贝尔和桑德奇（1962，749）通过分析银河系形成的天文学线索得出的论点是一致的。他们得出结论："我们的数据表明，当坍缩的原星系的大小至少是其当前直径的 10 倍时，重元素丰度最低的最古老的恒星一定已经形成。"

这个论点来自将我们银河系中的恒星分为两种类型：星族 I 和星族 II。前者具有更高丰度的重元素，并且倾向于由银河系盘中几乎圆形的轨道中的流来支撑。后者更为古老，重元素丰度较低，并且倾向于在高速恒星接近球形的恒星晕中以近乎更随机的方式运动。埃根等提出，银河系是由已沉降或坍缩的气体云或等离子体云形成的。坍缩过程中形成的恒星将是最古老的。它们将具有较低的重元素丰度，因为当时还没有太多恒星形成、演化并散布重元素以供年轻的恒星吸收。这些古老的恒星形成时半径较大，因此在较大的远银心轨道上运动。所有这些都是星族 II 的特征。剩余的弥散物质的耗散性收缩将通过旋转停止，之后形成的恒星将更年轻，元素丰度更高，并且将在星系盘中以星流的方式运动，这都是星族 I 的特征。

埃根、林登-贝尔和桑德奇（1962）提出的收缩约一个数量级的设想，正是在暗晕中使一个旋涡星系从引力产生的初始值 $\lambda \approx 0.1$ 旋转起来所需要的。冈恩等（1978）以及怀特和里斯（1978）提出，初始的弥散重子云的半径需要缩小大约一个数量级，来形成一个正常的星系。但是冈恩、里斯和怀特告诉我，根据他们的回忆，他们在 1978 年提出关于暗晕中耗散收缩的论点时，并没有考虑旋涡星系的旋转。尽管他们的论据是基于其他基础的，但它们对于帮助完成关于旋涡星系为何旋转的公认解释十分重要。[①]

后来的证据表明，旋涡星系发光部分的特征半径大约是其暗物质晕半径的 $\lambda$ 倍（例如 Somerville et al., 2018；Fall and Romanowsky, 2018）。收缩系数 $\sim \lambda^{-1}$ 与以下几方面是一致的：埃根、林登-贝尔和桑德奇（1962）关于高速恒星的论证；1978 年关于大质量晕中的收缩的想法；以及学界 1980 年时的认识，即收缩可以解释旋涡星系中沉降到其暗物质晕中的重子物质的旋转支撑。

福尔和罗曼诺夫斯基（2018）指出，大椭圆星系的行为就像它们的前恒星物质收缩了大约相同的因子 $\sim \lambda^{-1}$ 一样，但这些物质被赋予了异

---

① 需要考虑的技术要点是，在引力不稳定性图景中，引力将物质聚集在一起而不会产生涡度。也就是说，在没有冲击或其他非引力干扰的情况下，由引力驱动的流速度满足 $\nabla \times \vec{v} = 0$。旋涡星系盘中恒星和弥散重子的流具有涡度。有人认为这与开尔文环流定理相矛盾（Tomita, 1973；Binney, 1974）。但是，具有零涡度的没有相互作用的暗物质流的轨道交叉通常会产生具有涡度的质量加权的平均流运动。弥散重子的耗散/黏滞沉降违反了环流定理的条件，再次允许形成带有涡旋的流（Chernin, 1972；Sunyaev and Zel'dovich, 1972；Peebles, 1973c）。

常小的λ或以某种方式失去了大部分原始角动量。正常的大旋涡星系和正常的大椭圆星系的形状有很大不同。有过渡情况，但并不常见。我们看到了独特的双峰现象，这不是λ的单峰分布的明显结果。它为进一步研究提供了机会。

### 5.2.4 爆炸

观测结果表明，物质是由大质量恒星、超新星和星系中心部分大质量引力坍缩的核燃烧引发的爆炸在星系尺度上重新排布的。因此，人们可能会想象，早期宇宙中的爆炸将物质推聚成堆，形成了星系，或者甚至结构的形成也是由相对论性坍缩的时间反演引发的，正如在白洞中的情况那样。

霍伊尔（1980，35）把后一个想法论述为：

> 热大爆炸就是白洞的一个例子，白洞被假定是如此之大，以至于其产物包括了我们观测到的一切。但是，没有什么可以阻止我们思考一个包含许多白洞的更大的宇宙，就像相对论主义者已经习惯于认为宇宙包含许多独立的黑洞一样。

诺维科夫（1964b）和内埃曼（1965）提出，膨胀宇宙中某些部分的延迟膨胀，可能以某些星系或当时新发现的准星体（即类星体）中的强大射电源的形式被观测到。林登-贝尔（1969）认为，星系核可能包含黑洞，这些黑洞是非活跃类星体的残余。这一论点可能增加了将活跃类星体视为白洞的可信度。这违反了第5.2.1节中的论点，即人们可能会合理地预期混沌是从有序中产生的，但是在这种情况下，关于怎样算合理，我们的想法可能无关紧要。从那时起，白洞的想法就没有引起太多关注，但是这种情况可能会改变。

这种核反应驱动的更为熟悉的爆炸通过推动物质在驱动宇宙结构

形成中起着重要作用的想法，引起了人们极大的关注。为了了解可利用的能量，请考虑观测到的星系相对于宇宙整体膨胀的运动，其典型的本动速度约为 300 km s$^{-1}$。在引力不稳定性图景中，此动能是由不断增长的宇宙结构的引力吸引所产生的，同时伴随着负引力结合能的增大。但是，通过将氢和原始氦转化为更重的元素，在恒星中产生目前的宇宙质量百分比 Z~0.01 的重元素，释放出约为其静止质量 1% 的核结合能，这相当于湮灭了重子静止质量的 $1/10^4$。这等于这些重子以 ~3 000 km s$^{-1}$ 的速度运动的动能 $\rho v^2/2$。我们看到，如果得到有效利用，爆炸而不是引力将有足够的能量来解释星系的运动。

多罗什克维奇、泽尔多维奇和诺维科夫（1967）、池内（1981）、奥斯特里克和科维（1981），以及奥斯特里克（1982）开展了爆炸在驱动星系形成中可能的作用的早期探索。奥斯特里克和科维（1981，L127）对该项目的阐述如下：

> 在形成恒星系统的过程中，大质量恒星死亡时释放的爆炸能量将传播到星系间介质中。在某些情况下，在那里会形成致密的冷却壳，其质量比原始的"种子"系统大许多倍，因此，引力的不稳定性和壳的破裂会导致新的恒星系统的形成。

该项目的意图很好。在引力的帮助下，恒星中核燃烧释放的能量被观测到重新排布了重子：等离子体风以 100 km s$^{-1}$ 至 1 000 km s$^{-1}$ 的速度从附近正在形成恒星的星系和遥远的年轻星系中流出。奥斯特里克、汤姆逊和威滕（1986）提出了另一种想法：第 5.2.5 节中讨论的宇宙弦可能是超导的并且被磁化了。随着宇宙弦圈的摆动，变化的磁场可以释放出足够的能量，将等离子体推集成堆，进而分裂成年轻的星系。

这些爆炸情景受到以下证据的挑战：星系相对于哈勃流的本动速度具有较宽的相干长度，也就是说，星系在流中以均值附近的速度运动，弥散相对较小。这种现象已经很清楚地被观测到了，它被称为"静哈勃流"和"大宇宙马赫数"。这与质量密度和分布的性质有关，我们在第3.6.4节中进行了讨论。让我们在此添加德沃古勒和彼得斯（1968，874）的结论，即"亮星系的数据中没有任何东西与大尺度宇宙学红移是线性和各向同性的假定相矛盾"，以及桑德奇和塔曼（1975，313）的结论，"用现有材料绘制的局部速度场与我们所能测量到的一样规则、线性且各向同性"。

利耶、亚希勒和琼斯（1986）以及皮伯斯（1988）使用了借助星系距离测量方法的进展获取的数据，改进了相对较近的星系中哈勃定律偏离的测量结果。在这些样本中，当退行速度 $cz \lesssim 600$ km s$^{-1}$ 时，相对本动速度 $\lesssim 100$ km s$^{-1}$。林登-贝尔等（1988）使用早型星系距离的角大小测量方法，在更大距离上获得了类似的结果。可以将这些相对于星系平均流的速度与测得的CMB偶极（$\delta T/T \propto \cos\theta$）各向异性进行比较（Smoot, Gorenstein, and Muller, 1977; Fixsen, Cheng, and Wilkinson, 1983）。除去偶极后，在20世纪80年代已知，剩余的CMB各向异性至少要小一个数量级。这表明偶极不是本征的，而是本星系群在以600 km s$^{-1}$穿过辐射海的本动运动的结果。由于相对速度的弥散远小于此速度，因此证据表明，我们附近的星系（距离约10 Mpc）正在以几乎均匀的速度流过CMB。

这些观测的关键是，之前和现在都很难理解爆炸如何能在产生星系明显的块状分布的同时，却留下较小的相对速度弥散并产生本星系群整个区域更大的流动运动（Peebles, 1988）。

爆炸图景还面临着社会学性质的挑战：学界的注意力转向了宇宙结构增长的数值建模，该宇宙的质量由非重子暗物质主导，这些物质仅在引力作用下移动。模拟这种情况的演变远比模拟爆炸的效应简单。我预计这一定程度上阻碍了构建一个在观测上或许可行的爆炸图景版本的尝试。然而后来证据的发展令人信服地将爆炸归类为对原星系中质量聚集的集中的一个真实但不是最主要的效应，同时仍然是形成星系内部结构的重要因素。

林登-贝尔等（1988）指出，星系相对于 CMB 的局部流动可能是由一个适当遥远和适当大的质量聚集的引力引起的，他们将其称为"大吸引子"。但随后的研究表明，CMB 偶极是由分散在空间中的许多大尺度、低幅度的质量起伏引起的引力的综合效应（Nusser, Davis, and Branchini, 2014）。

### 5.2.5 自发破缺的均匀性

当铁磁性材料在居里温度下通过相变冷却时，它会获得磁化畴。如果没有外部磁场或内部结构来引导它们，这些畴会自发地确定方向，打破较高温度下自旋态的各向同性。这种现象在凝聚态物理和粒子物理学中的显著地位使学界对以下想法产生了兴趣：早期宇宙的精确空间均匀性和各向同性同样是被自发打破的。科普兰和基布尔（2009）回顾了这种思想的历史。

泽尔多维奇（1962b）提出了一个早期的例子，以说明绝对的原始宇宙均匀性如何被自发地打破：假定原始宇宙的熵为零。这个想法很优雅，还有什么比这更简单呢？重子将处于一个初始的凝聚压缩均匀量子态，熵为零。但是，随着宇宙的膨胀，这种凝聚的系统不得不破裂。这是会产生物质碎片的自发破碎的均匀性，也许它们会成长为星系。学界后来清楚地认识到，几乎可以肯定的是，早期的宇宙很热。

普莱斯和谢克特（1974）提出了另一种想法：也许种子性的小的非线性均匀性偏离的引力相互作用导致了更大的质量聚集的增长。这些反过来又在更大尺度上对周围的物质产生引力扰动，以此类推。这类似于莱泽（1954, 171）的设想：

> 考虑一个存在轻微局部不规则性的宇宙物质分布。随着宇宙的

膨胀，不规则现象变得越来越明显，直到最后自引力系统分离出来。新形成的系统在新的宇宙分布中扮演粒子的角色，通常也会有轻微的局部不规则性，从而为聚类过程的重复创造了条件。

莱泽似乎已经设想到的情况以及普莱斯和谢克特提出的观点是，宇宙结构可以通过引力自催化过程形成。也许这个过程需要种子，或者它可以追溯到任意早期的任意小的非线性团块。这个想法很优雅，具有历史意义，值得考虑，但它是错误的：在对膨胀宇宙中质量团块增长的数值模拟中没有观察到这种现象。

普莱斯和谢克特（1974）的观点值得回顾。考虑一个仅通过引力相互作用的无压强物质的爱因斯坦-德西特宇宙。假定物质在长度尺度 $r_{nl}$ 上聚集在非线性引力束缚的团块中，并想象这些团块在更大尺度上相当平滑地分布。包含在半径为 $R \gg r_{nl}$ 的随机放置的球中的质量方差可能包含以下项：

$$\delta M^2 \equiv \langle (M - \langle M \rangle)^2 \rangle \sim (R/r_{nl})^2, \ \delta M/M \propto R^{-2} \quad (5.43)$$

这是因为球的表面积约为 $R^2$，所以该表面会穿过 $N \sim (R/r_{nl})^2$ 个非线性团块，我们假定靠近该表面的团块可能会随机落入球体的内部或外部。如果该密度比以通常的速度 $\delta M/M \propto t^{2/3} R^{-2}$ 增长，那么 $\delta M/M$ 在时间 $t \propto R^3$ 时将达到 1，从而使一个典型非线性团块的质量达到 $M$。这表明，在非线性团块中，引力聚集的质量以与时间成比例的方式增长。在哈勃长度 $cH_0^{-1}$（我们可以观测到的最大距离）内的质量，也随时间成比例地增长（假定这是一个爱因斯坦-德西特宇宙）。诱人的前景是，宇宙结构随着可观测宇宙质量的增长而增长。

泽尔多维奇（1965，359）预料到了这一点：

问题是，如果我们以粗略的方式来处理，取一个具有明确边界的体积 $V$，那么数量 $N$［在 $V$ 中］的起伏将完全由星系位于边界右侧或左侧的偶然性决定。

球体表面质量分布中的噪声与将物质拉入或推出球体的质量的引力无关。皮伯斯（1974a；1980，§28）的分析论证预测，非线性质量团块的自催化增长速率为 $M_{nl} \propto t^{4/7}$，这太慢了，无法产生任何有意义的结果。我不知道是否有通过数值模拟进行的检验，这也许会很有趣。这里要注意的是，普莱斯和谢克特（1974）的论文还引入了广泛使用的普莱斯-谢克特形式，用于描述引力产生的质量聚集的频率分布。

温伯格（1974）考虑了另一个更广泛讨论的关于自发打破原始均匀性的想法。想象一个标量场，随着宇宙的膨胀和冷却，它开始表现为一个经典场。在因果无关的空间区域中，该场将具有不同的经典值。随着哈勃长度随宇宙的膨胀而增加，不同区域中的不同场值可能会移动，产生稳定的场结构——畴壁，其能量会破坏均匀的质量分布。温伯格将这种想法归功于与罗伯特·施里弗的讨论，施里弗当然熟悉凝聚态的畴壁。基布尔（1976，1387）这样写道：

在热大爆炸模型中，宇宙的温度必定曾经高于临界温度，因此对称性最初未被打破。那么我们很自然会问，随着它膨胀和冷却，它是否会获得畴结构，就像一个通过居里点冷却的铁磁体那样。

维伦金（1981a，1169）认为：

初始状态似乎只有两个自然选择：（i）$\delta\rho/\rho \sim 1$ 的混沌宇宙；（ii）$\delta\rho/\rho = 0$ 的精确均匀的宇宙。在本文中，我们将仅讨论第二种可能性。那么人们必须假定，在开始时宇宙完全是弗里德曼式的，并且密度起伏是后来通过某种物理过程（如相变）产生的。

这一想法的意思是，星系的存在可以追溯到均匀性的自发破缺。早期对此进行讨论的包括基布尔（1980）、泽尔多维奇（1980）、维伦金（1981a）、图罗克（1983）以及西尔克和维伦金（1984）。它是关于宇宙结构如何随着宇宙的演化而增长的辩论的有力影响的补充。

作为对思想史的回顾，让我们考虑一个多重标量场 $\phi(\vec{x}, t)$ 打破均匀性的简单示例，其势能密度为：

$$V(\phi) = \lambda(\phi^2 - \eta^2)^2 \qquad (5.44)$$

此外还有通常的场梯度能量。因子 $\lambda$ 是无量纲常数。常数 $\eta$ 和场 $\phi(\vec{x}, t)$ 具有能量单位［在这里我们采用 $\hbar=1=c$ 的单位，因此能量是长度的倒数，势 $V(\phi)$ 具有能量四次幂的单位］。存在 $\phi$ 与普通物质和辐射之间相互作用的讨论，但并未引起太多关注，因此此处无须考虑。

宇宙的膨胀倾向于耗散 $\phi(\vec{x}, t)$ 在时间和空间上的梯度，使场弛豫以最小化其能量，但这可能会因稳定结构的形成而受阻。首先考虑一个具有单个组分的场。公式（5.44）中的势能有两个最小值，$\phi = \pm \mu$。由于 $\phi$ 在早期的冷热宇宙中表现出经典场的特征，因此它在某些区域中将获得正值，而在其他区域中将获得负值。当此时的经典场弛豫以最小化其能量时，某些区域的场值将趋近于 $\phi=+\eta$，而另一些区域的场值将趋近于 $\phi=-\eta$。由于场值在从一个区域到另一个区域时必须经过零，因此它必须弛豫到畴壁，在该畴壁中一侧为 $\phi=+\eta$，另一侧为 $\phi=-\eta$，并且在两者之间必须有一个位置面，其中 $\phi=0$ 且势能密度为 $V=\lambda\eta^4$。该势能与场梯度能量的总和为单位壁面积的能量 $\Sigma \sim \lambda^{1/2}\eta^3$。

壁表现为二维的能量面，表面张力等于单位面积的能量。我们之所以知道这一点，是因为通过拉伸壁以使其面积增加 $\delta A$ 所完成的功

为 $\delta E = \Sigma \delta A$，这是随壁面积增加而添加到壁上的能量。表面张力使波以光速沿壁传播，并导致壁中的弯曲以相似的速度移动，从而使壁变平。这将导致壁互相发现并湮灭，只留下少数几个贯穿哈勃长度的壁。

泽尔多维奇、科布扎列夫和奥肯（1975）指出，由其表面张力驱动的壁的运动可能会严重干扰 CMB。维伦金（1981b）添加了对壁的引力效应的考虑。他证明，一个平坦且静止的壁会产生远离每侧的壁的引力加速度 $g=2\pi G\Sigma$。[1] 该引力加速度与到无边界平面壁的距离无关，这意味着相对于壁的引力势会随着距离的增加而线性增加，直到接近下一个壁（可能是在哈勃距离上）。泽尔多维奇、科布扎列夫和奥肯（1975）以及基布尔（1980）认为宇宙学涉及的很远的距离，且弯曲的壁的速度很大，因此这种情况没有什么前景。[2]

基布尔（1976）引入了对某些宇宙弦的考虑，这些宇宙弦将出现在具有公式（5.44）中的势能的双组分场中，并且 $\phi^2 = \phi^2_1 + \phi^2_2$。此处，对

---

[1] 回想一下，压强 $p$ 具有正的主动引力质量密度 $p/c^2$，如公式（3.3）所示。张力是具有负主动引力质量密度的负压。由于壁上有两个方向的张力，所以张力的负主动质量是正主动质量 $\Sigma$ 的两倍。因此，引力加速度远离壁，其大小与具有相同单位面积质量的普通壁相同。一根张力等于单位长度能量的直宇宙弦，由于一个方向上的张力刚好抵消了单位长度能量的主动引力质量，因此具有负的主动引力质量。所以这根弦不会产生引力加速度。但它确实扭曲了时空。

[2] 但是要考虑的是，如果将 $\eta$ 和 $\lambda$ 当作自由参数，而不是取自粒子物理学的模型，那么畴壁可能看起来会更有趣。一个横跨哈勃长度，具有表面质量密度 $\Sigma$，并且靠近我们的平坦壁，将产生一个大致四极的 CMB 各向异性，其量级为从这里到哈勃长度的无量纲势能差：

$$\frac{\delta T}{T} \sim \frac{G\Sigma}{H_0 c} \sim 10^{-4}, \text{其中} \Sigma \sim 10^{11} M_\odot \text{Mpc}^{-2}$$

（我重新插入了光速）。最近的 Mpc 的壁中的质量将占本星系群中质量的百分之几，这似乎并非不可接受。当时，有迹象表明在 $\delta T/T$ 约为该值时探测到了四极的 CMB 辐射各向异性（Fabbri et al., 1980; Boughn, Cheng, and Wilkinson, 1981）。后一个研究组很快就撤回了各向异性的探测结果，但较小的畴壁效应仍有存在的空间。

于任何 $\theta$ 值，在 $\phi_1 = \eta\cos\theta$ 和 $\phi_2 = \eta\sin\theta$ 时，能量（势能加场梯度能量）最小。如果沿着闭合路径形成一个环，$\theta$ 的值增加 $2\pi$，那么该环就包含一个细管或称缺陷线，具有非零能量。因为如果环在没有越过缺陷线的情况下收缩，那么 $\theta$ 在绕环时仍会增加 $2\pi$。由于在环缩小到零半径时，$\phi_1$ 和 $\phi_2$ 必须具有确定的值，因此场值必须在此处消失，从而使 $V=\lambda\eta^4$ 保持在线中。加上场梯度能量，弦单位长度的能量为 $\mu \sim \eta^2$。弦的张力与单位长度的能量相同，因为增加弦的长度的功变成了弦增加的长度的能量。弦上的波以光速移动，弦上的弯曲也以类似的速度弯曲。

在膨胀和冷却的宇宙中，一个双组分场将弛豫成一团纠缠的宇宙弦，这些弦在大于哈勃长度的尺度上随着宇宙的整体膨胀而膨胀。在较小的尺度上，这些弦会相交，可能会产生弦环的积累，这些弦环往往会由于物质的动力学拖拽和引力波的辐射而耗散。这将留下一些弦环和几根横跨哈勃长度的长弦（Zel'dovich, 1980；Vilenkin, 1981b）。

一根横跨哈勃长度 $\ell \sim cH_0^{-1}$ 的直弦的质量为 $M_{string} \sim \mu\ell$。在爱因斯坦-德西特模型中，质量密度为 $\rho \sim H_0^2/G \sim c^2/G\ell^2$，因此该距离内的总质量为 $M_{total} \sim c^2\ell/G$。两者之比为：

$$\frac{M_{string}}{M_{total}} \sim \frac{G\mu}{c^2} \sim 10^{-6} \qquad (5.45)$$

这通常被认为是会对均匀性产生有趣扰动的数值。

维伦金（1981b）证明，长的直弦不会产生引力吸引（尽管在哈勃长度 $cH_0^{-1}$ 处出现的长弦会呈不规则的形状，这会导致它们摆动并赋予它们主动引力质量）。相反，该弦为时空提供了一个圆锥形结构——在弦静止系中，包含该弦且物理半径为 $r$ 的一个圆具有物理周长：

$$C = 2\pi r(1 - 4G\mu c^{-2}) \qquad (5.46)$$

其中 $G\mu c^{-2}\ll 1$。维伦金指出，该角缺陷会在接近弦通过的视线上产生两个具有相同放大率的遥远天体的图像。按照公式（5.45）中的单位长度的质量，垂直于视线且位于天体和观测者之间距离一半处的弦所产生的图像的角间隔为几角秒。维伦金指出，这与沃尔什、卡斯韦尔和韦曼（1979）所发现的光谱非常相似的两幅类星体图像的角间距很接近。这当然很有趣，但发现了一个可能通过引力透镜产生这两幅图像的巨型椭圆星系（第三幅图像丢失在了星系的光中），这反驳了弦的解释（Soifer er al., 1980）。但是维伦金的想法很自然地激发了对宇宙弦产生的等倍放大率的双图像进行搜索的研究（例如 Cowie and Hu, 1987）。

一根以接近光速通过的接近笔直的弦，会从公式（5.46）的角缺陷中产生速度脉冲，约为 $G\mu/c^2\sim 10^{-6}$ 或大约 1 km s$^{-1}$。弦穿过地球上的物体时突然产生的相等但相反的速度脉冲可能会产生有趣的效应，但是发生这种情况的可能性非常小。凯泽和斯特宾斯（1984）指出了一个相关的效应。一根以接近相对论速度穿过视线的近乎笔直的弦的角缺陷将导致从弦两侧方向到达我们的辐射产生不同的红移。这将导致 CMB 温度出现阶梯状的不连续性，阶梯的量级为 $\delta T/T\sim G\mu/c^2$。这个想法仍然很吸引人（例如，Planck Collaboration, 2014a）。

畴壁和弦中的场结构的行为会表现出极高的非线性，这使得研究者难以对它们如何触发宇宙结构的形成开展足够详细的分析，以与观测结果进行比较。这种具有挑战性的数值分析技艺的早期例子包括瓦卡什帕蒂和维伦金（1984）、阿尔布雷希特和图罗克（1985）以及本内特和布歇（1988）的研究。

克里滕登和图罗克（1995）以及杜厄尔、冈吉和萨科拉利娅都（1996）证明，在一个对称性被四组分场打破的冷暗物质宇宙中，全局结构的自发形成会产生 CMB 的各向异性谱，其特征与从绝热初始条件下产生的特征很相似（但两者在细节上有所不同）。还值得注意的是，自发的对称破缺将使各向异性模式变为非高斯分布，而来自暴胀的压缩状态自然接近高斯分布，并且与后来观测到的结果一致。

在检验这些理论的测量开展之前，研究者已经对以下问题做了充分研究：在通过宇宙场自发打破均匀性的理论中，应该在 CMB 各向异性中寻找哪些特征，以及在原始绝热均匀性偏离增长理论中，需要寻找哪些特征来进行比较（例如 Albrecht et al., 1996；Hu and White, 1996；Durrer and Sakellariadou, 1997；Pen, Seljak, and Turok, 1997）。插图 I 的底图（将在第 9 章中讨论）展示了天空中 CMB 强度变化模式的功率谱测量进展。杜厄尔、孔兹和麦齐奥立（2002）清楚地探测到了 CMB 各向异性的模式。这些测量结果很好地证明了结构产生于对原始绝热均匀性的偏离，它们同样令人信服地反驳了早期宇宙的均匀性是被宇宙场自发打破的这一观点。

从基础物理学的角度来看，研究者有充分的理由对以下可能性保持兴趣：在 CMB 中，在遥远星系的图像中，在翻滚弦产生的引力波中，或在质量分布的性质中，可能观测到宇宙场模式自发形成的信号。但是结论似乎很明确：这些过程对宇宙结构的形成最多只产生了中等程度的影响。

### 5.2.6 初始条件

当一些人在分析均匀性自发破缺的想法时，另一些人则遵循了较早的传统：假定初始条件，以描述极早期宇宙的原始均匀性偏离，首先考虑更简单的情况，并探讨可能的观测结果。

泽尔多维奇（1967）指出，我们可以选择绝热或等曲率的初始条件。后者假定，在早期宇宙中，物质或宇宙场的团块状分布伴随着辐射中主导质量的细微扰动，从而使净质量密度保持均匀。原始时空曲率扰动可以忽略不计。泽尔多维奇（1967）称之为"等温"或"熵"初始条件，它也被称为原始等曲率条件。

更常讨论的绝热初始条件假定每个重子有着均匀的原始熵（如果暗物质可以用这种方式描述，那么还假定每个暗物质粒子有均匀的熵）。

如果一个完全均匀的宇宙在不同区域中被可逆地（即在熵守恒的过程中）轻微压缩或解压缩，将产生空间分布。宇宙的结构被认为是从这些对完全均匀的早期宇宙的微小偏离中通过引力生长出来的。它将伴有第5.1节中讨论的时空曲率的原始凹痕。让我们考虑一下这些凹痕的度量以及该度量提示的初始条件的假定。

属于均匀质量分布偏离的牛顿引力势提供了一种有用的方法来衡量时空凹痕[公式（5.4）和（5.16）]。用公式（5.30）中的傅里叶积分来表示固定时间的质量分布，势的泊松方程（5.20）的解为：

$$\phi(\vec{x}) = -4\pi G\rho_m\, a(t)^2 \int \frac{d^3k}{k^2} \delta_{\vec{k}}(t) e^{i\vec{k}\cdot\vec{x}} \quad (5.47)$$

这通过微分此表达式便可以看出。通过将表达式与宽度为 $X$ 的高斯窗函数进行卷积，我们可以得到在选定的长度尺度 $X$ 上平均的势 $\bar{\phi}_X$：

$$\bar{\phi}_X(\vec{x}) = \int d^3x' \frac{e^{-(\vec{x}'-\vec{x})^2/(2X^2)}}{(2\pi)^{3/2}X^3} \phi(\vec{x}') = -4\pi G\rho_m\, a(t)^2 \int \frac{d^3k}{k^2} \delta_{\vec{k}}(t) e^{i\vec{k}\cdot\vec{x}-k^2X^2/2} \quad (5.48)$$

这种平滑抑制了代表小于 $X$ 的尺度上的起伏的波数 $k \gtrsim X^{-1}$，给出了尺度 $X$ 上潜在起伏的典型大小的度量 $\bar{\phi}_X(\vec{x})$，前提是这些起伏不由远大于 $X$ 的尺度主导。

让我们将公式（5.33）中定义的质量起伏功率谱建模为幂律：

$$P(k) = Ak^n \quad (5.49)$$

因此，质量分布起伏和在 $X$ 尺度上平滑化的引力势的均方值为：

$$\langle \bar{\delta}^2 \rangle_X = A \int \frac{d^3k}{(2\pi)^3} k^n e^{-k^2X^2} \quad (5.50)$$

$$\langle \bar{\phi}^2 \rangle_X = (4\pi G \rho_m)^2 a(t)^4 A \int \frac{d^3k}{(2\pi)^3} k^{n-4} e^{-k^2 X^2} \quad (5.51)$$

首先假定 $n>1$。那么，公式（5.51）中的 $e^{-k^2X^2}$ 在波数 $k \sim X^{-1}$ 处截断了积分。因此，平滑的势起伏随 $\langle \bar{\phi}^2 \rangle_X \propto X^{1-n}$ 变化。平滑长度 $X$ 越小，势能起伏就将越大。如果继续下降到 $\langle \bar{\phi}^2 \rangle_X \sim 1$ 的尺度，就意味着混沌时空"泡沫"中存在非线性时空曲率起伏。也许在足够小的尺度上，时空结构是一种量子泡沫，但是我们肯定在可观测的尺度上避免了任何类似情况，这类情况没有被观测到。也就是说，我们必须假定 $n>1$ 的幂律模型 $P(k) \propto k^n$ 在小于某个特征长度的尺度被截断。如果 $n<1$，那么公式（5.51）中的积分会以 $\langle \bar{\phi}^2 \rangle_X \propto X^{1-n}$ 的形式在大尺度上或者 $k \to 0$ 时发散。如果功率谱幂律模型延伸到足够小的 $k$ 或足够大的 $X$，那么曲率起伏将倾向于使我们可以观测到的那部分宇宙远离爱因斯坦-德西特模型。我们必须再次假定幂律模型被截断，在这种情况下，是通过某个长度尺度的上限截断的。

在目前的理解水平上，除了需要引入一个特征长度并对其从何而来加以解释的考虑外，没有任何根本性的理由可以拒绝截断的幂律功率谱。我们通过假定 $n=1$ 避免了这种不便，因此 $\langle \bar{\phi}^2 \rangle_X$ 的积分仅以长度的对数的形式在大尺度和小尺度上发散。这使我们可以认为 $P(k) \propto k$ 在无意义的大尺度和小尺度上被截断，我们有：

$$P(k) \propto k, \quad \langle \bar{\delta}^2 \rangle_X^{1/2} \propto X^{-2}, \quad \langle \bar{\phi}^2 \rangle_X^{1/2} \sim |\log X| \quad (5.52)$$

这被称为"尺度不变"的初始条件。

哈里森（1970）以及皮伯斯和于（1970）独立地提出了尺度不变的初始条件的简洁性论证。泽尔多维奇（1972）对这种情况特别感兴趣。图 5.2 分图（b）中绝热初始条件的功率谱示例使用了尺度不变性，$n=1$。这意味着在爱因斯坦-德西特模型中，出现在哈勃长度尺度上的质量密度百分比的起伏与时间无关。[①] 等离子体-辐射流体的振幅记住了这一点，它使功率谱中的峰值序列具有大致恒定的幅度。

尺度不变的初始条件的非实证性论证通过对宇宙暴胀图景的早期解释得到了加强（第 3.5.2 节）。当时的趋势是假定宇宙在暴胀期间的膨胀接近指数形式 $a(t)\sim e^{\alpha t}$，其中 $\alpha$ 接近恒定。在这种情况下，没有可以为初始条件设定物理尺度的特征长度。在没有长度尺度的情况下，可以得出结论，在这种指数形式的膨胀过程中，由于量子涨落的压缩产生的初始条件只能是尺度不变的。可以通过假定膨胀与纯指数形式存在显著不同来改变这一结果，这将产生偏离尺度不变性的倾斜。反对这种调整的非实证性理由是简洁性，大自然大致也同意这一点：在世纪之交建立的宇宙学被认为需要一种真实但轻微的尺度不变性偏离。

20 世纪 80 年代初期，在移除了由于我们在辐射海中运动而产生的偶后，CMB 各向异性的界限得到了改善，并清楚地表明，辐射海比星系中物质的团块状分布要平滑得多。对于绝热的初始条件而言，这是一个挑战：引力如何将物质聚集为巨大的团块（星系和星系团），而不会对 CMB 产生更严重的扰动？解决问题的一种方法是由皮伯斯（1982b）提出并将在第 8.2 节中讨论的冷暗物质（CDM）。在这个模型中，宇宙的大部分质量是我们将在第 6 章和第 7 章中讨论的非重子暗物质。这种假想的物质对重子物质和辐射透明，允许引力将质量拉到一起，而对辐射的扰动很小。最初的 CDM 模型假定尺度不变的初始条件，因为它们很简洁，并且可以用来说明如何解决平滑 CMB 与团块状物质的矛盾这

---

[①] 要理解这一点，请考虑一个物质主导的爱因斯坦-德西特宇宙。由于膨胀参数按照 $a(t) \propto t^{2/3}$ 变化，因此在时间 $t_k$ 处等于哈勃长度的物理波长由 $a(t_k)/k \sim t_k^{2/3}/k$ 给出。这给出了 $t_k \propto k^{-3}$。傅里叶振幅随 $\delta k \propto t^{2/3}$ 增长 [公式（5.3）]，因此，假设 $n=1$，最初与 $k^{1/2}$ 成比例的傅里叶振幅在哈勃长度相交时增长到 $\delta k \propto k^{1/2} t_k^{2/3} \propto k^{-3/2}$。哈勃长度尺度上的均方质量起伏与 $k^3 \delta_k^2$ 成比例，我们看到它独立于 $k$。对学生来说，验证同样的论证也适用于辐射主导的宇宙是一个很好的练习。

一问题。

CDM 模型的方向被证明是正确的，但是在 20 世纪 80 年代，人们很容易想到其他合理简单的方法来解释平滑的 CMB。皮伯斯（1987a，b）建立的最小等曲率模型假定，唯一的动力学参与者是重子、无质量的中微子和 CMB。质量密度可以被设定为爱因斯坦-德西特值的 10%，这与从第 3.5.3 节讨论的 CfA 红移星表得出的相对本动速度大致相符。该质量密度与轻元素丰度所指示的重子密度并没有严重偏离（表 4.2）。每个重子的原始熵将是位置的随机函数，其功率谱和振幅经过了调整，以使大星系的重子恒星晕能够在早期形成，红移为 $z\sim 10$ 到 20。这似乎与高红移处完全发展的类星体的观测结果一致，这些类星体被认为位于大质量的星系中。该模型可以被调整为与我们当时对 CMB 各向异性的界限合理地一致。它不需要假想的非重子暗物质，这是一个积极的特征，但是它确实需要对初始条件进行特别的调整，以允许星系组装在相对较小的尺度上进行，并且在更大尺度上与 CMB 各向异性的上限保持一致。

我得出的结论是，直到 20 世纪 90 年代中期，两幅图景（经过调整以适应观测结果的等曲率初始条件，以及出于简洁性和暴胀考虑的绝热尺度不变的初始条件）显示出大致相当的前景。此外，提出其他可行的模型（例如 Peebles，1999）并不难。情况的突然变化是第 9 章的主题。

### 5.2.7 自下而上或自上而下的结构形成

宇宙结构是否以分层的方式增长，即较小的质量聚集更早形成，并在引力作用下聚集为后来的更大质量的聚集，如此层层递进？还是说，最初存在一代大质量的质量聚集，后来分裂成了年轻的星系？在 20 世纪 80 年代初期，这两幅图景（自下而上和自上而下）都有良好的论据支持，但同时也面临其他论据的挑战。对银河系低阶 $N$ 点相关函数的测量（在第 2.5 节中讨论过）表明，在相对较小的尺度上，星系分布可以很好地近似为一个尺度不变的成团层级结构。这自然而然地引发了这样的想法，即结构是按照自下向上的层级组装的。但是，由公式（5.32）表示的声波的黏性耗散会倾向于在更小的尺度上抑制重子分布的原始起伏。这引发了对自上而下的形成的考虑。在第 7.1.1 节中，我们将讨论学界似乎探测到了几十个电子伏的中微子静止质量，这使自上而下的图景引起了极大的兴趣，因为这些热产生的中微子的速度足够大，可以将质量分布平滑到远大于典型的星系的质量尺度。

我们在第 2.6 节中讨论了尺度 $r \lesssim 10$ Mpc 的星系空间分布很好地近似于尺度不变分形（分形维数 $D=1.23$）的证据。索内拉和皮伯斯（1978）在他们的图 3 和图 7 中通过比较里克星系图和一幅分形图（截止在约 20 Mpc 处）展示了这一点，该分形图被构造为与观测到的星系 2 至 4 点函数的形状相匹配。皮伯斯（1974b）以及戴维斯、格罗思和皮伯斯（1977）认为这与从绝热的尺度不变的初始条件下出现的结构形成一致，在这些条件下，引力在分层组装中聚集。存在持这种思路的早期思想，参见莱泽（1954）和皮伯斯（1965）的研究。

萨斯洛（1972）借助为分析非理想气体性质开发的方法，引入了一种针对自下而上图景的定量理论的方法。戴维斯和皮伯斯（1977）试图使用这些方法来展示膨胀宇宙中的引力如何产生尺度不变的质量分布，以尝试解释观测到的几乎尺度不变的星系成团模式。但是，结构形成的数值模拟表明，戴维斯和皮伯斯为简化分析引入的近似方法在应用于具备观测兴趣的质量密度比时失效了。埃夫斯塔硫等（1988，726）从他们的数值模拟中得出结论："吊诡的是，尽管这种明显缺乏任何特征尺度的现象经常被用来支持与尺度无关的引力成团性，但事实上它与这一过程并不一致。"

星系两点相关函数在大约 10 kpc 到大约 10 Mpc 的间隔范围内非常接近简单幂律。在已建立的 $\Lambda$CDM 宇宙学中，质量分布演变的数值模拟表明，质量相关函数与该幂律完全不同。然而，模拟显示，质量密度峰值的形成看起来像是星系的良好近似，并且这些峰值的空间分布与真实星系空间分布的统计结果非常吻合。标准且被接受的观点是，我们必须学会接受自下而上图景中的这种奇怪的情况，尽管这确实削弱了简单的引力不稳定性图景的说服力。

20世纪70年代至20世纪80年代初期，关于结构形成的另一个方向——自上而下——存在一些严肃的论证。在第5.2.6节考虑的绝热初始条件的假定下，重子分布的小尺度起伏通过光子扩散以表达式（5.31）和（5.32）近似的速率耗散。西尔克（1967，1968）计算了这一结果，该效应被称为"西尔克阻尼"。假定所有物质都是重子的（看上去很自然，甚至不值得一提），西尔克估计原始质量密度起伏将在小于 $M_S \sim 10^{11} M_\odot$ 到 $10^{12} M_\odot$ 的尺度上耗散。除非耗散被较小尺度上非常大的原始密度起伏所抵消，或者存在原始等曲率组分，否则这意味着结构形成开始时的质量分布已在小于 $M_S$ 的尺度上平滑化了。第一代对均匀性的非线性偏离将大致坍缩成被压缩的和可能受到冲击的重子片状结构，其质量大约为 $M_S$。林登-贝尔（1962）在均匀旋转的椭球体中展示了这种坍缩为片状的行为。泽尔多维奇（1970）展示了在某个质量尺度上平滑化的质量分布坍缩的初始阶段中，这种行为是如何发生的。

这些考虑使泽尔多维奇（1970）以及苏尼亚耶夫和泽尔多维奇（1972）认为，第一代被束缚的天体将趋于扁平化。他们称其为"煎饼"。他们对通过黏性平滑决定的特征质量的估计为：

$$M_S \sim 10^{12} M_\odot \text{ 至 } 10^{14} M_\odot \quad (5.53)$$

这甚至比西尔克提出的还要大。第7.1节将讨论的热暗物质是第一个被引入的非重子暗物质的概念，导致了对该特征质量更大值的考虑。但就当前的目的而言，需要注意的是，$M_S$ 的值远大于大星系（如银河系）的发光部分的质量。因此，泽尔多维奇和苏尼亚耶夫提出了一个自上而下的图景：第一代非线性质量聚集是原星系团，它们会坍缩成"煎饼"，然后分裂成星系。

泽尔多维奇和苏尼亚耶夫有一个历史先例。哈勃（1936，81）在《星云世界》中指出：

> 星系团的密度随着最频繁的类型沿着分类序列［从早到晚］的推进而减小……在一般区域的孤立星云中，晚期类型占主导……［这］提示星云可能起源于星系团，而星系团的解体可能会填充整个区域。

这一观测的总体情况没有改变：在星系团更密集的部分，更红、气体更少的早期类型的椭圆和透镜状星系更为常见。在其他地方，更蓝、气体更丰富、正在形成恒星的晚期类型的旋涡和不规则星系更为普遍。（早期类型的星系曾被怀疑会演化为晚期类型的星系，因此得名，但现在认为这种演化方向以及与之相反的方向的可能性都不大。）

德沃古勒（1960，585）的另一个考虑是：

> 最近的大量研究……尖锐地揭示了通过质光比（即通过旋转）估计的星系群和星系团质量与通过维里定理的速度弥散估计的质量之间的矛盾……［这提示］正如安巴尔楚米扬所预测的那样，大多数星系群和松散的星系团，特别是那些富含旋涡星系的星系团，似乎是不稳定的，并且可能会在几十亿年的时标内蒸发。

这一质量的矛盾无疑是严重的，在 20 世纪 70 年代，德沃古勒的观点可能会被认为与泽尔多维奇和苏尼亚耶夫的"破碎煎饼"图景一致，尽管我没有发现有人提到过它。这种矛盾通过以下假说以另一种方式得到了解决：星系、星系群和星系团的质量主要由非重子暗物质支配。但事

第 5 章 宇宙结构如何增长

实上，对所谓的"非重子热暗物质"的考虑导致人们对结构形成的自上而下的图景重新产生了兴趣。第7.1节将对此进行回顾。

"煎饼"图景存在两个严重的问题。首先，相对较近的室女星系团周围的红移模式表明，这个星系团周围的星系（远至本星系群的距离范围内）都朝着星系团漂移，就好像被它的质量的引力吸引一样。就是说，这个星系团似乎是通过聚集已经形成并弛豫到看起来已经成熟的系统的星系增长的。证据在第3.6.4节中进行了回顾。同时也请注意雷格斯和盖勒（1989）的研究，该研究表明星系正朝着其他星系团中的质量聚集流动。这些现象看起来无疑像是自下而上的形成过程。

自上而下的"煎饼图景"的第二个问题是大多数星系都不在星系团中。早期的原星系团必须将大部分质量以碎片的形式抛出，这些碎片会形成星系团外的常见星系。泽尔多维奇（1978，416）认识到："壁必须破碎成独立的星系和星系团。"但是在引力不稳定性图景中，引力是应该聚集这些大的质量聚集的。引力的本质是持续聚集而不是开始抛射。另一种说法是，这种自上而下的情景预测的质量成团长度比在星系分布中观测到的大得多，它还预测星系比星系团更年轻，这与证据相矛盾。最直接的解读是，自星系形成以来，星系一直在按自下而上的图景聚集成星系群、星系团和超星系团。

## 5.3 结束语

本章很好地展现了直觉和实证以及理论和观测之间的相互作用可能带来的益处与困惑。从日常生活到星系的尺度上，我们都可以观测到湍流。我们宇宙中的结构起源于原始湍流或某种其他形式的混沌，这种想法在哲学上似乎是令人满意的，就像更早的"创生故事"那样。从前文引用的冯·魏兹萨克（1951a）的话中，就可以看到化石湍流涡流作为原星系的吸引力。来自同一个会议的另一个例子是沃纳·海森伯（1951，199）的评论：

> 难道你不认为，如果我们相信宇宙在不断膨胀（我知道我们中的某些人不相信，但这是另一回事），那么我们就应该假定这种膨胀的原始宇宙气体中蕴藏着巨大的能量吗？现在，如果这些气态物质具有如此巨大的动能，我想必定会存在湍流，因为湍流是气体的常规运动，而层流是极其特殊的。

正如海森伯所说，在实验室中，层流的产生确实需要精心安排。他的观点也可以被理解为包含以下事实：膨胀的宇宙需要特殊的初始条件——非常接近绝对的原始均匀性，并以非常接近引力逃逸速度的速度膨胀。但是鉴于这一点以及广义相对论的框架，物质在膨胀宇宙中的巨大动能对湍流的发展并不是指数形式不稳定的。直觉很有价值，但这是一个错误的直觉阻碍了分析的例子。这并不是对科学先驱的批评，无论是他们使用的数据，还是分析的传统，都比宇宙学史上后来的时期少得多。这提供了一个教训，甚至是希望：我们可能会发现，在我们的标准世界图景的某些方面上，我们仍然在自欺欺人。

如果我们的宇宙始于完美的对称性——均匀的，在时空中没有原始凹痕——并且星系源自均匀性的自发破缺，那将是极其优雅的。也许更优雅的是具有零熵的绝对原始均匀性，但这种可能性令人信服地被CMB热谱排除了。或许可以用基于完美的物理学原理的模型来阐释热大爆炸中的均匀性破缺，例如在宇宙场结构（如畴壁或宇宙弦）中的图景。但是很明显，大自然并没有选择这种优雅的方式为像我们这样的观测者创造世界。科普兰和基布尔（2009）强调指出，基础物理学仍然有充分的动机去寻找宇宙场缺陷或宇宙在膨胀和冷却过程中可能获得的结构的影响，尽管现在这只是星系形成过程中的一个次要过程。普朗克合作项目（2014a）讨论了在 CMB 天空图中搜索宇宙弦特征的技术。四分之一个世纪之前，维伦金（1981c）、霍根和里斯（1984）以及其他人提出，摆动的宇宙弦可以产生可探测到的引力波。NANOGrav 物理前沿中心的网页展示了对该现象的持续搜索。

相似的思路还考虑了自催化过程导致的原始对称性破缺，这一自催化过程是由纯引力或者轻元素转化为重元素时释放的能量驱动的。自催化行为是真实存在的，比如火。在宇宙学中，必须考虑这种行为的可能性，但是似乎很明显，这并不是我们不断膨胀的宇宙中结构组装的重要因素。

人们观测到爆炸会重新排列星系中的重子，而数值模拟显示，爆炸的重要性在于有助于抑制重子在许多星系中心（被描述为纯盘状结构更合适）堆积的趋势。但是，从这些模拟以及第 6 章和第 7 章介绍的考虑因素加上第 8 章和第 9 章回顾的宇宙学检验的证据来看，引力是时空中原始凹痕形成宇宙结构的主要推动力。

20 世纪 80 年代的学界思维是由传统决定的：很长一段时间以来，引力就一直存在于对星系的思考中，沿着这条线的探索自然而然地继续着。需要考虑引力不稳定性的变体：绝热或等曲率，自下而上或自上而下。关于宇宙暴胀后果的早期想法很有影响力，这增强了学界对从近乎高斯尺度不变的初始条件出发的自下而上形成的偏好。第 8.2 节将讨论的 CDM 模型中的非重子暗物质的想法提供了一个有吸引力的框架，可以对初始条件下引力驱动的结构形成进行更详细和定量的分析，这些初始条件在极早期宇宙的暴胀图景中似乎是合理的。但是在考虑这一点之前，我们必须在接下来的两章中回顾一下学界是如何被说服的，从而认为在宇宙结构形成的理论中加入这种假想的非重子物质可能是一个正确的方向。

# 第 6 章

# 亚光度质量

多年来，人们已经知道星系周围的质量大于根据观测到的星光预估的质量，它有很多名字：缺失质量或隐藏质量、不可见质量、隐身质量、零光度质量、低光度质量或亚光度质量，最终被称为暗物质。金（1977，7）对这种情况的评论如下：

> 如今，河外天文学中最严重的问题是臭名昭著的"缺失质量"。（我知道杰里·奥斯特里克嘲笑这个术语。他告诉我们，质量根本没有缺失，从它的引力可以知道它一定存在。他说的没错，但这只是喜好上的区别。我就喜欢称它为"缺失"，因为它确实在我们的理解中是缺失的。）

本章回顾的天文学现象将被视作"亚光度质量"存在的解释，这一术语旨在描述且尽量减少贬义。在这段历史中，术语"暗物质"被保留给世纪之交建立的 $\Lambda$CDM 宇宙学中的非重子质量组分，当时亚光度物质被解释为暗物质。

20 世纪 30 年代，研究者首先依据星系团中星系大得惊人的速度，提出了亚光度物质有很大的质量的设想。这些星系团要么正在飞散开，要么通过星系团成员发光部分以外的质量的引力被束缚在一起，还有一种可能是我们的标准物理学存在问题。20 世纪 70 年代中期，在假定标准物理学正确的前提下，出现了星系外围和星系团中存在这种亚光度质量的相当明确的证据。当时，粒子物理学家对以下想法产生了浓厚的兴趣：可能存在稳定的非重子物质，除引力外，它们不会与普通物质和辐射发生太多相互作用。20 世纪 70 年代，这种物质与天文学家的亚光度物质之间的可能联系被认识到了，但并未广泛宣传，也许是因为确实没什么正面作用可说。这种情况在 20 世纪 80 年代初发生了变化，当时宇宙学家采用了粒子物理学家假定的非重子物质，以此来调和星系中物质分布的明显团块性与宇宙微波辐射海的平滑性的矛盾。这是向世纪之交建立的宇宙学迈出的一步。

本章的主题是亚光度物质存在的天文学证据的发现史，包括大型星系团中的发现（第 6.1 节）；在少数或仅两个星系组成的星系团中的发现，这些星系之间靠得很近以至于它们很可能被引力束缚在一起（第 6.2 节）；以及在单个旋涡星系中的发现。必须有足够的质量才能解释盘族恒星的圆周速度（第 6.3 节），并且盘中旋转支撑的质量必须足够大，引力才能形成旋涡星系臂，但是该质量组分又不能太大，否则旋涡星系臂的增长会破坏观测到的盘的近似圆周运动（第 6.4 节）。这些条件要求旋涡星系中的大部分质量都位于一个稳定的亚光度大质量晕中，该晕位于星系发光部分的外沿。

## 6.1 星系团

人们缺乏对大尺度上的质量的理解的证据首次出现于 20 世纪 30 年代，当时人们不明白是什么将被称为富星系团的巨大星系聚集中的星系聚集在一起的。瑞士裔美国物理学家和天文学家弗里茨·兹维基指出了这一点。兹维基（1933）在论文中使用了维里定理，[①] 星系团中星系的速度与引力将星系团束缚在一起所需质量之间的关系近似为：

$$\frac{3}{2}M\langle v_{\parallel}^2\rangle \simeq \frac{3}{10}\frac{GM^2}{R} \qquad (6.1)$$

这里的 $M$ 为星系团质量，$R$ 为星系团半径的度量，$\langle v_{\parallel}^2\rangle$ 为星系团内星系的视线速度 $v_{\parallel}$ 平方的均值，取自相对于星系团均值的星系多普勒频移。公式（6.1）和其他近似曾被用于通过星系中恒星的速度来计算星系的质量。兹维基用星系团中的星系计数乘以典型星系质量的估计值，以此估算相对较近且较大的后发星系团（以其在后发座中的位置命名）的质量。公式（6.1）得出的总质量表明，速度弥散预计为 $\langle v_{\parallel}^2\rangle \simeq 80$ km s$^{-1}$。但是兹维基（1933）通过测量光谱红移，得到了该星系团中星系的径向速度。这一实测的星系速度弥散为 $\langle v_{\parallel}^2\rangle \sim 1\,000$ km s$^{-1}$，远大于根据该星系团中星系质量之和预期的值。兹维基得出结论［此处和下文均引自安德纳赫和兹维基（2017，5）论文的译本］："如果这一点得到证实，将得出一个令人惊讶的结论，即存在暗物质，而且其密度比发光物质大得多。"

兹维基只有 8 个星系红移数据来估计速度弥散，他在星系团中的质量分布上运用了粗略估算法，并且对星系质量也只是大概估计。但这些近似都很合理，他正确地认识到了以下现象：如果牛顿物理学是可信

---

[①] 牛顿力学中的维里定理是，引力束缚和缓慢演化系统的动能的时间平均值是引力势能负值的时间平均值的一半：

$$K=\frac{U}{2}, \text{ 其中 } K=\sum_i \frac{m_i \vec{v}_i^2}{2}, U=\sum_{i<j}\frac{Gm_i m_j}{|\vec{r}_i-\vec{r}_j|}$$

鉴于红移数据有限，兹维基针对质量为 $M$，半径为 $R$ 的均匀球体取 $U=3GM^2/(5R)$。公式（6.1）左侧的系数 3 是为了将垂直于视线的速度弥散的两个组分纳入计算。

的,并且星系团没有飞散,那么这个星系团的质量就远大于观测到的恒星质量。

兹维基使用了一个严重低估的河外距离尺度,但这并没有影响星系团质量与明亮星系质量之和的比率,因为两者都以相同的方式随距离变化。[①] 和已知种类的恒星的质光比相比,这一低估确实让这些星系的质光比看上去出奇地大。西德尼·范登伯格(1999,657)指出:"有趣的是,哈勃的声望如此之高,以至于早期的研究者都没有想到降低哈勃常数是降低其质光比的一种方法。"

在有关此问题的第二篇论文中,兹维基(1937a)展示了后发星系团及其附近星系的角位置分布图。它看起来很像现代的版本:一个显著且密集的核被星系分布所包围,这些星系向外扩散到背景区域,没有明显的星系团边缘。如果这些星系没有被引力束缚在星系团中,那么该星系团的密集核心和外沿将以约 1 000 km s$^{-1}$ 的速度膨胀并消散。星系团中星系分布的外观平滑且规则,兹维基(1937a,227)由此得出结论,"可以合理地假定如后发星系团之类的星云团是机械静止的系统",尽管相对于星系团中星系的总质量而言,其质量出乎意料地大。

兹维基(1937a,235)提醒说:

> 另一方面,在室女星系团和双鱼星系团等情况下,我们几乎没有很大的自信使用维里定理。[9]这些星系团比后发星系团更开放,也更不对称,因此它们的边界非常难以界定。在这些星系团中,引力势的准确值很难确定。

---

① 一个半径为 $r$ 且内部速度为 $v$,受引力束缚的天体的质量为 $M \sim v^2 r/G$ [公式(6.1)]。星系或星系团的 $r$ 值是角大小 $\theta$ 与距离 $D$ 的乘积 $\theta D$。根据哈勃定律,通过红移 $cz$ 推算出的距离为 $D=czH_0^{-1}$。由于严重高估了哈勃常数 $H_0$,因此低估了 $r$,进而低估了 $M$。但是,由于相同的因素,低估了星系团质量和星系质量总和的值,因此两者的比率与 $H_0$ 无关。光度随 $D^2$ 变化,因此质光比 $M/L \propto D^{-1} \propto H_0$。

文献9是指兹维基（1937b）的论文《论双鱼座的一个新星云团》。现在，它被视为英仙-双鱼超星系团的一部分。

尽管兹维基很谨慎，辛克莱·史密斯（1936）仍估算出了室女星系团的质量。他使用了类似公式（6.1）的近似方法（星系团质量在 $M\sim v^2R/G$——如圆轨道提示的那样——与逃逸速度的量度 $M\sim v^2R/2G$ 之间）。史密斯对星系团质量的估值比哈勃对该星系团星系质量估值的总和大两个数量级。史密斯得出结论，这种亚光度质量可能代表"星云间的物质，它们要么均匀分布，要么以围绕星云的低光度的巨大云团的形式存在"。史密斯（1936）在论文中引用了兹维基（1933）的论文，兹维基（1937a）的论文也引用了史密斯（1936）的论文。

在一项对日益增加的亚光度物质存在的证据的调研中，马丁·史瓦西（1954）引用了史密斯（1936）和兹维基（1937a）的文章。史瓦西将维里定理应用于后发星系团时，使用了更详细的星系空间分布表示（通过距星系团中心不同垂直距离的条带中的星系计数实现）。他有22个星系红移数据，从中删除了与均值偏差最大的5个，以减少投射到星系团上的背景和前景星系可能产生的影响。他指出，这可能会消除一些真正的星系团成员，意味着他的星系团质量估值可能偏低。他对均方根视线速度弥散的最终估计为 $\langle v_\parallel^2 \rangle = 825$ km s$^{-1}$。这一结果与兹维基的估值相当接近，也与未来基于更多星系团成员的中心速度弥散的测量值（索恩等在2017年的文章中提出该值为 $\langle v_\parallel^2 \rangle = 947 \pm 31$ km s$^{-1}$）相近。

史瓦西与兹维基得出结论：将后发星系团束缚在一起所需的质量比星系发光部分中存在的质量大得多。史瓦西认为额外的质量可能来自质量极低因而光度也极低的恒星，或者核燃料耗尽的恒星的残骸。其他人后来重拾了这一想法，如怀特和里斯（1978）。

史瓦西（1954，280）重申了兹维基的观点："近似静止这一假定在室女星系团这样松散且扩展的系统中可能存在问题，但是对于像后发星系团这样的紧凑系统来说似乎相当可靠。"这明显与兹维基（1937a）的后发星系团分布图中规则而紧凑的星系分布的外观一致。内曼、佩奇和斯科特（1961）在他们对"星系系统不稳定性会议"（加利福尼亚州圣巴巴拉，1961年8月10日至12日）的回顾中，以及玛格丽特·伯比奇和杰弗里·伯比奇（1975）在他们对《星系的质量》的评论中都再次重申了这一观点。（这篇1975年的论文被标记为早在1969年2月就收到了，并且没有引用任何晚于1968年的参考文献。我们可以将其视为作者对20世纪60年代后期情况的评估。）

卡拉琴采夫（1966）给出了通过引力束缚9个星系团所需的质量的测量结果，并在此基础上补充了来自文献中的6个质量估计值。质量始终大于它们所包含的星系质量的总和，大出的比例与后发星系团和室女星系团的情况大致相同。卡拉琴采夫（1966，48）希望"讨论通过系统中未观测到的物质的存在来解释 $f$[星系团的质光比]的值较大的可能性"，但他也指出"最近探测到的 M 82 星系核中的爆炸过程与星系系统不稳定性的一般观点非常吻合"。

正如我们已经指出的，第二个想法与德沃古勒（1960）以及其他人的想法一致。第一个想法，即星系团处于接近稳定的引力束缚状态（即便是室女星系团这样的贫星系团也是如此），是在20世纪70年代发现星系团是 X 射线源后确立的（Gursky et al., 1971）。米切尔等（1976）在 7 keV 处探测到了一条发射线，该发射线表明铁被电离至仅剩一个或两个电子。这支持星系团内的热等离子体通过热轫致辐射（由离子的电场加速的等离子体电子发出的辐射）发射 X 射线的观点。莱亚（1977）总结了等离子体解释的证据，特别是从 X 射线谱得出的等离子体温度与由星系速度弥散揭示出的引力场中等离子体压强支持所需的温度的一致性。

慕肖茨基等（1978）对压强支持的证据见图6.1。如果等离子体和星系存在大约相同的空间分布，并且都在星系团的引力势阱中接近于动力学平衡，那么点虚线即为星系团内等离子体温度和星系团中心附近的

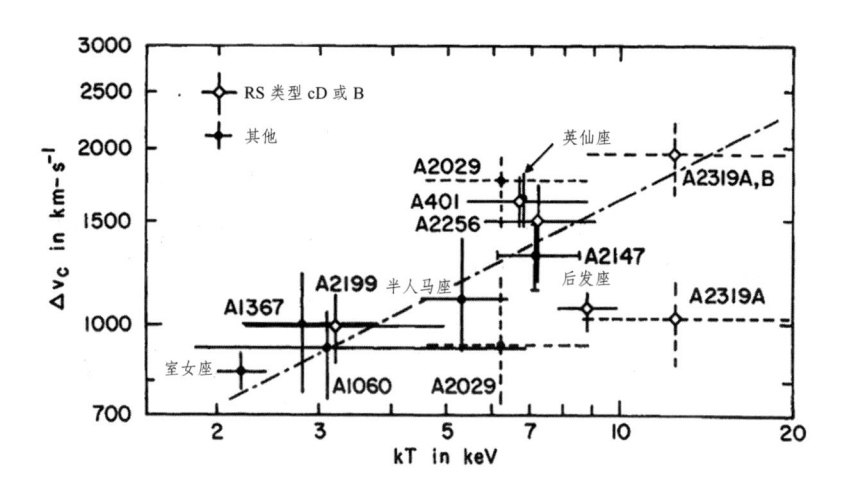

图 6.1 星系团等离子体温度和星系速度弥散。引自慕肖茨基等（1978）。经美国天文学会授权使用

星系速度弥散之间关系的斜率。[1] 在不确定性范围内，星系团等离子体温度和团星系速度弥散的测量结果与该关系一致。室女星系团的稳定性曾受到质疑，但它接近图 6.1 中左下边缘预期的压强平衡。

图 6.1 中的测量值弥散很大，部分原因在于对星系速度弥散的估计需要将真正的星系团成员与仅在天空投影中看似接近的星系区分开。卢宾和巴考尔（1993）在图 6.1 的更新版本中展示了在更大的星系团样本中更小的弥散。

富星系团中存在亚光度物质的更多证据来自对发光弧（横跨星系团

---

[1] 在温度 $T$ 下，等离子体中电子和离子的一维质量加权方均根速度弥散平均值为 $v_p = \sqrt{k_B T/m}$，其中 $k_B$ 是玻尔兹曼常数，$m$ 是等离子体中每个粒子的平均质量。如果星系团等离子体和星系在相同的空间分布下接近统计平衡，那么这就应该与星系视线速度弥散一致：$v_g = v_p$。图中的点虚线具有这种关系的斜率，但归一化有点偏离。

第 6 章　亚光度质量

表面的光条纹）的研究，这些光条纹是背景星系被星系团内平滑分布的亚光度物质的引力透镜效应强烈扭曲的图像（Hammer，1987；Soucail et al.，1988）。室女星系团和其他星系团中亚光度物质的有力证据也来自热苏尼亚耶夫-泽尔多维奇效应对 CMB 温度的抑制，正如普朗克合作项目（2016）的结果展示的那样，但这是在学界普遍接受星系团中存在非重子暗物质的观点之后才确立的。

## 6.2 星系群

有四个例子展现了关于几个大星系群中亚光度质量思考的发展。第一个源自斯里弗（1917），他发现他对星系红移的测量表明，大多数星系的红移都为正，好像星系正在远离我们。但是最近的大型旋涡星系仙女座星云 M 31 的红移为负，这个星系似乎正在接近我们（相对于太阳系的接近速度约为 300 km s$^{-1}$，在校正了我们在银河系中的运动之后，发现 M 31 在以略大于 100 km s$^{-1}$ 的速度接近银河系）。卡恩和沃尔特耶（1959，705）写道：

> 众所周知，我们附近的星系的密度大于平均密度。这就引出了一个理论，即我们的银河系是所谓的"本星系群"的成员，该群类似于在整个河外空间中大量发现的小星系群。似乎可以合理地假定，这些群中的大多数都是负能量系统，即它们通过引力被束缚在一起。

从 M 31 和银河系在已经完成了一个 150 亿年的轨道周期的大部分后正在接近彼此的条件出发，卡恩和沃尔特耶计算出本星系群的质量比两个星系发光部分的质量大一个数量级。该论证合理且严谨，并最终被证明是准确的。但是我们应该牢记杰弗里·伯比奇（1975，L8）的问题："我们的银河系和 M 31 是否可能仅仅是场星系，或许位于超星系团中，但碰巧正在穿越？"同样应该牢记的还有奥尔特（1958，2）的评论（续第 5.2.2 节）："星系的特征似乎是由宇宙团块中大尺度流的有序性决定的，星系正是从这些团块收缩而来的。"

在当时，与伯比奇一起思考以下问题就显得很合理：奥尔特的大尺度流是否会导致星系在形成后移动？如果是这样的话，M 31 是否只是在我们星系繁荣地演化时从我们身边经过。斯里弗的观测结果确实表明，本星系群的质量要比我们在恒星中观测到的质量大得多，但在 20 世纪 70 年代，这种解释仍然可能受到质疑。

第二个例子是"斯蒂芬五重奏"：一个紧凑的星系群。伯比奇夫妇（1961，244，245）发现，该星系群中的四个成员具有相似的红移，正如它们属于一个物理星系群的预期，但是第五个成员 NGC 7320 的红移大约比其他四个的平均值小 5 000 km s$^{-1}$。他们认为："NGC 7320 为前景星系的可能性非常小，但另一方面，NGC 7320 是'五重奏'的物理成员并且正从其他成员爆炸式远离的可能性似乎也极低。"

爆炸图景曾经被考虑过，但是玛格丽特·伯比奇和萨金特（1971，364）指出：

> 对帕洛马 48 英寸巡天图集上"斯蒂芬五重奏"所在位置的检查显示，它非常靠近 NGC 7331，这是一个经过充分研究的大型 Sb 星系……"斯蒂芬五重奏"中红移异常的成员 NGC 7320 和 NGC 7331 的速度是如此相似，一切似乎都在提示这两个星系可能在物理上是相关的，并且比其他星系距离更近。

肯特（1981）证实了这种解释。根据星系光度与其内部速度弥散之间的相关性，他对这五个星系距离的测量结果表明，NGC 7320 距我们 11

Mpc，其他四个约为 65 Mpc。在这样的距离 $r$ 下，五个星系的红移 $z$ 相当接近哈勃定律所预期的 $v=cz=H_0r$。NGC 7320 的红移很低，因为它位于"斯蒂芬五重奏"中其他四个星系的前面。发生这种情况的先验概率很小，但宇宙中有许多星系群可供观测。

第三个例子是 VV 172 星系群。它在天空中表现为五个角大小非常相似的星系，几乎排列成一条直线，间距均匀，接近星系的角直径。但萨金特（1968）发现，其中一个星系的红移比其他星系大 21 000 kms$^{-1}$。伯比奇和萨金特（1971，362）认为：

> 这种极不协调的速度可能有三种解释：第一，这是具有更高内禀光度的背景天体的偶然巧合情况，该星系恰好位于这个星系链中相邻星系之间的间隙（从天球投影来看）；第二，在这个速度不协调的天体的红移中存在非速度组分；第三，该天体正在被爆炸式的力量抛射出该星系群。

第四个例子来自对被认为受引力束缚的样本星系对的相对运动的研究，因为这两个星系在天空中靠得很近并且具有大致相似的红移。费伯和加拉格尔（1979，166）评估了通过双星系的相对速度来测量星系质量的尝试，并充分关注了系统误差。他们的结论是："总之，对于大于 100 kpc 的空间间隔，双星系的数据为 $M/L_B\approx 35\sim 50$。如果轨道具有中等的偏心率，则适用较高的值。"

相较于我们临近恒星的质光比的平均值，质光比 $M/L_B$（第 104 页的脚注中提到的波段内测量）的估值要大一个数量级。也就是说，对双星系的动力学分析指向了亚光度质量的存在。费伯和加拉格尔对排除那些在视线方向上分离较远但恰好在天球上看起来接近的星系对的困难表达了应有的谨慎：包含本不应出现的样本会导致相对速度和双星系质量的估值过高；错误地排除具有较大相对速度的真正被束缚在一起的星系对则会低估质量。"斯蒂芬五重奏"和 VV 172 中的奇怪情况在 20 世纪 70 年代可能并未激起学界对各个星系群质量估值的信心。

在一项旨在解决双星系样本完整性和排除混杂天体的研究中，扎里茨基和怀特（1994）分析了与银河系类似且没有大型邻近星系的大型旋涡星系的低光度卫星的位置和速度样本。他们的数据选择为他们的分析提供了良好的控制，分析结果表明大旋涡星系 $r = 200\ \text{kpc}$ 内的典型质量约为 $2 \times 10^{12} M_\odot$，这比星系发光部分的质量大一个数量级。从那以后，这个值便成为特征质量值，几乎没有变化。

在撰写本书时，学界对 VV 172 之类的奇特排列的兴趣已大大减弱，这或许并不正确。人们开始关注大型星系中矮卫星的位置和运动模式（例如 Ibata et al., 2013；Tully et al., 2015）。想要解释其中任一情况都很艰难，因为即使在真正随机的排列中，我们的眼睛也总能找出所谓的模式。正如这些例子展示的那样，天文学为观测和辨别奇怪的排列提供了丰富的情境。费伯和加拉格尔（1979）通过整理双星系的数据为这一局面带来了秩序，后来扎里茨基和怀特（1994）的研究为大型旋涡星系周围存在大质量亚光度晕提供了一个相当清晰的案例。

## 6.3 星系旋转曲线

旋涡星系外部存在亚光度物质的证据来自对星系盘中以近似圆形的轨道运动的恒星和星系周围气体的流动速度的测量。平均来说，该运动的离心加速度必须与星系中的质量的引力平衡。20 世纪 70 年代出现的证据是，典型旋涡星系中质量的分布必须比星光的分布更广泛，这意味着总质量必须超过恒星质量的标称估值。为了使对这一证据的增加情况的回顾保持在可控范围内，我仅追踪四个星系的情况，它们分别是 M 31、NGC 3115、M 300 和 NGC 2403。它们提供了技术进步如何改善观测结果的合理样本。这些观测部分是由既定目标驱动的，部分则由进行尽可能最佳的测量这一简单愿望所驱动。它们说明了这项研究是如何让宇宙学家对亚光度质量可能是非重子的这一想法产生兴趣的，这种兴趣可能比当时天文学家认为合适的程度更为强烈。

### 6.3.1 仙女座星云

图 6.2 展示了通过测量以星系为中心的圆周运动的速度 $v_c(r)$ 作为距中心的距离 $r$ 的函数（被称为旋转曲线），来发现星系周围存在亚光度物质的证据这一领域的进展。该图展示了对仙女座星云（M 31）的观测的结果。这是银河系外离我们最近的大型星系，一个接近于侧向的旋涡星系，在天空中的跨度超过 4°。它提供了测量整个星系表面多个位置的恒星和气体流速度的最佳机会。

图 6.2 中的分图来自文献。我自己将它们的径向速度和角位置扭曲成了近似相同的比例，并进行了旋转或镜像处理，使得径向速度随着角位置在图中向右增加而向上增加，朝向东北方向的天空。结果是混乱的，但我认为它阐明了非常重要的一点：发现星系外沿存在亚光度物质是一个持续了数十年的过程。

图 6.2 顶部的分图（a）源自贺拉斯·巴布科克（1939）的文章。靠近中心的较小圆是星系中心附近高表面亮度星光中恒星吸收线红移的值。四个较大的实心圆是巴布科克测量的大质量年轻恒星周围的等离子体发射线的红移值，这些恒星温度极高，足以使附近的星际介质电离。它们被称为发射线区，现又称 H II 区。在现代星系照片中，H II 区为红色，这种显著的红色来自原子氢的 H-α 巴耳末谱线，波长为 6 600 Å（660 nm，0.33 μ）。巴布科克的底片只对蓝色敏感。他在 λ3727 处主要探测到了单电离氧的（双峰）发射谱线。分图（a）中四个较大的空心圆展示了相同的测量结果，但反射到了星系另一侧。它们表明，巴布科克的发射线区的四个红移与几乎圆形对称的旋转曲线一致，

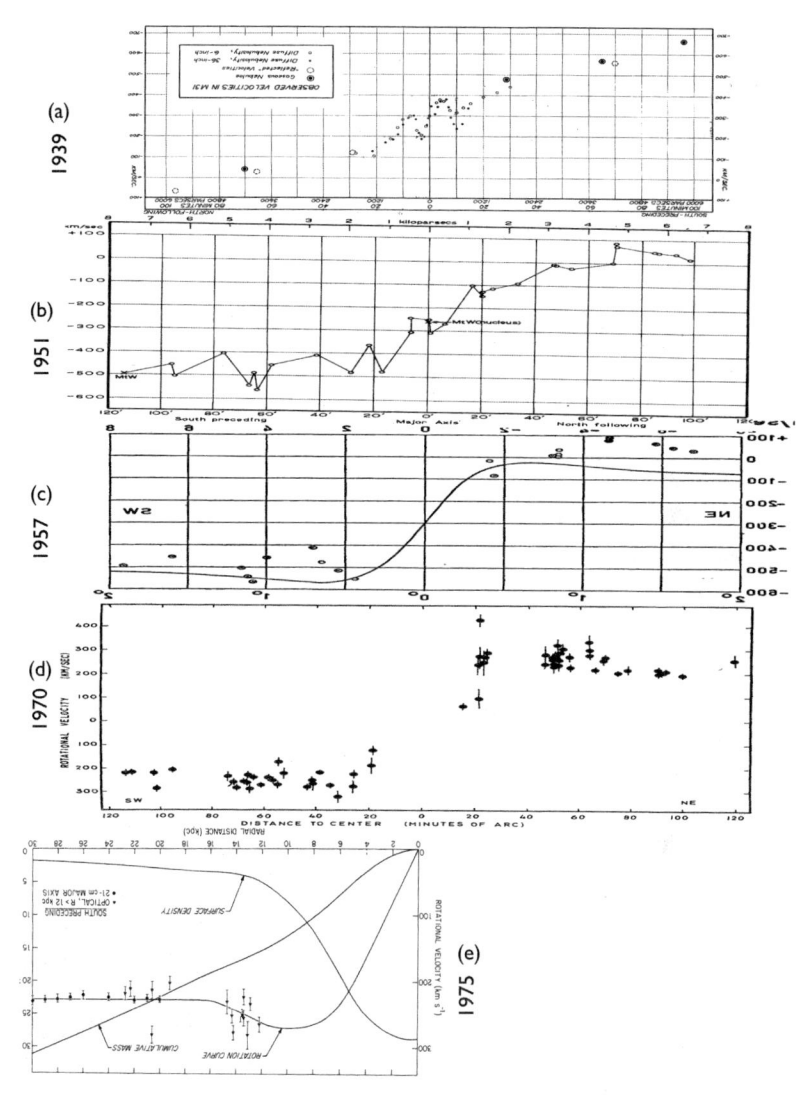

图6.2 对距离我们最近的大星系 M 31 的旋转曲线的测量。分图已被旋转或镜像处理，以使其具有相同的方向和角度比例。从上到下的文献参考来源是巴布科克（1939），梅奥尔（1951），范德胡斯特、赖蒙德和范沃尔登（1957），鲁宾和福特（1970），以及罗伯茨和怀特赫斯特（1975）。分图（a）由加利福尼亚大学天文台提供。分图（b）由密歇根大学出版社提供。分图（d）和分图（e）经美国天文学会授权使用

这意味着旋转速度 $v_c$ 仅取决于距中心的距离 $r$。但是，这并不能增加旋转曲线确实接近于轴向对称的证据。

巴布科克（1939，50）更广泛的观点是：

> 在上一节中根据旋涡星系外部大得出人意料的圆周速度得出的非常大的质量，[以及]从核向外推进时所计算出的质光比的较大范围表明：吸收在旋涡星系的外部起着非常重要的作用，或者也许需要重新考虑动力学，这将允许外部具有较小的相对质量。

没有后续证据表明尘埃遮蔽了星系外部，但是"重新考虑动力学"的想法确实被广泛讨论过。

怀斯和梅奥尔（1941，273）将分图（a）中星系外部红移的浅梯度与 M 31 的表面亮度随 $r$ 增大的快速下降进行了比较。他们指出："可以推断，M 31 中的质量分布与光度分布没有明显关系。"该结论可能遭到质疑，也许星系的某些部分正在自由地远离它。但值得注意的是，这些天文学家并没有固守星光示踪星系质量的观点。

改进的照相底片大大推动了因 H-α 线变红的发射线区的发现。沃尔特·巴德（1939，31）报告称：

> 尽管长期以来市场上就存在大量的正色和红敏感光底片，但与普通感光底片的蓝色感光度相比，它们对黄色和红色的感光度太低，需要极长的曝光时间才能探测到真正的暗弱天体。去年秋天，伊士曼公司的米斯博士寄给了我们一种供试用的新的红色感光乳剂，名为"H-α Special"，该产品感应红光的速度极快，毫不夸张地说，它为直接天文摄影开辟了新领域。

这使巴德能够通过比较红敏和蓝敏底片上的图像（"通常使用闪视镜"）

识别出许多发射线区。

梅奥尔承担了测量巴德在 M 31 中发现的发射线区红移的任务。他看不到这些区域，他根据巴德对它们相对于银河系恒星偏移的测量结果来调整望远镜。巴德和梅奥尔（1951）在 1949 年于巴黎举行的"宇宙气体动力学"研讨会上展示了该项目的首批结果。

梅奥尔（1951）在图 6.2 的分图（b）中展示了该项目的更多结果。他提醒说，红移的测量不是很精确，但请注意，分图（a）和分图（b）的平均形状看起来相似。梅奥尔（1951，20）就旋转曲线的形状评论道：

> 在核距大于 65′ 至 70′，直到北向近 100′，南向 115′ 的区域，有很好的证据表明旋转速度随核距的增加而降低。换句话说，"拐点"似乎位于核距 65′ 到 70′ 之间的某处，而大多数普通照片上显示的旋涡星系的主体似乎到此就结束了。

如果质量集中在距星系中心约 70 角分的范围内，从而使旋转曲线在更远距离处达到开普勒关系 $v_c(r) \propto r^{-1/2}$，那么就将出现"拐点"。后来的观测使我们习惯于认为，旋转曲线在旋涡星系的星光集中区域之外接近平坦，这使梅奥尔的"拐点"的迹象变得难以察觉。我们可以推测，当时的天文学家习惯性地预期在星系外部看到与太阳系类似的开普勒旋转曲线，而这正是梅奥尔所观察到的。

史瓦西（1954，276）对梅奥尔（1951）的测量结果进行了分析，并得出结论："仙女座星云旋转速度的最佳可用观测与质量和光分布相同的假定并不矛盾。"

史瓦西在他的图 1 中对此结论的图示展示了红移的广泛分散。事实上，梅奥尔也曾警告说测量值并不是十分精确。我无法理解史瓦西图表中星系两侧测得的红移的系统差异，也无法评估星光分布的测量结果。但是我们从一名高水平的天文学家那里看到了一个有用的警示。

图 6.2 的分图（c）展示了另一项具有里程碑意义的技术进步，即利用能在 M 31 的长轴上分辨位置的射电望远镜探测 21 cm 原子氢发射线。该旋转曲线由位于荷兰德文格洛的 25 米望远镜测定（van de Hulst, Raimond, and van Woerden, 1957）。雨果·范沃尔登（个人交流，2018）回顾了这一进展：

> M 31 项目主要由亨克·范德胡斯特领导。我和恩斯特·赖蒙德是首先使用新德文格洛 25 m 碟形天线和 21 cm 线接收器的两个观测者。我们在第一次运行中（1956 年 10 月 10 日至 11 月 5 日，共 26 天）进行了几乎全部的观测。实际上，恩斯特几乎完成了 M 31 的所有测量（在夜间！）；我还参与了其他几个项目。亨克在第四期 IAU 研讨会上做了针对 1957 年的前瞻性报告（写于 1955 年）之后，提出了 M 31 项目，并且在开发使用比较场的新观测程序方面发挥了重要作用。1957 年 1 月，恩斯特受召入伍，在一些低年级学生的帮助下，我接手了观测工作。我做了 M 31 观测数据处理方面的大部分工作，亨克在学生的辅助下，负责分析、模型拟合等方面的工作。

分图（c）中的实线是拟合到 21 cm 的德文格洛测量值的旋转曲线 $v_c(r)$。感谢雨果·范沃尔告诉我，该曲线在大约距中心 30 角分处有轻微的最大值和最小值，因为施密特（1956）曾提到过银河系的旋转曲线也有类似特征。但是，此特征与分图（d）和分图（e）中的后续测量结果一致，同时也与曲线外部的平坦部分吻合。分图（c）中的数据点来自梅奥尔（1951）的光学测量结果，其绘制方式与分图（b）略有不同。

德文格洛的测量结果启发了另一个重要的测量方法。马尔滕·施密特（1957）计算了一个几近平坦的盘中质量的分布，该盘的旋转曲线在分图（c）中绘制为实线。施密特（1957,19）指出史瓦西（1954）曾提出：

M 31 中的质光比在整个星云中可能是恒定的。尽管目前尚不能给出星云最内层和最外层的质光比，但我们的结果倾向于支持这一点……迫切需要对整个星云上不同颜色的表面亮度进行精确校准的观测。

热拉尔·德沃古勒报告了"在施密特博士的建议下"对 M 31 表面亮度进行的测量，以与德文格洛 21 cm 测量结果表明的质量分布进行比较。德沃古勒（1958b）得出结论，M 31 的质量与 B 波段光度之比从中心附近的 $M/L_B \simeq 8$ 增加到离中心 2° 处的 $M/L_B \simeq 70$，如图 6.2 所示，靠近测得的旋转曲线的边缘。在此半径下，测得的 M 31 表面亮度约为天空的 3%。除了 M 31 中的尘埃可能的消光效应以及盘和球体中 $M/L_B$ 值不同的可能性警示外，德沃古勒并没有评论星系中可探测的发光部分边缘附近的 $M/L_B$ 值非常大这一证据。然而，他一向不在报告测量结果的论文中针对相关解释发表评论。

直至 1958 年，旋转曲线外部测量精度的不确定性仍然使研究者很难判断 M 31 外部的高质光比是否已经得到充分的证实。但是一个更简单、更可靠的数字是施密特的总质量与德沃古勒的总光度之比：$M/L_B = 24$。它假定到 M 31 的距离为 630 kpc。在最新的测量中，该比率在 780 kpc 位置处降至 $M/L_B = 19$，但仍远高于根据银河系中观测到的恒星总数得出的预期值。

图 6.2 的分图（d）展示了另一项技术进步的成果。华盛顿卡耐基研究所在东西海岸的分支机构一直鼓励肯特·福特研究使用宾夕法尼亚州兰开斯特市的 RCA 公司制造的像管增强器，以提高量子效率，而不只是单纯使用照相底片。福特（1968）回顾了这项技术在卡耐基研究所和其他天文台的活跃状态。他和薇拉·鲁宾在东海岸的分支机构地磁学部使用他们的像管摄谱仪，极大地改进了对天体光谱的测量，其中包括 M 31 发射线区的红移。

鲁宾（2011）在自传中回顾了自己和福特是如何得知巴德发现的 M31 的 688 个发射线区的。梅奥尔在分图（b）的测量中使用了这些数据。这些数据极大地帮助了鲁宾和福特实现其目标，即测量整个星系面发射线的红移。他们使用的像增强管将照片的曝光时间从"20 小时减少到了不到一个半小时"。分图（d）中的旋转曲线来自鲁宾和福特（1970）的文章。

鲁宾和福特（1970，381）报告称：

梅奥尔在长轴附近观测到了 27 个发射区，我们已经观测到其中 17 个区域。速度一致性并不是太好。对于东北长轴附近的 10 个区域，平均差异 $\Delta V$（我们的值减去梅奥尔的值）为 97 km sec$^{-1}$；对于西南长轴附近的 7 个区域，$\Delta V$=31 km sec$^{-1}$。但梅奥尔私下告诉我们，不必太过相信他的速度值，因为他的曝光时间长且速度弥散低。因此，我们没有使用这些早期数据。

巴德和梅奥尔（1951，171）曾对此提出警示："当同一天体的多次测量结果相差高达 100 km/s 时（有时会发生这种情况），就很难进行精细的分析了。"范德胡斯特、赖蒙德和范沃尔登（1957，13）写道："光学数据 [Mayall, 1951] 与图 12 中射电数据之间的一致性很差，并且东北半部的系统偏差接近 100 km/sec，这令人不安。"

这些都是值得称赞的检验示例。正如我们已经指出的那样，巨大的测量不确定性可能导致史瓦西得出了他的结论，即没有发现存在明显的证据表明质量和星光的分布是不同的。但是，梅奥尔的测量结果在星系不同位置上的趋势看起来与之后更精确的结果大致相似。

鲁宾和福特（1970）采用德沃古勒（1958b）的表面亮度测量值，计算了距星系中心给定距离内的积分质量与积分光度的比率（他们没有估计 $M/L$ 的局部值）。二人发现 $\int M/\int L$（用他们的符号表示）从 $r$ =3 kpc

时的 $1.0 \pm 1\,M_\odot/L_\odot$ 增加到 $r=24$ kpc 时的 $13 \pm 0.7 M_\odot/L_\odot$。$M/L$ 随着距星系中心距离的增加而增加的趋势并不新鲜——巴布科克（1939）指出了这一点——但是在这里这种趋势得到了更好的证明。鲁宾和福特并未推测 $\int M/\int L$ 随着半径增加而增加的意义，这是他们的典型风格。

罗伯茨和怀特赫斯特（1975）使用西弗吉尼亚州"翻新的 300 英尺（约 91 m）望远镜"对 M 31 西南侧外部的 21 cm 红移进行了测量。[①] 分图（e）中的半径使用的 M 31 距离为 690 kpc，接近目前的估计值。我感到遗憾的是，将他们的图片扭曲到与其他图相同的尺寸和方向产生了极为难看的效果。

罗伯茨和怀特赫斯特（1975）的测量结果绘制为图 6.2 分图（e）左侧的 9 个实心圆。绘制为三角形的速度来自鲁宾和福特（1970）的光学测量结果，在假定轴对称的情况下进行了折叠。在 $r \approx 21$ kpc 处的三个 21 cm 点趋向于比三个鲁宾和福特的光学测量结果有稍大的红移，但两者在测量的不确定性范围内并没有严重不一致。$r=24$ kpc~30 kpc 处的 6 个新数据点表明，旋转曲线在这些更大的半径范围内非常接近平坦。罗伯茨和怀特赫斯特得出结论，如果你相信德沃古勒（1958b）星光分布测量结果的"线性外推"，那么局部的质光比会在 $r=25$ kpc 处达到 $M/L \approx 200$，在 $r \approx 30$ kpc 处达到 $M/L=600$。

在距 M 31 780 kpc 的区域，鲁宾和福特（1970）的半径测量值达到了约 25 kpc，罗伯茨和怀特赫斯特（1975）的测量值达到 30 kpc，后来舍曼、卡里南和福斯特（2009）的研究达到 40 kpc。这个星系具有一个异常明亮的经典恒星核球。舍曼等的分析表明，在 ~3 kpc 的半径范

---

[①] 罗伯茨和怀特赫斯特（1975,327）写道："由于 M 31 的旋转与其系统速度相结合，产生的径向速度与前景星系中的氢的速度相似，从而导致严重的速度混淆，因此无法在沿东北长轴的较大距离上进行令人满意的测量。"我感谢雨果·范沃尔登解释说，分图（c）东北侧的德文格洛测量值是通过将星系的光谱与其上方和下方的光谱进行差分获得的，从而抑制了前景的影响。

围内，该恒星核球对引力加速度的贡献占主导地位。他们还发现，在 $r$~10 kpc 至 40 kpc 时，盘中的质量大约贡献了 20% 的加速度，其余部分几乎全都来自亚光度晕中。

在标准引力物理学的常规假定下，M 31 仙女座星云是一个旋涡星系，它的旋转曲线接近平坦，质量比星光分布得更广。梅奥尔［1951，图 6.2 的分图（b）］已经发现了平坦曲线的证据，但是他对较大测量不确定性的警示可能导致了史瓦西（1954）对其重要性的怀疑。范德胡斯特、赖蒙德和范沃尔登［1957，分图（c）］在合理的测量不确定性范围内证实了梅奥尔的结果，施密特（1957）的质量与德沃古勒（1958b）的光度表明，质量比光的分布范围更广。鲁宾和福特［1970，分图（d）］，罗伯茨和怀特赫斯特［1975，分图（e）］以及舍曼、卡里南和福斯特（2009）的研究进一步推动了这一领域的发展。其他旋涡星系也存在类似证据。但是，接下来让我们考虑一个可能的反例：星系 NGC 3115。

### 6.3.2 NGC 3115

早型的 S0 星系 NGC 3115 与旋涡星系同样具有接近旋转支撑的扁平形状特征，它与椭圆星系的相似之处则是尘埃、气体和年轻恒星较少。它到地球的距离是 10 Mpc，与其他大型星系并不接近。这并不寻常，因为像这样的星系往往位于致密的区域，在这些区域中，我们可以想象碰撞或等离子体冲压会剥离气体和尘埃。关于它的质量分布的思考历史也很独特。

米尔顿·赫马森首次估算了该星系的旋转曲线。该结果被收录在 1936—1937 年的《威尔逊山天文台台长年度报告》中（Adams and Seares, 1937, 31）：

> 赫马森测量了……NGC 3115 的光谱旋转，其中光度从星系核向外平稳地下降到未定义的边界，旋转遵循线性定律：

$$r = 9.8x + 640 \text{ km/sec}$$

其中，$x$ 是沿长轴与星系核的距离，以角秒表示……直至 $x = \pm 45''$。

这是物质以均匀角速度旋转的旋转曲线。奥尔特（1940，274）从赫马森的估计中得出结论："系统中的质量分布似乎与光的分布几乎没有关系。"我们再次看到，最有能力的天文学家之一扬·奥尔特愿意考虑质量和光在星系中分布不同的可能性。

在"奥尔特的建议"下，威廉斯（1975）根据 NGC 3115 中许多恒星的吸收线光谱，重新计算了旋转曲线。在横跨星系中心的陡峭梯度之外，威廉斯的平均曲线相当接近平坦，尽管这些具有挑战性的测量结果有相当大的弥散。这与学界之前接受的对这个星系的认识完全不同。

鲁宾及其同事在亚利桑那州基特峰的 4 米梅奥尔望远镜上使用卡耐基像管摄谱仪，大大降低了散射。鲁宾、彼得森和福特（1976）将图 6.3 分图（a）中的旋转曲线作为论文摘要提交给了美国天文学会的一场会议，但该图在摘要中没有留下任何解释的空间。福特、彼得森和鲁宾（1976）在《卡耐基研究所年鉴》中也展示了同样的测量结果并解释称，他们使摄谱仪狭缝对准了该星系接近侧向的盘面。因此，每条恒星光谱线的轨迹在弥散的图像中非常接近旋转曲线的形状。分图（a）中的结果类似于图 6.2 中 M 31 的旋转曲线，但是在这里我们可以看到，在外部接近平坦的部分之间，有一个明显的梯度横跨中心。鲁宾、彼得森和福特（1980）使用主要来自斯特罗姆等（1977）的光学表面亮度数据对他们的旋转曲线测量结果进行了分析。鲁宾、彼得森和福特（1980，53）得出结论："一个简单的质量模型提示，质光比在从星系核 1 kpc 到 5 kpc 的范围内是恒定的。"

图 6.3 的分图（b）是该星系在一个波长下（$\lambda \approx 2\mu$）的 2MASS 图像，

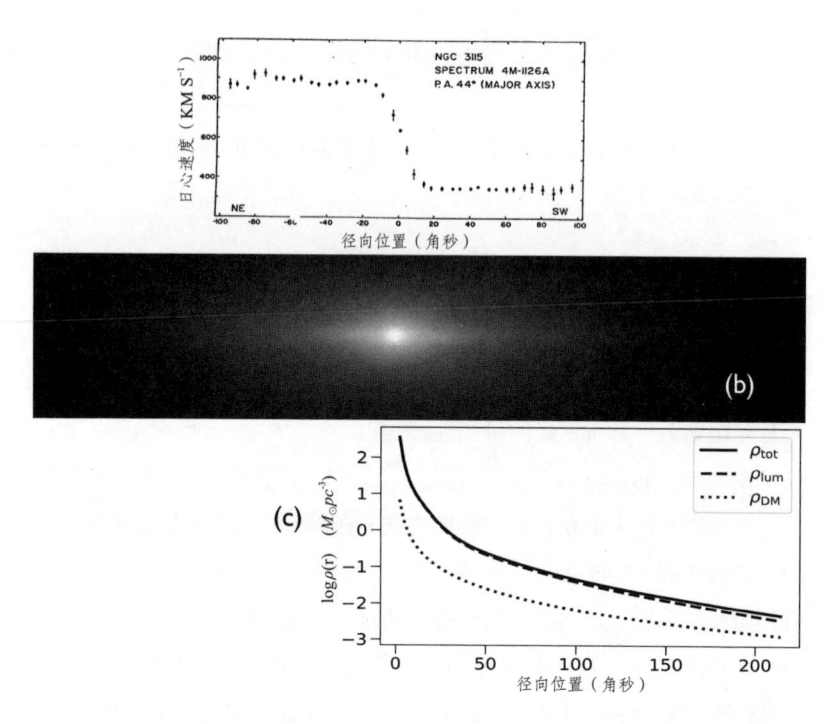

图 6.3 对星系 NGC 3115 的观测。分图（a）是鲁宾、彼得森和福特（1976）对旋转曲线的光学测量。分图（b）为 $2.2\mu$ 2MASS 图像。分图（c）是米凯莱·卡佩拉里（个人交流，2017）的光度和质量分布。三个分图中的角尺度比例几乎相同。分图（a）经美国天文学会授权使用。分图（c）由米凯莱·卡佩拉里提供

可以合理地反映正常的恒星混合中的质量分布。图像大小被调整为与分图（a）中的旋转曲线尺寸大致相同。

　　米凯莱·卡佩拉里（个人交流，2017）友善地为我制作了分图（c）。它展示了盘面内质量密度随半径变化的情况，并将其分解为恒星组分和亚光度组分。这一图例基于卡佩拉里等（2015）对恒星运动学和表面亮度的二维测量进行的动力学建模。探测器效率和数据速率的巨大进步，使研究者在半径是鲁宾等测量半径两倍的尺度上对恒星流运动进行细致测量成为可能。结果表明，在 6 个有效半径（即包含一半总光度的半径

的6倍）范围内，几乎没有亚光度的大质量晕的证据。

我们已经习惯于预期大型星系形成于亚光度大质量晕中。然而，星系NGC 3115虽然曾被认为有这样的晕，但最终却没有证据表明该星系中存在亚光度物质。这种现象尚未引起人们的广泛关注，并且可能只是该星系异常独特的历史的结果。但是它表明，对星系的观测仍然可能带给我们意想不到的发现，并挑战我们的现有认知。

### 6.3.3 NGC 300

弗里曼（1970）提出了旋涡星系的第二个合理清晰的例子，在该星系中，星光不是良好的质量示踪指标。弗里曼的论文因其证明了许多旋涡星系中的星光分布可以表示为一个指数盘和一个类似于椭圆星系的球形恒星核球之和而受到赞誉。同样值得赞扬的是，他计算了平面轴对称指数质量盘平面上的引力加速度，并将其应用于NGC 300（一个纯盘星系，其21 cm旋转曲线已经得到了测量）。到该星系的距离约为2 Mpc，使其刚好位于本星系群的名义边缘之外。

弗里曼指出，旋涡星系的恒星盘的表面亮度 $\mu(r)$（垂直于盘测得）通常可以很好地近似为距中心距离 $r$ 的指数函数：

$$\mu(r) \propto e^{-ar} \qquad (6.2)$$

常数 $a^{-1}$ 是盘的特征半径。弗里曼计算了纯盘中质量分布的引力加速度（该纯盘不具有核球组分），并由此推导出预期的旋转曲线 $v_c(r)$。他发现该指数质量分布中的 $v_c(r)$ 的峰值位于以下半径处：

$$R_T = 2.151/a \qquad (6.3)$$

弗里曼（1970）指出，附近的旋涡星系NGC 300和M 33几乎没有明显的核球和接近指数的盘，因此，在星光示踪质量的假定下，可以将它们的旋转曲线与他的计算结果进行比较。弗里曼的清晰案例是 NGC 300。其测量的特征光学盘标长为 $a^{-1}$=2.9 角分。如果在该盘中星光可以示踪质量，那么圆周速度将在半径 $R_T$=2.151$a^{-1}$≃6 角分处达到峰值。NGC 300 的 21 cm 旋转曲线由肖布鲁克和罗宾森（1967）使用位于澳大利亚帕克斯的 210 英尺射电望远镜测得。该旋转曲线的峰值出现在不小于 15 角分的半径处，这是假定光可以示踪质量的情况下预期值 6 角分的两倍多。弗里曼（1970, 828）的结论是：

> HI 旋转曲线在 $R$≈15' 处具有 $V_{max}$，它也恰好是系统的测光外边缘。如果 HI 旋转曲线正确，那么在 NGC 300 的光学范围之外一定有未探测到的物质，其质量必须至少与探测到的星系质量量级相同。

弗里曼对于 NGC 300 旋转曲线测量的准确性非常谨慎。但是卡里南和弗里曼（1985）以及肯特（1987）证实，主导 21 cm 旋转曲线的是约 5 kpc 以外的亚光度质量。

弗里曼（1970）并未大肆宣扬他关于亚光度物质的证据，而是在论文附录中提出。他没有提及 M 31 中存在亚光度物质的新证据。同年，鲁宾和福特（1970）在图 6.2 的分图（d）中展示了该星系旋转曲线的测量结果，但我能找到的鲁宾及其同事最早提及弗里曼的亚光度物质证据的文献出现在十年后（Burstein et al., 1982）。这条研究线正在为热大爆炸的存在确立关键的证据，但在 20 世纪 70 年代初，它还不是一个极受重视的科学分支。

### 6.3.4 NGC 2403

星系 NGC 2403 是另一种纯盘旋涡星系，它离本星系群并不远，相距 3 kpc。在帕萨迪纳市的加利福尼亚理工学院，塞思·肖斯塔克（1972）在他的博士学位论文中介绍了他在加利福尼亚州欧文斯山谷用两个 90 英尺天线干涉仪对 21 cm 线的红移进行测量后得出的该星系的旋转曲线。他的结果与图 6.2 中 M 31 的结果非常相似：中心区域的陡峭梯度与平坦的外部连接，并且没有迹象表明数据会像预期的那样下降（如果观测已经达到质量分布的边缘的话）。肖斯塔克（1972，200）得出结论，由于他的观测已经达到了星系发光部分的边缘，因此他测得的旋转曲线"要求在星系外部区域存在低光度的物质"。他得出结论，质光比会从中心附近的 $M/L\sim3$ 增加到星光边缘附近的 $M/L\sim15$。

肖斯塔克没有测量该盘星系中星光的分布。他用德沃古勒（1959）对特征半径 $a^{-1}$［表达式（6.2）］的测量值来测量 M 33 中星光的指数分布。根据 NGC 2403 和 M 33 发光部分的相对物理尺寸，肖斯塔克估计 NGC 2403 具有特征半径 $a^{-1}\sim2.7$ 角分。现在，让我们先离开肖斯塔克的方法，遵循弗里曼（1970）的思路。公式（6.3）让我们注意到，如果 NGC 2403 中的质量像光一样分布在一个薄的旋转支撑的指数盘中，那么旋转曲线预计将在距星系中心 6 角分的角距离处达到峰值。但是肖斯塔克的旋转曲线在 5~15 角分之间是平坦的。正如 NGC 300，NGC 2403 中的质量似乎并不像星光那样分布。他指出了平坦旋转曲线的其他示例：M 31（第 6.3.1 节）、NGC 6574（Demoulin and Chan，1969）、M 101（Rogstad，1971）和 M 33。

在以自己的博士论文为基础的学术论文中，肖斯塔克（1973）没有提及他对光分布的讨论。该论点虽然合理，但具有推测性，也许最好只保留在博士论文中，而不公开发表。但他再次指出了关键点（Shostak，1973，411）："NGC 2403 的旋转速度在 9 kpc 处达到最大，此后保持相对恒定，因此表明该星系质量的大部分位于其光学半径之外。"

图 6.4 展示了肯特（1987）后来对 NGC 2403 中质量分布的测量和分析。他的表面亮度测量结果证实了肖斯塔克的预期，即表面亮度分布

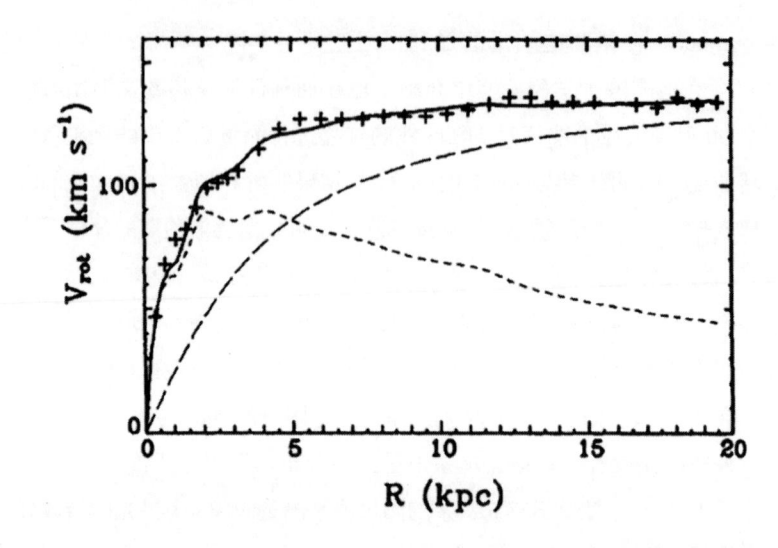

图 6.4 肯特（1987）对星系 NGC 2403 质量分布的分析。实线是旋转曲线测量结果的模型拟合（标记为加号）。短虚线是盘中恒星质量对旋转曲线的模型贡献，长虚线是球形亚光度晕中质量的贡献，两者以平方和的方式叠加。经美国天文学会授权使用

接近指数级。图中的加号展示了肖斯塔克（1973）和比奇曼（1987）通过 21 cm 线测量得到的旋转曲线，后者由荷兰的韦斯特博克综合孔径射电望远镜拍摄。短虚线曲线是肯特估算的恒星对圆周速度的贡献，假定质光比恒定，$M/L$ 的值调整为拟合 $r \lesssim 2$ kpc 的最内部分，并且没有来自亚光度晕的明显贡献。长虚线曲线是一个球形大质量晕的贡献，它完成了对测量结果的拟合。比奇曼（1987）从韦斯特博克的 21 cm 线测量结果以及威沃斯、范德克鲁特和艾伦（1986）的光学表面亮度测量结果中获得了 NGC 2403 的类似结果。他们使用了该星系 48 英寸帕洛马施密特望远镜底片图像的数字扫描数据。范阿尔巴达和桑斯西（1986）用威沃斯等测量的表面亮度及恒星和气体对旋转曲线的贡献的处理方法，展示了 NGC 2403 的韦斯特博克旋转曲线。这些分析与肖斯塔克（1972）的观点一致：该星系的质量由外部的亚光度物质主导。

### 6.3.5 伯比奇的项目

1960 年至 1965 年间,伯比奇夫妇和普伦德加斯特发表了一系列旋涡星系较高表面亮度部分的旋转曲线的测量和分析结果。他们发现了一个关于质量的问题。伯比奇夫妇(1975,116)在对他们的结果进行回顾时指出:

> 显然,椭圆星系和某些旋涡星系中的成分必须与太阳系周围和银河系的星团中发现的星族类型有很大不同。这种不同在于,这些星系中存在大量贡献质量但几乎不贡献光的天体。……由于通常认为质光比高的星系中不存在大量弥散物质,因此这些质量的形式被认为是质量非常小的恒星(红矮星),或者是高度演化的恒星(白矮星或中子星),又或者是坍缩的质量。

第 6.1 节提到的证据表明,这是在 1968 年前后写就的,可以看作对当时情况的极好评估。

伯比奇夫妇的传统是将注意力集中在星系旋转曲线可以很好地测量的部分上,而不是推测在更远的地方可能出现的情况。这种传统的另一个例子是德莫林和陈(1969)对发射线红移的测量,表明旋涡星系 NGC 6574 具有相当平坦的旋转曲线。德莫林和陈并未对以下奇特现象发表评论:如果质量与星光集中分布,人们可能会预期在星系发光部分的边缘附近看到接近开普勒圆周速度 $v_c \propto r^{-1/2}$ 的趋势,但这一趋势并未出现。

### 6.3.6 挑战

罗格斯塔和肖斯塔克(1972,320)报告了 NGC 2403、M 33、IC 342、M 101 和 NGC 6946 中相似的旋转曲线。他们的结论是:

> 我们在此确认,这些星系($M/L$~20)的外部区域需要存在低光

度物质，假定表面光度呈指数下降（Freeman，1970）……因此，对无穷大半径总质量的估计是对数据的可疑外推。

杰弗里·伯比奇在质疑星系周围存在大质量晕的证据方面发挥了重要作用，就像伯比奇（1975）在论文中表达的那样。我的印象是，他反对急于做出判断，即他所谓的"从众效应"。他的谨慎是有道理的：超越直接证据的乐观外推会产生误导。但以弗里曼和肖斯塔克的方式进行外推可能会很有成效。科学的技艺之一正是在无意义的推测与富有成效的推测之间探索边界。

"从众"一词确实暗示人们倾向于关注那些吸引注意力的观点，但不应认为这意味着人们对整个亚光度质量现象有广泛的兴趣。例如，费伯和加拉格尔（1979）对亚光度物质的回顾（这对引起人们的关注很重要）更加侧重于星系统。他们展示了博斯马（1978）得到的旋涡星系的扩展 21 cm 旋转曲线，但是他们没有提到 M 31 的旋转曲线（图 6.2），也没有提到弗里曼（1970）和肖斯塔克（1972）的证据表明，在 NGC 300 和 NGC 2403（两者都临近银河系并且已得到详细的研究）的外围存在大量的亚光度质量（第 6.3.3 节和第 6.3.4 节）。

通常认为平坦的旋转曲线是亚光度物质的特征，在平坦的旋转曲线中，半径 $r$ 延伸到微弱的、几乎探测不到的星系边缘时，圆周速度 $v_c(r)$ 接近恒定。但也有例外情况：S0 星系 NGC 3115 也呈扁平状（第 6.3.2 节）。尽管附近的旋涡星系 M 81 存在异常大的恒星核球，但看上去却相当正常。不过罗茨（1974）发现，其 21 cm 旋转曲线在半径 3 kpc 至 7 kpc 处速度增加到最大值 250 km s$^{-1}$，在距中心 15 kpc 处下降至 200 km s$^{-1}$，而在超过这一距离之后，观测结果表明它严重偏离轴对称性。没有迹象表明 $M/L$ 在半径 15 kpc 之内——也就是该星系看起来呈轴对称的部分——随半径系统性地增加（Rots，1974，图 16；Roberts and Rots，1973）。简而言之，我们应该意识到，有些星系偏离了看似正常的规律，这可能是因为它们有不同寻常的过去。

在国际天文学联合会一次会议的讨论中，阿格里斯·卡尔纳斯（1983）指出，罗格斯塔和肖斯塔克提到的一个星系 M 33（即 NGC 598）所测得的旋转曲线，可以通过适当选择恒星盘中恒星的质光比来拟合，无须假定存在亚光度物质。除了这个例子外，卡尔纳斯还展示了另外三个例子，这些星系测得的旋转曲线在光学图像的外部呈平坦状或仍在上升，但通过恒星质量拟合，$M/L$ 的值看起来也合理。据记录，卡尔纳斯（1983，88）评论说："听众变得不安，大质量晕的拥护者则逐渐恢复了平静。"

当旋涡星系中存在经典的恒星核球时，问题变得更加复杂：需要将盘中测得的轨道加速度拟合为以下质量的引力加速度之和：盘中恒星和气体的质量、经典核球中恒星的质量（观测为球形成分并延伸到恒星晕），以及甚至没有直接观测到的可能存在于亚光度晕中的质量。可以自由调整两种恒星成分（盘和核球）的质光比，从而允许在亚光度物质的质量导出量和分布方面存在极大的不确定性。卡尔纳斯（1983）的四个例子之一就需要这两种成分：恒星核球和恒星盘。肯特（1986）给出了更多这样的例子。他对鲁宾及其同事测量过光学旋转曲线的星系的表面亮度分布进行了数字（CCD）测量，测量结果表明，盘和经典恒星核球中的恒星光度分布——盘和核球分别有自由选择的 $M/L$，但两个成分的 $M/L$ 均与半径无关——可以很好地拟合许多光学旋转曲线的测量结果（前提是质光比选择合理），并且无须亚光度质量。

卡尔纳斯和肯特提出的挑战在许多情况下通过 21 cm 线的测量得以解决，这些测量允许将旋转曲线追踪到更大的半径。例如，卡尔纳斯证明，M 33 中的恒星分布可以拟合半径 $r=6$ kpc 以内的旋转曲线测量结果，但是科尔贝利和萨卢奇（2000）以及洛佩斯·富内、萨卢奇和科尔贝利（2017）提供了 $r=23$ kpc 以内的 21 cm 旋转曲线测量结果，明确地表明存在扩展的亚光度晕，该晕主导了半径约 5 kpc 以外的旋转曲线。

尽管肯特（1986）可以将光学旋转曲线拟合为盘和核球的星光，但肯特（1987）在将测光结果拟合为 21 cm 线测量结果（该结果追踪旋转曲线到较大半径）时通常需要假定存在亚光度晕。阿尔伯特·博斯马（1978，1981a，b）通过用韦斯特博克综合孔径射电望远镜进行 21 cm 线测量，展示了这一技术的强大能力。测量结果表明，晚型星系的外部存在亚光度物质，在某些情况下，这种物质的分布远比星系的发光部分更广阔。

阿萨纳苏拉、博斯马和帕帕约安努（1987，23）展示了如何通过第 6.4 节中讨论的盘稳定性问题的重要考虑来进一步减少盘-核球-物质晕的简并性。分配给亚光度物质的质量必须确保旋涡星系的星系盘中留下足够的质量（通过旋转支撑），以使盘中的引力可以产生旋涡星系臂，但质量又不能太大，否则臂将过大并破坏近圆周旋转。他们从这个考虑得出的结论是："我们认为所有星系都需要一个物质晕来拟合其旋转曲线，而那些显示出相反结果的案例是由于旋转数据的半径范围人为过短所致。"

后来的一项对大质量晕图景的检验，来自前景大星系周围的质量聚集对更遥远星系的光的引力偏折效应。引力偏折会使背景星系的图像扭曲。通过对许多星系进行平均，系统性的扭曲可以产生一个对星系周围质量平均分布的量度。斯隆数字巡天的一项早期结果证实，在一个亚光度大质量晕中，一个大型星系在 100 kpc 之内的平均质量大约是 10 kpc 之内质量的 10 倍（Fischer et al.，2000）。

所有这些现象都不需要非重子暗物质。伯比奇夫妇（1975）、罗伯茨（1976）以及怀特和里斯（1978）等都在文章中提出了一个合理的观点，即亚光度质量可能是矮星或早期大质量恒星的残余。随着距星系中心距离的增加，这些天体相对于正常恒星的数量将越来越多，但很明显，这种情况可能出现于恒星在星系的不同部分和不同条件下形成的时候。然而，有一个重要的约束条件：如果亚光度质量是观测到的恒星类型的残余，或者是与观测到的类型一起形成的矮星的残余，那么人们会预期亚光度质量与观测到的恒星一起在盘中流动。这一点通过考虑盘的稳定性被排除了，有关盘稳定性的内容我们会在第6.4节中讨论到。

所有这些分析均以标准引力物理学为前提。在兹维基（1937a，228）第二篇关于后发星系团质量的论文中，他指出星系团质量问题依赖于"牛顿平方反比定律准确地描述了星云之间的引力相互作用的假定"。这一警示很少被审视。例如，里斯（1984，339）指出："我在第1节中总结的关于隐藏质量的证据——即随着我们考察的尺度从10 kpc扩展到到几 Mpc，$M/L$ 逐渐增加——尽管具体细节尚有争议，但从总体上讲是无可辩驳的。"

证据无可辩驳的说法与学界在非实证性基础上做出的隐含决定一致，即接受在扩展至1 Mpc的尺度上应用平方反比引力定律，尽管这是对从实验室到太阳系尺度的测试超过10个数量级的外推。这个决定合理且恰当，但在当时，考虑在星系、星系团乃至可观测的宇宙的尺度上存在不同的引力定律的可能性也很合理。

芬齐（1963）提出修改平方反比定律，在间隔 $r$ 大于约0.5 kpc 时将引力加速度调整为 $g \propto r^{-3/2}$。这将更容易解释旋涡星系的旋转曲线，而不必假定存在亚光度物质。但是米尔格罗姆（1983）提出了这种方法讨论最广泛且最有用的变体。他提出，在与紧凑质量 $M$ 的距离为 $r$ 处，测试粒子的引力加速度 $a$ 由以下公式给出：

$$GM/r^2 = a_0\mu(a/a_0), \quad \mu \to 1 \text{ 当 } a \gg a_0, \quad \mu \to a/a_0 \text{ 当 } a \ll a_0 \quad (6.4)$$

当加速度远远大于常数 $a_0$ 时，这是一般的牛顿表达式 $a=GM/r^2$。当 $a \ll a_0$ 时，加速度 $a=(GMa_0)^{1/2}/r$，这小于牛顿形式，因此在距离 $r$ 处以速度 $v$ 绕 $M$ 旋转的测试粒子的轨道加速度为 $v^2/r = (GMa_0)^{1/2}/r$。在这个低加速度极限下，轨道速度为：

$$v_c = (GMa_0)^{1/4} \qquad (6.5)$$

米尔格罗姆提出的修正的牛顿动力学公式（被称为 MOND）比芬齐的要复杂一些，但其选择非常精妙。正如在许多星系外部观测到的那样，不必假定存在亚光度物质，低加速度下的旋转曲线 $v_c(r)$ 预计是平坦的，与半径无关。预计圆周速度将随质量的四次方根变化。这是椭圆星系中光度与恒星速度弥散之间的费伯-杰克逊（1976）关系，$L \propto \sigma^{\gamma_e}$，$\gamma_e \approx 4$，以及旋涡星系中光度与圆周速度之间的塔利-费舍尔（1977）关系，$L \propto v_c^{\gamma_s}$，$\gamma_s \approx 4$。它在约 1 kpc 至 30 kpc 的长度尺度范围内继续为旋涡星系的观测结果提供很好的拟合（例如，Lelli, McGaugh, and Schombert，2017）。

在宇宙学的长度尺度上，$c/H_0 \sim 4\,000$ Mpc，我将在第 9 章中回顾的严格检验表明，在假定存在非重子暗物质的前提下，广义相对论是对现实的良好近似。如果接受这一点（大多数人目前都已经接受），为什么米尔格罗姆的替代性理论在星系尺度上如此成功？学界的评估认为，这是将标准物理学应用于星系形成的复杂性导致的偶然结果。评判我们是否有足够的物理学来分析星系结构，包括 NGC 3115 之类的奇怪例子（图 6.3），或者我们是否错过了一些有趣的现象，通常需要以更好的方式分析更多数据。同时，学界的决定是恰当的：继续采用标准物理学理论，同时假定存在亚光度/非重子物质，并将其应用于通过严格检验的宇宙学模型，直到我们遇到麻烦为止。

富有成效的研究往往源自我们条件反射式的直觉，即一种简单的现象学规律可能指向某种潜在的物理原理。考虑一下哈勃和赫马森对星系红移和距离之间极简单的线性关系的观测催生的宇宙学进展。但是学界的观点是，许多旋涡星系极其简单的平坦旋转曲线只是各种物质在沉降入星系内部时被旋转加速的短暂偶然结果。我接受这是一个有用的工作假说，但仍然对其持一定的保留意见，只是大多数时候没有公开表达。

同样略显尴尬的哲学可能也适用于图 6.4 中 NGC 2403 的旋转曲线展示出的奇怪现象。在距该星系中心 2 kpc 的距离内，似乎恒星的质量对引力加速度的贡献更大，而在更大的距离上，似乎亚光度物质的质量贡献更大。但是，旋转曲线在引力源从重子主导到亚光度物质主导的过渡过程中没有显示出任何特征。这是附近星系中的常见现象。范阿尔巴达和桑斯西（1986）以及肯特（1987）将这种奇怪的行为称为"阴谋"。

## 6.4 稳定旋涡星系

20 世纪 70 年代初期，旋涡星系旋转曲线的测量结果越来越支持亚光度质量的存在，另一条最初完全独立的不同研究路线则为旋涡星系内存在亚光度质量提供了证据。这项研究关注的是旋臂的引力形成，而旋臂正是典型的旋转支撑星系的显著特征。

星系的旋臂展示出星际气体和等离子体交汇流驱动的复杂过程，这些过程可以触发恒星形成。由此产生的区域由于大质量、明亮且炽热的年轻恒星的光而呈蓝色。其他区域则因为恒星电离的等离子体的 H-$\alpha$ 再结合辐射呈红色。穿过这些区域的是优雅的尘埃流。过去（现在仍然如此）人们理所当然地认为，驱动这些现象的是质量在引力的作用下沿悬臂的聚集这一简单的过程。在对这种引力过程的早期研究中，自然也可以假定，大部分质量就位于观测到的盘和中央恒星核球（如果有的话）中。核球将通过几乎随机的恒星运动来抵抗引力的牵引：这是"热"成分。盘受到近似圆形的流运动的支持：这是"冷"成分，其速度弥散小于流运动。

由阿拉尔·图姆尔（1964）进行的一项著名分析表明，如果我们可以忽略核球的引力加速度，并且如果盘中的圆周流运动相当平滑且均匀，那么在质量和运动圆对称性偏离的增长的作用下，盘是引力不稳定的，其特征增长时间由轨道周期决定。图姆尔的条件设置了在比星系的尺寸小的长度尺度上抑制这种不稳定性所需的速度弥散。图姆尔发现他的稳定边界与观测到的太阳附近恒星的速度弥散相当一致，这是令人鼓舞的。但是该分析仅适用于小尺度的扰动。

由于需要考虑在星系中观测到的各种可能形式的旋转曲线，集中在恒星核球（在不同的星系中可能具有完全不同的光度）中的质量的影响，以及可能以许多不同方式填充单粒子相空间的随机运动的影响，对自重旋转支撑的物质盘的整体稳定性或不稳定性进行分析评估的艰巨挑战变得更加困难。20世纪60年代，随着数字计算机的引入，情况发生了变化，这些计算机具有对星系盘中恒星的引力运动进行有用的数值模拟所需的速度和内存。通过计算，可以制作图像来展示大量粒子的行为。这样的图像可以产生重要的影响。

弗兰克·霍尔（1970，2）的NASA技术报告提供了一个著名的早期例子：

> 兰利研究中心的Control Data 6600计算机系统被用于对包含5万~20万个粒子的系统中每个粒子的运动方程进行积分。最开始的冷平衡盘被发现非常不稳定。

对于当时的计算机来说，这些数字大得惊人。他们需要一个近似方案，以找到在给定位置（此处为二维）的粒子引力加速度的有用估计值。霍尔根据他的测试结果提出，他对引力的近似与他的模型星系的"不幸结局"无关。

这些模拟中的初始粒子速度是在与粒子质量的引力动力学平衡的情况下的平滑圆周运动，在某些试验中，增加了满足图姆尔（1964）抑制小尺度不稳定性标准的随机速度组分。该项目结果的其他报告（Hohl and Hockney，1969；Hockney and Hohl，1969；Hohl，1971）证实，通

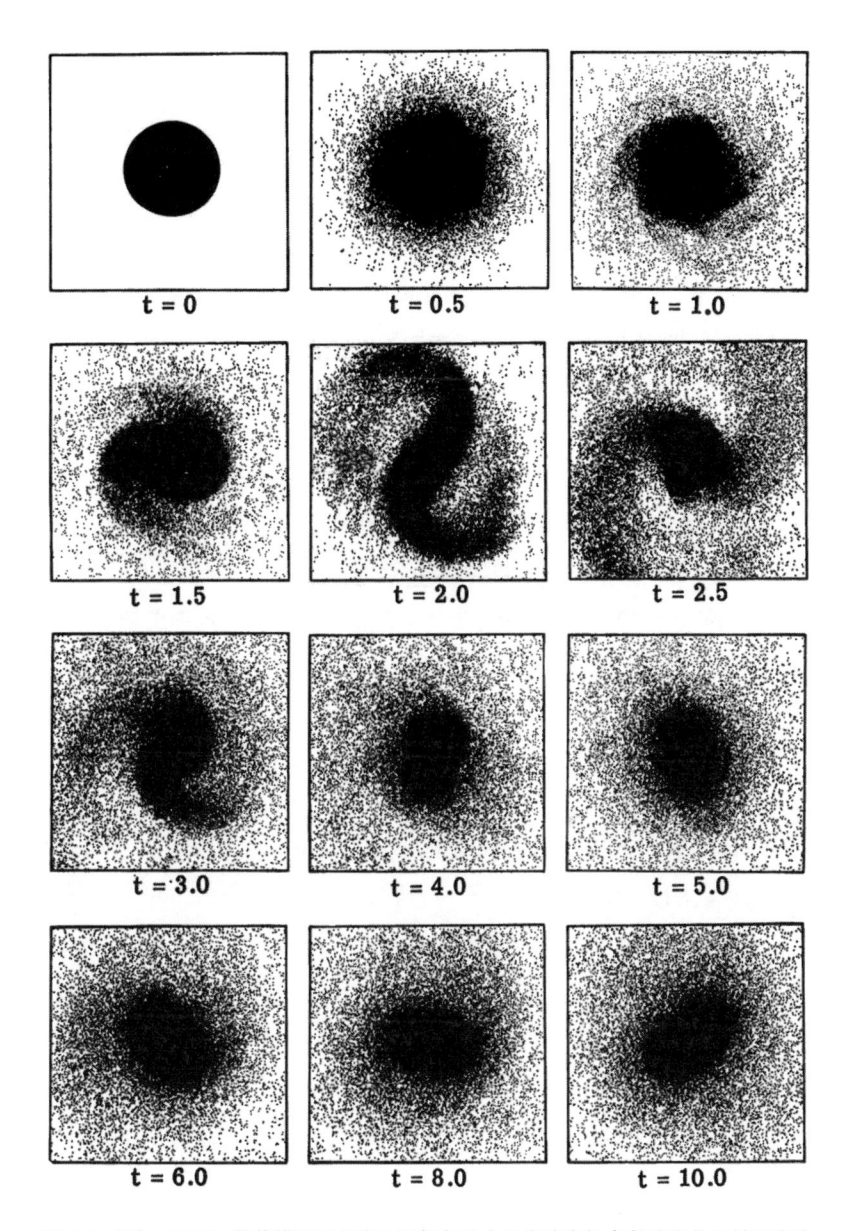

图 6.5 霍尔（1971）数值模拟了具有由图姆尔的小尺度稳定性条件给出的初始速度弥散的引力粒子的初始均匀旋转盘的演变。经美国天文学会授权使用

过为粒子分配这种初始速度弥散可以提高稳定性，但是在经过几个轨道周期后，盘仍会退化为在很大程度上受随机运动支持的扩散形式，这与正常的旋涡星系中观测到的恒星和气体完全不同。

图 6.5 中的例子来自霍尔（1971），展示了一个粒子盘的演变，其中由引力平衡的初始平均流运动具有均匀的角速度，并且均值周围的弥散满足图姆尔的条件。时间单位为轨道周期。经过两个轨道周期后，质量分布似乎展现出了一种宏大旋涡星系的雏形，但是到第四个轨道周期时，盘已被平面中的随机运动分解为支撑体。霍尔（1970）报道了具有初始指数质量分布的数值实验，也就是如星系 NGC 300 和 NGC 2403（第 6.3.3 节和第 6.3.4 节）中观测到的恒星分布，尽管我们已经发现它并不接近从旋转曲线得出的质量分布。同样，在一两个轨道周期之后，这些模拟严重偏离了盘中的均匀流运动。

米勒和普伦德加斯特（1968）也在探索如何使引力加速度的计算速度足够快，以便对具备有趣粒子数的旋涡星系中的恒星的运动进行数值模拟。这可能是伯比奇夫妇和普伦德加斯特旋涡星系旋转曲线测量和分析项目的自然延伸。米勒、普伦德加斯特和奎克（1970）报告说，在使用他们的引力加速度计算方法进行的模拟中，盘星系中最初的冷流会变得不合理地热。这与霍尔的结果相同，只是采用了另一种独立的（尽管还是近似的）加速度计算方案。

米勒、普伦德加斯特和奎克考虑通过"冷却"粒子来纠正不稳定性，就像当"气体"粒子碰撞失去相对速度（但动量仍守恒）时可能发生的情况一样，也许是因为它们正在转变成恒星。这种方法尚未被证明具有持久的意义，但是它例证了盘不稳定性问题的严重性。因此，米勒（1971，89）对情况的考察使他得出以下结论：

> 探究［盘星系］计算机模型如此热的原因引发了一些有趣的研究。在所有这些研究结束时，我们仍然不知道是否可能建立一个冷

的静态自洽模型。

霍尔（1971）报告说，在初始旋转支撑的盘星系模型中，质量的径向分布趋向于弛豫为指数形式。他引用了弗里曼（1970）关于盘星系中光密度与半径呈指数关系的讨论。但是，尽管霍尔的弛豫模型和纯盘星系（例如 NGC 300 和 NGC 2403）具有相似的表面密度分布，但它们在本质上是不同的：模型是热的，星系是冷的。

我没有发现任何证据表明，这些盘不稳定性的早期讨论考虑了弗里曼（1970）的论证，即 NGC 300 中的质量明显比星光分布更广泛，以及图 6.2 中展示的 M 31 中这种现象的证据。但是它们肯定帮助启发了霍尔（1970，41）的实验：

> 计算机模型被修改为除了自洽的盘星族，还包括一个固定的中心势场。中心场被用来代表银河系的晕星族和中心核，这似乎产生了一个与时间相对无关的场。

这近似于由接近各向同性的速度分布稳定支撑的亚光度物质大质量晕的影响。霍尔发现，当质量的 10% 分布在恒星中而其余部分分布在刚性晕中时，粒子分布中形成了具有精细结构的旋涡状图案，有趣的是，这些图案看起来就像真实的星系。他发现在这一演变过程中，在计算的 8.5 个轨道周期内，并没有相对于初始的圆周运动的不可接受的巨大偏离。它显示出一些重要的信息：大质量的亚光度晕可能解释了旋涡星系中恒星盘的稳定性。

研究盘稳定性的分析方法也得出了类似的结论。卡尔纳斯（1972）的分析表明，受引力约束并由圆周运动支撑的盘是不稳定的，正如模拟结果所显示的那样。卡尔纳斯考虑了在盘平面上增加随机的径向速度和角速度，如果它们足够大，就可以抑制不稳定性，尽管这似乎不是正常旋涡星系中恒星运动的理想模型。[1]但卡尔纳斯（1972，72）也认为：

> 通过对那些可以应用我们的结果的星系盘问题做简单而有用的修改，可以纠正这种不稳定性。我们可以假定盘嵌入均匀密度的物质晕中，该物质晕提供了一部分平衡力场，但又足够刚性，因此它不参与盘的振荡。

尽管霍尔和卡尔纳斯从他们的模拟和分析中认识到，大质量晕可以稳定旋涡星系的盘，但我在文献中没有发现任何证据表明他们认识到了他们起稳定作用的热成分可能是范德胡斯特、赖蒙德和范沃尔登（1957）以及鲁宾和福特（1970）推断存在于旋涡星系 M 31 的外沿的亚光度质量，以及弗里曼（1970）推断存在于纯盘星系 NGC 300 外沿的亚光度质量（第 6.3.1 节和第 6.3.3 节）。这种联系是由奥斯特里克和皮伯斯（1973）在文献中提出的。

奥斯特里克和皮伯斯的 $N$ 体模拟是受奥斯特里克对旋转恒星稳定性进行分析的经验所推动的（Ostriker and Bodenheimer，1973）。这使他怀疑受盘中旋转质量引力束缚的星系的盘是不稳定的。在三个维度上对此进行检验的奥斯特里克和皮伯斯数值模拟都具有初始薄盘，其初始质量在半径 $r$ 之内，并随半径按 $M(<r) \propto r$ 变化。这将产生在观测中已经很熟悉的平坦旋转曲线。流运动中增加的随机速度满足了图姆尔

---

[1] 正如卡尔纳斯总结的那样，如果大部分质量都在盘内，是亚光度的，且限制在盘平面内近乎随机的轨道上，而不是在更近乎球形的晕中，星系盘就将是稳定的。在标准图景中，重子质量在星系生长盘中的耗散沉降，会通过引力吸引无耗散的亚光度物质，但不会使亚光度物质集中在盘中。这意味着亚光度物质集中在盘中的证据将是有趣的。我们可以通过将银河系附近平面中恒星和弥散重子的质量估计与平面中平衡恒星位置和速度的垂直分布所需的质量进行比较，来检验质量盘模型。这被称为奥尔特（1932）问题或奥尔特极限。库图等（2014）得出的结论是，该检验目前结论尚不明确。

（1964）提出的小尺度稳定性条件。数值方法基于我访问新墨西哥州洛斯阿拉莫斯国家实验室时所做的模拟，该模拟描述了在不断膨胀的宇宙中一个星系团的增长（Peebles，1970）。（洛斯阿拉莫斯国家实验室是一个核武器研究中心，而我是一个外国移民，但在一名雇员的监督下，我被允许使用他们的其中一台计算机，监督我的那个人通常坐在一旁读书。）引力加速度是通过直接计算粒子的和得出的。我的同事 E. J. 格罗斯设计了数值方法，使这一求和过程在当时的计算机的能力范围内效率更高。即使效率有所提高，这种通过直接求和的加速度计算也将粒子数限制在 $N = 150\sim500$。但是模拟表明，如果将星系束缚在一起的质量在盘中做近似圆周运动，那么盘就会表现出明显的不稳定性，而如果将大部分质量从盘移至以固定中心力建模（在更现实的模型中，这将由物质晕粒子轨道的近乎各向同性的分布来支持）的亚光度晕中，盘则会接近稳定。

奥斯特里克和皮伯斯（1973）的主要步骤是，论证稳定盘星系所需的亚光度质量与解释其旋转曲线所需的亚光度质量以及星系群和星系团中星系运动之间的联系。通过对粒子进行简单的求和来计算加速度，可能提高了模拟的可信度，因为该方法消除了对由更快的加速度建模方法引入的人为假象的担忧。令人鼓舞的是，这些模拟与奥斯特里克基于旋转恒星不稳定性阈值分析得出的条件一致。重要的是，来自稳定性的论证与日益增加的来自旋转曲线的证据相吻合，后者支持旋涡星系内及其周围存在亚光度质量。必须补充一点，普林斯顿大学在宇宙学和天文学方面的研究具有很高的知名度，这可能有助于提请人们关注宇宙中大部分物质都是围绕星系的亚光度物质这一观点。

20 世纪 70 年代中期，那些关注这一问题的人的想法可以从巴丁（1975，317）的以下表述得到体现：

所有的理论证据都指向相同的结论。除非盘在其外半径内仅包含很小一部分总质量，否则任何与旋涡星系的盘稍有相似的盘（以太阳附近区域为代表或以旋涡密度波理论为前提）都将是整体不稳定的。

阿拉尔·图姆尔（1977a，469）的评估略有不同："显然需要大量的'热'，但必须像奥斯特里克和皮伯斯提出的那样将其隐藏在暗弱的大质量晕当中吗？还是一些非常热的内部盘或'球形成分'就足够了？"

"热"可能是亚光度盘或恒星核球中几乎均匀的流运动的较大偏离，将有助于增加观测到的恒星盘的稳定性。图 6.6 展示了源自这种思路的关于经典恒星核球的结果，经典恒星核球从某些旋涡星系中心附近的盘中产生。分图（a）是肯特（1987）对恒星核球、恒星和气体盘，以及亚光度晕对仙女座星云（M 31）旋转曲线贡献的分析。分图（b）展示了一个模型中这些成分的分布，通过扰动理论和数值模拟两个方面，这个模型被塞伍德和埃文斯（2001）证明对径向扰动和轴向对称性大尺度偏离是稳定的。该模型源于图姆尔的学生托马斯·臧（1976）的博士学位论文。塞伍德和埃文斯模型并非旨在与 M 31 进行比较，但看起来很相似。［舍曼、卡里南和福斯特（2009）对成分的最新分解减少了核球处的质量，而增加了亚光度晕处的质量，但总体思路是一样的。］在塞伍德和埃文斯（2001）的例子中，"热"恒星核球有助于稳定性，近似于延展的亚光度晕的外部物质也是如此。

星系盘稳定性的证明仍然是一个具有挑战性的问题。星系 NGC 2403 似乎没有太大的恒星核球。肯特（1987）在图 6.4 中的分解展示了引力加速度（由测得的星系内部的旋转曲线得出）与盘中质量分布的引力（由星光示踪）的合理匹配。弗拉泰尔纳利等（2002，图 10）最新的分析结果也是如此，他们假定盘的质光比在 1.4~2.3 的范围内。也就是说，在这个星系中似乎没有太多的空间可以存在一个起稳定作用的内部

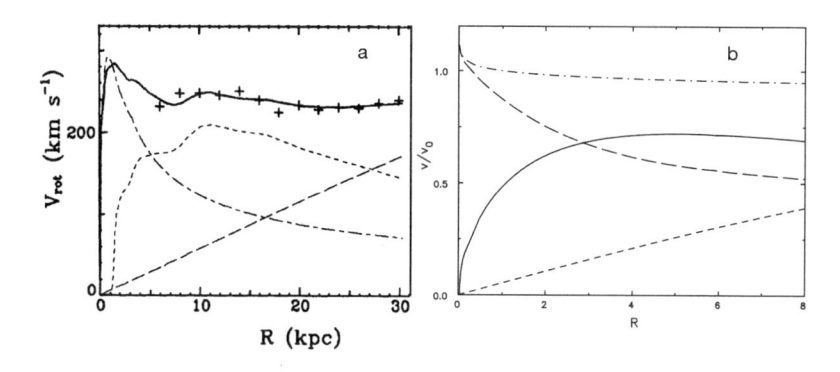

图 6.6 分图（a）展示了肯特（1987）对仙女座星云质量分布的分解。它可以与塞伍德和埃文斯在分图（b）中展示的模型星系进行比较，后者是稳定的。对旋转曲线的贡献来自恒星核球［分图（a）中的长短虚线和分图（b）中的长虚线］、盘［分图（a）中的短虚线和分图（b）中的实线］和亚光度晕（图中的直虚线）。经美国天文学会授权使用。我很感谢杰里·塞伍德向我提供了此种形式的图

大质量恒星核球。旋转曲线的证据表明，这个星系以及其他几乎没有显示出经典恒星核球迹象的旋涡星系，具有延展的大质量亚光度物质晕，我们必须相信该物质晕以某种方式起到了将盘一直稳定到一个紧密的恒星核的作用。杰里·塞伍德（个人交流，2019）在写作时对理论情况的评估为：

> 我们目前对盘的棒状稳定性的理解还远不完善。如果晕质量或压强支持确实是某些情况下的解决方案，那么我们现在知道，盘与晕之间的耦合需要更多由压强支持的物质或"热"，这比奥斯特里克和皮伯斯（1973）提出的要多得多。

在 1980 年前后的几年里，基于星系盘稳定性问题的亚光度大质量晕的证据并未广为宣传。我以费伯和加拉格尔（1979, 182）对亚光度质量情况的细致综述中对这一证据的讨论为例。他们对星系盘稳定性的

第 6 章 亚光度质量　　333

讨论主要限于以下陈述：

> 除了动力学证据外，还有其他间接迹象表明星系中存在暗物质。其中最重要的是对冷的、自引力的轴对称盘的稳定性分析（例如，Ostriker & Peebles, 1973；Hohl, 1976；Miller, 1978），这表明如果不通过热动力组分来稳定它们，就很容易形成棒。此热组分可能与大质量包层有关，也可能无关。

[费伯和加拉格尔引用的是米勒（1978a）的文章，但他们指的可能是米勒的其他文章（1978b）。] 费伯和加拉格尔并未对最后一句中的谨慎评论做进一步的解释。他们可能认为，盘的稳定性似乎取决于星系发光部分内炽热的亚光度成分。一个巨大的包层（亚光度晕）将大量地存在于星系的发光部分之外，并会增加由星系的旋转曲线或受束缚的星系统的相对运动直接指示的质量。

除了孤立的盘的稳定性外，还存在一个问题，即当旋涡星系合并，盘受到强烈破坏时会发生什么情况。合并会产生一些残留物，其特征是恒星的尾巴、星云和气体云，它们远离中心区域，看起来紧凑，但与正常的旋涡星系相比非常混乱。图姆尔和图姆尔[①]（1972）的分析提出了一种解释，该解释现已被广泛接受，即这些天体是旋涡星系合并的残留物。图姆尔（1977b）在这幅图景中强调了一个有趣的问题。如果质量的大部分分布在这些紧凑的部分中，则紧凑的中心区域会缓慢合并，这往往会形成具有两个核的合并残留物，但这并不常见。两个合并的旋涡星系的中央发光部分必须快速减速，才能在膨胀的尾部仍在附近时完成合并。图姆尔（1977b, 415）指出：

---

① 这里是指 A. 图姆尔和 J. 图姆尔兄弟俩。——编者注

至少从原则上讲，在任何重大相遇之前，人们总是可以将它们嵌入一些尺度更大、质量更大的系统中，例如被广泛讨论的晕。按照定义，这些外部部分将相互渗透，甚至当可见的盘仅擦过彼此时，它们会很好地分散。

巴恩斯（1988）最终通过合并盘星系的数值模拟阐明了这一思想，该数值模拟展示了大质量晕是如何吸收合并星系的紧凑部分相对运动的能量和角动量的。这使得奇妙的长潮汐尾巴与已经合并的中央区域并存。这为观测结果提供了一种很好的解释。

## 6.5 识别亚光度物质

奥斯特里克、皮伯斯和亚希勒（1974），以及埃纳斯托、卡西克和萨尔（1974）分别在星系到星系团的尺度上对亚光度物质存在的证据进行了概述。后者的论文没有提到盘稳定性。奥斯特里克和皮伯斯（1973）的论文甚至可能尚未送达身在苏联的他们。两组得出的结论是，平均质量密度可能约为爱因斯坦-德西特值的20%，即 $\Omega_m \approx 0.2$（需要指出的是，该值与哈勃常数无关）。这与后来根据更广泛的证据所确定的值相差不大。1974年的这两篇论文并没有为亚光度物质的许多方面增加太多专业知识，但它们以清晰的方式将证据汇集在一起，引起了人们的关注。

这两篇论文中所回顾的关于星系周围存在亚光度质量的重要论据包括其在帮助解释以下问题时起的作用：(1)星系群和星系团的大表观质量；(2)旋涡星系的旋转曲线；(3)旋涡星系盘的稳定性；(4)合并的旋涡星系的性质。在20世纪70年代初期，第(1)点被认为是中微子具有非零静止质量以及可能是中微子的质量将后发星系团束缚在一起的

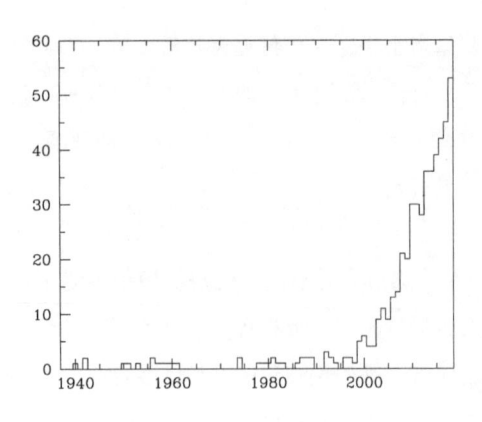

图 6.7　每年对兹维基（1937a）研究的引用

思想的动力。当我们转向非重子暗物质的概念时，第（2）点是 20 世纪 80 年代初期更常被提及的亚光度物质的证据。第（3）点是奥斯特里克、皮伯斯和亚希勒（1974）给出的亚光度物质宇宙学意义重大的论据之一。后来，它促使人们在宇宙学中增加了非重子物质，但在当时这还没有引起人们的广泛关注，也许这是一个学术潮流的问题。第（4）点甚至更不受重视。请注意，巴恩斯（1988）模拟所展示的结果，是在学界接受非重子暗物质的概念及其可能的深远意义之后才出现的。时机由事件发展决定，但是我们可以看到，本节中所回顾的许多发展趋势带来的越来越大的压力迫使学界产生了兴趣并接受了亚光度物质。关于理论发展带来的额外压力，我们将在第 8 章中进行回顾。

　　弗里茨·兹维基早期的两篇关于后发星系团中质光比很大的论文，直到 20 世纪 90 年代才经常被提及。这一点从 NASA 天体物理学数据系统对兹维基（1937a）论文的引用计数可以看出，如图 6.7 所示。兹维基（1933）的另一篇论文也表现出类似的趋势。（需要注意的是，天体物理学数据系统收录的引用并不完整，但是这种趋势是真实的。）我们可以将引用率的突然变化归因于将在第 9 章中讨论的宇宙学的革命性进

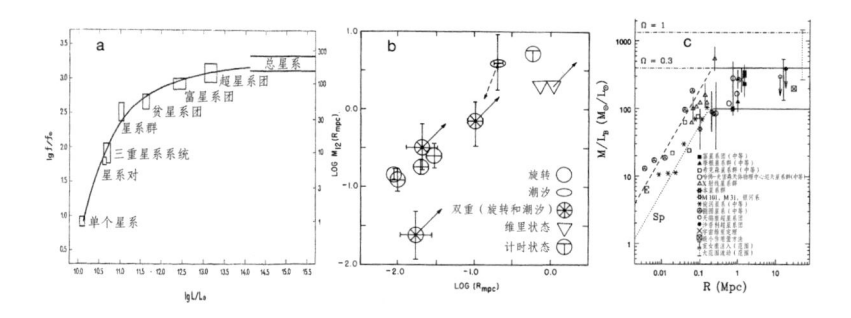

图 6.8 质量与尺度的比例关系的发现：卡拉琴采夫（1966），奥斯特里克、皮伯斯和亚希勒（1974），以及巴考尔、卢宾和多尔曼（1995）。分图（a）经施普林格自然公司授权使用。分图（b）和分图（c）经美国天文学会授权使用

展。引用兹维基在后发星系团上的研究已经成为一种学术潮流。

图 6.8 是天文学质量问题思考历史的另一个例证，此处的问题是，观测结果表明，对于较大的天体，天体质量相对于其光度的表观值更大。分图（a）显示了卡拉琴采夫（1966）对质光比 $f = M/L$ 的估计，作为由光度表征的系统尺寸的函数。卡拉琴采夫收集了单个星系质量的估计值；来自在天空中相邻并被认为被引力束缚在一起的成对星系和三重星系的相对红移的质量；根据其内部红移分布对相当数量的星系群和星系团进行的质量估计（包括兹维基的案例，我们在第 6.1 节中进行了讨论）。并非所有这些数据都是可靠的，而且并非所有人都同意其中许多系统是受引力束缚的。但是在 1966 年，卡拉琴采夫看到了正确的图景：如果标准的引力物理学是可信的，并且星系群和星系团是受引力束缚的，那么宇宙中大部分质量的集中分布将比星光的集中分布更宽广。因此，只有通过足够大的系统的内部动力学，才能探测到所有质量的公平样本。与图 6.8 中的分图（a）相似的数据是内曼、佩奇和斯科特（1961）回顾的会议的主题。我们看到，在 20 世纪 60 年代，一些人已经知道并在论著中讨论了广泛散布的亚光度质量的现象。但是，整个学界尚未准

第 6 章 亚光度质量　　337

备好考虑这一点。也许部分原因是很难理解这一现象的意义。

来自奥斯特里克、皮伯斯和亚希勒（1974）的分图（b）展示了对一个类似银河系的大型旋涡星系中距离 $R$ 以内的特征质量 $M(<R)$ 的估计。它在几百千秒差距的半径内达到超过 $10^{12}M_\odot$ 的质量，远高于在约 10 kpc 半径内观测到的恒星的质量。埃纳斯托、卡西克和萨尔（1974）提出了类似的论证。当时，其他人正在考虑这样一种想法（将在第 7 章中进行回顾），即各类已知类型的中微子（静止质量为几十个电子伏特）或许提供了相当大的质量，可能是这些质量将后发星系团束缚在了一起。在这十年的后期，人们的想法转向了具有更大静止质量的新型中微子，它成为已建立的宇宙学中暗物质的原型。但是在 20 世纪 70 年代的宇宙学界，研究者对图 6.8 中展示并在本章详细回顾的亚光度物质的广泛证据并未给予太多关注。

图 6.8 的分图（c）来自巴考尔、卢宾和多尔曼（1995），展示了星系和星系系统的质光比与长度尺度的关系。我们看到数据有了很大的改善。到了这个时候，学界已经充分意识到亚光度质量现象，并且人们的兴趣转向了质量是否能达到爱因斯坦-德西特值，尽管我们在分图（c）中看到，在 $R \gtrsim 300$ kpc 处质量达到足够大的证据并不乐观。这段历史我们在第 3.6.3—3.6.5 节中进行过讨论。

劳伦斯·阿勒（1995，6）对 20 世纪 40 年代思想的回忆是：

> M 31 的 $<M/L>$ 比率约为 14，表明"暗"或不可见物质的成分很大……人们当时［20 世纪 40 年代初期］对此感到担忧，但很少有人发表这些担忧，因为人们认为发表没有根据的猜测是不合适的。那时，我们年轻的一代在这个问题上特别容易受到批评。

在莫顿·罗伯茨（2008，287—288）对这段历史的回顾中，他得出的结论是：

星系周围存在暗物质的概念由于以下两点而得到牢固确立：(1)能够将旋转曲线延伸到星系的光学边界之外的能力。(2)同时，旋涡星系在组成上需要一个成分来稳定星系盘，理论家需要它！有什么比一个以前无法识别的暗物质晕更好的方式呢？……让我以一系列相关问题作为结束，也许对社会学家以及天文学家而言都是如此。我已经描述了在暗物质探索之路上的一系列定义明确、有据可查的发现。是什么让我们花了这么长时间才接受它？它与学界在哈勃宣布 M 31 中的造父变星后立即接受星云的河外本质有什么不同？它与暗能量被快速接受有何不同？

阿勒和罗伯茨没有提到兹维基，他们关注的是亚光度质量问题的其他方面。罗伯茨提出了一个社会学问题。我怀疑很少有人引用兹维基(1933，1937a)的论文，是因为在这之前很少有人引用它们，也很少有人意识到其实有充分的理由研究这些旧论文。

那么是谁发现了亚光度物质呢？兹维基在 20 世纪 30 年代发现了第一个广为宣传的证据。如图 6.8 所示，他的两篇论文在 20 世纪 70 年代仍然没有被遗忘，尽管如图 6.7 所示，没有多少人认为它们值得引用。在许多其他人看来，兹维基的发现似乎极不可能发生，正如我们从前文提到的 1961 年"星系系统不稳定性会议"看到的那样。天文学家就像希腊神话中的坦塔罗斯，只能观望却无法触及（太阳系之外）。天文观测的推论通常是非常间接的，只有通过检验独立证据线的一致性才具有说服力。有理论上的沿袭确实有帮助。

除了兹维基的第一步之外，询问谁发现了亚光度物质是没有意义的。这是一个认识的过程，它来自对大星系团、星系群以及旋涡星系的旋转曲线和稳定性的多种观测和分析方法。20 世纪 80 年代初，当理论将亚光度物质提升为非重子暗物质，并赋予这些多方面的观测证据以理论支持时，学界才对亚光度物质产生了广泛的兴趣。理论上的发展（将在第

8 章中进行回顾）当然并没有改变观测结果，但这就是学界评估的本质。

## 6.6 亚光度物质的本质是什么？

从天文学的角度来说，亚光度物质并不需要有什么奇异之处。罗伯茨和怀特赫斯特（1975，244）得出结论，图 6.2 中他们对 M 31 的旋转曲线的测量要求：

> 在较大的 $R$ 处具有显著的质量，以防止 $V_c$ 减小。该质量在约 1% 的天空亮度水平的蓝波段下不可见，但是所需的质量（以太阳系附近最常见的恒星类型，即 M 型矮星的形式）将满足测光要求的亮度的上限。

马丁·里斯（1977，348）表达了类似的想法：

> 到 $z = 100$ 时，多达 90% 的原始物质可能已经凝聚为恒星。这些恒星最初将聚集在比星系小的单元中，但聚团将不断扩大。这种物质将构成星系的晕。

怀特和里斯（1978，342）在此基础上做了扩展：

> 在诸多可能性中，最有可能的候选者是低质量恒星，高质量恒星燃烧后的残留物或超大质量恒星的残留物，它们中的任何一种都可能在原始等离子体再结合后不久就形成了，［但］如果暗质量由诸如大质量中微子或再结合前形成的黑洞组成，那么我们的讨论中就没有什么会发生改变。

还有其他人认为，亚光度质量可能是黑洞，或许是在一阶相变非常早期的宇宙中产生的（例如，Crawford and Schramm，1982；Carr，Bond，and Arnett，1984；Lacey and Ostriker，1985）。

通过微引力透镜观测，研究者测试了关于亚光度物质（如恒星、行星或黑洞）的想法：如果一个致密的质量足够接近一个遥远的紧凑型光源（如恒星或类星体）的视线，就会起到引力透镜的作用，从而放大源的立体角。这种放大增加了接收到的辐射能流量密度。这种微透镜事件将是瞬时的，时标由天体的质量及其相对于光源的横向运动确定。[①] 博赫丹·帕钦斯基（1986）指出，如果我们银河系的大质量晕由亚光度天体组成，例如矮星、行星、恒星残留物或恒星质量黑洞，那么它们将沿着给定的视线以概率 $P\sim10^{-6}$ 产生微引力透镜事件。帕钦斯基提出，或许可以通过监视几百万颗恒星的亮度来检验这一点。对天文学家来说，一个宝贵的额外收获是可以识别出许多变星。这启发了通过光学引力透镜实验来搜索银河系中天体造成的微引力透镜事件，之后又启发了地球资源观测系统和晕族大质量致密天体（Massive Compact Halo Object，MACHO）项目。关于最后一点，金·格里斯特（1991，412）指出：

> 星系晕中已知存在的暗物质的本质尚不清楚。它可能由基本粒子（如轴子）、轻中微子或弱相互作用大质量粒子（Weakly Interacting Massive Particle，WIMP）家族的成员（如最轻的超对称粒子）组成。它也可能由大质量的天体组成，例如褐矮星、木星或早代恒星的黑洞残留物。[作为 WIMP 的主要替代方案，后一类无

---

① 里夫斯达（1964）和利布斯（1964）证明，恒星质量可以产生微引力透镜效应。普莱斯和冈恩（1973）指出，一个致密明亮的天体在哈勃距离上被微引力透镜化的概率和这样的透镜天体的质量密度参数 $\Omega$ 处于同一量级。这与透镜质量无关，正如我们可能会预期的那样：除了 $\Omega$，还有什么无量纲数在决定概率方面可能重要呢？

疑可以统称为大质量天体物理致密晕天体（Massive Astrophysical Compact Halo Objects，MACHOs）。]

微透镜事件通过特征明确的时间对称微透镜光变曲线与变星和食星相区别。它与波长无关，由 MACHO 质量、碰撞参数、MACHO 与光源的相对横向速度以及光源与引力透镜的距离定义。阿尔科克等（2000，2001）得到的总结性结果是，银河系晕中约有 20% 的质量可能由质量在 $0.15M_\odot$~$0.9M_\odot$ 范围内的 MACHOs 组成，而整个晕质量不可能由质量为 $30M_\odot$~$10^{-7}M_\odot$ 范围内的 MACHOs 构成。

伊万·金在 1977 年 5 月的"耶鲁星系和星族演化会议"上提出了一个概括性的挑战（King，1977，9）："如果我们不了解宇宙 90% 的材料的性质甚至本质，我们是否真的可以声称对宇宙的本质有任何了解？"

这种材料可能是什么？有一个提示。热大爆炸理论中阐释的轻元素丰度的测量结果表明，重子的质量密度为 $\Omega_{baryon} \lesssim 0.05$（表 4.2）。在奥斯特里克、皮伯斯和亚希勒（1974）以及埃纳斯托、卡西克和萨尔（1974）收集的亚光度质量的证据中，得出的结论是总质量密度更大，$\Omega_{mass} \approx 0.2$。这个较大的值与表 3.2 中汇总的质量密度的多种测量值一致。提示是，如果我们的观测和物理学理论大致正确，那么大多数质量就不可能参与了热大爆炸中元素的形成反应。也许 $\Omega_{baryon}$ 小于 $\Omega_{mass}$ 是因为亚光度物质不是重子。也许它们是中微子，静止质量约在 30 eV 的量级。这种想法在 1974 年就已经出现在文献中，戈特等（1974，76）在汇集图 3.2 中的约束条件时提到了这一点。也就是说，当金在 1977 年的耶鲁会议上提出问题时，至少他问题的部分答案的要素正在被整理中。但是还需要 5 年的时间才能将这一概念整合成一幅看起来有希望的图景。这是下一章的主题。

#  第 7 章

# 非重子暗物质

在 1980 年前后的几年中，粒子物理学对宇宙学的主要贡献是，为天文学家的亚光度物质的本质提供了候选选项。宇宙学对粒子物理学的主要贡献是，为真实或推测的粒子和场的性质提供了限制，他们得出这些限制的依据是以下条件：在合理的膨胀时间和减速参数下，这些粒子和场的平均质量密度不能超过相对论宇宙学模型的极限。

平均质量密度的条件被首先用于确定电子和 μ 子轻子家族中中微子的静止质量上限。在热大爆炸模型中，残留的中微子的平均数密度由早期宇宙中弛豫到热平衡的过程决定。此数密度要求它们的质量不超过 $m_\nu \sim 30$ eV，误差范围为 2~3 倍。

20 世纪 70 年代初期，粒子物理学对宇宙学的贡献是，后发星系团中兹维基（1933，1937a）的亚光度质量可能是静止质量为 $m_\nu \sim 30$ eV 的残余热中微子。在这十年的后期，人们意识到以下一种可能：假如存在一种具有通常的弱相互作用但静止质量约为 3 GeV 的中微子，这些中微子会随着宇宙的膨胀和冷却大幅湮灭，留下的剩余数密度将达到宇宙学倾向的平均质量密度。这些 GeV 中微子被视为亚光度物质更有希望的候选者。

在允许的质量窗口较小的情况下，中微子在早期宇宙中具有较大的速度弥散。它们被称为热暗物质（Hot Dark Matter，HDM。尽管随着宇宙的膨胀，动量减少会使它们在当前时代缓慢移动）。猜想存在的中微子质量更大，$m_v$~3 GeV，原始速度弥散可忽略不计，被称为冷暗物质（Cold Dark Matter，CDM）。被加入标准粒子物理学模型中的轴子场，或者由于超对称破缺而残留的粒子，同样可以很好地作为 CDM。甚至可以想象 CDM 是原始黑洞的海洋，尽管前文讨论的 MACHO 引力透镜搜索为可接受的黑洞质量设定了严格的限制。第三类被称为温暗物质（Warm Dark Matter，WDM）的想法是从早期思想中产生的，即超对称破缺后残留的粒子可能具有定义了特征质量的原始速度弥散，这一特征质量由自由流将其携带多远决定，或许比得上大星系的质量。对于天体物理学来说，这肯定很有趣，但是到目前为止，还没有证据证明存在这种特征质量。

HDM、WDM 和 CDM 的术语最早出现在 1983 年费城"第四届大统一会议"的论文集中。普里马克和布卢门撒尔（1983，265）写道："我们感谢迪克·邦德提出了这一贴切的术语。"在会议论文集的后一篇论文中，萨莱和邦德（1983）讨论了这些术语，并在邦德等（1984a，b）的论文中进一步加以讨论。邦德在一次私人通讯中回忆说："HDM、WDM 和 CDM 的名称始于 1981 年我在芝加哥大学做的一个学术报告，钱德拉塞卡坐在前排，他一直待到报告结束。"

## 7.1 热暗物质

源自热大爆炸，温度为 $T$ 的残留 CMB 光子的数密度 $n_\gamma$，同一家族中两个自旋态的中微子残留数密度 $n_v$，分别为：

$$n_\gamma = 2\int \frac{d^3p}{(2\pi\hbar)^3}\frac{1}{e^{pc/k_BT}-1}, \quad \langle n_v\rangle = 2\int \frac{d^3p}{(2\pi\hbar)^3}\frac{1}{e^{pc/k_BT_v}+1} \quad (7.1)$$

第二个表达式假定中微子在 $T \gtrsim 10^{10}$ K 时，与辐射的最后一次热耦合中具有相对论性。热电子-正电子对的湮灭会增加辐射的熵，使湮灭后的辐射温度比有效中微子温度高出因子 $T_\gamma = (11/4)^{1/4} T_\nu$。这些表达式计算出的平均数密度为：

$$n_\gamma = 420 \text{ cm}^{-3}, \ \langle n_\nu \rangle = 113 \text{ cm}^{-3} \tag{7.2}$$

此时的辐射温度 $T_f = 2.725$ K。如果中微子的静止质量为 $m_\nu$，那么该中微子族的平均质量密度 $m_\nu n_\nu$ 为：

$$\Omega_\nu h^2 = 0.3 m_{30}, \ \text{其中} \ m_\nu = 30 m_{30} \text{ eV} \tag{7.3}$$

第二个表达式定义了 $m_{30}$。

格施泰因和泽尔多维奇（1966）指出，中微子静止质量受以下条件约束：来自热大爆炸的残留中微子的当前平均质量密度 $\rho_\nu = m_\nu n_\nu$ 不能超过具备可接受的膨胀时间和减速参数的宇宙学模型的质量密度（当然，假定热大爆炸宇宙学的标准物理学是一个有用的近似）。在宇宙学允许的质量密度保守边界内，格施泰因和泽尔多维奇得出结论，每个中微子家族的静止质量不能超过 $m_\nu \sim 400$ eV。他们的质量密度允许范围相当宽松，但他们也指出：宇宙学为粒子物理学提供了重要的约束。

马克斯和萨莱（1972）以及考西克和麦克利兰（1972）完善了计算。他们的界限分别是：

$$m_\nu < 130 \text{ eV}, \ m_\nu < 8 \text{ eV} \tag{7.4}$$

该范围是宇宙学参数不确定性的一个明确指示。

拉马纳特·考西克（个人交流，2016）回忆了他是如何意识到暗物质问题的：

1972年，鲁德和金经过多年努力，最终测量了后发星系团中200多个星系的速度，并精确地确定了兹维基最初发现的维里差异的水平。这些观测证实了未观测到的物质的存在，并促使我思考，如果它们在大型星系团中占主导，那么这些物质也应该主导宇宙的动力学。我还意识到，问题不只是"未观测到"，还是"不可见"，即这些物质是弱相互作用粒子。那时我已经读过《物理宇宙学》。这导致了1972年和1973年的论文的发表，当时中微子是唯一被发现的粒子，并且可以起到暗物质的作用。

亚历山大·萨莱（个人交流，2019）回忆说：

当时没有人在匈牙利从事宇宙学研究，我感到很孤独，但是我在国家科学院图书馆中找到了您的《物理宇宙学》和温伯格的书，这些书教会了我什么是现代宇宙学。我开始在本科论文中研究宇宙中微子，扩展了格施泰因和泽尔多维奇（1966）的思想。在此基础上诞生了马克斯和我1972年中微子会议论文集中的论文（Marx and Szalay, 1972）。然后我在布达佩斯的厄特沃什大学攻读博士学位（Szalay, 1974），将计算范围扩展到包括动力学，即阻尼质量的近似计算（Szalay and Marx, 1976）。在那些年里，这被认为是一个比较深奥的想法，因此我开始与莫斯科的泽尔多维奇小组合作研究更主流的宇宙学，涉及"煎饼理论"。1980年，我在波兰华沙参加一个宇宙学暑期学校时，传来了有关柳比莫夫实验的消息。学校主任马雷克·德米安斯基记得我的论文，并请我即兴做两场关于宇宙中微子的报告。乔·西尔克是暑期学校的讲师，在我的报告之后，他邀请我去伯克利，还邀请我于12月在巴尔的摩举办的得克萨斯专题研讨会上做报告。会议结束后，我去了伯克利，正好赶上院系的圣诞晚会，在那里我第一次见到了迪克·邦德。我们立刻就成了朋友，随之而来的是数十年的合作。我仍然记得1980年这非凡的一年，这一年是大爆炸残留成为暗物质的主要候选者以及物理宇宙学的关键部分的转折点。

1972年夏天，在理查德·费曼参加匈牙利的中微子会议时，萨莱向费曼讲述了他对中微子质量的约束。关于宇宙学对粒子物理学的贡献，萨莱友善地允许我在此展示费曼对其的反应（见图7.1）。

考西克和麦克利兰（1973）、萨莱（1974）以及萨莱和马克斯（1974，1976）注意到，热大爆炸残留的中微子的质量密度可能会使宇宙闭合。该短语可能是指第3.5节中回顾的哲学上有吸引力的宇宙思想，也可能只是宇宙学感兴趣的质量密度的一个方便基准。这些论文中重要的一步是非重子物质（静止质量非零的中微子）可能是天文学家的亚光度物质的猜想。所有这些论文都提到了在第6.1节中讨论的后发星系团的情况，这是兹维基（1933,1937a）首次证明亚光度质量存在的系统（第6.1节）。没有论文提及第6章中回顾的小尺度上的亚光度物质的晚近证据。但关于亚光度物质本质的变革性思想被引入了。这一想法出现时，大范围尺度内亚光度质量的证据正在改善并受到越来越广泛的关注，当然，这种注意在某种程度上是由这一变革性观念驱动的。

考西克和麦克利兰（1973，8）指出："尽管这个想法无疑谈不上新鲜，但以前似乎并没有以发表的形式提出过。"我们现在知道，基本上在同一时间，匈牙利也有关于亚光度质量的类似想法。除此之外，我还没有遇到任何与这一说法矛盾的证据。这些作者设想的暗物质被证明并非暗物质的主导类型，但他们的思想是重要的进步，他们的物理推理具有持久的意义。

通过关注数量级，我们可以看到星系团中或单个场星系周围存在具

### Feynman's Preface

These are the lectures in physics that I gave last year and the year before to the freshman and sophomore classes at Caltech. The lectures are, of course, not verbatim—they have been edited, sometimes extensively and sometimes less so. The lectures form only part of the complete course. The whole group of 180 students gathered in a big lecture room twice a week to hear these lectures and then they broke up into small groups of 15 to 20 students in recitation sections under the guidance of a teaching assistant. In addition, there was a laboratory session once a week.

The special problem we tried to get at with these lectures was to maintain the interest of the very enthusiastic and rather smart students coming out of the high schools and into Caltech. They have heard a lot about how interesting and exciting physics is—the theory of relativity, quantum mechanics, and other modern ideas. By the end of two years of our previous course, many would be very discouraged because there were really very few grand, new, modern ideas presented to them. They were made to study inclined planes, electrostatics, and so forth, and after two years it was quite stultifying. The problem was whether or not we could make a course which would save the more advanced and excited student by maintaining his enthusiasm.

The lectures here are not in any way meant to be a survey course, but are very serious. I thought to address them to the most intelligent in the class and to make sure, if possible, that even the most intelligent student was unable to completely encompass everything that was in the lectures—by putting in suggestions of applications of the ideas and concepts in various directions outside the main line of attack. For this reason, though, I tried very hard to make all the statements as accurate as possible, to point out in every case where the equations and ideas fitted into the body of physics, and how—when they learned more—things would be modified. I also felt that for such students it is important to indicate what it is that they should—if they are sufficiently clever—be able to understand by deduction from what has been said before, and what is being put in as something new. When new ideas came in, I would try either to deduce them if they were deducible, or to explain that it *was* a new idea which hadn't any basis in terms of things they had already learned and which was not supposed to be provable—but was just added in.

At the start of these lectures, I assumed that the students knew something when they came out of high school—such things as geometrical optics, simple chemistry ideas, and so on. I also didn't see that there was any reason to make the lectures

*Dear Alex,*

*Thank you for your hospitality and help in Balatonfüred and Debrecen. I won't forget my visit. I was surprised to learn that neutrino mass could be limited by thoughts of cosmology!*

*Richard Feynman*

图 7.1　理查德·费曼致亚历克斯·萨莱的便条，匈牙利，1972 年（经亚历克斯·萨莱授权使用；《费曼物理学讲义》，1963 年，加州理工学院）

有非零静止质量的中微子这一想法所涉及的物理因素的本质。考虑一个半径为 $R$，质量为 $M$，受引力束缚且稳定的中微子团块，其中可能包含少量重子以近似一个星系。中微子的静止质量为 $m_\nu$。这个引力束缚的团块中的中微子的特征速度 $v_\nu$ 满足 $v_\nu^2 \sim GM/R$，近似于维里定理［公式（6.1）］。中微子是非相对论性的，因此中微子的特征动量为 $p_\nu \sim m_\nu v_\nu$。根据海森伯排斥原理（$\delta_p \delta_x \geq 2\pi\hbar$）或公式（7.1），系统中中微子的最大允许数密度在数量级上为 $n_\nu \lesssim p_\nu^3/h^3$。基于该星团包含简并中微子海的假定，考西克和麦克利兰（1973）对中微子的静止质量做了估算，这是一个非常安全的界限。特里梅因和冈恩（1979）指出，中微子在早期宇宙中解除热耦合后，实际上是无碰撞的，因此单粒子相空间中的密度沿着中微子的路径是守恒的。这是经典力学中的刘维尔定理。因此，对于一种中微子的一种自旋态，相空间密度的界限是：

$$\frac{1}{(2\pi\hbar)^3 (e^{pc/k_B T_\nu}+1)} \leq \frac{1}{2(2\pi\hbar)^3} \qquad (7.5)$$

引力坍缩将相空间中不同密度的流混合在一起。特里梅因和冈恩（1979）认为相空间密度分布变成了"泡沫状"。这降低了相空间的平均密度，从而增加了拟合大质量亚光度晕所需的中微子的质量 $m_\nu$。现在，系统的质量是中微子数密度、系统体积和中微子静止质量的乘积：$M \sim n_\nu R^3 m_\nu$。将这些表达式整理并重新排列（这是一项对学生很有益的锻炼）的结果是：

$$m_\nu^8 \gtrsim \frac{\hbar^6}{MR^3 G^3}, \quad m_\nu^4 \gtrsim \frac{\hbar^3}{GR^2 v_\nu} \qquad (7.6)$$

给定系统半径 $R$ 和质量 $M$（假定由中微子主导），第一个表达式确定了最小中微子质量 $m_\nu$ 的数量级。

考西克和麦克利兰（1973）推导了（7.6）中的第一个表达式，估计了数值前置因子，并将其应用于后发星系团的质量分布。他们得出结论（Cowsik and McClelland, 1973, 10）："我们看到，如果中微子的静止质量为几个 eV/$c^2$，它们就可能会闭合宇宙并解释后发星系团的引力束缚。"萨莱（1974）、萨莱和马克斯（1976）以及施拉姆和斯泰格曼（1981）都在越来越详细的研究中得出了类似的结论。

事实证明，非重子暗物质的概念引起了人们的持久兴趣。但是，HDM 这一暗物质候选者因其对"煎饼结构"形成的预测面临着严峻的挑战。由此引发的问题我们在第 5.2.7 节中进行了讨论，还将在第 7.1.1 节中进行回顾。但是，让我们在这里考虑另一个问题。

特里梅因和冈恩（1979）探索了静止质量与可接受的宇宙平均质量密度一致的中微子可以解释大星系（如 M 31）周围以晕的形式存在的暗物质的条件（图 6.2）。在考西克和麦克利兰（1973）的讨论的基础上，特里梅因和冈恩改进了（7.6）第二个表达式中的数值前置因子，取暗物质晕中的中微子的速度 $v_v$~150 km s$^{-1}$，这是一个大型星系的典型值，取晕的半径 $R$~20 kpc，这可能是亚光度或暗物质晕的典型范围。这得出了他们的中微子静止质量的下限，$m_v \gtrsim 20$ eV，这使得中微子大质量晕能够像在大星系周围观测到的一样紧凑。特里梅因和冈恩估计，宇宙平均质量密度所允许的中微子质量的上限为 $m_v \lesssim 2.5 h^2$ eV。这远低于他们确立的大星系可接受的大质量中微子晕的下限。他们得出结论，静止质量非零的中微子不是亚光度物质有潜力的候选者。

这种分析可能会引起争议，因为特里梅因和冈恩（1979）对平均质量密度的估值较低：$\Omega_m$~0.05。正如奥斯特里克、皮伯斯和亚希勒（1974）以及埃纳斯托、卡西克和萨尔（1974）指出的那样，在 $\Omega_m$~0.2 的情况下，$m_v$ 的上限将被乘以 4，这可能会使中微子适合分布在大星系的周围。在对论证的重新评估中，冈恩（1982）得出结论，特里梅因和冈恩对平均质量密度的估值可能太小，但他们的结论可能仍然成立。但是阿伦森（1983）以及林和费伯（1983）发现，对矮球状星系中的暗物质施加特里梅因和冈恩的约束要求中微子质量约为 500 eV，即 $\Omega_\nu h^2 \sim 5$。即便在宇宙学参数测量的不确定性状态下，这也是不可接受的（尽管人们可能会认为亚光度质量是矮星系中的矮星和大星系中的中微子）。

### 7.1.1 可能探测到的中微子静止质量

在这些关于静止质量约为 30 eV 的中微子是否可能是星系晕中的亚光度质量的思考中，卢比莫夫等（1980）宣布可能在实验室探测到了约为这个值的非零中微子静止质量。这自然引起了人们对 HDM 模型的极大兴趣，并加快了对其挑战的认识。

在实验室中寻找非零电子反中微子静止质量的方法是基于对氚的衰变电子能谱形状的测量。中微子静止质量吸收的能量将截断衰变电子的高能尾部。卢比莫夫等的实验表明，中微子质量在以下范围内：

$$14 \leq m_\nu \leq 46 \text{ eV} \text{ 置信水平 } 99\% \qquad (7.7)$$

后来的测量结果消除了这一探测的证据，[①] 但在当时，这一宣布引起了人们对某些重要前景的期待。一个静止质量在卢比莫夫等实验结果范围内的中微子家族（在热大爆炸中热产生），将贡献宇宙学上有趣的质量密度，甚至爱因斯坦-德西特值 $\Omega_m=1$ [表达式（7.3）和（7.7）中]。泽尔多维奇和苏尼亚耶夫（1980，249）写道：

---

① 去掉 $m_\nu$ 的下限并降低其上限的测量包括弗里奇等（1986）在 95% 的置信度下 $m_\nu<18$ eV 的研究，以及罗伯逊等（1991）在 95% 的置信度下 $m_\nu<9.3$ eV 的研究。在讨论 HDM 框架下的结构形成时，邦德、埃夫斯塔硫和西尔克（1980）引用了莱因斯、索贝尔和帕谢尔布（1980）提出的非零中微子静止质量的证据，他们宣布可能探测到了 $m_1^2-m_2^2\sim 1$ eV$^2$ 的中微子振荡。中微子振荡已被探测到，但在本实验中可能未被探测到。

第 7 章 非重子暗物质

如果能够证明中微子的静止质量非零，那么我们对整个宇宙的理解将发生根本性的改变。实际上，卢比莫夫等[1,2]宣布的最新测量结果表明，电子反中微子的静能量为 $m_\nu c^2 \approx 30$ eV，对应的静止质量为 $m_\nu \approx 5 \cdot 10^{-32}$ g。

参考文献1是卢比莫夫等（1980）的论文。参考文献2的作者与参考文献1相同，发表于《苏联核物理学杂志》1980年第32期，但该论文不在该期刊的第32卷或第33卷中。

邦德、埃夫斯塔硫和西尔克（1980）以及多罗什克维奇等（1981）讨论了该HDM模型对亚光度物质的两个重要影响。首先，电磁辐射将自由穿过中微子质量主导的增长团簇。这意味着，宇宙结构的形成对辐射的干扰远小于质量由被辐射拖曳的重子等离子体主导的情况。第7.2节将进一步讨论该影响。其次，热形成的中微子在相对论性状态下的自由流动将使中微子的空间分布变得平滑，通过中微子在冷却时将流过的共同移动距离来设定一个质量尺度。这将定义宇宙结构的特征质量，这是一个非常有趣的特征信号，值得探寻。萨莱和马克斯（1976）似乎是第一个为HDM模型引入这种思路的人。

泽尔多维奇和苏尼亚耶夫已经指出，最初绝热的等离子辐射流体的声学振荡耗散将在平滑尺度上定义一个特征质量，并且第一代质量聚集可能在煎饼状坍缩中以这一质量形成（第5.2.7节；Zel'dovich，1970；Sunyaev and Zel'dovich，1972）。HDM的自由流将使原始质量分布的非重子组分平滑化到更大的尺度，因此如果主导质量是这些中微子，这意味着"煎饼"要比泽尔多维奇和苏尼亚耶夫先前认为的重得多。比斯诺瓦蒂-科根和诺维科夫（1980），邦德、埃夫斯塔硫和西尔克（1980）以及多罗什克维奇等（1981）估算了通过自由流平滑定义的新特征质量，所有人都引用了实验室可能探测到的中微子静止质量。多罗什克维奇等（1980）、佐藤和高原（1980）以及沃瑟曼（1981）并未提及该探测结果，而是考虑了中微子静止质量的近似值，约为 25 eV。他们得到了相似的特征质量。我们看到，学界中感兴趣的研究者很快就意识到中微子静止质量 $m_\nu \sim 30$ eV 的重要含义。第一代引力形成的质量聚集预计将比单个星系大得多。

在考虑这幅图景的问题之前，让我们回顾一下决定原始 HDM 图景中平滑质量的物理过程。这是一个类似表达式（7.6）的另一个数量级练习。当中微子在早期宇宙中中断与辐射和电子-正电子对的热接触时，具有标准相互作用和数十电子伏特质量的中微子将以相对论性的速度运动。因此，当它们在除引力外其他相互作用均可忽略的条件下开始运动时，它们将获得典型的动量 $p_\nu \sim k_B T_\nu / c$。这将使相对论中微子的质量密度与辐射的质量密度相当（尽管会稍低一些，因为占据数往往较小，并且如前文所述，$T_\nu$ 低于辐射温度，但我们主要考虑数量级）。当温度降至 $k_B T \sim m_\nu c^2$ 时，由于中微子变为非相对论性，并且光子能量会随着波长的持续增加而持续降低，质量密度将由中微子主导。现在考虑在宇宙时间 $t$，以速度 $\sim v(t)$ 流动的中微子将在长度尺度 $\lambda_S \sim v(t)t$ 上，使均匀中微子分布的原始偏离平滑化。由于在 $t$ 时刻的平均质量密度为 $\rho(t) \sim (Gt^2)^{-1}$，因此在 $t$ 时刻的平滑质量为：

$$M_S(t) \sim \rho(t)\lambda_S^3 \sim \frac{v(t)^3}{G^{3/2}\rho(t)^{1/2}} \quad (7.8)$$

当中微子具有相对论性时，$v(t) \sim c$，平滑质量 $M_S$ 增大，因为 $\rho(t)$ 在减小。中微子在 $\sim m_\nu c^2/k_B$ 的温度下变为非相对论性。此后，质量密度由非相对论性中微子主导，所以 $\rho(t) \propto a(t)^{-3}$，中微子流动速度随 $v(t) \propto a(t)^{-1}$ 变化，导致该特征质量按 $M_S \propto a(t)^{-3/2}$ 减小。这使得中微子海在中微子变为非相对论性时达到 $M_S$ 的最大值。综合以上所有这些因素，我们看到平滑质量的当前值在数量级上为：

$$M_S \sim \left(\frac{\hbar c}{G}\right)^{3/2} m_\nu^{-2} \sim 10^{15} \, m_{30}^{-2} M_\odot \tag{7.9}$$

[这是普朗克质量 $(\hbar c/G)^{1/2} \sim 10^{-5}$ g 的立方除以中微子质量的平方。]

在 20 世纪 80 年代初期，对 $M_S$ 更严谨的计算得出了相似的数值结果。例如，邦德、埃夫斯塔硫和西尔克（1980）给出的 $M_S$ 为该值的四倍。与早期的想法相比，质量有了很大提高，早期的想法认为平滑长度是由原始辐射和作为流体的等离子体的压强和黏度决定的［表达式（5.53）］。

中微子的自由流动不会使重子分布变得平滑。但是由于重子的质量密度被认为是次要的，所以重子的引力效应直到中微子开始坍缩成聚集重子的自引力聚集体时才会变得显著（如第 5.1 节所述）。

我们在第 5.2.7 节中讨论了"煎饼图景"的挑战。这些问题是通过对具有原始绝热初始条件的中微子主导的宇宙中的质量分布的演变进行数值模拟而显现出来的，其中星系形成之前的相干长度由表达式（7.9）决定。梅洛特等（1983）从他们的数值研究中得出结论，该模型要求在低得不现实的红移下形成星系。怀特、弗伦克和戴维斯（1983，L1）探索了如何调整参数，以使中微子图景中较大的相干长度可以与星系位置和相对运动的观测结果相吻合。他们得出结论："如果其他宇宙学参数保持在其可接受的范围内，那么该长度就太大，无法与观测到的星系团规模一致。"哈特和怀特（1984）阐明了这一结论，他们将观测到的附近星系的分布与中微子模型预期的完全不同的分布的一个例子进行了比较。

认识到这个问题的直接方法是回想一下，如果主导质量来自中微子，那么第一代引力形成的质量聚集的典型质量 $\sim M_S$ ［表达式（7.9）］就将与一个富星系团的质量相当。由于富星系团很少见，因此这些质量聚集中的大多数都必须将其质量分散在碎片中，这些碎片将成为星系团外的常见星系。但是引力并不能以这种方式运行：引力会聚集质量和星系。

在实验室中探测到中微子静止质量的消息的宣布促使研究者对 HDM 模型及其宇宙结构形成的"煎饼图景"进行深入研究。尽管实验室探测的证据很快就消失了，但是在此之前，它激发了对重子和非重子暗物质"煎饼"的非线性引力和流体动力学坍缩的仔细研究（例如，Doroshkevich et al., 1983；Shapiro, Struck-Marcell, and Melott, 1983；Bond et al., 1984a, b）。这项研究具有启发性，但没有过多受星系分布现象学的指导。

需要考虑的一种出路是，在相对较小的质量尺度上，对均匀性的原始绝热偏离可能已经足够大，足以克服由于 HDM 的自由流而产生的压制作用。我所做的尝试（Peebles, 1982a）结果似乎不乐观。

另一种解决方法是，假定高红移的重子处于足够紧密的团块中，足以形成星系中心重子主导的部分。然后，随着宇宙的膨胀和 HDM 的冷却，引力会使中微子环绕在重子团块周围，也许会在星系周围产生观测到的暗物质晕。这幅图景没有被过多讨论，可能是因为如邦德、埃夫斯塔硫和西尔克（1980，1983）所说："这种理论似乎没有吸引力（星系存在是因为星系一直存在）。"第 8.4 节将对后来关于此图景的等曲率版本的想法进行概述。

一个有趣的实证性思考是，在当前时期发生的"煎饼坍缩"会产生类似于星系空间分布中观测到的大尺度空洞和泡沫聚集的模式（Zel'dovich, Einasto, and Shandarin, 1982）。从字面上看，这样的图景肯定是行不通的，因为星系必须在当前时代之前就脱离整体膨胀。当然，在这些发展之后，现在就更容易指出这一点。因此，西尔克（1982）对星系形成理论的仔细评估对"煎饼图景"提出了挑战，但并没有否决它。但是我们看到，梅洛特等（1983）以及怀特、弗伦克和戴维斯（1983）通过数值模拟进行的定量评估明确排除了绝热的 HDM "煎饼图景"。

布卢门撒尔、帕格尔斯和普里马克（1982）以及邦德、萨莱和特纳（1982）考虑了温暗物质，这可能是超对称性造成的一种假想的弱相互作用粒子，其静止质量较大，可能为 1 keV。这种来自热早期宇宙的残留粒子的数密度必须远低于中微子的数密度，但这可能是因为这些粒子是热产生的，然后在很早的宇宙中退耦，那时熵在更多种类的粒子之间共享。较早的退耦和较大的粒子质量可能使表达式（7.9）中惹麻烦的第一代过大的质量减小到 $10^{12}M_\odot$，大约是具有暗物质晕的大星系的质量。布卢门撒尔等认为，这一质量对于宇宙结构形成的图景是"更自然的"。邦德等指出，它可以允许从大星系开始的层级化、自下而上的结构形成，再通过大星系的碎裂而形成更多的低质量矮星。有证据表明，星系在潮汐破坏中会发生碎裂，但是这并不能自然地解释大量不在任何大星系附近的矮星系的存在。这些矮星系似乎指向从较小的质量自下而上的形成。关于如何修改 HDM 模型以应对其挑战的更多思考，请参见第 8.4 节。

## 7.2 冷暗物质

四分之一世纪后建立的标准宇宙学中的非重子冷暗物质的原型来自粒子物理学，这一概念由 1977 年基本同时且独立发表的 5 篇论文提出。这些论文最多只是略微意识到了天文学中亚光度质量（此时已被称为"暗物质"）存在的大量证据。但是学界很快就意识到，这种非重子物质比 HDM 更有前景。

### 7.2.1 在 1977 年发生了什么？

粒子物理学中关于宇宙学的非重子冷暗物质的第一个想法是一种假定存在的中微子，其静止质量为 $m_L \sim 3$ GeV，具有低能 V-A 相互作用，以及已知轻子家族间弱相互作用的费米耦合常数。如果我们能对该粒的弱相互作用强度进行适度调整，以符合其尚未被实验室直接探测到这一现状，那么在已建立的 $\Lambda$CDM 宇宙学中，它仍然是非重子暗物质可接受的候选者。作为自然科学的进展迂回曲折的一个例子，值得一提的是将这一想法引入宇宙学的故事。

标准弱相互作用的假定为以下形成和湮灭反应确定了低能速率常数 $\sigma v$：

$$\nu_L + \nu_L \leftrightarrow e^+ + e^-, \mu^+ + \mu^- \cdots\cdots \quad (7.10)$$

假想的 $\nu_L$ 中微子质量为 $m_L$。在早期宇宙中，当温度远高于 $m_L c^2/k_B$ 时，这些大质量的中微子将以相对论性速度运动，与辐射和其他粒子达到热平衡，其数密度将由公式（7.1）的第二部分给出。当温度降至 $m_L c^2/k_B$ 以下时，这些中微子将保持形成和湮灭的统计平衡状态，并且中微子数密度会相对于光子数密度降低，降低的因子大致由公式（7.1）中的指数因子 $\exp[-m_L c^2/k_B T] \ll 1$ 给出。在质量 $m_L \sim 3$ GeV 时，逃脱湮灭的粒子的剩余数密度将成为宇宙学一个有趣的质量密度。①

天文学家亚光度质量的这一候选者被称为弱相互作用大质量粒子，

---

① 回想一下，对于中微子质量 $m_\nu = 30 m_{30}$ eV，HDM 的密度参数为 $\Omega_\nu h^2 = 0.3 m_{30}$ [公式（7.3）]。这些低质量中微子在相对论状态下会与热海退耦。如果新中微子的质量为 3 GeV，大 8 个数量级，那么在它们退耦之前的湮灭必须使数密度降低约 $\sim 10^8 \sim \exp[m_L c^2/k_B T_L]$，以获得所需的剩余静止质量密度。这使所需的退耦温度为 $T_L \simeq 0.05 m_L c^2/k_B$。温度 $T_L$ 根据 $m_L$ 决定了退耦时所需的膨胀时间 $t_L$。李和温伯格（1977a）将弱相互作用速率系数用于公式（7.10）中，并考虑了 14 个湮灭通道，$\sigma v \simeq 3 \times 10^{-27} m_L^2$ cm³ s⁻¹，$m_L$ 以 GeV 表示。当重中微子的湮灭实际上已经结束时，热退耦时的膨胀时间 $t_L$ 和残余中微子数密度 $n_L$ 满足 $\sigma v n_L t_L \sim 1$ 的条件。伽莫夫（1948a）在将核物理学引入宇宙学时使用了这一条件 [公式（4.18）]。将其与早期宇宙中的膨胀时间结合起来，$t_L = 3.2 \times 10^{19} (T_0/T_L)^2$ s，$T_0 = 2.725$ K，得出密度参数 $\Omega_L \simeq 4 m_L^2$，质量 $m_L$ 以 GeV 为单位。当 $\Omega_L$ 接近于 1 时，更精细的计算可得 $m_L \simeq 3$ GeV。

表 7.1　1977 年冷暗物质原型的引入

| 论文 | 收稿日期 | 发表日期 |
| --- | --- | --- |
| 哈特（1977） | 4 月 25 日 | 7 月 18 日 |
| 李和温伯格（1977a） | 5 月 13 日 | 7 月 25 日 |
| 佐藤和小林（1977） | 5 月 23 日 | 12 月 1 日 |
| 迪克斯、科尔布和特普利茨（1977） | 5 月 31 日 | 7 月 25 日 |
| 维索茨基、多尔戈夫和泽尔多维奇（1977） | 6 月 30 日 | 8 月 5 日 |

即 WIMP。一种具有标准弱相互作用且质量类似于核子的中性粒子具有一个有趣的质量密度这一事实被称为 WIMP 奇迹。[①] 当然，由于可以自由调整 $m_L$ 来得到想要的质量密度，这种奇迹多少打了些折扣。

我发现的证据是，表 7.1 中列出的五组论文作者独立地提出了这种新的中微子或 WIMP 的想法，该中微子在早期宇宙中热产生，其质量远高于三种已知类型的质量的上限。表格最后一列中的发表日期显示了提交和发表之间通常较长的时间跨度。第二列列出了论文中标明的期刊接收日期。从接收到发表，多数论文都只用了两个月。五篇论文都使用了相对论性的弗里德曼–勒梅特宇宙学对宇宙平均质量密度的约束，并具有合理的膨胀时间或减速参数。五篇论文都提到了先前的建议，即天文学家在后发星系团中发现的亚光度质量可能是已知的中微子之一，其静止质量约为数十电子伏特。哈特（1977），佐藤和小林（1977），维索茨基、多尔戈夫和泽尔多维奇（1977）引用了萨莱和马克斯（1976）的研究，李和温伯格（1977a）引用了考西克和麦克利兰（1973）的研究，迪克斯、科尔布和特普利茨（1977）引用了萨莱和马克斯（1974）的研究。但五篇论文的作者都没有提到他们的新中微子——拥有与核子质量相当的静止质量 $m_L$——可能是天文学家所说的

---

[①] 科尔布和特纳（1990）指出 "WIMP" 这个术语起源于芝加哥大学和费米实验室的研究。

亚光度质量，可以取代 HDM。

我们有一些关于他们想法的线索。皮特·哈特（个人交流，2018）最先提交论文，他回忆说：

> 作为一名天体物理学的本科生，我偶然发现了荷兰同胞特杰德·德格拉夫的一些文字，这些打印版的讲义笔记描绘了大爆炸之后最初几分钟内的核合成，这些文字远早于温伯格的同名图书。看到我们对如此遥远的宇宙历史可以量化到何种程度，极大地激励了我研究大爆炸。1976 年 12 月，我加入了蒂尼·韦尔特曼位于乌得勒支的理论物理学研究小组，开始了自己的博士研究。到达后不久，我就向韦尔特曼提到了我对核合成物理学的兴趣，以及除了可以用加速器研究基本粒子外，还可以利用早期宇宙的可能性。韦尔特曼随后建议我研究中微子的性质，不久后我就得出了发表在论文《中性弱相互作用粒子质量和数量的限制》中的结果。轻中微子质量和数量的限制是最容易得出的。直到我已经为预印本写完草稿，并且绘制了自由度数对中微子质量依赖性的图之后，我才突然想知道在更大质量下会发生什么。在提出这个问题之后，得出我随后在该图中绘制的答案也不难。在研究中，提出一个新问题是真正的瓶颈，而且比回答这个问题要困难得多。后来，当我看到李和温伯格的论文时，我将我的论文副本发送给了史蒂文·温伯格。那时还没有电子邮件，他给我回了一封简短的手写信，告诉我，他们和我显然得出了相同的结论。收到那封信是我学生时代最令人鼓舞的亮点之一。

哈特补充说："不，我没有考虑过缺失的质量，那是我后来才意识到的事情。"

佐藤和小林（1977）并未得出宇宙学所允许的具有残余质量密度的

稳定重中微子的质量，但是这种粒子的概念已经存在。出版时间的延迟使佐藤和小林得以在校样中加入对李和温伯格（1977a）以及迪克斯、科尔布和特普利茨（1977）的论文的引用。迪克斯、科尔布和特普利茨引用了李和温伯格（1977a）的论文，但是他们的论文在李和温伯格的论文发表后立即就在《物理评论快报》上发表了。科尔布（个人交流，2017）解释了这是如何实现的：

> 我们进行了粗略的冻结计算，首先计算了中微子对 Omega 的贡献以及中微子寿命的相应限制。我们看到质量为几个 GeV 的中微子可能是暗物质。我们在一个粒子理论小组工作。迪克斯和特普利茨是粒子现象学家。我是一名研究生，只是想找点事情做。我们对宇宙学认识不多。在听到李和温伯格的论文时，我们正在写这篇论文。我们决定不与李和温伯格竞争，而是写一篇专注于寿命极限的伴随论文。

这足以作为对 WIMP 的独立认识。佐藤和小林还报道了对中微子衰变效应的考虑，如 $\nu_L \to \nu_e + \gamma$，并对衰变产物的可观测性给予了适当的关注。戈德曼和斯蒂芬森（1977）关于大质量中微子衰变的论文也可以添加到表中，但是该论文没有提及有趣的残留质量密度的想法。

到 1977 年，有关星系周围以及星系群和星系团中的质量现象的天文学文献已经有很多。第 6 章对此进行了回顾。我在《物理宇宙学》（Peebles，1971a）一书中对此进行了讨论。温伯格（1972）在他的《引力与宇宙学》一书中也对质量问题进行了回顾，但是在 600 页的内容中只占大约 5 页，细节较少。这与温伯格（个人交流，2017）回忆的在李-温伯格论文发表时对亚光度质量问题的印象成比例：

> 1977 年，我确实知道星系团中需要暗物质，所以为什么我和

李在论文中只提到重中微子这样的粒子使宇宙闭合的可能性呢？我认为这是因为当时对我们现在所说的冷暗物质的宇宙学论证（来自对平均质量密度的约束）比对星系团的论证更强。仅由星系贡献的宇宙质量密度只能提供百分之几的减速参数，而红移巡天报告的数值则在 1 的数量级。另一方面，我不知道维里定理有关星系团的结果是否值得信赖，因为这些团可能不是受引力束缚的。

我们看到，尽管粒子物理学界与天文学界之间的交流有限，但后者有充分的理由认为在星系周围存在亚光度物质，而前者则为这种物质的本质提供了一个很好的候选者。

来自 $\tau$ 轻子家族的证据可能推动了 GeV 级质量的中微子的想法，在该家族中，带电的 $\tau$ 子的质量接近 2 GeV。佐藤和小林（1977），迪克斯、科尔布和特普利茨（1977），维索茨基、多尔戈夫和泽尔多维奇（1977）提到了由佩尔等（1975）首先宣布的大质量弱相互作用粒子的迹象。李和温伯格（1977a）提到了二人的另一篇文章（Lee and Weinberg，1977b），后者提到了佩尔等的发现。这些都是斯坦福线性加速器在电子-正电子碰撞中探测到的事件，被宣布为"$e^+$-$e^-$ 湮灭中异常轻子产生的证据"。到 1977 年，马丁·佩尔及其同事得出的结论是，他们发现了一个新的轻子家族，其荷电的 $\tau$ 轻子质量为 $1.90 \pm 0.10$ GeV，相关的 $\nu_\tau$ 中微子质量约小于 0.6 GeV（Perl et al., 1977）。除非公式（7.10）中的反应湮灭截面比从电子和 $\mu$ 子家族得出的预期结果稍强一些，否则此 $\nu_\tau$ 并不适合作为暗物质，但它可能是还有其他大质量粒子存在的提示。

在关于本书的个人交流中，哈特写道："如果我知道的话，我肯定会在论文的文本中提到它［$\tau$ 子家族］，因为那将是一个值得欢迎的对观测结果的额外约束。"但是我们可以想象，表 7.1 中的其他论文提到了 $\tau$ 轻子及其中微子的发现过程，因为它为更多的大质量中微子提供了先例。冈恩等（1978，1016）在论文中发表的评论加强了这种思想，他提到了李和温伯格（1977a）的论文（与本·李共同撰写）：

顺便提一下，为了增强读者对比$\mu$子更重的轻子的严肃性和现实性的信心，在$e^+e^-$碰撞光束机SPEAR上进行的实验已经积累了大量证据，证明存在带电的重轻子，称为$\tau^-$，质量为1.9 GeV（Perl et al.，1975，1976）。

也许还应该指出的是，关于中子和质子亚结构的想法（费曼的部分子和盖尔曼的夸克）或许会让一些人考虑其他类型的 GeV 级质量的粒子。与此相对应的是，科尔布回忆起了另一个暗示，即原子核散射中微子的"高 y 异常"。李和温伯格（1977b）在论文中提到了这一点。该异常后来被撤销了，但是对于某些人来说，它似乎为思考一种新的 GeV 级质量的中微子提供了启发。

让我大胆就五篇论文的巧合提出一个适度的猜想。物理学家通过研究论文和会议论文集来共享信息，哈特的德格拉夫打印版讲义笔记就是一个例子，我经常通过对话来最有效地想象。这可能包括对特定想法的解释，但是我这里说的想法是那些或许尚未完全成形，只是以某种不那么清晰的方式交流的想法——"悬而未决"的想法。我的经验表明，这种影响是真实的，但是我必须将深入的评估留给那些对我们所有人的沟通方式有更多思考的人。

我们或许可以停下来，注意一下李和温伯格（1977a, 167）的结论，即"如果发现了一种质量为 1~15 GeV 量级的稳定的重中性轻子，那么这些重中微子的引力场将为闭合宇宙提供一种合理的机制"。使宇宙闭合的概念在这段历史中并不罕见。关于 HDM 可以做到这一点的想法已在 20 世纪 70 年代初被探索过（如第 7.1 节所述），戈特等（1974）也对此进行了探讨，并得出结论，重子无法做到这一点（第 3.6.3 节）。

那么，这五个小组又是如何在如此接近的时间内，提出这一后来被证明在既定的宇宙学内具备冷暗物质正确属性的粒子的想法的呢？我们首先必须考虑一个简单的巧合。但是至少回顾起来看，考虑一种具有标准弱相互作用且质量足够大的新的中微子的想法似乎是很自然的事，这种在早期宇宙中由热产生的中微子在退耦之前湮灭，但留下了有趣的残余。也许这个想法在 1977 年也看似合理，又或许在某种程度上它仍然"悬而未决"。

### 7.2.2　20 世纪 80 年代初的情况

李和温伯格（1977a）的论文促使人们探索了一种新的重稳定中微子的天体物理学效应。首先是冈恩等（1978）和斯泰格曼等（1978）的研究，加里·斯泰格曼是这两篇论文的合作作者。在前一篇里，我们发现了以下评论（Gunn et al.，1978，1023）："自早期宇宙以来就存在的重的非相互作用的中性粒子，受上述论点约束，会与物质聚集在一起，是构成动力学缺失质量的物质的最佳选择。"后一篇中则写道（Steigman et al.，1978，1060）："重中微子是在星系团和星系晕中形成'缺失质量'的理想材料。"

冈恩等（1978）指出，引力当然预期会导致非重子暗物质沉降入引力束缚的质量聚集内，但不会耗散。弥散的重子，无论是气体还是等离子体，都有望在完全转化为恒星之前耗散性地沉降入非重子物质聚集区的中心。结果将是围绕在星系外围的非重子暗物质（也许是 WIMP）的晕。这可以解释第 6.3 节和第 6.4 节中讨论的来自盘星系旋转曲线和稳定性的证据，这些证据表明星系外围的质量超过了观测到的恒星的质量。正如第 5.2 节所讨论的那样，这将有助于解释为什么旋涡星系中的盘族恒星和气体受到旋转的支撑。怀特和里斯（1978）对星系如何形成也有类似的想法，但他们认为更合理的观点是，亚光度物质是早期恒星的残留。因此，我的结论是，冈恩等（1978）引入了如今已被广泛接受的观点，即星系周围的暗物质是非重子的：CDM 或不太热的 HDM。

冈恩等发表论文后不久，特里梅因和冈恩（1979，407）的论文分析了 HDM 围绕星系时中微子的相空间约束（我们在第 7.1 节进行了讨论）。他们指出："这一论证并没有排除掉李和温伯格假想的重轻子（质量约为 1 GeV）。"这是因为，对于星系中给定的速度分布，相空间中中微子密度的界限允许冈恩等（1978）考虑的质量很大的 WIMP 有大得多的数密度〔从表达式（7.6）可以看出〕。

在撰写本书时，标准和公认的理论——$\Lambda$CDM——假定存在某种类似于稳定粒子气体的物质，除了引力以外，它们的相互作用可忽略不计，原始粒子速度弥散也可忽略不计。从其行为来看，这些粒子的质量处于一个相当大的范围内，并且允许我们将 CDM 视作气体。3-GeV 的中微子或 WIMP 可以满足上述条件，只要我们稍稍调整其与低质量轻子相互作用的强度即可。如果黑洞的质量足够小，小到不会破坏星系，并且在以后的测试中也足够小，小到可以逃脱我们在第 6.6 节中讨论的引力透镜探测，那么一个黑洞海（可能是早期宇宙中一阶相变的残留）也可以满足上述条件。关于这一思路的早期思考我在第 3.6 节进行了回顾。

CDM 可能是粒子物理学的轴心领域。阿博特和西基维（1983）以及戴恩和费舍勒（1983）的早期讨论考虑了宇宙学对轴子平均质量密度的约束，就像早先对热和冷的两种中微子所做的那样。但是几乎同时，普雷斯基尔、怀斯和维尔切克（1983，131）宣布："我们不得不考虑轴子构成宇宙中相当一部分暗物质的可能性。"伊普瑟和西基维（1983，925，927）认为：

> 单个星系拥有大质量的暗晕，其质量超过发光星系物质的质量约 10 倍，这一证据[1]使人们对这种晕的组成、来源和影响进行了广泛的研究……轴子非常符合这些要求。

参考文献 1 是奥斯特里克、皮伯斯和亚希勒（1974）以及埃纳斯托、卡西克和萨尔（1974）对质量密度的讨论。我们看到，粒子物理学家没花多长时间就意识到了一些有趣且具有提示性的天文学现象。

CDM 的另一个候选者是稳定的超对称粒子，它们是原始超对称破缺的残留。卡比博、法勒和马亚尼（1981）提出，星系中的亚光度质量可能是光微子。帕格尔斯和普里马克（1982，224）写道："尽管中微子占主导的宇宙对宇宙学家越来越有吸引力，但是许多缺失质量是引力子的可能性也值得考虑。"据乔尔·普里马克回忆（个人交流，2018）：

> 我认为帕格尔斯和普里马克（1982）的论文是第一篇提出最轻的超对称伴侣粒子由于 R 宇称守恒而稳定，是暗物质的合理候选者这一观点的论文……在费伯和加拉格尔 1979 年的《年度评论》论文以及与费伯的对话中，关于暗物质的证据给我留下了深刻的印象。因此，关于您的问题，正是粒子物理学推动的研究促使我们提出最轻的超对称伴侣粒子是暗物质的候选者。

帕格尔斯和普里马克（1982），布卢门撒尔、帕格尔斯和普里马克（1982），以及邦德、萨莱和特纳（1982）探索了这样一种想法，即质量在 1 keV 数量级上的引力子可以充当温暗物质（WDM），该物质定义了有趣的金斯质量，也许是大星系的质量。关于 WDM 的想法一直吸引着人们的注意，但是到目前为止，还没有足够的证据表明需要对标准 $\Lambda$CDM 宇宙学进行调整。

埃利斯等（1984）在论文《来自大爆炸的超对称遗迹》中，对超对称破缺提供的亚光度物质的可能性进行了广泛的探讨。约翰·埃利斯（个人交流，2016）回忆道：

> 在那些比大多数粒子物理学家更加重视天体物理学并对其进行

更密切关注的人中，我甚至在 20 世纪 80 年代之前就开始撰写有关各种天体物理学主题的论文。我不记得自己具体是在什么时候对暗物质深信不疑的，但那一定是在 20 世纪 80 年代初期。

这篇论文的另一位作者基思·奥利弗（个人交流，2017）回忆说：

> 我当然认真地对待了它［亚光度质量］……我在 1983 年与丹尼斯·赫吉合作的论文《星系晕可以由重子构成吗？》中对需要非重子暗物质这一点深信不疑。

赫吉和奥利弗（1983，28）的论文摘要也值得考虑：

> 本文提出了一些论据，表明形成旋涡星系大质量晕且似乎不发光的物质是非重子物质。由气体、雪球、尘埃和岩石、木星类天体、低质量恒星、死星和中子星主导的晕都难以解释。同样，晕不可能是由黑洞组成的，除非它们有非常高效的吸积能力或者是原始黑洞。因此，看来宇宙的很大一部分可能是大质量的中微子、引力子、单极子等形式。

在粒子物理学可能提示的想法的背景下，这是对天文学证据的一次有益审视。

### 7.2.3 暗物质探索

学界宣布似乎在实验室中探测到了电子型中微子的静止质量，无疑增加了人们对第 7.1 节中讨论的 HDM 的兴趣。WIMP 或者预期的超对称伴侣粒子有更大的静止质量的想法，激发了探测更大质量的暗物质粒子的想法。探测可以是间接的，通过探测天体中的暗物质的辐射衰变或湮灭实现，也可以是直接的，通过在实验室中探测暗物质与重子的相互作用来实现。在有充分的实证证据表明确实存在非重子物质之前，探测这种假想的物质的实验就开始了，我将这视为一个例子，展现了一项有趣但又极具挑战性，同时又并非完全不可能的测量研究的迷人之处。最终，确定非重子物质主要形式的本质将是一项重大的发现，它将推动基础物理学和宇宙学的思考。但是由于到目前为止宇宙学的发展尚未受到暗物质探测的严重影响，因此本节只限于初步的想法。

继伊普瑟和西基维（1983）提出 CDM 可能是轴子后，西基维（1983）探索了在实验室中通过其与电磁场的耦合来探测轴子暗物质海的想法。卡比博、法勒和马亚尼（1981，155）在对暗物质可能是超对称性的残留这一观点的早期讨论中宣称："轻光微子可以提供星系中缺失的质量，并产生可观测到的紫外线背景。"

在第一次讨论 WIMP——粒子物理学家的 3-GeV 中微子——的天体物理学性质时，冈恩等（1978，1030）认为：

> 在像星系晕这样的结构中，通过湮灭产生 γ 射线的速率非常有趣地高，尽管湮灭的时间很长。但是，我们对湮灭过程的认识非常粗糙。在提出更好的模型之前，我们将这些预测视为诱人的：通过其基本属性探测"缺失"物质的前景非常令人激动。

斯特克（1978），德鲁朱拉和格拉肖（1980），夏默（1984），西尔克和斯雷德尼奇（1984）发展了探测来自暗物质辐射衰变或湮灭的光子或反质子的思想。关于衰变暗物质在宇宙结构形成中的作用的想法，我们将在第 8.4.2 节中进行讨论。

如果 WIMP 存在，并且可能与重子相互作用（相互作用的强度或许与已知的中微子相当），它们可能会因恒星中的散射而被捕获。冈恩等（1978，1027）指出，这可能会产生可观测的效应：

它可能改变恒星的辐射输运和光度估计，也可能影响核合成恒星的演化。这里的要点是，使恒星抵抗其引力所需的辐射压的一部分可能部分地由中微子湮灭光子产生，从而减轻了恒星核通过常规核合成产生大部分光子预算的负担。这意味着恒星核的温度可能比元素产生的传统图景下的温度低，而这又意味着反应速率变化得更慢。

斯泰格曼等（1978，1051）认为：

在恒星中，即使是少量重中微子的效应也将是巨大的。这些粒子将提供引力、能量传输和光度的替代来源，并可能极大地改变恒星的结构……通过电流探测器可测量的太阳中微子流量的预测值（正常、无质量的中微子）将大幅减少，这与观测结果相符。

克劳斯等（1985）和其他研究者继续研究了如何调和太阳中微子流量的理论和测量结果。但后来发现，太阳中微子探测速率低于预期的原因是已知的中微子具有静止质量（很可能远低于 1 eV），从而使太阳中微子可以在不同的味态之间发生振荡。

西尔克、奥利弗和斯雷德尼奇（1985）以及克劳斯、斯雷德尼奇和维尔切克（1986）提出了这样一种想法，即如果通过散射被捕获在太阳或地球内部的 CDM 粒子足够集中，那么就可能会产生可探测的湮灭中微子流。在引力作用下集中在星系的密集中央部分的 CDM 产生的湮灭光子也可能被观测到。CDM 对行星和恒星结构的影响一定很微妙，因为还没有被发现，但是这种想法无疑很有趣。

如果亚光度物质是 WIMP（具有接近标准弱相互作用的大质量中微子），它们将通过弱中性流被原子核散射。这意味着星系中的暗物质偶尔会与实验室中的重子物质的原子核发生散射，这可以通过反冲所产生的动量和能量的效应被探测到。德鲁基尔和斯托多尔斯基（1984）讨论了如何将其用于探测由太阳热核反应产生的已知电子型中微子。他们注意到，如果亚光度物质是 HDM，那么探测难度将大得多，但并未讨论探测具有更大静止质量的 WIMP 这一更大的可能性。古德曼和威滕（1985），卡布雷拉、克劳斯和维尔切克（1985）、沃瑟曼（1986）迈出了这一步。德鲁基尔、弗里兹和斯佩格尔（1986，3495）进一步提出，"地球绕太阳运动可以对信号产生显著的年度调制"，这可能是一个重要的信号。

阿伦等（1987）和考德威尔等（1988）报告了实验室尝试直接探测暗物质粒子散射效应的早期结果。实验室中以及天体中非重子物质的探测技术的巨大进步，是一个需要专门历史记录的英雄事业。在撰写本书时，非重子暗物质探测的梦想，或者可能指向暗物质领域更有趣物理现象的梦想，仍然没有实现。当然，这并未否决非重子暗物质的假说，也没有违背威尔金斯·米卡伯的哲学：也许某些发现终将出现。

第 8 章

# 宇宙学模型的井喷时代

20 世纪 80 年代初及以后，宇宙学界的思考受到两个旧观念和两个新观念的影响。两个旧观念是：我们的宇宙在平均意义上是均匀的，并且可以用广义相对论有效地描述。两个新观念中，第一个是第 3.5.2 节中讨论的宇宙暴胀图景。有些人认为，这一图景太过优雅而不可能错。从这个意义上讲，学界对它的信心堪比广义相对论，但区别在于暴胀是一个框架，可以容纳各种理论。第二个是第 7 章讨论的非重子 CDM，这为从 CDM 模型出发的更有趣的宇宙学开辟了可能性。此模型的动机及其假定我们将在第 8.1 节和 8.2 节中进行讨论。

CDM 宇宙学模型最初因其简洁性而广受欢迎，这使得第 8.2 节和 8.3 节中回顾的对宇宙结构形成的分析和数值探索成为可能。但是该模型由于其异常大的质量密度而存在缺陷。当然，可以对此进行调整：可能非重子物质是温的、衰变的、自相互作用的，或者是完全不同的某种物质。也许应该对暴胀提示的初始条件加以调整，或者应该重新考虑爱因斯坦的宇宙学常数，这是第 8.4 节的主题。

20 世纪 80 年代初，我对宇宙学模型的思考受到了寻找从完全均匀的宇宙微波辐射海偏离的研究结果的影响。两个研究小组——法布里等（1980）以及鲍恩、程和威尔金森（1981）——宣布在大角尺度上探测到幅度为 $\delta T/T \sim 1 \times 10^{-4}$ 的各向异性的证据。因为第二篇论文的作者是我的同事，我严肃对待这一观点，并通过将萨克斯-沃尔夫关系（将在下文讨论）应用于一个关于初始条件的拟设，构建了一个符合测量结果的模型（Peebles, 1981b）。我认为这个模型相当简洁，甚至称得上优雅，但细节已经无关紧要，因为鲍恩等后来撤回了探测结果，并且费克森、程和威尔金森（1983）对各向异性提供了新的更紧密的边界。当我在费克森、程和威尔金森的论文发表之前引入 CDM 模型时，我就知道这个更紧密的边界。同样，他们都是我的同事。我的论文（Peebles, 1982b）是关于 CDM 宇宙学模型的，其目的是从更紧密的各向异性边界中挽救引力不稳定性图景。

## 8.1 为什么 CMB 如此平滑？

20 世纪 70 年代，CMB 各向异性上限的不断优化，揭示了星系中物质的明显团块状分布与微波辐射海非常平滑的分布之间的显著差异。我记得当时在非正式的讨论中曾提到，这种情况可能会否定宇宙结构形成的引力不稳定性图景。有些发表的论文也表达了这种思想。西尔克和威尔逊（1981）在对质量成团的引力增长对 CMB 的影响进行分析后得出结论："我们已经可以断言，标准模型的绝热起伏对于任何组合的 $n$ 和 $\Omega_0$ 都是站不住脚的。"该标准模型是一个辐射和重子的宇宙，其质量密度参数为 $\Omega_0$ [公式（3.13）中的 $\Omega_m$]，并且原初绝热质量起伏的初始条件为谱指数为 $n$ 的幂律功率谱 [公式（5.49）和表达式（8.7）]。

但是，我们在第 5.3.6 节讨论了新思路。在 HDM 图景中，中微子可以自由地穿过辐射，从而最大程度地减少了对星系的引力组装及其成团所需的辐射的干扰。多罗什克维奇等（1981, 37）认为：

> 质量大于 $M_v$ 的中微子的起伏是不间断地增长的。由于重子与

光子的耦合，低于视界的重子的起伏只有在再结合后才能开始增长。从再结合时的相同初始幅度开始，中微子的起伏幅度比背景辐射的重子和光子大得多。在再结合时，重子的金斯质量很快下降到 $10^5 M_\odot$ 的值。中微子密度中形成的高度不均匀性会加速重子起伏的增长，直到达到相同的幅度……因此，该过程导致重子和中微子的起伏很大，而光子背景中的 $\delta T/T$ 很小。

这里的 $M_\nu$ 是表达式（7.9）中第一代质量起伏脱离宇宙膨胀的质量，由 HDM 图景中的中微子的自由流决定。如第 5.2.7 节和 7.1.1 节所述，由此产生的自上而下的结构形成存在严重的问题。但更广泛的观点是，非重子暗物质会穿过辐射。

我（Peebles, 1982b）引入了 CDM 宇宙学模型，以回应费克森、程和威尔金森（1983）对 CMB 各向异性边界的改进。该模型用第 7.2 节中所述的非重子 CDM 代替了 HDM。它旨在作为一个反例，应对 CMB 各向异性严格上限带来的明显挑战。当时我还没有意识到这一点，但正如上文指出的那样，最初的想法已经被引入：非重子暗物质（无论是 HDM，还是 CDM）成团的增长对 CMB 的干扰很小，而引力和重子较小的质量密度对 CMB 的影响稍大一点。

## 8.2 反例：冷暗物质

挽救该现象的反例最好保持简洁。因此，我使用了爱因斯坦-德西特参数 $\Lambda=0$ 和 $\Omega_m=1$，尽管 CfA 红移巡天测得的星系相对速度弥散已经使我确信，平均质量密度可能低于这一值。[表 3.2 的第 13 行展示了这一点。它和其他考虑因素使我在 1982 年相信，质量密度可能小于爱因斯坦-德西特值。这些结果于次年由戴维斯和皮伯斯（1983a, b）发表。]

为了简单起见，我假定非重子暗物质最初是冷的。大质量中微子（1977年引入的 WIMP）可以满足这一要求。帕格尔斯和普里马克（1982）以及布卢门撒尔、帕格尔斯和普里马克（1982）引入的温暗物质同样适用，但冷的情况更简单。该模型假定原始绝热高斯尺度不变为初始条件。这是从当时刚引入的宇宙暴胀概念的一个简单解释得出的。但是同样，我更多是受哈里森（1970）以及皮伯斯和余（1970）分别提出并由泽尔多维奇（1972）发展的这些初始条件的简化论证的影响。我对质量起伏功率谱的计算考虑了辐射和暗物质，但忽略了重子不算大的质量。这使得计算更加容易，并且通过消除 1 个参数再次简化了模型：$\Omega_{baryon}$ 只需远小于 1 即可。①

在这个 CDM 模型中，对微波背景辐射各向异性以及物质空间分布预测值的计算必须从高红移条件下的演化开始，假定重子、CDM、中微子和辐射具有相同的空间分布，随后经历早期的演变阶段，此时重子和辐射表现为近似黏性流体，然后经历退耦阶段，辐射开始通过重子扩散，并在等离子体结合后脱离。随后，辐射通过几乎纯中性的重子和略微凹陷的时空传播，而重子物质则加入了冷暗物质逐渐成团的过程。

这些是要考虑的很多细节。但重要的一点是，不存在严重的非线性过程（如湍流或恒星形成）的复杂性，这些过程是无法从第一性原理进行分析的。在 CDM 模型及其变体中，大尺度上均匀性的偏离很小并且可以根据扰动理论计算，还可以通过数值模拟将小尺度星系团的预测演

---

① 重子是声学振荡所需要的，如图 5.2 所示，这在后来的宇宙学检验中很重要，但对于在 20 世纪 80 年代初期令我们感到担忧的大角尺度的 CMB 各向异性来说则不需要。可以注意到，皮伯斯（1981a）在线性扰动理论中考虑了辐射和重子，计算了绝热初始条件下的物质功率谱（图 5.3）。皮伯斯（1982a，b）忽略了重子和无质量的中微子，计算了辐射和 CDM 的谱。布卢门撒尔等（1984）以及维托里奥和西尔克（1984）报告了对辐射、CDM、重子和无质量中微子的完整情况的计算。邦德和埃夫斯塔硫（1987）证明了在 CDM 模型中由等离子体和辐射的相互作用引起的重子声学振荡。

化建模至合理的精度。这与观测的重大进展一起，使得进行严格的宇宙学检验成为可能。

在我的论文（Peebles，1982b）中引入的彻底退耦后质量分布的功率谱的形式为：

$$P(k) = \frac{Ak}{(1+\alpha k + \beta k^2)^2}, \quad \alpha = 6h^{-2}\,\text{Mpc}, \quad \beta = 2.65h^{-4}\,\text{Mpc}^2 \quad (8.1)$$

在大的长度尺度上（$k$ 较小时），它具有原始的尺度不变形状 $P \propto k$。在较小的长度尺度上（$k$ 较大时），两者的关系转变为 $P \propto k^{-3}$。这种小尺度行为的根源在于第285页的脚注中的论点。根据皮伯斯（1982a）的论文修改的计算考虑了模式波长开始振荡时辐射与等离子体的紧密耦合，但没有考虑模式振荡的影响，这种近似足以满足当时的需求。邦德和埃夫斯塔硫（1984），戴维斯等（1985），巴丁等（1986），以及埃夫斯塔硫、邦德和怀特（1992）对公式（8.1）进行了后续的改进，考虑了重子的质量和无质量中微子的影响。

要计算此 CDM 模型中的大尺度 CMB 各向异性的预测值，需要公式（8.1）中的归一化常数 $A$。我使用了星系两点相关函数测量项目的结果（Peebles，1980）。此统计数据被总结为，给定大小的随机放置的球体中星系计数的标准差（均方根值）。球半径的方便选择为 $8h^{-1}$ Mpc，大约是质量密度相对起伏 $\delta M/M$ 可以合理地用线性扰动理论近似的最小值，也是我们当时可信的两点相关函数测量值的最大值。皮伯斯（1982b）的归一化假定在此尺度上星系具有质量：

$$\sigma_8\,(\text{质量}) = \frac{\delta M}{M} \approx \sigma_8\,(\text{星系}) = \frac{\delta N}{N} \approx 1 \quad \text{当} \quad R = 8^{-1}\,\text{Mpc} \quad (8.2)$$

半径的数值从公式（2.18）取整。后来的讨论考虑了 $\sigma_8$（质量）可能显著小于 $\sigma_8$（星系）的想法，这一点将在第8.4节中讨论。

萨克斯和沃尔夫（1967）推导了在绝热的初始条件下，爱因斯坦-德西特宇宙中大尺度质量分布与CMB各向异性之间的期望关系。我［Peebles，1980，公式（93.25）］使用的萨克斯-沃尔夫关系的形式将CMB的角分布与质量分布的傅里叶变换联系了起来。[①] 在此计算使用的线性扰动理论中，质量的第二阶矩决定了CMB的第二阶矩。后者有效地表示为CMB温度的球谐展开随天空中角位置的变化。[②]1982年的CDM模型的结果是：[③]

$$\frac{T(\theta,\phi)}{\langle T \rangle} = 1 + \sum a_l^m Y_l^m(\theta,\phi), \langle |a_l^m|^2 \rangle^{1/2} = 3.5 \times 10^{-6} \left( \frac{6}{l(l+1)} \right)^{1/2} \quad (8.3)$$

该公式中的CMB温度各向异性谱$\langle |a_l^m|^2 \rangle$是萨克斯-沃尔夫引力效应对CMB角分布的影响，由对CDM模型中均匀性的原始绝热偏离导致。其中原始功率谱$P_k \propto k$通过假定星系示踪质量归一化到当前宇宙。它独立于哈勃参数$h$。由于该模型中的CMB各向异性远低于我们当时的各向异性上限，因此足以作为一个反例。

可以将第一级计算中的四极（$l=2$）各向异性与本内特等（2003）第

---

[①] 我借此机会为没有将我（Peebles，1980）对萨克斯和沃尔夫（1967）的引用转移到另一篇文献（Peebles，1982b）中致歉。

[②] 余和皮伯斯（1969）引入了使用球谐函数来表示整个星系和星系团天空的角分布的方法。皮伯斯（1982b）在偶极之外将其应用引入了CMB的温度在整个天空中的变化。在此请注意，当$l>0$时，球谐函数$Y_l^m$的实部和虚部在方位角和极性方向上的零间隔最小为$\pi/l$弧度。这解决了零线向极点收敛的问题，因为$Y_l^m$在极角$\theta \lesssim m/l$处接近零。另请注意，对于统计各向同性过程，集平均值$\langle |a_l^m|^2 \rangle$与$m$无关。

[③] 特纳、维尔切克和泽（1983）独立地建立了CDM模型的要素，但是他们对预测的CMB各向异性的估计不足，这使他们得出结论，认为该模型不适用于尺度不变的原始条件。阿博特和怀斯（1984）独立地发现，对于尺度不变的初始条件，CMB的各向异性谱随$\langle |a_l^m|^2 \rangle \propto [l(l+1)]^{-1}$变化，他使用的是与皮伯斯（1982b）不同但在物理上等效的方法。阿博特和怀斯没有考虑归一化。邦德和埃夫斯塔硫（1987）写下了角功率谱$\langle |a_l^m|^2 \rangle$与阶数$l$的标度关系，将原始功率谱推广到$P_k \propto k^n$。

一年的四极测量进行比较：

$$\langle |a_2^m|^2 \rangle^{1/2} = 3.5 \times 10^{-6} \quad 皮伯斯（1982b）$$
$$= 5 \pm 1 \times 10^{-6} \quad 斯佩格尔等（2003） \quad (8.4)$$

两者相当接近。

在较小的角尺度上计算 CMB 各向异性必须考虑在退耦之前等离子体-辐射流的声学振荡的影响。皮伯斯和余（1970）以更原始的符号（并忽略了尚未发明的非重子暗物质）进行了讨论。邦德和埃夫斯塔硫（1987）计算了 CDM 模型预测的 CMB 角功率谱 $\langle |a_l^m|^2 \rangle^{1/2}$，将其作为球谐函数较大阶数 $l$（大于 4 极）的函数。其结果如图 8.1 所示。图中的虚线是对实线计算的方便近似。

图 8.1 纵轴上 CMB 各向异性的量度 $l^2 C_l = l^2 \langle |a_l^m|^2 \rangle$，是出于以下考虑。由于 $\langle |a_l^m|^2 \rangle$ 与 $m$ 无关，在公式（8.3）的球谐函数展开中，CDM 温度偏离各向同性的均方值为（按照 $|Y_l^m|^2$ 在球面上的积分为 1 的惯例）：

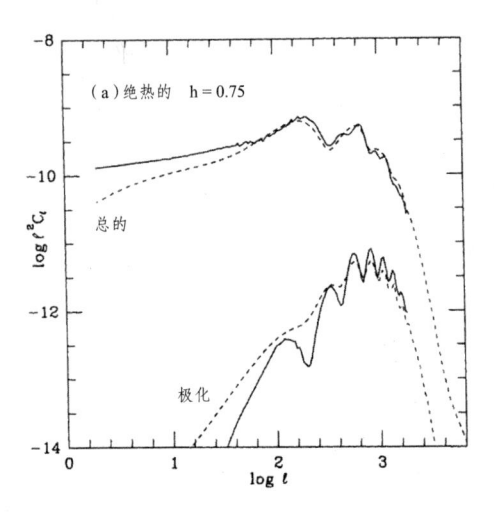

图 8.1 邦德和埃夫斯塔硫（1987）对 CDM 模型中 CMB 温度和极化角功率谱的计算结果。经牛津大学出版社代表英国皇家天文学会授权使用

$$\langle (\delta T/T)^2 \rangle = \sum_l (2l+1)\langle |a_l^m|^2 \rangle /(4\pi) \quad (8.5)$$

$l$ 中每个对数间隔的温度方差很好地近似为 $l(2l+1)\langle |a_l^m|^2 \rangle /(4\pi)$。由于历史原因，$2l+1$ 被替换成了 $2(l+1)$，将 $l$ 每个对数间隔的方差的标准度量变为：

$$\langle (\delta T/T)^2 \rangle_l = l^2 \langle |a_l^m|^2 \rangle /(2\pi) \quad (8.6)$$

图 8.1 中 CMB 各向异性谱的 CMB 预测在 $l\sim200$ 处达到峰值，角尺度约为 $10^\circ$。峰值处 $l$ 的预测值取决于哈勃常数、质量密度和空间截面的曲率。在 21 世纪初检测到的这一峰值（加上爱因斯坦的宇宙学常数）是推动 CDM 模型成为标准宇宙学的重要证据之一。

在 20 世纪 80 年代，学界还不清楚 CDM 模型是不是一个有用的近似，[1] 如果是的话，也不清楚角功率谱是不是比较 CMB 各向异性理论和测量值的最佳方法。因此，邦德和埃夫斯塔硫（1987）以及埃夫斯塔硫和邦德（1987）考虑了等曲率以及绝热原始条件，并计算了 CMB 的两点相关函数以及功率谱。[2]

---

[1] 辛普森和海姆（1989）发现了探测到质量 $m_\nu$=17 keV 的新中微子类型的迹象，该类型混合在电子型的相互作用中。它促使邦德和埃夫斯塔硫等（1991）以及其他研究者考虑这种中微子将如何影响物质和辐射的预期分布。邦德和埃夫斯塔硫发现了将这种寿命被假定为一年的中微子添加到宇宙学模型中可能的优势，但人们对这一稍显复杂的暗物质领域的兴趣逐渐消退了。

[2] 相关函数和角功率谱在数学上是等价的，但它们在实践中的效用可能大不相同。我从布莱克曼和图基（1959）的书《从通信工程的角度看功率谱测量》中了解到了这一点。布莱克曼和图基指出，在许多应用中，功率谱比相关函数提供了更多的信息。因此，在我们对河外天体空间分布的首次分析中，我使用了基于球谐展开而不是傅里叶展开的功率谱。但是在这种情况下，$N$ 点相关函数通常被证明是更有用的统计信息。正如布莱克曼和图基所建议的那样，CMB 的角分布最好用功率谱和更高的矩来表征，以球谐函数展开。

当我引入 CDM 模型（Peebles，1982b）时，我认为它是一个可能发生的例子，很可能是有待探索的众多模型之一。我没有想到它会如此轻易地成为早期宇宙一个令人信服的图景。但是我应该预料到，CDM 模型的简洁性会引起人们对它的兴趣。这得益于对暴胀图景的通用解释（第 3.5.2 节），该图景将具有平坦的空间截面，并且在 CDM 模型中假定了绝热、高斯化和尺度不变的初始条件。但是我对这个模型被如此重视感到惊讶，并且对此感到不安，因为我认为没有理由相信大自然会认同我们对简洁性的看法。我没花多长时间就构思出了这个模型并计算了公式（8.4）中的 CMB 各向异性，并且我也知道如何建立其他模型，也许不那么简洁，但同样可以很好地满足观测约束（约束并不是那么紧密）。我继续构思这样的模型，直到 20 世纪 90 年代后期，CMB 各向异性测量结果开始揭示 CDM 模型预测的各向异性峰值，如图 8.1 所示。这在很大程度上说服了我，除了爱因斯坦的宇宙学常数和假定的非重子暗物质之外，大自然的确使用了最简洁的方式。此后的许多检验继续与添加了 Λ 的 CDM 模型保持一致。这是一个了不起的进步，尽管在撰写本书时，Λ 和 CDM 的本质仍然未知。

## 8.3 冷暗物质和结构形成

可行的宇宙学必须提供一个平台，以便对星系在所有丰富的现象学中的形成方式进行可接受的分析。这是一项宇宙学检验，但很难评估，因为星系在复杂的非线性过程中形成，其核心仍然是我们至今仍然知之甚少的恒星形成的特性。这意味着，星系形成的研究必须依靠通过分析和数值方法进行探索并根据观测结果进行调整。

在宇宙学革命之前，对宇宙结构形成的一些研究检验了各类宇宙学模型。最重要的例子是对星系团的分析，这些分析帮助我们得出了低密度宇宙的结论（总结见表 3.3 的 $B_1$ 和 $B_2$ 类）。该检验很有说服力，因为星团的引力组装和演化似乎足够简单，可以在数值模拟中进行足够准确的建模，以作为宇宙学本质的指南。

更为普遍的传统是探索如何构建一个结构形成的图景，以符合给定的宇宙学模型。一个早期的例子是对星系旋转的引力起源的研究（见第 5.2.3 节）。埃根、林登-贝尔和桑德奇（1962）更早地描述了我们银河系的形成图景（第 5.2.3 节），帕特里奇和皮伯斯（1967）按照第 5.1 节中的思路将其纳入了膨胀大爆炸宇宙学模型的引力不稳定性背景下。[①] 椭圆星系只含有很少的气体和年轻恒星，这可能表明它们是由物质的引力聚集形成的，这些物质已经被大部分转化为恒星。拉森（1969）和戈特（1975）在宇宙膨胀的背景下探索了椭圆星系的这种形成方式。

星系比星系团复杂得多。新形成的星系中的气体和等离子体可能会因引力坍缩驱动的冲击与湍流以及大质量年轻恒星的辐射和风获得内能，也可能由于等离子体的热轫致辐射以及碰撞激发的原子的辐射衰变而失去能量，还可能被星风和爆炸重新排布。这将发生在引力可能聚集的混乱的早期质量聚集中。理查德·拉森在一系列论文中率先探索了星系形成和演化中能量损失与获取的预算（例如，Larson，1969，1976，1983）。斯皮策（1956）提出了这样的想法，即原星系的坍缩可能会在外部留下热支撑的等离子体晕，其密度足够低，使得能量耗散时间超过了哈勃膨胀时间。但是在银河系中我们的位置上，等离子体的重子平均质量密度为 $n$~1 proton cm$^{-3}$，温度为 $T$~$10^7$ K，可以被星系质量的引力

---

[①] 帕特里奇和皮伯斯对一个年轻星系可能的光谱的估计包括明显的原子氢 Ly-α 共振发射线。我们提出，这条线可能是寻找遥远的年轻星系的良好标记，由于光传播的时间，观察到的是这些星系过去的样子，并且在红移足够大时，Ly-α 线将进入可见光波段。我不记得曾担心过这些共振光子会因截面大而不能被氢原子散射的情况，因此当光子在具有原子氢晕的新形成的星系周围扩散时，它们可能会被尘埃吸收。但是事实证明，Ly-α 线是年轻星系的一个有用标记。

束缚，而其冷却时间约为 $10^7$ 年，比坍缩时间约 $10^8$ 年短。因此，年轻星系中等离子体的能量辐射损失可能非常显著。宾尼（1977），里斯和奥斯特里克（1977）以及西尔克（1977）引入了有关原星系中冷却和自由引力坍缩的相对速率如何确定其演化性质的考虑。

冈恩等（1978年）以及怀特和里斯（1978）引入了对亚光度大质量晕可能在银河系发光部分的形成中所起的作用的考虑（如第 5.2 节所述）。我（Peebles，1982b）引入的 CDM 宇宙学模型为探索引力如何增长非重子物质的聚集提供了更为明确的基础，在该模型中，重子可能耗散地沉降，从而在一个大质量的暗物质晕中形成一个星系。早期的探索可见于我的另一篇文章（Peebles，1984a），更详细的论文可参见布卢门撒尔等（1984）和巴丁等（1986）的研究。布卢门撒尔等关于 CDM 模型如何适用于从星系到超星系团的广泛尺度上丰富的宇宙结构现象的考虑继续被广泛引用。

在 20 世纪 70 年代，星系空间分布和运动的统计测量的应用提供了一种宇宙学检验的前景：将观测到的星系空间分布的结果与根据膨胀宇宙中质量聚集的引力累积所预期的结果进行比较。埃德·格罗斯和我花费了大量时间探索在不断膨胀的模型宇宙中质量分布演化的数值 $N$ 体模拟。我们打算将模拟中的质量相关函数与我们对星系低阶位置和速度相关函数所做的测量进行比较，如戴维斯、格罗斯和皮伯斯（1977）所述。在尺度不变的爱因斯坦-德西特模型中，尺度不变的初始条件使纯引力 $N$ 体模拟中的质量分布在经过足够的时间以使瞬变衰减后，松弛为质量相关函数的一个尺度解。我们未能找到这种尺度行为，而且我们已有的结果似乎也没有接近收敛到尺度解。在我们为数不多的出版物中，一份收录于一个早期召开的会议的论文集（Peebles，1973b），另一份是在我们即将放弃时提交的会议摘要（Groth and Peebles，1975）。

其他人则接受了模拟不断膨胀的宇宙中质量和星系分布演变的挑

战。例如普莱斯和谢克特（1974），多罗什克维奇和山达林（1976），奥塞特、戈特和特纳（1979），埃夫斯塔硫、福尔和霍根（1979），米勒和史密斯（1981），森特雷拉和梅洛特（1983），梅洛特等（1983），米勒（1983），考夫曼和怀特（1992），以及戈韦尔纳托等（2010）。大量工作的结果表明，可以调整用于描述重子行为的参数以符合观测结果，包括星系的特征及其空间分布和运动，细节可以达到惊人的程度。ΛCDM宇宙学通过了此测试。但是它的复杂性使得人们很难从宇宙结构形成的研究中评估这种情况的重要性。

戴维斯等（1985）在著名的DEFW论文中，提出了CDM模型（在成为ΛCDM宇宙学之前）中结构演化的早期数值模拟。这与格罗斯和皮伯斯（1975）的观点相似，但使用了十年后功能更强大的数字计算机。从重子宇宙结构形成的数字模拟转向CDM模型是很有吸引力的，因为重子的行为表现为理查德·拉森一直探索的复杂方式。在CDM模型中，主导的质量仅与引力相互作用，因此人们可能希望通过忽略重子的复杂性来得出有用的宇宙演化的第一近似。对仅在引力影响下运动的粒子气体分布的演化开展数值模拟很容易。在给定粒子位置的情况下，精确计算引力加速度是很费时的，但是这一问题可以解决。CDM模型的模拟非常方便，因为接近尺度不变性的初始条件会增长为第一代非线性结构，该非线性结构大约同时在广泛的质量尺度范围内形成，从而缩短了模拟中所需的宇宙时间的跨度。[1] 除此之外，学界出于简洁性、暴胀以及研究前景等原因对CDM模型产生的兴趣也增加了研究的动机。

DEFW引入了一种思路上的变化：在模拟中将星系与质量聚集对应起来，并将星系的空间分布与这些质量密度峰值的分布（而不是质量

---

[1] 回顾一下在第285页的脚注中的讨论：在尺度不变的初始条件下，星系尺度上的质量起伏功率谱在非线性质量聚集形成之前接近 $P(k) \propto k^{-3}$，意味着质量起伏的幅度只随长度尺度的对数变化。

分布的值）进行比较。卡洛斯·弗伦克（个人交流，2018）回忆说：

> 1982 年底，在伯克利的系里购买了一台当时功能强大的新型计算机 VAX 780 后，我们就开始开展后来成为 DEFW 的研究……在 DEFW 项目的第一部分中，我们假定星系的分布可以示踪质量的分布。我们沮丧地发现，在这一假定下，$\Omega_m \sim 0.2$ 的开放模型可以与 CfA 巡天数据很好地匹配，但更具吸引力的 $\Omega_m=1$ 平坦模型却不能。您知道，后者的问题在于，要匹配观测到的星系成团的幅度，就需要非常大的质量起伏幅度，这将导致均方根成对本动速度比您和马克[·戴维斯]在 CfA 红移巡天中测得的结果大得多。作为安慰，我们运行了一个具有宇宙学常数的平坦模型，从星系团和本动速度的角度来看，它与开放模型一样好，并且至少具有平坦的几何形状的优点，即便这是以纳入当时非常不具有吸引力的 Λ 作为代价的。1984 年，通过手头的模拟并看到尼克[·凯泽]提出的解释星系大幅度成团的理论，我们发现，如果我们将他的想法扩展到星系并对它们采用相同的"高峰值"技巧，那么所需的质量起伏将减小 $b^2$，我们就可以将 $\Omega_m=1$ CDM 模型与 CfA 星系两点相关函数和测得的均方根速度调和起来。这就是"有偏星系形成"想法的由来，但是我们很快就说服自己，无论是否希望 $\Omega_m=1$，星系在高峰值处形成的想法在物理学上是合理的，并且与任何 $\Omega_m$ 的值都有关。

早期的 DEFW 数值模拟是纯暗物质的，并且峰值是在初始条件下识别出来的。对星系如何形成的令人满意的研究必须考虑重子的复杂行为，并识别出它们形成时的模型星系。但是 DEFW 设定了思考的方向。

关于星系如何形成的探讨由来已久，包括第 5 章中回顾的以下早期辩论：引力是否能在膨胀宇宙中集合星系的质量聚集？如果能，引力是否会导致星系旋转？具有星系尺度的重子聚集的行为是复杂的。星系的大部分是 CDM 的想法可以很容易地解决这个问题：首先忽略重子，然后根据发现的有用结果对重子的行为进行越来越详细的分析。很难说这些结果为宇宙学检验增加了多少分量，但是它们确实使学界对 CDM 模型及其 20 世纪 90 年代的变体保持了兴趣。

## 8.4 主题的变化

皮伯斯（1982b）的 CDM 宇宙学假定爱因斯坦-德西特模型的 $\Lambda=0$，$\Omega_m=1$。这是为了简洁起见，尽管有两点保留看法。首先，在我看来，证据似乎表明质量密度小于爱因斯坦-德西特值。其次，我一点也不相信简洁性是更好的宇宙学的可靠指南。在第一点上，我是正确的，但在第二点上，我错了。但是要得出第二个结论，需要梳理本节要回顾的思想。为此，让我们遵循标准做法，将 1982 年的模型称为标准冷暗物质模型（sCDM），尽管它从未真正成为标准。

帕格尔斯和普里马克（1982）以及布卢门撒尔、帕格尔斯和普里马克（1982）在 sCDM 提出的同一年提出了温暗物质（WDM）。他们认为，WDM 流确定的特征质量可能可以解释大型星系的质量。到目前为止，该想法尚未产生太大的影响，但这一想法（结合一个较小的特征质量）仍在继续被讨论。可以将这种所谓的 sWDM 的变体与此处要讨论的 sCDM 的变体一起考虑，但是我发现这种情况的证据很少。

回想一下表 3.2 和图 3.5 中汇总的越来越多的测量结果，这些测量结果表明宇宙平均质量密度约为爱因斯坦-德西特值的三分之一。这些证据包括对星系成团质量的动力学测量，尺度从 ~0.3 Mpc 到 ~10 Mpc；成团质量函数、演化、空间相关函数和重子质量百分比；扩展到约 50 Mpc 的正的星系位置空间相关性（最后一个假定了初始条件是绝热且尺度不变的，如 sCDM 模型一样）。但是这种低质量密度与 1990 年前后的普遍观点背道而驰，即质量密度肯定为爱因斯坦-德西特值：$\Omega_m=1$。这就意味着这些质量密度测量值都偏低（第 3.5.3 节）。假定偏差在 ~0.3 Mpc 到 ~30 Mpc 的范围内对 $\Omega_m$ 的估计值具有如此系统的相似影响，这是否合理？还是认为质量密度可能只是 sCDM 模型的三分之一更合理？

斯穆特等（1992）的研究使这个问题变得更加有趣。他们宣布通过 NASA 宇宙背景探测卫星 COBE 上的差分微波辐射计（DMR）实验探测到了 CMB 各向异性。第一年数据中的背景辐射温度各向异性为 $\delta T/T = 1.1 \times 10^{-6}$（在角尺度 $\theta \sim 10°$ 处测得）。尽管后来的测量结果效果更好，但探测到如此小的各向同性的偏离令人印象深刻。这个探测结果是令人兴奋的，因为各向异性的程度与 sCDM 宇宙学及其变体的期望值差不多。这很重要，因为它是偏离均匀质量分布的量度（当然，取决于初始条件，通常假定是绝热的）。这是对宇宙学模型的一个新的约束。

邦恩和怀特（1997）报道，根据 4 年 CMB 测量得出的 COBE 各向异性归一化的 sCDM 模型（Bennett et al., 1996）要求质量起伏幅度〔在公式（8.2）中定义〕相当于 $\sigma_8 = 1.22$。但是他们指出，要符合富星系团的丰度，维亚纳和利德尔（1996，图 3）的条件是需要 $\sigma_8 \approx (0.6 \pm 0.1)\Omega_m^{-0.4}$。由于 sCDM 中 $\Omega_m=1$，因此这是一个相当大的差异，可能会被添加到 $\Omega_m$ 远低于 1 的其他证据中。然而，还有其他想法需要考虑。

### 8.4.1 TCDM

邦恩和怀特（1997，20）得出结论：

> COBE 归一化的"标准"CDM〔sCDM〕……预测了太多的小尺度功率，因此被排除掉了。但是，对模型进行的任何微小调整都

可能轻松解决这种不一致问题。也许最简单的解决方案是稍微倾斜功率谱。暴胀模型预测的谱指数通常略小于1，并且在此类模型中，n 值为 0.8 或更小是很自然的。

这个简单的解决方案被称为倾斜冷暗物质（Tilted Cold Dark Matter，TCDM）模型。它与 sCDM 的唯一区别是原始质量起伏功率谱从尺度不变倾斜到：

$$P_k \propto k^n, \quad n<1 \tag{8.7}$$

要了解这如何解决了 sCDM 的某些问题，请注意，当膨胀到当前时代时，COBE 测量结果的角分辨率 $\theta \sim 10°$ 在高红移下对应于大约 500 Mpc 的共动长度尺度。在绝热的初始条件下，CMB 各向异性转化为这种尺度上均匀质量分布的偏离。均匀性在更小尺度（约 10 Mpc）上的偏离与团的引力形成有关。因此，通过倾斜原始功率谱可以纠正 sCDM 在团的尺度上对起伏功率的过高预测。正如怀特、埃夫斯塔硫和弗伦克（1993）所预期的那样，这解决了成团的问题。但它仍然保留了图 3.5 中总结的一系列测量结果所表明的平均质量密度小于爱因斯坦-德西特值的证据，但当时的普遍感觉是这可能需要单独处理。

对暴胀的关注值得注意。可以自然地预期到暴胀期间膨胀率的降低，这会使初始条件从尺度不变向 TCDM 模型需要的方向倾斜。但是 n 的值不是由暴胀预测的，可以选择其实现方式，使 n 大于或小于 1。这种灵活性可以通过两篇论文的标题来说明：《设计暴胀中的密度起伏谱》（Salopek，Bond，and Bardeen，1989）和《暴胀起伏谱的任意性》（Hodges and Blumenthal，1990）。在单场暴胀模型中根据标量场 $\phi$ 来选择势 $V(\phi)$，可以提供各种各样的初始条件。两个标量场提供了更大的多样性。因此，针对 sCDM 失败的一种应对措施是调整暴胀模型，就像邦恩和怀特的倾斜那样。

研究者可以假定表达式（8.7）中的倾斜，也可以提出一个模型。如果暴胀期间的膨胀参数是物理时间的幂律形式 $a \propto t^p$，那么就会产生表达式（8.7）中的幂律初始条件，其中 $n = (p-3)/(p-1)$（Lucchin and Matarrese，1985；Liddle，Lyth，and Sutherland，1992）。在另一种方法中，弗里兹、弗里曼和奥林托（1990）引入了一个被称为"自然暴胀"的单场模型，因为在粒子物理学的大统一模型中，它们的场势有理由被认为是一种自然形式。自然暴胀的原始质量起伏接近表达式（8.7），但对于某些人来说，该起伏谱更好。岑等（1992）和亚当斯等（1993）得出结论，TCDM 和几乎等效的自然暴胀模型看起来很有前景，但需要进一步研究，包括显著的星系位置偏差，以避开 $\Omega_m \sim 0.3$ 的动力学证据：也许是少量的 HDM，也许是一个宇宙学常数。

### 8.4.2 DDM 和 MDM

在衰变暗物质（Decaying Dark Matter，DDM）模型中，暗物质一直在衰变，可能衰变为其他种类的非重子物质，也可能衰变为与重子物质以某种可观测的方式相互作用的物质。早期的例子是迪克斯、科尔布和特普利茨（1977，1978）以及佐藤和小林（1977）对可能具有有趣的辐射衰变寿命的大质量中微子的讨论。

戴维斯等（1981）提出，早期宇宙可能既包含 HDM，也就是第 7.1 节中讨论的热产生的静止质量为几十电子伏特的中微子海，也包含 WIMPS，这是第 7.2 节中讨论的具有更大静止质量的另一个中微子家族。在该模型中，假定更大质量的中微子在其引力放大了星系尺度结构的生长后已经衰变，留下 HDM 来提供当前大部分爱因斯坦-德西特质量密度。自由流可能使 HDM 在约 10 Mpc 的尺度上接近平滑（如第 7.1.1 节中的 HDM 宇宙学），以至于在更小尺度的动力学探测中不会探测到该质量成分。也就是说，星系中及其周围的质量可能足够小，以解释它们相对较小的相对速度弥散。多罗什克维奇和赫洛波夫（1984），福田和柳田（1984），盖米尼、施拉姆和瓦莱（1984），哈特和怀特（1984），以及奥利弗、塞克尔和维什尼亚克（1985）的早期论文探讨了这个主题。特纳、斯泰格曼和克劳斯（1984）提出了一种变体：在大质量暗物质粒子通过引力促进了结构的形成之后，它们的衰变可能产生了相对论性的非重子物质海。在相对论性暗物质中，占主导地位的质量密度在哈勃长度上接近于平滑，而在星系内和星系周围聚集着次主导的质量。这些星系对平均质量密度的贡献很小，因此观测到的相对速度较小。其效应与宇宙学常数的效应大致相似，只是宇宙膨胀时间将大大缩短，这是一个严重的问题，但在当时可能不是一个致命的问题。

混合暗物质（Mixed Dark Matter, MDM）模型（也称为冷热暗物质模型、两成分暗物质模型）将稳定的 CDM 大部分置于星系周围的大质量晕中，而更平滑分布的 HDM 中的更大的质量密度使总量达到了爱因斯坦-德西特值。这是戴维斯等（1981）的两成分方案，但没有任何非重子物质的衰变。该模型受到了相当多的关注，早期的例子有莎菲和斯特克（1984），梅村和池内（1985），以及瓦尔达尼尼和波诺梅托（1985）。

### 8.4.3 ΛCDM 和 τCDM

$\Omega_m=1$ 的模型受到了图 3.5 中总结的大量各类证据的挑战，这些证据表明质量密度 $\Omega_m \sim 0.3$，远低于 1。ΛCDM 模型接受了这一点，并假定爱因斯坦的宇宙学常数 Λ 可以使空间截面保持平坦。冈恩和廷斯利（1975）的研究预示了朝这个方向迈进的步伐，他们整理了"加速宇宙"的实证证据。这最初是由如下研究者在 CDM 的背景下提出的：皮伯斯（1984b），里斯（1984），特纳、斯泰格曼和克劳斯（1984），以及考夫曼和斯塔罗宾斯基（1985）。这是一种比偏离更简单、更直接的方法，可以解释第 3.6.5 节中讨论的多种质量密度探测结果，同时保留了暴胀指示的平坦空间截面（当然，可以说也保留了时空几何的优雅）。

用于质量分布功率谱的 τCDM 模型旨在允许对包括 ΛCDM 在内的各种模型中宇宙学参数调整的效应的检验。埃夫斯塔硫、邦德和怀特（1992）对质量起伏功率谱给出了公式（8.1）的推广：

$$P(k) = \frac{Bk}{\{1+[6.4q+(3.0q)^{3/2}+(1.7q)^2]^\nu\}^{2/\nu}}, \quad q = \frac{k}{\Gamma}, \quad \nu = 1.13 \quad (8.8)$$

波数 $k$ 的单位是 $1h\ \mathrm{Mpc}^{-1}$。振幅 $B$ 和量 $\Gamma$ 是自由参数，在 ΛCDM 中，我们取 $\Gamma = \Omega_m h$。埃夫斯塔硫等给出了其他模型的 $\Gamma$ 的其他表达式。我认为异常详细的公式（8.8）很好地展现了在寻找从星系到最大可观测尺度的宇宙行为的可信图景过程中所投入的聪明才智。

ΛCDM 模型与第 3.5.1 节中回顾的反对 Λ 的非实证性论证的悠久传统相悖，但事实证明，它通过了世纪初宇宙学检验的革命性进展。在讨论这是如何发生的之前，我们应该考虑更多有关如何建立一个完善的宇宙学理论的想法。

### 8.4.4 一些其他的想法

戈特等（1974）讨论了具有开放空间截面的低密度宇宙学模型的情况。在 20 世纪 70 年代，这种模式并没有被认为是不合理的。后来的思想转变很大程度上受到了 20 世纪 80 年代初期对宇宙暴胀的解释的启发，该解释认为宇宙接近均匀，因为暴胀过程中的巨大膨胀扫除了空间曲率梯度，因而也清除了空间截面的曲率。尽管阿博特和舍费尔（1986）持具有开放空间截面的宇宙学与暴胀相悖的普遍观点，但他们仍然认为这值得考虑。埃利斯、莱思和米伊奇（1991）认为，他们可以为开放宇宙中的暴胀建立一个可接受的模型。

sCDM 的变体开放 CDM（Open CDM，OCDM）接受了低质量密度 $\Omega_m \sim 0.3$ 的证据，并假定开放空间截面的 $\Lambda=0$。在 20 世纪 90 年代中

期，该模型可以进行调整，从而合理地满足约束条件（例如，Wilson，1983；Blumenthal，Dekel，and Primack，1988；Kamionkowski et al.，1994；Ratra and Peebles，1995）。在世纪之交，它令人信服地被推翻了。

皮伯斯（1987a，b）引入的原初等曲率重子模型甚至更反传统。它是作为观测结果需要非重子物质这一想法的反例被引入的。该模型假定原始条件等曲率，这意味着早期宇宙中重子的团块化分布可以通过对辐射的微小扰动来补偿，这些扰动可以消除原初时空曲率的起伏。物质密度（均为重子）被选择为与大爆炸核合成（BBNS）的约束一致（第4.6节），并且当 $\Lambda=0$ 时，这要求空间截面是开放的。原初重子空间分布的功率谱是幂律的，幂律指数和幅度是自由参数。在20世纪90年代中期，该模型被认为受到了严格的约束，但也许并未被排除（例如，Efstathiou and Bond，1987；Cen，Ostriker，and Peebles，1993）。胡、邦恩和杉山（1995，L62）得出的结论是：

> 目前，与 CMB 和大尺度结构的综合观测结果相比，最简单的结构形成模型都不理想。因此，将这种原初等曲率重子模型视为完全不可行可能是不明智的。

我及时引入了一个更精细的等曲率模型（Peebles，1999），通过探测图 5.2 中所示的声学振荡，以一种特别明显的方式将它与原初等曲率重子模型一起证伪了。

萨尼、费尔德曼和斯特宾斯（1992）重新考虑了勒梅特（1931d）提出的观点，即不断膨胀的宇宙会经历第 3.6 节中讨论的接近静态的徘徊阶段。勒梅特为宇宙学做出了巨大贡献，但这一点并未被证明是有前景的。梅西纳等（1992）讨论了原初质量密度起伏严重的正或负偏度对 sCDM 宇宙学中结构形成的有趣影响。sCDM 中的大质量密度当然是有问题的，但是当时，人们可以考虑具有偏度的 ΛCDM。这一思路已经在世纪之交被接近高斯性的 CMB 各向异性排除。巴特利特等（1995）指出，如果河外距离尺度大约是天文学家测量值的两倍，那么 sCDM 宇宙学的许多挑战都将得到缓解。但是，表 3.2 中 $\Omega_m$ 的低动力学估计值对距离尺度并不敏感，而且也很难想象天文学家的距离标定会偏离如此之远。这个想法必须加以考虑，并且被视为受到了严峻的挑战。

在这篇综述中，我们看到了为寻求更好的宇宙学模型的线索而提出的广泛的创新性思想。其动机固然有所不同，但我认为一种普遍的感觉是兴奋，因为我们可能正在接近足够严格的约束条件，从而使某一个宇宙学理论成为现实宇宙的合理近似。现在让我们考虑一些例子，这些是关于 20 世纪 90 年代我们离这一终局可能有多近的看法的演变的例子。

## 8.5 这一切如何契合？

德克尔、伯斯坦和怀特（1997，176）认为：

> 将具体模型与观察结果进行比较的顺序，可以根据奥卡姆剃刀原理来决定，即根据初始条件的简洁性和鲁棒性。需要注意的是，不同的研究人员对"简洁性"的评估意见可能不一致。
>
> 通常假定最简单的模型是爱因斯坦-德西特模型，$\Omega_m=1$ 且 $\Omega_\Lambda=0$。其具有鲁棒性的一个原因是，$\Omega_m$ 始终保持恒定，无须在初始条件下进行微调。（"巧合"论点[2]）。
>
> 根据暴胀的通用模型，最自然的拓展是一个平坦的宇宙，$\Omega_{tot}=1$，其中 $\Omega_m$ 可以小于 1，但需要以非零的宇宙学常数为代价。
>
> 这些简单的模型可以作为有用的参考，甚至可以指导对结果的解释，但它们不应使测量结果产生偏差。

这些谨慎的陈述对 20 世纪 90 年代中期的研究状况给出了合理的描述。

这些陈述中的参考文献 2 是邦迪（1960）的论文，他指出，如果空间曲率和 Λ 为零，那么总质量的密度参数 $\Omega_m$=1，与时间无关。如第 3.5.1 节所述，这意味着我们不一定只在宇宙演化过程中的某个特定时期繁荣发展。学界还充分地认识到了这样一个问题：出于第 3.5 节中的考虑，一个宇宙学可接受的 Λ 值似乎明显不符合量子物理学的要求。考夫曼、格涅金和巴考尔（1993，8）指出："从宇宙学和基础物理学来看，宇宙学常数是精确为零还是很小（以普朗克单位计）存在很大的区别。"戴维斯、埃夫斯塔硫等（1992）在论文的评论中表达了对前者的偏好，参见第 3.5.1 节。马克·戴维斯在此议题上做出的很多贡献在这段历史中被详细讨论，他（个人交流，2018）回忆道：

> 我记得当我们在剑桥聚会时，我们非常不愿意让 Ω 小于 1。这完全不可能，这篇论文的标题就说明了一切：《冷暗物质的终结？》。

当然，还有一点需要注意：大自然必须同意。马克·戴维斯再次在个人交流（2018）中提到：

> 如果我们当初愿意在模型中接受多个参数，我们原本可以取得更大的进展。但我们绝对是被迫的，因为数据明确地指向了 Λ。

泰勒和罗恩-罗宾森（1992，396）比较了对 sCDM 的七个变体（包括 ΛCDM）的观测约束。他们的结论是：

> 我们发现只有一个模型完全令人满意，其中宇宙的密度 Ω=1，69% 以冷暗物质的形式存在，30% 由热暗物质以质量为 7.5 eV 的稳定中微子的形式提供，1% 是重子。

这个模型是 MDM 模型，即第 8.4.2 节中讨论的冷、热暗物质的混合模型，Λ=0。宇宙结构形成的数值模拟使戴维斯、萨默斯和施莱格尔（1992, 359）得出了类似的结论：

> 因此，MDM 模型似乎解决了一个长期存在的大尺度结构问题，即小尺度和大尺度上 Ω 的估值不同的问题。速度场在小尺度上减小，而在大尺度上增大，从而增加了宇宙速度场的马赫数。[31] 这一点，再加上它在匹配宇宙大尺度结构方面的其他成功之处 [8, 32]，使得这个模型值得认真考虑。

上述引文中的参考文献分别来自奥斯特里克和索托（1990）（他们将平均星系流周围的小弥散描述为大的宇宙马赫数），范达伦和舍费尔（1992），泰勒和罗恩-罗宾森（1992）。后两篇论文还提出了 MDM 模型的论据。克雷平等（1993, 1）在论文中提出了类似的评估：

> 冷热暗物质模型有望作为结构形成的模型。热成分的存在要求额外引入一个标准 CDM 之外的参数——轻中微子质量或与之等价的 $\Omega_\nu$——并使模型能够很好地符合所有可用的宇宙学数据。预计 τ 中微子的质量约为 7 eV，与太阳中微子数据的 MSW 解释以及一个广受欢迎的粒子物理学模型相符。

普里马克（1997）后来的一篇对这种情况的综述的标题是《宇宙结构形成的最佳理论是冷热暗物质模型》。在这种宇宙学模型中，由于中微子在高红移下高速流动，因此 CDM 组分将更牢固地聚集在单个星系周围，而 HDM 组分的分布则更广泛。这是在朝着调和以下两者的方向发展：一是从相对较小尺度的观测结果推断出的较小的质量密度以及 COBE 在大尺度上的归一化，二是这些模型中假定的爱因斯坦-德西特

质量密度 $\Omega_m=1$。但是当然，表 3.2 中关于较低质量密度的多种证据仍然存在问题。

普里马克（1997）的论文是我发现的关于 MDM 的最后一个经过精心组织的论证。之后人们对这一模型的兴趣突然就消失了。我没能找到当时直接证明 MDM 不正确或者可能不正确的研究。在那一年，珀尔马特等（1997）从对超新星红移—星等关系的测量中得出的证据表明，$\Omega_m$ 接近于 1。这篇文章后来被撤回了，但在当时，要调和 $\Omega_m$ 的较大值和图 3.5 中汇总的平均质量密度探测结果所指示的较小的质量密度，需要一些特殊的安排。MDM 模型似乎值得考虑。然而，学界变得越来越倾向于通过简单地添加爱因斯坦的宇宙学常数 Λ 来保持空间截面平坦，同时降低 sCDM 的平均质量密度以与相关证据相符，尽管这背后的量子物理学不太可能成立。后来的证据表明，我们确实必须学会接受 Λ 的存在，并且中微子确实具有非零的静止质量，但它们远低于 MDM 模型中考虑的质量。

有关 ΛCDM 的论点包括埃夫斯塔硫、萨瑟兰和马多克斯（1990，705）的研究，他们从对星系相关函数的测量中得出结论（第 3.6.5 节）：

> CDM 理论的成功可以保留，与此同时，新的观测结果也可以与一个空间平坦的宇宙学相容，在其宇宙中，多达 80% 的临界密度是由正宇宙学常数提供的。在动力学上，这等效于赋予真空非零能量密度。

S. 怀特等（1993，432）从他们对星系团重子质量百分比的估计得出了这一结论（第 3.6.4 节）。他们的想法是，"暴胀模型所需的平坦宇宙可以通过非零的宇宙学常数来挽救，这种可能性还具有其他吸引人的特征，[41] 但仍与大值的 $\Omega_0$ 的动力学证据相矛盾"。参考文献 41 是埃夫斯塔硫、萨瑟兰和马多克斯（1990）在星系位置正相关范围内得出的质量

密度小于 $\Omega_m=1$ 的证据。论文作者没有解释大质量密度的证据,但当时 POTENT 方法的结果被广泛讨论。该结果与 $\Omega_m=1$ 一致（Dekel et al., 1993），尽管我们已经发现，如此大的质量密度很难与图 3.5 中的大量证据相调和。该十年后期质量密度数据和分析方法的改善，特别是表 3.3 中的方法 E，让威利克等（1997）得出结论：对于合理的哈勃常数值，平均质量密度可能在 $0.16 \lesssim \Omega_m \lesssim 0.34$ 的范围内。

现在回想一下，在给定的质量密度参数小于 1（比如，也许 $\Omega_m \approx 0.3$）的情况下，$\Lambda=0$ 且具有开放空间截面的 OCDM 模型以及具有平坦空间截面的 $\Lambda$CDM 模型能够同样好地拟合以下结果：~1 Mpc 尺度上的质量密度测量值，~10 Mpc 尺度上的星系团分布，以及 ~100 Mpc 处相关星系位置的截断。这是第 412 页的脚注中讨论的几何简并性。考夫曼、格涅金和巴考尔（1993，2）认为，OCDM 和 $\Lambda$CDM 之间的简并性可能会因以下考虑而被打破：" 正的宇宙学常数有助于克服宇宙（可能）的 ' 年龄问题 '。也就是说，最古老的球状星团的年龄……大于 $\Omega=1$ 且 $h \approx 0.5$（$t_0=13$ Gyr）的宇宙的年龄。" 这个问题也导致克劳斯和特纳（1995）以及查博伊尔等（1996）支持 $\Lambda$CDM，而反对 OCDM。但是需要注意考夫曼、格涅金和巴考尔（1993）的限定词 " 可能 "：很难确定哈勃参数 $h$ 的可靠值。

戈特等（1974）汇总了图 3.2 所示的参数约束。奥斯特里克和斯坦哈特（1995）更新了该图。他们对哈勃常数和膨胀时间有更严格的约束，并用第 3.6.4 节中回顾的对总质量密度的一系列约束代替了重子质量密度。他们认为，质量密度参数在 $0.2 \lesssim \Omega_m \lesssim 0.4$ 范围内的情况已经有了合理的说服力，尽管尚未得到普遍接受。奥斯特里克和斯坦哈特提出，OCDM 和 $\Lambda$CDM 之间的简并性被 OCDM 预测的大得无法接受的 CMB 各向异性所打破。这是对约束的重要补充，但当时，CMB 各向异性测量的重要性尚有争议。

插图 I 的底图展示了皮伯斯、佩奇和帕特里奇（2009）汇编的 CMB

各向异性测量的一系列进展。[①]卡米翁科夫斯基等（1994，图2）得出结论，在 $\Omega_m = 0.3$，$\Lambda = 0$ 且尺度不变的初始条件下，COBE 归一化的峰值各向异性在 $l=400$ 时为 $\delta T_l = 55\mu K$。这是插图 I 中截至 1999 年的测量结果所允许的。奥斯特里克和斯坦哈特（1995）认为，由于 OCDM 中的质量起伏谱的增长比 $\Lambda$CDM 中的慢，因此 OCDM 中的原始谱应倾斜到 $n=1.15$，这将增加小尺度上的功率。他们发现，在 $\Omega_m=0.375$ 的情况下，上述结论预测在 $l=400$ 时 $\delta T_l \approx 95\mu K$，这个值已经大得无法接受了。可以将这种考虑与邦恩和怀特（1997）的分析进行比较。他们使用了四年的 COBE CMB 各向异性数据。在他们 $n=1$ 的 OCDM 模型中，COBE 归一化表明 $\sigma_8 = 0.64$。这小于他们对解释富星系团的丰度所需的值的估计，他们的估计是，在 $\Omega_m=0.4$ 时 $\sigma_8 = 0.87 \pm 0.14$。邦恩和怀特指出了另一种倾斜方式，当 $\Omega_m=1$ 时，倾斜至 $n=0.8$。这能满足星系团丰度的要求，但在较小的尺度上需要引入偏置。

我们必须考虑另外两个问题。首先，黑暗时代之后的再电离通过自由电子的散射抑制了 CMB 各向异性。现在人们知道这种影响不算大，但是卡米翁科夫斯基、斯佩格尔和杉山（1994）论文中的图 2 展示了可以在 20 世纪 90 年代中期考虑到的各向异性的显著抑制。其次，来自 CMB 各向异性的约束假定存在对均匀性的原始绝热偏离。直到 20 世纪 90 年代末，学界都认为前文所讨论的原初等曲率重子模型是可行的。

暴胀的非实证性论据肯定更倾向于 $\Lambda$CDM 而不是具有弯曲空间截面的 OCDM，尽管我们已经看到，在某些人看来，量子物理学的非实证性考虑不支持 $\Lambda$CDM。实证性证据支持 $\Lambda$CDM 而非 OCDM，因为 $\Lambda$CDM 允许更长的膨胀时间，这更容易拟合恒星演化的年龄，也可能更好地拟

---

[①] 要将奥斯特里克和斯坦哈特（1995）的论文以及当时其他论文中的各向异性的测量结果转换为插图 I 纵轴上以微开尔文为单位的 $\delta T_l$ 值，取各向异性的平方根并乘以 $2.725 \times 10^6$。

合 CMB 各向异性。但是在 20 世纪 90 年代中期，对这些测量结果的解读还称不上可靠。一些人认为，可以通过转向 MDM 模型或等曲率模型来避免添加 Λ；而另一些人则指出，由于天文学家发现哈勃常数在 50~100 km s$^{-1}$ Mpc$^{-1}$ 的范围内，因此考虑 $H_0$~40 km s$^{-1}$ Mpc$^{-1}$ 并非不合理，这将有助于调和 sCDM 与膨胀时间以及 CMB 各向异性。当然，还有一些人持不可知论的态度。

实证性证据的状态在 20 世纪 90 年代末发生了变化，当时 CMB 各向异性的测量条件更好，并且宇宙红移-星等关系的测量项目开始得出结果。这两条实证性研究路线使相关证据出现了革命性的增加（将在第 9 章中讨论）。巴考尔等（1999）得出的结论是，这些汇总的证据正在共同指向 ΛCDM 宇宙学。在对证据的评估中，邦德和贾菲（1999，61）采取了更为谨慎的态度：他们正在考虑的宇宙学模型中的参数数量"因此至少为 17 个，如果我们不通过对暴胀模型中'可能'这一概念的理论考虑来限制 $\mathcal{P}_\Phi(k)$ 的形状，那么其数量会更多"。

邦德和贾菲考虑了来自 COBE 四年期 CMB 各向异性数据的累积约束以及在更小角尺度上出现的测量结果，并且他们还参考了测量红移-星等关系的两个团队的预印本。但是邦德和贾菲选择不对最有前景的宇宙学模型下定论。相反，针对不断获得的测量结果，他们对其更严格的检验的前景进行了分析，从而得出结论。

在本节中，我们看到学界为了构建巧妙的模型投入了大量的精力。20 世纪 80 年代和 20 世纪 90 年代的学界似乎并没有因思想多于观测结果而感到沮丧，然而我往往有这样的感受。士气的维持得益于对观测和实验项目的持续投入，以及人们认为正在讨论的模型并非没有前景。优雅的思想也可以激发灵感，而想到正确的前进方向可能会将我们带向一个在某种有待发现的层面上被视为优雅且有坚实基础的宇宙学，这令人兴奋不已。

自然而然的保守倾向可能有助于解释为什么在世纪之交之前的 20

年中，关于可行的宇宙学的大多数想法与原始版本的 sCDM 的差别都很小，与早期关于暴胀的想法的差别也很小。这种方法可能会错过正确的方向，但是下一章将总结的证据表明，事实并非如此。

第 9 章

# 1998—2003 年的革命

从 1998 年到 2003 年的五年中，实证宇宙学状态的变化足以称得上一场革命。它是由两个重要项目驱动的，即宇宙红移-星等关系的测量以及宇宙微波背景（CMB）辐射在天空中分布模式的测量。这两个项目基本上在同时达到了严格约束宇宙学模型所需的精度。这两种截然不同的观测宇宙的方式令人印象深刻的一致性，以及同样重要的与这场革命之前多年研究中收集的其他证据的一致性，促使人们迅速接受了它们提供的解释。

第 9.1 节回顾了红移-星等关系的测量；第 9.2 节讨论了 CMB 各向异性模式与 CDM 模型家族预期的一致性，因此能够直接地解释发现；第 9.3 节考虑了新旧证据如何充分契合，以至于可以说这场实证革命已经于 2003 年完成。当然，实证宇宙学的研究还在继续，有着重要的新发现。但这段历史在这一革命结束时终结了，此时 $\Lambda$CDM 宇宙学已经成为自然科学的一个分支。本章以第 9.4 节中对这个主题未来研究的展望作为结尾。

## 9.1 红移-星等检验

托尔曼（1934a）得出了天体的红移，其内禀光度及其观测到的能量流量密度（尽管分散在§178至§183的推导中）之间的关系。用天文学家的话来说，这就是距离模数（即天体的视星等和绝对星等大小之差）与它的红移之间的关系。因此，它也被称为红移-星等关系或 $z$-$m$ 关系。对一类天体的红移 $z$ 和视星等 $m$ 的测量只有在这些天体能够被归一到接近相同的内禀光度时，才能成为红移-星等关系的精确测量。如果可以确保这一点，在始终假定相对论性的弗里德曼-勒梅特宇宙模型的前提下，通过应用托尔曼方程，所测得的红移-星等关系将能够约束宇宙学参数的值。

哈勃（1936，154—155）在他的《星云世界》一书中注意到：

> 极罕见的超新星以每 500～1 000 年的平均间隔在一个星云中出现一次。从可获得的少量数据来看，人们认为，当达到最大亮度时，它们的内禀光度将相当均匀，并且光度可以与星云本身的平均光度相当。超新星可以在很远的距离处被探测到，并且从原理上讲，它们是距离的标准，与星云的总光度一样可靠。然而，实际上，极少观测到最大亮度，并且超新星本身就非常罕见，以至于它们对当前问题的贡献很小。

哈勃是在用已有的工具探索银河系之外新开启的世界。在19世纪和20世纪之交，超新星已成为探索星云区域如何形成的关键工具。

艾伦·桑德奇（1961a）评估了如何使用加利福尼亚的帕洛马山200英寸望远镜来探测宇宙演化，进而得出了这样的结论，即测量富星系团中最明亮星系的红移-星等关系似乎很有前景。哈勃和赫马森已经将更明亮的星团成员的红移-星等关系扩展到红移 $z\approx 0.1$，即光速的 10%

(Hubble，1936）。桑德奇提议将这个项目扩展到更远距离的更大红移，而桑迪奇和哈迪（1973）测量到了红移 $z\approx 0.4$ 的星团。通过仔细关注最显著的星团成员的光度如何依赖于星团的性质，他们对公式（3.23）中定义的减速参数的正式估计为 $q_0\approx 1\pm 1$。冈恩和奥科（1975）发现了相似的结果。

桑德奇（1961a）曾警告说，对星系内禀光度演化的校正可能存在问题。比阿特丽斯·廷斯利（1967）在其博士学位论文中强调，先前对星系光度演化的估计，充其量表明需要进行更深入的分析。她着手改善这种情况。

洛和斯皮拉尔（1986b）从一种相关的测量——星系的数量与红移的函数关系——发现了一个对宇宙参数的有趣约束。托尔曼（1934a）也提出了这一理论。洛和斯皮拉尔拥有大量的测光红移样本（通过第3.6.4 节回顾的方法得到），并且在假定所有星系都以相同的比例速率演化的情况下对星系演化进行了测试。这是解决一个重要问题的重要开端，但现在通过其他方法已经很好地确定了宇宙学参数，廷斯利以及洛和斯皮拉尔的研究项目已成为研究星系如何形成和演化的核心。

古斯塔夫·塔曼提出，控制特定类型的超新星的演化可能不像对星系那样麻烦。超新星可能更适合于测量红移-星等关系。塔曼指出了一种特殊的类型，即那些由于其光谱中不存在氢特征而被归类为 I 型的类型。塔曼（1978，325）的早期结论如下：

> E/S0 星系中的 I 型超新星，以及经过对内禀吸收进行了可靠校正的旋涡星系中的超新星几乎是标准烛光，这可能对确定 $q$ 很有用。尽管 I 型超新星在最明亮时比最亮的团星系暗很多，但它们可能具有相同甚至更小的内禀星等弥散（$\leq 0^m.3$），并且在宇宙学时标上受演化效应的影响比后者小。

这里的 $q$ 是公式（3.23）中定义的减速参数 $q_0$，是红移-星等关系的第一个测量值。

伍斯利和韦弗（1986）回顾了越来越多证明 I 型超新星应当被分为三类的证据。Ia 型过去和现在都被认为是白矮星的热核爆炸，其能量来自白矮星中的碳和氧转化为核结合能曲线峰值处铁附近的原子核。不那么明亮的 Ib 和 Ic 型被认为是更大质量恒星的相对论性坍缩，这些恒星因恒星风失去了氢包层，这解释了其光谱中氢特征的缺失。对 Ia 型超新星的限制减少了峰值光度的离散。通过考虑 Ia 型超新星峰值光度与峰值后光度的下降速率之间的相关性，可以进一步减少光度的离散。普斯科夫斯基（1977）指出了这种效应。菲利普斯（1993）证明了如何使用这种相关性的综合观测将 Ia 型超新星光度的离散降低到更接近一个共同的值，这被称为菲利普斯关系。这种关系可以通过智利大学和托洛洛山美洲洲际天文台系统性的卡兰/托洛洛超新星巡天中发现的 Ia 型超新星的光变曲线（光度随时间的变化）进行详细研究（例如，Hamuy et al., 1993, 1995, 1996）。

卡兰/托洛洛超新星巡天在照相底片上发现了这些天体。低的量子效率将可探测到的超新星的距离限制在红移 $z\sim0.1$，但是大的底片面积允许对大量星系进行采样。这些数据是在更高的红移下进行观测的重要基准，高红移的探测由于数字探测器的量子效率更高而得以实现。斯特林·科尔盖特早就强调了这一点。科尔盖特、摩尔和科尔伯恩（1975，1429）报告说：

> 我们已将 ITT F4089 磁聚焦图像增强器与 RCA 4826 增强型硅靶标视像管耦合在一起。我们的目标是获得一种天文传感器，该传感器可用于计算机控制的自动超新星搜索和光谱测量，从而进行可靠且可重复的天文学测量。

在塔曼（1978）论点的基础上，科尔盖特（1979）提出了利用 I 型超新星来测量红移-星等关系的特殊优势，并指出了一种探测它们的新方法：使用计划在太空望远镜中使用的电荷耦合器件（CCD）。

CCD 超新星探测的步骤包括：以约一个月为间隔获取同一片天空的数字图像，这符合 I 型超新星的光变上升时间；调整连续观测的图像，使恒星紧密对齐；从连续曝光中减去影像单元里的光子计数；确定与均值有显著偏离的位置；弃去由于小行星的运动、恒星的光变等原因引起的偏离；说服用大型望远镜观测的同事测量有趣的超新星候选天体的光谱。罗伯特·科什纳（个人交流，2019）指出：

> 真正的观测问题更加困难——天空的亮度每晚都有所不同，因此你必须把这种影响排除掉，并且视宁度每晚也有所不同，因此每晚的图像大小都不相同。在实践中，我们做的一件令人不快的事情是，模糊更好的图像以匹配较差的图像，然后做减法。

哈穆伊等（1993, 2398）认为：

> 不幸的是，超新星的出现是不可预测的。因此，我们无法事先安排后续观测的时间，我们通常不得不依赖他人的望远镜使用时间。这使该项目的执行有些困难。

汉森、诺尔加德-尼尔森和约根森（1987）是最早使用 CCD 探测器发现超新星的人之一。经过两年的观测，诺尔加德-尼尔森等（1989）报道发现了一个超新星，它具有 Ia 型超新星的光变特征，其时标被测得的红移（$z$=0.31）拉长。这是该方法测量红移-星等关系的前景的有力证明，但是需要更大的望远镜和更大的视场才能获得更好的统计数据。

在《天空与望远镜》杂志（Kahn, 1987）上一篇有关加利福尼亚大学伯克利分校正在进行的超新星搜索项目的文章引发的交流中，科尔盖特（1987，230）写道：

> 伯克利的超新星搜索一直是一个重大激励。没有路易斯·阿尔瓦雷茨、理查德·穆勒、卡尔·彭尼帕克和其他人对自动搜索概念的肯定，我们的工作将会受阻，我们的动力也会丧失。我们的许多讨论是相互帮助的。天文学需要使用现代设备开展一些自动搜索。早期发现许多超新星提供了深入了解它们的最大希望。一旦完成，它们可能成为测量宇宙尺度的最佳标准烛光。

穆勒和彭尼帕克（1987，230）回应说："我们认为我们在伯克利进行的超新星搜索很大程度上是斯特林·科尔盖特和他的同事开展的工作的延续。"

在《天空与望远镜》那篇文章发表之时，加利福尼亚大学伯克利分校的自动超新星搜索技术开发项目正在进行中。它后来发展成了"伯克利超新星搜索"，并最终成为"伯克利超新星宇宙学计划"。到1990年，该小组已经加入了多名关键成员，并宣布发现了超新星。珀尔马特等（1990）对该项目做了描述。索尔·珀尔马特（2012）回忆说，大约在这个时候，他已经成为项目负责人。十年后，该项目清楚而重要地发现了红移-星等关系与在较低红移处观测到的幂律相偏离。

竞争项目 High-Z 超新星搜索的发展可以追溯到 20 世纪 90 年代初，当时布莱恩·施密特加入了哈佛大学罗伯特·科什纳的超新星研究小组。施密特在科什纳指导下的博士学位论文是《II 型超新星、膨胀的光球和河外距离尺度》。施密特（2012）回忆说，他 1994 年与尼古拉斯·桑泽夫合作，并联合卡兰/托洛洛超新星巡天项目，组建了 High-Z 超新星搜索项目。施密特于 1996 年成为项目负责人。亚当·里斯于 1993 年以研究生的身份加入了科什纳的小组，并与比尔·普莱斯合作研究了 Ia 型超新星的菲利普斯关系的校准和应用。普莱斯是《数值方法》(Press et al., 1992)一书的主要作者,是一个强大的盟友。这本书中包含了实现数值方法的计算机程序,对包括我在内的许多人都很有价值。(我引用了这本书的 FORTRAN 版本,因为我只会这种编程语言。)里斯、普莱斯和科什纳(1995,1996)对菲利普斯关系的应用展示了普莱斯的独特思维方式。[1] 里斯(2012)回忆了他是如何沿着这一路径进一步解决以下问题的:修正通过宿主星系和银河系的星际尘埃屏观测到的超新星光谱中尘埃的遮蔽效应,以及修正本征超新星光谱与其光度之间的相关性。

研究的开端并不正确。珀尔马特等(1997)报告说,他们对 $z\sim0.4$ 红移附近的七个超新星的首次测量结果与爱因斯坦-德西特模型相符:$\Lambda=0$,质量密度 $\Omega_m=1$。尽管从宇宙学模型优雅性的角度来看,这很有吸引力,但将其与其他宇宙学测试结果相调和将是一个有趣的挑战。然而,这个初步的迹象很快就被取代了。

这两个研究小组给出了超新星红移-星等关系的测量结果,其精度和红移范围足以进行关键的宇宙学检验:首先是珀尔马特等(1998)和加纳维奇等(1998)的研究表明,质量密度小于爱因斯坦-德西特值;然后里斯等(1998)和珀尔马特等(1999)的文章清楚地呈现了宇宙学常数 $\Lambda$ 特征的证据。两个小组几乎同时得出了这些结论。(按照上述顺序,论文分别于 1998 年 1 月、1998 年 2 月、1998 年 9 月和 1999 年 6 月发表。与得到这样的结论所花的时间相比,这是可以忽略的时间差。)

---

[1] 这些论文使用超新星观测来测量河外距离尺度和哈勃常数。附近星系 NGC 5253 中的 Ia 型超新星的光变曲线被很好地观测到,里斯、普莱斯和科什纳(1995)展示了如何利用菲利普斯关系来确定 NGC 5253 的距离与更大红移处的 Ia 型超新星的距离之比。他们通过造父变星测量了 NGC 5253 的距离。Ia 型超新星的距离比值将这一造父变星距离延伸到了足够远的星系,以至于对其本动运动的校正并不重要。确立河外距离尺度的研究是这一故事的重要组成部分,但这本书中没有提及。

两个小组均使用了来自卡兰/托洛洛超新星巡天的红移 $z\lesssim 0.1$ 的 Ia 型超新星观测值，作为解释更高红移观测值的重要基线。四篇论文都引用了哈穆伊等（1993，1995，1996）的一些论文。High-Z 超新星搜索小组通过添加里斯等（1999）的数据，将 $z\lesssim 0.1$ 基线中的超新星数量大致增加了一倍。超新星宇宙学计划在更高红移情况下的超新星数量约为其四倍。但是卡兰-托洛洛/High-Z 超新星搜索小组在天文测光领域拥有丰富的经验，包括对尘埃消光和超新星光谱的本征光变的校正，并且他们的视星等测量的不确定性通常较小。最终，两个团队对图 9.1 中的红移-星等关系和图 9.2 中的宇宙学参数得出了相似的严格约束。

我们看到了一种与图 4.6 中的 CMB 强度谱测量类似的情况。对于谱测量和红移-星等测量，两个独立小组经过多年准备，最终证明了一个重要的结果。在这两种情况下，任何一个团队的结果都会产生影响，但几乎同时发表的相当独立的另一项结果使得证据特别有说服力。[科什纳（2010）给出了两个红移-星等研究小组共同点的细致列表，包括 $z<0.1$ 的基线的数据。但是超新星的发现、测量和分析几乎是独立的。]

图 9.1 和图 9.2 展示了两个小组的结果令人印象深刻的一致性，这两幅图来自里斯（2000）以及珀尔马特和施密特（2003）的综述。这些图中的数据仅与 1998 年和 1999 年发表的数据略有不同。在图 9.1 中，爱因斯坦-德西特模型的预测以长虚线表示。两个小组的测量结果在更大红移处均高于这一预测，这意味着超新星在天空中比这个特别简单的模型所预测的要暗。虚线表明，在保持 $\Lambda=0$ 的情况下降低质量密度可以更好地拟合数据。实线表明 $\Lambda$CDM 模型中添加宇宙学常数甚至会有更好的效果。

图 9.2 展示了在广义 $\Lambda$CDM 宇宙学模型（允许开放或闭合的空间截面）下，解读 Ia 型超新星红移-星等测量结果得出的对宇宙学参数的约束。横轴是物质密度参数 $\Omega_m$，纵轴是参数 $\Omega_\Lambda$，它代表弗里德曼-勒梅特方程（3.3）中的爱因斯坦宇宙学常数 $\Lambda$。置信度等值线大约为 68%、

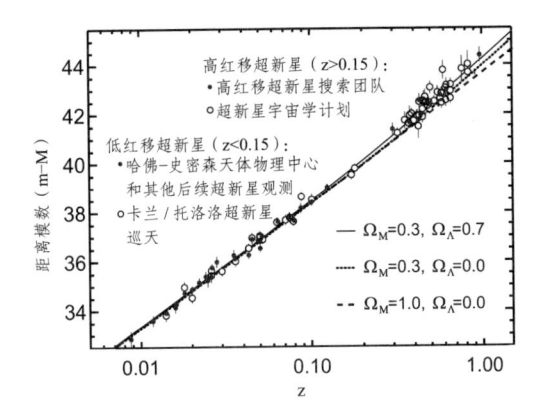

图 9.1 超新星宇宙学计划和高红移超新星搜索团队对红移-星等关系的测量（Riess，2000；Perlmutter and Schmidt，2003）。经施普林格自然公司授权使用

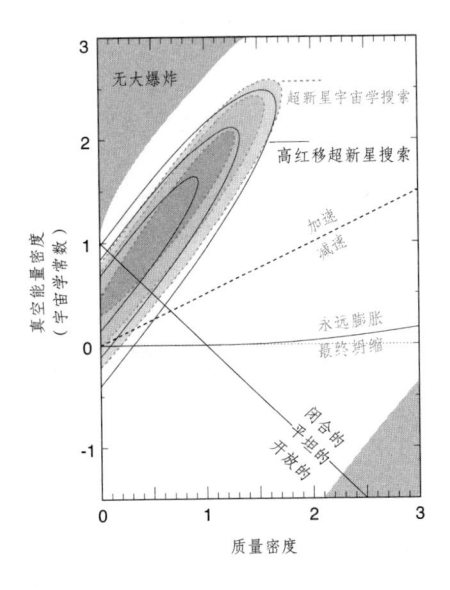

图 9.2 红移-星等测量结果对宇宙学参数的约束（Riess，2000；Perlmutter and Schmidt，2003）。经施普林格自然公司授权使用

第 9 章　1998—2003 年的革命　　407

95%和99%。实线和虚线等值线展示了两项独立实验结果的一致性。

$\Lambda=0$ 且物质密度参数 $\Omega_m\sim0.3$ 的开放宇宙学模型刚好触及图9.2中的外部置信度等值线。考虑到这一点以及可能出现轻微系统误差的情况，仅凭1998年和1999年的红移-星等数据，否定OCDM模型的证据尚不充分。但是到这场革命结束时，更多的红移-星等数据给出了更严格的约束，从而充分否定了OCDM模型（Knop et al.，2003；Tonry et al.，2003）。

如果你相信这一理论，我们可能会再次注意到人们对世界将如何终结的兴趣。伯克利小组曾宣布，"我们的最终目标是确定宇宙是开放的、平坦的还是闭合的"（Perlmutter et al.，1990）。图9.2中接近水平的实曲线将模型分为了两类：一类将无限期地膨胀到遥远的未来——大冻结；另一类最终会坍缩为大挤压。到这场革命结束时，证据指向大冻结，尽管这是一个过分的外推。

图9.2中的虚线标出了当前时期的膨胀参数 $a(t)$ 的二阶导数为零的参数，这意味着公式（3.23）中的减速参数 $q_0$ 为零，膨胀率现在正在从早期由物质引力引起的减速转变为由 $\Lambda$ 导致的加速。在质量密度参数 $\Omega_m \lesssim 0.3$ 时，这些测量值将允许我们在宇宙加速度为零时（$q_0=0$）出现繁荣的巧合。但是后来的约束将转变至加速状态的时间定在太阳系形成时前后。

第3.5节回顾了爱因斯坦-德西特宇宙学模型（$\Omega_m=1$ 且 $\Omega_\Lambda=0$）极度优雅的论点。我们在图9.2中看到，超新星的测量结果显然与爱因斯坦-德西特值不一致。第3.6.4节和8.4已经回顾了相当有说服力的证据，表明质量密度远低于爱因斯坦-德西特值，但有更多证据更好：我们正在努力扩大既定世界图景的边界。

两个小组都清楚一个长期存在的问题：如果宇宙在演化，那么它的内容物肯定也在演化。我们怎么能相信，邻近的在红移 $z$ 接近0处的天体，以及在 $z\sim1$ 处更年轻时的宇宙中观测到的天体，可以归并到一个相同的内禀光度？两个小组都仔细考虑了这个问题，并认为演化不太可能破坏他们对测量结果的解释。特别重要的是里斯等（2004，665）宣布的检验结果："我们用哈勃太空望远镜发现了 16 颗 Ia 型超新星，并用它们提供了在当前宇宙加速时代之前宇宙减速的第一个确凿证据。"

在弗里德曼-勒梅特方程（3.3）中，根据红移-星等测量结果指示的宇宙学参数，宇宙的膨胀在加速，但由于质量密度较大，在红移 $z > z_e \approx 0.67$ [公式（3.27）] 的过去，膨胀是在减速。里斯等（2004）给出了哈勃太空望远镜在 $z_e < z < 1.6$ 范围内观测到的 15 个 Ia 型超新星的情况，在该红移范围内，膨胀被预测为是在减速。他们的数据与公式（3.26）的拟合结果表明，转变发生在 $z_e = 0.46 \pm 0.13$ 处。这比预测值低 1.6 个标准差，完全在测量不确定性范围内，并且与超新星光度得到良好控制的论点一致。该结果以及未参加测量的专家对光度演变控制的详细审查结果，支持了学界对宇宙加速和爱因斯坦的宇宙学常数探测结果的共识。

但是另一方面，学界确实有理由担忧演化问题，而且总有可能大自然给我们提供了其他一些原因，导致在 $z>z_e$ 处看似检测到宇宙减速，在低红移处看似检测到加速。我的印象是，在没有其他证据指向 $\Omega_m \approx 0.3$ 的 ΛCDM 模型的情况下，学界将分为三个群体。有人会强调，在合理的测量误差允许的范围内，测得的红移-星等关系与 1948 年稳恒态宇宙学模型的预测一致。尽管该稳恒态预测取得了令人瞩目的成功，但这个群体无疑会很小。很难看出 1948 年稳恒态模型如何与宇宙演化的证据相吻合，包括 CMB 的热谱（图 4.7）以及高红移星系的观测结果，这些星系看起来与附近的星系有系统性的不同——更年轻。第二个更大的群体会得出结论，我们必须学会接受 Λ 的存在。我怀疑第三个，一个甚至更大的群体，会同意两个超新星团队以及团队之外那些检查他们论证的人对系统误差进行了典范式的探索，这些误差可能由未探测到的超新星性质的演化、在不同红移处选择的不同的超新星子集，或者在不同红移处具有不同波长依赖性的消光物质引起。然而，观测者并不能核查所有可能性。我想象第三个群体会问，哪个更合理：$\Lambda$ 的值非常奇怪，还是在测量中存在一些细微的系统误差并且 $\Lambda$ 确实为零？这种分歧之所以没有出现，是因为与红移-星等观测同时获得的 CMB 各向异性测量结果，为低质量密度 $\Lambda$CDM 宇宙学提供了一个独立的案例，如第 9.2 节所述。

自 20 世纪 30 年代以来，宇宙学家一直在讨论红移与星等的关系。在世纪之交，两个研究小组最终几乎同时独立地获得了对这一关系一致且严格约束的测量结果。这一令人难忘的成就获得了 2011 年诺贝尔物理学奖的嘉奖，该奖授予了研究小组负责人索尔·珀尔马特（2012）、亚当·里斯（2012）和布莱恩·施密特（2012）。

## 9.2 CMB 温度各向异性

在原始的 sCDM 冷暗物质模型中，以及第 8.4 节讨论的模型变体中，等离子体和辐射的声学（压强）振荡在早期宇宙中耦合时，会在物质和 CMB 辐射的分布中留下独特的模式。在质量分布的傅里叶展开中，与等离子体和辐射退耦时振幅接近零的平面波相比，退耦时振幅增加的平面波最终具有更大的振幅。对物质功率谱的影响（质量分布的傅里叶展开中振幅的平方）是图 5.2 中所示的振荡形式。在 $\Lambda$CDM 模型中，振荡不那么明显，因为在早期宇宙中，仅有重子与辐射耦合，但这种影响在 CMB 的星系分布和角分布中被观测到。

等离子体-辐射声学振荡对辐射温度的影响，是随天空角位置而变化的，这类似于傅里叶功率谱的球谐展开：

$$T(\theta,\phi) = \sum_{l,m} a_l^m Y_l^m(\theta,\phi), \quad (\delta T_l)^2 \equiv \frac{l^2}{2\pi} \langle |a_l^m|^2 \rangle \qquad (9.1)$$

$\langle |a_l^m|^2 \rangle$ 是给定 $l$ 的膨胀系数 $a_l^m$ 的平方在 $m$ 上的平均值 [ 如公式（8.3）和公式（8.6）所示 ]。

在此展开式中，$l=0$ 项消失了，因为均值已被减去；而 $l=1$ 项则被单独考虑，因为有证据表明，它受我们在辐射海中运动产生的偶极各向异性所主导。邦德和埃夫斯塔硫（1987）在图 8.1 中展示了 sCDM 和相关模型中 $l \geq 2$ 时角功率谱的预期形式。十年后，当两个超新星研究小组通过红移-星等关系的测量实现了一个重要的宇宙学检验时，从 CMB 测量中得出的新证据是，角功率谱实际上可能如图 8.1 所示。在 $(\delta T_l)^2$ 中存在一个各向异性峰，并且该峰存在于当时讨论的宇宙学参数范围所预期的角尺度范围内，这一发现是一个令人鼓舞的暗示，表明 CDM 图景实际上可能是一个有用的近似。这使我放弃了对 CDM 替代方案的探索。

插图 I 的底图（彩色部分）展示了 CMB 温度各向异性谱测量的进展。分图由莱曼·佩奇制作，并发表在皮伯斯、佩奇和帕特里奇（2009）的文献中，他们对这些分图中总结的测量进行了回顾。每幅分图中的横轴是球谐度 $l$。纵轴是公式（9.1）中的 $\delta T_l$，但请注意，随着测量的改进，纵轴的尺度会发生变化。每幅分图中的灰色色块是从分图日期之前的累积测量值得出的加权均值；每幅分图中的数据点是在标注的年份或年份范围内发表的结果；每幅分图中的实线是 $\Lambda$CDM 模型的预测，其参数拟合了威尔金森微波各向异性探测器（Wilkinson Microwave Anisotropy Probe，WMAP）第一年的各向异性测量值。

各向异性测量的早期目标是检查 sCDM 及其变体模型预测的各向异性峰是否存在。我们从插图 I 底图的分图（a）的灰色色块中看到，在 1997 年之前，几乎没有表明该峰值存在的证据。有人可以辩解说，该峰值在分图（a）的 1997—1999 年的数据中被探测到了，但是情况在分图（b）中更加清楚。第二个和第三个预测峰的存在，在分图（c）中被更加充分地证明。这是 sCDM 及其变体模型接近现实有用近似的一个重要补充。这项进展的主要贡献来自哈拿尼等（2000）报告的毫米波各向异性实验成像阵列（Millimeter-wave Anisotropy Experiment Imaging Array, MAXIMA）测量结果以及内特菲尔德等（2002）报告的毫米波河外辐射和地球物理学气球观测（Balloon Observations Of Millimetric Extragalactic Radiation and Geophysics，BOOMERanG）测量结果。

辛肖等（2003）在分图（d）中报告了 WMAP 第一年的探测结果，前两个峰的谱被严格地描绘了出来。这甚至是更好的证据，证明 CDM 图景大致是正确的。此分图中 $l \lesssim 10$ 处的大误差标志展现了预测的集合平均模型值和 CMB 天空中的实际实现值之间的弥散或"宇宙方差"。$l \gtrsim 600$ 处的大误差标志则反映了仪器角分辨率的极限。普朗克卫星的总结性结果（Planck Collaboration，2018）和 15 年后地面测量的进展使误差范围变得更窄，并将结果扩展到了更小的角尺度。但是图景的主要要素并没有太大变化。

插图 II 的顶图展示了约束平均质量密度值和爱因斯坦的宇宙学常数（分别用参数 $\Omega_m$ 和 $\Omega_\Lambda$ 表示）的进展，并且是在相对论性 CDM 宇宙学模型的假定下计算出的，该模型的质量密度由 CDM 和高斯绝热尺度不变的初始条件主导。约束条件表现出明显的简并：对 $\Omega_m + \Omega_\Lambda$ 的约束比对 $\Omega_m - \Omega_\Lambda$ 的约束要紧密得多。[①]

插图 II 顶图的分图（a）来自邦恩和怀特（1997）。莱恩威弗（1998），

---

[①] 这是邦德、埃夫斯塔硫和泰格马克（1997），胡、杉山和西尔克（1997），以及萨尔达里亚加、斯佩格尔和塞利亚克（1997）讨论的几何简并。当前的 CMB 辐射温度得到了很好的测量，因此，辐射允许等离子体结合的温度确定了重子和辐射退耦时的红移 $z_{dec} \sim 1\,200$。在退耦时，与物质和辐射的密度相比，空间曲率和 $\Lambda$ 的影响小得可以忽略不计。例如，在当前 CMB 温度和 $z_{dec}$ 的值已知的情况下，加上来自 BBNS 的 $\Omega_b h^2$，留下了三个可调参数 $\Omega_m$、$\Omega_\Lambda$ 和 $h$ 来确定退耦时的条件。在退耦时产生相同的物质密度和相同的回到退耦时的角大小距离的这三个参数的任何组合，都会产生几乎相同的角功率谱。（这与退耦时大于哈勃长度的角尺度的 CMB 各向异性无关。）用三个自由参数来拟合两个约束条件，允许其中一个参数的值有较广的分布。

埃夫斯塔硫等（1999），泰格马克和萨尔达里亚加（2000）也获得了类似的结果。这些分析使用的各向异性数据与插图 I 底图的分图（a）所示的数据类似。

插图 II 顶图的分图（b）来自贾菲等（2001）。蓝色区域展示的是 CMB 各向异性测量结果所允许的参数值范围，类似于插图 I 分图（b）中 2000 年的数据。似然等值线大致相当于 1、2 和 3 个标准差，并且是在哈勃常数和重子质量密度不能大幅度超出常规估计值这样的约束条件下计算得出的。德·博纳迪等（2000）给出了类似的结果。分图（a）和分图（b）中来自 CMB 各向异性数据的宇宙学参数约束接近于虚线，在该虚线处空间曲率项 $\Omega_k$ 为零。当然，无论是在过去还是现在，有趣的是，通常理解的宇宙暴胀需要平坦的空间截面，这意味着 $\Omega_k=1-\Omega_m-\Omega_\Lambda=0$。

分图（b）中黄色和橙色的带展示了 Ia 型超新星红移-星等测量结果所允许的参数范围，如图 9.2 所示。可以选择 $\Omega_m$ 和 $\Omega_\Lambda$ 来同时拟合这两种非常不同的宇宙探测结果，这是一个显著的进展。图 9.2 中红移-星等测量的约束简并与 CMB 各向异性的简并方向垂直，因此，只要你相信该理论，两者就可以为 $\Omega_m$ 和 $\Omega_\Lambda$ 提供严格的约束。

爱德华·赖特在 2002 年根据累积的 CMB 各向异性测量结果制作了插图 II 的分图（c），[1] 其中包括 MAXIMA 和 BOOMERanG 实验的重要贡献，但未包含 WMAP 数据（因为此时还没有这些数据）。每个点都是 CDM 模型中的一个试验参数集，可以合理地拟合各向异性测量结果。对哈勃常数 $H_0$ 值的敏感度通过颜色来表示，这些颜色与分图顶部 $H_0$ 的颜色对应。这是一种有效的方法，展示了模型对各项异性的拟合如何依赖于河外距离尺度（第三个参数）。

---

[1] 赖特（2004）发表了黑白版本的分图（c）。我感谢爱德华·赖特允许我使用他的原始版本。

如果哈勃常数 $H_0$~40 km s$^{-1}$ Mpc$^{-1}$，那么插图 II 分图（c）中的约束将允许爱因斯坦-德西特参数 $\Omega_m$=1，$\Omega_\Lambda$=0。这远低于天文学家的估计，但是这种情况必须加以考虑（Shanks，1985；Bartlett et al.，1995；M. White et al.，1995；Lineweaver et al.，1997）。仅根据各向异性数据，WMAP 的第一年数据就移动了允许参数的范围，致使爱因斯坦-德西特参数被排除在外，甚至允许一个明显很奇怪的哈勃参数值。斯佩格尔等（2003）论文的图 13 中展示了这一点。分图（d）中赖特的图是基于 WMAP 三年观测数据得出的（Spergel et al.，2007，图 21），这幅图展示的严格约束令人印象深刻。

哈勃常数的天文界限（让我们取 60~80 km s$^{-1}$ Mpc$^{-1}$）以及分图（c）中 CMB 各向异性的界限，要求 $\Omega_m$~0.3 和 $\Omega_\Lambda$~0.7。前者与第 3.6.3—3.6.5 节中所述的平均质量密度的各种探测指示的结论一致。后者与大爆炸宇宙学中解释的红移-星等测量结果一致。

## 9.3 世纪之交发生了什么

1995 年，有一个适度且合理的实证案例支持 $\Lambda$CDM 模型。该模型假定 CDM 图景的 $\Omega_m$~0.3，并通过爱因斯坦的宇宙学常数使空间截面保持平坦。对于 OCDM（$\Lambda$=0 的开放版本），也可以提出一个适度的案例。两个模型都可以很好地拟合大多数证据，但是与恒星演化年龄相比，OCDM 的膨胀时间似乎偏短。根据广义相对论的预测，$\Lambda$CDM 模型中的膨胀时间更长，这使其与恒星的演化非常一致。但这一年龄问题是通过引入参数 $\Lambda$ 来解决的。我们如何判断这是否不仅仅是调整理论以符合观测结果，就像"恰好如此"的故事一样？答案是，必须用独立的方法来检验一致性，以约束参数，并在没有更多调整的情况下检验理论。在 2000 年左右宇宙学的革命性进展中，这变得非常可行。

由于 ΛCDM 理论是不完整的，因此我们无须在此讨论，推导出的参数中超出标称测量不确定性的微小差异是归因于理论问题还是测量问题。我们是在寻求理解以下情况的本质：ΛCDM 理论为我们提供了一个有用的近似，以描述宇宙从一个与现在完全不同的状态膨胀和冷却时实际发生的情况。插图 II 底图的示例是星系分布的空间功率谱理论和测量值的比较，以及 CMB 辐射温度的角功率谱随天空中位置变化的函数 [后者由公式（9.1）定义]。

在这场宇宙学革命期间，珀西瓦尔等（2001）给出了一个星系分布中声学（压强）振荡效应相当清晰的探测结果。在科尔等（2005）的研究中，这一效应甚至更为明显。博伊特勒、徐、罗斯等（2017）的文章中有更详尽的介绍：插图 II 底图的分图（a）中展示的三个红移切片的光谱。[1]艾森斯坦等（2005）证明，空间功率谱的傅里叶变换中的声学振荡效应（星系两点位置相关函数）将功率谱中的峰和谷合并为相关函数中的单个峰，这有助于提高精度。但是，分图（a）中的空间功率谱与分图（b）中角功率谱中的峰和谷相比，提供了更直观的比较。

插图 II 底图的分图（b）来自普朗克合作项目（2014b）；它结合了普朗克卫星截至 2012 年的测量数据，在较大角尺度上重要的 WMAP9 年数据，以及在较小尺度上的地面阿塔卡马宇宙学望远镜和南极望远镜的测量结果。

分图（a）基于对红移 $z\lesssim 1$ 的星系的观测。分图（b）基于对自红移 $z\sim 1\,000$ 退耦后几乎自由传播到我们的位置的辐射的观测。两幅分图中的数据，是通过不同的观测方法和对宇宙在两个不同演化阶段观测到的不同现象的分析获得的。博伊特勒等（2017，2424）的结论是："我

---

[1] 图中的 "pre-recon" 表示这些谱是基于观测到的星系位置。重构会调整位置，以考虑质量分布通过引力作用产生的重组后位移。这改善了小尺度上的信号，但就我们的目的而言，这使测试变得复杂。此处无须考虑改善参数约束的其他数据处理细节，这是一项微妙的任务。

表 9.1　宇宙学参数的检验 [a]

| | 物质密度 $\Omega_m$ | 重子密度 $\Omega_{baryon}h^2$ | 氦 $Y_p$ |
|---|---|---|---|
| $z\lesssim 0.1$ | ~0.3[b] | ~0.015 | 0.23 ± 0.01 |
| $z\sim 1$ | 0.26 ± 0.06 | — | — |
| $z\sim 10^3$ | 0.28 ± 0.02[b] | 0.022 ± 0.001 | 0.33 ± 0.08[c] |
| $z\sim 10^9$ | — | 0.021 ± 0.002 | 0.25 ± 0.01 |

a 在这场革命结束时，并假定空间截面是平坦的
b 假定 $h\approx 0.7$
c 后来在 WMAP 7 年的观测中首次发现

们对所有红移区间的约束与 CDM 框架下的普朗克卫星预测非常吻合。"也就是说，在测量不确定性范围内，相同的 $\Lambda$CDM 理论和参数值能够拟合这两种完全不同的宇宙探测方法。该理论通过了这种搜索检验，这令人印象深刻。

插图 II 中展示的测试比基于推导出的参数的一致性的验证更丰富，因为该理论还成功地解释了这两个谱的详细形状。但是将其转化为有效数量的独立检验并不十分有指导意义。最好将其作为一个视觉印象，只不过是一个值得牢记的重要视觉印象。

表 9.1 通过比较推导出的参数值总结了其他的测试。第一行基于与哈勃长度相比距离较小的尺度上的观测，可以称为"局部观测"。沿着表 3.3 和图 3.5 总结的各种证据进行的平均质量密度测量的丰富历史，可以通过表 3.2 中选录的结果的数量说明。由于难以评估系统误差，因此在获得这些结果时很难理解它们，尤其是星系分布和质量分布之间可能存在的差异，这些差异可能会使一些观测结果与优雅的爱因斯坦-德西特模型相一致，但其他观测结果则并非如此。我在第 3.6.4 节中解释的结论是，从大量研究中得出的结果提供了一个合理的案例，即宇宙平均质量密度约为爱因斯坦-德西特预测值的三分之一。

这种低质量密度在 20 世纪 90 年代不是一个受欢迎的结果，但是如

果我们接受暴胀关于宇宙在宇宙学上是平坦的这一论点，我们就有两个检验。首先，到革命结束时，在假定空间截面平坦的情况下，对超新星红移-星等关系的测量得出了表 9.1 中第二行第二列的结果（Knop et al., 2003；Tonry et al., 2003）。其次，同样是在空间截面平坦的假定下，ΛCDM 模型与 WMAP 卫星 CMB 各向异性第一年测量值的拟合结果（Spergel et al., 2003）。这检验了我们对 $z \gtrsim 10^3$ 时发生的情况的理解。

重点不是这三种质量密度测量的精度，对于天文测量而言，这样的精度确实只称得上适度。重点是在宇宙演化的三个不同阶段观测到的现象的一致性：局部的测量结果，红移 $z \lesssim 0.03$；$z \sim 1$ 处星等-红移关系的测量值；对 CMB 各向异性的观测结果，这反映的是 $z \gtrsim 1\,000$ 处发生的情况。这些数据的获取和分析方法完全不同。它们的一致性表明，ΛCDM 理论通过了严格的检验，远远超出了革命之前可以达到的范围。

表 9.1 中的第三列列出了重子质量密度。表 4.2 中选录了该量估算的历史。基于星系前氘丰度的测量取决于红移 $z \sim 10^9$ 时宇宙膨胀早期阶段轻元素产生的理论。这些测量结果的弥散很大，因为氘的测量很困难。但是到这场革命结束时，我们在表 9.1 的最下一行中看到，结果已经稳定了（Kirkman et al., 2003）。重子质量密度还以另一种方式体现声学等离子体-辐射波中的声速，这些波产生了插图 II 中展示的物质和辐射分布的统计模式。第三行的结果来自 WMAP 的第一年数据，同样是在假定空间截面平坦的情况下得出的。我们还有基于星系团重子质量比例的第三种测量方法，其合理假定是：星系团足够大，足以捕获相当一部分比例的宇宙重子质量。在 20 世纪 90 年代，该假定与 BBNS 的重子质量密度一起被用于估算平均质量密度（表 3.3 中的 $B_2$ 类）。但是现在我们可以反过来了：给定当前的平均质量密度（似乎已经受到很好的约束），星系团重子质量比例 ~0.05 得出了第一行中的重子质量密度。这个估计是粗略的，但意义重大。

需要再次强调的核心观点是，通过以下三种方式得出的重子质量密度值彼此一致：基于热核反应的 BBNS 理论对红移 $z$~$10^9$ 处的估算；基于声学振荡对 $z \gtrsim 10^3$ 处的估算；对 $z \lesssim 0.1$ 处星系团中重子质量百分比的观测结果。

重子质量密度的下限是恒星中可见物质的质量密度：$\Omega_{stars}$~0.003（Fukugita and Peebles，2004）。由于这远低于其他三个值，因此我们必须假定，大多数重子现在"隐藏"在星系的晕、星系之间的等离子体、低质量恒星，甚至可能更小和更暗的天体中。这并不表示 $\Lambda$CDM 有缺陷，自然规律没有理由不允许重子隐藏。但是，对隐藏重子的探测值得引起关注。

我们从天文观测，星系和 CMB 分布模式的声学振荡理论，以及早期宇宙中热核反应的 BBNS 理论这三种途径得出了宇宙氦质量百分比 $Y_p$。表 9.1 的第一行是帕格尔（2000）的天文观测得出的 $Y_p$ 值。最下面一行是萨卡尔（1996）的 BBNS 计算结果，其中包含了重子密度的当前估计值。在世纪之交，两者是一致的。氦质量对重子-辐射流体声学振荡动力学的影响，在宇宙学革命后被探测到。为了完整起见，我在表 9.1 第三行的最后一列列出了小松等（2011）通过对 WMAP 7 年测量值的分析得出的首例探测结果。普朗克卫星任务给出了更严格的限制（见表 4.1）。该理论通过了又一次严峻的考验。

关于宇宙学可以允许的宇宙膨胀时间是否与从地质学和天文学中发现的演化年龄相一致的讨论，已有很长的历史。对于 $\Lambda$CDM 宇宙学模型的膨胀时间，WMAP 的第一年测量结果给出了一个严格约束的值，$t_0$=1.34 ± 0.03 × $10^{10}$ 年（Spergel et al.，2003）。这与恒星的演化年龄不矛盾，尽管这个检验不够精确，但意义重大。来自宇宙学的年龄被证明是研究恒星形成历史的有效的约束。随着这两个领域的发展，它们可能会为宇宙学检验提供更严格的约束。

通过比较基于两种方法得出的对哈勃常数值的约束条件，我们可以对时标进行重要的检验。一种是基于对相对邻近的星系的距离和红移的观测，另一种是基于 $z \gtrsim 10^3$ 处星系和 CDM 分布模式的声学振荡理论。宇宙学革命结束时，两者在 $h \approx 0.7$ 处保持了合理的一致性，这是令人欣慰的。目前，关于测量精度的提升是否揭示出了两种测量结果存在显著差异，以及如果存在差异，究竟是需要调整 ΛCDM 还是纠正天文测量中的一些细微的系统误差，学界权威人士尚有分歧。但这个问题是次要的，主要问题是：这两个基于完全不同的现象的测量结果非常相似。

尽管过度强调可能被人质疑，但我仍要重申，这些通过迥异方式探测宇宙得到的各类观测结果，以及其提供的接近一致的阐释，已足以证明 ΛCDM 理论在自然科学中具有很强的说服力。这一既定物理学的重大扩展得益于技术进步的深入应用。同时，理论预测的可靠性也很重要，因为它们可以从第一性原理计算得出，或者相当接近于第一性原理。虽然检验过程确实涉及星系团中重子行为的复杂性，但截至世纪之交，我们对其理解已足够充分。

我预期，对星系的精细观测将为我们提供更多的信息，推动更广阔的宇宙学探索。梳理星系历史的复杂性既是巨大的挑战，也是宝贵的机遇。

ΛCDM 理论是由一些可以拟合观测结果的最简单的想法构建而成的。更好的观测结果需要更好的宇宙学理论来阐释，这并不令人意外：也许是对引力理论的调整，也许是更有趣的暗物质领域。但是，通过多种方式检验宇宙所发现的真实或似然的微小不一致性使我预期，一种更好的理论所预测的宇宙会与 ΛCDM 非常相似，因为观测到的结果与 ΛCDM 的描述实在是太相似了。这是我们能够希望的最好结果，也是科学的非凡进步。

## 9.4 物理宇宙学的未来

或许有人会问，我们是否已经建立起了一个基于实证的完备理论，足以描述自红移 $z\sim10^{10}$ 以来的宇宙演化，现在只需要对 $\Lambda$CDM 的参数进行更加精确的测量即可？我对这个主题做了半个世纪的研究（偶有中断），积累的经验并不鼓励我尝试回答这个问题。测量精度的进步屡屡令我惊讶，我不记得曾停下来思考，这是否已经达到了极限。现在自问这个问题也显得不合时宜。

科学史上警示性的例子更让我不愿妄下定论。阿尔伯特·迈克耳孙（1903，23—24）在他的《光波及其用途》一书中写道：

> 物理科学中那些更重要的基本定律和事实都已被发现，并且已经得到了充分的验证，未来因为新发现而被替代的可能性微乎其微。

迈克耳孙在这本书中描述的优雅的实验方法确实仍然是物理学的标准组成部分，尽管技术的进步使它们可以做得更好。从同样的意义上说，我预计 $\Lambda$CDM 不太可能被取代，只会相对于现有的观测结果进行适度的调整，以符合更严密的测量结果，或许还有更深层次理论的不同预测。迈克耳孙讨论的物理科学也发生了类似的情况。

在探讨以太实验探测的引人入胜的章节中，迈克耳孙（1903，163）指出：

> 恒星的光行差现象可以通过以太不参与地球绕太阳公转的运动的假说来解释。但是，所有用于检验该假说的实验均给出了负结果，因此该理论仍然可以说是不令人满意的。

开尔文勋爵汤姆孙（1901，7）在他的文章《19世纪热与光的动力学理论上空的乌云》中指出，迈克耳孙未能探测到穿过以太的运动可以通过如下方式解决：

> 菲茨杰拉德和莱顿的洛伦兹分别独立地提出了一个绝妙的见解，即以太穿过物质的运动可能会稍微改变其线性尺寸。根据这一观点，如果构成迈克耳孙和莫雷装置底板的石板因其在充满以太的空间中运动而在运动方向上缩短了一亿分之一，那么实验的结果就不能否定以太穿过地球所占据的空间自由运动的假说。

以太是开尔文勋爵的第一朵乌云，催生了革命性的狭义相对论。开尔文勋爵的第二朵乌云是热容现象方面的问题。他没有提到普朗克，但这也催生了一场革命：量子物理学。在撰写本书时，我认为21世纪宇宙学上空的第一朵乌云是在非常早期的宇宙中究竟发生了什么（不再是将 ΛCDM 外推至奇点），而第二朵乌云则是 ΛCDM 中暗物质领域令人费解的简洁性。

宇宙暴胀图景提供了解决第一朵乌云的框架。我们必须注意这一点，因为暴胀在形成导致 ΛCDM 模型的构想方面发挥了重要作用。回想一下暴胀提供的启示：空间截面是平坦的，均匀性原始偏离接近绝热的高斯幂律，及其从尺度不变性的轻微且自然的倾斜。人类具有创造力和毅力，这是我们的本质。我认为构建一个逻辑上完备的理论，将标准物理学与 ΛCDM 宇宙学（或者某种基于实证改进的宇宙学）联系起来，进而解释大爆炸之前的宇宙本质是历史的必然。但如果这个新的、逻辑上完备的理论没有产生新的可检验的预测，那么我们是否就能断言它揭示了大爆炸之前真正发生了什么？我可以毫不犹豫地断言，我们几乎肯定知道很久以前和很遥远的地方发生了什么，这可以追溯到轻元素形成的时期，以及观测到年轻星系的地方。但对于一个逻辑完备的关于大爆炸前的理论，如果没有对新预测的检验，我会持保留态度。也许未来的世代会被一个完备的新理论的逻辑性和优雅性所折服。但在我看来，更令人满意的可能性是：笼罩在 $\Lambda$CDM 上空的第一朵乌云终将为新的宇宙学检验和更完善的世界起源理论提供线索。

宇宙学上空的第二朵乌云与 20 世纪物理学上空的乌云具有不同的特征。$\Lambda$CDM 的暗物质领域没有实证性问题，也没有暗示有更好的理论。质疑来自一种非实证性的直觉，认为宇宙的这一大部分不可能如此简单。也许一种可以检验甚至确立的宇宙学的发展让我们太过兴奋，我们无意间搁置了某些有趣的问题，留待后续探讨，之后它们又被遗忘了。也许随着宇宙学检验更加严格，最终将揭示出标准物理学外推法的失败。开尔文勋爵的乌云就是这种情况。

# 第 10 章

# 研究方法

自然科学的每个分支都有其特定的运作条件，但也存在共性。在本书中，我将宇宙学作为一个典型案例，展示了已确立的科学是如何拓展其疆界的——在这个案例中，其发展过程足够简单，足以在本书篇幅内进行较为详细的考察。我从这个案例中汲取了一些思考，这些思考可以更广泛地说明自然科学事业的本质，供读者参考。

## 10.1 技术

显而易见但必须指出的是，自然科学的研究依赖于主要为其他目的开发的技术。让我们考虑一下现代宇宙学发展过程中的例子。

根据沃尔特·巴德（1939）的记录，伊士曼公司向他提供了标有"H-α Special"的对红色敏感的感光底片。这使得巴德可以借助红敏和蓝敏底片，使用在威尔逊山上的 100 英寸望远镜拍摄星系的图像，并通过闪视对比，发现 6 600 Å 的红色 H-α 发射线中的明亮区域，该区域对测量多普勒频移有极大帮助。虽然底片的标签可能暗示这是为天文学目的开发的一项技术进步，但我认为全色胶片的改进有着更广泛的商业价值。

沃尔特·巴德编制的发射线区域表使薇拉·鲁宾和肯特·福特可以用他们的图像增强器对邻近的旋涡星系 M 31 整个表面足够多的区域中的该线的红移进行精确测量，以合理估算出恒星和气体的流运动，并由此得到维持星系引力束缚所需的质量。结合热拉尔·德沃古勒对恒星分布的测量结果，这些流速度证明该星系外围存在一个暗弱的质量包层。具有跟踪附近星系表面 21 cm 原子氢发射线多普勒频移所需的角分辨率的射电望远镜的建造，给出了类似的证据。这些发现都是最终确立宇宙学的理论核心——非重子暗物质存在——的证据链的关键环节。弗里茨·兹维基在 20 世纪 30 年代发现了后发星系团内亚光度质量的证据。而认识到星系周围存在亚光度质量这一事实，则是在图 6.2 所示的技术进步的推动下，经过数十年研究才逐渐完成的。

技术发展使星系红移的测量更加高效。在对星系质量的动力学测量结果开展第一项统计应用时，我和玛格丽特·盖勒只有 527 个测得的星系红移数据。而现在已经有数百万个星系的红移和光谱数据。使之成为可能的技术并不是为天文学目的开发的，它们的应用经过了改造，部分目的是获得有关星系位置和运动的足够数据，以便对宇宙平均质量密度做有意义的测量。该项目的大部分内容依赖于数字光子探测器的高量子效率，以及可以处理这些探测器阵列产生的大量数据的数据存储和分析方法。这使得在第 3.6.4 节和 3.6.5 节中回顾的 20 世纪 90 年代测量平均质量密度的大型计划成为可能。

## 10.2 人类行为

同样显而易见，但也应当指出的是，科学研究的方式与人们通常的行为方式并无二致。无论是建造金字塔，还是开展表 3.2 中总结的关于宇宙平均质量密度的大量研究，我们当中的一些人都能够将精力集中在一个目标明确且具有挑战性的问题上。后者的早期动机是探究密度是否可能大到足以导致宇宙停止膨胀。但到了20世纪90年代，研究重点变得更加明确：测量质量密度即可。这些结果散见于各类文献中，不易评估，并且在2000年前后的宇宙学革命的发展中所起的作用比预期的要小。但是，这一质量密度测量项目为20世纪90年代后期的思想演进提供了宝贵的指引——正是这些思想积淀最终促成了宇宙学革命。此外，该项目还为标准和公认宇宙学的实证研究做出了宝贵的贡献。

对宇宙学而言，一种可能特别常见的工作条件是，研究者往往会对结果产生个人兴趣：我们的宇宙是如何开始的，现在的状态如何，它将如何终结？这在空间和时间的尺度上与我们所经历的截然不同，但我认为，思考世界将如何终结这样的问题（尽管无须为这种终结做准备）很可能具有适应性优势。

我认为20世纪80年代中期至90年代的思想倾向也体现了这种思维方式。研究者当时倾向于认为，宇宙的大尺度平均质量密度将使宇宙在相当长的时间内继续以逃逸速度膨胀。否则的话，我们所处的时期就恰好是一个膨胀速率开始偏离逃逸速度的特殊时期。这种基于优雅性的论点可能富有成效：它们促使学界认真考虑将广义相对论外推至均匀膨胀宇宙的宏大设想。但这样的论点也可能产生误导：它们一度模糊了人们对平均质量密度和爱因斯坦宇宙学常数的认知，尽管这些问题最终都得以厘清。迄今为止，实证宇宙学尚未遭遇类似将经典物理学外推至原子尺度时那种迫使世界观发生量子物理式剧变的重大失败，我与那些期待这种变革的人立场一致。

对亿万年后世界可能如何终结的兴趣还要求我们具备另一个广泛有用的特质：对我们已有认知外推结果的乐观信任。宇宙学中的一个例证是，学界一致决定，坚持采用广义相对论（辅以更稳固的物理理论）。也许部分原因是广义相对论特别优雅，但肯定也有部分原因是自爱因斯坦以来人们一直这么做。我们可以将这一决定称为一种隐性且明智的非实证性形势评估,尽管我不确定当时有多少人会这样表述。

将已确立的物理学原理外推至宇宙学领域催生了诸多大胆的假说,比如物质的持续产生、白洞、超导磁化宇宙弦、量子时空泡沫、多重宇宙以及猜想存在的暗物质和暗能量,还有那些为了采纳或者摒弃这些设想而特意构建的引力物理学和(或)初始条件。

那么,我们是如何建立起一个学界权威人士普遍认可的可靠宇宙学理论的呢?这一理论的演进方式非常简单:在标准物理学框架下进行外推,并基于观测约束的最简调整原则选择宇宙学模型。我们目前的宇宙学主要通过扰动理论的可靠计算,成功实现了理论与观测结果的相互验证。如果还存在更好但更微妙的理论,我们的研究方法也不太可能发现它,因为我们大多数人都对 $\Lambda$CDM 感到满意。这种实用主义思维在所有自然科学领域中都是如此:如果存在一个更好的理论,我们终将在我们已接受的理论失效时认识到它。原子物理学中就发生过这种情况,它促使我们提出了量子理论。

## 10.3 别样之路

假设爱因斯坦当年选择成为一名音乐家,我们依然会有平坦时空中的狭义相对论,其他人已经在追寻这条道路了。然而,广义相对论的诞生将会被推迟,甚至可能永远不会出现,而且我们也不会有爱因斯坦那个极具影响力的观点:平均而言,宇宙有超出局部起伏的均匀性和各向同性。这将为局部爆炸导致星系飞散到空旷的空间的想法提供更多的空间。这一爆炸图景仍有争议——如何解释哈勃深空星系计数的各向同性以及巨大的红移?——但值得讨论。

如果早期关于均匀性的提示未能引起人们的兴趣,那么微波通信技术的普及终将使人们注意到工程师们发现的额外的微波噪声。如果我们此时还没有一个均匀膨胀的宇宙的概念，那么这种辐射明显的各向同性（接收器在天空中移动时噪声水平没有变化）将是一个难题。辐射的各向同性是否真的意味着我们处于一个球对称宇宙的中心？所有其他星系看起来难道不也是观测者的理想家园吗？更可能的情况是，无论身处诸多其他星系中的哪一个，观测者观测到的现象都与我们相同。但是，如果我们处于一个微波辐射的均匀静态海洋中，那么大多数星系的观测者都将在这个海洋中移动并观测到多普勒效应，这会使辐射在运动方向上变热，而在相反方向上变冷。但我们没有看到很大的各向异性，为什么我们会如此特殊？

在这个别样的世界中，对一个精通狭义相对论的人来说，给出一组条件，使所有星系中的观测者都能观测到其他星系相同的整体退行以及相同的各向同性微波辐射海，将会是一个有趣的练习。我们已经知道答案：在质量密度为零且宇宙学常数为零的情况下，罗伯逊-沃克线元公式（3.1）和弗里德曼-勒梅特方程（3.3）的极限。针对这种情况的坐标标注给出了线元：

$$ds^2 = dt^2 - (t/R)^2 \left[ \frac{dx^2}{1+(x/R)^2} + x^2(d\theta^2 + \cos^2\theta d\phi^2) \right] \quad (10.1)$$

其中，$R$ 是一个常数。这是狭义相对论中平坦时空的坐标标记。通过将每个星系置于固定的坐标位置 $\vec{x}$ 上，使每个星系以设定的恒定速度运动。将固定时间 $t$ 的初始超曲面上所有位置的辐射设定为具有各向同性且谱型相同。所有星系的观测者都会看到，随着星系以固定速率相互远离（我们不妨称之为宇宙膨胀），辐射始终保持各向同性，且其谱型同步演化。观测者会认识到，如果这是热辐射谱，那么辐射温度将按 $T \propto t^{-1}$ 冷却。用狭义相对论来证明这一点是一个很好的练习。

如果我们正在考虑的别样世界拥有我们的技术和对这些技术的应用的兴趣，那么似乎不可避免的是，在识别出多余的微波噪声后不久，它就会被发现具有接近于热的频谱。考虑一下图4.4，该图展示了在我们的世界中，从辐射的存在被发现到获得热谱的第一个证据，时间有多短。只需跨出一小步，你就可以知道宇宙在 $t \to 0$ 时是极热的，也就是说，宇宙经历了一场热大爆炸。

伽莫夫凭借他直觉式的天才提出了一个热大爆炸的想法。他以广义相对论的方式思考，但他指出，如果将辐射能量密度折算为一个质量密度，将其与物质的密度相加得到一个总的物质密度 $\rho$，那么他的考虑在牛顿极限下也成立。这样，一个单位质量的随星系运动的膨胀壳层的半径 $a(t)$ 的变化率的牛顿方程为：

$$\frac{1}{2}\left(\frac{da}{dt}\right)^2 - \frac{4}{3}\pi G\rho a^2 = E \qquad (10.2)$$

其中 $E$ 是一个常数。这是没有爱因斯坦宇宙学常数 $\Lambda$，且用常数牛顿能量 $E$ 代替通常使用的常数 $R^{-2}$ 的弗里德曼-勒梅特方程之一。结合公式（10.2）的时间导数与公式（3.4）中 $\rho$ 的局部能量，我们得到：

$$\frac{1}{a^2}\frac{d^2 a}{dt^2} = -\frac{4}{3}\pi G(\rho + 3p) \qquad (10.3)$$

这是另一个弗里德曼-勒梅特方程。它要求压强充当主动引力质量密度，这也许是出乎意料的，但伽莫夫可以接受，所以我预期一个没有爱因斯坦的别样世界中的物理学家也能接受。如果这个别样世界中的物理学家懂核物理，假设这个世界中有天文学家对此感兴趣，那么公式（10.3）和微波辐射就足以计算出轻元素的丰度，并且可以与观测结果相比较。

这种思路的问题在于，如果我们想要一个质量密度不为零的宇宙模型，那么公式（10.1）中平坦时空线元的膨胀参数 $a=t/R$ 就会与公式（10.3）产生矛盾。它要求大胆思考：用公式（10.3）中的函数 $a(t)$ 代替线元（10.1）中的 $t/R$。这将产生一个描述弯曲时空的线元。同样，我们可能会假设富有想象力的物理学家会认识到这一点并愿意接受它。或许在没有 Λ（因为没有爱因斯坦）的情况下，这仍提供了足以用于分析红移-星等测量结果的框架，但也许正因为如此，会有人发明 Λ 以拟合测量结果。

公式（10.3）必须进行推广，以考虑质量分布呈团块状的观测事实。在没有爱因斯坦但有牛顿的情况下，将线元推广以描述物质的非相对论性行为似乎相当简单，而对辐射行为的推广则更为复杂。或许这个别样世界最终发展出的引力理论只在线性扰动理论中类似于广义相对论。又或许，正如费曼所言（Feynman, Morínigo, and Wagner, 1995），没有爱因斯坦，通过场论的路径将使别样世界中的物理学家以相对不那么依赖直觉的方式抵达广义相对论。爱因斯坦创立引力理论并将其应用于均匀宇宙的天才创见现在看来并不是必需的，尽管它确实为我们的宇宙学提供了一个强有力的开端。

在我们的世界中，认识到热 CMB 之后，还有另一条前进的道路。20 世纪 90 年代，有些人在追求测量平均质量密度的伟大目标，而另一些人则在致力于解决地质学和天文研究得出的演化年龄与宇宙学模型是否吻合的长期问题。这催生了支持爱因斯坦的宇宙学常数值为正的论证，但这些论证仍不够牢固，因为这会增加膨胀时间。如果在 20 世纪 90 年代更加努力地进行这一方向的研究，如果投入与质量密度测量相当的关注和资源来研究时标，那么时标的考虑会不会在建立 ΛCDM 理论的过程中有更大的权重？

是否存在另一条通往不同引力理论的路径，以契合我们已有的证据，或者通过追求与 ΛCDM 一样好甚至更好的其他思路而获得的证据？我认为除非有证据迫使人们重新考虑当前的思想方向，否则这个问题难有定论。在宇宙学革命之前，我觉得宇宙学领域有一定可能出现这种情况。现在看来，这种可能性微乎其微，但 ΛCDM 永远作为标准模型存在同样不太可能。我们总是通过逐次逼近来取得进步的。

## 10.4 科学的社会建构

有时有人会说物理定律就"在那里",等待被人们发现。但我更倾向于认为,我们的研究是基于这样一种假定:自然界遵循某种规律,而我们可以通过不断逼近来逐步发现这些规律。但是不管怎么说,自然科学的研究方式无疑是富有成效的。

宇宙学是一种社会建构,还有什么呢?在20世纪20年代,宇宙的大尺度均匀性是一种非实证性的社会建构,物理学家选择认真对待这个观点,并非基于任何重要证据,而是出于对爱因斯坦思想的尊重,以及爱因斯坦场方程少数解析解之一的便利性。20世纪30年代,哈勃的深空星系计数,以及哈勃和赫马森的深场红移-星等测量结果为均匀性提供了一定的支持;但整个20世纪50年代,分形宇宙都是一个可行的选择,其优雅之处在于,在牛顿力学的框架下,分形维数 $D = 1$ 的质量分布可以在所有长度尺度上进行分析(除了偶尔出现的黑洞)。但是我们已经看到,对微波通信的极大兴趣使得我们很难避免发现微波背景辐射及其对大尺度均匀性的清晰暗示。这是推动大尺度均匀性概念从一种非实证的社会建构转变为我们的物理世界观中经过充分检验的一部分的观测之一。

宇宙学是一种基于实证的建构,其数据范围涵盖从专门为宇宙学设计的系统测量项目的结果到意外的发现,例如微波辐射计探测到的过量噪声(第4.4.2节),来自星际分子氰第一个激发能级的吸收的观测(第4.4.1节),以及氦元素异常高的丰度(第4.3.1节)。数据及其解读思路可能会产生误导:只需看看分形宇宙的优雅性以及德沃古勒(1970)为此提供的观测支持。错误的想法也可能会富有成效:如今广受支持的恒星元素形成理论,其发展在一定程度上是源自需要解释稳恒态宇宙学中化学元素的存在(第4.2.1节)。

想法从社会建构提升为被普遍接受的世界图景的一部分,其背后的原因似乎很容易理清，却难以归纳为标准和公认的科学体系的普适准入原则。这是一个集体的主观决定。但是，这里也有一些通用准则。理论可能会提供可检验的预测，这些预测在理论设计中并未考虑。如果检验成立，它就将成为支持该理论的重要依据。如果检验失败了，但可以通过调整理论来补救，那么结果仍然可以作为支持该理论的次要依据，因为它表明该理论至少可以与事实相容。让我举一个20世纪60年代初的极端案例，当时我刚接触宇宙学。虽然不满于缺乏实证基础，但对哈勃常数 $H_0$ 的估计值给出了特征质量密度 $H_0^2/G$ 和特征时间 $H_0^{-1}$ 的事实，我仍然感到欣慰。在20世纪60年代初期，这两个量与星系平均质量密度以及岩石和恒星年龄的估计值相差不大。这再次让我相信，该理论不会完全是错的。

图3.2展示了一个1974年向更严格的宇宙学检验过渡的早期例子。它展现了比作者考虑的自由参数数量更多的约束条件的粗略一致性。结果当然令人鼓舞，但我不记得有人认为这标志着宇宙学的建立。2000年前后的五年完成的检验在本书第9.3节进行了概述，这些检验更加严格，更加可靠，并且从更多的维度考察了宇宙。通过对直观上清晰、明智但并未提示普适性的证据的权衡，这些检验建立了大多数宇宙学家满意的 $\Lambda$CDM 模型。

宇宙学与粒子物理学一样，具有从第一性原理（或接近第一性原理）进行计算的可能性。这使得通过测量星系分布和微波辐射海中声学振荡的残余，进行极为严格的检验成为可能。宇宙学与科学的许多分支共同面临着复杂性的挑战。星系的观测对于现代宇宙学的诞生来说很重要，但是在世纪之交及以后的精确检验中，它们的性质并未被纳入其中，因为星系的性质很难理解。我和许多同行一样，对以下前景既怀疑又期待：星系旋转曲线的谜题以及这些天体的所有其他现象仍然具有一定的价值，可以提供给我们有关宇宙学的知识。

社会学家威廉·奥格本和多萝西·托马斯（1922），以及罗伯特·默顿（1961）将自然科学中这种思想与观测结果往往源自多个看似独立来源的现象称为"多重发现"。一个熟悉的例子是，达尔文和华莱士相互独立且几乎同时认识到了自然选择。也许宇宙学中某些多重发现的例子只是巧合，还有一些则可能是因为我们倾向于将历史呈现为一系列发展，使整个过程看起来比实际情况更加有序。但是，也许其中一些暗示了我们有时微妙的沟通方式。值得注意的是，表 7.1 中列出的五个小组分别引入了后来确立的 ΛCDM 理论的冷暗物质的原型。他们似乎几乎没有受到彼此的影响，也没有受到天文学家关于亚光度质量的广泛证据的影响。类似情况也见于粒子物理学领域：正当宇宙暴胀理论需要热大爆炸中的重子形成机制时，粒子物理学家就对其展开了探索。我认为，最好的例子是第二次世界大战后的 20 年中宇宙学研究的复兴。

战争的结束为纯科学和应用科学领域创新的爆发提供了空间。战后活跃于物理宇宙学的四个令人难忘的人是罗伯特·迪克、乔治·伽莫夫、弗雷德·霍伊尔和雅科夫·泽尔多维奇。伽莫夫的核物理学著作（1931 年、1937 年和 1949 年连续出版了三版，篇幅逐次扩大）表明，他已为他战后的想法，即关于早期热宇宙中核反应的构想做了充分的准备。伽莫夫在战前提出了一些有关宇宙学的有趣想法，但他在这一学科上的最杰出贡献发表于 1948 年。他是一位直觉敏锐的物理学天才，但他富有想象力的头脑不适合关注烦琐的细节和组建高效的研究团队。如果伽莫夫能注意到乔·韦伯这样精通战时微波技术的人才，这个故事中伽莫夫的部分或许会改写——我推测我们可能会更早达到今天的认知高度。

在对恒星的结构和演化及其产生的化学元素进行的开创性理论研究中，霍伊尔密切关注了观测结果。但是我从我们很少的交谈中产生的印象是，他觉得宇宙学的距离和时标如此之大，致使我们无法依赖实证主义：观测可以否定一个宇宙学模型，但是无法确立一个模型，宇宙学必须依赖哲学上的考虑。这在战后的那几年内是合理的评估。霍伊尔、邦迪和戈尔德所创建的1948年稳恒态宇宙学，是一种宏伟的哲学建构。然而当观测证据远远超出他在20世纪40年代或我在20世纪60年代的预期时，霍伊尔似乎仍然不愿意放弃他的宇宙学指导原则，无法接受观测结果正在将我们指向一个实证主义推动和支持的理论。

伽莫夫和霍伊尔对宇宙学做出的最大贡献是在同一年（1948）发表的：霍伊尔与邦迪和戈尔德一起提出了稳恒态模型，伽莫夫提出了热大爆炸宇宙模型。除了共享战争结束释放出的创造力外，他们的研究显然彼此独立。也许这是一个巧合，或者是时代思潮使然。霍伊尔给大爆炸模型起了这个名字，但他当时是在嘲讽这个想法。伽莫夫（1954a）指出了1948年稳恒态模型中星系年龄分布的问题，但是我没有发现任何其他证据表明他对此非常关注。我也没有任何理由认为，泽尔多维奇和迪克对稳恒态模型有着严肃的兴趣。

迪克和泽尔多维奇都有战时研究经历。泽尔多维奇参与了苏联"阿尔扎马斯16号"（相当于苏联的洛斯阿拉莫斯实验室）的核武器研发项目；迪克在美国麻省理工学院的辐射实验室研究雷达和其他微波技术。两者都创建了高效的研究小组。迪克引力研究小组的早期成员见插图Ⅵ，泽尔多维奇研究组以及苏联其他重要学者的合影见插图Ⅶ。

泽尔多维奇是一位理论家，他的兴趣范围广泛，从燃烧到粒子物理学，到非常早期的宇宙。我没有看到任何证据表明泽尔多维奇质疑广义相对论以及其他标准物理学在宇宙学尺度上的应用。迪克对引力物理学缺乏实证性的检验感到不满，于是着手改善这一状况。他对理论很感兴趣，只要理论与可以测量的东西有某种联系即可。我倾向于认为，我的实证主义哲学是我自己的选择，但迪克无疑强化了它。

据我所知，当泽尔多维奇和迪克各自决定开展引力物理学和宇宙学的研究计划时，他们并不知晓对方的工作，这是另一个巧合。泽尔多维奇知道伽莫夫的宇宙学研究并且对其感兴趣，但最初认为伽莫夫的热大爆炸理论与学界对轻元素丰度的认识存在矛盾。当微波背景辐射的发现为热大爆炸理论提供了证据后，他立即接受了该理论，并为其分析做出了重要贡献。一个著名的例子是，星系团的热等离子体对微波强度谱产生的苏尼亚耶夫-泽尔多维奇效应。另一个是泽尔多维奇提出的对中微子质量的宇宙学约束条件，这激发了亚历克斯·萨莱关于热暗物质的思考，而热暗物质是标准 $\Lambda$CDM 理论中非重子物质的雏形。

我们还需要注意的是，当泽尔多维奇关于中微子静止质量的思想促使匈牙利的萨莱和马克斯考虑热暗物质问题时，美国的考西克和麦克利兰也在独立考虑这一问题。当莫斯科的多罗什克维奇和诺维科夫在考虑宇宙辐射背景和一个几开尔文的可能的热成分时，我在普林斯顿大学的思路也是相同的（图 4.3 中的结果）。同样地，据我所知，这两个研究都非常独立。

读者想必注意到，尽管面临着严峻的挑战，泽尔多维奇及其苏联同事仍在为宇宙学做出巨大贡献。这些挑战包括难以及时获取国外的期刊，在外国人可以阅读的期刊上发表研究成果受到限制，出国交流也受到管制。苏联的 Relikt 任务首次对宇宙微波背景辐射进行了卫星测量。卫星于 1983 年发射，比美国的 COBE 卫星早 6 年，它清楚地绘制出了我们穿过辐射海的运动引起的偶极各向异性。苏联的解体使后续的 Relikt-2 任务夭折。我们可以设想，如果资本主义世界遭遇严重股灾，COBE 的发射同样可能受阻，而如果苏联以较温和的方式转型，Relikt-2 的探测或许就能顺利完成。我从中学到的是，只要有最高领导人的认可，纯粹出于好奇心的研究在一个严格受限的社会也可以蓬勃发展。在转向宇宙学之前，泽尔多维奇为苏联核武器计划的成功做出了贡献，这可能有所帮助。这项工作为他赢得了"社会主义劳动英雄"的荣誉。

迪克喜欢天文学。他的早期论文包括对球状星团中恒星的径向分布的研究（Dicke, 1939），以及有关探测到日月微波辐射的报告（Dicke and Beringer, 1946）。战后，他在可以称为"量子光学"的领域进行了长达十年富有成效的研究。20 世纪 50 年代后期，他决定将实验室物理技术的巨大进步应用到被忽视的实证引力物理学领域：可以做得更好的经典引力实验，以及可以实现的新引力实验。

当我于 1958 年以研究生的身份到达普林斯顿大学时，迪克的引力研究小组已经有成员在开展探索引力的优雅实验，另一些人则在研究诸如古代日食观测时间与位置等深奥课题（对我而言），这些数据可以检验月球和太阳在过去几个世纪中的运动方式。这一研究的动机源于迪克对一种可能性非常着迷：引力相互作用的强度之所以如此微弱，或许是因为随着宇宙的演化，引力一直在衰减。正如那些现在正在寻求更完备的基础理论的人一样，他觉得这个想法很有道理。然而，迪克最感兴趣的是在实验室以及自然科学的其他分支中寻找可能揭示引力有趣奥秘的现象。他卓越的实验方法催生了许多重要研究，包括：对上一个冰期后大陆抬升过程的监测，监控地下爆炸的地震观测网，用于精确检验引力物理学理论的月球激光测距，以及极大推动我们对宇宙的结构和演化的理解的微波技术（Peebles，2017）。迪克从未放弃对寻找新引力物理学的兴趣，但他也乐于看到自己组建的小组探索其他种类的观测和理论。他的引力研究小组如今已经传承到第四代，在学术上仍然很高产。

20 世纪 80 年代初，泽尔多维奇是结构形成理论的"煎饼图景"的积极倡导者。既然这一理论已经被明确证伪（如第 5.2 节所讨论的），为什么苏联的研究者仍然继续研究这一理论？据安德烈·克拉夫佐夫（个人交流，2018）回忆，苏联学术界在这个问题上并非没有争议：

> 我在 20 世纪 90 年代初期的研究中看到的是，这些科学领域中的学术争论和批评常常非常激烈。我常常目睹某人在研讨会或学术报告后站起来，严厉质疑报告中的研究的理论基础，甚至报告人的资质。

莫斯科的宇宙学小组无疑也经历过这种充满活力的学术场面，并从中获益。但是要取得进展，研究小组就必须专注于眼前的问题，而过分的专注又会限制研究者的视野。我认为，苏联的环境，尤其是旅行限制的影响，导致他们与更了解天文学的独立研究团队缺乏交流，而这些团队原本是可以凭借其更广阔的视野打破莫斯科研究小组的思维惯性，并推动他们走出僵局的。当然，这种突破最终还是发生了。

在20世纪90年代之前，很少有人积极从事宇宙学研究。我认为这导致了一些经不起严格推敲的宇宙学观点的长期存在。有很多这样的例子，考虑一下海森伯1949年在巴黎举行的"宇宙维度的气体质量运动会议"上给出的判断。海森伯认为，湍流是常态，层流只是人为设定的例外，因此他推测，在均匀膨胀的宇宙中，类似层流的概念是值得怀疑的。可以说哈勃流接近层流（平滑且规则），这确实需要极其特殊的初始条件，但是一旦设定了初始条件，哈勃流与流体流不同的是，它并不是指数不稳定的。（当然，勒梅特的悬停模型是一个例外。）另一个例子是伽莫夫在1954年向稳恒态宇宙学的倡导者提出的问题：如何解释邻近星系年龄的范围偏窄，与1948年版该理论预测的宽泛年龄分布截然不符？我不明白为什么伽莫夫的问题没有引起很多的关注。20世纪80年代结构形成的"煎饼"模型也是如此。那时，活跃于宇宙学的人越来越多，但是苏联的宇宙学家无法与大多数人进行非常密切的互动，而我们看到，学术交流至关重要。20世纪90年代的一个例证是，大量证据表明宇宙质量密度仅为逃逸速度下膨胀的临界值的三分之一左右，但这些证据却鲜少引发关注。这里交流的两个障碍是证据过于弥散而无法轻易评估，而且对于许多人而言，爱因斯坦-德西特模型过于优雅，不容置疑。自我蒙蔽的倾向无疑是人性使然，甚至具有适应性的因素。也许在研究者更多的自然科学分支中有这种效应的例子。但是，我们也从宇宙学的历史中看到了最终发现并纠正这类错误转向的例子。

正如自然科学发展的常态所展示的那样，大多数宇宙学的研究都旨在改善库恩（1962）可能会称为"宇宙学的常规科学"的领域，而另一些人则追求具有潜在变革性的思想，尽管成功的可能性往往较小。弗雷德·霍伊尔是追求一种在哲学上具有吸引力的宇宙学的梦想。鲍勃·迪克梦想着发现物理学无量纲参数的演化规律。两者都失败了，但我们仍然赞颂他们对科学进步的贡献。还有很多人值得我们赞颂：艾伦·桑德奇，他试图通过观测星系来测量宇宙减速参数，这是一项极具挑战性的方案；斯特林·科尔盖特，他试图通过使用效率更高的光子探测器观测超新星来做到这一点，但失败了；那些最终达成这一目标的人；还有那些以开创者无法预料的方式——密切观测天空中微波波段的信号——为减速参数添加了严格约束条件的人。ΛCDM 理论建立在它通过了丰富检验的基础上。但 ΛCDM 的上空仍有乌云，而对理论完备性的探索必将孕育新知，甚至可能引发变革。

# 参考文献

Aaronson, M. 1983. Accurate Radial Velocities for Carbon Stars in Draco and Ursa Minor: The First Hint of a Dwarf Spheroidal Mass-to-Light Ratio. *Astrophysical Journal Letters* **266**: L11–L15 (285)

Aaronson, M., Huchra, J., Mould, J., et al. 1982. The Velocity Field in the Local Supercluster. *Astrophysical Journal* **258**: 64–76 (87,97)

Aarseth, S. J., Gott, J. R., III, and Turner, E. L. 1979. $N$-Body Simulations of Galaxy Clustering. I. Initial Conditions and Galaxy Collapse Times. *Astrophysical Journal* **228**: 664–683 (309)

Abbott, L. F., and Schaefer, R. K. 1986. A General, Gauge-Invariant Analysis of the Cosmic Microwave Anisotropy. *Astrophysical Journal* **308**: 546–562 (315)

Abbott, L. F., and Sikivie, P. 1983. A Cosmological Bound on the Invisible Axion. *Physics Letters B* **120**: 133–136 (296)

Abbott, L. F., and Wise, M. B. 1984. Large-Scale Anisotropy of the Microwave Background and the Amplitude of Energy Density Fluctuations in the Early Universe. *Astrophysical Journal Letters* **282**: L47–L50 (304)

Abel, T., Bryan, G. L., and Norman, M. L. 2002. The Formation of the First Star in the Universe. *Science* **295**: 93–98 (121)

Abell, G. O. 1958. The Distribution of Rich Clusters of Galaxies. *Astronomical Journal Supplement* **3**: 211–288 (18,32,85)

Adams, F. C., Bond, J. R., Freese, K., et al. 1993. Natural Inflation: Particle Physics Models, Power-Law Spectra for Large-Scale Structure, and Constraints from the Cosmic Background Explorer. *Physical Review D* **47**: 426–455 (313)

Adams, W. S. 1941. Some Results with the COUDÉ Spectrograph of the Mount Wilson Observatory. *Astrophysical Journal* **93**: 11–23 (153–156)

Adams, W. S., and Seares, F. H. 1937. Mount Wilson Observatory Annual Report **9**, 39 pp. (255)

Ahlen, S. P., Avignone, F. T., Brodzinski, R. L., et al. 1987. Limits on Cold Dark Matter Candidates from an Ultralow Background Germanium Spectrometer. *Physics Letters B* **195**: 603–608 (299)

Alam, S., Ata, M., Bailey, S., et al. 2017. The Clustering of Galaxies in the Completed SDSS-III Baryon Oscillation Spectroscopic Survey: Cosmological Analysis of the DR12 Galaxy Sample. *Monthly Notices of the Royal Astronomical Society* **470**: 2617–2652 (112)

Albrecht, A., Coulson, D., Ferreira, P., and Magueijo, J. 1996. Causality, Randomness, and the Microwave Background. *Physical Review Letters* **76**: 1413–1416 (229)

Albrecht, A., and Steinhardt, P. J. 1982. Cosmology for Grand Unified Theories with Radiatively Induced Symmetry Breaking. *Physical Review Letters* **48**: 1220–1223 (62)

Albrecht, A., and Turok, N. 1985. Evolution of Cosmic Strings. *Physical Review Letters* **54**: 1868–1871 (228)

Alcock, C., Allsman, R. A., Alves, D. R., et al. 2000. The MACHO Project: Microlensing Results from 5.7 Years of Large Magellanic Cloud Observations. *Astrophysical Journal* **542**: 281–307 (278)

Alcock, C., Allsman, R. A., Alves, D. R., et al. 2001. MACHO Project Limits on Black Hole Dark Matter in the $1-30M_\odot$ Range. *Astrophysical Journal Letters* **550**: L169–L172 (278)

Alcock, C., Fuller, G. M., and Mathews, G. J. 1987. The Quark-Hadron Phase Transition and Primordial Nucleosynthesis. *Astrophysical Journal* **320**: 439–447 (181)

Alfvén, H. 1965. Antimatter and the Development of the Metagalaxy. *Reviews of Modern Physics* **37**: 652–665 (34)

Aller, L. 1995. Early Clues to Abnormal Mass/Light Ratios in Galaxies: Messier 31 and Messier 33. In *Sources of Dark Matter in the Universe*, Singapore: World Scientific, ed. David B. Cline, pp. 3–8 (275)

Aller, L. H., and Menzel, D. H. 1945. Physical Processes in Gaseous Nebulae XVIII. The Chemical Composition of the Planetary Nebulae. *Astrophysical Journal* **102**: 239–263 (139,146)

Alpher, R. A. 1948a. On the Origin and Relative Abundance of the Elements. PhD thesis, The George Washington University (127,131–137,176,183)

Alpher, R. A. 1948b. A Neutron-Capture Theory of the Formation and Relative Abundance of the Elements. *Physical Review* **74**: 1577–1589 (131–134,136,183)

Alpher, R. A., Bethe, H., and Gamow, G. 1948. The Origin of Chemical Elements. *Physical*

*Review* **73**: 803–804 (123,133,147,164,182)

Alpher, R. A., Follin, J. W., and Herman, R. C. 1953. Physical Conditions in the Initial Stages of the Expanding Universe. *Physical Review* **92**: 1347–1361 (137,147,164)

Alpher, R. A., and Herman, R. C. 1948a. Evolution of the Universe. *Nature* **162**: 774–775 (125,131,138)

Alpher, R. A., and Herman, R. C. 1948b. On the Relative Abundance of the Elements. *Physical Review* **74**: 1737–1743 (132)

Alpher, R. A., and Herman, R. C. 1949. Remarks on the Evolution of the Expanding Universe. *Physical Review* **75**: 1089–1095 (132)

Alpher, R. A., and Herman, R. C. 1950. Theory of the Origin and Relative Abundance Distribution of the Elements. *Reviews of Modern Physics* **22**: 153–212 (127,137,175)

Alpher, R. A., and Herman, R. C. 1953. The Origin and Abundance Distribution of the Elements. *Annual Review of Nuclear and Particle Science* **2**: 1–40 (150)

Alpher, R. A., and Herman, R. C. 1988. Reflections on Early Work on 'Big Bang' Cosmology. *Physics Today* **41**: 24–34 (127,130,152)

Alpher, R. A., and Herman, R. C. 2001. *Genesis of the Big Bang*. Oxford: Oxford University Press (123,198)

Andernach, H., and Zwicky, F. 2017. English and Spanish Translation of Zwicky's (1933) The Redshift of Extragalactic Nebulae. arXiv:1711.01693 (241)

Applegate, J. H., and Hogan, C. J. 1985. Relics of Cosmic Quark Condensation. *Physical Review D* **31**: 3037–3045 (181)

Athanassoula, E., Bosma, A., and Papaioannou, S. 1987. Halo Parameters of Spiral Galaxies. *Astronomy and Astrophysics* **179**: 23–40 (262)

Aver, E., Olive, K. A., and Skillman, E. D. 2015. The Effects of He I $\lambda$10830 on Helium Abundance Determinations. *Journal of Cosmology and Astroparticle Physics* **7**: 011, 23 pp. (176)

Baade, W. 1939. Stellar Photography in the Red Region of the Spectrum. *Publications of the American Astronomical Society* **9**: 31–32 (250,343)

Baade, W. 1952. Report of Meeting. *Transactions of the International Astronomical Union* **8**: 397 (73)

Baade, W., and Mayall, N. U. 1951. Distribution and Motions of Gaseous Masses in Spirals. In *Problems of Cosmical Aerodynamics; Proceedings of a Symposium on the Motion of Gaseous Masses of Cosmical Dimensions*, Paris, August 16–19, 1949. Dayton, OH: Central Air Document Offices, pp. 165–184 (250,253)

Babcock, H. W. 1939. The Rotation of the Andromeda Nebula. *Lick Observatory Bulletin* **498**: 41–51 (248,253)

Bahcall, N. A., and Cen, R. 1992. Galaxy Clusters and Cold Dark Matter: A Low-Density Unbiased Universe? *Astrophysical Journal Letters* **398**: L81–L84 (100,104)

Bahcall, N. A., Fan, X., and Cen, R. 1997. Constraining $\Omega$ with Cluster Evolution. *Astrophysical Journal Letters* **485**: L53–L56 (100)

Bahcall, N. A., Lubin, L. M., and Dorman, V. 1995. Where Is the Dark Matter? *Astrophysical Journal Letters* **447**: L81–L85 (107,275)

Bahcall, N. A., Ostriker, J. P., Perlmutter, S., and Steinhardt, P. J. 1999. The Cosmic Triangle: Revealing the State of the Universe. *Science* **284**: 1481–1488 (321)

Bahcall, N. A., and Soneira, R. M. 1983. The Spatial Correlation Function of Rich Clusters of Galaxies. *Astrophysical Journal* **270**: 20–38 (30)

Ballinger, W. E., Heavens, A. F., and Taylor, A. N. 1995. The Real-Space Power Spectrum of IRAS Galaxies on Large Scales and the Redshift Distortion. *Monthly Notices of the Royal Astronomical Society* **276**: L59–L63 (93)

Bardeen, J. M. 1968. Radiative Transfer in Perturbed Friedmann Universes. *Astronomical Journal Supplement* **73**: 164 (205)

Bardeen, J. M. 1975. Global Instabilities of Disks. In *Proceedings of IAU Symposium 69, Dynamics of Stellar Systems*, Besançon, France, September 9–13, 1974. Dordrecht: Reidel, pp. 297–320 (270)

Bardeen, J. M. 1980. Gauge-Invariant Cosmological Perturbations. *Physical Review D* **22**: 1882–1905 (199)

Bardeen, J. M. 1986. Galaxy Formation in an Omega = 1 Cold Dark Matter Universe. In *Inner Space/Outer Space: The Interface between Cosmology and Particle Physics*, pp. 212–217. Chicago: University of Chicago Press (64–67)

Bardeen, J. M., Bond, J. R., Kaiser, N., and Szalay, A. S. 1986. The Statistics of Peaks of Gaussian Random Fields. *Astrophysical Journal* **304**: 15–61 (303,308)

Bardeen, J. M., Steinhardt, P. J., and Turner, M. S. 1983. Spontaneous Creation of Almost Scale-Free Density Perturbations in an Inflationary Universe. *Physical Review D* **28**: 679–693 (62)

Barnes, J. E. 1988. Encounters of Disk/Halo Galaxies. *Astrophysical Journal* **331**: 699–717 (272)

Barrow, J. D. 2017. Some Generalities about Generality. In *The Philosophy of Cosmology*, Eds. K. Chamcham, J. Silk, J. D. Barrow, and S. Saunders. Cambridge: Cambridge University Press (212)

Barrow, J. D., and Matzner, R. A. 1977. The Homogeneity and Isotropy of the Universe. *Monthly Notices of the Royal Astronomical Society* **181**: 719–727 (211)

Bartlett, J. G., and Blanchard, A. 1996. The Significance of the Cosmic Virial Theorem. *As-*

*tronomy and Astrophysics* **307**: 1–7 (89)

Bartlett, J. G., Blanchard, A., Silk, J., and Turner, M. S. 1995. The Case for a Hubble Constant of 30 km s$^{-1}$ Mpc$^{-1}$. *Science* **267**: 980–983 (316,335)

Bartlett, J. G., and Silk, J. 1993. Galaxy Clusters and the COBE Result. *Astrophysical Journal Letters* **407**: L45–L48 (100,104)

Bashinsky, S., and Bertschinger, E. 2002. Dynamics of Cosmological Perturbations in Position Space. *Physical Review D* **65** 123008, 19 pp. (105)

Baum, W. A. 1957. Photoelectric Determinations of Redshifts beyond 0.2 c. *Astronomical Journal* **62**: 6–7 (53,94)

Bean, A. J., Ellis, R. S., Shanks, T., Efstathiou, G., and Peterson, B. A. 1983. A Complete Galaxy Redshift Sample—I. The Peculiar Velocities between Galaxy Pairs and the Mean Mass Density of the Universe. *Monthly Notices of the Royal Astronomical Society* **205**: 605–624 (89,92)

Becker, R. H., Fan, X., White, R. L., et al. 2001. Evidence for Reionization at $z = 6$: Detection of a Gunn-Peterson Trough in a $z = 6.28$ Quasar. *Astronomical Journal* **122**: 2850–2857 (204)

Beckman, J. E., Ade, P. A. R., Huizinga, J. S., Robson, E. I., and Vickers, D. G. 1972. Limits to the Sub-millimetre Isotropic Background. *Nature* **237**: 154–157 (171)

Begeman, K. G. 1987. HI Rotation Curves of Spiral Galaxies. PhD thesis, Kapteyn Institute, University of Groningen, the Netherlands (259)

Bennett, C. L., Banday, A. J., Górski, K. M., et al. 1996. Four-Year COBE DMR Cosmic Microwave Background Observations: Maps and Basic Results. *Astrophysical Journal Letters* **464**: L1–L4 (104,312)

Bennett, C. L., Halpern, M., Hinshaw, G., et al. 2003. First-Year Wilkinson Microwave Anisotropy Probe (WMAP) Observations: Preliminary Maps and Basic Results. *Astrophysical Journal Supplement* **148**: 1–27 (305)

Bennett, D. P., and Bouchet, F. R. 1988. Evidence for a Scaling Solution in Cosmic-String Evolution. *Physical Review Letters* **60**: 257–260 (228)

Berlind, A. A., and Weinberg, D. H. 2002. The Halo Occupation Distribution: Toward an Empirical Determination of the Relation between Galaxies and Mass. *Astrophysical Journal* **575**: 587–616 (26)

Bernstein, G. M., Fischer, M. L., Richards, P. L., Peterson, J. B., and Timusk, T. 1990. A Measurement of the Spectrum of the Cosmic Background Radiation from 1 to 3 Millimeter Wavelength. *Astrophysical Journal* **362**: 107–113 (171)

Bertschinger, E. 1993. Galaxy Formation and Large-Scale Structure. *Annals of the New York Academy of Sciences* **688**: 297–310 (60)

Bertschinger, E., and Dekel, A. 1989. Recovering the Full Velocity and Density Fields from

Large-Scale Redshift-Distance Samples. *Astrophysical Journal Letters* **336**: L5–L8 (102)

Bertschinger, E., Dekel, A., Faber, S. M., Dressler, A., and Burstein, D. 1990. Potential, Velocity, and Density Fields from Redshift-Distance Samples: Application: Cosmography within 6000 Kilometers per Second. *Astrophysical Journal* **364**: 370–395 (103)

Bethe, H. A. 1947. *Elementary Nuclear Theory*. New York: Wiley and Sons (125)

Beutler, F., Seo, H.-J., Ross, A. J., et al. 2017. The Clustering of Galaxies in the Completed SDSS-III Baryon Oscillation Spectroscopic Survey: Baryon Acoustic Oscillations in the Fourier Space. *Monthly Notices of the Royal Astronomical Society* **464**: 3409–3430 (336)

Binney, J. 1974. Galaxy Formation without Primordial Turbulence: Mechanisms for Generating Cosmic Vorticity. *Monthly Notices of the Royal Astronomical Society* **168**: 73–92 (220)

Binney, J. 1977. The Physics of Dissipational Galaxy Formation. *Astrophysical Journal* **215**: 483–491 (308)

Bisnovatyi-Kogan, G. S., and Novikov, I. D. 1980. Cosmology with a Nonzero Neutrino Rest Mass. *Astronomicheskii Zhurnal* **57**: 899–902. English translation in *Soviet Astronomy* **24**: 516–517 (286)

Blackman, R. B., and Tukey, J. 1959. *The Measurement of Power Spectra from the Point of View of Communications Engineering*. New York: Dover (306)

Blumenthal, G. R., Dekel, A., and Primack, J. R. 1988. Very Large Scale Structure in an Open Cosmology of Cold Dark Matter and Baryons. *Astrophysical Journal* **326**: 539–550 (98,315)

Blumenthal, G. R., Faber, S. M., Primack, J. R., and Rees, M. J. 1984. Formation of Galaxies and Large-Scale Structure with Cold Dark Matter. *Nature* **311**: 517–525 (302,308)

Blumenthal, G. R., Pagels, H., and Primack, J. R. 1982. Galaxy Formation by Dissipationless Particles Heavier Than Neutrinos. *Nature* **299**: 37–38 (289,297,302,311,315)

Boesgaard, A. M., and Steigman, G. 1985. Big Bang Nucleosynthesis: Theories and Observations. *Annual Review of Astronomy and Astrophysics* **23**: 319–378 (176–179)

Bok, B. J. 1934. The Apparent Clustering of External Galaxies. *Harvard College Observatory Bulletin* **895**: 1–8 (19)

Bok, B. J. 1946. The Time-Scale of the Universe. *Monthly Notices of the Royal Astronomical Society* **106**: 61–75 (72)

Bond, J. R., Centrella, J., Szalay, A. S., and Wilson, J. R. 1984a. Dark Matter and Shocked Pancakes. In *Proceedings of the Third Moriond Astrophysics Meeting, La Plagne, March 1983*. Eds. Jean Audouze and Jean Tran Thanh Van. Dordrecht: Reidel, pp. 87–99 (280,288)

Bond, J. R., Centrella, J., Szalay, A. S., Wilson, J. R. 1984b. Cooling Pancakes. *Monthly Notices of the Royal Astronomical Society* **210**: 515–545 (280,288)

Bond, J. R., and Efstathiou, G. 1984. Cosmic Background Radiation Anisotropies in Universes Dominated by Nonbaryonic Dark Matter. *Astrophysical Journal Letters* **285**: L45–L48 (303)

Bond, J. R., and Efstathiou, G. 1987. The Statistics of Cosmic Background Radiation Fluctuations. *Monthly Notices of the Royal Astronomical Society* **226**: 655–687 (302–306,333)

Bond, J. R., and Efstathiou, G. 1991. The Formation of Cosmic Structure With a 17 keV Neutrino. *Physics Letters B* **265**: 245–250 (306)

Bond, J. R., Efstathiou, G., and Silk, J. 1980. Massive Neutrinos and the Large-Scale Structure of the Universe. *Physical Review Letters* **45**: 1980–1984 (285–289)

Bond, J. R., Efstathiou, G., and Tegmark, M. 1997. Forecasting Cosmic Parameter Errors from Microwave Background Anisotropy Experiments. *Monthly Notices of the Royal Astronomical Society* **291**: L33–L41 (334)

Bond, J. R., and Jaffe, A. H. 1999. Constraining Large-Scale Structure Theories with the Cosmic Background Radiation. *Philosophical Transactions of the Royal Society of London Series A* **357**: 57–75 (321)

Bond, J. R., Szalay, A. S., and Turner, M. S. 1982. Formation of Galaxies in a Gravitino-Dominated Universe. *Physical Review Letters* **48**: 1636–1639 (289,297)

Bondi, H. 1947. Spherically Symmetrical Models in General Relativity. *Monthly Notices of the Royal Astronomical Society* **107**: 410–425 (193)

Bondi, H. 1952. *Cosmology*. Cambridge: Cambridge University Press (7,22,31,54)

Bondi, H. 1960. *Cosmology*, second edition. Cambridge: Cambridge University Press (7,51,54–58,141,317)

Bondi, H., and Gold, T. 1948. The Steady-State Theory of the Expanding Universe. *Monthly Notices of the Royal Astronomical Society* **108**: 252–270 (50,51,54)

Bondi, H., Gold, T., and Sciama, D. W. 1954. A Note on the Reported Color-Index Effect of Distant Galaxies. *Astrophysical Journal* **120**: 597–599 (51)

Bonnor, W. B. 1957. Jeans' Formula for Gravitational Instability. *Monthly Notices of the Royal Astronomical Society* **117**: 104–116 (187)

Bortolot, V. J., Clauser, J. F., and Thaddeus, P. 1969. Upper Limits to the Intensity of Background Radiation at $\lambda = 1.32$, 0.559, and 0.359 mm. *Physical Review Letters* **22**: 307–310 (166)

Bosma, A. 1978. The Distribution and Kinematics of Neutral Hydrogen in Spiral Galaxies of Various Morphological Types. PhD thesis, University of Groningen, The Netherlands (261)

Bosma, A. 1981a. 21-cm Line Studies of Spiral Galaxies. I. Observations of the Galaxies NGC 5033, 3198, 5055, 2841, and 7331. *Astronomical Journal* **86**: 1791–1924 (262)

Bosma, A. 1981b. 21-cm Line Studies of Spiral Galaxies. II. The Distribution and Kinematics of Neutral Hydrogen in Spiral Galaxies of Various Morphological Types. *Astronomical Journal* **86**: 1825–1846 (262)

Boughn, S. P., Cheng, E. S., and Wilkinson, D. T. 1981. Dipole and Quadrupole Anisotropy of the 2.7 K Radiation. *Astrophysical Journal Letters* **243**: L113–L117 (227,300)

Boynton, P. E., Stokes, R. A., and Wilkinson, D. T. 1968. Primeval Fireball Intensity at $\lambda = 3.3$ mm. *Physical Review Letters* **21**: 462–465 (165)

Brans, C., and Dicke, R. H. 1961. Mach's Principle and a Relativistic Theory of Gravitation. *Physical Review* **124**: 925–935 (49,60)

Briel, U. G., Henry, J. P., and Böhringer, H. 1992. Observation of the Coma Cluster of Galaxies with ROSAT during the All-Sky Survey. *Astronomy and Astrophysics* **259**: L31–L34 (101)

Bunn, E. F., and White, M. 1997. The 4 Year COBE Normalization and Large-Scale Structure. *Astrophysical Journal* **480**: 6–21 (312,320,334)

Burbidge, E. M., and Burbidge, G. R. 1961. A Further Investigation of Stephan's Quintet. *Astrophysical Journal* **134**: 244–247 (245)

Burbidge, E. M., and Burbidge, G. R. 1975. The Masses of Galaxies. In *Galaxies and the Universe*, pp. 81–121. Eds. A. Sandage, M. Sandage, and J. Kristian. Chicago: University of Chicago Press (243,260,263)

Burbidge, E. M., Burbidge, G. R., Fowler, W. A., and Hoyle, F. 1957. Synthesis of the Elements in Stars. *Reviews of Modern Physics* **29**: 547–650 (129)

Burbidge, E. M., and Sargent, W. L. W. 1971. Velocity Dispersions and Discrepant Redshifts in Groups of Galaxies. In *Proceedings of a Study Week on Nuclei of Galaxies, Rome, April 1970*. Ed. D. J. K. O'Connell. Amsterdam: North Holland, pp. 351–386 (246)

Burbidge, G. R. 1958. Nuclear Energy Generation and Dissipation in Galaxies. *Publications of the Astronomical Society of the Pacific* **70**: 83–89 (140)

Burbidge, G. R. 1975. On the Masses and Relative Velocities of Galaxies. *Astrophysical Journal Letters* **196**: L7–L10 (245,261)

Burles, S., and Tytler, D. 1998. On the Measurements of D/H in QSO Absorption Systems. *Space Science Reviews* **84**: 65–75 (180)

Burstein, D., Rubin, V. C., Thonnard, N., and Ford, W. K., Jr. 1982. The Distribution of Mass in SC Galaxies. *Astrophysical Journal* **253**: 70–85 (258)

Cabibbo, N., Farrar, G. R., and Maiani, L. 1981. Massive Photinos: Unstable and Interesting.

*Physics Letters B* **105**: 155–158 (296,298)

Cabrera, B., Krauss, L. M., and Wilczek, F. 1985. Bolometric Detection of Neutrinos. *Physical Review Letters* **55**: 25–28 (299)

Caldwell, D. O., Eisberg, R. M., Grumm, D. M., et al. 1988. Laboratory Limits on Galactic Cold Dark Matter. *Physical Review Letters* **61**: 510–513 (299)

Caldwell, R. R., Davé, R., and Steinhardt, P. J. 1998. Quintessential Cosmology. *Astrophysics and Space Science* **261**: 303–310 (60)

Cameron, A. G. W. 1957. *Stellar Evolution, Nuclear Astrophysics, and Nucleogenesis*. Chalk River, Ontario: Atomic Energy of Canada, CRL-41 (129)

Cappellari, M., Romanowsky, A. J., Brodie, J. P., et al. 2015. Small Scatter and Nearly Isothermal Mass Profiles to Four Half-Light Radii from Two-Dimensional Stellar Dynamics of Early-Type Galaxies. *Astrophysical Journal Letters* **804**: L21, 7 pp. (256)

Carignan, C., and Freeman, K. C. 1985. Basic Parameters of Dark Halos in Late-Type Spirals. *Astrophysical Journal* **294**: 494–501 (258)

Carlberg, R. G., Yee, H. K. C., Ellingson, E., et al. 1997. The Dynamical Equilibrium of Galaxy Clusters. *Astrophysical Journal Letters* **476**: L7–L10 (101,107)

Carpenter, E. F. 1938. Some Characteristics of Associated Galaxies. I. A Density Restriction in the Metagalaxy. *Astrophysical Journal* **88**: 344–355 (32)

Carr, B. J. 1975. The Primordial Black Hole Mass Spectrum. *Astrophysical Journal* **201**: 1–19 (77)

Carr, B. J. 1988. Submillimetre Excess. *Nature* **334**: 650–651 (170)

Carr, B. J., Bond, J. R., and Arnett, W. D. 1984. Cosmological Consequences of Population III Stars. *Astrophysical Journal* **277**: 445–469 (277)

Carter, B. 1974. Large Number Coincidences and the Anthropic Principle in Cosmology. In *Confrontation of Cosmological Theories with Observational Data*. Krakow, September 1993. Dordrecht: Reidel, pp. 291–298 (61)

Cen, R., and Ostriker, J. P. 1992. Galaxy Formation and Physical Bias. *Astrophysical Journal* **399**: L113–L116 (67)

Cen, R., Ostriker, J. P., and Peebles, P. J. E. 1993. A Hydrodynamic Approach to Cosmology: The Primeval Baryon Isocurvature Model. *Astrophysical Journal* **415**: 423–444 (316)

Centrella, J., and Melott, A. L. 1983. Three-Dimensional Simulation of Large-Scale Structure in the Universe. *Nature* **305**: 196–198 (309)

Chaboyer, B., Demarque, P., Kernan, P. J., and Krauss, L. M. 1996. A Lower Limit on the Age of the Universe. *Science* **271**: 957–961 (320)

Chan, K. L., and Jones, B. J. T. 1975. The Evolution of the Cosmic Radiation Spectrum Under the Influence of Turbulent Heating. I. Theory; II. Numerical Calculation and Application. *Astrophysical Journal* **200**: 454–470 (216)

Chandrasekhar, S., and Henrich, L. R. 1942. An Attempt to Interpret the Relative Abundances of the Elements and Their Isotopes. *Astrophysical Journal* **95**: 288–298 (122)

Chapline, G. F. 1975. Cosmological Effects of Primordial Black Holes. *Nature* **253**: 251–252 (77)

Charlier, C. V. L. 1922. How an Infinite World May Be Built Up. *Meddelanden fran Lunds Astronomiska Observatorium* Serie I, **98**: 1–37 (16,32)

Chemin, L., Carignan, C., and Foster, T. 2009. H I Kinematics and Dynamics of Messier 31. *Astrophysical Journal* **705**: 1395–1415 (254,270)

Chernin, A. D. 1972. Dynamic Motions in the Early Universe. *Astrophysical Letters* **10**: 125–128 (220)

Chibisov, G. V. 1972. Damping of Adiabatic Perturbations in an Expanding Universe. *Astronomicheskii Zhurnal* **49**: 74–84. English translation in *Soviet Astronomy—AJ* **16**: 56–63 (205)

Clayton, D. D. 1964. Chronology of the Galaxy. *Science* **143**: 1281–1286 (74)

Clayton, D. D., Fowler, W. A., Hull, T. E., and Zimmerman, B. A. 1961. Neutron Capture Chains in Heavy Element Synthesis. *Annals of Physics* **12**: 331–408 (182)

Code, A. D. 1959. Energy Distribution Curves of Galaxies. *Publications of the Astronomical Society of the Pacific* **71**: 118–125 (51)

Cole, S., Norberg, P., Baugh, C. M., et al. 2001. The 2dF Galaxy Redshift Survey: Near-Infrared Galaxy Luminosity Functions. *Monthly Notices of the Royal Astronomical Society* **326**: 255–273 (83)

Cole, S., Percival, W. J., Peacock, J. A., et al. 2005. The 2dF Galaxy Redshift Survey: Power-Spectrum Analysis of the Final Data Set and Cosmological Implications. *Monthly Notices of the Royal Astronomical Society* **362**: 505–534 (105,336)

Colgate, S. A. 1979. Supernovae as a Standard Candle for Cosmology. *Astrophysical Journal* **232**: 404–408 (326)

Colgate, S. A. 1987. Still Seeking Supernovae. *Sky and Telescope* **74**: 229–230 (327)

Colgate, S. A., Moore, E. P., and Colburn, J. 1975. SIT Vidicon with Magnetic Intensifier for Astronomical Use. *Applied Optics* **14**: 1429–1436 (326)

Cooke, R. J., Pettini, M., Nollett, K. M., and Jorgenson, R. 2016. The Primordial Deuterium Abundance of the Most Metal-Poor Damped Lyman-$\alpha$ System. *Astrophysical Journal* **830**: 148, 16 pp.(180)

Copeland, E. J., and Kibble, T. W. B. 2009. Cosmic Strings and Superstrings. *Proceedings of the Royal Society of London Series A* **466**: 623–657 (223,237)

Corbelli, E., and Salucci, P. 2000. The Extended Rotation Curve and the Dark Matter Halo of M33. *Monthly Notices of the Royal Astronomical Society* **311**: 441–447 (262)

Couchman, H. M. P., and Carlberg, R. G. 1992. Large-Scale Structure in a Low-Bias Universe. *Astrophysical Journal* **389**: 453–463 (67)

Courteau, S., Cappellari, M., de Jong, R. S., et al. 2014. Galaxy Masses. *Reviews of Modern Physics* **86**: 47–119 (9,269)

Cowie, L. L., and Hu, E. M. 1987. The Formation of Families of Twin Galaxies by String Loops. *Astrophysical Journal Letters* **318**: L33–L38 (228)

Cowsik, R., and McClelland, J. 1972. An Upper Limit on the Neutrino Rest Mass. *Physical Review Letters* **29**: 669–670 (281)

Cowsik, R., and McClelland, J. 1973. Gravity of Neutrinos of Nonzero Mass in Astrophysics. *Astrophysical Journal* **180**: 7–10 (77,282–284,291)

Crawford, M., and Schramm, D. N. 1982. Spontaneous Generation of Density Perturbations in the Early Universe. *Nature* **298**: 538–540 (277)

Crittenden, R. G., and Turok, N. 1995. Doppler Peaks from Cosmic Texture. *Physical Review Letters* **75**: 2642–2645 (229)

Crovini, L., and Galgani, L. 1984. On the Accuracy of the Experimental Proof of Planck's Radiation Law. *Nuovo Cimento Lettere* **39**: 210–214 (117)

Dallaporta, N., and Lucchin, F. 1972. On Galaxy Formation from Primeval Universal Turbulence. *Astronomy and Astrophysics* **19**: 123–134 (215)

Danese, L., Burigana, C., Toffolatti, L., de Zotti, G., and Franceschini, A. 1990. Theoretical Implications of the CMB Spectral Distortions. In *The Cosmic Microwave Background: 25 Years Later*, pp. 153–172. Eds. N. Mandolesi and N. Vittorio. Dordrecht, Netherlands: Kluwer Academic Publishers (170)

Dautcourt, G., and Wallis, G. 1968. The Cosmic Blackbody Radiation. *Fortschritte der Physik* **16**: 545–593 (164)

Davidson, W., and Narlikar, J. V. 1966. Cosmological Models and Their Observational Validation. *Reports on Progress in Physics* **29**: 539–622 (182)

Davis, M. 1987. Evidence for Dark Matter in Galactic Systems. In *Proceedings of IAU Symposium 117, Dark Matter in the Universe*, pp. 97–109 (64–67)

Davis, M., Efstathiou, G., Frenk, C. S., and White, S. D. M. 1985. The Evolution of Large-Scale Structure in a Universe Dominated by Cold Dark Matter. *Astrophysical Journal* **292**: 371–394 (67,97,191,303,309)

Davis, M., Efstathiou, G., Frenk, C. S., and White, S. D. M. 1992. The End of Cold Dark Matter? *Nature* **356**: 489–494 (59,317)

Davis, M., Geller, M. J., and Huchra, J. 1978. The Local Mean Mass Density of the Universe: New Methods for Studying Galaxy Clustering. *Astrophysical Journal* **221**: 1–18 (85,88)

Davis, M., Groth, E. J., and Peebles, P. J. E. 1977. Study of Galaxy Correlations: Evidence for the Gravitational Instability Picture in a Dense Universe. *Astrophysical Journal Letters* **212**: L107–L111 (233,309)

Davis, M., Huchra, J., Latham, D. W., and Tonry, J. 1982. A Survey of Galaxy Redshifts. II. The Large Scale Space Distribution. *Astrophysical Journal* **253**: 423–445 (68,89,97)

Davis, M., Lecar, M., Pryor, C., and Witten, E. 1981. The Formation of Galaxies from Massive Neutrinos. *Astrophysical Journal* **250**: 423–431 (313)

Davis, M., and Nusser, A. 2016. Re-examination of Large Scale Structure & Cosmic Flows. In *Proceedings of IAU Symposium 308, The Zel'dovich Universe: Genesis and Growth of the Cosmic Web*, Tallinn, Estunia, June 23–28. Cambridge: Cambridge University Press, pp. 310–317 (96)

Davis, M., Nusser, A., and Willick, J. A. 1996. Comparison of Velocity and Gravity Fields: The Mark III Tully-Fisher Catalog versus the IRAS 1.2 Jy Survey. *Astrophysical Journal* **473**: 22–42 (103)

Davis, M., and Peebles, P. J. E. 1977. On the Integration of the BBGKY Equations for the Development of Strongly Nonlinear Clustering in an Expanding Universe. *Astrophysical Journal Supplement* **34**: 425–450 (89,97,233)

Davis, M., and Peebles, P. J. E. 1983a. A Survey of Galaxy Redshifts. V. The Two-Point Position and Velocity Correlations. *Astrophysical Journal* **267**: 465–482 (29,68,91,97,302)

Davis, M., and Peebles, P. J. E. 1983b. Evidence for Local Anisotropy of the Hubble Flow. *Annual Review of Astronomy and Astrophysics* **21**: 109–130 (302)

Davis, M., Summers, F. J., and Schlegel, D. 1992. Large-Scale Structure in a Universe with Mixed Hot and Cold Dark Matter. *Nature* **359**: 393–396 (318)

Davis, M., Tonry, J., Huchra, J., and Latham, D. W. 1980. On the Virgo Supercluster and the Mean Mass Density of the Universe. *Astrophysical Journal Letters* **238**: L113–L116 (87)

Dawid, R. 2013. *String Theory and the Scientific Method*. Cambridge: Cambridge University Press (3)

Dawid, R. 2017. The Significance of Non-Empirical Confirmation in Fundamental Physics. arXiv:1702.01133 (3)

de Bernardis, P., Ade, P. A. R., Bock, J. J., et al. 2000. A Flat Universe from High-Resolution Maps of the Cosmic Microwave Background Radiation. *Nature* **404**: 955–959 (334)

DeGrasse, R. W., Hogg, D. C., Ohm, E. A., and Scovil, H. E. D. 1959a. Ultra-Low-Noise Measurements Using a Horn Reflector Antenna and a Traveling-Wave Maser. *Journal of Applied Physics* **30**: 2013 (156)

DeGrasse, R. W., Hogg, D. C., Ohm, E. A., and Scovil, H. E. D. 1959b. Ultra-Low-Noise Antenna and Receiver Combination for Satellite or Space Communication. *Proceedings of the National Electronics Conference* **15**: 371–379 (156,158)

Dekel, A., Bertschinger, E., Yahil, A., et al. 1993. *IRAS* Galaxies versus POTENT Mass: Density Fields, Biasing, and X. *Astrophysical Journal* **412**: 1–21 (103,319)

Dekel, A., Burstein, D., and White, S. D. M. 1997. Measuring Omega. In *Critical Dialogues in Cosmology, Proceedings of a Conference Held at Princeton in June 1996*. Ed. Neil Turok. Singapore: World Scientific, pp. 175–192 (316)

Demoulin, M.-H., and Chan, Y. W. T. 1969. Rotation and Mass of the Galaxy NGC 6574. *Astrophysical Journal* **156**: 501–508 (259)

de Rújula, A., and Glashow, S. L. 1980. Galactic Neutrinos and UV Astronomy. *Physical Review Letters* **45**: 942–944 (298)

de Sitter, W. 1917a. On the Relativity of Inertia. Remarks Concerning Einstein's Latest Hypothesis. *Koninklijke Nederlandse Akademie van Wetenschappen Proceedings Series B Physical Sciences* **19**: 1217–1225 (14,17)

de Sitter, W. 1917b. Einstein's Theory of Gravitation and Its Astronomical Consequences. Third Paper. *Monthly Notices of the Royal Astronomical Society* **78**: 3–28 (17,38)

de Swart, J. G., Bertone, G., and van Dongen, J. 2017. How Dark Matter Came to Matter. *Nature Astronomy* **1** 0059, 8 pp. (9)

de Vaucouleurs, G. 1953. Evidence for a Local Supergalaxy. *Astronomical Journal* **58**: 30–32 (17)

de Vaucouleurs, G. 1958a. Further Evidence for a Local Super-cluster of Galaxies: Rotation and Expansion. *Astronomical Journal* **63**: 253–265 (17)

de Vaucouleurs, G. 1958b. Photoelectric Photometry of the Andromeda Nebula in the UBV System. *Astrophysical Journal* **128**: 465–488 (252–254)

de Vaucouleurs, G. 1959. Photoelectric Photometry of Messier 33 in the $U$, $B$, $V$ System. *Astrophysical Journal* **130**: 728–738 (258)

de Vaucouleurs, G. 1960. The Apparent Density of Matter in Groups and Clusters of Galaxies. *Astrophysical Journal* **131**: 585–597 (235,243)

de Vaucouleurs, G. 1970. The Case for a Hierarchical Cosmology. *Science* **167**: 1203–1313 (32,349)

de Vaucouleurs, G., and Corwin, H. G., Jr. 1985. The Distance of the Hercules Supercluster from Supernovae and SBC Spirals, and the Hubble Constant. *Astrophysical Journal* **297**: 23–26 (74)

de Vaucouleurs, G., and de Vaucouleurs, A. 1964. *Reference Catalogue of Bright Galaxies*. Austin: University of Texas Press (88) de Vaucouleurs, G., and Peters, W. L. 1968. Motion of the Sun with Respect to the Galaxies and the Kinematics of the Local Supercluster. *Nature* **220**: 868–874 (222)

Dicke, R. H. 1939. The Radial Distribution in Globular Clusters. *Astronomical Journal* **48**: 108–110 (352)

Dicke, R. H. 1961. Dirac's Cosmology and Mach's Principle. *Nature* **192**: 440–441 (60)

Dicke, R. H. 1968. Scalar-Tensor Gravitation and the Cosmic Fireball. *Astrophysical Journal* **152**: 1–24 (181)

Dicke, R. H. 1969. The Age of the Galaxy from the Decay of Uranium. *Astrophysical Journal* **155**: 123–134 (74)

Dicke, R. H. 1970. *Gravitation and the Universe*. Memoirs of the American Philosophical Society, Jayne Lectures for 1969. Philadelphia: American Philosophical Society (59)

Dicke, R. H., and Beringer, R. 1946. Microwave Radiation from the Sun and Moon. *Astrophysical Journal* **103**: 375 (352)

Dicke, R. H., Beringer, R., Kyhl, R. L., and Vane, A. B. 1946. Atmospheric Absorption Measurements with a Microwave Radiometer. *Physical Review* **70**: 340–348 (162)

Dicke, R. H., and Peebles, P. J. E. 1965. Gravitation and Space Science. *Space Science Reviews* **4**: 419–460 (144,163)

Dicke, R. H., and Peebles, P. J. E. 1979. The Big Bang Cosmology—Enigmas and Nostrums. In *General Relativity: An Einstein Centenary Survey*, Eds. S. W. Hawking and W. Israel. Cambridge: Cambridge University Press, pp. 504–517. (59,160)

Dicke, R. H., Peebles, P. J. E., Roll, P. G. and Wilkinson, D. T. 1965. Cosmic Black-Body Radiation. *Astrophysical Journal* **142**: 414–419 (162,164,183)

Dicus, D. A., Kolb, E. W., and Teplitz, V. L. 1977. Cosmological Upper Bound on Heavy-Neutrino Lifetimes. *Physical Review Letters* **39**: 168–171 (291–293,313)

Dicus, D. A., Kolb, E. W., and Teplitz, V. L. 1978. Cosmological Implications of Massive, Unstable Neutrinos. *Astrophysical Journal* **221**: 327–341 (313)

Dimopoulos, S., and Susskind, L. 1978. Baryon Number of the Universe. *Physical Review D* **18**: 4500–4509 (63)

Dine, M., and Fischler, W. 1983. The Not-So-Harmless Axion. *Physics Letters B* **120**: 137–141 (296)

Dingle, H. 1933a. Values of $T_\mu^\nu$ and the Christoffel Symbols for a Line Element of Considerable Generality. *Proceedings of the National Academy of Sciences* **19**: 559–563 (193)

Dingle, H. 1933b. On Isotropic Models of the Universe, with Special Reference to the Stability of the Homogeneous and Static States. *Monthly Notices of the Royal Astronomical Society* **94**: 134–158 (193)

Dirac, P. A. M. 1938. A New Basis for Cosmology. *Proceedings of the Royal Society of Lon-*

don Series A **165**: 199-208 (49)

Djorgovski, S., and Davis, M. 1987. Fundamental Properties of Elliptical Galaxies. *Astrophysical Journal* **313**: 59-68 (85)

Dmitriev, N. A., and Zel'dovich, Y. B. 1963. The Energy of Accidental Motions in the Expanding Universe. *Journal of Experimental and Theoretical Physics U.S.S.R.* **45**: 1150-1155. English translation in *Soviet Physics JETP* **18**: 793-796, 1964 (84)

Dolgov, A. D. 1983. An Attempt to Get Rid of the Cosmological Constant. In *The Very Early Universe, Proceedings of the Nuffield Workshop*, Cambridge, June 21-July 9, 1982. Eds. G. W. Gibbons and S. T. C. Siklos. Cambridge: Cambridge University Press, pp. 449-458 (60)

Doroshkevich, A. G. 1970. The Space Structure of Perturbations and the Origin of Rotation of Galaxies in the Theory of Fluctuation. *Astrofizika* **6**: 320-330 (218)

Doroshkevich, A. G., and Khlopov, M. I. 1984. Formation of Structure in a Universe with Unstable Neutrinos. *Monthly Notices of the Royal Astronomical Society* **211**: 277-282 (314)

Doroshkevich, A. G., Khlopov, M. I., Sunyaev, R. A., Szalay, A. S., and Zel'dovich, Ya. B. 1981. Cosmological Impact of the Neutrino Rest Mass. *Annals of the New York Academy of Sciences* **375**: 32-42 (286,301)

Doroshkevich, A. G., Kotok, E. V., Shandarin, S. F., and Sigov, I. S. 1983. Analysis of the Large-Scale Structure of the Universe. *Monthly Notices of the Royal Astronomical Society* **202**: 537-552 (288)

Doroshkevich, A. G., and Novikov, I. D. 1964. Mean Density of Radiation in the Metagalaxy and Certain Problems in Relativistic Cosmology. *Doklady Akademii Nauk SSSR* **154**: 809-811. English translation in *Soviet Physics Doklady* **9**: 111-113 (152,159,161,165)

Doroshkevich, A. G., and Shandarin, S. F. 1976. On the Local Anisotropy of Expansion of the Universe. *Monthly Notices of the Royal Astronomical Society* **175**: 15P-18P (309)

Doroshkevich, A. G., Zel'dovich, Y. B., and Novikov, I. D. 1967. The Origin of Galaxies in an Expanding Universe. *Astronomicheskii Zhurnal* **44**: 295-303. English translation in *Soviet Astronomy—AJ* **11**: 233-239 (210,221)

Doroshkevich, A. G., Zel'dovich, Y. B., Sunyaev, R. A., and Khlopov, M. Y. 1980. Astrophysical Implications of the Neutrino Rest Mass. II. The Density Perturbation Spectrum and Small-Scale Fluctuations in the Microwave Background. *Pis'ma Astronomicheskii Zhurnal* **6**: 457-464. English translation in *Soviet Astronomy Letters* **6**: 252-256 (286)

Dressler, A., Faber, S. M., Burstein, D., et al. 1987. Spectroscopy and Photometry of Elliptical Galaxies: A Large-Scale Streaming Motion in the Local Universe. *Astrophysical*

*Journal Letters* **313**: L37–L42 (85)

Drukier, A. K., Freese, K., and Spergel, D. N. 1986. Detecting Cold Dark-Matter Candidates. *Physical Review D* **33**: 3495–3508 (299)

Drukier, A., and Stodolsky, L. 1984. Principles and Applications of a Neutral-Current Detector for Neutrino Physics and Astronomy. *Physical Review D* **30**: 2295–2309 (299)

Durrer, R., Gangui, A., and Sakellariadou, M. 1996. Doppler Peaks in the Angular Power Spectrum of the Cosmic Microwave Background: A Fingerprint of Topological Defects. *Physical Review Letters* **76**: 579–582 (229)

Durrer, R., Kunz, M., and Melchiorri, A. 2002. Cosmic Structure Formation with Topological Defects. *Physics Reports* **364**: 1–81 (229)

Durrer, R., and Sakellariadou, M. 1997. Microwave Background Anisotropies from Scaling Seed Perturbations. *Physical Review D* **56**: 4480–4493 (229)

Eddington, A. S. 1923. *The Mathematical Theory of Relativity*. Cambridge: Cambridge University Press (38,78)

Eddington, A. S. 1930. On the Instability of Einstein's Spherical World. *Monthly Notices of the Royal Astronomical Society* **90**: 668–678 (71,188)

Eddington, A. S. 1936. *Relativity Theory of Protons and Electrons*. Cambridge: Cambridge University Press (49)

Efstathiou, G., and Bond, J. R. 1987. Microwave Anisotropy Constraints on Isocurvature Baryon Models. *Monthly Notices of the Royal Astronomical Society* **227**: 33P–38P (306,316)

Efstathiou, G., Bond, J. R., and White, S. D. M. 1992. COBE Background Radiation Anisotropies and Large-Scale Structure in the Universe. *Monthly Notices of the Royal Astronomical Society* **258**: 1P–6P (303,314)

Efstathiou, G., Bridle, S. L., Lasenby, A. N., Hobson, M. P., and Ellis, R. S. 1999. Constraints on $\Omega_\Lambda$ and $\Omega_m$ from Distant Type Ia Supernovae and Cosmic Microwave Background Anisotropies. *Monthly Notices of the Royal Astronomical Society* **303**: L47–L52 (334)

Efstathiou, G., Fall, S. M., and Hogan, C. 1979. Self-Similar Gravitational Clustering. *Monthly Notices of the Royal Astronomical Society* **189**: 203–220 (309)

Efstathiou, G., Frenk, C. S., White, S. D. M., and Davis, M. 1988. Gravitational Clustering from Scale-Free Initial Conditions. *Monthly Notices of the Royal Astronomical Society* **235**: 715–748 (234)

Efstathiou, G., and Jones, B. J. T. 1979. The Rotation of Galaxies: Numerical Investigations of the Tidal Torque Theory. *Monthly Notices of the Royal Astronomical Society* **186**: 133–144 (218)

Efstathiou, G., and Jones, B. J. T. 1980. Angular Momentum and the Formation of Galaxies by Gravitational Instability. *Comments on Astrophysics* **8**: 169–176 (218)

Efstathiou, G., Sutherland, W. J., and Maddox, S. J. 1990. The Cosmological Constant and Cold Dark Matter. *Nature* **348**: 705–707 (30,99,319)

Eggen, O. J., Lynden-Bell, D., and Sandage, A. R. 1962. Evidence from the Motions of Old Stars That the Galaxy Collapsed. *Astrophysical Journal* **136**: 748–766 (219,307)

Einasto, J., Kaasik, A., and Saar, E. 1974. Dynamic Evidence on Massive Coronas of Galaxies. *Nature* **250**: 309–310 (272,275–296)

Einstein, A. 1917. Kosmologische Betrachtungen zur allgemeinen Relativitätstheorie. *Sitzungsberichte der Königlich Preußischen Akademie der Wissenschaften*, Berlin, pp. 142–152 (6,12,13,38,45,78,187)

Einstein, A. 1923. *The Meaning of Relativity*. Princeton, NJ: Princeton University Press (13)

Einstein, A. 1931. Zum kosmologischen Problem der allgemeinen Relativitätstheorie. *Sitzungsberichte der Preußischen Akademie der Wissenschaften* Berlin, pp. 236–237 (39)

Einstein, A. 1945. *The Meaning of Relativity*, second edition. Princeton, NJ: Princeton University Press (57)

Einstein, A., and de Sitter, W. 1932. On the Relation between the Expansion and the Mean Density of the Universe. *Proceedings of the National Academy of Sciences* **18**: 213–214 (56,71,78)

Eisenstein, D. J., Zehavi, I., Hogg, D. W., et al. 2005. Detection of the Baryon Acoustic Peak in the Large-Scale Correlation Function of SDSS Luminous Red Galaxies. *Astrophysical Journal* **633**: 560–574 (105,207,336)

Eke, V. R., Cole, S., Frenk, C. S., and Henry, J. P. 1998. Measuring $\Omega_0$ Using Cluster Evolution. *Monthly Notices of the Royal Astronomical Society* **298**: 1145–1158 (100)

Eke, V. R., Cole, S., Frenk, C. S., and Navarro, J. F. 1996. Cluster Correlation Functions in $N$-Body Simulations. *Monthly Notices of the Royal Astronomical Society* **281**: 703–715 (104)

Ellis, G. F. R., Lyth, D. H., and Mijić, M. B. 1991. Inflationary Models with $\Omega \neq 1$. *Physics Letters B* **271**: 52–60 (315)

Ellis, J., Hagelin, J. S., Nanopoulos, D. V., Olive, K., and Srednicki, M. 1984. Supersymmetric Relics from the Big Bang. *Nuclear Physics B* **238**: 453–476 (297)

Everett, H. 1957. "Relative State" Formulation of Quantum Mechanics. *Reviews of Modern Physics* **29**: 454–462 (61)

Evrard, A. E. 1989. Biased Cold Dark Matter Theory: Trouble from Rich Clusters? *Astrophysical Journal Letters* **341**: L71–L74 (100)

Fabbri, R., Guidi, I., Melchiorri, F., and Natale, V. 1980. Measurement of the Cosmic-Background Large-Scale Anisotropy in the Millimetric Region. *Physical Review Letters* **44**: 1563–1566 (227,300)

Faber, S. M. 1993. What I Learned This Week in Paris (About Cosmic Velocity Fields). In *Cosmic Velocity Fields, Proceedings of the 9th IAP Astrophysics Meeting*. Eds. Françis R. Bouchet and Marc Lachièze-Rey. Gif-sur-Yvette: Editions Frontieres, pp. 485–496 (107)

Faber, S. M., and Gallagher, J. S. 1979. Masses and Mass-to-Light Ratios of Galaxies. *Annual Review of Astronomy and Astrophysics* **17**: 135–187 (246,261,271,296)

Faber, S. M., and Jackson, R. E. 1976. Velocity Dispersions and Mass-to-Light Ratios for Elliptical Galaxies. *Astrophysical Journal* **204**: 668–683 (264)

Fall, S. M. 1975. The Scale of Galaxy Clustering and the Mean Matter Density of the Universe. *Monthly Notices of the Royal Astronomical Society* **172**: 23p–26p (84,106)

Fall, S. M. 1979. Dissipation, Merging and the Rotation of Galaxies. *Nature* **281**: 200–202 (218)

Fall, S. M., and Efstathiou, G. 1980. Formation and Rotation of Disc Galaxies with Haloes. *Monthly Notices of the Royal Astronomical Society* **193**: 189–206 (218)

Fall, S. M., and Romanowsky, A. J. 2018. Angular Momentum and Galaxy Formation Revisited: Scaling Relations for Disks and Bulges. *Astrophysical Journal* **868** article id. 133, 13 pp. (220)

Faulkner, J. 2009. The Day Fred Hoyle Thought He Had Disproved the Big Bang Theory. In *Finding the Big Bang*, Eds. P. J. E. Peebles, Page, and Partridge. Cambridge: Cambridge University Press, pp. 244–258 (138)

Feldman, H., Juszkiewicz, R., Ferreira, P., et al. 2003. An Estimate of $\Omega m$ without Conventional Priors. *Astrophysical Journal Letters* **596**: L131–L134 (104)

Feynman, R. P., Morínigo, F. B., and Wagner, W. G. 1995. *Feynman Lectures on Gravitation*. Reading, MA: Addison-Wesley (348)

Field, G. B. 1965. Thermal Instability. *Astrophysical Journal* **142**: 531–567 (185)

Field, G. B. 1971. Instability and Waves Driven by Radiation in Interstellar Space and in Cosmological Models. *Astrophysical Journal* **165**: 29–40 (205)

Field, G. B., Herbig, G. H., and Hitchcock, J. 1966. Radiation Temperature of Space at $\lambda 2.6$ mm. *Astronomical Journal* **71**: 161 (156)

Finzi, A. 1963. On the Validity of Newton's Law at a Long Distance. *Monthly Notices of the Royal Astronomical Society* **127**: 21–30 (263)

Fischer, P., McKay, T. A., Sheldon, E., et al. 2000. Weak Lensing with Sloan Digital Sky Survey Commissioning Data: The Galaxy-Mass Correlation Function to $1h^{-1}$ Mpc. *Astronomical Journal* **120**: 1198–1208 (263)

Fisher, K. B., Davis, M., Strauss, M. A., et al. 1994. Clustering in the 1.2-Jy IRAS Galaxy Redshift Survey—II. Redshift Distortions and $\zeta(r_p, \pi)$. *Monthly Notices of the Royal Astronomical Society* **267**: 927–948 (92)

Fisher, K. B., Huchra, J. P., Strauss, M. A., et al. 1995. The IRAS 1.2 Jy Survey: Redshift Data. *Astrophysical Journal Supplement* **100**: 69–103 (92)

Fixsen, D. J., Cheng, E. S., and Wilkinson, D. T. 1983. Large-Scale Anisotropy in the 2.7-K Radiation with a Balloon-Borne Maser Radiometer at 24.5 GHz. *Physical Review Letters* **50**: 620–622 (222,301)

Ford, W. K., Jr. 1968. Electronic Image Intensification. *Annual Review of Astronomy and Astrophysics* **6**: 1–12 (252)

Ford, W. K., Jr., Peterson, C. J., and Rubin, V. C. 1976. The Rotation Curve of the E7/S0 Galaxy NGC 3115. *Carnegie Institution Year Book* **75**: 124–125 (255)

Fraternali, F., van Moorsel, G., Sancisi, R., and Oosterloo, T. 2002. Deep H I Survey of the Spiral Galaxy NGC 2403. *Astronomical Journal* **123**: 3124–3140 (271)

Freedman, W. L., Madore, B. F., Gibson, B. K., et al. 2001. Final Results from the Hubble Space Telescope Key Project to Measure the Hubble Constant. *Astrophysical Journal* **553**: 47–72 (48,74)

Freeman, K. C. 1970. On the Disks of Spiral and S0 Galaxies. *Astrophysical Journal* **160**: 811–830 (257–261,268)

Freese, K., Frieman, J. A., and Olinto, A. V. 1990. Natural Inflation with Pseudo Nambu-Goldstone Bosons. *Physical Review Letters* **65**: 3233–3236 (313)

Friedman, A. 1922. Über die Krümmung des Raumes. *Zeitschrift für Physik* **10**: 377–386 (38)

Friedman, A. 1924. Über die Möglichkeit einer Welt mit Konstanter Negativer Krümmung des Raumes. *Zeitschrift für Physik* **21**: 326–332 (38–40)

Fritschi, M., Holzschuh, E., Kündig, W., et al. 1986. An Upper Limit for the Mass of $\bar{\nu}_e$ from Tritium $\beta$-Decay. *Physics Letters B* **173**: 485–489 (285)

Fry, J. N., and Peebles, P. J. E. 1978. Statistical Analysis of Catalogs of Extragalactic Objects. IX. The Four-Point Galaxy Correlation Function. *Astrophysical Journal* **221**: 19–33 (31)

Fukugita, M., Futamase, T., Kasai, M., and Turner, E. L. 1992. Statistical Properties of Gravitational Lenses with a Nonzero Cosmological Constant. *Astrophysical Journal* **393**: 3–21 (95)

Fukugita, M., and Peebles, P. J. E. 2004. The Cosmic Energy Inventory. *Astrophysical Journal* **616**: 643–668 (338)

Fukugita, M., Takahara, F., Yamashita, K., and Yoshii, Y. 1990. Test for the Cosmological Constant with the Number Count of Faint Galaxies. *Astrophysical Journal Letters* **361**:

L1–L4 (95)

Fukugita, M., and Yanagida, T. 1984. Constraints on the Mass of Muon Neutrinos and Their Possible Role in the Galaxy Formation. *Physics Letters B* **144**: 386–390 (314)

Gamow, G. 1946. Expanding Universe and the Origin of Elements. *Physical Review* **70**: 572–573 (122,214)

Gamow, G. 1948a. The Origin of Elements and the Separation of Galaxies. *Physical Review* **74**: 505–506 (119,123,125,130–132,136–138,154,164,176,182,192,196,201,209,290)

Gamow, G. 1948b. The Evolution of the Universe. *Nature* **162**: 680–682 (125,131,138, 139,154,164,176,182,201)

Gamow, G. 1949. On Relativistic Cosmogony. *Reviews of Modern Physics* **21**: 367–373 (127,132,136,142,159,175,183)

Gamow, G. 1950. Half an Hour of Creation. *Physics Today* **3**: 16–21 (151)

Gamow, G. 1952a. *The Creation of the Universe*. New York: Viking (151)

Gamow, G. 1952b. The Role of Turbulence in the Evolution of the Universe. *Physical Review* **86**: 251 (213)

Gamow, G. 1953a. In *Proceedings of the Michigan Symposium on Astrophysics*, June 29– July 24, 29 pp. (129,138,140–142)

Gamow, G. 1953b. Expanding Universe and the Origin of Galaxies. *Danske Matematiskfysiske Meddelelser* **27**, number 10, 15 pp. (138)

Gamow, G. 1954a. On the Steady-State Theory of the Universe. *Astronomical Journal* **59**: 200 (54,111,140,351,353)

Gamow, G. 1954b. On the Formation of Protogalaxies in the Turbulent Primordial Gas. *Proceedings of the National Academy of Science* **40**: 480–484 (214)

Gamow, G.1954c. Modern Cosmology. *Scientific American* **190**, number 3: 54–63 (129)

Gamow, G. 1956a. The Physics of the Expanding Universe. *Vistas in Astronomy* **2**: 1726–1732 (138)

Gamow, G.1956b. The Evolutionary Universe. *Scientific American* **195**, number 3: 136–156 (130)

Gamow, G., and Critchfield, C. L. 1949. *Theory of Atomic Nucleus and Nuclear Energy-Sources*. Oxford: Clarenden Press (123–126,133,139,154,162,182)

Gamow, G., and Hynek, J. A. 1945. A New Theory by C. F. von Weizsäcker of the Origin of the Planetary System. *Astrophysical Journal* **101**: 249–254 (213)

Gamow, G., and Teller, E. 1939. The Expanding Universe and the Origin of the Great Nebulae. *Nature* **143**: 116–117 (139,198,201,209,214)

Garnavich, P. M., Kirshner, R. P., Challis, P., et al. 1998. Constraints on Cosmological Models from Hubble Space Telescope Observations of High-$z$ Supernovae. *Astrophysical*

*Journal Letters* **493**: L53–L57 (328)

Geller, M. J., and Peebles, P. J. E. 1973. Statistical Application of the Virial Theorem to Nearby Groups of Galaxies. *Astrophysical Journal* **184**: 329–342 (84,88,93)

Gelmini, G., Schramm, D. N., and Valle, J. W. F. 1984. Majorons: A Simultaneous Solution to the Large and Small Scale Dark Matter Problems. *Physics Letters B* **146**: 311–317 (314)

Gershtein, S. S., and Zel'dovich, Y. B. 1966. Rest Mass of Muonic Neutrino and Cosmology. *ZhETF Pis'ma* **4**: 174–177. English translation in *JETP Letters* **4**: 120–122 (280)

Giacconi, R., Gursky, H., Paolini, F. R., and Rossi, B. B. 1962. Evidence for X Rays from Sources Outside the Solar System. *Physical Review Letters* **9**: 439–443 (21)

Gisler, G. R., Harrison, E. R., and Rees, M. J. 1974. Variations in the Primordial Helium Abundance. *Monthly Notices of the Royal Astronomical Society* **166**: 663–672 (181)

Goenner H. 2001. Weyl's Contributions to Cosmology. In *Hermann Weyl's Raum-Zeit-Materie and a General Introduction to His Scientific Work*. Ed. E. Scholz. Basel: Birkhäuser, DMV Seminar **30**, pp. 105–137 (38)

Gold, T., and Hoyle, F. 1959. Cosmic Rays and Radio Waves as Manifestations of a Hot Uuniverse. In *Paris Symposium on Radio Astronomy*, July 30, 1958. Ed. R. Bracewell, pp. 583–588 (184)

Goldman, T., and Stephenson, G. J., Jr. 1977. Limits on the Mass of the Muon Neutrino in the Absence of Muon-Lepton-Number Conservation. *Physical Review D* **16**: 2256–2259 (293)

Goodman, M. W., and Witten, E. 1985. Detectability of Certain Dark-Matter Candidates. *Physical Review D* **31**: 3059–3063 (299)

Gott, J. R., III. 1975. On the Formation of Elliptical Galaxies. *Astrophysical Journal* **201**: 296–310 (308)

Gott, J. R., III. 1982. Creation of Open Universes from de Sitter Space. *Nature* **29**: 304–306 (63)

Gott, J. R., III, Gunn, J. E., Schramm, D. N., and Tinsley, B. M. 1974. An Unbound Universe? *Astrophysical Journal* **194**: 543–553 (75–78,111,179,278,294,315,320)

Gott, J. R., III, Gunn, J. E., Schramm, D. N., and Tinsley, B. M. 1976. Will the Universe Expand Forever? *Scientific American* **234**: 62–72 (78)

Gott, J. R., III, and Turner, E. L. 1976. The Mean Luminosity and Mass Densities in the Universe. *Astrophysical Journal* **209**: 1–5 (83,88,101,106)

Gould, R. J. 1967. Origin of Cosmic X Rays. *American Journal of Physics* **35**: 376–393 (21)

Gould, R. J., and Burbidge, G. R. 1963. X-Rays from the Galactic Center, External Galaxies, and the Intergalactic Medium. *Astrophysical Journal* **138**: 969–977 (184)

Governato, F., Brook, C., Mayer, L., et al. 2010. Bulgeless Dwarf Galaxies and Dark Matter Cores from Supernova-Driven Outflows. *Nature* **463**: 203–206 (309)

Griest, K. 1991. Galactic Microlensing as a Method of Detecting Massive Compact Halo Objects. *Astrophysical Journal* **366**: 412–421 (277)

Groth, E. J., Juszkiewicz, R., and Ostriker, J. P. 1989. An Estimate of the Velocity Correlation Tensor: Cosmological Implications. *Astrophysical Journal* **346**: 558–565 (97)

Groth, E. J., and Peebles, P. J. E. 1975. N-Body Studies of the Clustering of Galaxies. *Bulletin of the American Astronomical Society* **7**: 425 (309)

Groth, E. J., and Peebles, P. J. E. 1977. Statistical Analysis of Catalogs of Extragalactic Objects. VII. Two- and Three-Point Correlation Functions for the High-Resolution Shane-Wirtanen Catalog of Galaxies. *Astrophysical Journal* **217**: 385–405 (28–31,99)

Gunn, J. E. 1982. Some Remarks on Phase-Density Constraints on the Masses of Massive Neutrinos. In *Astrophysical Cosmology, Proceedings of the Study Week on Cosmology and Fundamental Physics*, Vatican City State, September 28–October 2, 1981. Vatican City State: Pontifica Academia Scientiarum, pp. 557–562 (285)

Gunn, J. E. 1987. Conference Summary. In *Proceedings of IAU Symposium 117, Dark Matter in the Universe*, pp. 537–549 (64)

Gunn, J. E., Lee, B. W., Lerche, I., Schramm, D. N., and Steigman, G. 1978. Some Astrophysical Consequences of the Existence of a Heavy Stable Neutral Lepton. *Astrophysical Journal* **223**: 1015–1031 (218–220,294,298,308)

Gunn, J. E., and Oke, J. B. 1975. Spectrophotometry of Faint Cluster Galaxies and the Hubble Diagram: An Approach to Cosmology. *Astrophysical Journal* **195**: 255–268 (77,324)

Gunn, J. E., and Peterson, B. A. 1965. On the Density of Neutral Hydrogen in Intergalactic Space. *Astrophysical Journal* **142**: 1633–1641 (203)

Gunn, J. E., and Tinsley, B. M. 1975. An Accelerating Universe. *Nature* **257**: 454–457 (314)

Gursky, H., Kellogg, E., Murray, S., et al. 1971. A Strong X-Ray Source in the Coma Cluster Observed by *UHURU*. *Astrophysical Journal* **167**: L81–L84 (243)

Gush, H. P. 1974. An Attempt to Measure the Far Infrared Spectrum of the Cosmic Background Radiation. *Canadian Journal of Physics* **52**: 554–561 (171)

Gush, H. P. 1981. Rocket Measurement of the Cosmic Background Submillimeter Spectrum. *Physical Review Letters* **47**: 745–748 (172)

Gush, H. P., Halpern, M., and Wishnow, E. H. 1990. Rocket Measurement of the Cosmic-Background-Radiation mm-Wave Spectrum. *Physical Review Letters* **65**: 537–540 (172)

Guth, A. H. 1981. Inflationary Universe: A Possible Solution to the Horizon and Flatness Problems. *Physical Review D* **23**: 347–356 (62)

Guth, A. H. 1984. The New Inflationary Universe. *Annals of the New York Academy of Sci-*

*ences* **422**: 1–14 (65)

Guth, A. H. 1991. Fundamental Arguments for Inflation. In *Observational Tests of Cosmological Inflation*, Durham, U.K., December 10–14, 1990. Eds. T. Shanks, A. J. Banday, R. S. Ellis, et al. NATO ASI series **348**: 1–21 (64)

Guth, A. H., and Pi, S.-Y. 1982. Fluctuations in the New Inflationary Universe. *Physical Review Letters* **49**: 1110–1113 (62)

Guyot, M., and Zel'dovich, Y. B. 1970. Gravitational Instability of a Two-Component Fluid: Matter and Radiation. *Astronomy and Astrophysics* **9**: 227–231 (201)

Halley, E. 1720. Of the Infinity of the Sphere of Fix'd Stars. *Philosophical Transactions of the Royal Society of London Series I* **31**: 22–24 (186)

Hamilton, A. J. S. 1993. X from the Anisotropy of the Redshift Correlation Function in the IRAS 2 Jansky Survey. *Astrophysical Journal Letters* **406**: L47–L50 (92)

Hamilton, A. J. S., Tegmark, M., and Padmanabhan, N. 2000. Linear Redshift Distortions and Power in the IRAS Point Source Catalog Redshift Survey. *Monthly Notices of the Royal Astronomical Society* **317**: L23–L27 (93,96)

Hammer, F. 1987. A Gravitational Lensing Model of the Strange Ring-Like Structure in A370. In *Proceedings of the Third IAP Workshop*, Paris, France, June 29–July 3. Gif-sur-Yuette, France: Editions Frontieres, pp. 467–473 (244)

Hamuy, M., Maza, J., Phillips, M. M., et al. 1993. The 1990 Calán/Tololo Supernova Search. *Astronomical Journal* **106**: 2392–2407 (325–328)

Hamuy, M., Phillips, M. M., Maza, J., et al. 1995. A Hubble Diagram of Distant Type Ia Supernovae. *Astronomical Journal* **109**: 1–13 (325,328)

Hamuy, M., Phillips, M. M., Suntzeff, N. B., et al. 1996. The Absolute Luminosities of the Calán/Tololo Type Ia Supernovae. *Astronomical Journal* **112**: 2391–2397 (325,328)

Hanany, S., Ade, P., Balbi, A., et al. 2000. MAXIMA-1: A Measurement of the Cosmic Microwave Background Anisotropy on Angular Scales of 10'–5°. *Astrophysical Journal Letters* **545**: L5–L9 (333)

Hansen, L., Nørgaard-Nielsen, H. U., and Jørgensen, H. E. 1987. Search for Supernovae in Distant Clusters of Galaxies. *ESO Messenger* **47**: 46–49 (326)

Harrison, E. R. 1970. Fluctuations at the Threshold of Classical Cosmology. *Physical Review D* **1**: 2726–2730 (231,302)

Harwit, M. 1961. Can Gravitational Forces Alone Account for Galaxy Formation in a Steady-State Universe? *Monthly Notices of the Royal Astronomical Society* **122**: 47–50 (185)

Hauser, M. G., and Dwek, E. 2001. The Cosmic Infrared Background: Measurements and Implications. *Annual Review of Astronomy and Astrophysics* **39**: 249–307 (119)

Hawking, S. W. 1966. Perturbations of an Expanding Universe. *Astrophysical Journal* **145**: 544–554 (190)

Hawking, S. W. 1971. Gravitationally Collapsed Objects of Very Low Mass. *Monthly Notices of the Royal Astronomical Society* **152**: 75–78 (77)

Hawking, S. W. 1982. The Development of Irregularities in a Single Bubble Inflationary Universe. *Physics Letters B* **115**: 295–297 (62)

Hawkins, E., Maddox, S., Cole, S., et al. 2003. The 2dF Galaxy Redshift Survey: Correlation Functions, Peculiar Velocities and the Matter Density of the Universe. *Monthly Notices of the Royal Astronomical Society* **346**: 78–96 (93)

Hayashi, C. 1950. Proton-Neutron Concentration Ratio in the Expanding Universe at the Stages Preceding the Formation of the Elements. *Progress of Theoretical Physics* **5**: 224–235 (128,138,147–151)

Hegyi, D. J., and Olive, K. A. 1983. Can Galactic Halos Be Made of Baryons? *Physics Letters B* **126**: 28–32 (297)

Heisenberg, W. 1951. Discussion. In *Proceedings of the Symposium on the Motions of Gaseous Masses of Cosmical Dimensions*, Paris, August 16–19, 1949, p. 199 (217,236,353)

Herzberg, G. 1950, *Molecular Spectra and Molecular Structure I. Spectra of Diatomic Molecules*. Second edition. New York: Van Nostrand (153)

Hinshaw, G., Spergel, D. N., Verde, L., et al. 2003. First-Year Wilkinson Microwave Anisotropy Probe (WMAP) Observations: The Angular Power Spectrum. *Astrophysical Journal Supplement* **148**: 135–139 (333)

Hockney, R. W., and Hohl, F. 1969. Effects of Velocity Dispersion on the Evolution of a Disk of Stars. *Astronomical Journal* **74**: 1102–1124 (266)

Hodges, H. M., and Blumenthal, G. R. 1990. Arbitrariness of Inflationary Fluctuation Spectra. *Physical Review D* **42**: 3329–3333 (313)

Hogan, C. J., and Rees, M. J. 1984. Gravitational Interactions of Cosmic Strings. *Nature* **311**: 109–114 (237)

Hogg, D. C., and Semplak, R. A. 1961. The Effect of Rain and Water Vapor on Sky Noise at Centimeter Wavelengths. *Bell System Technical Journal* **40**: 1331–1348 (163)

Hohl, F. 1970. Dynamical Evolution of Disk Galaxies. NASA Technical Report, NASA-TR R-343, 108 pp. (266,268)

Hohl, F. 1971. Numerical Experiments with a Disk of Stars. *Astrophysical Journal* **168**: 343–359 (266–268)

Hohl, F. 1976. Suppression of Bar Instability by a Massive Halo. *Astronomical Journal* **81**: 30–36 (271)

Hohl, F., and Hockney, R. W. 1969. A Computer Model of Disks of Stars. *Journal of Compu-*

*tational Physics* **4**: 306–324 (266)

Howell, T. F., and Shakeshaft, J. R. 1967. Spectrum of the 3° K Cosmic Microwave Radiation. *Nature* **216**: 753–754 (164)

Hoyle, F. 1948. A New Model for the Expanding Universe. *Monthly Notices of the Royal Astronomical Society* **108**: 372–382 (50)

Hoyle, F. 1949. Stellar Evolution and the Expanding Universe. *Nature* **163**: 196–198 (140,154)

Hoyle, F. 1950. Nuclear Energy. *The Observatory* **70**: 194–195 (154)

Hoyle, F. 1951. The Origin of the Rotations of the Galaxies. In *Problems of Cosmical Aerodynamics; Proceedings of a Symposium on the Motion of Gaseous Masses of Cosmical Dimensions*, Paris, August 16–19, 1949. Dayton, OH: Central Air Document Offices, pp. 195–199 (216)

Hoyle, F. 1958. The Astrophysical Implications of Element Synthesis. *Ricerche Astronomiche* **5**: 279–284 (143)

Hoyle, F. 1959. The Ages of Type I and Type II Subgiants. *Monthly Notices of the Royal Astronomical Society* **119**: 124–133 (143)

Hoyle, F. 1980. *Steady-State Cosmology Revisited*. Cardiff: University College Cardiff Press (221)

Hoyle, F. 1981. The Big Bang in Astronomy. *New Scientist* **92**: 521–524 (154)

Hoyle, F. 1988. Fifty Years in Cosmology. *Bulletin of the Astronomical Society of India* **16**: 1–9 (155,169)

Hoyle, F., Burbidge, G., and Narlikar, J. V. 1993. A Quasi-Steady State Cosmological Model with Creation of Matter. *Astrophysical Journal* **410**: 437–457 (55)

Hoyle, F., Burbidge, G., and Narlikar, J. V. 2000. *A Different Approach to Cosmology: From a Static Universe through the Big Bang towards Reality*. New York: Cambridge University Press, 2000 (55)

Hoyle, F., and Narlikar, J. V. 1966. A Radical Departure from the "Steady-State" Concept in Cosmology. *Proceedings of the Royal Society of London Series A* **290**: 162–176 (55,169)

Hoyle, F., and Tayler, R. J. 1964. The Mystery of the Cosmic Helium Abundance. *Nature* **203**: 1108–1110 (75,138,141,146–154,162)

Hoyle, F., and Wickramasinghe, N. C. 1988. Metallic Particles in Astronomy. *Astrophysics and Space Science* **147**: 245–256 (167–169)

Hu, W., Bunn, E. F., and Sugiyama, N. 1995. COBE Constraints on Baryon Isocurvature Models. *Astrophysical Journal Letters* **447**: L59–L63 (316)

Hu, W., Sugiyama, N., and Silk, J. 1997. The Physics of Microwave Background Anisotropies. *Nature* **386**: 37–43 (334)

Hu, W., and White, M. 1996. A New Test of Inflation. *Physical Review Letters* **77**: 1687–1690 (229)

Hubble, E. P. 1925. Cepheids in Spiral Nebulae. *The Observatory* **48**: 139–142 (41)

Hubble, E. P. 1926. Extragalactic Nebulae. *Astrophysical Journal* **64**: 321–369 (18,23,42,51,78)

Hubble, E. 1929. A Relation between Distance and Radial Velocity among Extra-Galactic Nebulae. *Proceedings of the National Academy of Sciences* **15**: 168–173 (15,22,44,73,314)

Hubble, E. 1934. The Distribution of Extra-Galactic Nebulae. *Astrophysical Journal* **79**: 8–76 (18,33)

Hubble, E. 1936, *The Realm of the Nebulae*, New Haven, CT: Yale University Press (22,24,32,78,106,131,235,324)

Hubble, E. 1937, *The Observational Approach to Cosmology*, Oxford: Clarendon Press (131)

Hubble, E., and Humason, M. L. 1931. The Velocity-Distance Relation among Extra-Galactic Nebulae. *Astrophysical Journal* **74**: 43–80 (22,45)

Hubble, E., and Tolman, R. C. 1935. Two Methods of Investigating the Nature of the Nebular Redshift. *Astrophysical Journal* **82**: 302–337 (24)

Hudson, M. J., Dekel, A., Courteau, S., Faber, S. M., and Willick, J. A. 1995. $\Omega$ and Biasing from Optical Galaxies versus POTENT Mass. *Monthly Notices of the Royal Astronomical Society* **274**: 305–316 (103)

Hughes, D. J., Spatz, W. D., and Goldstein, N. 1949. Capture Cross Sections for Fast Neutrons. *Physical Review* **75**: 1781–1787 (133)

Humason, M. L., Mayall, N. U., and Sandage, A. R. 1956. Redshifts and Magnitudes of Extragalactic Nebulae. *Astronomical Journal* **61**: 97–162 (53,73)

Hut, P. 1977. Limits on Masses and Number of Neutral Weakly Interacting Particles. *Physics Letters B* **69**: 85–88 (291)

Hut, P., and White, S. D. M. 1984. Can a Neutrino-Dominated Universe Be Rejected? *Nature* **310**: 637–640 (288,314)

Huterer, D., Turner, M. S. 1999. Prospects for Probing the Dark Energy via Supernova Distance Measurements. *Physical Review D* **60**: 081301, 5 pp. (46)

Ibata, R. A., Lewis, G. F., Conn, A. R., et al. 2013. A Vast, Thin Plane of Corotating Dwarf Galaxies Orbiting the Andromeda Galaxy. *Nature* **493**: 62–65 (247)

Ikeuchi, S. 1981. Theory of Galaxy Formation Triggered by Quasar Explosions. *Publications of the Astronomical Society of Japan* **33**: 211–231 (222)

Ipser, J., and Sikivie, P. 1983. Can Galactic Halos Be Made of Axions? *Physical Review Letters* **50**: 925–927 (296–298)

Irvine, W. M. 1961. Local Irregularities in a Universe Satisfying the Cosmological Principle. PhD thesis, Harvard University (84)

Jacoby, G. H., Ciardullo, R., and Ford, H. C. 1990. Planetary Nebulae as Standard Candles. V. The Distance to the Virgo Cluster. *Astrophysical Journal* **356**: 332–349 (74)

Jaffe, A. H., Ade, P. A., Balbi, A., et al. 2001. Cosmology from MAXIMA-1, BOOMERANG, and COBE DMR Cosmic Microwave Background Observations. *Physical Review Letters* **86**: 3475–3479 (334)

Jeans, J. H. 1902. The Stability of a Spherical Nebula. *Philosophical Transactions of the Royal Society of London Series A* **199**: 1–53 (186,201,208)

Jedamzik, K., Fuller, G. M., Mathews, G. J., and Kajino, T. 1994. Enhanced Heavy-Element Formation in Baryon-Inhomogeneous Big Bang Models. *Astrophysical Journal* **422**: 423–429 (181)

Jones, B. T. J., and Peebles, P. J. E. 1972. Chaos in Cosmology. *Comments on Astrophysics and Space Physics* **4**: 121–128 (212,216,222)

Jordan, P. 1948. Fünfdimensionale Kosmologie. *Astronomische Nachrichten* **276**: 193–208 (49)

Kahn, F. D., and Woltjer, L. 1959. Intergalactic Matter and the Galaxy. *Astrophysical Journal* **130**: 705–717 (245)

Kahn, N. K. 1987. Desperately Seeking Supernovae. *Sky and Telescope* **73**: 594–597 (327)

Kaiser, N. 1984. On the Spatial Correlations of Abell Clusters. *Astrophysical Journal Letters* **284**: L9–L12 (30,67)

Kaiser, N. 1986. Statistics of Density Maxima and the Large-Scale Matter Distribution. In *Inner Space/Outer Space: The Interface between Cosmology and Particle Physics*. Chicago: University of Chicago Press, pp. 258–263 (64,67)

Kaiser, N. 1987. Clustering in Real Space and in Redshift Space. *Monthly Notices of the Royal Astronomical Society* **227**: 1–21 (88)

Kaiser, N., and Stebbins, A. 1984. Microwave Anisotropy Due to Cosmic Strings. *Nature* **310**: 391–393 (228)

Kalnajs, A. J. 1972. The Equilibria and Oscillations of a Family of Uniformly Rotating Stellar Disks. *Astrophysical Journal* **175**: 63–76 (268)

Kalnajs, A. J. 1983. In *Proceedings of IAU Symposium 100, Internal Kinematics and Dynamics of Galaxies*, Besançon, France, August 9–13, 1982. Dordrecht: Reidel, pp. 87–88 (261)

Kamionkowski, M., Ratra, B., Spergel, D. N., and Sugiyama, N. 1994. Cosmic Background Radiation Anisotropy in an Open Inflation, Cold Dark Matter Cosmogony. *Astrophysical Journal Letters* **434**: L1–L4 (63,315,320)

Kamionkowski, M., Spergel, D. N., and Sugiyama, N. 1994. Small-Scale Cosmic Microwave Background Anisotropies as a Probe of the Geometry of the Universe. *Astrophysical Journal Letters* **426**: L57–L60 (320)

Karachentsev, I. D. 1966. The Virial Mass–Luminosity Ratio and the Instability of Different Galactic Systems. *Astrophysics* **2**: 39–49 (243,273)

Katz, N., Hernquist, L., and Weinberg, D. H. 1992. Galaxies and Gas in a Cold Dark Matter Universe. *Astrophysical Journal Letters* **399**: L109–L112 (67)

Kauffmann, G., and White, S. D. M. 1992. The Observational Properties of an $\Omega = 0.2$ Cold Dark Matter Universe. *Monthly Notices of the Royal Astronomical Society* **258**: 511–520 (309)

Kelvin, L. 1901. Nineteenth Century Clouds over the Dynamical Theory of Heat and Light. *Philosophical Magazine* **Sixth Series**: 1–40 (341)

Kent, S. M. 1981. Distances to the Galaxies Stephan's Quintet. *Publications of the Astronomical Society of the Pacific* **93**: 554–557 (246)

Kent, S. M. 1986. Dark Matter in Spiral Galaxies. I. Galaxies with Optical Rotation Curves. *Astronomical Journal* **91**: 1301–1327 (262)

Kent, S. M. 1987. Dark Matter in Spiral Galaxies. II. Galaxies with H I Rotation Curves. *Astronomical Journal* **93**: 816–832 (258,262,265,270)

Kibble, T. W. B. 1976. Topology of Cosmic Domains and Strings. *Journal of Physics A: Mathematical and General* **9**: 1387–1398 (225)

Kibble, T. W. B. 1980. Some Implications of a Cosmological Phase Transition. *Physics Reports* **67**: 183–199 (225,227)

King, I. R. 1977. Galaxies and Their Populations—The View on a Cloudy Day. In *Proceedings of a Conference on The Evolution of Galaxies and Stellar Populations, May 1977*. Eds B. M. Tinsley and R. B. Larson. New Haven: Yale University Observatory, pp. 1–17 (239,278)

Kirkman, D., Tytler, D., Suzuki, N., O'Meara, J. M., and Lubin, D. 2003. The Cosmological Baryon Density from the Deuterium-to-Hydrogen Ratio in QSO Absorption Systems: D/H toward Q1243+3047. *Astrophysical Journal Supplement* **149**: 1–28 (180,338)

Kirshner, R. P. 2010. Foundations of Supernova Cosmology. In *Dark Energy: Observational and Theoretical Approaches*, ed. Pilar Ruiz-Lapuente. Cambridge: Cambridge University Press, pp. 151–176 (329)

Kirshner, R. P., Oemler, A., Jr., and Schechter, P. L. 1978. A Study of Field Galaxies. I. Redshifts and Photometry of a Complete Sample of Galaxies. *Astronomical Journal* **83**: 1549–1563 (89)

Klein, O. 1956. On the Eddington Relations and Their Possible Bearing on an Early State of the System of Galaxies. *Helvetica Physica Acta Supplementum* **IV**: 147–149 (33,40)

Klein, O. 1966. Instead of Cosmology. *Nature* **211**: 1337–1341 (34)

Klypin, A., Holtzman, J., Primack, J., and Regős, E. 1993. Structure Formation with Cold Plus Hot Dark Matter. *Astrophysical Journal* **416**: 1–16 (318)

Knop, R. A., Aldering, G., Amanullah, R., et al. 2003. New Constraints on $\Omega_m$, $\Omega_\Lambda$, and $w$ from an Independent Set of 11 High-Redshift Supernovae Observed with the Hubble Space Telescope. *Astrophysical Journal* **598**: 102–137 (330,337)

Kofman, L. A., Gnedin, N. Y., and Bahcall, N. A. 1993. Cosmological Constant, COBE Cosmic Microwave Background Anisotropy, and Large-Scale Clustering. *Astrophysical Journal* **413**: 1–9 (317,319)

Kofman, L. A., and Starobinsky, A. A. 1985. Effect of the Cosmological Constant on Large-Scale Anisotropies in the Microwave Background. *Pis'ma Astronomicheskii Zhurnal* **11**: 643–651. English translation in *Soviet Astronomy Letters* **11**: 271–274 (65,314)

Kolb, E. W., and Turner, M. S. 1990. The Early Universe. *Frontiers of Physics* **69**: 547 pp. (291)

Komatsu, E., Smith, K. M., Dunkley, J., et al. 2011. Seven-Year Wilkinson Microwave Anisotropy Probe (WMAP) Observations: Cosmological Interpretation. *Astrophysical Journal Supplement* **192**: 18, 47 pp. (177,339)

Koo, D. C. 1981. Multi-Color Analysis of Galaxy Evolution and Cosmology. PhD thesis, University of California, Berkeley (94)

Kragh, H. 1996. *Cosmology and Controversy: The Historical Development of Two Theories of the Universe*. Princeton, NJ: Princeton University Press, 1996 (7,133,136)

Kragh, H. 2013. Cyclic Models of the Relativistic Universe: The Early History. arXiv:1308.0932, 29 pp. (161)

Krauss, L. M., Freese, K., Spergel, D. N., and Press, W. H. 1985. Cold Dark Matter Candidates and the Solar Neutrino Problem. *Astrophysical Journal* **299**: 1001–1006 (299)

Krauss, L. M., Srednicki, M., and Wilczek, F. 1986. Solar System Constraints and Signatures for Dark-Matter Candidates. *Physical Review D* **33**: 2079–2083 (299)

Krauss, L. M., and Turner, M. S. 1995. The Cosmological Constant Is Back. *General Relativity and Gravitation* **27**: 1137–1144 (320)

Kuhn, T. S. 1962. *The Structure of Scientific Revolutions*. Chicago: University of Chicago Press (3,354)

Lacey, C. G., and Ostriker, J. P. 1985. Massive Black Holes in Galactic Halos? *Astrophysical Journal* **299**: 633–652 (277)

Lanczos, C. 1922. Bemerkung zur de Sitterschen Welt. *Physikalische Zeitschrift* **23**: 539–543 (40)

Lanczos, K. 1923. Über die Rotverschiebung in der de Sitterschen Welt. *Zeitschrift für Physik* **17**: 168–188 (38)

Landau, L., and Lifshitz, E. 1951. *The Classical Theory of Fields*. Reading, MA: Addison-Wesley (17,57)

Larson, R. B. 1969. A Model for the Formation of a Spherical Galaxy. *Monthly Notices of the Royal Astronomical Society* **145**: 405–422 (308)

Larson, R. B. 1976. Models for the Formation of Disc Galaxies. *Monthly Notices of the Royal Astronomical Society* **176**: 31–52 (308)

Larson, R. B. 1983. Star Formation in Disks. *Highlights of Astronomy* **6**: 191–198 (308)

Layzer, D. 1954. Is the Origin of the Solar System Connected with the Overall Structure of the Universe? *Astronomical Journal* **59**: 170–172 (224,233)

Layzer, D. 1963. A Preface to Cosmogony. I. The Energy Equation and the Virial Theorem for Cosmic Distributions. *Astrophysical Journal* **138**: 174–184 (84)

Layzer, D. 1968. Black-Body Radiation in a Cold Universe. *Astrophysical Letters* **1**: 99–102 (167)

Lea, S. M. 1977. Hot Gas in Clusters of Galaxies. *Highlights of Astronomy* **4**: 329–339 (243)

Leavitt, H. S. 1912. Periods of 25 Variable Stars in the Small Magellanic Cloud. *Harvard College Observatory Circular* **173**: 1–3 (42,44)

Lee, B. W., and Weinberg, S. 1977a. Cosmological Lower Bound on Heavy-Neutrino Masses. *Physical Review Letters* **39**: 165–168 (290–295)

Lee, B. W., and Weinberg, S. 1977b. SU(3) $\otimes$ U(1) Gauge Theory of the Weak and Electromagnetic Interactions. *Physical Review Letters* **38**: 1237–1240 (293)

Lelli, F., McGaugh, S. S., and Schombert, J. M. 2017. Testing Verlinde's Emergent Gravity with the Radial Acceleration Relation. *Monthly Notices of the Royal Astronomical Society* **468**: L68–L71 (264)

Lemaître, G. 1925. Note on de Sitter's Universe. *MIT Journal of Mathematics and Physics* **4**: 188–192 (39)

Lemaître, G. 1927. Un Univers homogène de masse constante et de rayon croissant rendant compte de la vitesse radiale des nébuleuses extra-galactiques. *Annales de la Soci'té Scientifique de Bruxelles* **A47**: 49–59 (40–45,187)

Lemaître, G. 1929. La Grandeur de l'Espace. *Revue des Questions Scientifiques* **XV**: 189–216 (40)

Lemaître, G. 1931a. Expansion of the Universe, A Homogeneous Universe of Constant Mass and Increasing Radius Accounting for the Radial Velocity of Extra-Galactic Nebulae. *Monthly Notices of the Royal Astronomical Society* **91**: 483–490 (40,43,71)

Lemaître, G. 1931b. The Beginning of the World from the Point of View of Quantum Theory. *Nature* **127**: 706 (45,71)

Lemaître, G. 1931c. L'Expansion de l'Espace. *Revue des Questions Scientifiques* **XX**: 391–410 (45,71)

Lemaître, G. 1931d. The Expanding Universe. *Monthly Notices of the Royal Astronomical Society* **91**: 490–501 (54,69,190–193,316)

Lemaître, G. 1931e. Contribution to the British Association Discussion, The Evolution of the Universe. *Nature* **128**: 704–706 (114)

Lemaître, G. 1933a. L'Univers en expansion. *Annales de la société scientifique de Bruxelles* **53A**: 51–85 (71,160,193)

Lemaître, G. 1933b. Condensations sphériques dans l'universe en expansion. *Comptes rendus hebdomadaires des séances de l'Académie des sciences* **196**: 903–905 (188,191,193)

Lemaître, G. 1933c. La formation des nébuleuses dans l'univers en expansion. *Comptes rendus hebdomadaires des séances de l'Académie des sciences* **196**: 1085–1087 (188,199)

Lemaître, G. 1934. Evolution of the Expanding Universe. *Proceedings of the National Academy of Science* **20**: 12–17 (46,59,69,190)

Lemaître, G. 1950. L'expansion de l'Univers, par Paul Couderc. *Annales d'Astrophysique* **13**: 344–345 (40)

Liddle, A. R., Lyth, D. H., and Sutherland, W. 1992. Structure Formation from Power Law (and Extended) Inflation. *Physics Letters B* **279**: 244–249 (313)

Liebes, S. 1964. Gravitational Lenses. *Physical Review* **133**: 835–844 (277)

Lifshitz, E. M. 1946. On the Gravitational Stability of the Expanding Universe. *Zhurnal Eksperimental'noi i Teoreticheskoi Fiziki* **16**: 587–602. English translation in *Journal of Physics of the USSR* **10**: 116–129, 1946 (119,130,188–193,198,215)

Lifshitz, E. M., and Khalatnikov, I. M. 1963. Investigations in Relativistic Cosmology. *Advances in Physics* **12**: 185–249 (191,211)

Lilje, P. B. 1992. Abundance of Rich Clusters of Galaxies: A Test for Cosmological Parameters. *Astrophysical Journal Letters* **386**: L33–L36 (100)

Lilje, P. B., Yahil, A., and Jones, B. J. T. 1986. The Tidal Velocity Field in the Local Supercluster. *Astrophysical Journal* **307**: 91–96 (222)

Limber, D. N. 1953. The Analysis of Counts of the Extragalactic Nebulae in Terms of a Fluctuating Density Field. *Astrophysical Journal* **117**: 134–144 (26)

Limber, D. N. 1954. The Analysis of Counts of the Extragalactic Nebulae in Terms of a Fluctuating Density Field. II. *Astrophysical Journal* **119**: 655–681 (26)

Lin, D. N. C., and Faber, S. M. 1983. Some Implications of Nonluminous Matter in Dwarf Spheroidal Galaxies. *Astrophysical Journal Letters* **266**: L21–L25 (285)

Linde, A. D. 1982. A New Inflationary Universe Scenario: A Possible Solution of the Horizon, Flatness, Homogeneity, Isotropy and Primordial Monopole Problems. *Physics Letters B* **108**: 389–393 (62)

Linde, A. D. 1986. Eternally Existing Self-Reproducing Chaotic Inflationary Universe. *Physics Letters B* **175**: 395–400 (62)

Linde, A. D. 1990. *Particle Physics and Inflationary Cosmology*. Switzerland: Harwood, Chur Publishers; available at https://arxiv.org/pdf/hep-th/0503203.pdf (161)

Lineweaver, C. H. 1998. The Cosmic Microwave Background and Observational Convergence in the $\Omega_m - \Omega_\Lambda$ Plane. *Astrophysical Journal Letters* **505**: L69–L73 (334)

Lineweaver, C. H., Barbosa, D., Blanchard, A., and Bartlett, J. G. 1997. Constraints on $h$, $\Omega_b$ and $\lambda_0$ from Cosmic Microwave Background Observations. *Astronomy and Astrophysics* **322**: 365–374 (335)

Livio, M. 2011. Lost in translation: Mystery of the missing text solved. *Nature* **479**: 171–173 (44)

Loh, E. D., and Spillar, E. J. 1986a. Photometric Redshifts of Galaxies. *Astrophysical Journal* **303**: 154–161 (94)

Loh, E. D., and Spillar, E. J. 1986b. A Measurement of the Mass Density of the Universe. *Astrophysical Journal Letters* **307**: L1–L4 (94,324)

Longair, M. S. 2006. The Cosmic Century. Cambridge: Cambridge University Press (38,52)

López Fune, E., Salucci, P., and Corbelli, E. 2017. Radial Dependence of the Dark Matter Distribution in M33. *Monthly Notices of the Royal Astronomical Society* **468**: 147–153 (262)

Lubimov, V. A., Novikov, E. G., Nozik, V. Z., Tretyakov, E. F., and Kosik, V. S. 1980. An Estimate of the $v_e$ Mass from the $\beta$-Spectrum of Tritium in the Valine Molecule. *Physics Letters B* **94**: 266–268 (285)

Lubin, L. M., and Bahcall, N. A. 1993. The Relation between Velocity Dispersion and Temperature in Clusters: Limiting the Velocity Bias. *Astrophysical Journal Letters* **415**: L17–L20 (244)

Lucchin, F., and Matarrese, S. 1985. Power-Law Inflation. *Physical Review D* **32**: 1316–1322 (313)

Luminet, J.-P. 2013. Editorial Note to: Georges Lemaître, A Homogeneous Universe of Constant Mass and Increasing Radius Accounting for the Radial Velocity of Extra-Galactic Nebulae. *General Relativity and Gravitation* **45**: 1619–1633 (42)

Lundmark, K. 1924. The Determination of the Curvature of Space-Time in de Sitter's World. *Monthly Notices of the Royal Astronomical Society* **84**: 747–770 (40)

Lundmark, K. 1925. The Motions and the Distances of Spiral Nebulæ. *Monthly Notices of the Royal Astronomical Society* **85**: 865–894 (41–44)

Lynden-Bell, D. 1962. On the Gravitational Collapse of a Cold Rotating Gas Cloud. *Mathematical Proceedings of the Cambridge Philosophical Society* **50**: 709–711 (234)

Lynden-Bell, D. 1969. Galactic Nuclei as Collapsed Old Quasars. *Nature* **223**: 690–694 (221)

Lynden-Bell, D., Faber, S. M., Burstein, D., et al. 1988. Spectroscopy and photometry of elliptical galaxies. V. Galaxy Streaming Toward the New Supergalactic Center. *Astrophysical Journal* **326**: 19–49 (85,97,222)

Lynden-Bell, D., Lahav, O., and Burstein, D. 1989. Cosmological Deductions from the Alignment of Local Gravity and Motion. *Monthly Notices of the Royal Astronomical Society* **241**: 325–345 (96)

Mach, E. 1960. The Science of Mechanics. Chicago: Open Court Publishing (14)

Mandelbrot, B. 1975. *Les Objects Fractals*. Paris: Flammarion Editeur (32)

Mandelbrot, B. 1989. *Les Objects Fractals*. Paris: Flammarion Editeur, third edition (32)

Marx, G., and Szalay, A. S. 1972. Cosmological Limit on Neutretto Mass. In *Neutrino '72*, Balatonfüred Hungary, June 1972. Eds. A. Frenkel and G. Marx. Budapest: OMKDT-Technoinform **I**, 191–195 (281)

Masjedi, M., Hogg, D. W., Cool, R. J., et al. 2006. Very Small Scale Clustering and Merger Rate of Luminous Red Galaxies. *Astrophysical Journal* **644**: 54–60 (30)

Mather, J. C. 1974. Far Infrared Spectrometry of the Cosmic Background Radiation. PhD thesis, University of California, Berkeley (171)

Mather, J. C., and Boslough, J. 1996. *The Very First Light: The True Inside Story of the Scientific Journey Back to the Dawn of the Universe*. New York: Basic Books (172)

Mather, J. C., Cheng, E. S., Eplee, R. E., Jr., et al. 1990. A Preliminary Measurement of the Cosmic Microwave Background Spectrum by the Cosmic Background Explorer (COBE) Satellite. *Astrophysical Journal Letters* **354**: L37–L40 (172)

Mathis, J. S. 1957. The Ratio of Helium to Hydrogen in the Orion Nebula. *Astrophysical Journal* **125**: 328–335 (142)

Matsumoto, T., Hayakawa, S., Matsuo, H., et al. 1988. The Submillimeter Spectrum of the Cosmic Background Radiation. *Astrophysical Journal* **329**: 567–571 (170)

Mayall, N. U. 1951. Comparison of Rotational Motions Observed in the Spirals M31 and M33 and in the Galaxy. *Publications of the Observatory of the University of Michigan* **10**: 19–24 (250–254)

Mayer, M. G., and Teller, E.1949. On the Origin of Elements. *Physical Review* **76**: 1226–1231 (182)

McCrea, W. H. 1971. The Cosmical Constant. *Quarterly Journal of the Royal Astronomical Society* **12**: 140–153 (59)

McCrea, W. H., and Milne, E. A. 1934. Newtonian Universes and the Curvature of Space. *Quarterly Journal of Mathematics* **5**: 73–80 (45,187)

McKellar, A. 1941. Molecular Lines from the Lowest States of Diatomic Molecules Composed of Atoms Probably Present in Interstellar Space. *Publications of the Dominion Astrophysical Observatory* **7**: 251–272 (153–155)

McVittie, G. C. 1967. *Quarterly Journal of the Royal Astronomical Society* **8**: 294–297 (43)

Melott, A. L., Einasto, J., Saar, E., et al. 1983. Cluster Analysis of the Nonlinear Evolution of Large-Scale Structure in an Axion/Gravitino/Photino-Dominated Universe. *Physical Review Letters* **51**: 935–938 (288,309)

Merton, R. K. 1962. Singletons and Multiples in Scientific Discovery: A Chapter in the Sociology of Science. *Proceedings of the American Philosophical Society* **105**: 470–486 (359)

Messina, A., Lucchin, F., Matarrese, S., and Moscardini, L. 1992. The Large-Scale Structure of the Universe in Skewed Cold Dark Matter Models. *Astroparticle Physics* **1**: 99–112 (316)

Mestel, L. 1963. On the Galactic Law of Rotation. *Monthly Notices of the Royal Astronomical Society* **126**: 553–575 (217)

Mészáros, P. 1974. The Behaviour of Point Masses in an Expanding Cosmological Substratum. *Astronomy and Astrophysics* **37**: 225–228 (201)

Michelson, A. 1903. *Light Waves and Their Uses* (340)

Michie, R. W. 1966. Galaxy Formation: Angular Momentum Problems in the Fragmentation Process. *Astronomical Journal* **71**: 171–172 (218)

Michie, R. W. 1969. On the Growth of Condensations in an Expanding Universe. Contribution Number 440 from the Kitt Peak National Observatory, 16 pp. (205)

Milgrom, M. 1983. A Modification of the Newtonian Dynamics as a Possible Alternative to the Hidden Mass Hypothesis. *Astrophysical Journal* **270**: 365–370 (263)

Miller, R. H. 1971. Numerical Experiments in Collisionless Systems. *Astrophysics and Space Science* **14**: 73–90 (267)

Miller, R. H. 1978a. Free Collapse of a Rotating Sphere of Stars. *Astrophysical Journal* **223**: 122–128 (271)

Miller, R. H. 1978b. Numerical Experiments on the Stability of Disklike Galaxies. *Astrophysical Journal* **223**: 811–823 (271)

Miller, R. H. 1983. Numerical Experiments on the Clustering of Galaxies. *Astrophysical Journal* **270**: 390–409 (309)

Miller, R. H., and Prendergast, K. H. 1968. Stellar Dynamics in a Discrete Phase Space. *Astrophysical Journal* **151**: 699–709 (266)

Miller, R. H., Prendergast, K. H., and Quirk, W. J. 1970. Numerical Experiments on Spiral Structure. *Astrophysical Journal* **161**: 903–916 (267)

Miller, R. H., and Smith, B. F. 1981. Numerical Experiments on Galaxy Formation: I. Introduction and First Results. *Astrophysical Journal* **244**: 467–475 (309)

Milne, E. A. 1933. World-Structure and the Expansion of the Universe. *Zeitschrift für Astrophysik* **6**: 1–95 (14)

Minnaert, M. 1957. The Determination of Cosmic Abundances. *Monthly Notices of the Royal Astronomical Society* **117**: 315–335 (145)

Misner, C. W. 1967. Transport Processes in the Primordial Fireball. *Nature* **214**: 40–41 (211)

Misner, C. W. 1969. Mixmaster Universe. *Physical Review Letters* **22**: 1071–1074 (211)

Misner, C. W., Thorne, K. S., and Wheeler, J. A. 1973. *Gravitation*. Princeton, NJ: Princeton University Press (57)

Mitchell, R. J., Culhane, J. L., Davison, P. J. N., and Ives, J. C. 1976. Ariel 5 Observations of the X-Ray Spectrum of the Perseus Cluster. *Monthly Notices of the Royal Astronomical Society* **175**: 29P–34P (243)

Mitton, S. 2005. *Fred Hoyle: A Life in Science*. London: Aurum Press (7)

Muehlner, D., and Weiss, R. 1970. Measurement of the Isotropic Background Radiation in the Far infrared. *Physical Review Letters* **24**: 742–746 (166)

Mukhanov, V. F., and Chibisov, G. V. 1981. Quantum Fluctuations and a Nonsingular Universe. *Zhurnal Eksperimental'noi i Teoreticheskoi Fiziki* **33**: 549–553. English translation in *Soviet Physics—JETP Letters* **33**: 532–535 (62)

Muller, R. A., and Pennypacker, C. R. 1987. Giving Credit Where Due. *Sky and Telescope* **74**: 230 (327)

Mushotzky, R. F., Serlemitsos, P. J., Boldt, E. A., Holt, S. S., and Smith, B. W. 1978. OSO 8 X-Ray Spectra of Clusters of Galaxies. I. Observations of Twenty Clusters: Physical Correlations. *Astrophysical Journal* **225**: 21–39 (243)

Ne'eman, Y. 1965. Expansion as an Energy Source in Quasi-Stellar Radio Sources. *Astrophysical Journal* **141**: 1303 (221)

Netterfield, C. B., Ade, P. A. R., Bock, J. J., et al. 2002. A Measurement by BOOMERANG of Multiple Peaks in the Angular Power Spectrum of the Cosmic Microwave Background. *Astrophysical Journal* **571**: 604–614 (333)

Neyman, J. 1962. Alternative Stochastic Models of the Spatial Distribution of Galaxies. In *Proceedings of IAU Symposium 15, Problems of Extra-Galactic Research*, 294–314 (25)

Neyman, J., Page, T., and Scott, E. 1961. Summary of the Conference. *Astronomical Journal* **66**: 633–636 (243,274)

Neyman, J., Scott, E. L., and Shane, C. D. 1954. The Index of Clumpiness of the Distribution of Images of Galaxies. *Astronomical Journal Supplement* **1**: 269–293 (26)

Norberg, P., Baugh, C. M., Hawkins, E., et al. 2001. The 2dF Galaxy Redshift Survey: Luminosity Dependence of Galaxy Clustering. *Monthly Notices of the Royal Astronomical Society* **328**: 64–70 (69)

Norberg, P., Cole, S., Baugh, C. M., et al. 2002. The 2dF Galaxy Redshift Survey: The $b_J$-Band Galaxy Luminosity Function and Survey Selection Function. *Monthly Notices of the Royal Astronomical Society* **336**: 907–931 (84)

Nørgaard-Nielsen, H. U., Hansen, L., Jørgensen, H. E., Aragón Salamanca, A., Ellis, R. S., and Couch, W. J. 1989. The Discovery of a Type Ia Supernova at a Redshift of 0.31. *Nature* **339**: 523–525 (326)

Novikov, I. D. 1964a. On the Possibility of Appearance of Large Scale Inhomogeneities in the Expanding Universe. *Journal of Experimental and Theoretical Physics* **46**: 686–689; English translation in *Soviet Physics JETP* **19**: 467–469 (191)

Novikov, I. D. 1964b. Delayed Explosion of a Part of the Fridman Universe and Quasars. *Astronomicheskii Zhurnal* **41**: 1075–1083. English translation in *Soviet Astronomy— AJ* **8**, 857–863, 1965 (221)

Nusser, A., Davis, M., and Branchini, E. 2014. On the Recovery of the Local Group Motion from Galaxy Redshift Surveys. *Astrophysical Journal* **788**: 157, 12 pp. (223)

O'Dell, C. R. 1963. Photoelectric Spectrophotometry of Planetary Nebulae. *Astrophysical Journal* **138**: 1018–1034 (146,168)

O'Dell, C. R., Peimbert, M., and Kinman, T. D. 1964. The Planetary Nebula in the Globular Cluster M15. *Astrophysical Journal* **140**: 119–129 (146,168)

Ogburn, W. F., and Thomas, D. 1922. Are Inventions Inevitable? A Note on Social Evolution. *Political Science Quarterly* **37**: 83–98 (350)

Ohm, E. A. 1961. Project Echo Receiving System. *Bell System Technical Journal* **40**: 1065–1094 (156–162)

Olive, K. A., Seckel, D., and Vishniac, E. 1985. Recent Heavy-Particle Decay in a Matter-Dominated Universe. *Astrophysical Journal* **292**: 1–11 (314)

Oort, J. H. 1932. The Force Exerted by the Stellar System in the Direction Perpendicular to the Galactic Plane and Some Related Problems. *Bulletin of the Astronomical Institutes of the Netherlands* **6**: 249–287 (269)

Oort, J. H. 1940. Some Problems Concerning the Structure and Dynamics of the Galactic System and the Elliptical Nebulae NGC 3115 and 4494. *Astrophysical Journal* **91**: 273–306 (255)

Oort, J. H. 1958. Distribution of Galaxies and the Density of the Universe. In *Eleventh Solvay Conference*. Brussels: Editions Stoops, 21 pp. (18,22,32,75,78,83,214,245)

Oort, J. H. 1970. The Formation of Galaxies and the Origin of the High-Velocity Hydrogen. *Astronomy and Astrophysics* **7**: 381–404 (215,218)

Öpik, E. 1922. An Estimate of the Distance of the Andromeda Nebula. *Astrophysical Journal* **55**: 406–410 (41)

O'Raifeartaigh, C., O'Keeffe, M., Nahm, W., and Mitton, S. 2018. One Hundred Years of the Cosmological Constant: From "Superfluous Stunt" to Dark Energy. *European Physical Journal H* **43**, 117 pp. (70)

Osterbrock, D. E. 2009. The Helium Content of the Universe. In *Finding the Big Bang*, Eds. P.J.E Peebles, Page, and Partridge, pp. 86–92. Cambridge: Cambridge University Press (142)

Osterbrock, D. E., and Rogerson, J. B., Jr. 1961. The Helium and Heavy-Element Content of Gaseous-Nebulae and the Sun. *Publications of the Astronomical Society of the Pacific* **73**: 129–134 (142–146,150,176)

Ostriker, J. P. 1982. Galaxy Formation. In *Astrophysical Cosmology, Proceedings of the Study Week on Cosmology and Fundamental Physics*, Vatican City State, September 28–October 2, 1981. Vatican City State: Pontifica Academia Scientiarum, pp. 473–493 (222)

Ostriker, J. P., and Bodenheimer, P. 1973. On the Oscillations and Stability of Rapidly Rotating Stellar Models. III. Zero-Viscosity Polytropic Sequences. *Astrophysical Journal* **180**: 171–180 (269)

Ostriker, J. P., and Cowie, L. L. 1981. Galaxy Formation in an Intergalactic Medium Dominated by Explosions. *Astrophysical Journal Letters* **243**: L127–L131 (222)

Ostriker, J. P., and Peebles, P. J. E. 1973. A Numerical Study of the Stability of Flattened Galaxies: or, Can Cold Galaxies Survive? *Astrophysical Journal* **186**: 467–480 (269–272)

Ostriker, J. P., Peebles, P. J. E., and Yahil, A. 1974. The Size and Mass of Galaxies, and the Mass of the Universe. *Astrophysical Journal Letters* **193**: L1–L4 (272–275,278,285,296)

Ostriker, J. P., and Steinhardt, P. J. 1995. The Observational Case for a Low-Density Universe with a Non-Zero Cosmological Constant. *Nature* **377**: 600–602 (320)

Ostriker, J. P., and Suto, Y. 1990. The Mach Number of the Cosmic Flow: A Critical Test for Current Theories. *Astrophysical Journal* **348**: 378–382 (97,318)

Ostriker, J. P., Thompson, C., and Witten, E. 1986. Cosmological Effects of Superconducting Strings. *Physics Letters B* **180**: 231–239 (222)

Ozernoi, L. M., and Chernin, A. D. 1967. The Fragmentation of Matter in a Turbulent Metagalactic Medium. I. *Astronomicheskii Zhurnal* **44**: 1131–1138. English translation in

*Soviet Astronomy—AJ* **11**: 907–913, 1968 (215)

Paczyński, B. 1986. Gravitational Microlensing by the Galactic Halo. *Astrophysical Journal* **304**: 1–5 (277)

Pagel, B. E. J. 2000. Helium and Big Bang Nucleosynthesis. *Physics Reports* **333**: 433–447 (176,339)

Pagels, H., and Primack, J. R. 1982. Supersymmetry, Cosmology, and New Physics at Teraelectronvolt Energies. *Physical Review Letters* **48**: 223–226 (296,302,311)

Pais, A., 1982. *Subtle Is the Lord: The Science and the Life of Albert Einstein*. New York: Oxford University Press (56)

Palmer, P., Zuckerman, B., Buhl, D., and Snyder, L. E. 1969. Formaldehyde Absorption in Dark Nebulae. *Astrophysical Journal Letters* **56**: L147–L150 (154)

Pariiskii, Y. N. 1968. On the Origin of the Blackbody Radiation of the Universe. *Astronomicheskii Zhurnal* **45**: 279–285; English translation in *Soviet Astronomy—AJ* **12**: 219–224 (166)

Park, C., Gott, J. R., III, and da Costa, L. N. 1992. Large-Scale Structure in the Southern Sky Redshift Survey. *Astrophysical Journal Letters* **392**: L51–L54 (100)

Partridge, R. B., and Peebles, P. J. E. 1967. Are Young Galaxies Visible? *Astrophysical Journal* **147**: 868–886 (307)

Partridge, R. B., and Wilkinson, D. T. 1967. Isotropy and Homogeneity of the Universe from Measurements of the Cosmic Microwave Background. *Physical Review Letters* **18**: 557–559 (21)

Pauli, W. 1933. Die allgemeinen Prinzipien der Wellenmechanik. In H. Geiger, and K. Scheel Eds., Handbuch der Physik, Quantentheorie, XXIV, Part 1 (2nd ed.) (pp. 83–272) Berlin: Springer (59)

Pauli, W. 1958. Theory of Relativity. London: Pergamon Press (57)

Peacock, J. A., Cole, S., Norberg, P., et al. 2001. A Measurement of the Cosmological Mass Density from Clustering in the 2dF Galaxy Redshift Survey. *Nature* **410**: 169–173 (93)

Peacock, J. A., and Dodds, S. J. 1994. Reconstructing the Linear Power Spectrum of Cosmological Mass Fluctuations. *Monthly Notices of the Royal Astronomical Society* **267**: 1020–1034 (100)

Peebles, P. J. E. 1964. The Structure and Composition of Jupiter and Saturn. *Astrophysical Journal* **140**: 328–347 (145)

Peebles, P. J. E. 1965. The Black-Body Radiation Content of the Universe and the Formation of Galaxies. *Astrophysical Journal* **142**: 1317–1326 (119,182,205,210,233)

Peebles, P. J. E. 1966a. Primeval Helium Abundance and the Primeval Fireball. *Physical Review Letters* **16**: 410–413 (74,126,128,138,148,151,175,179,182)

Peebles, P. J. E. 1966b. Primordial Helium Abundance and the Primordial Fireball. II. *Astrophysical Journal* **146**: 542–552 (74,128,138,175,179)

Peebles, P. J. E. 1967a. The Gravitational Instability of the Universe. *Astrophysical Journal* **147**: 859–863 (86,189,191,212)

Peebles, P. J. E. 1967b. Primeval Galaxies. In *Proceedings of the Fourth Texas Symposium on Relativistic Astrophysics*, New York, 1967, January (not published) (205)

Peebles, P. J. E. 1968. Recombination of the Primeval Plasma. *Astrophysical Journal* **153**: 1–11 (120)

Peebles, P. J. E. 1969a. Origin of the Angular Momentum of Galaxies. *Astrophysical Journal* **155**: 393–401 (217)

Peebles, P. J. E. 1969b. Primeval Globular Clusters. II. *Astrophysical Journal* **157**: 1075–1093 (208)

Peebles, P. J. E. 1970. Structure of the Coma Cluster of Galaxies. *Astronomical Journal* **75**: 13–20 (269)

Peebles, P. J. E. 1971a. *Physical Cosmology*. Princeton, NJ: Princeton University Press (21,24,122,165,205,293)

Peebles, P. J. E. 1971b. Primeval Turbulence? *Astrophysics and Space Science* **11**: 443–450 (216)

Peebles, P. J. E. 1971c. Rotation of Galaxies and the Gravitational Instability Picture. *Astronomy and Astrophysics* **11**: 377–386 (218)

Peebles, P. J. E. 1972. Light out of Darkness vs Order out of Chaos. *Comments on Astrophysics and Space Physics* **4**: 53–58 (191,216)

Peebles, P. J. E. 1973a. Statistical Analysis of Catalogs of Extragalactic Objects. I. Theory. *Astronomical Journal* **185**: 413–440 (28)

Peebles, P. J. E. 1973b. Evolution of Irregularities in an Expanding Universe. In *Fundamental Interactions in Physics and Astrophysics, 9th Coral Gables Conference*, January 19–21, 1972. Eds. Geoffrey Iverson, Arnold Perlmutter, and Stephan Mintz. New York: Plenum Press, pp. 318–350 (309)

Peebles, P. J. E. 1973c. Comment on the Origin of Galactic Rotation. *Publications of the Astronomical Society of Japan* **25**: 291–294 (220)

Peebles, P. J. E. 1974a. The Effect of a Lumpy Matter Distribution on the Growth of Irregularities in an Expanding Universe. *Astronomy and Astrophysics* **32**: 391–397 (225)

Peebles, P. J. E. 1974b. The Gravitational-Instability Picture and the Nature of the Distribution of Galaxies. *Astrophysical Journal Letters* **189**: L51–L53 (233)

Peebles, P. J. E. 1976a. The Peculiar Velocity Field in the Local Supercluster. *Astrophysical Journal* **205**: 318–328 (86,90)

Peebles, P. J. E. 1976b. A Cosmic Virial Theorem. *Astrophysics and Space Science* **45**: 3–19 (89)

Peebles, P. J. E. 1979. The Mean Mass Density Estimated from the Kirshner, Oemler, Schechter Galaxy Redshift Sample. *Astronomical Journal* **84**: 730–734 (89)

Peebles, P. J. E. 1980. *The Large-Scale Structure of the Universe*. Princeton, NJ: Princeton University Press (15,26,30,90,98,200,215,225,303)

Peebles, P. J. E. 1981a. Primeval Adiabatic Perturbations: Constraints from the Mass Distribution. *Astrophysical Journal* **248**: 885–897 (207,302)

Peebles, P. J. E. 1981b. Large-Scale Fluctuations in the Microwave Background and the Small-Scale Clustering of Galaxies. *Astrophysical Journal Letters* **243**: L119–L122 (300)

Peebles, P. J. E. 1982a. Primeval Adiabatic Perturbations: Effect of Massive Neutrinos. *Astrophysical Journal* **258**: 415–424 (288,302,306,311)

Peebles, P. J. E. 1982b. Large-Scale Background Temperature and Mass Fluctuations Due to Scale-Invariant Primeval Perturbations. *Astrophysical Journal Letters* **263**: L1–L5 (98,232,301–308,311)

Peebles, P. J. E. 1984a. Dark Matter and the Origin of Galaxies and Globular Star Clusters. *Astrophysical Journal* **277**: 470–477 (308)

Peebles, P. J. E. 1984b. Tests of Cosmological Models Constrained by Inflation. *Astrophysical Journal* **284**: 439–444 (65,314)

Peebles, P. J. E. 1986. The Mean Mass Density of the Universe. *Nature* **321**: 27–32 (63,69,81,86)

Peebles, P. J. E. 1987a. Origin of the Large-Scale Galaxy Peculiar Velocity Field: A Minimal Isocurvature Model. *Nature* **327**: 210–211 (232,315)

Peebles, P. J. E. 1987b. Cosmic Background Temperature Anisotropy in a Minimal Isocurvature Model for Galaxy Formation. *Astrophysical Journal Letters* **315**: L73–L76 (232,315)

Peebles, P. J. E. 1988. The Local Extragalactic Velocity Field as a Test of the Explosion and Gravitational Instability Pictures. *Astrophysical Journal Letters* **332**: 17–25 (223)

Peebles, P. J. E. 1989. Tracing Galaxy Orbits Back in Time. *Astrophysical Journal Letters* **344**: L53–L56 (87)

Peebles, P. J. E. 1993. *Principles of Physical Cosmology*. Princeton, NJ: Princeton University Press (203)

Peebles, P. J. E. 1999. An Isocurvature Cold Dark Matter Cosmogony. II. Observational Tests. *Astrophysical Journal* **510**: 531–540 (233,316)

Peebles, P. J. E. 2014. Discovery of the Hot Big Bang: What Happened in 1948. *European*

*Physical Journal H* **39**: 205–223 (xv,8,115,133,136)

Peebles, P. J. E. 2017. Robert Dicke and the Naissance of Experimental Gravity Physics, 1957–1967. *European Physical Journal H* **42**: 177–259 (xv,49,115,160,353)

Peebles, P. J. E., Daly, R. A., and Juszkiewicz, R. 1989. Masses of Rich Clusters of Galaxies as a Test of the Biased Cold Dark Matter Theory. *Astrophysical Journal* **347**: 563–574 (100)

Peebles, P. J. E., and Dicke, R. H. 1968. Origin of the Globular Star Clusters. *Astrophysical Journal* **154**: 891–908 (208)

Peebles, P. J. E., and Hauser, M. G. 1974. Statistical Analysis of Catalogs of Extragalactic Objects. III. The Shane-Wirtanen and Zwicky Catalogs. *Astrophysical Journal Supplement* **28**: 19–36 (30)

Peebles, P. J. E., Page, L. A., Jr., and Partridge, R. B. 2009. *Finding the Big Bang*. Cambridge: Cambridge University Press (xv,8,115,133,138,161,320,333)

Peebles, P. J. E., and Ratra, B. 1988. Cosmology with a Time-Variable Cosmological "Constant." *Astrophysical Journal* **325**: L17–L20 (60)

Peebles, P. J. E. and Ratra, B. 2003. The Cosmological Constant and Dark Energy. *Reviews of Modern Physics* **75**: 559–606 (59)

Peebles, P. J. E., and Yu, J. T. 1970. Primeval Adiabatic Perturbation in an Expanding Universe. *Astrophysical Journal* **162**: 815–836 (205,231,302,305)

Pen, U.-L., Seljak, U., and Turok, N. 1997. Power Spectra in Global Defect Theories of Cosmic Structure Formation. *Physical Review Letters* **79**: 1611–1614 (229)

Penzias, A. A., and Wilson, R. W. 1965. A Measurement of Excess Antenna Temperature at 4800 Mc/s. *Astrophysical Journal* **142**: 419–421 (21,128,149,155–164)

Penzias, A. A., Schraml, J., and Wilson, R. W. 1969. Observational Constraints on a Discrete-Source Model to Explain the Micro-Wave Background. *Astrophysical Journal Letters* **57**: L49–L51 (166)

Percival, W. J., Baugh, C. M., Bland-Hawthorn, J., et al. 2001. The 2dF Galaxy Redshift Survey: The Power Spectrum and the Matter Content of the Universe. *Monthly Notices of the Royal Astronomical Society* **327**: 1297–1306 (105,206,336)

Perl, M. L., Abrams, G. S., Boyarski, A. M., et al. 1975. Evidence for Anomalous Lepton Production in $e^+ - e^-$ Annihilation. *Physical Review Letters* **35**: 1489–1492 (293)

Perl, M. L., Feldman, G. J., Abrams, G. S., et al. 1976. Properties of Anomalous e$\mu$ Events Produced in $e^+e^-$ Annihilation. *Physics Letters B* **63**: 466–470 (294)

Perl, M. L., Feldman, G. L., Abrams, G. S., et al. 1977. Properties of the Proposed $\tau$ Charged Lepton. *Physics Letters B* **70**: 487–490 (293)

Perlmutter, S. 2012. Nobel Lecture: Measuring the Acceleration of the Cosmic Expansion

Using Supernovae. *Reviews of Modern Physics* **84**: 1127–1149 (327)

Perlmutter, S., Aldering, G., della Valle, M., et al. 1998. Discovery of a Supernova Explosion at Half the Age of the Universe. *Nature* **391**: 51–54 (328)

Perlmutter, S., Aldering, G., Goldhaber, G., et al. 1999. Measurements of $\Omega$ and $\Lambda$ from 42 High-Redshift Supernovae. *Astrophysical Journal* **517**: 565–586 (328)

Perlmutter, S., Gabi, S., Goldhaber, G., et al. 1997. Measurements of the Cosmological Parameters $\Omega$ and $\Lambda$ from the First Seven Supernovae at $z \geq 0.35$. *Astrophysical Journal* **483**: 565–581 (318,328)

Perlmutter, S., Goldhaber, G., Marvin, H. J., et al. 1990. The Program to Measure $q_0$ Using Supernovae at Cosmological Distances. *Bulletin of the American Astronomical Society* **22**: 1332 (327,330)

Perlmutter, S., and Schmidt, B. P. 2003. Measuring Cosmology with Supernovae. *Lecture Notes in Physics* **598**: 195–217 (329)

Petrosian, V., Salpeter, E., and Szekeres, P. 1967. Quasi-Stellar Objects in Universes with Non-Zero Cosmological Constant. *Astrophysical Journal* **147**:1222–1226 (69–72)

Phillips, M. M. 1993. The Absolute Magnitudes of Type Ia Supernovae. *Astrophysical Journal Letters* **413**: L105–L108 (325)

Pierce, M. J., and Tully, R. B. 1988. Distances to the Virgo and Ursa Major Clusters and a Determination of $H_0$. *Astrophysical Journal* **330**: 579–595 (74)

Pietronero, L., Gabrielli, A., and Sylos Labini, F. 2002. Statistical Physics for Cosmic Structures. *Physica A* **306**: 395–401 (32)

Pipher, J. L., Houck, J. R., Jones, B. W., and Harwit, M. 1971. Submillimetre Observations of the Night Sky Emission above 120 Kilometres. *Nature* **231**: 375–378 (166)

Planck Collaboration 2014a. Searches for Cosmic Strings and Other Topological Defects. *Astronomy and Astrophysics* **571**: A25, 21 pp. (228,237)

Planck Collaboration 2014b. Planck 2013 Results. I. Overview of Products and Scientific Results. *Astronomy and Astrophysics* **571**: A1, 48 pp. (336)

Planck Collaboration 2016. The Sunyaev-Zeldovich Signal from the Virgo Cluster. *Astronomy and Astrophysics* **596**: A101, 20 pp. (244)

Planck Collaboration 2018. Planck 2018 Results. VI. Cosmological Parameters. arXiv:1807.06209 (74,83,178,180,334)

Preskill, J., Wise, M. B., and Wilczek, F. 1983. Cosmology of the Invisible Axion. *Physics Letters B* **120**: 127–132 (296)

Press, W. H. 1976. Exact Evolution of Photons in an Anisotropic Cosmology with Scattering. *Astrophysical Journal* **205**: 311–317 (211)

Press, W. H., and Gunn, J. E. 1973. Method for Detecting a Cosmological Density of Condensed Objects. *Astrophysical Journal* **185**: 397–412 (277)

Press, W. H., and Schechter, P. 1974. Formation of Galaxies and Clusters of Galaxies by Self-Similar Gravitational Condensation. *Astrophysical Journal* **187**: 425–438 (224,309)

Press, W. H., Teukolsky, S. A., Vetterling, W. T., and Flannery, B. P. 1992. *Numerical Recipes in FORTRAN. The Art of Scientific Computing*. Cambridge: Cambridge University Press, second ed. (327)

Primack, J. R. 1997. The Best Theory of Cosmic Structure Formation Is COLD+HOT Dark Matter (CHDM). In *Critical Dialogues in Cosmology, Proceedings of a Conference Held at Princeton in June 1996*. Ed. Neil Turok. Singapore: World Scientific, pp.535–554 (318)

Primack, J. R. and Blumenthal, G. R. 1983. Dark Matter, Galaxies, Superclusters and Voids. In *Proceedings of the Fourth Workshop on Grand Unification*, Philadelphia, April 21–23, 1983. Eds. H. A. Weldon, P. Langacker, and P. J. Steinhardt. Boston: Birkhäuser, pp. 256–288 (280)

Pskovskii, I. P. 1977. Light Curves, Color Curves, and Expansion Velocity of Type I Supernovae as Functions of the Rate of Brightness Decline. *Astronomicheskii Zhurnal* **54**: 1188–1201. English translation in *Soviet Astronomy* **21**: 675–682 (325)

Ratcliffe, A., Shanks, T., Parker, Q. A., et al. 1998. The Durham/UKST Galaxy Redshift Survey—V. The Catalogue. *Monthly Notices of the Royal Astronomical Society* **300**: 417–462 (93)

Ratra, B., and Peebles, P. J. E. 1988. Cosmological Consequences of a Rolling Homogeneous Scalar Field. *Physical Review D* **37**: 3406–3427 (50,60)

Ratra, B., and Peebles, P. J. E. 1995. Inflation in an Open Universe. *Physical Review D* **52**: 1837–1894 (63,315)

Raychaudhuri, A. 1952. Condensations in Expanding Cosmologic Models. *Physical Review* **86**: 90–92 (191)

Rees, M. J. 1972. Origin of the Cosmic Microwave Background Radiation in a Chaotic Universe. *Physical Review Letters* **28**: 1669–1671 (212)

Rees, M. J. 1977. Cosmology and Galaxy Formation. In *Proceedings of a Conference on The Evolution of Galaxies and Stellar Populations*, May, 1977. Eds B. M. Tinsley and R. B. Larson. New Haven: Yale University Observatory, pp. 339–368 (276)

Rees, M. J. 1978. Origin of Pregalactic Microwave Background. *Nature* **275**: 35–37 (168)

Rees, M. J. 1984. Is the Universe Flat? *Journal of Astrophysics and Astronomy* **5**: 331–348 (60–65,263,314)

Rees, M. J. 1985. Mechanisms for Biased Galaxy Formation. *Monthly Notices of the Royal Astronomical Society* **213**: 75p–81p (66)

Rees, M. J., and Ostriker, J. P. 1977. Cooling, Dynamics and Fragmentation of Massive Gas Clouds: Clues to the Masses and Radii of Galaxies and Clusters. *Monthly Notices of the Royal Astronomical Society* **179**: 541–559 (308)

Rees, M. J., and Sciama, D. W. 1969. The Evolution of Density Fluctuations in the Universe II. The Formation of Galaxies. *Comments on Astrophysics and Space Physics* **1**: 153–157 (210)

Reeves, H., Audouze, J., Fowler, W. A., and Schramm, D. N. 1973. On the Origin of Light Elements. *Astrophysical Journal* **179**: 909–930 (179)

Refsdal, S. 1964. The Gravitational Lens Effect. *Monthly Notices of the Royal Astronomical Society* **128**: 295–306 (277)

Regős, E., and Geller, M. J. 1989. Infall Patterns Around Rich Clusters of Galaxies. *Astronomical Journal* **98**: 755–765 (87,236)

Reines, F., Sobel, H. W., and Pasierb, E. 1980. Evidence for Neutrino Instability. *Physical Review Letters* **45**: 1307–1311 (285)

Reuter, M., and Wetterich, C. 1987. Time Evolution of the Cosmological "Constant." *Physics Letters B* **188**: 38–43 (60)

Riess, A. G. 2000. The Case for an Accelerating Universe from Supernovae. *Publications of the Astronomical Society of the Pacific* **112**: 1284–1299 (329)

Riess, A. G. 2012. Nobel Lecture: My Path to the Accelerating Universe. *Reviews of Modern Physics* **84**: 1165–1175 (328,332)

Riess, A. G., Casertano, S., Yuan, W., et al. 2018. New Parallaxes of Galactic Cepheids from Spatially Scanning the Hubble Space Telescope: Implications for the Hubble Constant. *Astrophysical Journal* **855**: 136,18 pp. (74)

Riess, A. G., Filippenko, A. V., Challis, P., et al. 1998. Observational Evidence from Supernovae for an Accelerating Universe and a Cosmological Constant. *Astronomical Journal* **116**: 1009–1038 (328)

Riess, A. G., Kirshner, R. P., Schmidt, B. P., et al. 1999. *BVRI* Light Curves for 22 Type Ia Supernovae. *Astronomical Journal* **117**: 707–724 (328)

Riess, A. G., Press, W. H., and Kirshner, R. P. 1995. Using Type Ia Supernova Light Curve Shapes to Measure the Hubble Constant. *Astrophysical Journal Letters* **438**: L17–L20 (327)

Riess, A. G., Press, W. H., and Kirshner, R. P. 1996. A Precise Distance Indicator: Type Ia Supernova Multicolor Light-Curve Shapes. *Astrophysical Journal* **473**: 88–109 (327)

Riess, A. G., Strolger, L.-G., Tonry, J., et al. 2004. Type Ia Supernova Discoveries at $z > 1$ from the Hubble Space Telescope: Evidence for Past Deceleration and Constraints on Dark Energy Evolution. *Astrophysical Journal* **607**: 665–687 (331)

Roberts, M. S. 1976. The Rotation Curves of Galaxies. *Comments on Astrophysics* **6**: 105–111 (263)

Roberts, M. S. 2008. M 31 and a Brief History of Dark Matter. A Celebration of NRAO's 50th Anniversary. *ASP Conference Series* **395**: 283–288 (275)

Roberts, M. S., and Rots, A. H. 1973. Comparison of Rotation Curves of Different Galaxy Types. *Astronomy and Astrophysics* **26**: 483–485 (261)

Roberts, M. S., and Whitehurst, R. N. 1975. The Rotation Curve and Geometry of M31 at Large Galactocentric Distances. *Astrophysical Journal* **201**: 327–346 (249,254,276)

Robertson, H. P. 1928. On Relativistic Cosmology. *Philosophical Magazine* **5**: 835–848 (39,44)

Robertson, H. P. 1929. On the Foundations of Relativistic Cosmology. *Proceedings of the National Academy of Science* **15**: 822–829 (37)

Robertson, H. P. 1955. The Theoretical Aspects of the Nebular Redshift. *Publications of the Astronomical Society of the Pacific* **67**: 82–98 (57)

Robertson, R. G. H., Bowles, T. J., Stephenson, G. J., Jr., et al. 1991. Limit on $\bar{\nu}_e$ Mass from Observation of the $\beta$ Decay of Molecular Tritium. *Physical Review Letters* **67**: 957–960 (285)

Rogerson, J. B., and York, D. G. 1973. Interstellar Deuterium Abundance in the Direction of Beta Centauri. *Astrophysical Journal Letters* **186**: L95–L98 (76,180)

Rogstad, D. H. 1971. Aperture Synthesis Study of Neutral Hydrogen in the Galaxy M101: II. Discussion. *Astronomy and Astrophysics* **13**: 108–115 (259)

Rogstad, D. H., and Shostak, G. S. 1972. Gross Properties of Five Scd Galaxies as Determined from 21-Centimeter Observations. *Astrophysical Journal* **176**: 315–321 (260)

Roll, P. G., and Wilkinson, D. T. 1966. Cosmic Background Radiation at 3.2 cm–Support for Cosmic Black-Body Radiation. *Physical Review Letters* **16**: 405–407 (149)

Rots, A. H. 1974. Distribution and Kinematics of Neutral Hydrogen in the Spiral Galaxy M81. PhD thesis, University of Groningen, the Netherlands (261)

Rubin, V. C. 1954. Fluctuations in the Space Distribution of the Galaxies. *Proceedings of the National Academy of Science* **40**: 541–549 (26,214)

Rubin, V. C. 2011. An Interesting Voyage. *Annual Review of Astronomy and Astrophysics* **49**: 1–28 (253)

Rubin, V. C., and Ford, W. K., Jr. 1970. Rotation of the Andromeda Nebula from a Spectroscopic Survey of Emission Regions. *Astrophysical Journal* **159**: 379–403 (249,253, 268,269)

Rubin, V. C., Peterson, C. J., and Ford, W. K., Jr. 1976. Rotation Curve of the E7/S0 Galaxy NGC 3115. *Bulletin of the American Astronomical Society* **8**: 297 (255)

Rubin, V. C., Peterson, C. J., and Ford, W. K., Jr. 1980. Rotation and Mass of the Inner 5 kiloparsecs of the S0 Galaxy NGC 3115. *Astrophysical Journal* **239**: 50–53 (256)

Rudnicki, K., Dworak, T. Z., Flin, P., Baranowski, B., and Sendrakowski, A. 1973. A Catalogue of 15650 Galaxies in the Jagellonian Field. *Acta Cosmologica* **1**: 164 pp. (29)

Rugh, S. E., and Zinkernagel, H. 2002. The Quantum Vacuum and the Cosmological Constant Problem. *Studies in the History and Philosophy of Modern Physics* **33**: 663–705 (59)

Ryle, M. 1955. Radio Stars and Their Cosmological Significance. *The Observatory* **75**: 137–147 (52)

Ryle, M., and Scheuer, P. A. G. 1955. The Spatial Distribution and the Nature of Radio Stars. *Proceedings of the Royal Society of London Series A* **230**: 448–462 (52)

Sachs, R. K., and Wolfe, A. M. 1967. Perturbations of a Cosmological Model and Angular Variations of the Microwave Background. *Astrophysical Journal* **147**: 73–90 (304)

Sahni, V., Feldman, H., and Stebbins, A. 1992. Loitering Universe. *Astrophysical Journal* **385**: 1–8 (316)

Sakharov, A. D. 1967. Violation of CP Invariance, C Asymmetry, and Baryon Asymmetry of the Universe. *ZhETF Pis'ma* **5**: 32–35. English translation in *JETP Letters* **5**: 24–27 (63)

Salopek, D. S., Bond, J. R., and Bardeen, J. M. 1989. Designing Density Fluctuation Spectra in Inflation. *Physical Review D* **40**: 1753–1788 (313)

Sandage, A. 1958. Current Problems in the Extragalactic Distance Scale. *Astrophysical Journal* **127**: 513–526 (73)

Sandage, A. 1961a. The Ability of the 200-Inch Telescope to Discriminate between Selected World Models. *Astrophysical Journal* **133**: 355–392 (52,56,69,324)

Sandage, A. 1961b. The Light Travel Time and the Evolutionary Correction to Magnitudes of Distant Galaxies. *Astrophysical Journal* **134**: 916–926 (69,77)

Sandage, A. 1968. Observational Cosmology. *The Observatory* **88**: 91–106 (69)

Sandage, A. 1975. The Redshift-Distance Relation. VIII. Magnitudes and Redshifts of Southern Galaxies in Groups: A Further Mapping of the Local Velocity Field and an Estimate of $q_0$. *Astrophysical Journal* **202**: 563–582 (86)

Sandage, A., and Hardy, E. 1973. The Redshift-Distance Relation. VII. Absolute Magnitudes of the First Three Ranked Cluster Galaxies as Functions of Cluster Richness and Bautz-Morgan Cluster Type: The Effect on $q_0$. *Astrophysical Journal* **183**: 743–757 (324)

Sandage, A., and Tammann, G. A. 1975. Steps toward the Hubble Constant. V. The Hubble Constant from Nearby Galaxies and the Regularity of the Local Velocity Field. *Astrophysical Journal* **196**: 313–328 (86,97,222)

Sandage, A., and Tammann, G. A. 1981. *A Revised Shapley-Ames Catalog of Bright Galaxies*. Washington, DC: Carnegie Institution of Washington (86)

Sandage, A., and Tammann, G. A. 1984. The Hubble Constant as Derived from 21 cm Linewidths. *Nature* **307**: 326–329 (74)

Sargent, W. L. W. 1968. The Redshifts of Galaxies in the Remarkable Chain VV 172. *Astrophysical Journal Letters* **153**: L135–L137 (246)

Sarkar, S. 1996. Big Bang Nucleosynthesis and Physics beyond the Standard Model. *Reports on Progress in Physics* **59**: 1493–1609 (177,339)

Saslaw, W. C. 1972. The Kinetics of Gravitational Clustering. *Astrophysical Journal* **177**: 17–29 (233)

Saslaw, W. C., and Zipoy, D. 1967. Molecular Hydrogen in Pre-galactic Gas Clouds. *Nature* **216**: 976–978 (121)

Sato, H., and Takahara, F. 1980. Clustering of the Relic Neutrinos in the Expanding Universe. *Progress of Theoretical Physics* **64**: 2029–2040 (286)

Sato, K. 1981. First-Order Phase Transition of a Vacuum and the Expansion of the Universe. *Monthly Notices of the Royal Astronomical Society* **195**: 467–479 (62)

Sato, K., and Kobayashi, M. 1977. Cosmological Constraints on the Mass and the Number of Heavy Lepton Neutrinos. *Progress of Theoretical Physics* **58**: 1775–1789 (291–293,313)

Saunders, W., Frenk, C., Rowan-Robinson, M., et al. 1991. The Density Field of the Local Universe. *Nature* **349**: 32–38 (99)

Saunders, W., Sutherland, W. J., Maddox, S. J., et al. 2000. The PSCz Catalogue. *Monthly Notices of the Royal Astronomical Society* **317**: 55–63 (93)

Schechter, P. 1976. An Analytic Expression for the Luminosity Function for Galaxies. *Astrophysical Journal* **203**: 297–306 (83)

Schmidt, B. P. 2012. Nobel Lecture: Accelerating Expansion of the Universe through Observations of Distant Supernovae. *Reviews of Modern Physics* **84**: 1151–1163 (327,332)

Schmidt, M. 1956. A Model of the Distribution of Mass in the Galactic System. *Bulletin of the Astronomical Institutes of the Netherlands* **13**: 15–41 (252)

Schmidt, M. 1957. The Distribution of Mass in M 31. *Bulletin of the Astronomical Institutes of the Netherlands* **14**: 17–19 (252)

Schmidt, M. 1959. The Rate of Star Formation. *Astrophysical Journal* **129**: 243–258 (141)

Schmoldt, I., Branchini, E., Teodoro, L., et al. 1999. Likelihood Analysis of the Local Group Acceleration. *Monthly Notices of the Royal Astronomical Society* **304**: 893–905 (96)

Schramm, D. N., and Steigman, G. 1981. Relic Neutrinos and the Density of the Universe. *Astrophysical Journal* **243**: 1–7 (284)

Schwartz, D. A. 1970. The Isotropy of the Diffuse Cosmic X-Rays Determined by OSO-III.

*Astrophysical Journal* **162**: 439–444 (21)

Schwarzschild, M. 1946. On the Helium Content of the Sun. *Astrophysical Journal* **104**: 203–207 (126,139)

Schwarzschild, M. 1954. Mass Distribution and Mass-Luminosity Ratio in Galaxies. *Astronomical Journal* **59**: 273–284 (242,251–254)

Schwarzschild, M. 1970. Stellar Evolution in Globular Clusters. *Quarterly Journal of the Royal Astronomical Society* **11**: 12–22 (74)

Schwarzschild, M., Howard, R., and Härm, R. 1957. Inhomogeneous Stellar Models. V. A Solar Model with Convective Envelope and Inhomogeneous Interior. *Astrophysical Journal* **125**: 233–241 (127)

Sciama, D. W. 1955. On the Formation of Galaxies in a Steady State Universe. *Monthly Notices of the Royal Astronomical Society* **115**: 3–14 (185)

Sciama, D. W. 1966. On the Origin of the Microwave Background Radiation. *Nature* **211**: 277–279 (166)

Sciama, D. W. 1984. Massive Neutrinos and Photinos in Cosmology and Galactic Astronomy. In *The Big Bang and Georges Lemaître, Louvain-la-Neuve*, October 10–13, 1983. Ed. A. Berger. Dordrecht: Reidel. pp. 31–41 (298)

Seldner, M., and Peebles, P. J. E. 1977. A New Way to Estimate the Mean Mass Density Associated with Galaxies. *Astrophysical Journal Letters* **214**: L1–L4 (85)

Seldner, M., Siebers, B., Groth, E. J., and Peebles, P. J. E. 1977. New Reduction of the Lick Catalog of Galaxies. *Astronomical Journal* **82**: 249–256 (29)

Sellwood, J. A., and Evans, N. W. 2001. The Stability of Disks in Cusped Potentials. *Astrophysical Journal* **546**: 176–188 (270)

Shafi, Q., and Stecker, F. W. 1984. Implications of a Class of Grand-Unified Theories for Large-Scale Structure in the Universe. *Physical Review Letters* **53**: 1292–1295 (314)

Shakeshaft, J. R., Ryle, M., Baldwin, J. E., et al. 1955. A Survey of Radio Sources between Declinations $-38°$ and $+83°$. *Memoirs of the Royal Astronomical Society* **67**: 106–154 (20)

Shane, C. D., and Wirtanen, C. A. 1954. The Distribution of Extragalactic Nebulae. *Astronomical Journal* **59**: 285–304 (26)

Shane, C. D., and Wirtanen, C. A. 1967. The Distribution of Galaxies. *Publications of the Lick Observatory* **XXII**: Part 1 (26,29,99)

Shanks, T. 1985. Arguments for an $\Omega = 1$, Low $H_0$ Baryon Dominated Universe. *Vistas in Astronomy* **28**: 595–609 (335)

Shapiro, P. R., Struck-Marcell, C., and Melott, A. L. 1983. Pancakes and the Formation of Galaxies in a Neutrino-Dominated Universe. *Astrophysical Journal* **275**: 413–429 (288)

Shapiro, S. L. 1971. The Density of Matter in the Form of Galaxies. *Astronomical Journal* **76**: 291–293 (179)

Shapley, H., and Ames, A. 1932. A Survey of the External Galaxies Brighter Than the Thirteenth Magnitude. *Annals of Harvard College Observatory* **88**: 43–75 (16–19)

Shaya, E. J., Peebles, P. J. E., and Tully, R. B. 1995. Action Principle Solutions for Galaxy Motions within 3000 Kilometers per Second. *Astrophysical Journal* **454**: 15–31 (87)

Shaya, E. J., Tully, R. B., and Pierce, M. J. 1992. Nearby Galaxy Flows Modeled by the Light Distribution. *Astrophysical Journal* **391**: 16–33 (103)

Sheldon, E. S., Johnston, D. E., Frieman, J. A., et al. 2004. The Galaxy-Mass Correlation Function Measured from Weak Lensing in the Sloan Digital Sky Survey. *Astronomical Journal* **127**: 2544–2564 (32)

Shklovsky, I. S., 1966. Relict Radiation in the Universe and Population of Rotational Levels of an Interstellar Molecule. Astronomical Circular 364, Soviet Academy of Science, 3 pp. (155)

Shklovsky, J. 1967. On the Nature of "Standard" Absorption Spectrum of the Quasi-Stellar Objects. *Astrophysical Journal Letters* **150**: L1–L3 (69)

Shobbrook, R. R., and Robinson, B. J. 1967. 21 cm Observations of NGC 300. *Australian Journal of Physics* **20**: 131–145 (257)

Shostak, G. S. 1972. Aperture Synthesis Observations of Neutral Hydrogen in Three Galaxies. PhD thesis, California Institute of Technology, Pasadena (258–261)

Shostak, G. S. 1973. Aperture Synthesis Study of Neutral Hydrogen in NGC 2403 and NGC 4236. II. Discussion. *Astronomy and Astrophysics* **24**: 411–419 (259)

Sikivie, P. 1983. Experimental Tests of the "Invisible" Axion. *Physical Review Letters* **51**: 1415–1417 (298)

Silk, J. 1967. Fluctuations in the Primordial Fireball. *Nature* **215**: 1155–1156 (205,207,234)

Silk, J. 1968. Cosmic Black-Body Radiation and Galaxy Formation. *Astrophysical Journal* **151**: 459–471 (205,207,234)

Silk, J. 1974. Large-Scale Inhomogeneity of the Universe: Implications for the Deceleration Parameter. *Astrophysical Journal* **193**: 525–527 (86)

Silk, J. 1977. On the Fragmentation of Cosmic Gas Clouds. I. The Formation of Galaxies and the First Generation of Stars. *Astrophysical Journal* **211**: 638–648 (308)

Silk, J. 1982. Fundamental Tests of Galaxy Formation Theory. In *Astrophysical Cosmology, Proceedings of the Study Week on Cosmology and Fundamental Physics*, Vatican City State, September 28–October 2, 1981. Vatican City State: Pontifica Academia Scientiarum, pp. 427–472 (289)

Silk, J., Olive, K., and Srednicki, M. 1985. The Photino, the Sun, and High-Energy Neutrinos. *Physical Review Letters* **55**: 257–259 (299)

Silk, J., and Srednicki, M. 1984. Cosmic-Ray Antiprotons as a Probe of a Photino-Dominated Universe. *Physical Review Letters* **53**: 624–627 (298)

Silk, J., and Vilenkin, A. 1984. Cosmic Strings and Galaxy Formation. *Physical Review Letters* **53**: 1700–1703 (225)

Silk, J., and Wilson, M. L. 1981. Large-Scale Anisotropy of the Cosmic Microwave Background Radiation. *Astrophysical Journal Letters* **244**: L37–L41 (301)

Simha, V., and Steigman, G. 2008. Constraining the Universal Lepton Asymmetry. *Journal of Cosmology and Astroparticle Physics* **8**: 011, 12 pp. (181)

Simpson, J. J., and Hime, A. 1989. Evidence of the 17-keV Neutrino in the $\beta$ Spectrum of $^{35}$S. *Physical Review D* **39**: 1825–1836 (306)

Slipher, V. M. 1917. Radial Velocity Observations of Spiral Nebulae. *The Observatory* **40**: 304–306 (22,45,245)

Smirnov, Y. N. 1965. Hydrogen and He$^4$ Formation in the Prestellar Gamow Universe. *Astronomicheskii Zhurnal* **41**: 1084–1089; English translation in *Soviet Astronomy— AJ* **8**: 864–867 (146,182)

Smith, S. 1936. The Mass of the Virgo Cluster. *Astrophysical Journal* **83**: 23–30 (242)

Smoot, G. F., Bennett, C. L., Kogut, A., et al. 1992. Structure in the COBE Differential Microwave Radiometer First-Year Maps. *Astrophysical Journal Letters* **396**: L1–L5 (104,311)

Smoot, G. F., Gorenstein, M. V., and Muller, R. A. 1977. Detection of Anisotropy in the Cosmic Blackbody Radiation. *Physical Review Letters* **39**: 898–901 (95,222)

Soifer, B. T., Neugebauer, G., Wynn-Williams, C. G., et al. 1980. IR Observations of the Double Quasar 0957 + 561 A, B and the Intervening Galaxy. *Nature* **285**: 91–93 (228)

Sohn, J., Geller, M. J., Zahid, H. J., et al. 2017. The Velocity Dispersion Function of Very Massive Galaxy Clusters: Abell 2029 and Coma. *Astrophysical Journal Supplement* **229**, id. 20, 17 pp. (242)

Somerville, R. S., Behroozi, P., Pandya, V., et al. 2018. The Relationship between Galaxy and Dark Matter Halo Size from $z \sim 3$ to the Present. *Monthly Notices of the Royal Astronomical Society* **473**: 2714–2736 (220)

Soneira, R. M., and Peebles, P. J. E. 1978. A Computer Model Universe: Simulation of the Nature of the Galaxy Distribution in the Lick Catalog. *Astronomical Journal* **83**: 845–860 (30,99,233)

Songaila, A., Cowie, L. L., Hogan, C. J., and Rugers, M. 1994. Deuterium Abundance and Background Radiation Temperature in High-Redshift Primordial Clouds. *Nature* **368**: 599–604 (180)

Soucail, G., Mellier, Y., Fort, B., Mathez, G., and Cailloux, M. 1988. The Giant Arc in A 370: Spectroscopic Evidence for Gravitational Lensing from a Source at $z = 0.724$. *Astronomy and Astrophysics* **191**: L19–L21 (244)

Spergel, D. N., Bean, R., Doré, O., et al. 2007. Three-Year Wilkinson Microwave Anisotropy Probe (WMAP) Observations: Implications for Cosmology. *Astrophysical Journal Supplement* **170**: 377–408 (335)

Spergel, D. N., Verde, L., Peiris, H. V., et al. 2003. First-Year Wilkinson Microwave Anisotropy Probe (WMAP) Observations: Determination of Cosmological Parameters. *Astrophysical Journal Supplement* **148**: 175–193 (25,48,180,207,305,335,337)

Spinrad, H., Djorgovski, S., Marr, J., and Aguilar, L. 1985. A Third Update of the Status of the 3CR Sources: Further New Redshifts and New Identifications of Distant Galaxies. *Publications of the Astronomical Society of the Pacific* **97**: 932–961 (168)

Spitzer, L., Jr. 1956. On a Possible Interstellar Galactic Corona. *Astrophysical Journal* **124**: 20–34 (308)

Springob, C. M., Masters, K. L., Haynes, M. P., Giovanelli, R., and Marinoni, C. 2007. SFI++. II. A New I-Band Tully-Fisher Catalog, Derivation of Peculiar Velocities, and Data Set Properties. *Astrophysical Journal Supplement* **172**: 599–614 (96)

Starobinsky, A. A. 1980. A New Type of Isotropic Cosmological Models without Singularity. *Physics Letters B* **91**: 99–102 (62)

Stebbins, J., and Whitford, A. E. 1948. Six-Color Photometry of Stars. VI. The Colors of Extragalactic Nebulae. *Astrophysical Journal* **108**: 413–428 (51)

Stecker, F. W. 1978. The Cosmic $\gamma$-Ray Background from the Annihilation of Primordial Stable Neutral Heavy Leptons. *Astrophysical Journal* **223**: 1032–1036 (298)

Steigman, G., Sarazin, C. L., Quintana, H., and Faulkner, J. 1978. Dynamical Interactions and Astrophysical Effects of Stable Heavy Neutrinos. *Astronomical Journal* **83**: 1050–1061 (295,298)

Steinhardt, P. J. 1983. Natural Inflation. In *The Very Early Universe, Proceedings of the Nuffield Workshop*, Cambridge, June 21–July 9, 1982. Eds. G. W. Gibbons and S. T. C. Siklos. Cambridge: Cambridge University Press, pp. 251–266 (62)

Steinhardt, P. J., and Turok, N. 2007. *Endless Universe: Beyond the Big Bang*. New York: Doubleday (161)

Strauss, M. A. 1989. A Redshift Survey of IRAS Galaxies. PhD thesis, University of California, Berkeley (92)

Strauss, M. A., and Davis, M. 1988. A Redshift Survey of IRAS Galaxies. In *IAU Symposium 130, Large Scale Structures of the Universe*. Balatonfured, Hungary, June 15–20, 1987. Eds. J. Audouze, M. C. Pelletan, and A. Szalay. Dordrecht: Reidel, pp. 191–201

(96)

Strauss, M. A., Yahil, A., Davis, M., Huchra, J. P., and Fisher, K. 1992. A Redshift Survey of *IRAS* Galaxies. V. The Acceleration on the Local Group. *Astrophysical Journal* **397**: 395–419 (91,96)

Strom, K. M., Strom, S. E., Jensen, E. B., et al. 1977. A Photometric Study of the S0 Galaxy NGC 3115. *Astrophysical Journal* **212**: 335–337 (256)

Strömberg, G. 1934. The Origin of the Galactic Rotation and of the Connection between Physical Properties of the Stars and Their Motions. *Astrophysical Journal* **79**: 460–474 (216–218)

Sunyaev, R. A., and Zel'dovich, Y. B. 1970. Small-Scale Fluctuations of Relic Radiation. *Astrophysics and Space Science* **7**: 3–19 (205,207)

Sunyaev, R. A., and Zel'dovich, Y. B. 1972. Formation of Clusters of Galaxies; Protocluster Fragmentation and Intergalactic Gas Heating. *Astronomy and Astrophysics* **20**: 189–200 (220,234,286)

Szalay, A. S. 1974. Finite Neutrino Rest Mass in Astrophysics. PhD thesis, Roland Eötvös University, Budapest (281–284)

Szalay, A. S., and Bond, J. R. 1983. Late Evolution of Adiabatic Fluctuations. In *Proceedings of the Fourth Workshop on Grand Unification*, Philadelphia, April 21–23, 1983, pp. 289–300 (280)

Szalay, A. S., and Marx, G. 1974. Limit on the Rest Masses from Big Bang Cosmology. *Acta Physica Academiae Scientiarum Hungaricae* **35**: 113–129 (77,282,284,291)

Szalay, A. S., and Marx, G. 1976. Neutrino Rest Mass from Cosmology. *Astronomy and Astrophysics* **49**: 437–441 (281,286,291)

Tadros, H., Ballinger, W. E., Taylor, A. N., et al. 1999. Spherical Harmonic Analysis of the PSCz Galaxy Catalogue: Redshift Distortions and the Real-Space Power Spectrum. *Monthly Notices of the Royal Astronomical Society* **305**: 527–546 (93)

Tammann, G. A. 1978. Some Statistical Properties of Supernovae. *Società Astronomica Italiana, Memorie* **49**: 315–329 (325)

Tayler, R. J. 1990. Neutrinos, Helium and the Early Universe—A Personal View. *Quarterly Journal of the Royal Astronomical Society* **31**: 371–375 (162)

Taylor, A. N., and Rowan-Robinson, M. 1992. The Spectrum of Cosmological Density Fluctuations and Nature of Dark Matter. *Nature* **359**: 396–399 (317)

Tegmark, M., and Peebles, P. J. E. 1998. The Time Evolution of Bias. *Astrophysical Journal Letters* **500**: L79–L82 (94)

Tegmark, M., and Zaldarriaga, M. 2000. Current Cosmological Constraints from a 10 Parameter Cosmic Microwave Background Analysis. *Astrophysical Journal* **544**: 30–42

(334)

Ter Haar, D. 1950. Cosmogonical Problems and Stellar Energy. *Reviews of Modern Physics* **22**: 119–152 (182)

Tinsley, B. M. 1967. Evolution of Galaxies and Its Significance for Cosmology. PhD thesis, University of Texas, Austin (75,77,94,324)

Tinsley, B. M. 1972. Stellar Evolution in Elliptical Galaxies. *Astrophysical Journal* **178**: 319–336 (77,94)

Tolman, R. C. 1931. On the Problem of the Entropy of the Universe as a Whole. *Physical Review* **37**: 1639–1660 (137)

Tolman, R. C. 1934a. *Relativity, Thermodynamics, and Cosmology*, Oxford: Clarendon Press (94,115,122,135,160,323)

Tolman, R. C. 1934b. Effect of Inhomogeneity on Cosmological Models. *Proceedings of the National Academy of Sciences.* **20**: 169–176 (191,193)

Tomita, K. 1973. On the Origin of Galactic Rotation. *Publications of the Astronomical Society of Japan* **25**: 287–290 (220)

Tomita, K., and Hayashi, C. 1963. The Cosmical Constant and the Age of the Universe. *Progress of Theoretical Physics* **30**: 691–699 (75)

Tomita, K., Nariai, H., Satō, H., Matsuda, T., and Takeda, H. 1970. On the Dissipation of Primordial Turbulence in the Expanding Universe. *Progress of Theoretical Physics* **43**: 1511–1525 (215)

Tonry, J. L., and Davis, M. 1981. Velocity Dispersions of Elliptical and S0 Galaxies. II. Infall of the Local Group to Virgo. *Astrophysical Journal* **246**: 680–695 (85,87)

Tonry, J. L., Schmidt, B. P., Barris, B., et al. 2003. Cosmological Results from High-$z$ Supernovae. *Astrophysical Journal* **594**: 1–24 (330,337)

Toomre, A. 1964. On the Gravitational Stability of a Disk of Stars. *Astrophysical Journal* **139**: 1217–1238 (265,269)

Toomre, A. 1977a. Theories of Spiral Structure. *Annual Review of Astronomy and Astrophysics* **15**: 437–478 (270)

Toomre, A. 1977b. Mergers and Some Consequences. In *Proceedings of the Conference Evolution of Galaxies and Stellar Populations*, Yale University, May 1977. New Haven, CT: Yale University, Observatory, pp. 401–426 (272)

Toomre, A., and Toomre, J. 1972. Galactic Bridges and Tails. *Astrophysical Journal* **178**: 623–666 (272)

Totsuji, H., and Kihara, T. 1969. The Correlation Function for the Distribution of Galaxies. *Publications of the Astronomical Society of Japan* **21**: 221–229 (26,29)

Tremaine, S., and Gunn, J. E. 1979. Dynamical Role of Light Neutral Leptons in Cosmology. *Physical Review Letters* **42**: 407–410 (283–285,295)

Truran, J. W., Hansen, C. J., and Cameron, A. G. W. 1965. The Helium Content of the Galaxy. *Canadian Journal of Physics* **43**: 1616–1635 (141)

Tully, R. B., and Fisher, J. R. 1977. A New Method of Determining Distances to Galaxies. *Astronomy and Astrophysics* **54**: 661–673 (87,264)

Tully, R. B., Libeskind, N. I., Karachentsev, I. D., et al. 2015. Two Planes of Satellites in the Centaurus A Group. *Astrophysical Journal Letters* **802**: L25, 5 pp. (247)

Tully, R. B., and Shaya, E. J. 1984. Infall of Galaxies into the Virgo Cluster and Some Cosmological Constraints. *Astrophysical Journal* **281**: 31–55 (87)

Turner, M. S., Steigman, G., and Krauss, L. M. 1984. Flatness of the Universe: Reconciling Theoretical Prejudices with Observational Data. *Physical Review Letters* **52**: 2090–2093 (65,314)

Turner, M. S., Wilczek, F., and Zee, A. 1983. Formation of Structure in an Axion-Dominated Universe. *Physics Letters B* **125**: 35–40 (304)

Turok, N. 1983. The Production of String Loops in an Expanding Universe. *Physics Letters B* **123**: 387–390 (225)

Tytler, D., Fan, X.-M., and Burles, S. 1996. Cosmological Baryon Density Derived from the Deuterium Abundance at Redshift $z = 3.57$. *Nature* **381**: 207–209 (180)

Umemura, M., and Ikeuchi, S. 1985. Formation of Subgalactic Objects within Two-Component Dark Matter. *Astrophysical Journal* **299**: 583–592 (314)

Underhill, A. B. 1958. Helium Abundance in Stellar Atmospheres. *The Observatory* **78**: 127–129 (145)

Vachaspati, T., and Vilenkin, A. 1984. Formation and Evolution of Cosmic Strings. *Physical Review D* **30**: 2036–2045 (228)

Valdarnini, R., and Bonometto, S. A. 1985. Fluctuation Evolution in a Two-Component Dark-Matter Model. *Astronomy and Astrophysics* **146**: 235–241 (314)

van Albada, T. S., and Sancisi, R. 1986. Dark Matter in Spiral Galaxies. *Philosophical Transactions of the Royal Society of London Series A* **320**: 447–464 (259,265)

van Dalen, A., and Schaefer, R. K. 1992. Structure Formation in a Universe with Cold Plus Hot Dark Matter. *Astrophysical Journal* **398**: 33–42 (318)

van de Hulst, H. C., Raimond, E., and van Woerden, H. 1957. Rotation and Density Distribution of the Andromeda Nebula Derived from Observations of the 21-cm Line. *Bulletin of the Astronomical Institutes of the Netherlands* **14**: 1–16 (249–254,269)

van den Bergh, S. 1961. The Luminosity Function of Galaxies. *Zeitschrift für Astrophysik* **53**: 219–222 (78,83,128,149)

van den Bergh, S. 1999. The Early History of Dark Matter. *Publications of the Astronomical*

Society of the Pacific **111**: 657–660 (241)

van den Bergh, S. 2011. Discovery of the Expansion of the Universe. *Journal of the Royal Astronomical Society of Canada* **105**: 197–198 (44)

Viana, P. T. P., and Liddle, A. R. 1996. The Cluster Abundance in Flat and Open Cosmologies. *Monthly Notices of the Royal Astronomical Society* **281**: 323–332 (104,312)

Vilenkin, A. 1981a. Cosmological Density Fluctuations Produced by Vacuum Strings. *Physical Review Letters* **46**: 1169–1172 (225)

Vilenkin, A. 1981b. Gravitational Field of Vacuum Domain Walls and Strings. *Physical Review D* **23**: 852–857 (226–228)

Vilenkin, A. 1981c. Gravitational Radiation from Cosmic Strings. *Physics Letters B* **107**: 47–50 (237)

Vilenkin, A. 1983. Birth of Inflationary Universes. *Physical Review D* **27**: 2848–2855 (62)

Vittorio, N., and Silk, J. 1984. Fine-Scale Anisotropy of the Cosmic Microwave Background in a Universe Dominated by Cold Dark Matter. *Astrophysical Journal* **285**: L39–L43 (302)

Vogeley, M. S., Park, C., Geller, M. J., and Huchra, J. P. 1992. Large-Scale Clustering of Galaxies in the CfA Redshift Survey. *Astrophysical Journal Letters* **391**: L5–L8 (99)

von Hoerner, S. 1953. Beitrag zur Turbulenztheorie der Spiralnebel. *Zeitschrift für Astrophysik* **32**: 51–58 (213)

von Hoerner, S. 1960. Die numerische Integration des n-Körper-Problemes für Sternhaufen. I. *Zeitschrift für Astrophysik* **50**: 184–214 (191)

von Weizsäcker, C. F. 1951a. Turbulence in Interstellar Matter (Part 1). In *Proceedings of the Symposium on the Motions of Gaseous Masses of Cosmical Dimensions*, Paris, August 16–19, 1949, pp. 158–161 (213,236)

von Weizsäcker, C. F. 1951b. The Evolution of Galaxies and Stars. *Astrophysical Journal* **114**: 165–186 (213)

Vysotskii, M. I., Dolgov, A. D., and Zel'dovich, Y. B. 1977. Cosmological Limits on the Masses of Neutral Leptons. *ZhETF Pis'ma* **26** 200–202. English translation in *JETP Letters* **26**: 188–190 (291,293)

Wagoner, R. V. 1973. Big-Bang Nucleosynthesis Revisited. *Astrophysical Journal* **179**: 343–360 (175,179)

Wagoner, R. V., Fowler, W. A., and Hoyle, F. 1967. On the Synthesis of Elements at Very High Temperatures. *Astrophysical Journal* **148**: 3–49 (75,128,138,175–179)

Walker, A. G. 1935. On the Formal Comparison of Milne's Kinematical System with the Systems of General Relativity. *Monthly Notices of the Royal Astronomical Society* **95**: 263–269 (37)

Walsh, D., Carswell, R. F., and Weymann, R. J. 1979. 0957 + 561 A, B: Twin Quasistellar Objects or Gravitational Lens? *Nature* **279**: 381–384 (228)

Wasserman, I. 1981. On the Linear Theory of Density Perturbations in a Neutrino+Baryon Universe. *Astrophysical Journal* **248**: 1–12 (286)

Wasserman, I. 1986. Possibility of Detecting Heavy Neutral Fermions in the Galaxy. *Physical Review D* **33**: 2071–2078 (299)

Weinberg, S. 1971. Entropy Generation and the Survival of Protogalaxies in an Expanding Universe. *Astrophysical Journal* **168**: 175–194 (205)

Weinberg, S. 1972. *Gravitationand Cosmology: Principles and Applicationsof the General Theory of Relativity*. New York: Wiley (293)

Weinberg, S. 1974. Gauge and Global Symmetries at High Temperature. *Physical Review D* **9**: 3357–3378 (225)

Weinberg, S. 1977. *The First Three Minutes. A Modern View of the Origin of the Universe*. Basic Books (162)

Weinberg, S. 1987. Anthropic Bound on the Cosmological Constant. *Physical Review Letters* **59**: 2607–2610 (61)

Weinberg, S. 1989. The Cosmological Constant Problem. *Reviews of Modern Physics* **61**: 1–23 (60)

Wevers, B. M. H. R., van der Kruit, P. C., and Allen, R. J. 1986. The Palomar-Westerbork Survey of Northern Spiral Galaxies. *Astronomy and Astrophysics Supplement* **66**: 505–662 (259)

Weyl, H. 1923. Zur allgemeinen Relativitätstheorie. *Physikalische Zeitschrift* **24**: 230–232. (40)

Weymann, R. 1965. Diffusion Approximation for a Photon Gas Interacting with a Plasma via the Compton Effect. *Physics of Fluids* **8**: 2112–2114 (121)

Weymann, R. 1966. The Energy Spectrum of Radiation in the Expanding Universe. *Astrophysical Journal* **145**: 560–571 (121)

White, M., Scott, D., Silk, J., and Davis, M. 1995. Cold Dark Matter Resuscitated? *Monthly Notices of the Royal Astronomical Society* **276**: L69–L75 (335)

White, S. D. M. 1984. Angular Momentum Growth in Protogalaxies. *Astrophysical Journal* **286**: 38–41 (218)

White, S. D. M. 1991. Dynamical Estimates of $\Omega_0$ from Galaxy Clustering. In *Observational Tests of Cosmological Inflation*. Eds. T. Shanks, J. Banday, R. S. Ellis, and A. W. Wolfendale. Dordrecht: Lukwer, pp. 279–291. (101)

White, S. D. M., Efstathiou, G., and Frenk, C. S. 1993. The Amplitude of Mass Fluctuations in the Universe. *Monthly Notices of the Royal Astronomical Society* **262**: 1023–1028

(312)

White, S. D. M., and Frenk, C. S. 1991. Galaxy Formation through Hierarchical Clustering. *Astrophysical Journal* **379**: 52–79 (101)

White, S. D. M., Frenk, C. S., and Davis, M. 1983. Clustering in a Neutrino-Dominated Universe. *Astrophysical Journal Letters* **274**: L1–L5 (288)

White, S. D. M., Navarro, J. F., Evrard, A. E., and Frenk, C. S. 1993. The Baryon Content of Galaxy Clusters: A Challenge to Cosmological Orthodoxy. *Nature* **366**: 429–433 (102,319)

White, S. D. M., and Rees, M. J. 1978. Core Condensation in Heavy Halos: A Two-Stage Theory for Galaxy Formation and Clustering. *Monthly Notices of the Royal Astronomical Society* **183**: 341–358 (218–220,243,263,277,295,308)

Whitford, A. E. 1954. Observational Status of the Color-Excess Effect in Distant Galaxies. *Astrophysical Journal* **120**: 599–602 (51)

Wilczek, F. 1983. Conference Summary and Concluding Remarks. In *The Very Early Universe, Proceedings of the Nuffield Workshop*. Cambridge: Cambridge University Press, pp. 475–480 (64)

Williams, J. G., Turyshev, S. G., and Boggs, D. H. 2012. Lunar Laser Ranging Tests of the Equivalence Principle. *Classical and Quantum Gravity* **29**: 184004, 11 pp. (49)

Williams, T. B. 1975. The Rotation Curve of NGC 3115. *Astrophysical Journal* **199**: 586–590 (255)

Willick, J. A., and Strauss, M. A. 1998. Maximum Likelihood Comparison of Tully-Fisher and Redshift Data. II. Results from an Expanded Sample. *Astrophysical Journal* **507**: 64–83 (104)

Willick, J. A., Strauss, M. A., Dekel, A., and Kolatt, T. 1997. Maximum Likelihood Comparisons of Tully-Fisher and Redshift Data: Constraints on $\Omega$ and Biasing. *Astrophysical Journal* **486**: 629–644 (104,319)

Wilson, M. L. 1983. On the Anisotropy of the Cosmological Background Matter and Radiation Distribution. II. The Radiation Anisotropy in Models with Negative Spatial Curvature. *Astrophysical Journal* **273**: 2–15 (315)

Wilson, M. L., and Silk, J. 1981. On the Anisotropy of the Cosmological Background Matter and Radiation Distribution. I. The Radiation Anisotropy in a Spatially Flat Universe. *Astrophysical Journal* **243**: 14–25 (206)

Wilson, R. W., and Penzias, A. A. 1967. Isotropy of Cosmic Background Radiation at 4080 Megahertz. *Science* **156**: 1100–1101 (21)

Wolfe, A. M., and Burbidge, G. R. 1969. Discrete Source Models to Explain the Microwave Background Radiation. *Astrophysical Journal* **156**: 345–371 (166)

Wolfe, A. M., and Burbidge, G. R. 1970. Can the Lumpy Distribution of Galaxies Be Reconciled with the Smooth X-Ray Background? *Nature* **228**: 1170–1174 (21)

Woosley, S. E., and Weaver, T. A. 1986. The Physics of Supernova Explosions. *Annual Review of Astronomy and Astrophysics* **24**: 205–253 (325)

Wright, E. L. 2004. Theoretical Overview of Cosmic Microwave Background Anisotropy. In *Measuring and Modeling the Universe*. Ed. W. L. Freedman. Cambridge: Cambridge University Press, pp. 291–308 (335)

Wyse, A. B., and Mayall, N. U. 1941. Distribution of Mass in the Spiral Nebulae Messier 31 and 33. *Publications of the Astronomical Society of the Pacific* **53**: 269–276 (250)

Yahil, A., Sandage, A., and Tammann, G. A. 1980. The Determination of the Deceleration Parameter from Local Data. *Physica Scripta* **21**: 635–639 (86)

Yahil, A., Walker, D., and Rowan-Robinson, M. 1986. The Dipole Anisotropies of the IRAS Galaxies and the Microwave Background Radiation. *Astrophysical Journal Letters* **301**: L1–L5 (96)

Yang, J., Schramm, D. N., Steigman, G., and Rood, R. T. 1979. Constraints on Cosmology and Neutrino Physics from Big Bang Nucleosynthesis. *Astrophysical Journal* **227**: 697–704 (179,181)

Yoshimura, M. 1978. Unified Gauge Theories and the Baryon Number of the Universe. *Physical Review Letters* **41**: 281–284 (63)

Yu, J. T., and Peebles, P. J. E. 1969. Superclusters of Galaxies? *Astrophysical Journal* **158**: 103–113 (304)

Zaldarriaga, M., Spergel, D. N., and Seljak, U. 1997. Microwave Background Constraints on Cosmological Parameters. *Astrophysical Journal* **488**: 1–13 (334)

Zang, T. A. 1976. The Stability of a Model Galaxy. PhD thesis, Massachussetts Institute of Technology, Cambrigde, MA (270)

Zaritsky, D., and White, S. D. M. 1994. The Massive Halos of Spiral Galaxies. *Astrophysical Journal* **435**: 599–610 (247)

Zehavi, I., Zheng, Z., Weinberg, D. H., et al. 2011. Galaxy Clustering in the Completed SDSS Redshift Survey: The Dependence on Color and Luminosity. *Astrophysical Journal* **736**: 59, 30 pp. (30,69)

Zel'dovich, Y. B. 1962a. Prestellar State of Matter. *Journal of Experimental and Theoretical Physics U.S.S.R.* **43**: 1561–1562. English translation in *Soviet Journal of Experimental and Theoretical Physics* **16**: 1102–1103, 1963 (144,150)

Zel'dovich, Y. B. 1962b. Star Production in an Expanding Universe. *Journal of Experimental and Theoretical Physics U.S.S.R.* **43**: 1982–1984. English translation in *Soviet Journal of Experimental and Theoretical Physics* **16**: 1395–1396, 1963 (190,223)

Zel'dovich, Y. B. 1963a. The Initial Stages of the Evolution of the Universe. *Soviet Atomic Energy* **14**: 83–91. English translation in *Atomnoya Energiya* **14**: 92–99 (144,159)

Zel'dovich, Y. B. 1963b. The Theory of the Expanding Universe as Originated by A. A. Fridman. *Uspekhi Fizicheskikh Nauk* **80**: 357–390. English translation in *Soviet Physics Uspekhi* **6**: 475–494, 1964 (144,146)

Zel'dovich, Y. B. 1965. Survey of Modern Cosmology. *Advances in Astronomy and Astrophysics* **3**: 241–365 (190,224)

Zel'dovich, Y. B. 1967. The "Hot" Model of the Universe. *Uspekhi Fizicheskikh Nauk* **89** 647; English translation in *Soviet Physics-Uspekhi* **9**: 602–617, 1967 (150,229)

Zel'dovich, Y. B. 1970. Gravitational Instability: An Approximate Theory for Large Density Perturbations. *Astronomy and Astrophysics* **5**: 84–89 (201,234,286)

Zel'dovich, Y. B. 1972. A Hypothesis, Unifying the Structure and the Entropy of the Universe. *Monthly Notices of the Royal Astronomical Society* **160**: 1P–3P (231,302)

Zel'dovich, Y. B. 1978. The Theory of Large Scale Structure of the Universe. In *Proceedings of the Symposium on Large Scale Structure of the Universe*, Tallin, Estonia, September 12–16, 1977. Eds. M. S. Longair and J. Einasto. Dordrecht: Reidel, 409–421 (236)

Zel'dovich, Y. B. 1980. Cosmological Fluctuations Produced Near a Singularity. *Monthly Notices of the Royal Astronomical Society* **192**: 663–667 (225,227)

Zel'dovich, Y. B., Einasto, J., and Shandarin, S. F. 1982. Giant Voids in the Universe. *Nature* **300**: 407–413 (289)

Zel'dovich, Y. B., Kobzarev, I. Y., and Okun', L. B. 1975. Cosmological Consequences of a Spontaneous Breakdown of a Discrete Symmetry. *Zhurnal Eksperimental'noi i Teoreticheskoi Fiziki* **67**: 3–11. English translation in *Soviet Physics—JETP* **40**: 1–5 (226)

Zel'dovich, Y. B., Kurt, V. G., and Sunyaev, R. A. 1968. Recombination of Hydrogen in the Hot Model of the Universe. *Zhurnal Eksperimentalnoi i Teoreticheskoi Fiziki* **55**: 278–286. English translation in *Soviet Journal of Experimental and Theoretical Physics* **28**: 146–150. (120)

Zel'dovich, Y. B., and Novikov, I. D. 1966. Charge Asymmetry and Entropy of a Hot Universe. *ZhETF Pis'ma Redaktsiiu* **4**: 80–82 (160)

Zel'dovich, Y. B., and Sunyaev, R. A. 1969. The Interaction of Matter and Radiation in a Hot-Model Universe. *Astrophysics and Space Science* **4**: 301–316 (122)

Zel'dovich, Y. B., and Sunyaev, R. A. 1980. Astrophysical Implications of the Neutrino Rest Mass. I. The Universe. *Pis'ma Astronomicheskii Zhurnal* **6**: 451–456. English version *Soviet Astronomy Letters* **6**: 249–252 (286)

Zwicky, F. 1929. On the Red Shift of Spectral Lines through Interstellar Space. *Proceedings of the National Academy of Science* **15**: 773–779 (24)

Zwicky, F. 1933. Die Rotverschiebung von Extragalaktschen Nebeln. *Helvetica Physica Acta* **6**: 110–127 (240–242,276,279,292)

Zwicky, F. 1937a. On the Masses of Nebulae and of Clusters of Nebulae. *Astrophysical Journal* **86**: 217–246 (241–243,263,273,276,279,282)

Zwicky, F. 1937b. On a New Cluster of Nebulae in Pisces. *Proceedings of the National Academy of Sciences* **23**: 251 (279)

Zwicky, F., Herzog, E., Wild, P., Karpowicz, M., and Kowal, C. T. 1961–1968. *Catalogue of Galaxies and Clusters of Galaxies*, in 6 volumes. Pasadena: California Institute of Technology (29,88)